21 世纪全国高等院校化学与化工类创新型应用人才培养规划教材

高等有机合成

魏荣宝　编著

内容简介

本书系统地介绍了有机合成中C—C、C═C、C—X、C═X、杂环、螺环、桥环及手性增值等合成方法，并将螺共轭、异头效应、电子效应及MBH反应、S_NV反应、S_N2'反应、1,6-消除反应、螺环化合物的合成方法、桥环化合物的合成方法等新的内容融入其中。

本书可作为高等院校化学化工、制药、材料、环境等专业的研究生教材，也可作为有关科研人员和本科高年级学生的参考用书。

图书在版编目(CIP)数据

高等有机合成/魏荣宝编著. —北京：北京大学出版社，2011.3
(21世纪全国高等院校化学与化工类创新型应用人才培养规划教材)
ISBN 978-7-301-18565-0

Ⅰ.①高… Ⅱ.①魏… Ⅲ.①有机合成-高等学校-教材 Ⅳ.①O621.3

中国版本图书馆CIP数据核字(2011)第026203号

书　　名：高等有机合成
著作责任者：魏荣宝　编著
责任编辑：王显超
标准书号：ISBN 978-7-301-18565-0/TQ·0006
出 版 者：北京大学出版社
地　　址：北京市海淀区成府路205号　100871
网　　址：http://www.pup.cn　http://www.pup6.com
电　　话：邮购部62752015　发行部62750672　编辑部62750667　出版部62754962
电子邮箱：pup_6@163.com
印 刷 者：三河市富华印装厂
发 行 者：北京大学出版社
经 销 者：新华书店
787毫米×1092毫米　16开本　20.75印张　471千字
2011年3月第1版　2011年3月第1次印刷
定　　价：39.00元

序

有机合成是化学科学中最活跃、最具创造性的领域，是新中间体、新医药、新农药、新材料、新催化剂、新精细化学品创制研究的主要源头，是化学家展示非凡才能的舞台。20世纪80年代以来，全世界每年在美国化学文摘(CA)登记的新化学结构达数百万种之多，据截止到2010年4月30日的最新统计，人类已知的新结构分子已骤升到61813571种，其中大多数是有机化合物。著名有机合成专家Woodward研究组合成了利血平、胆甾醇、维生素B_{12}和红霉素、Kishi研究组合成了海葵毒素(分子式$C_{129}H_{223}N_3O_{54}$，分子量2680，具有64个手性中心)等十分复杂的分子结构堪称世纪之作，标志着有机合成已达到了前所未有的水平。

有机化学的飞速发展要求我们的教材也要不断地进行新内容和新知识的补充和调整。根据近年我国科教事业迅速发展的形势，本书作者针对大学本科生和研究生对新教材的迫切需求，经过持久辛勤劳动先后编写出版：2003年，《有机化学(工科)》，天津大学出版社；2005年，《有机化学(理科)》，化学工业出版社；2006年，《高等有机化学(工科)》，国防工业出版社；2006年，《螺环化合物化学》，化学工业出版社；2007年，《高等有机化学(理科)》，高等教育出版社；2007年，《高等有机化学习题精解》，国防工业出版社；2007年，《绿色化学与环境》，国防工业出版社；2008年，《有机化学中的螺共轭和异头效应》，科学出版社等。

本书是作者根据多年从事有机化学教学和科研的实践经验的又一本新作。全书系统介绍了有机化学中C—C单键、C═C双键、C—X单键、C═X双键、杂环、螺环、桥环及手性增值等合成方法，并将螺共轭、异头效应及Morita - Baylis - Hillman反应、S_NV反应、S_N2'反应、1,6 -消除反应、螺环化合物的合成方法、桥环化合物的合成方法、McLafferty类消除反应、逐出反应、烯烃的复分解反应、Heck反应和点击化学(Click Chemistry)等新的内容融入其中。

本书中阐明了了解合成化学规律性的重要性，使学生逐步掌握有机化学学科的科学规律去记忆理解，摆脱一些死记硬背的框框。每章后都附有难度适度的习题及答案，对进一步启发独立思考、提高分析和解决问题的能力会有所启发。附录还专门介绍了作者长年积累的一些有趣的有机合成实用技巧，以推动理论和实践的相互互动。

本书内容涉及面广、重点突出，有关理论论述由浅入深，在反映学科发展最新成就方面作了不懈的努力，其内容具有前沿性、新颖性和启发性，是一本颇具特色的高等有机合成教材。

中国工程院院士、南开大学化学院教授

李正名

2010年5月2日于南开园

前　言

高等有机合成化学是高等院校理、工、农、医等专业研究生的必修课程。在基础有机化学的基础上，高等有机合成化学将对有机合成技术做进一步深入系统的研究和探讨，从而使学生不断提高发现问题、提出问题、分析问题、解决问题的能力。20 世纪 50 年代以来，由于 NMR 等用于有机化合物的结构识别和鉴定，使有机合成化学得到了飞跃发展。Kishi 合成的海葵毒素(分子式：$C_{129}H_{223}N_3O_{54}$，分子相对质量为 2680，64 个手性中心)是 20 世纪有机合成取得辉煌成绩的突出代表作。

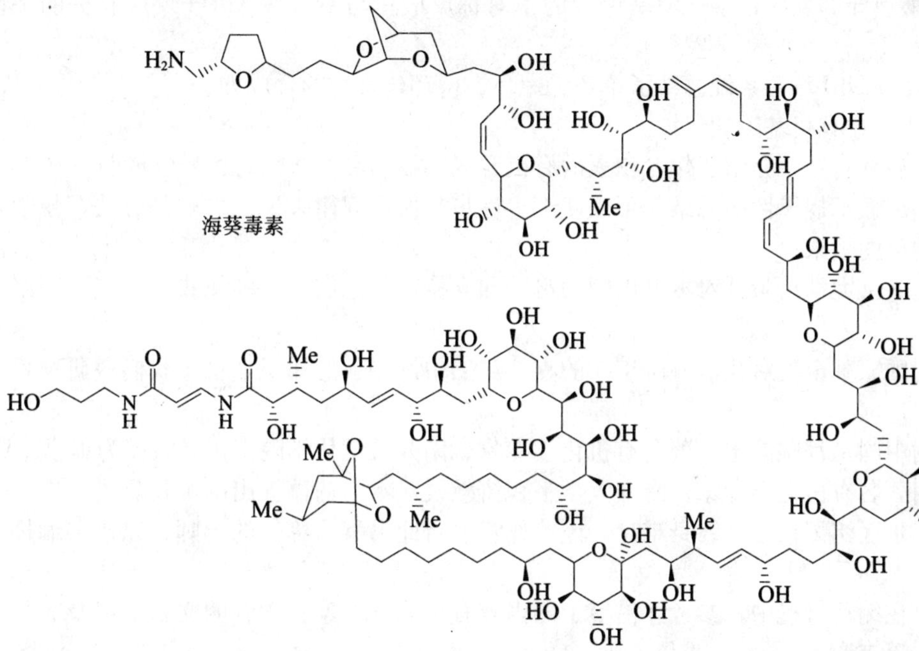

海葵毒素

手性合成、固相合成、生物合成、一锅煮合成、无溶剂合成、微波、光声电的催化或辅助催化合成将有机合成技术推向了一个新的阶段，有机合成与世界科学的发展、人类的进步紧密相连。

如今有机化学已发展成为包括物理有机化学、有机合成化学、天然产物有机化学、有机化学生物学、金属有机化学、药物有机化学、农药有机化学、有机新材料化学、有机分离分析化学等学科相互交叉、相互包容的基础科学。

学科的迅速发展，为有机化学科学提供了难得的发展机遇和挑战。为了适应新世纪教学改革的需要，在北京大学出版社的指导帮助下，结合本书作者多年的教学科研经验，编写了本书。本书力图在课程体系、教学内容和指导学生学习方法上有所创新，希望能成为读者喜欢的一本书。

全书共分为 11 章，主要内容如下。

第 1 章：高等有机合成化学中的基本理论，重点介绍了异头效应(anomeric effect)和螺共轭效应(spiroconjugation effect)的基本理论和应用。

第2章：高等有机合成化学中的重要反应，介绍了 Morita - Baylis - Hillman(MBH)反应、环加成反应、S_NV反应、S_N2'反应、1,4-消除反应、1,6-消除反应、McLafferty类消除反应、逐出反应、烯烃的复分解反应、Heck反应和点击化学(Click Chemistry)。

第3章：形成碳-碳单键的反应，系统总结了形成碳-碳单键反应条件，着重介绍了新反应在合成碳-碳单键骨架中的应用。

第4章：形成碳-碳双键的反应，对合成碳-碳双键的方法进行总结。

第5章：形成碳-杂单键的反应，从形成C—O，C—N键的方面加以论述。

第6章：形成其他双键的反应，其中包含了使用非重氮偶合方法合成偶氮染料的介绍。

第7章：手性增值的反应，本章精选了一些手性增值的方法，如酶催化合成反应；L-脯氨酸诱导的反应；手性辅基诱导的不对称反应；与不对称MBH反应有关的手性增值反应等。

第8、9、10章：系统总结了单环、螺环、桥环化合物的合成方法。

第11章：有机基团的保护。

本书后有附录，介绍了作者积累的有机合成小技巧和一些缩写符号的说明。

本书加强了规律性的总结，可以使学生逐步掌握用规律去记忆理解的方法，使学习达到事半功倍的效果。

感谢北京大学出版社对本书出版的帮助和支持，是他们的鼓励使我们坚定了写好本书的决心。

感谢国家基金委对我们科研工作的支持，书中许多新的知识来自于我们科研项目的研究成果。

感谢中国工程院院士、著名有机化学专家、南开大学化学院李正名教授为本书作序。

感谢著名有机化学专家、南开大学王积涛教授对本书初稿提出的宝贵意见。恩师的谆谆教诲，永远铭记在心，终身难忘。谨此作者愿将此书献给尊敬的导师、以永久缅怀寄托思念。

本书在编写过程中，参考并借鉴了国内外有机化学专家、学者的文献资料及大量教学出版物，深表谢意。

参加本书编写的有李兆陇、梁茂、高素华、魏凌云、郭晓燕、王新武、陈建平、黄洪松、钟玉霞、胡顺勇、张海斌、李世华、梁伟，全书最终由魏荣宝教授统稿和定稿。

由于编者水平有限，书中疏漏之处在所难免，敬请广大读者批评指正。

编　者

2011年1月

目　录

第 1 章　高等有机合成化学中的基本理论 ······ 1

1.1　有机化合物中的异头效应 ······ 1

1.1.1　异头效应的基本特征 ······ 1

1.1.2　有机化合物中的异头效应 ······ 2

1.1.3　异头效应在有机合成中的应用 ······ 11

1.2　有机化合物中的螺共轭效应 ······ 18

1.2.1　螺共轭效应的基本理论 ······ 19

1.2.2　螺共轭效应在有机合成中的应用 ······ 24

1.2.3　展望 ······ 35

习题 ······ 36

第 2 章　高等有机合成化学中的重要反应 ······ 39

2.1　Morita - Baylis - Hillman(MBH) 反应 ······ 39

2.1.1　MBH 反应的由来 ······ 39

2.1.2　Morita - Baylis - Hillman 反应主要组分 ······ 39

2.1.3　胺氮类 Morita - Baylis - Hillman 反应催化剂 ······ 40

2.1.4　有机膦类催化剂 ······ 47

2.1.5　含硫硒元素的催化剂 ······ 48

2.1.6　$TiCl_4$ 类催化剂 ······ 49

2.2　环加成反应 ······ 50

2.2.1　Diels - Alder [4+2] 环加成反应 ······ 50

2.2.2　[4+2] 1,3 -偶极环加成反应 ······ 54

2.2.3　[2+2] 环加成反应 ······ 55

2.2.4　烯炔的环加成反应 ······ 55

2.2.5　D - A 烯加成反应 (ene reaction) ······ 56

2.2.6　[6+4]、[12+2]、[14+2] 和 [18+2] 等类型的环加成反应 ······ 56

2.2.7　烯丙基正离子或负离子参与的环加成反应 ······ 57

2.3　特殊的亲核取代反应 ······ 58

2.3.1　$S_N V$ 反应简介 ······ 58

2.3.2　$S_N 2'$ 反应简介 ······ 60

2.4　特殊的消除反应 ······ 61

2.4.1　1,4 -消除反应 ······ 61

2.4.2　1,6 -消除反应 ······ 63

2.4.3　McLafferty 类消除反应 ······ 64

2.4.4　逐出反应 ······ 64

2.5　烯烃的复分解反应(Alkene metathesis reactions) ······ 67

2.6　Heck 反应 ······ 68

2.7　点击化学(Click Chemistry) ······ 69

习题 ······ 71

第 3 章　形成碳碳单键的反应 ······ 73

3.1　碳原子上的烃基化反应 ······ 73

3.1.1　芳烃的 Friedel - Crafts 烷基化反应 ······ 73

3.1.2　Mannich 反应 ······ 75

3.1.3　巯烷基化反应 ······ 76

3.1.4　醛或酮作为烷基化试剂的反应 ······ 76

3.1.5　炔烃的烃基化反应 ······ 78

3.1.6　通过过氧化物的取代反应 ······ 79

3.1.7　芳香自由基的 1,5 -和 1,6 -迁移反应 ······ 80

3.1.8 烯烃的烃基化反应 ········ 80
3.1.9 烯丙位、苄位的烃基化反应 ························ 81
3.1.10 活泼亚甲基的烃基化反应························ 81
3.1.11 烯烃的加成反应 ········ 81
3.2 碳原子上的酰基化反应 ··········· 82
3.2.1 芳烃的 Friedel - Crafts 酰基化反应 ················ 82
3.2.2 Reimer - Tieman 反应 ······ 82
3.2.3 Gatterman - Koch 反应 ··· 83
3.2.4 Gatterman 反应 ············· 83
3.2.5 Duff 反应 ··················· 83
3.2.6 羧化反应 ··················· 84
3.2.7 活泼亚甲基的酰基化反应 ······················ 84
3.2.8 烯胺的碳酰化反应 ········ 84
3.2.9 烯烃的酰基化反应 ········ 85
3.3 通过有机金属试剂的反应 ········ 85
3.3.1 通过 Heck 反应制备 ······ 85
3.3.2 通过偶联反应制备 ········ 86
3.4 Wagner - Meerwein 重排············ 87
3.5 利用 MBH 反应合成 ·············· 89
3.6 通过 $S_N V$ 反应合成 ············· 91
3.7 还原反应 ························· 92
3.7.1 Clemmensen 还原反应······ 92
3.7.2 Wolff - Kishner 还原和黄鸣龙改进法················ 92
3.7.3 金属氢化物还原············ 92
3.7.4 金属和酸反应还原 ········ 93
3.8 重氮盐法 ························· 93
3.9 分子内自由基加成反应 ··········· 94
3.10 Wurtz 反应 ······················ 94
3.11 借助协同反应制备 ············· 94
3.11.1 借助环加成反应 ········ 94
3.11.2 借助电环化反应 ········ 95
3.11.3 借助 σ-迁移反应 ········ 96
3.12 借助氧化偶联反应制备··········· 98
习题······································ 100

第 4 章 形成碳碳双键(三键)的反应 ···························· 101
4.1 消除反应 ························· 101
4.1.1 β-消除反应 ················ 101
4.1.2 MacLaflerty 类消除反应························ 104
4.1.3 1,4 -消除反应和 1,6 -消除反应 ············ 105
4.1.4 消除二醇的反应 ········· 109
4.1.5 由砜制备烯烃的反应······ 110
4.1.6 由丙二酸二乙酯制备烯烃的反应······················ 111
4.2 使用 Ti 或 Cr 化合物制备烯烃的反应································ 111
4.3 烯烃的复分解反应 ············· 112
4.4 通过 Bamford - Stevens 反应 ······ 113
4.5 羟醛缩合反应 ··················· 114
4.5.1 反应机理 ·················· 114
4.5.2 反应实例 ·················· 115
4.6 Wittig 反应 ······················ 118
4.6.1 Wittig 试剂 ················ 118
4.6.2 反应历程及反应的立体化学························· 119
4.6.3 典型的 Wittig 反应 ······ 121
4.7 其他类型的反应 ················ 122
4.7.1 Perkin 反应 ················ 122
4.7.2 Stobbe 反应 ················ 122
4.7.3 Knoevenagel 反应 ········ 123
4.7.4 Pterson 反应················· 123
4.7.5 炔烃的选择性加氢还原反应························· 124
4.7.6 酮的芳构化反应 ········· 124
4.7.7 Cope 重排反应 ·········· 125
4.7.8 通过 ene 反应 ··········· 126
4.7.9 通过逐出反应 ··········· 127
4.7.10 形成碳碳三键的反应 ··· 127
习题··· 128

第 5 章 形成碳杂单键的反应 ········ 131
5.1 形成碳-氧单键的反应 ··········· 131

5.1.1 醇类化合物的合成 …… 131
5.1.2 酚类化合物的合成 …… 134
5.1.3 醇的O-烃基化反应 …… 140
5.1.4 酚的O-烃基化反应 …… 142
5.1.5 醇的O-酰基化反应 …… 143
5.1.6 酚的O-酰基化反应 …… 144
5.1.7 Baeyer-Villiger 重排 … 144
5.2 形成碳氮单键的反应 ………… 145
5.2.1 脂肪胺的N-烃基化反应 ………………… 145
5.2.2 芳香胺的N-烃基化反应 ………………… 146
5.2.3 脂肪胺的N-酰基化反应 ………………… 147
5.2.4 芳香胺的N-酰基化反应 ………………… 147
5.2.5 含氮的 Claisen 重排 …… 148
5.2.6 Mannich 反应 ………… 148
5.2.7 Beckmann 重排 ………… 148
5.2.8 Hofmann 重排 ………… 150
5.2.9 Stevens 重排 ………… 150
5.2.10 联苯胺重排 ………… 151
5.2.11 Sommelet-Hauser 重排 ………… 152
5.2.12 活泼亚甲基的亚硝化还原反应 ………… 153
5.2.13 采用 NO_2 硝化的方法 … 153
5.3 形成C—X(Cl、Br、I)键的反应 ………………… 153
5.3.1 常见的形成C—X(Cl、Br、I)键的反应 ………… 153
5.3.2 特殊的形成C—X(Cl、Br、I)键的反应 ………… 158
习题 ………………… 160

第6章 形成其他双键的反应 ……… 161

6.1 偶氮化合物的合成 ………… 161
6.1.1 重氮-偶联法合成偶氮化合物 ………………… 161
6.1.2 无溶剂法合成重氮化合物 ………………… 163
6.1.3 非重氮-偶联法合成偶氮化合物 ………………… 164
6.2 碳氧双键化合物的合成 ……… 169
6.2.1 炔烃的加成 ………… 169
6.2.2 重排反应 ………… 170
6.2.3 氧化反应 ………… 173
6.2.4 格氏试剂反应 ………… 179
6.2.5 消去反应 ………… 179
习题 ………………… 180

第7章 手性增值的反应 ………… 182

7.1 酶催化合成反应 ………… 182
7.1.1 手性醇类化合物 ……… 182
7.1.2 手性胺类 ………… 183
7.1.3 手性羧酸及衍生物类 …… 184
7.2 L-脯氨酸诱导的反应 ……… 185
7.2.1 脯氨酸催化不对称 Mannich 反应 ………… 185
7.2.2 脯氨酸催化不对称 Michael 反应 ………… 186
7.2.3 脯氨酸催化 Robinson 成环反应 ………… 186
7.2.4 脯氨酸催化不对称 Aldol 反应 ………… 186
7.2.5 L-脯氨酸催化的三组分 Diels-Alder 反应 ……… 187
7.2.6 L-脯氨酸催化的α-胺基化反应 ………… 188
7.3 手性辅基诱导的不对称反应 … 188
7.3.1 不对称 Diels-Alder 反应 ………… 188
7.3.2 不对称烷基化反应 ……… 189
7.4 手性催化剂催化的合成反应 …… 190
7.4.1 手性催化剂催化的 ene 反应 ………… 190
7.4.2 手性催化剂催化的 Diels-Alder 反应 ……… 191
7.4.3 手性催化剂催化的烯烃的复分解反应 ……… 192
7.4.4 树形手性催化剂用于 $ZnEt_2$ 与苯甲醛的加成反应 …… 193

7.5 与不对称 MBH 反应有关的手性增值反应 …… 193
7.5.1 手性活化烯 …… 193
7.5.2 手性亲电试剂 …… 195
7.5.3 手性催化剂 …… 196
7.6 特殊的不对称合成反应 …… 202
7.6.1 双不对称合成 …… 202
7.6.2 偏振光诱导的不对称合成 …… 204
习题 …… 204

第 8 章 单环化合物的合成反应 …… 206

8.1 形成三元环的反应 …… 206
8.1.1 形成三元碳环的反应 …… 206
8.1.2 三元杂环化合物的合成 …… 207
8.2 形成四元环的反应 …… 209
8.2.1 形成四元碳环的反应 …… 209
8.2.2 形成四元杂环的反应 …… 211
8.3 形成五元环的反应 …… 212
8.3.1 形成五元碳环的反应 …… 212
8.3.2 形成五元杂环的反应 …… 213
8.3.3 含有两个杂原子的含氮五元杂环化合物 …… 216
8.3.4 苯骈五元杂环化合物 …… 220
8.4 形成六元环的反应 …… 222
8.4.1 形成六元碳环的反应 …… 222
8.4.2 形成六元杂环的反应 …… 224
8.5 形成大环的反应 …… 228
8.5.1 形成大碳环的反应 …… 228
8.5.2 形成大杂环的反应 …… 229
习题 …… 232

第 9 章 螺环化合物的合成 …… 234

9.1 引言 …… 234
9.2 同环一处结合 …… 237
9.2.1 消除反应 …… 237
9.2.2 加成消除反应 …… 238
9.2.3 羟醛缩合反应 …… 241
9.2.4 亲电取代反应 …… 241
9.3 同环两处结合 …… 243
9.4 异环各一处结合 …… 244
9.5 异环各两处结合 …… 244
9.5.1 羟醛缩合反应 …… 244
9.5.2 与季戊四溴(碘)反应 …… 249
9.6 螺原子一处结合 …… 251
9.6.1 分子内的亲核取代反应 …… 251
9.6.2 亲核加成 …… 253
9.7 同环螺原子两处结合 …… 254
9.8 异环螺原子两处结合 …… 257
9.8.1 羟醛缩合反应 …… 257
9.8.2 亲电取代反应 …… 259
9.9 同环螺和边各一处结合 …… 260
9.10 异环螺二处和边一处结合 …… 267
9.11 通过重排反应 …… 267
9.12 其他类 …… 270
习题 …… 273

第 10 章 桥环化合物的合成 …… 274

10.1 单桥环化合物的合成 …… 274
10.1.1 常规的方法 …… 274
10.1.2 Weiss 合成法 …… 275
10.1.3 Pauson - Khand 合成法 …… 276
10.1.4 Pictet - Spengler 缩合反应 …… 276
10.2 多桥环化合物的合成 …… 277
10.2.1 金刚烷类(Adamantanes) …… 277
10.2.2 三环 [5.5.0.$0^{4,10}$] 十二烷 …… 277
10.2.3 三环 [8.3.3.$0^{1,9}$] 十五烷 …… 278
10.2.4 立方烷(Cubane)和高立方烷(Homocubane) …… 278
10.2.5 四环 [2.2.0.$0^{2,6}$.$0^{3,5}$] 己烷 …… 279
10.2.6 五环 [4.4.0.$0^{2,5}$.$0^{3,9}$.$0^{4,8}$.$0^{7,10}$] 癸烷 …… 280
10.2.7 乌洛托品的合成 …… 280
习题 …… 281

第11章　有机基团的保护与脱除 …… 282

11.1　羟基的保护与保护基脱除 …… 282

11.1.1　苄醚保护基 …… 282

11.1.2　叔丁醚保护基 …… 283

11.1.3　甲醚保护基 …… 283

11.1.4　三苯基甲醚保护基 …… 283

11.1.5　甲氧甲醚(甲缩醛)保护基 …… 284

11.1.6　甲氧乙氧甲醚保护基 … 284

11.1.7　四氢吡喃醚保护基 …… 285

11.1.8　硼酸酯保护基 …… 285

11.2　羰基的保护与去保护基脱除 … 286

11.2.1　经典的羰基保护与去保护方法 …… 286

11.2.2　新的羰基保护方法 …… 288

11.2.3　新的羰基脱保护方法 … 290

11.3　氨基的保护与去保护 …… 291

11.3.1　N-乙酰化反应 …… 291

11.3.2　苄胺或取代苄胺 …… 291

11.3.3　硼酸酯保护基 …… 292

习题 …… 292

附录Ⅰ　有机合成技巧 …… 294

附录Ⅱ　一些缩写符号的说明 …… 297

参考答案 …… 299

参考文献 …… 313

第1章　高等有机合成化学中的基本理论

内容提要

本章详细地介绍了异头效应和螺共轭效应的基本原理、结构特征以及在有机合成、医药、材料等领域的应用，并与经典的π-π共轭、p-π共轭、σ-π超共轭、σ-p超共轭、σ-σ超共轭等进行了比较，给学生一个完整的有机化学立体电子效应的概念。

1.1　有机化合物中的异头效应

1.1.1　异头效应的基本特征

基础有机化学一般认为取代环己烷的优势构象是较大基团在e键上，以尽量减小空间位阻的影响，如反-1-甲基-2-叔丁基环己烷的稳定构象为ee键。但当有电负性较大的元素存在时，情况有所不同，如反-1,2-二氯环己烷的稳定构象是aa键，而不是ee键，见式1-1所示。

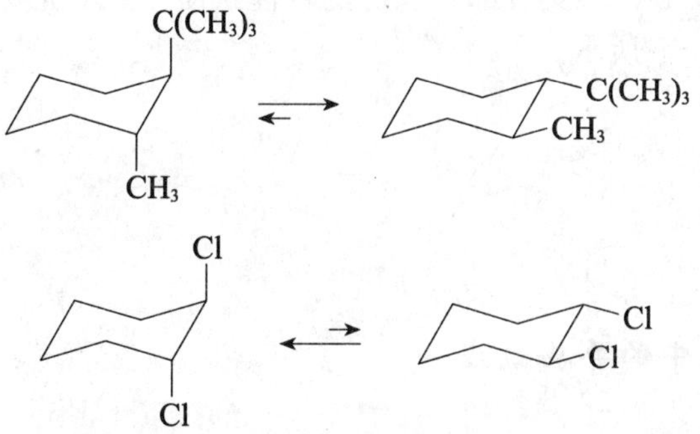

$C(CH_3)_3$　CH_3　⇌　$C(CH_3)_3$　CH_3

Cl　Cl　⇌　Cl　Cl

(1-1)

当环上有O、N、S等杂原子时，这种效应更加明显。如吡喃糖的C1上取代基是X(F、Cl、Br)、烷氧基、酰氧基等吸电子基团时，它们倾向于处于a键上，从纽曼式中可以看出，取代基处于e键时，大基团是对位交叉构象，而处于a键时是邻位交叉构象，尽管存在空间的不利因素，但是还是直立键比平伏键占优势，见式1-2所示。

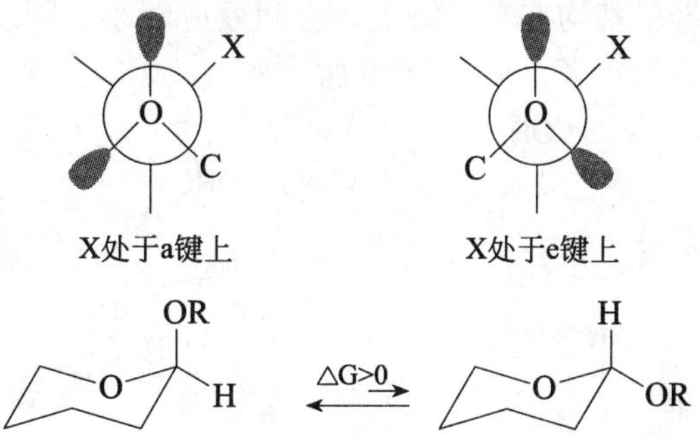

X　O　C　　X　O　C

X处于a键上　　X处于e键上

(1-2)

OR　O　H　$\triangle G>0$　H　O　OR

1955年Edward首次在吡喃糖中发现这种效应，由于涉及C1位，所以将这种效应称为异头效应(anomeric effect)。异头效应使分子稳定的原因有以下几点。

(1) 降低了分子的偶极矩，见式1-3所示。

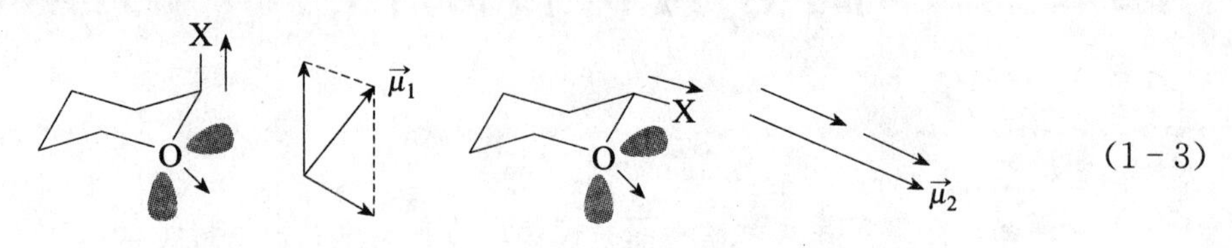

(1-3)

$\vec{\mu}_1<\vec{\mu}_2$

X处于a键上分偶极矩反向　　X处于e键上分偶极矩同向

(2) 降低了分子中C—X键的反键σ^*轨道的能量，见式1-4所示。

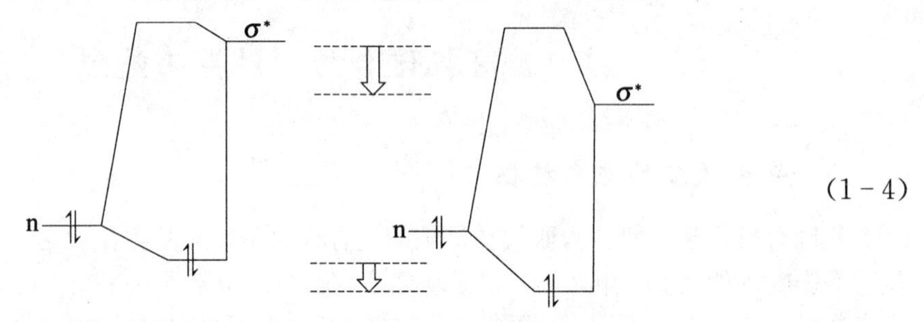

(1-4)

n电子进入σ^*轨道前　　n电子进入σ^*轨道后

(3) C—X(X=O，N，S)具有部分双键的特性，使C—X键变短，C—Y键加长，化合物活性加大，见式1-5所示。

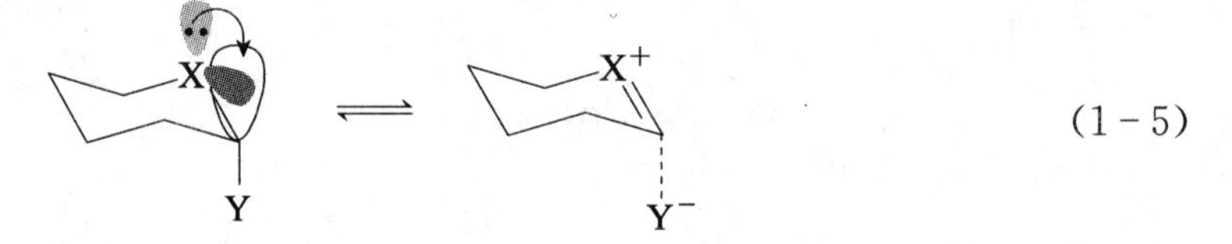

(1-5)

1.1.2 有机化合物中的异头效应

1. 碳水化合物中的异头效应

糖类化合物的物理化学性质与构象有关。例如，D-葡萄糖在水溶液的动态平衡体系中，β-异构体约占64%，α-异构体约占36%，这是很早就被发现的事实。在α-D-葡萄糖构象中，C1上的羟基在直立键上，其余各羟基或羟甲基均在平伏键上，而β-D-葡萄糖构象中，所有羟基及羟甲基均在平伏键上，空间效应较小，所以β-异构体的稳定性较高，因而在平衡体系中含量较多，见式1-6所示。

H_2O　(1-6)

36%　　64%

但仅用空间效应无法解释为什么甲基-D-葡萄糖苷在酸性甲醇溶液中α-D-葡萄糖苷会为优势构象，即α-异构体约占66%，β-异构体约占34%；类似的还有五乙酰化葡萄糖在酸性乙酐介质中α-异构体约占87%，β-异构体的占13%，见式1-7所示。

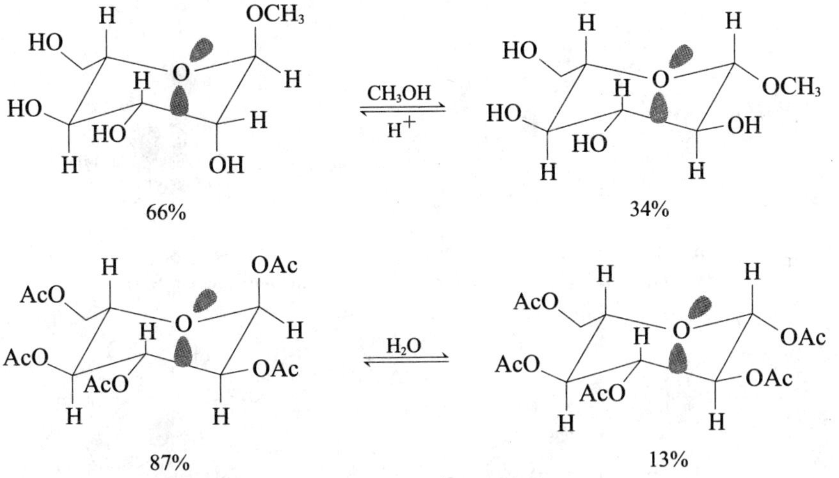

CH_3OH / H^+

66%　　34%

(1-7)

H_2O

87%　　13%

四乙酰化-β-L-吡喃阿拉伯糖可有以下两种椅式构象，如式1-8所示，按空间效应去考虑，A和B稳定性相似，因为它们各有两个—OAc基团处于直立键和平伏键，而实际上两种构象中B较A稳定。

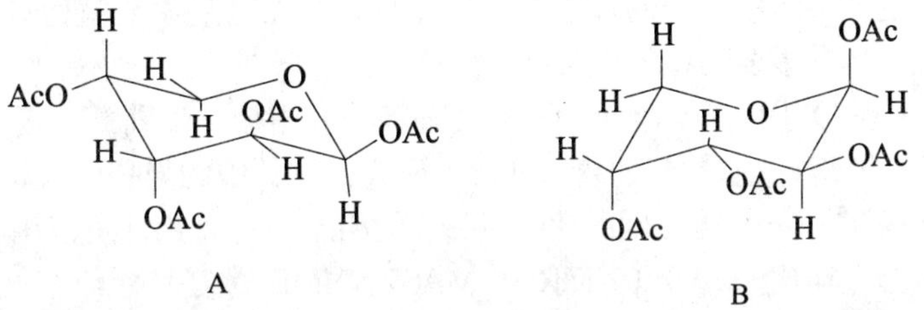

(1-8)

A　　B

异头效应除了产生偶极-偶极作用外，还可以通过场效应来体现。在五乙酰基-α-D-葡萄糖中，C1上所连乙酰氧基中的CH_3的化学位移δ为2.105；而在β-D-葡萄糖中C1上所连乙酰氧基中的CH_3的化学位移δ为1.193，其原因应是α-异构体中C1上所连乙酰氧基与C2上的乙酰氧基键通过空间场效应作用，使得α-异构体中C1所连乙酰氧基中的质子周围电子云密度降低，屏蔽作用减小，故可在较低场共振，使δ值增大。正是由于这种空间的电子吸引作用，使得本来具有较大立体效应的α-异构体反而比β-异构体稳定，这也说明异头效应往往不仅与偶极-偶极间的相互作用及溶剂化效应有关，也与场效应等因素有关。异头效应还与溶剂极性有关，当溶剂的极性增大时，在水溶液中环上各羟基会强烈地溶剂化，使空间效应占主导而异头效应减弱。

1997年Cramer等人利用从头计算法对2-羟基四氢吡喃和2-甲氧基四氢吡喃中取代基的氧的孤对电子进入C—O键的反键σ^*轨道的键长进行了计算，发现环外的C—O键变长，而环内的C—O键缩短，这一现象扩大到葡萄糖苷也得到了相同的结果，从而证明了α-异构体中确实存在着异头效应。1998年Nilsson等人通过对2-乙基己基-α-D-葡萄糖苷、2-乙基己基-β-D-葡萄糖苷、正辛基-α-D-葡萄糖苷、正辛基-β-D-葡萄糖苷的晶体和DSC图谱研究发现，2-乙基己基-α-D-葡萄糖苷和正辛基-α-D-葡萄糖苷是稳定构象。2001年Batchelor等利用晶体和NMR等手段，对2-氨基葡萄糖的构象进行了研究，发现当氨基处于a键时，主要发生内异头效应(endo-anomeric effect)，当氨基处于e键时，主要发生外异头效应(exo-anomeric effect)，见式1-9所示。

$n_O \rightarrow \sigma^*$(C—N)(主要)
(endo-anomeric effect)

$n_O \rightarrow \sigma^*$(C—H)(次要)
(endo-anomeric effect)

(1-9)

$n_N \rightarrow \sigma^*$(C—O)(次要)
(exo-anomeric effect)

$n_N \rightarrow \sigma^*$(C—O)(主要)
(exo-anomeric effect)

氨基葡萄糖是许多药物分子的母体，该研究成果对以氨基葡萄糖为母体的药物分子设计和药理毒理研究具有重要的指导意义。

2005年Chen等人利用MAS^{13}CNMR对葡萄糖、甘露糖、半乳糖、氨基半乳糖盐酸盐、氨基葡萄糖盐酸盐和N-酰基氨基葡萄糖进行了研究，对其中的异头效应进行了解释。发现α-异构体在较高场和β-异构体之间的化学位移δ值相差3～5，因此可以用MAS^{13}CNMR区分它们。同年Tzou等利用MAS^{13}CNMR和MAS^{15}NNMR对氨基葡萄糖类化合物进行了研究，得出了相同的结论。2004年Galva'n等人对木糖在水溶液中的异构体平衡进行了研究，发现其α-异构体由于存在异头效应而较为稳定。2005年Nyerges等人利用密度函数对葡萄糖酸进行计算，认为α-异构体由于异头效应而稳定的原因是分子内存在的氢键作用。

由于糖类是具有生理活性的物质，特别是近年来已发现一些糖类的α-异构体具有抗癌活性，一些糖基肽可构成被称为T-细胞(T-cell)的天然活性物质。因此，深入研究糖类化合物的构象对设计新药、研究其药理或毒理具有重要的意义。

2. 含杂原子螺环化合物中的异头效应

Pothier等人首次利用低温NMR研究了含氧螺环化合物1,7-二氧杂螺[5.5]十一烷(此处用1代替)，发现它的三个异构体之间相互转换有较大的能垒，见式1-10所示。

(1-10)

1A　　1B　　1C

在1A中，氧上的孤对电子的取向与C—O键均相反，存在两种异头效应；在1B中，氧的孤对电子的取向与C—O键有一对相同，一对相反，存在一种异头效应；在1C中，氧的孤对电子的取向两对与C—O键相同，不存在异头效应。经计算，一种异头效应的能量是5.9kJ/mol，因此，1A和1B比1C分别少10.18kJ/mol和5.9kJ/mol。当1的(2)位有一个甲基取代时(用2代替)，可能存在三种构象，见式1-11所示。

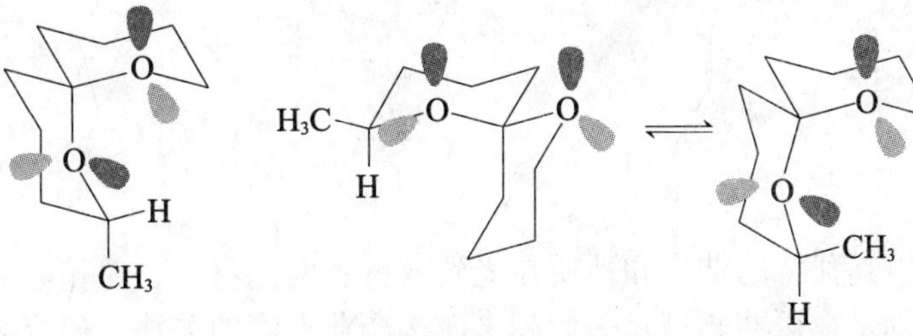

2A　　2B　　2C　　(1-11)

其中，2A存在两种异头效应，是稳定的构象；2B无异头效应，是不稳定构象；2C由于甲基的空间位阻效应在平衡体系中微乎其微，这样的结果已被实验所证明。

当化合物2的(5、11)位上有两个甲基的时候，其稳定构象是3和4，3和4的比例为97∶3；当异构体5和6用酸处理后，也可转化成3和4，见式1-12所示。

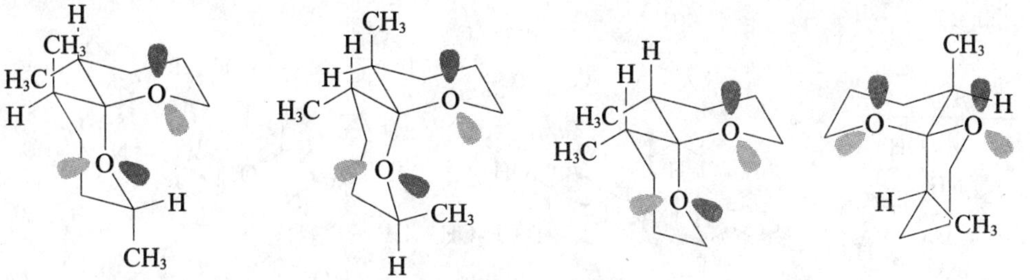

3　　4　　5　　6

(1-12)

对于三元环的螺环化合物7其稳定构象是7A，见式1-13所示。

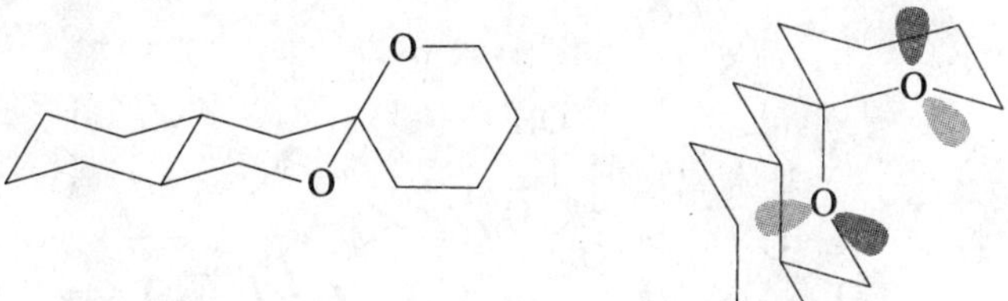

7　　7A　　(1-13)

1,7-二硫杂螺［5.5］十一烷(用8代替)有三种构象存在，其稳定次序为：8A＞8B＞8C，见式1-14所示。

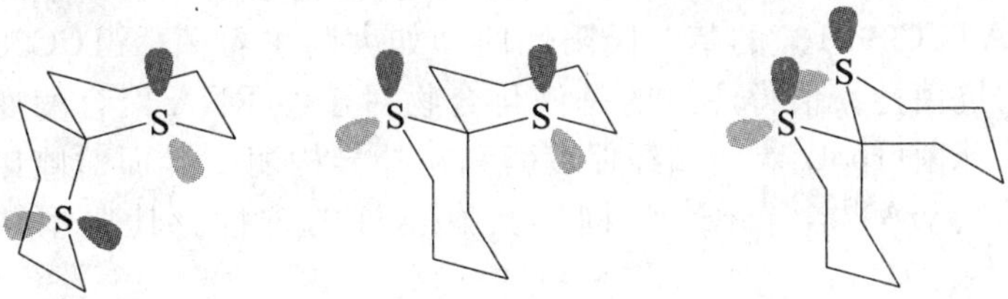

8A　　8B　　8C　　(1-14)

1-氧-7-硫杂螺［5.5］十一烷(用9代替)有四种构象存在，9A有两个异头效应，9B和9C各有一个异头效应，9D无异头效应，其稳定次序为：9A＞9B＞9C＞9D，见式1-15所示。

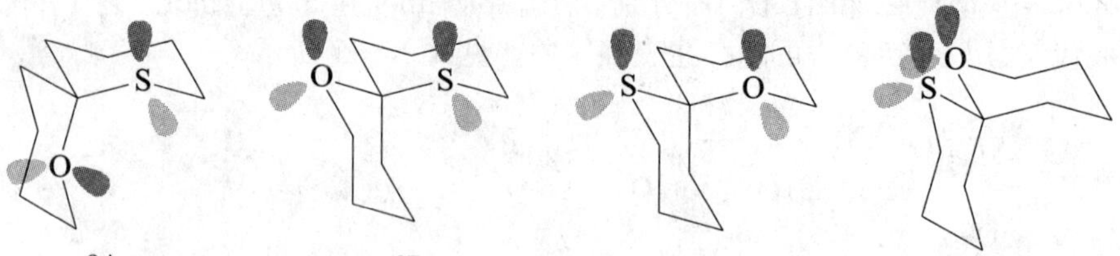

9A　9B　9C　9D

(1-15)

螺环化合物以其独特的结构和性质在光致变色、发光材料、医药、农药等领域占有重要的地位，特别是在医药领域已引起越来越多药业专家的关注。研究表明，具有生理活性的螺环化合物大多数是不对称分子或非对称分子。一些具有异头效应的螺［吲哚-3,3′-四氢吡咯］或螺［吲哚-3,3′-四氢吡啶］类化合物、胞二醚螺环化合物以及带双环的螺环原酸酯等化合物具有很高的生理活性。其中烟碱受体的抗体化合物10、抗癌细胞毒活性化合物11、杀菌活性化合物12和抗癌活性13～15的化合物见式1-16所示。

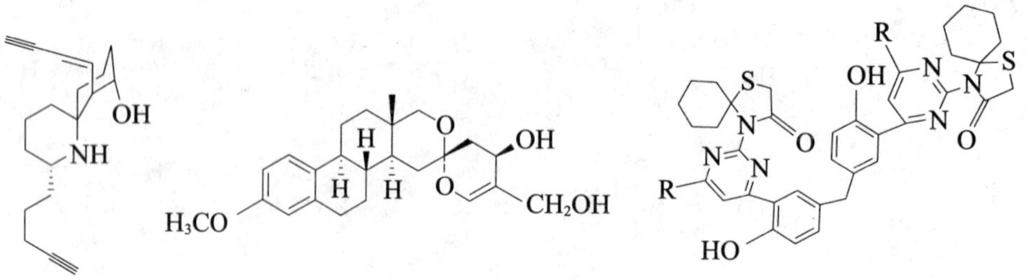

10　11　12

(1-16)

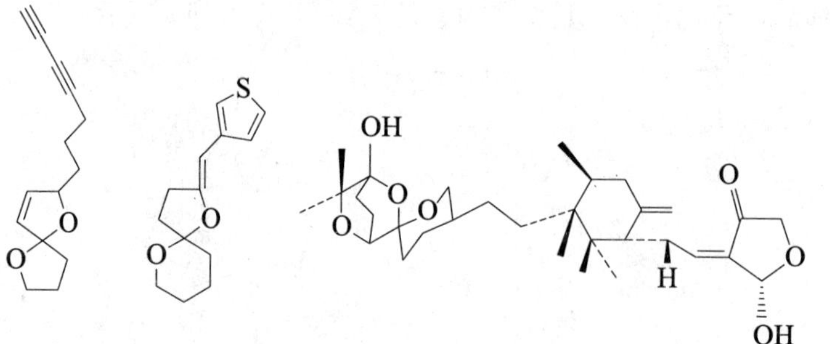

13　14　15

2009年Ding等人制备了喹诺酮羧酸取代的利福霉素衍生物。该螺环化合物对金黄色葡萄球菌(ATCC29213)的革兰氏阳性菌和如大肠埃希菌(ATCC25922)的革兰氏阴性菌有良好的抗菌性。值得注意的是该化合物对于经RNA聚合酶变异而对产生抗性的金黄色葡萄球菌(rpoB^{H481Y})和经促旋酶和拓扑异构酶变异而对喹诺酮产生抗性的金黄色葡萄球菌(gyrA^{S84L}，parC^{S80F})同样具有良好的抗性。其典型结构见式1-17所示。

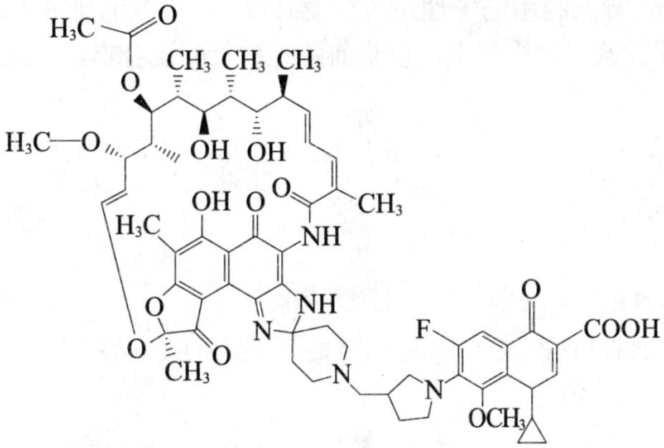

(1-17)

深入研究这类化合物的稳定构象与异头效应的关系，对高效低毒的新药的设计、药理毒理的研究有重要意义。

3. 杂环化合物中的异头效应

1968 年，Descotes 发现二环缩醛化合物在 80℃的平衡混合物中含有 57%的顺式异构体 16 和 43%的反式异构体 17，顺式异构体比反式异构体稳定，它们之间能量差为 0.71kJ/mol。其中，顺式异构体 16 存在两个异头效应，而反式异构体 17 没有这种效应，见式 1-18 所示。

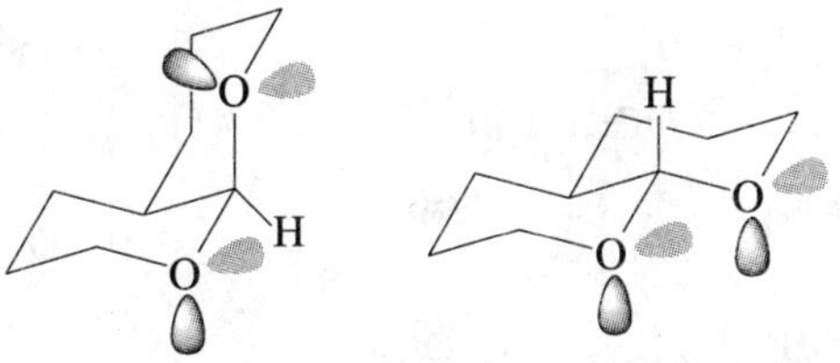

(1-18)

Beaulieu 在三环体系中(18，19)同样发现了这种异头效应，见式 1-19 所示。

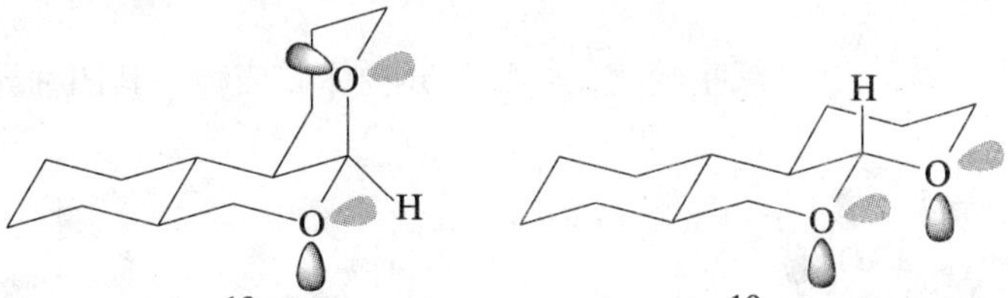

(1-19)

1998 年 Tvaroska 等人通过对环状半缩醛的研究发现，在真空中羟甲基处于直立键是优势构象，而在溶液中，羟甲基处于平伏键是优势构象。在研究 1,3-二噁嗪烷和 1,3-二嗪烷分子的构象时，异头效应对构象的影响具有同样的重要性。对四氢 1,3-噁嗪进行低温 NMR 研究表明，N 上的取代基处于直立键是优势构象，因为其有两个异头效应，而处于平优键只有一个异头效应，见式 1-20 所示。

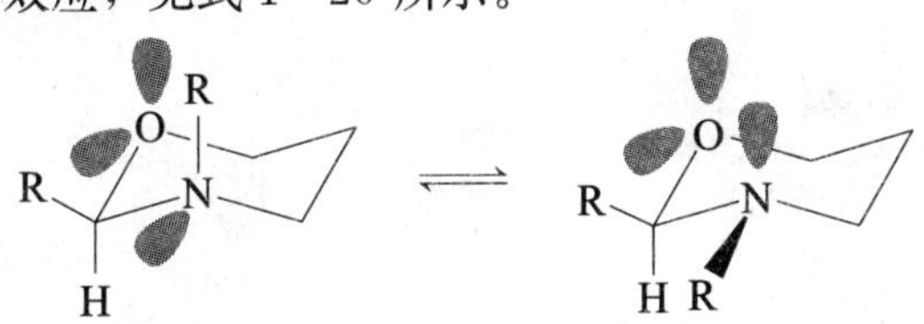

(1-20)

2007 年 Eskandari 等人利用电子理论方法对 1,3 -二嗪烷的研究发现，在 N,N′-二取代 1,3 -二嗪烷的可能存在的三种构象中，仅是前两种构象的混合物，见式 1 - 21 所示。

优势构象　　较优势构象　　不稳构象

(1 - 21)

对于二噻烷，人们发现其主要以直立键的形式存在，如图 1 - 22 所示的 2 -甲氧基-1,3 -二噻烷。见式 1 - 22 所示。

OCH_3

(1 - 22)

1997 年 Srivastava 等人合成了一系列 2,5 -二甲氧基吡喃化合物，利用 NMR 测试和半经验分子轨道从头计算等方法对该类化合物进行了研究，发现两个甲氧基在 ae 键上的顺式异构体在四氯化碳中有 92%的比例；而两个甲氧基在 aa 键上反式异构体的稳定性优于在 ee 键上的异构体，从而有力地证明了异头效应对结构稳定性的影响，见式 1 - 23 所示。

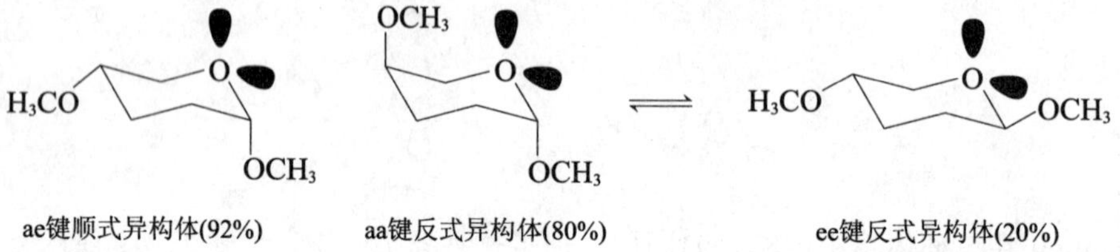

ae键顺式异构体(92%)　　aa键反式异构体(80%)　　ee键反式异构体(20%)

(1 - 23)

在酸性介质中，2,5 -二甲氧基吡喃化合物的异构体有四种，其四种异构体的平衡见式 1 - 24 所示。

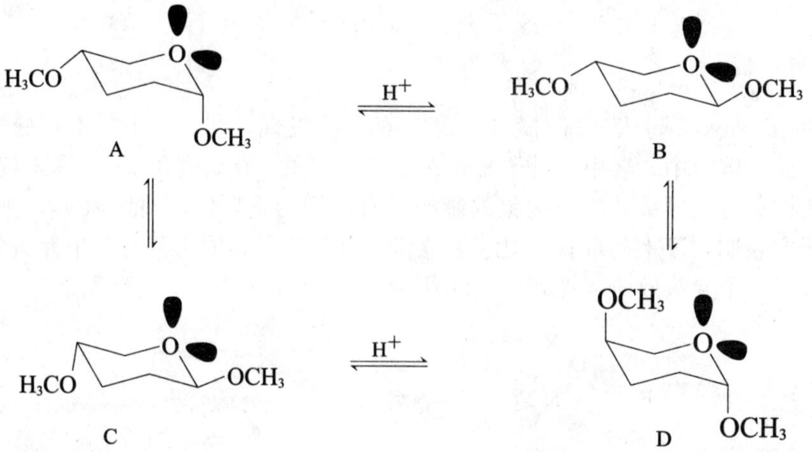

A　　B　　C　　D

(1 - 24)

其中，稳定的结构是 A 和 D，而 C 的稳定性最差。1999 年 Uehara 等人在研究 2,2 -取代二苯基-1,3-二噁烷时发现，由于异头效应的影响，4-硝基苯基或4-三氟甲基苯基(吸电子基团)处于a键稳定，而4-甲氧基苯基(给电子基团)处于e键稳定，并通过X-衍射证明了这一计算结果，见式1-25所示。

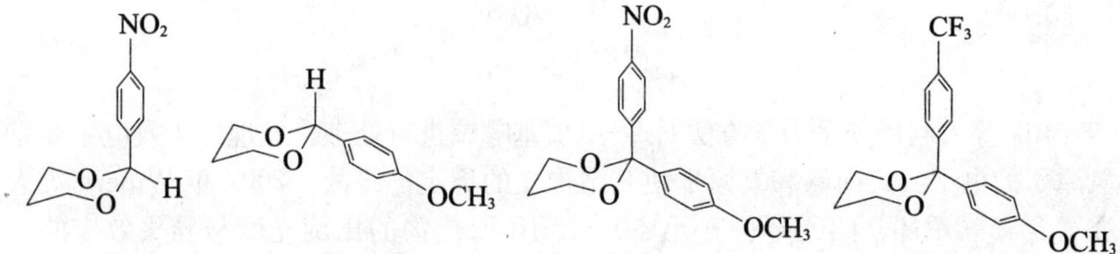

20　　21　　22　　23　　(1-25)

2001年Katritzly等人合成了七种苯并三氮唑取代的杂环化合物，典型化合物结构(24，25)见式1-26所示。

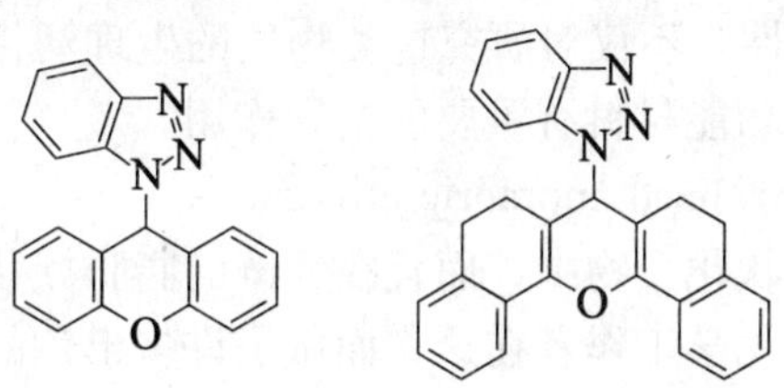

24　　25　　(1-26)

通过对其晶形测定，发现该类物质中可能存在通过双键传递的异头效应，见式1-27所示。

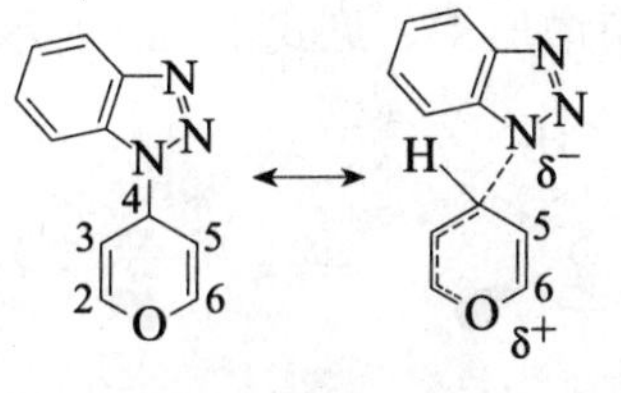

(1-27)

X光衍射结果显示，含氧杂环以船式结构存在，其双键处于同一平面，sp^3 杂化碳和 sp^2 杂化氧处于船头上。存在C4—N缩短，C3—C4及C4—C5变长的异头效应特征，说明通过双键可以传递异头效应，或双键参与了电子的超共轭现象，见式1-28所示。

(1-28)

2007年Takahashi等人利用从头算起分子轨道理论和晶体结构综合分析，发现a键2位吸电子取代基二噁烷类化合物Gibbs自由能小于e键化合物，a键与e键的Gibbs自由能差值随取代基团—OCH_3、—F、—Cl、—Br而增大。经研究发现a键取代基稳定的原因是由于形成氢键的作用。^{13}C NMR也证明C4和C6处于高场区。典型化合物的分子构象见式1-29所示。

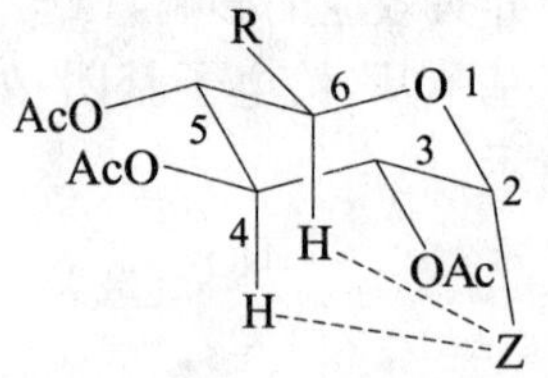

(1-29)

2007 年 Vila 等人利用分子力学方法对 2-甲氧基噁烷进行处理，发现异头效应主要是由于中心氢原子的电子云流向碳和氧原子使其结构变的稳定的缘故。2007 年 Wiberg 等人系统地研究了含氧三元环、四元环、五元环、六元环取代物的比旋光度与异头效应的关系，发现氯代吡喃主要是以 a-异构体存在。

以上研究表明，在含有 O、N、S 杂原子的环状化合物中，只要 C1 位存在电负性较强的元素或官能团，就存在异头效应。异头效应与空间效应的大小决定了取代基在 a 键还是在 e 键。这一结果具有普遍性，不仅对研究这类物质的生理活性有重要价值，而且对设计新型药物、超分子载体、新功能材料有重要的指导作用。

(4) 广义异头效应(generalized anomeric effect)。

异头效应不仅存在于环状化合物中，而且在开链的脂肪族化合物中也可以存在，这种效应被称为广义异头效应。化学工作者在这方面做了许多出色的工作，他们对简单小分子的稳定构象与异头效应的相互关系使用从头算法已进行了广泛的研究，如 1996 年 Kühn 等人利用微波光谱(MW)研究了三氟甲基甲醚的构型，发现其稳定构象是邻位交叉式，由于 O 孤对电子填充到 C—F 键的反键轨道，使 O—C 键缩短了 0.0014nm，使 C—F 键加长 0.002nm，O—C—F 键的键角增加 4°，见式 1-30 所示。

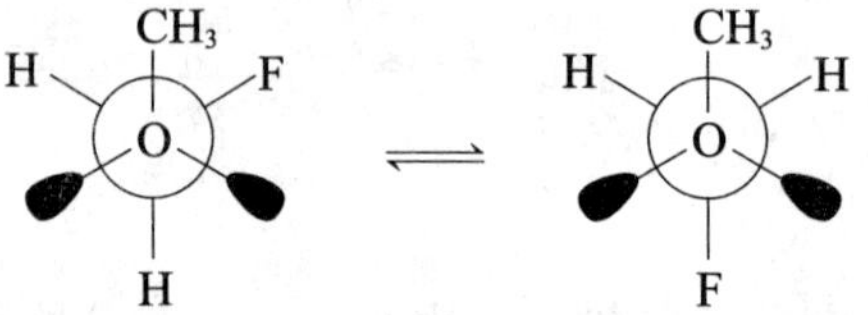

(1-30)

2005 年 Roohi 等人通过对氟甲醇计算，发现它的稳定构象是邻位交叉式，见式 1-31 所示。O—C 键缩短了 0.0018nm，C—F 键加长 0.0025nm，O—C—F 键的键角增加 4.6°。2006 年 Roohi 等对氟甲硫醇进行计算，得到了相似的结果。1998 年 Belyakov 等人进行了氨基膦烷的计算，认为在 F_2PNMe_2 中 N 原子是平面构型，N 原子的孤对电子进入了 P—F 键的 σ^* 反键轨道。

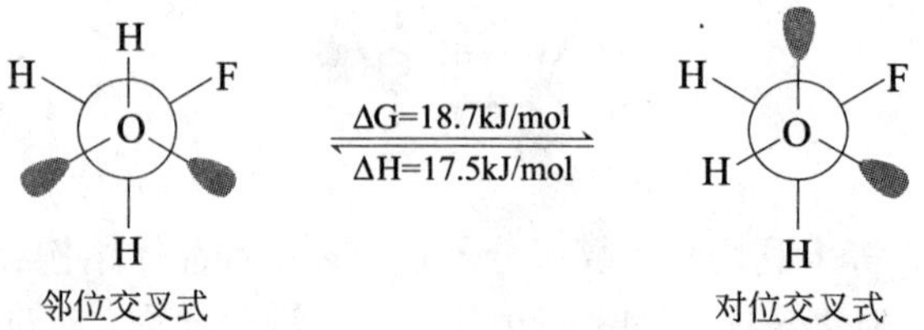

(1-31)

邻位交叉式　　对位交叉式

以上研究表明，异头效应不仅存在于环状化合物中，在开链化合物中也同样存在，虽然不如环状化合物稳定，但其对在低温下寻找新的功能化合物、合成新的金属有机化合物以及对于化学结构及低温化学理论研究具有重要的意义。

1.1.3 异头效应在有机合成中的应用

1. 关于羧酸酯的反应

羧酸酯分子中存在π-π共轭效应，p-π共轭效应(可视为n-π之间的作用)，另一种为异头效应(可视为n-σ*之间的作用)，见式1-32所示。

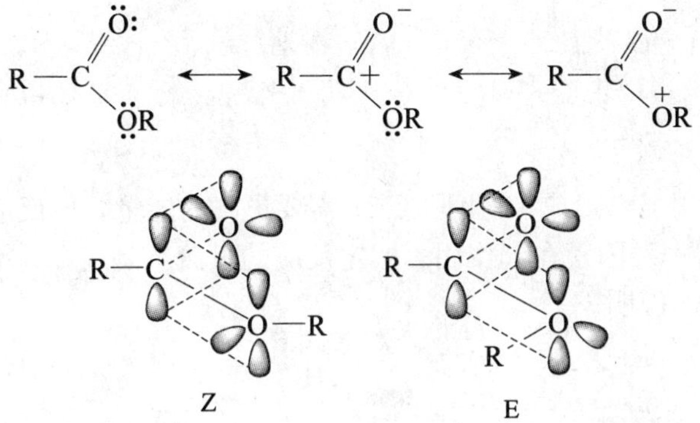

(1-32)

在Z或E式中，均存在羰基氧的孤对电子轨道与R—O键的反平行关系，其孤对电子轨道与R—O键的反键σ*之间的作用，使C═O键有三键的特征。两种效应相比，p-π共轭效应是起主要作用。而两种效应的共同作用，使得酯基电子云密度得到最大程度的分散。在Z式中，还存在R—O键氧的孤对电子轨道与C═O键的反平行关系，使R—O键有双键的特征。因此Z式比E式稳定，从式1-33可以清楚地看到这一点。

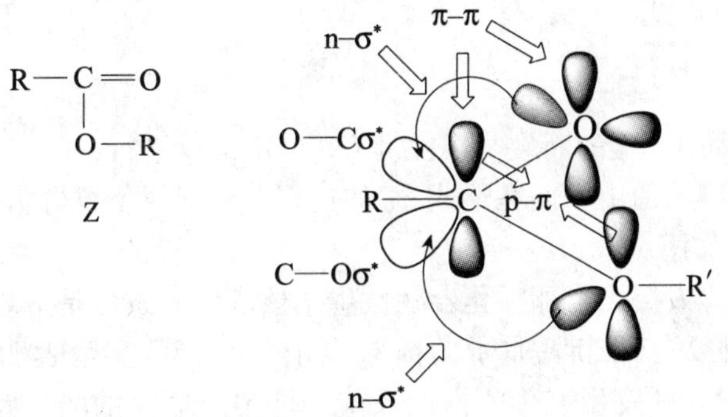

(1-33)

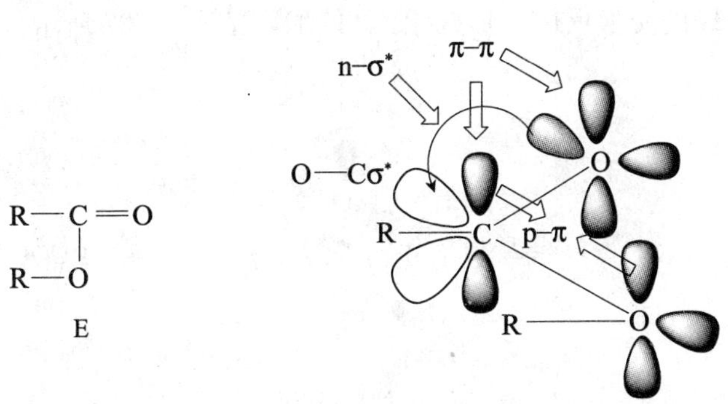

利用异头效应可以很好地解释下列离子的稳定性：A>B>C，见式1-34所示。

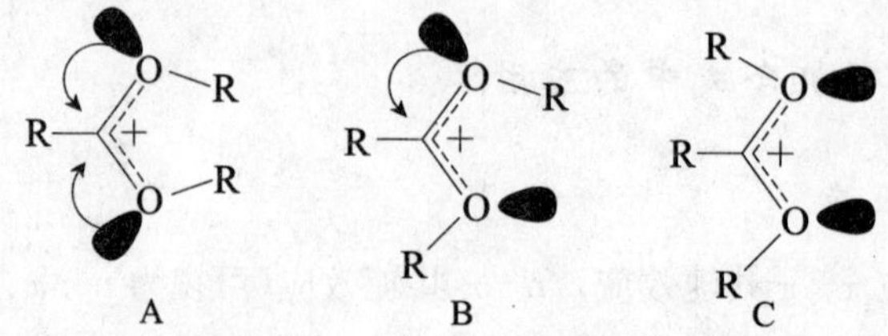

$$(1-34)$$

Beaeulieu 等人做了一个有趣的实验，充分说明了异头效应在反应中所起的作用，见式 1-35 所示。

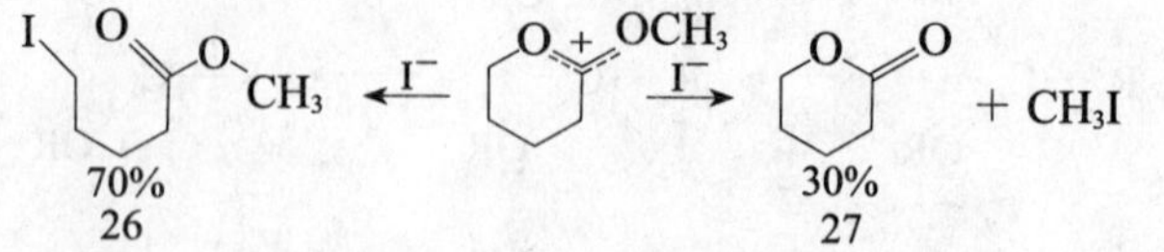

$$(1-35)$$

在上述反应中，很显然形成 26 比形成 27 需要更高的能量，但反应结果却是生成较多的 26，这说明有另外一种因素在起作用。假定反应的过渡态是式 1-34 所示的 B 形式，进攻的形式可用式 1-36 说明。

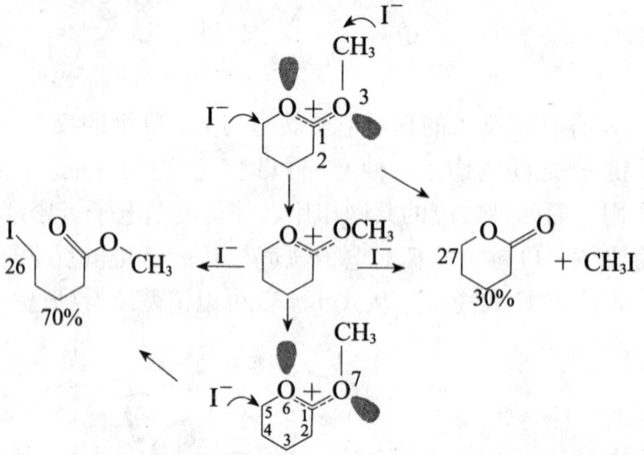

$$(1-36)$$

在形成 26 的过程中，键的断裂与极性键 C1—O7 键反平行，C5—O6 键的电子可以离域到 C1—O7 键的反键轨道上；而在形成 27 的过程中，键的断裂与非极性键 C1—C2 键反平行，没有这种离域作用。

Deslongchamps 等人提出了酯类化合物发生亲核取代的条件是进攻试剂要垂直于酯所在平面，形成的新键要与两个氧原子的孤对电子反平行。实验表明，Z 式异构体在与 OH^- 发生皂化反应时，可发生三个方向的反应：即生成原来的酯；发生皂化反应；或发生羰基氧 ^{18}O 与 $^{16}OH^-$ 的交换反应，形成无 ^{18}O 的酯，见式 1-37 所示。

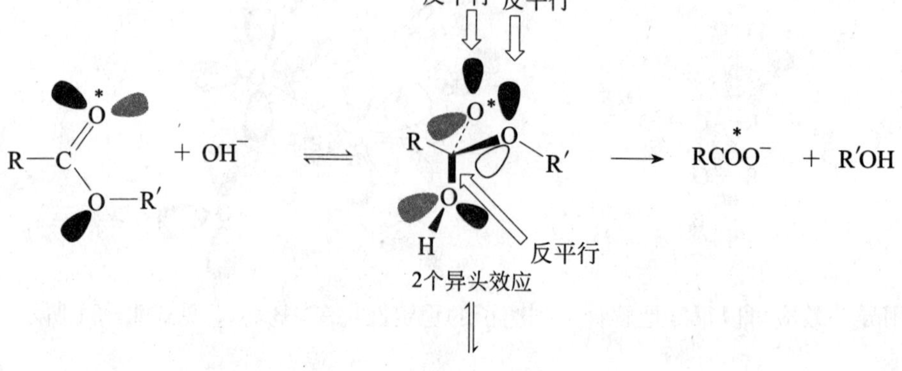

反平行 反平行

$R-C(=O^*)-O-R' + OH^- \rightleftharpoons$ （2个异头效应；反平行） $\longrightarrow RCO\overset{*}{O}^- + R'OH$

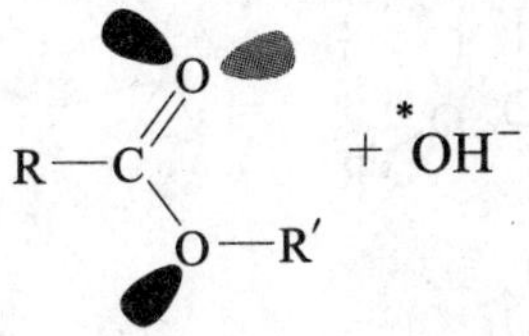

(1-37)

而E式异构体在与OH^-发生皂化反应时，只能发生两个方向的反应，即生成原来的酯和发生皂化反应。较难发生羰基氧^{18}O与$^{16}OH^-$的交换反应，形成无^{18}O的酯，因为中间体由于空间效应的影响能量较高，见式1-38所示。

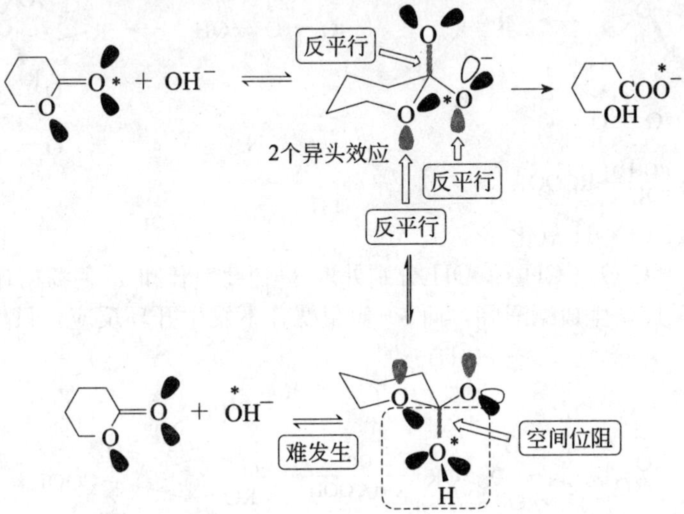

反平行

2个异头效应

反平行

反平行

难发生

空间位阻

(1-38)

2. 关于缩醛C—H键的氧化

1）臭氧化

Deslongchamps发现，缩醛氢可以被臭氧氧化成羧酸酯，同时产生醇和氧气，见式1-39所示。

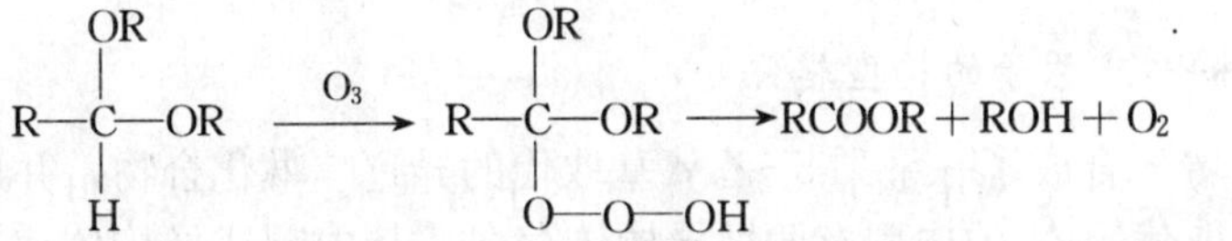

$$R-CH(OR)_2 \xrightarrow{O_3} R-C(OR)_2-O-O-OH \longrightarrow RCOOR + ROH + O_2 \qquad (1-39)$$

研究发现，当缩醛上的两个氧原子的孤对电子均与醛氢处于反位垂直时，由于异头效应使C—H键变长，氧化反应易发生，见式1-40所示。A、B易被氧化，而C不易被氧化。同理，如式1-35所示，β-葡萄糖苷D易被氧化，而α-葡萄糖苷F不易被氧化。

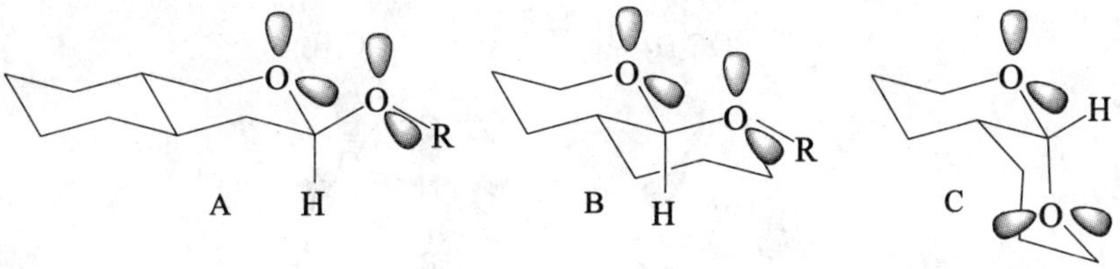

A B C

O O R H D　　O H O R F

(1-40)

缩醛臭氧化的反应机理描述见式 1-41 所示。

R O R O R H　→　R O—R + O R　+ :O—O—OH →　R O R O R O O—OH

$O=\overset{+}{O}-\overset{-}{O}$

$\xrightarrow[-O_2]{-ROH}$ RCOOR

(1-41)

2) CrO_3—CH_3COOH 氧化

Angyal 等人用 CrO_3—CH_3COOH 分别处理 β-葡萄糖苷和 α-葡萄糖苷时，发现 β-葡萄糖苷发生开环反应，生成酮酸酯，而 α-葡萄糖苷不发生开环反应，只生成甲酸酯，见式 1-42 所示。

RO RO RO O OR OR H $\xrightarrow[CH_3COOH]{CrO_3}$ RO RO RO O COOR OR

RO RO RO O H OR OR $\xrightarrow[CH_3COOH]{CrO_3}$ RO RO RO O H OR OCHO

(1-42)

3. 异噁唑啉中 N 原子的构型转化

1995 年 Ali 等人合成了一系列 5-乙氧基取代的异噁唑啉化合物，并进行了低温 NMR 研究，发现烷基取代的 N 的构型有两种异构体存在，其中顺式异构体比反式异构体稳定，它们之间的转换能垒为 59.3～65.6kJ/mol，见式 1-43 所示。

RNHOH + CH_2O ⟶ CH_2 N^+ R O^- $\xrightarrow{\text{OEt}}$ R—N O OEt (1 2 3 4 5)

OC_2H_5 R O N　>　OC_2H_5 O N R

顺式　　反式

(1-43)

在已发现的医药中大约90%以上是含有杂环结构的化合物，其中含N原子的占有相当大的数量。因此这一发现对研究含N物质的生理活性，以及设计药效高、副作用小的新药有重要意义。例如，含有—NH的杂环药物的构型是可以转化的，有效的结构只占其中一部分，在搞清楚有效结构的基础上，经过改造将—NH变成含有N—R键的杂环的有效结构，可以相对地大大提高药效。研究表明，16β-丁内吗啡烃有活性，而16α-丁内吗啡烃无活性，这充分说明了N的构型对药效的影响，见式1-44所示。

(1-44)

16β-丁内吗啡烃　　16α-丁内吗啡烃

4. 4-羟基脯氨酸的烷基化反应

1999年Nagumo等人在研究4-羟基脯氨酸的烷基化反应时发现，该类反应与烷基化试剂有关，反应分别受异头效应和n-π电子相互作用所控制。当使用苄基卤代烃时，产物受n-π电子相互作用控制，当使用烯丙基卤代烃时，产物受异头效应影响，见式1-45所示，各种取代基得到的产物比例见表1-1所示。

(1-45)

SBDBTO, N, COOCH₃, BOC —LDA / THF / −78℃→ SBDBTO, N, OCH₃, OLi, BOC —RX / HMPA→ A + B

表1-1　同卤代烃生成产物的收率及比例

RX	收率/(%)	产物 A∶B	RX	收率/(%)	产物 A∶B
$C_6H_5CH_2Cl$	74	71∶29	$CH_2{=}CHCH_2Br$	78	40∶60
$C_6H_5CH_2Br$	95	70∶30	$Me_2C{=}CHCH_2Br$	84	36∶64
$4-CH_3OC_6H_4CH_2Cl$	83	66∶34	CH_3I	77	23∶77

（此表选自Nagumo，S.；Mizukami，M.；Akutsu，N.；Tetrahedron Letters，1999，40，3210）

烷基化产物的结构中，为了减小空间的影响，N原子采用锥形构型，其反应受异头效应和n-π电子相互作用控制，见式1-46所示。

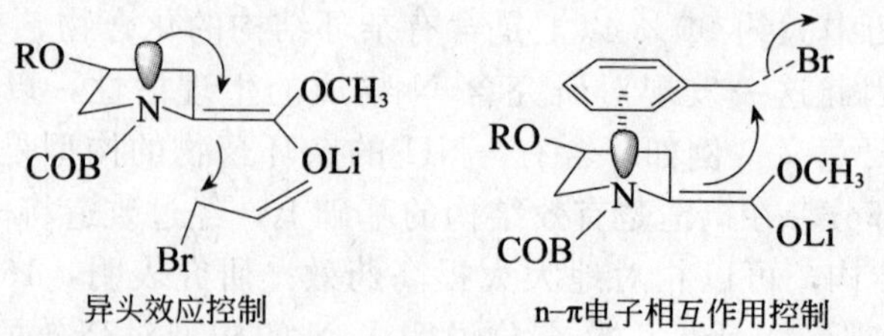

RO COB N OCH3 OLi Br

异头效应控制

Br RO N OCH3 OLi COB

n-π电子相互作用控制

(1-46)

反应通过N原子的空间构型得到有效的控制，对手性合成设计有很好的参考价值，同时也说明反应的结果是各种效应的综合作用结果。

5. 环状二巯基磷酸酯配体的有机锡化合物

2000年Garc'a等人合成了一系列环状二巯基磷酸酯配体的有机锡化合物，经过X-光衍射测定，发现所有结构中与Sn配体的P—S键均为直立键的构型，说明在特定结构中异头效应的作用，见式1-47所示。

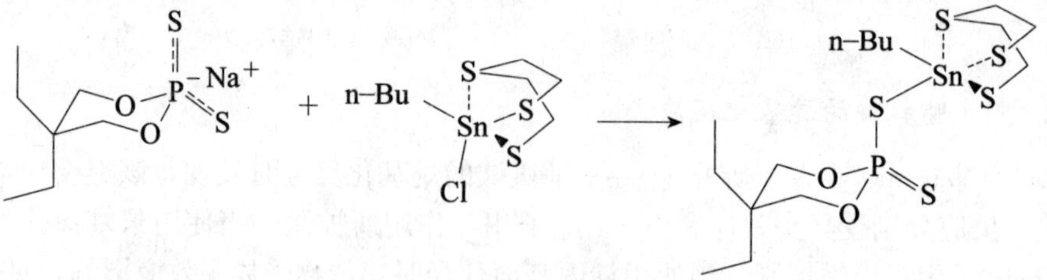

(1-47)

6. 芬太奴(fentanyl)类化合物的构象

芬太奴化合物是一种高效止痛剂，它的止痛效果是吗啡的300倍，通过在哌啶环上引入取代基，药效可进一步提高至吗啡的1000倍。^{1}HNMR研究表明，苯环在e键上是稳定的构象，见式1-48所示。

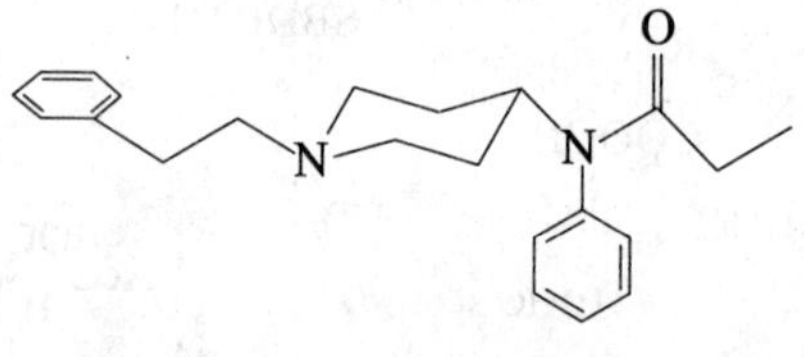

(1-48)

从理论上讲，芬太奴类化合物应有306种不同的稳定构象，且随着哌啶环上杂原子的增多而减少；从药理上讲，更换哌啶环上C3和C5为杂原子，不会改变药的本质，有可能提高药效。根据这一假设，1995年Martinez等人合成了一系列N、O、S杂哌啶化合物，使用分子力学(molecular mechanics)和半经验分子轨道计算(semi-empirical molecular orbital calculations)研究了它们的典型构象，见式1-49所示。

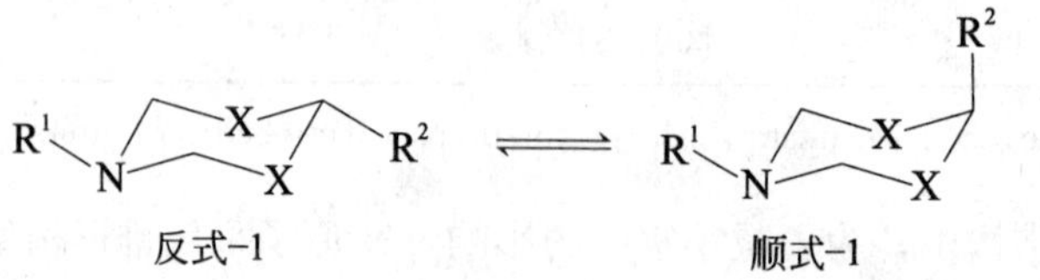

反式-1 ⇌ 顺式-1

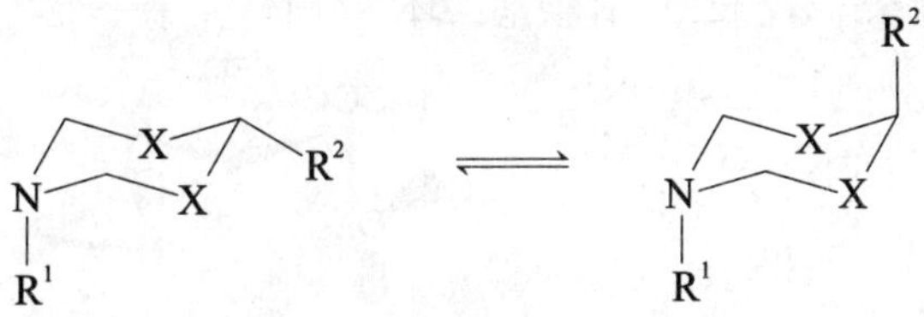

顺式-2　　　　反式-2　　(1-49)

X=NH, O,S; $R^1=CH_2CH_2C_6H_5$; $R^2=NC_6H_4COEt$

结果发现，上述化合物全部是顺式-2 或反式-2 结构，即 N 上的 R1 在 a 键上，见式 1-50 所示。

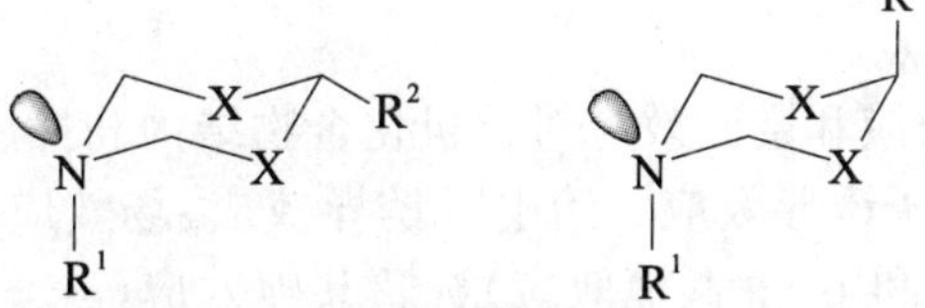

(1-50)

因此，对含氮环药物的修饰和改造具有非常重要的价值，同时也为计算化学的研究提供了新的思路。

7. 糖类的乙酰化反应

2003 年 Crich 等人在进行半乳糖、甘露糖、葡萄糖的乙酰化反应时发现，a-异构体的羟基由于异头效应的影响其反应活性比 β-异构体小，见式 1-51 所示。

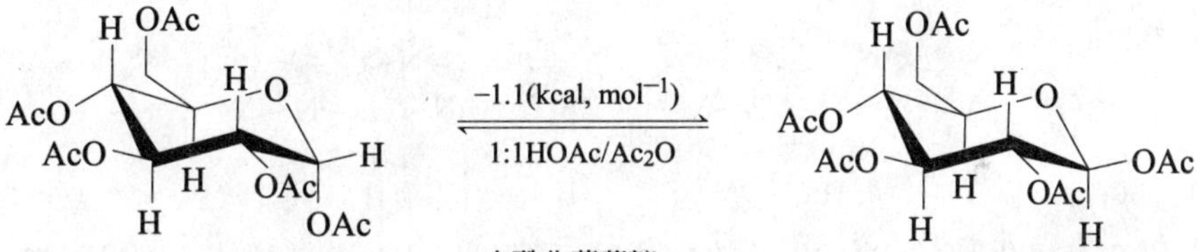

−1.1(kcal, mol^{-1})　1:1HOAc/Ac_2O

全酰化葡萄糖

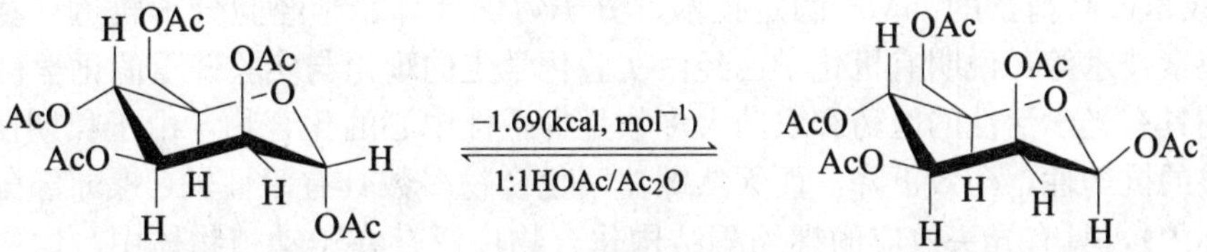

−1.69(kcal, mol^{-1})　1:1HOAc/Ac_2O　　(1-51)

全酰化甘露糖

−1.15(kcal, mol^{-1})　1:1HOAc/Ac_2O

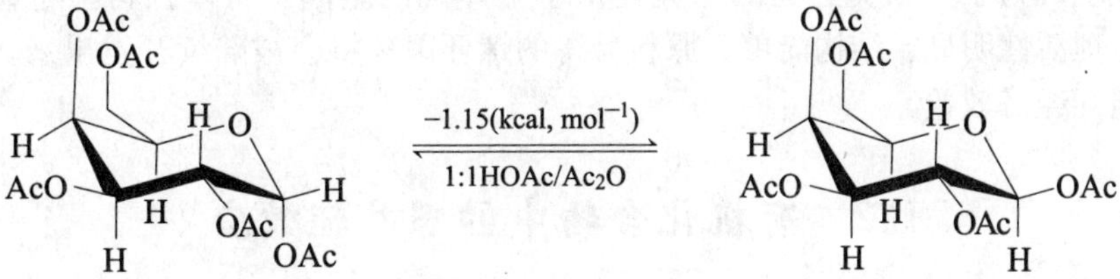

全酰化半乳糖

8. (1S，2S，6S，7S)-1,6-二氮杂-4,9-二氧杂-2,7-二甲氧羰基二环［4.4.1］十一烷的合成

2001 年 Se'lambarom 等人利用 S-丝氨酸甲酯与甲醛反应，得到了(1S，2S，6S，7S)-

1,6-二氮杂-4,9-二氧杂-2,7-二甲氧羰基二环［4.4.1］十一烷，见式1-52所示。

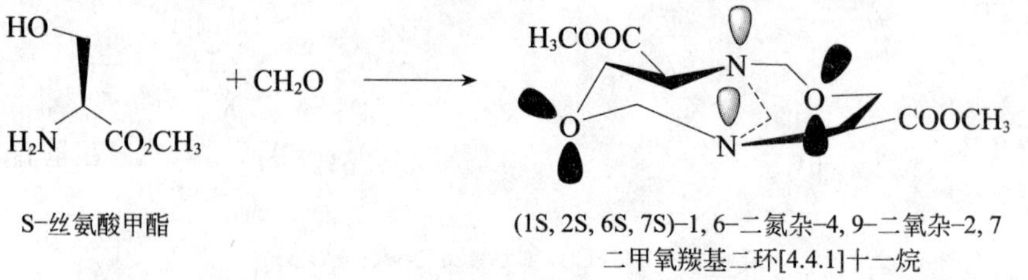
HO
$+ CH_2O$
H_2N
CO_2CH_3
H_3COOC
N
O
O
N
$COOCH_3$
S-丝氨酸甲酯
(1S, 2S, 6S, 7S)-1, 6-二氮杂-4, 9-二氧杂-2, 7
二甲氧羰基二环[4.4.1]十一烷

(1-52)

这是一个光学活性物质增值的反应，反应的高度立体选择性源于N与O之间的异头效应，N与N之间无异头效应。设计者巧妙地利用异头效应与空间的关系，合成了使光学活性物质增值的产物。目前这类反应不多，利用电子的空间效应使用计算的方法设计合成手性化合物是研究的热点。

有机化学中的电子效应和空间效应对有机化合物结构和性质有重要影响。其中电子效应包括诱导效应(吸电子诱导效应、给电子诱导效应)场效应(正场效应和负场效应)、共轭效应(π-π共轭效应和p-π共轭效应)、超共轭效应(σ-π超共轭效应、σ-p超共轭效应和n-σ* 超共轭异头效应)和空间效应(有时也是电子云之间的排斥作用)。有机化合物结构和性质是上述各种效应及溶剂等因素的综合。因此，并不是异头效应总是起主要作用。例如，Erhardt等人利用低温^{1}H NMR发现，三环原酰氨氮原子中的孤对电子采用全顺式构型，而不采用具有两个异头效应的顺顺反式构型，说明空间效应占了主导地位，见式1-53所示。

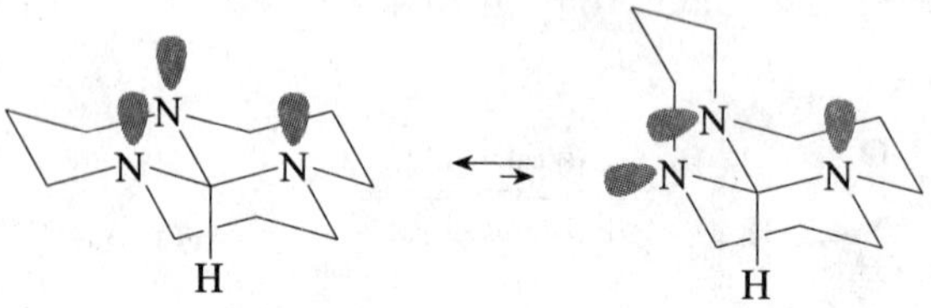
N
N
N
H
N
N
N
H

(1-53)

目前，研究有机化学的立体电子效应主要手段是：IR光谱技术、NMR波谱技术、X-光衍射技术、高精密的NMR滴定技术、分子力学计算、半经验分子轨道计算、氘代动力学同位素技术等，说明有机化学已经由实验化学走向理论与实验并重的化学科学。

传统的具有光学活性的医药和农药大多数是含手性中心的化合物，由于长期使用，已经产生明显的抗药性，药效下降。而天然螺缩酮化合物多数具有手性轴(螺环部分是不对称或非对称的)，具有异头效应的螺缩酮结构化合物广泛存在于动植物体中，这些天然物质的陆续发现，为手性轴类药物的研究提供了更广阔的空间。可以预料，随着研究的深入，一些生理活性明显、结构简单、原料易得的螺环医药将会被陆续开发出来，带来可观的社会效益和经济效益。

1.2 有机化合物中的螺共轭效应

基础有机化学中讲过，共轭(π-π，p-π)和超共轭(σ-π，σ-p)的最大特点是分子共平面和电子云平均化。不共面的分子中的(π-π，σ-π)以及(p-π)，(σ-p)一般不能发生共轭现象。例如，C—H键的σ轨道与p或π轨道不能发生交盖，丙二烯的两个双键也不能发生交盖，见式1-54所示。

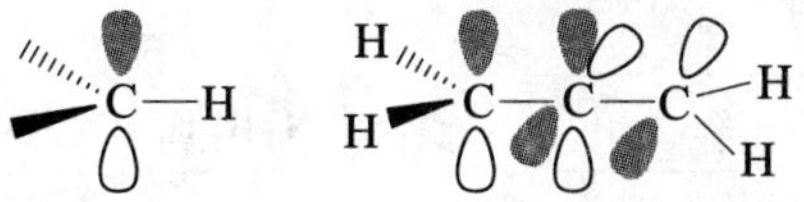

(1-54)

但在含有共轭体系的螺环化合物中，相互垂直的双键之间有一定的作用。1967 年 Simmons 和 Fukunaga 首次发现了通过 sp^3 杂化的螺碳原子相连的两个相互垂直的 π 体系存在较强的作用，将其称为螺共轭效应(spiroconjugation effect)。

1.2.1 螺共轭效应的基本理论

自 1967 年首次提出螺共轭效应以来，这种特殊的超共轭现象一直是化学工作者关注的热点，经过 40 多年的研究，螺共轭效应已被理论化学和实验化学在许多真实分子中所证实。

1973 年 Semmelhack 等人合成了螺 [4.4] 壬四烯、螺 [4.4] 壬三烯、螺 [4.4] 壬二烯，见式 1-55 所示。

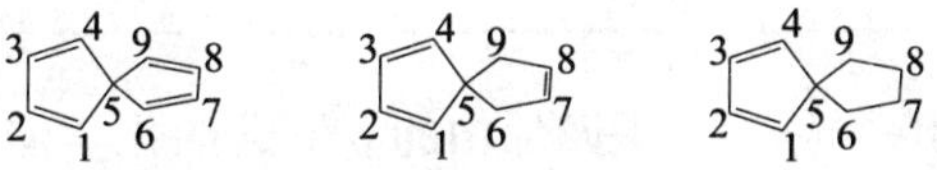

(1-55)

其中螺 [4.4] 壬四烯的合成见式 1-56 所示。

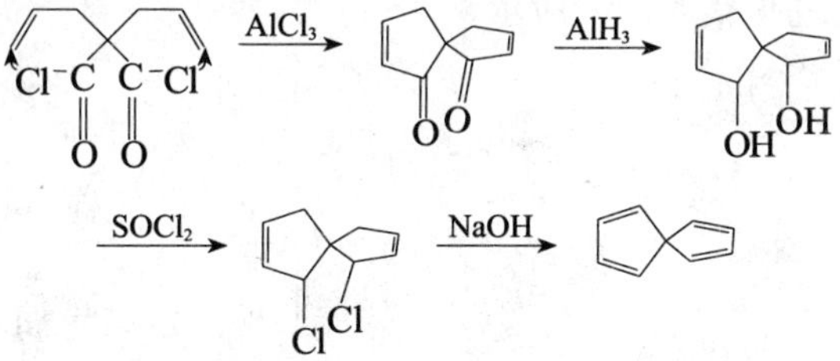

(1-56)

对螺 [4.4] 壬四烯进行光电子能谱分析发现，其成键轨道与反键轨道之间的能级差为 1.23eV，相邻 p 轨道相交盖约为 20%，其轨道能级裂分图见式 1-57 所示。

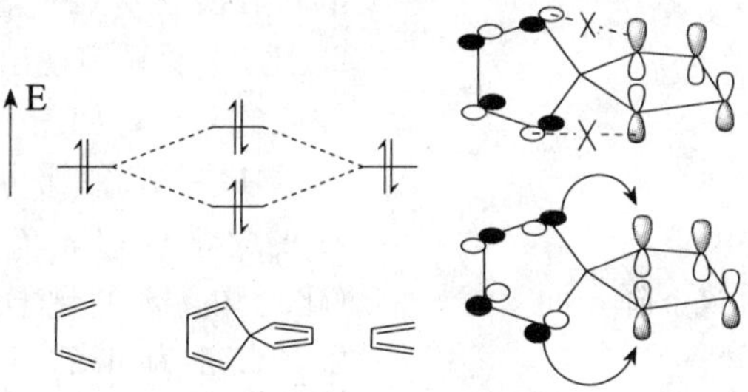

(1-57)

在 UV 光谱中，螺 [4.4] 壬三烯吸收为 254nm (ε：12750)，螺 [4.4] 壬二烯为 254nm (ε：12250)，螺 [4.4] 壬四烯为 276nm (ε：1120)、218nm(ε：5350)，吸收峰红移且发生裂分，说明有螺共轭现象存在。四个化合物的 ^{13}CNMR 的数据如表 1-2 所示。

表 1-2 螺环化合物的 ^{13}CNMR 图谱

化合物	^{13}CNMR 图谱数据 δ 值				
	C1，C4	C2，C3	C5	C6，C9	C7，C8
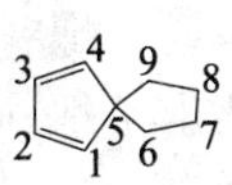 螺[4.4]壬二烯 (1,3)	143.9	127.9	64.1	32.4	26.0

（续）

化合物	^{13}CNMR 图谱数据 δ 值				
	C1，C4	C2，C3	C5	C6，C9	C7，C8
	144.8	127.9	62.0	36.6	130.4
	150.5	151.0	77.0	150.5	151.0
	132.8	132.2	41.6		

从表 1-2 中可以看出螺［4.4］壬四烯中的双键碳的化学位移已移向低场，这也证明了螺共轭现象的存在。1973 年 Hill 等人对不同螺环化合物进行 UV、NMR、ORD 和 CD 测试，使用的典型化合物见式 1-58 所示。

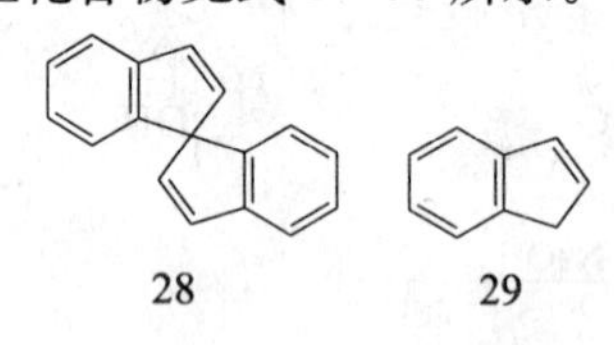

28　　29　　30　　31　　(1-58)

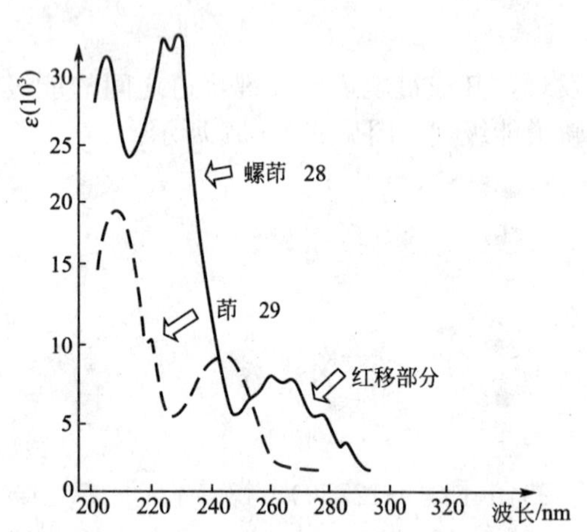

图 1.1　化合物 28、29 的紫外光谱比较

UV 测定结果如下：30 与 31 吸收波数相同，30 的吸收强度是 31 的两倍。30 的吸收波长为(194，224，261，267，273)；31 的吸收波长为(194，224，260，267，274)。28 比 29 明显表现出红移现象，说明螺共轭效应的存在，如图 1.1 所示。

^{1}HNMR 图谱分析发现，28 中 C2 上的 H 的化学位移 δ 为 5.9，明显分别小于茚(C2 上的 H 的化学位移 δ 为 6.5，1,1-二甲基茚 δ 为 6.2，1-甲基-1-苯基茚 δ 为 6.55)。这可能是由于 28 是 4n 的反芳体系，存在一个顺磁环流，所以环外的 H 处于高场区。这充分说明 28 中存在螺共轭效应。

ORD 和 CD 测定发现，四个化合物在 205nm 处均有一个强的负 Cotton 吸收，这是由于苯环的存在；而 28 在 233nm 处的强的负 Cotton 吸收，在另外三个化合物中均不存在，这也是由于螺共轭存在的结果，如图 1.2 和图 1.3 所示。

1974 年 Heilbronner 等人采用电子光谱和光电子能谱对螺［4.4］壬四烯、螺［4.4］壬三烯、螺［4.4］壬二烯、螺［4.4］壬烯分子的吸收光谱进行了比较，绘出了螺［4.4］壬四烯的最高占有分子轨道图，见式 1-59 所示。

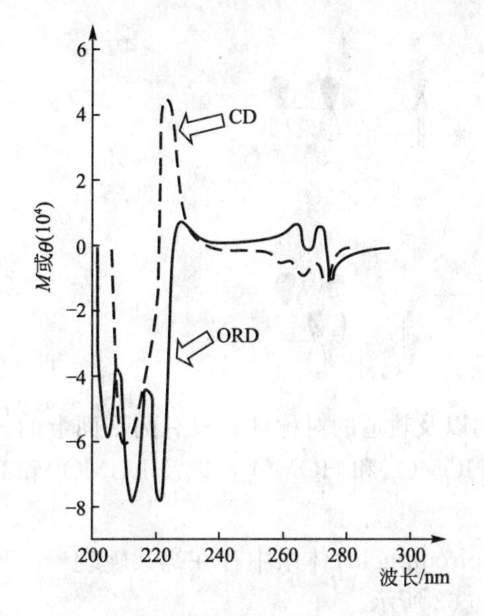

图 1.2　化合物 30 的 ORD 和 CD 吸收光谱

图 1.3　化合物 28 的 ORD 和 CD 吸收光谱

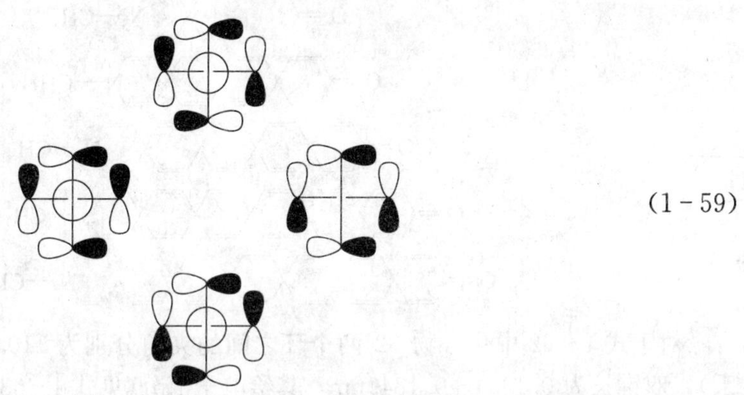

(1-59)

1995 年 Hanmann 等人通过对螺［4.4］1,3,7-壬三烯、螺［4.4］壬四烯的低温晶体结构测量发现，与螺［4.4］1,3,7-壬三烯相比，螺［4.4］壬四烯中的单键 a 变短，而双键 b 变长，说明在螺［4.4］壬四烯中存在螺共轭效应，见式 1-60 所示。

(1-60)

Dtirr and Kober 绘制了更加形象的螺［5.5］壬四烯的分子轨道能级图，见式 1-61 所示。

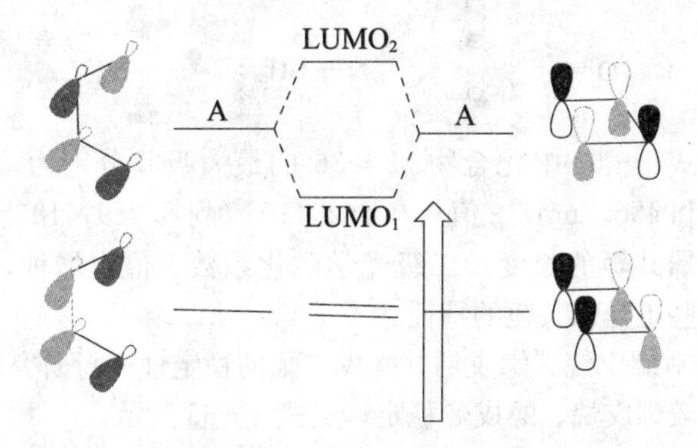

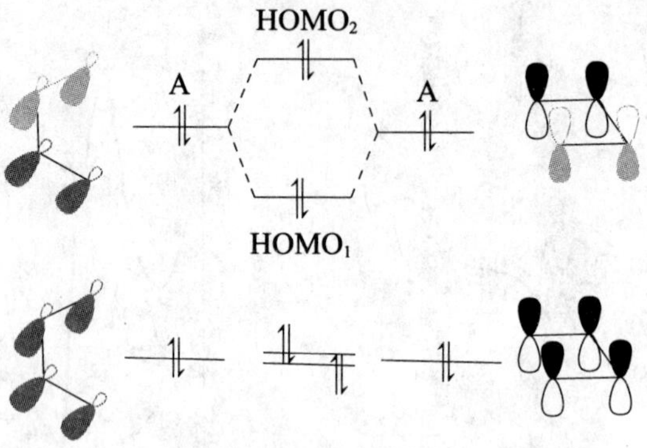

HOMO$_2$

A A

HOMO$_1$

(1-61)

从式1-61中可清楚地看出p轨道所处方向以及轨道的对称性，只有两平面上的π轨道对称性相同才能发生能级裂分，产生相应的HOMO$_1$和HOMO$_2$，以及LUMO$_1$和LUMO$_2$，发生螺共轭作用。

1994年Bucknum等人提出在多螺醌(polyspiroquinoid)体系中存在螺共轭现象。1999年Feng等人合成了一系列多螺醌，结构见式1-62所示。

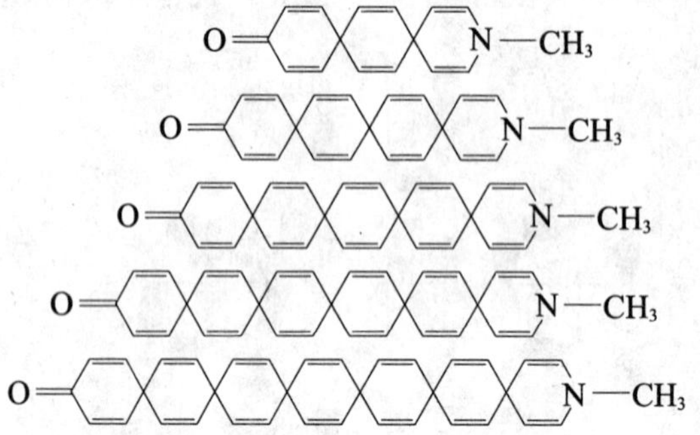

O= ... N—CH_3 32

O= ... N—CH_3 33

O= ... N—CH_3 34 (1-62)

O= ... N—CH_3 35

O= ... N—CH_3 36

对于式1-62中化合物32两个环之间的夹角分别为110.16°和117.13°(不是垂直关系)，双键长为0.1334～0.1349nm，其给电子部分(见式1-63中A)在N—CH_3所处环一侧，吸电子部分(见式1-63中B)在C═O所处环一侧。

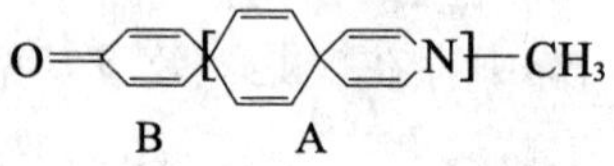

O= ... [... N]—CH_3

B A

(1-63)

对A部分，其HOMO是反对称的；对B部分，其LUMO也是反对称的，其电子构象见式1-64所示。

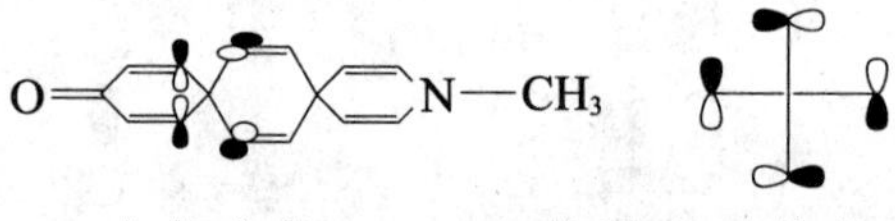

O= ... N—CH_3 (1-64)

光谱测试表明，式1-63中化合物32～36的最大吸收分别为367.8nm、397.5nm、429.6nm、441.5nm和456.7nm，β值从0.892×10^{-28}到8.289×10^{-28}，增加了10倍。随着螺环个数的增加，螺共轭的长度及二级光学磁化系数β值也增加，吸收波长向长波移动，但变化较小。这些正是螺共轭的特征。

2001年Dodziuk对螺戊烷、螺戊烯、螺戊二烯的稳定性进行研究时发现，螺戊二烯由于存在螺共轭现象而较螺戊烷、螺戊烯稳定，见式1-65所示。

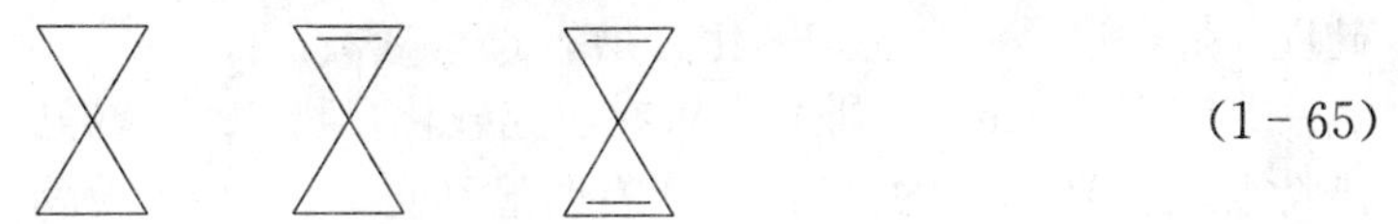

(1-65)

2003 年 Hohlneicher 等人合成了卟啉螺环镍化合物 37(见式 1-66)，通过与卟啉镍 38(见式 1-66)相对比，发现卟啉螺环镍化合物 37 易被氧化，证明了两环之间通过螺原子发生了电子云的流动而具有螺共轭现象存在。据他们估算，两环的电子云只有 20% 的交盖率。

37　　38

(1-66)

2005—2006 年 Bucknum 等人对具有金属性质的碳同素异形体 glitter 进行了电子衍射和理论计算，提出其晶胞中存在 2 个四面体原子和 4 个共平面原子的模型，如图 1.4 和式 1-67 所示。他们认为 glitter 晶胞之间的紧密结构和稳定存在是由于螺共轭效应的作用，并认为碳的另一个同素异形体富勒烯中也存在螺共轭作用。

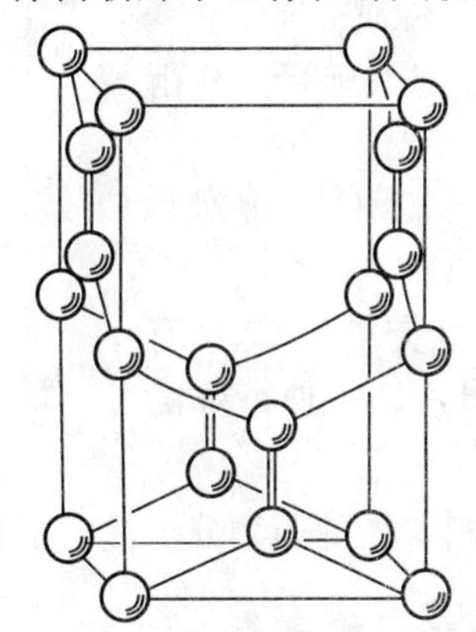

图 1.4　glitter 的晶胞(3D)结构

(1-67)

该研究成果对碳化学的同素异形体的研究以及对石墨的导电机理及衍生物的应用研究都有重要的理论意义，同时为螺共轭效应的研究开辟了新的领域。螺 [3.3] 戊二烯极不稳定，在 100℃下几分钟内就会分解，根据螺共轭结构特征 Bucknum 设计合成了螺 [3.3]

硅戊二烯，这是一个稳定的化合物。

2005 年 Iwamoto 利用 UV 在研究硅化合物 39，40(见式 1－68)在 3－甲基戊烷中的光谱特点时发现，39 的光谱与 40 有明显不同，如图 1.5 所示。

39　　　　　　40

(1－68)

以上一些实例充分说明在螺烯中，确实存在着不同于经典共轭概念的弱的电子效应。这种螺共轭形式的主要特点是：

(1) 分子是螺环烃，与螺原子相邻的两个平面相互垂直或接近垂直，螺原子是 C、Si 或金属离子。

(2) 与螺原子相邻的两个环上是共轭烯烃或由杂原子组成的共轭体系。

(3) 两环相应的 HOMO 和 LUMO 轨道对称性相同。

(4) 由于互相垂直的 p 轨道交盖一般只有 20%，所以两环之间的作用较弱，是一种特殊的空间电子效应。

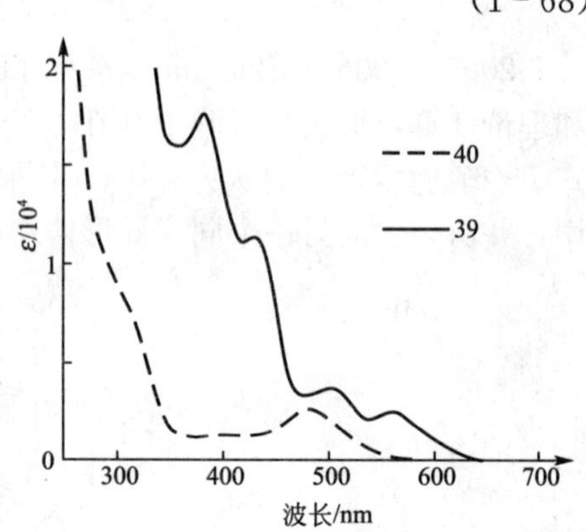

图 1.5　化合物 39 和 40 在 3－甲基戊烷中的紫外可见光谱

以上特点为设计新型功能材料、新的药物分子提供了新的思路。

1.2.2　螺共轭效应在有机合成中的应用

1. 设计新的电子转移化合物材料

2005 年 Sand'n 等人利用螺共轭原理，设计合成了四硫富瓦烯(TTF)和四氰对苯二醌二甲烷(TCNQ)类螺环电子转移化合物，基本合成路线见式 1－69 所示。

CHO + (甲基乙烯基酮) $\xrightarrow[C_6H_6]{H_2SO_4}$ (螺环烯酮) $\xrightarrow{NH_3/Li}$ (OH) $\xrightarrow{CH_3CO_3H}$ (OH, 环氧)

$$\xrightarrow{H^+} \text{(HO)C}_6\text{H}_{10}\text{-spiro-C}_6\text{H}_{10}\text{(OH)} \xrightarrow[H_2SO_4]{CrO_3} \text{dione} \xrightarrow{DDQ} \mathbf{41}$$

$$O{=}\text{spiro}{=}O \xrightarrow[TiCl_4/Py]{CH_2(CN)_2} (NC)_2C{=}\text{spiro}{=}C(CN)_2 \quad \mathbf{42} \qquad (1-69)$$

$$O{=}\text{spiro}{=}O + \text{(R)}_2\text{C}_2\text{S}_2\text{CH}(P(OMe)_2) \longrightarrow \mathbf{43}$$

通过循环电位计(cyclic voltammetry)测量表明，42 是一个 TCNQ 类化合物，表现出弱的接受电子的倾向，而 43 是一个螺环类 TTF 类化合物，其氧化电位为正值，表现出优良的给电子能力，但同 TTF 相比，化合物 43 稳定性较差。尽管结果并不理想，但可以认为，这毕竟是第一次合成的用于有机导电体研究的具有螺共轭结构的化合物，许多结构信息尚不清楚，相信随着研究的深入，必然会取得可喜的成果。

2. 设计合成螺环发光材料

杨双阳等人利用 TDDFT(time - dependent density functional theory)方法研究了具有螺共轭效应的螺噻吩的光学性质和电子迁移率的变化现象。首先优化获得联噻吩(BT)及其衍生物(CPDT，SCPDT)的基态和激发态几何构型，并进一步计算它们的吸收和发射光谱，见式 1 - 70 所示。

BT　　CPDT　　SCPDT　　(1 - 70)

他们采用 TDDFT 方法进行计算，并将最低激发态的 S_1 和 S_2 态作为研究的对象，得到了垂直激发能、KS 带隙和振子强度。对于 BT 和 CPDT 两个体系而言，其最大强度跃迁被指认为从 HOMO 到 LUMO 的 $\pi \rightarrow \pi^*$ 跃迁。但 SCPDT 与 BT 和 CPDT 两个体系有较大不同，其原因是螺共轭作用导致分子轨道分裂，使 HOMO 的轨道能量升高，LUMO 的轨道能量下降，产生了一个能量较高的 HOMO 和能量较低的 $HOMO_1$ 轨道，$HOMO_1$ 是存在高位共轭作用的分子轨道(螺共轭作用)，说明 SCPDT 的 $HOMO_1$ 的轨道比 HOMO 轨道的重叠程度大，这正是 S_2 态比 S_1 态的振子强度大的原因。从 KS 能量可以看出，CP-DT 被强制在一个平面后，虽然 HOMO、LUMO 能量均有所升高，但是 KS 带隙并无明显变化，所以 CPDT 的激发能变化不大。而 SCPDT 由于螺共轭的存在，导致 HOMO 能量升高，LUMO 能量下降，所以 SCPDT 的激发能减小，最终因为螺共轭导致分子的最大吸收波长发生红移。经计算得到 BT、CPDT 和 SCPDT 的重组能分别为 0.41、0.18、0.15eV。SCPDT 有最小的重组能，因此可以预测 SCPDT 具有最高的迁移率。在 BT 中，

从 S_1 到 T_2态的隙间穿跃的可能性很大，在 SCPDT 中的可能性很小，而且 SCPDT 与 CPDT 的单三态能隙相当，这说明螺共轭很好地保持了非螺分枝的发光特征，是一类有着广阔应用前景的发光材料。

2005 年 Ken - Tsung Wong 对聚芴 C9 位引入螺环结构基团，并与其他取代基进行比较，发现由于螺共轭效应的存在，孔传输(hole transport)能力得到加强，且孔传输能力的顺序为 44>45>46，见式 1 - 71 所示。

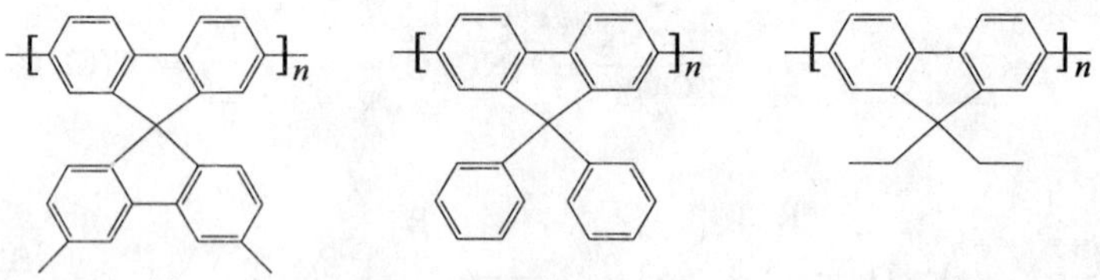

44　　45　　46

(1 - 71)

2007 年 King 通过研究聚螺芴均聚物的光谱，证明螺共轭的存在可增进电子转移过渡态的形成。在芴 C9 位置上通过螺共轭衍生化的螺芴(spirobifluorene)是最典型的一类螺共轭宽禁带发光材料，由于螺共轭的刚性结构导致了固态缠结，防止了结晶的形成，具有较高的玻璃转换温度，减少聚集或低级聚集物的形成，提高了此类发光材料的稳定性。

1997 年 Salbeck 基于螺共轭原理，设计合成了螺链接的系列蓝色电致发光材料，它溶于普通的有机溶剂，玻璃转换温度达 250℃，并表现出高的固态光致发光量子效率。用此类螺化合物制备的器件具有高色纯度、高亮度和低开启电压。电子结构和光谱研究表明，两相互垂直的支链之间仅存在弱的相互作用，各自保持着单独支链的电子特征，其典型结构见式 1 - 72 所示。

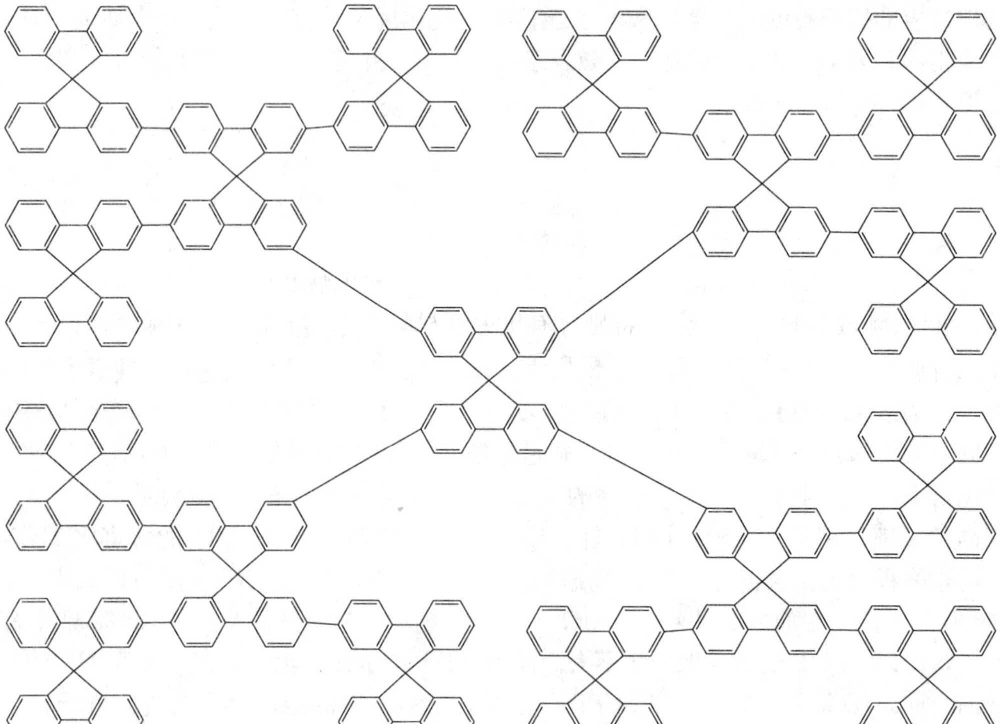

(1 - 72)

研究发现，螺型的分子能阻止分子堆积，形成无定形的玻璃态，从而提高其荧光量子效率。根据螺共轭原理，一些新的螺旋类结构的发光化合物相继被报道。

3. 设计光致变色材料

螺共轭现象的存在可以使化合物产生光电子、电子吸收谱图的非线性叠加并影响化合物其他性质。两个π电子系统的分子轨道之间的重叠致使分子轨道跨过了全部系统，并使这个系统上电子密度发生了转移，这说明相互交叉的分子轨道有相同的对称性。但在螺吡喃和螺噁嗪中，右半部分2H-苯并呋喃和2H-4-氮杂苯并呋喃部分的LUMO是反对称的，而1,2-亚苯基二胺、1,2-亚苯基二巯基化物和其他各种五元杂环1,2-亚苯基部分构成的左半部分是对称的，这样的组合并不适合螺共轭的要求。另一方面，在螺杂环化合物47、48(见式1-73)中，通过螺碳原子连接的两个共轭部分具有反对称前线轨道，它们的谱图中含有红移吸收带，这些是由于垂直部分之间的电荷迁移所致(螺共轭)。

47 ⇌ 48 (1-73)

目前，对于螺吡喃和螺噁嗪类光致变色化合物的合成研究，主要侧重于对化学修饰。为了加快该类化合物在实际中的应用，除应加强合成方法研究(提高稳定性、抗疲劳性、溶解性等)外，应特别加强理论计算和机理的研究。从螺共轭的角度看，目前该类主要代表物由于HOMO-LUMO不匹配，在光谱中观察不到存在的共轭部分的电子转移，因此设计新的光致变色化合物时，HOMO-LUMO对称性质的兼容性是一个极其重要的因素。

4. 设计新的磁性材料

自20世纪60年代起，科学们就开始了有机电性和磁性材料的研究工作，特别是最近几年，关于有机铁磁体的研究取得了迅速发展。有机电性及磁性材料的面世，将会在电磁性材料领域引起重大变革。特别是有机磁性材料的磁性，表现在分子水平上又可通过化学合成而控制其结构，因此很有希望用作磁存储单元，极大地提高存储密度。它和已经研究成功的有机分子导线、有机分子开关及有机分子逻辑元件等组合在一起，成为完整的有机分子功能块，则会使计算机面貌大为改观。由于有机电磁性材料诱人的应用前景，已成为跨越多领域(如固体物理、有机高分子化学、功能材料、电子器件)的一个交叉学科。

螺共轭效应是存在于螺共轭体系中的一种特殊的立体电子效应。这类分子是通过一个四面体原子将两个互相垂直的π电子体系连接起来，使电子离域于整个分子。这种特殊的电子排布和作用方式对分子的电子光谱和化学反应活性具有重要的影响。

1) 双自由基螺环化合物

2000年Frank设计了一个新颖的含氮的双自由基化合物49(见式1-74)，通过磁性测量，发现这种看似非共轭的螺环结构也具有螺共轭效应。

(1－74)

49

固相的 EPR 测量表明，由于两个自由基相距较远，相互没有明显影响；但在溶液中由于四个等价 N 的相互影响，出现九重峰，这种作用被认为是通过螺碳原子传导的，可能是存在螺共轭的证据。其合成路线见式 1－75 所示。

$$\xrightarrow[\text{Zn}]{\text{KCN/Ph}_3\text{P},\ (\text{Ph}_3\text{P})_2\text{NiBr}_2}\quad \xrightarrow[\text{Et}_2\text{O}]{\text{SnCl}_2}\quad \xrightarrow{\text{NaIO}_4} 49$$

(1－75)

化合物 49 经甲醇-二氯甲烷重结晶可得到深蓝色结晶，在室温下是稳定的，放置几个月后其 EPR 谱图也没有变化。X 射线衍射分析发现，一个晶胞中含有 4 个分子，如图 1.6 所示。

在 2～300K 下测量，其摩尔磁化率(X_M)如图 1.7 所示。

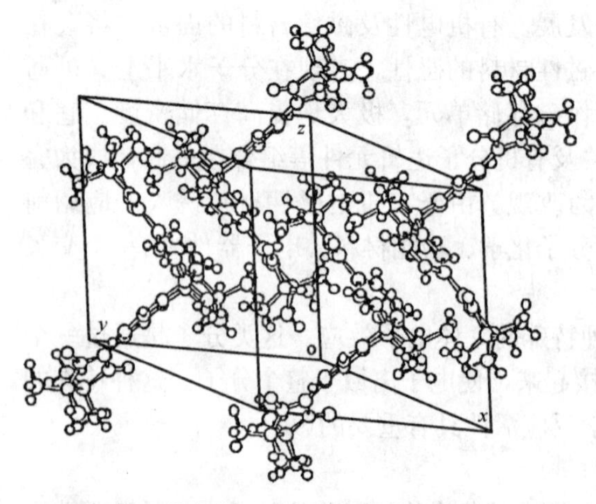

图 1.6　化合物 49 的晶胞中含有 4 个分子

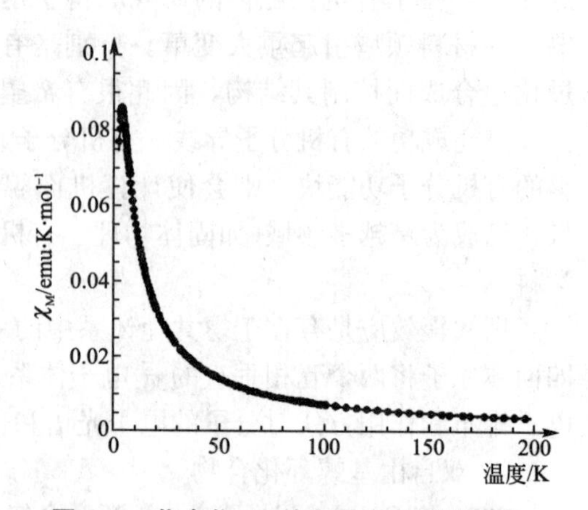

图 1.7　化合物 49 的多晶态物质随温度变化的摩尔磁化率

2）硅配位的螺环化合物

基于螺共轭原理，2003 年 Ito 设计合成了含 Si 螺环化合物 50，其合成路线见式 1-76 所示。

H_3CO — N(H) — OCH_3 $\xrightarrow{Br_2}$ H_3CO — N(H), Br, Br — OCH_3 $\xrightarrow{C_6H_5CH_2Br}$

H_3CO — N($CH_2C_6H_5$), Br, Br — OCH_3 $\xrightarrow{SiCl_4,\ BuLi,\ Et_2O}$ OCH_3, OCH_3, Br, Br, C_6H_5, N, Si, N, C_6H_5, Br, Br, OCH_3, OCH_3 $\xrightarrow{Pd/H_2}$

OCH_3, OCH_3, Br, Br, HN, Si, NH, Br, Br, OCH_3, OCH_3 $\xrightarrow{CH_3OC_6H_4Br}$ H_3CO, OCH_3, OCH_3, Br, Br, N, Si, N, OCH_3, Br, Br, OCH_3, OCH_3

50

(1-76)

化合物 50 具有很好的可逆氧化还原电位，如图 1.8 所示。

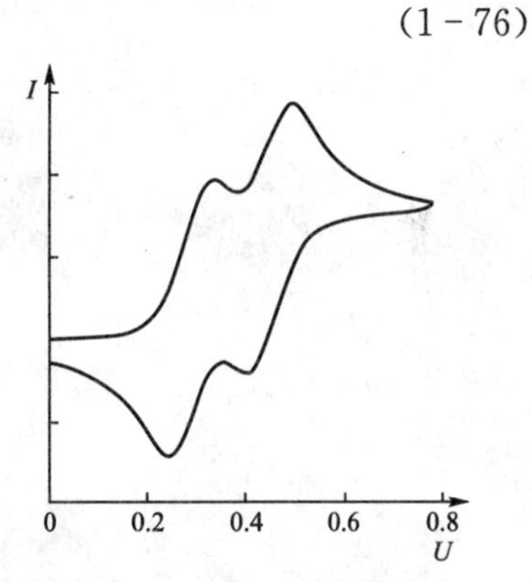

图 1.8　化合物 50 在乙腈中的可逆环电位(以二茂铁为参比)

将化合物 50 在-78℃下用 $SbCl_5/Et_2O$ 氧化，得到在室温下可稳定存在的绿色晶体。这是世界上首个基于螺共轭原理设计合成的稳定磁性有机螺环化合物，其对有机螺环磁性化合物的研究具有开拓性的重要影响。

Tour 等人合成了一系列以硅为螺原子的噻吩导电聚合物 51，见式 1-77 所示。中性及氧化态电化学和电子自旋共振(ESR)研究发现，沿着 π 共轭链有正的电荷中心(极化子)迁移现象。

S S S S S S S S S Si S S S S S S S S S

(1-77)

51

3）硼配位的螺环化合物

Haddon 等在《Science》等杂志上报道了具有螺结构的双稳定的集磁、光、电行为一体的中性硼自由基分子 52(见式 1-78)，可以通过温度控制结构实现开关功能。

52　　　R=Et, Bu, n-C_6H_{11}, $C_6H_5CH_2$　　　(1-78)

大量研究表明，该类硼配位的螺环化合物是最有希望成为有机磁导体的螺共轭化合物之一。

Haddon 研究小组合成了一系列该化合物，发现其中一些具有强磁性。现已确定，该类物质是在常温下稳定的中性自由基，且在 IR 区内是透明的。

2005 年 Taniguchi 等人发现了该化合物 52 是以 π-二聚体和非 π-二聚体构成的，并对螺双非硼类化合物进行了晶体结构和理论计算，对其磁性产生的原因作了详细的解释。在 170～100K° 的晶体结构测试表明，两个螺环分子紧密接触，之间的距离只有 0.316～0.335nm，属于共价键距离。这是造成磁性的重要原因。他们认为磁性的传导过程是电子从一个分子面进入另一个分子层面产生的，显然是通过螺共轭效应完成的，如图 1.9、图 1.10 和图 1.11 所示。

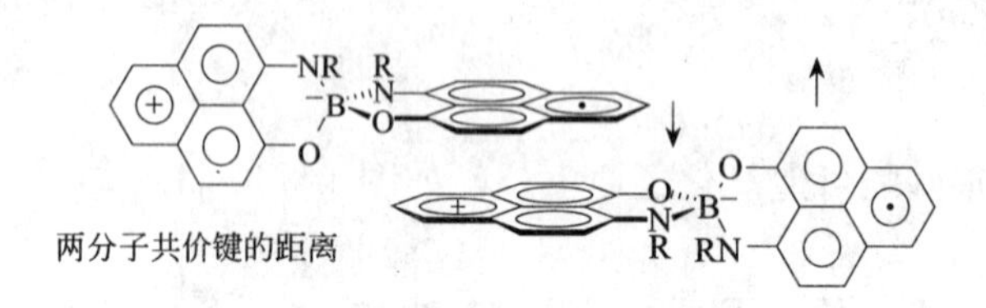

图 1.9　化合物 52 两分子之间的距离

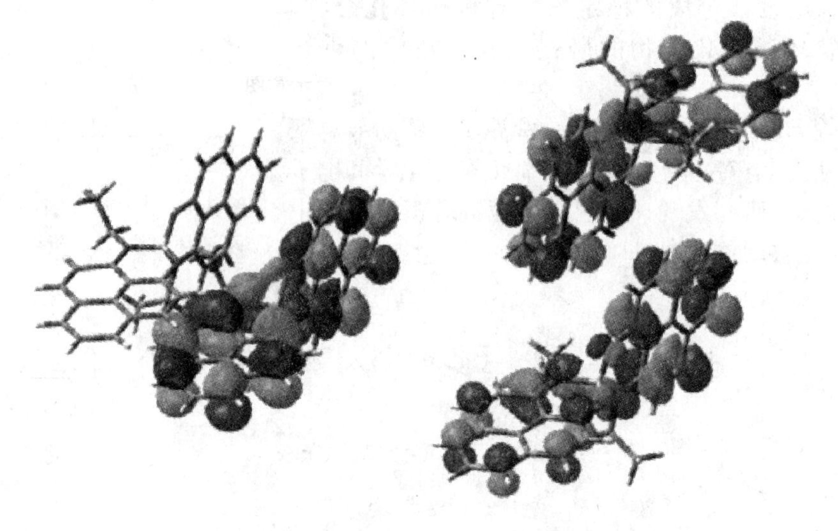

图 1.10　化合物 52 非 π-二聚体的状态

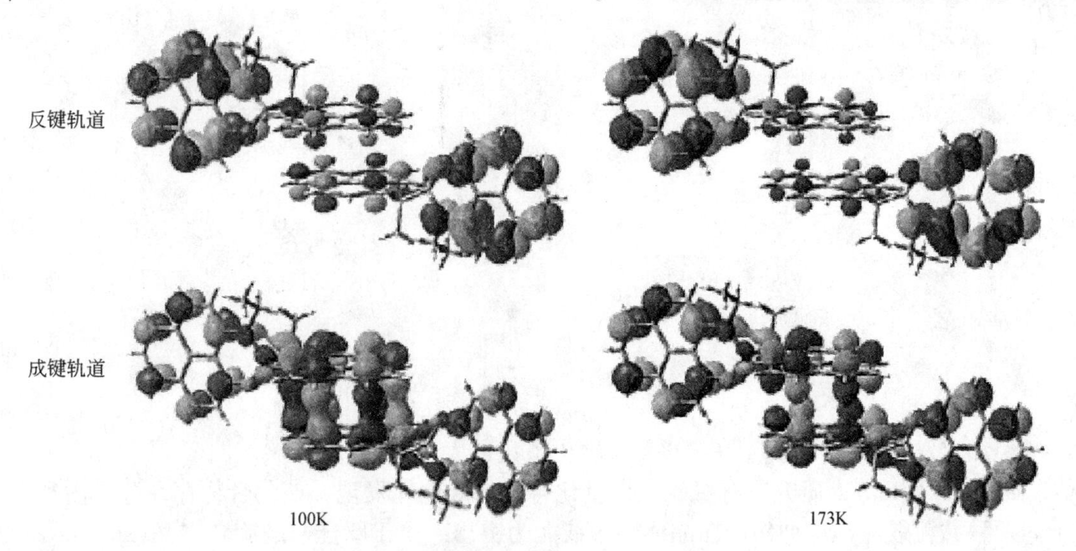

图 1.11　化合物 52 π-二聚体的状态

在此基础上，Huang 等人对 R 为环已基的化合物 53(见式 1-79)进行深入研究，发现该化合物同样具有优异的磁性和导电性，是理想的导电材料和磁性材料。

53　(1-79)

图 1.12 所示为硼配位的螺环化合物的螺共轭示意图。

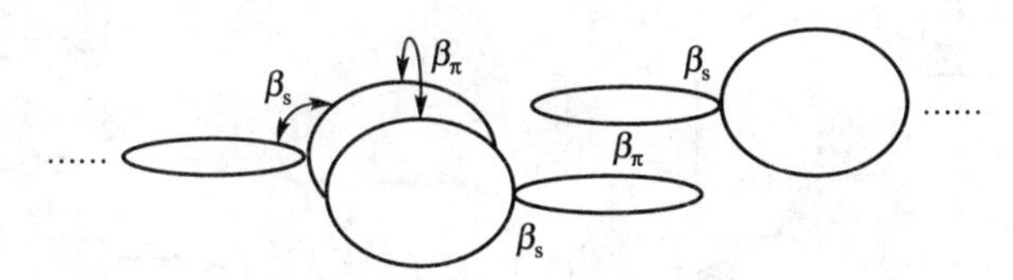

图 1.12　化合物 53 螺共轭示意图

根据有机金属络合物强烈的螺共轭效应，已发现芳香类金属络合中性自由基具有电、光、磁等特殊性质。Chi 等人合成了带有阳离子自由基的菲配位的硼类有机导体化合物 54，其合成见式 1-80 所示。

$+ BCl_3 \longrightarrow$ (Cl^-) $\xrightarrow{NaBPh_4}$

BPh_4^-

$\xrightarrow[CN_3CN]{Cp_2Co}$

54

(1-80)

经测定发现，化合物 54 在 10K° 时磁化系数最大。

2003 年 Chi 等人研究了有机硼自由基化合物的导电性发现，该化合物存在分子内和分子间两种共轭效应，这种作用在晶体中边线尤为突出。由于跃迁时的旋转交叉(spin cross-over)，使晶体分子具有导电性，如图 1.13 所示。

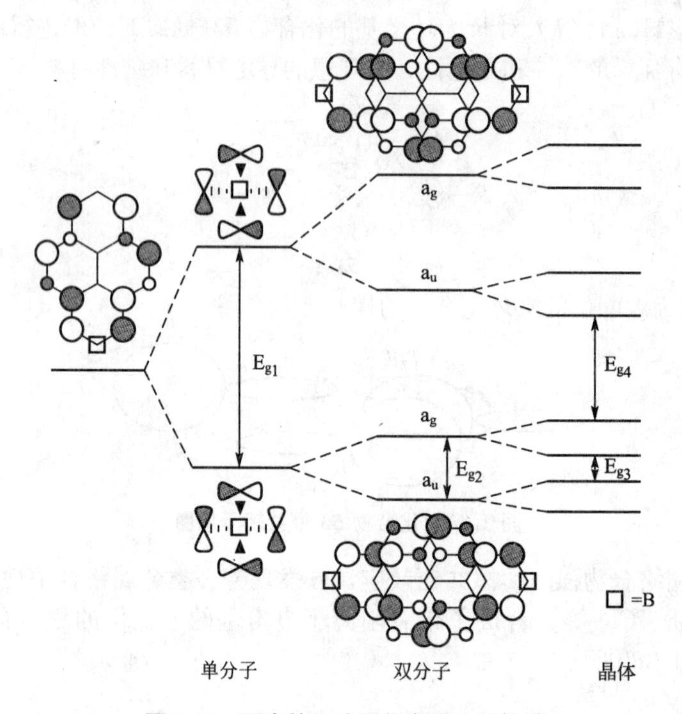

图 1.13　固态的双分子化合物分子轨道

螺共轭效应最大的特点是电子作用的方向是近乎垂直的，而且在碳螺环化合物中作用较弱，这也许是新的有机半导体材料；螺共轭效应在类金属或金属为螺原子的络合物中表现最为强烈，为有机超导体的研究提供了新的思路，这预示着化学家与物理学家将有一块新的合作领域。

螺环分子要具有磁性或导电性，应具备两个必要条件，一是具有相互垂直的 π 轨道，发生螺共轭作用；二是分子垂直 π 轨道的同时相互接近。目前已合成的有机电致发光螺环化合物、有机光致变色螺环化合物等许多化合物都具备了这两个必要条件，如式 1-81 所

示为中心原子是硅原子的可发红光的螺环化合物。

(1-81)

式 1-82 所示为发荧光的双螺环化合物。

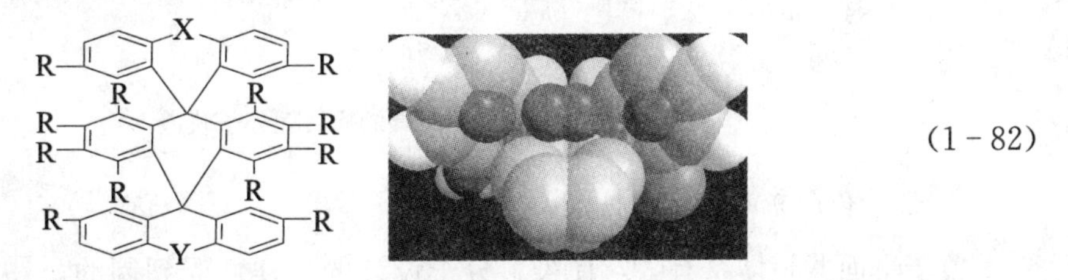

(1-82)

R 代表 H、1～24 个碳的烷基、OH、OR、NO_2、CN、NH_2、X、Ar 等；X、Y 代表 O、S、N、CH_2等。

在现有工作基础上，将螺环分子结构加以改造，并研究其电磁性可能是一个好的研究课题。其实碳的同素异形体石墨的晶体层之间也存在 π 电子垂直交盖的情况(螺共轭)，如图 1.14 所示。这可能是石墨晶体导电具有方向性的原因。

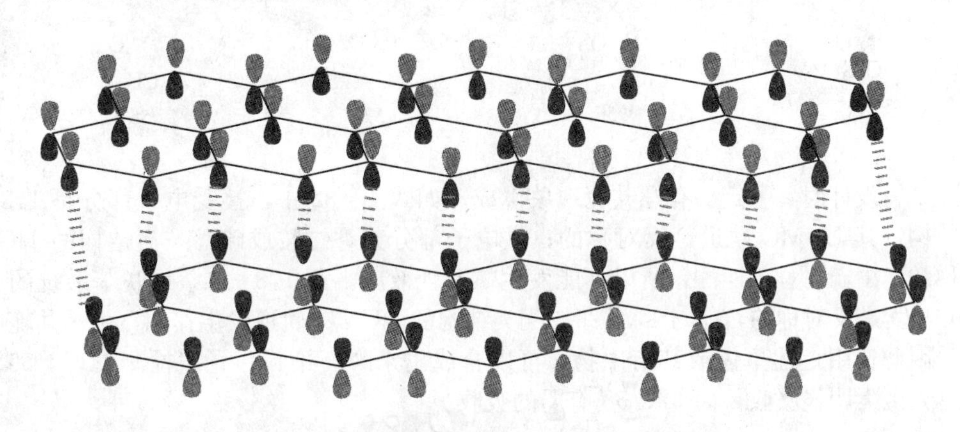

图 1.14　石墨晶体层间 π 电子垂直交盖情况

现已研究表明，碳的另外两个同素异形体卡宾碳和 glitter 碳晶体中也存在 π 电子垂直交盖的情况(螺共轭)，如图 1.15 所示。

从螺共轭的角度研究石墨、卡宾碳(一种棒状化合物) 和 glitter 碳，对研究碳的电性和磁性功能材料具有重要意义。2003 年德国来比锡大学的 Esquinazi P 教授利用加速器中的质子对石墨样品进行辐射，并用灵敏的 SQUID 探测器及磁力显微镜测定出磁矩，其结构的变化正在研究中。磁性石墨可以作为一种数据存储器，信息可直接记录在纯碳薄膜上，而不再是记录在金属薄膜或金属半导体薄膜上。石墨上的弱磁性将有助于对生物大分子及空间天文学的研究，这是由于生物分子含有丰富的碳氢键，而天体空间在辐射的影响下也是一个富碳的大气云层。

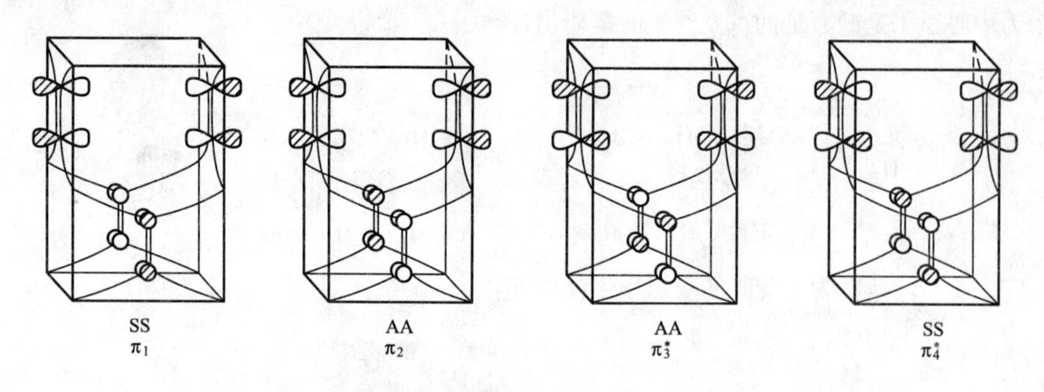

图 1.15 glitter 碳的螺共轭分子轨道

5. 设计合成新的螺环染料

鉴于平面共轭体系有限，使染料分子设计的多样性受到制约，1996 年 Maslak 根据螺共轭效应原理，设计合成了新型的螺共轭电子转移型染料，其主要类型见式 1-83 所示。

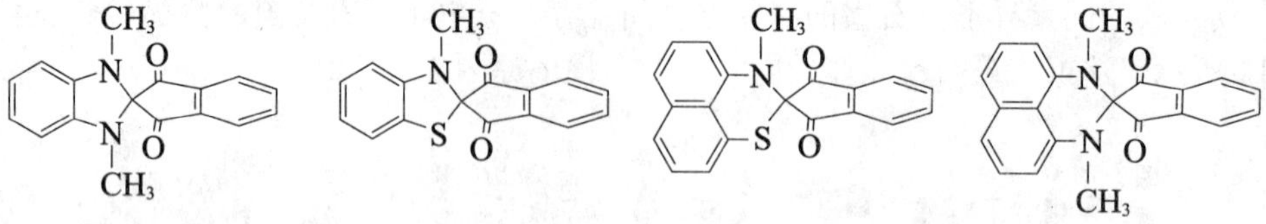

55　　56　　57　　58

(1-83)

在染料设计时，一定要有螺共轭现象生成。如式 1-82 中，接受电子部分是 1,3-茚二酮结构，其 LUMO 轨道是反对称的；供电子部分芳香二胺或硫醇胺类结构的 HOMO 是对称的，由于对称不匹配，所以不能发生螺共轭效应。而 1,8-二萘或联苯系统的芳胺其 HOMO 是反对称的，能与 1,3-茚二酮类结构的 LUMO 轨道发生作用，由螺共轭效应存在。因此选用上述单体或其衍生物，可以合成出来螺环染料。光谱检测发现，55、56 在可见光区无明显吸收，而 57、58 有弱的吸收。

6. 设计新的非线性光学材料

图 1.16 在 H-W-L 单元的 π 键离域模拟图

由有机和无机原料组成的非线性光学(NLO)材料是当今世界研究的热点，但利用螺共轭原理设计三维 NLO 材料的研究鲜有报道。厦门大学 Zhou 等人利用 Zn^{2+} 和 4-羟基吡啶-2,6-二甲酸为原料，合成了具有三维结构的 NLO 大分子化合物。X 射线衍射结果显示，形成了 Zn^{2+} 是五配位的具有(Half-Wrap-Like (H-W-L))单元的螺共轭效应的化合物。图 1.16 所示是化合物 (H-W-L) 单元由于螺共轭引起的离域 π 键模拟图。

张锁秦等人根据螺共轭原理，设计了螺旋共轭分子 2,2′-螺二茚-1,1′，3,3′-四酮及其衍生物，研究了二阶非线性

光学性质与螺共轭的关系，发现该类化合物具有优良的非线性光学性质。Liu 等人根据金属配位络合物中存在较强的螺共轭原理，设计了以4,4-双二丁基苯乙烯联吡啶为配体的 Cu^{+} 和 Zn^{2+} 络合物，研究表明，不仅在四配位时有较大的螺共轭现象存在，在锌的六配位络合物中也存在较强的螺共轭现象，如图1.17所示。其中铜络合物是有发展前途的 NLO 材料。

以上研究证明了以金属为螺原子的络合物在特定的环境下存在螺共轭效应，可以产生非线性光学效应，且这种效应是在两个近似垂直的平面间发生的共轭作用，必然会使这类分子产生有别于平面共轭分子的独特性质，为合成具有螺共轭效应的特殊性能的材料提供了新的思路。

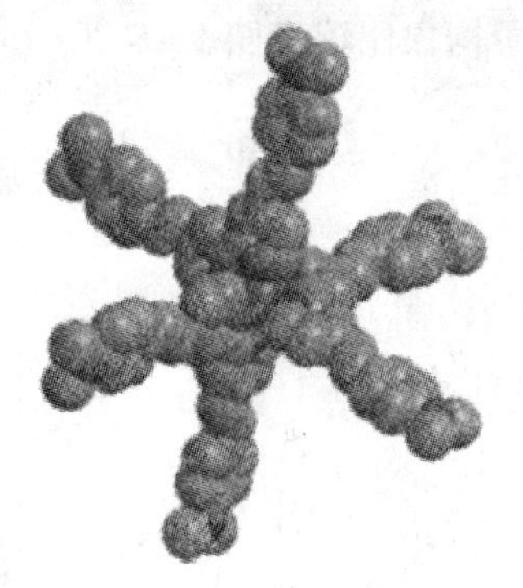

图 1.17　对称的 Zn 络合物立体结构模型

7. 设计新的有机导电体

根据有机金属络合物强烈的螺共轭效应，已发现苯类金属络合中性自由基具有电、光、磁等特殊性质。如化合物 59(见式1-84)是已发现的有机导体，将其中的乙基换成丁基，其导电性将增加2个数量级。2003 年 Huang 等人研究了有机硼自由基化合物的导电性发现，该化合物存在分子内和分子间两种共轭效应，由于跃迁时的旋转交叉(spin cross-over)，使分子具有导电性。

R　O　N　B　O　N　R

59

(1-84)

根据螺共轭原理设计的上述模型化合物为导电分子的研究开辟了新的思路，由于螺共轭效应在金属配位化合物中表现强烈，这为设计新的具有光电磁特性的材料提供了重要的理论依据。相信随着研究的深入，会有更多的新型化合物被设计出来。

1.2.3　展望

螺共轭效应是存在于螺共轭体系中的一种特殊的立体电子效应，这类分子是通过一个四面体原子将两个互相垂直的 π 电子体系连接起来，使电子离域于整个分子。这种特殊的电子排布和作用方式对分子的电子光谱和化学反应活性具有重要的影响。目前科学家们已在电子转移材料、发光材料、光致变色材料、磁性材料、螺环染料、非线性光学材料、导电材料等高科技领域开展了研究，有的已取得显著成果。

螺共轭效应最大的特点是电子作用的方向是近乎垂直的，而且在碳螺环化合物中作用较弱，这也许是新的有机半导体材料；螺共轭效应在以金属为螺原子的络合物中表现强烈，为有机超导体的研究提供了新的思路，这预示着化学家与物理学家有了新的合作领域；螺共轭在非螺化合物中存在的可能性，为有机化合物的性质研究提供了新的思路，如化合物的稳定性、酸碱性等。

螺共轭效应与有机化学中常见的 π-π 共轭、p-π 共轭、σ-π 超共轭、σ-p 超共轭、σ-σ 超共轭、异头效应(anomeric effect)等均属于有机化学中的立体电子效应。它们的电子构象比较式如1-85所示。

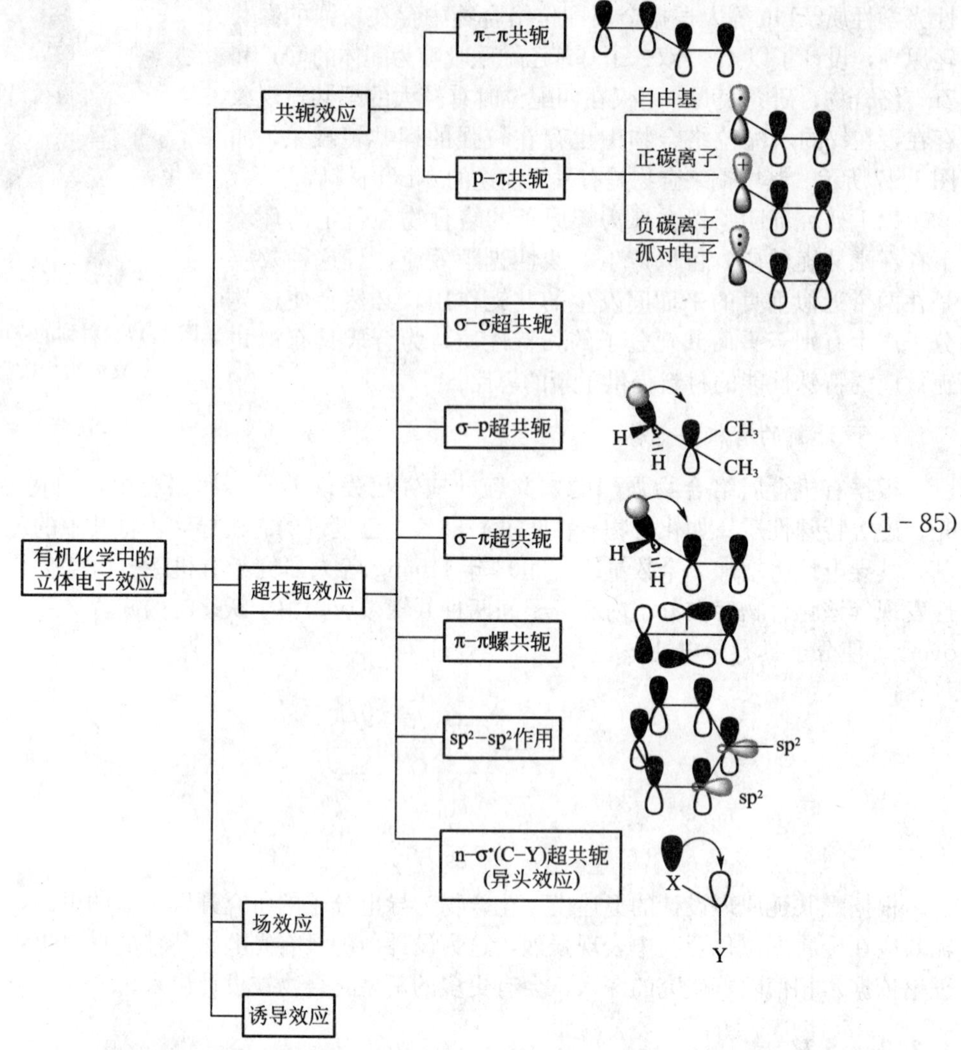

(1-85)

从式1-85中不难看出电子空间作用的多样性。螺共轭起始于螺环共轭烯烃，异头效应起始于糖的1位化学键取向的讨论，但现在均已扩展到开链烃。相信随着化学科学的进步和发展，人们对立体电子效应的认识会更加丰富多彩。

习　　题

1. 指出下列化合物存在的异头效应。

(1) 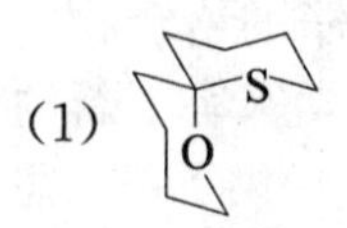

(2) 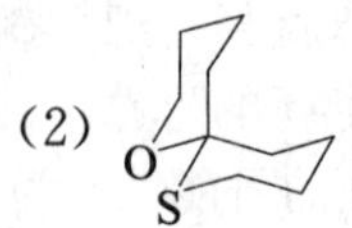

2. 指出下列化合物哪些有螺共轭效应。

(1) 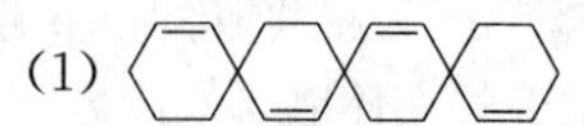

(2) 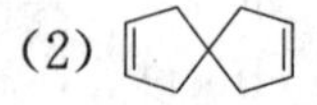

(3) 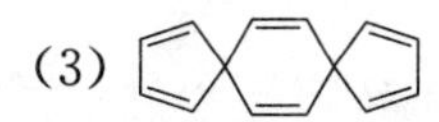　　(4) 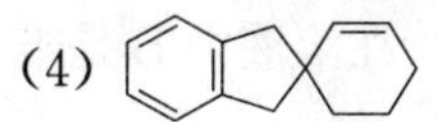

3. 画出下列结构中存在 2 个异头效应的构象式。

(1) 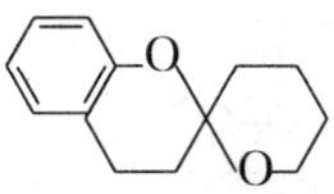　　(2)

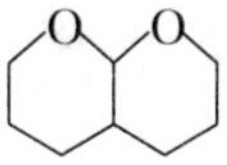

4. 比较下列分子的稳定性。

(1) 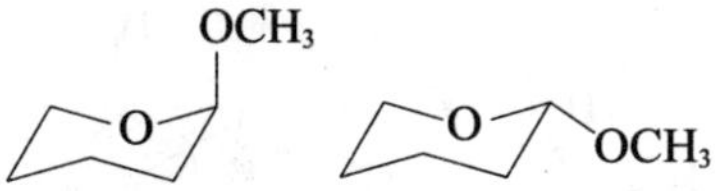　　(2)

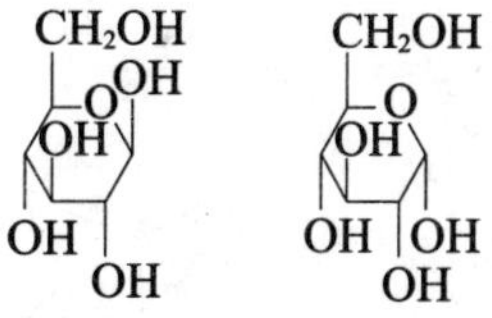

5. 举例说明有机化学中的立体电子效应。

6. 利用异头效应解释下列实验结果。

(1) 25℃时在 50% 乙酸-乙酸酐的 H_2SO_4(0.1mol/L)溶液中，$K=5$。

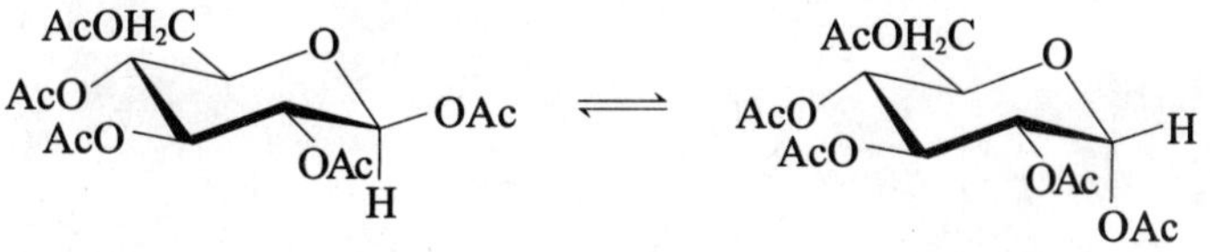

(2) 40℃时，$K=32$。

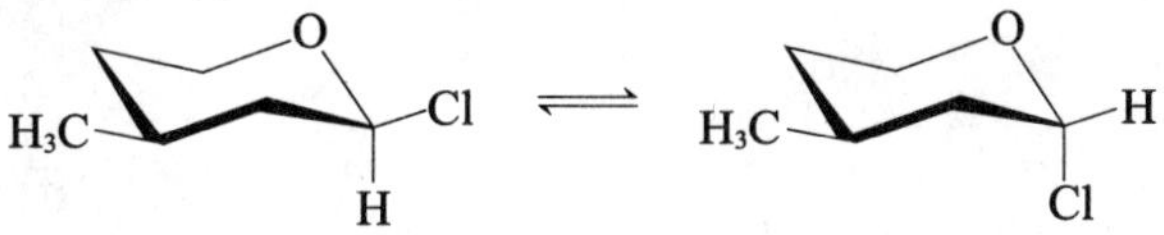

(3) 25℃时在 CCl_4 中，$K=3.4$。

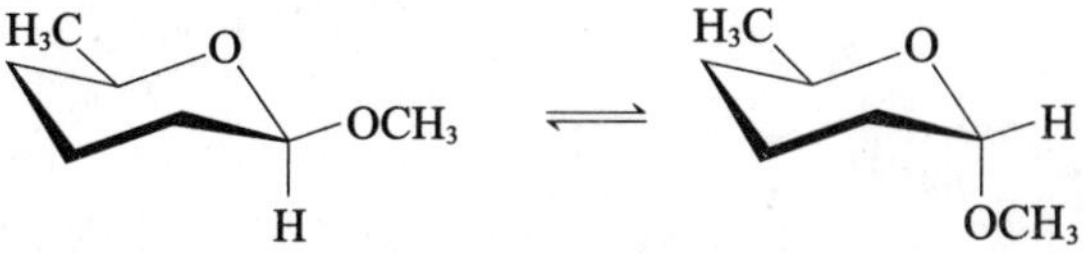

(4) 下列化合物在固体时，Cl 原子全是直立键。

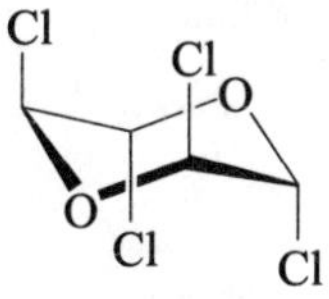

(5) ^{1}HNMR 图谱显示，直立键结构占优势。

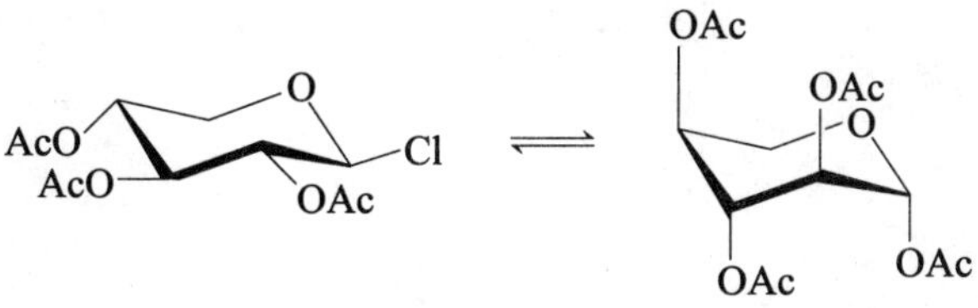

(6) ^{1}HNMR 图谱显示，在溶液中 B 是唯一的化合物。

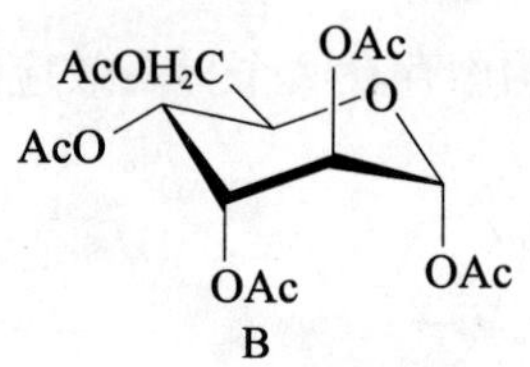

CH₂OAc O OAc OAc AcO OAc ⇌ AcOH₂C OAc O AcO OAc OAc

A　　B

(7) ^{1}HNMR 图谱显示，B 比 A 稳定。

F H H H O ≡ H F H H　　H H F H O ≡ H H F H

A　　B

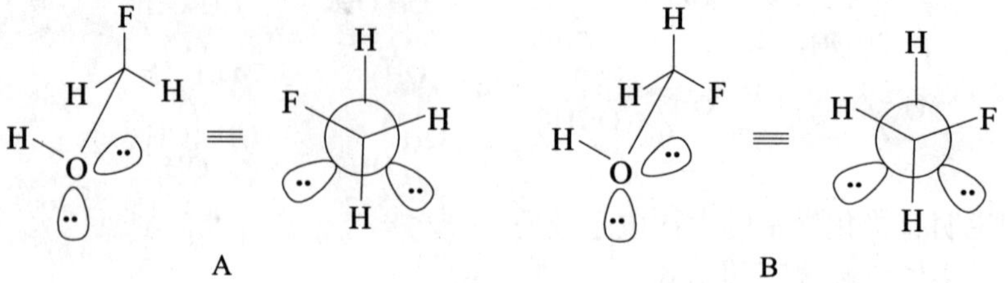

第 2 章　高等有机合成化学中的重要反应

内容简介

本章重点介绍了 Morita - Baylis - Hillman(MBH)反应、环加成反应(特别介绍了反应的规律及［6+4］、［12+2］、［14+2］和［18+2］等特殊类型的环加成反应)、D - A 烯加成反应(ene reaction)、$S_N V$ 反应、$S_N 2'$反应、1,6 -消除反应、McLafferty 类消除反应、逐出反应、烯烃的复分解反应(Alkene metathesisreactions)、Heck 反应和点击化学(Click Chemistry)等新反应的特点及应用。

2.1　Morita - Baylis - Hillman (MBH)反应

2.1.1　MBH 反应的由来

MBH 反应是一类形成碳碳键，生成多个官能团分子的有效合成反应。1968 年 Morita 首次以三环己基膦(PCy_3)为催化剂完成了醛与活性烯生成多官能团的反应。1972 Baylis 和 Hillman 在一项德国专利中，将该类反应称为 Baylis 和 Hillman 反应，这就是目前被化学家们广泛关注的 Morita - Baylis - Hillman(MBH)反应，见式 2 - 1 所示。

X
R　R′　+　EWG　—叔胺→　R′ XH　EWG　R　　(2 - 1)

芳基　　杂环芳基

R=aryl，alkyl，heteroaryl；R′=H，COOR，alkyl(烷基)

X=O，NCOOR，NTs，NSO_2Ph

EWG(electron withdrawing group)=COR，CHO，CN，COOR，

$PO(OEt)_2$，SO_2Ph，SO_3Ph，SOPh

该反应具有高效合成方法所具备的基本特征，如反应选择性(化学的、区域的、非对映的和对映的)、原子经济性、反应条件温和以及产物具有多个能进一步转换的官能团等，在有机合成上极具应用前景和发展潜力。

目前，国内外 MBH 反应的实验研究正蓬勃发展，在反应底物的设计、催化剂的筛选、复合催化剂的使用、溶剂效应的研究以及反应条件的优化等方面均有突破。

2.1.2　Morita - Baylis - Hillman 反应主要组分

MBH 反应主要组分有活性烯烃、亲电试剂和催化剂。

(1) 活性烯烃类型有：乙烯基烷基酮类、丙烯酸酯类、丙烯腈类、乙烯基砜类、乙烯基磺酸酯类、乙烯基磷酸酯类、丙二烯类、丙烯醛类等。

(2) 亲电试剂主要类型有：各种脂肪醛、芳香醛、杂环醛、一些 α -酮酸酯、氟代酮、

二酮等。

(3) 催化剂有：有机磷、有机胺、一些 Lewis 酸等。

MBH 反应的主要类型如图 2.1 所示。

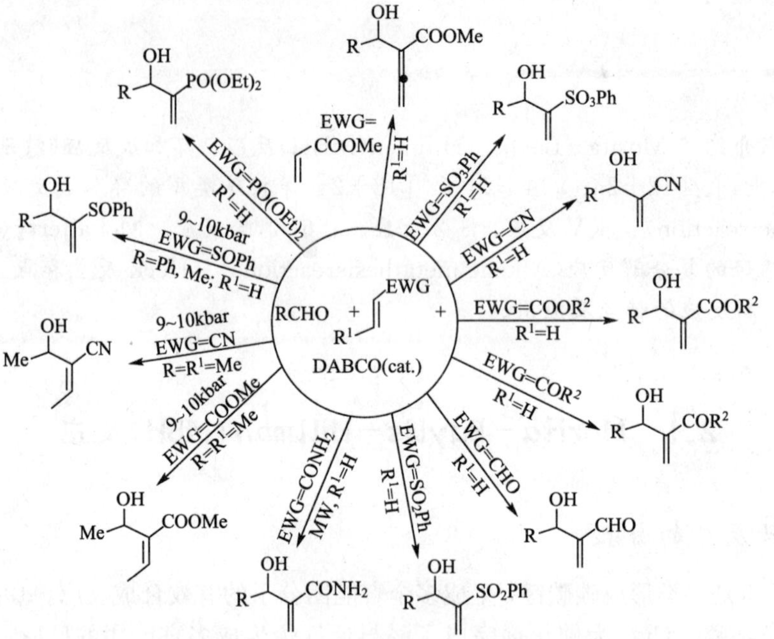

图 2.1 MBH 反应的主要类型图

2.1.3 胺氮类 Morita－Baylis－Hillman 反应催化剂

MBH 反应条件温和，是形成多个官能团分子的重要反应，但该反应在大多数情况下反应速率慢、产率低，使其在应用上有一定局限性。为了提高反应的速率，人们一直在努力寻求合适的催化剂，如胺类催化剂、有机膦催化剂、硫族化合物催化剂、$TiCl_4$ 催化剂等，其中研究与应用最多的是胺类催化剂，已报道的胺类催化剂主要包括如下几种：1,4－二氮杂二环［2.2.2］辛烷(DABCO)、4－二甲氨基吡啶(DMAP)、三甲胺(TMA)、四甲基胍(TMG)、脯氨酸(Pro)、2,6－二氮杂二环［4.4.0］－1－癸烯(DBU)、3－羟基－1－氮杂二环［2.2.2］辛烷(3－HQD)等，见式 2－2 所示。

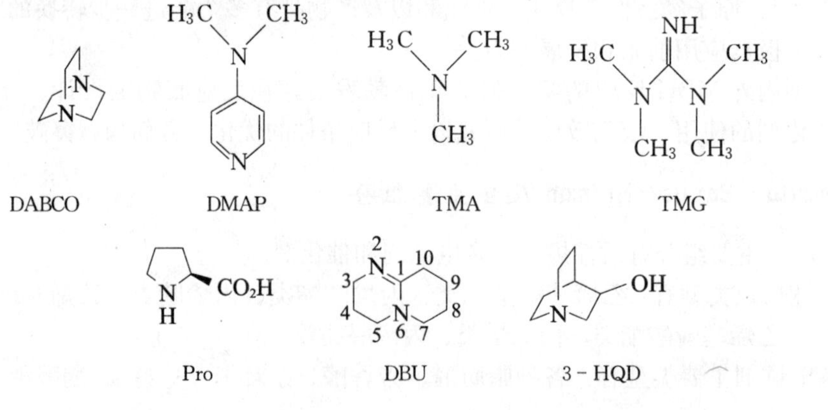

DABCO　DMAP　TMA　TMG　(2－2)

Pro　DBU　3－HQD

1. 反应机理

Hill 和 Isaacs 最先提出了使用胺氮类催化剂的反应机理，认为该反应可看作在催化剂作用下活化烯与亲电试剂共同参与的加成-消除反应历程。整个反应过程式如 2－3 所示，首先催化剂叔胺 1 与活化烯 2 发生亲核 1,4 -加成，生成两性离子烯醇盐 3，接着 3 与亲电试剂醛 4 发生类似于羟醛缩合反应生成中间体 5，随后 5 发生分子内质子转移，形成两性离子烯醇盐 6,6 经消除反应得到产物 7，同时再生催化剂 1。

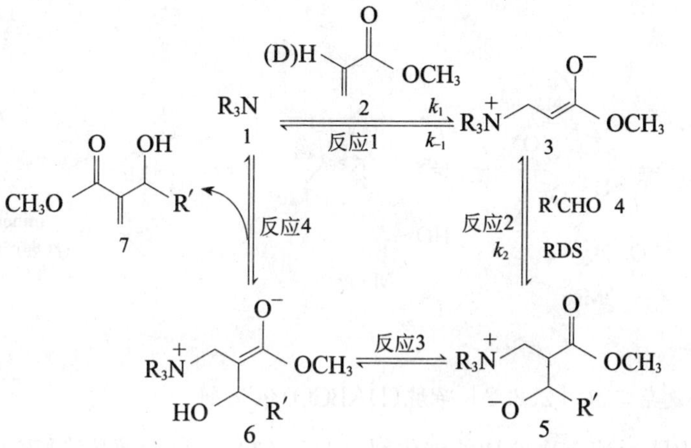

(2－3)

Mcquade 研究小组考察了 DABCO 催化的丙烯酸甲酯和多种芳香醛的 MBH 反应，提出了另一种反应机理，见式 2－4 所示。与 Hill 的反应机理不同之处在于形成中间体 11 后，不是直接发生分子内质子转移，而是继续加成第二个醛分子而形成半缩醛中间体 12，然后经过具有六元环结构的过渡态 13 发生分子内质子转移，脱去催化剂形成产物 14。

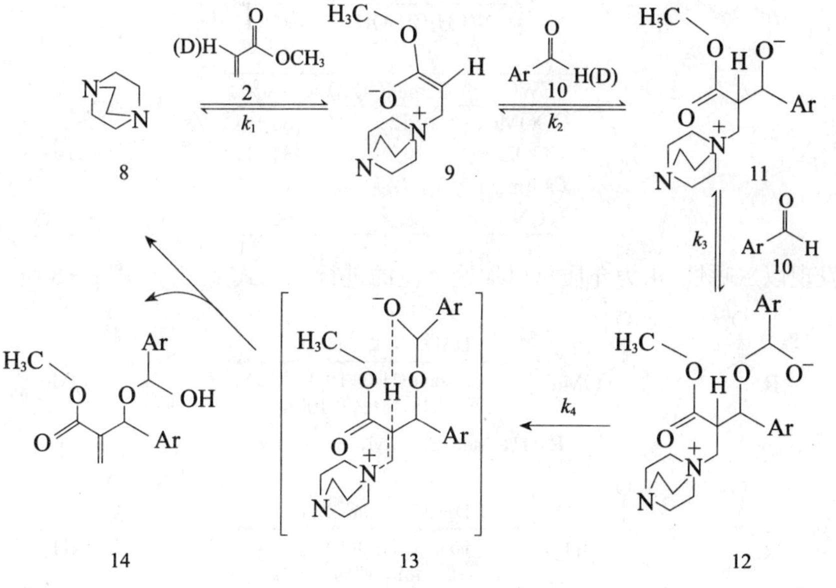

(2－4)

Basavaiah 则认为是上述两种反应机理的综合，见式 2－5 所示。

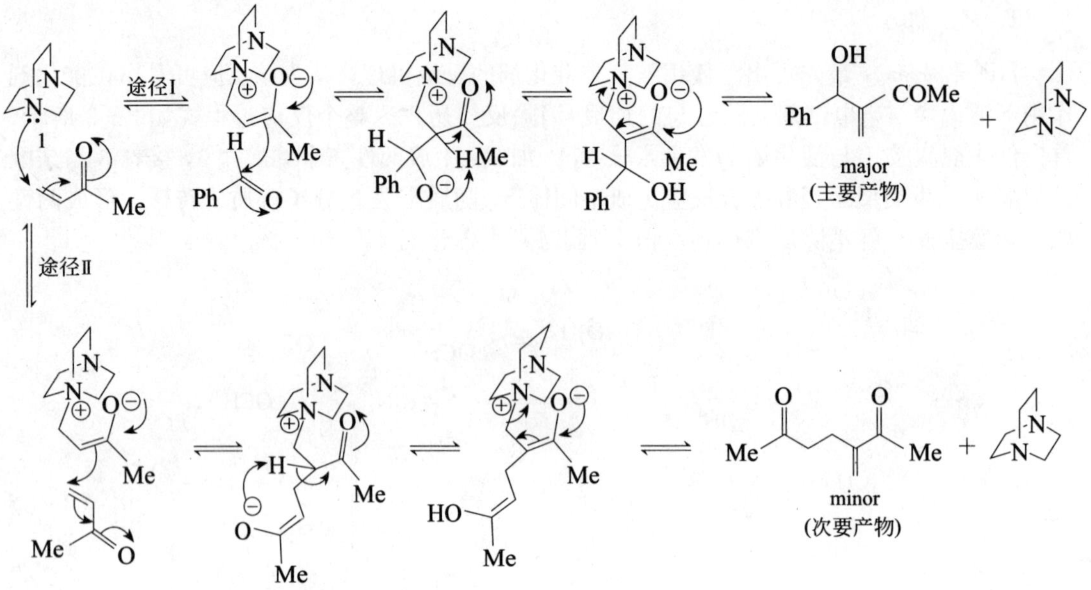

途径I

主要产物 major

途径II

次要产物 minor

(2-5)

2. 1,4-二氮杂二环[2.2.2]辛烷(DABCO)催化剂

1972年MBH反应首次使用的催化剂是DABCO。后来人们经过深入的研究发现反应介质以及外界条件对DABCO催化的MBH反应有很大影响。Aggarwal使用DABCO与金属配体作催化剂来提高MBH反应的速率，发现DABCO、三乙醇胺、$La(OTf)_3$组成的体系与单独使用DABCO相比可显著提高反应的速率，DABCO用量小于10mol%时不能发生反应，见式2-6所示。

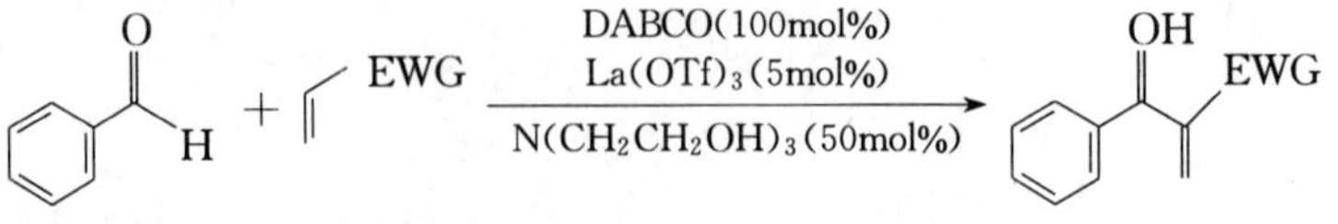

DABCO(100mol%), $La(OTf)_3$(5mol%), $N(CH_2CH_2OH)_3$(50mol%)

EWG	Time/(h)	Yield/(%)
COOMe	12	83
COOEt	12	84
COOBu-t	72	74
CN	1.5	92

(2-6)

Hu发现以二噁烷-水为介质可以加速反应的进行，见式2-7和式2-8所示。

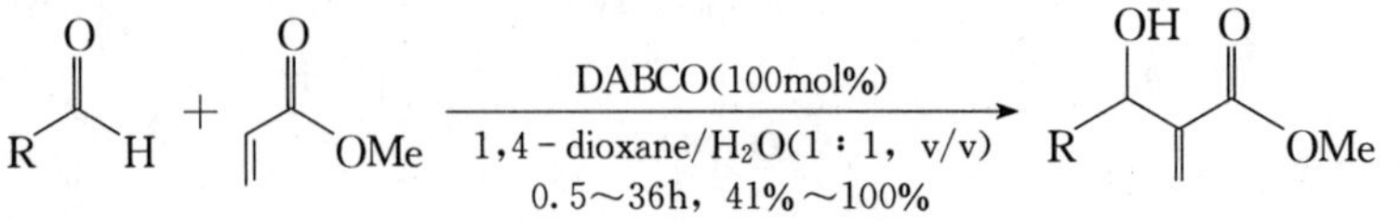

DABCO(100mol%), 1,4-dioxane/H_2O(1∶1, v/v), 0.5～36h, 41%～100%

(2-7)

R=H, Me, Et, aryl, heteroaryl

DABCO(100mol%), 1,4-dioxane/H_2O(1∶1, v/v), rt, 12～48h, 61%～99%

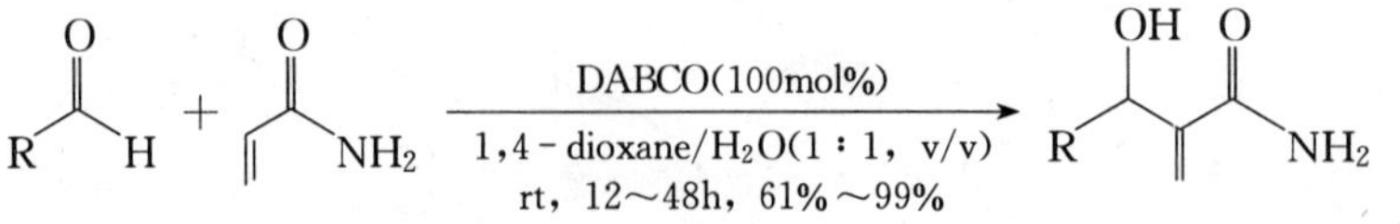

(2-8)

R=2-(NO_2)Ph, 3-(NO_2)Ph, 4-(NO_2)Ph, heteroaryl

Rosa 最近报道了 DABCO 催化的 MBH 反应在离子液体［bmim］［PF_6］中比在乙腈中反应速率提高了 33.6 倍，若以 $LiClO_4$ 作辅催化剂反应速率还会进一步提高，见式 2-9 所示。

ionic liquid(1mmo/L in 100μL) DABCO(100mol%) r. t.，24h，14%～72%

(2-9)

ionic liquid=［bmim］［PF_6］，［bmim］［BF_4］

R=肉桂基，C_6H_5，4-ClC_6H_4，4-(OMe)C_6H_4，4-MeC_6H_4

3,4,5-$(MeO)_3C_6H_2$，fur-2-yl，c-hex，Bu，Bu-*t*

R′=Me，Bu-*t*

MBH 反应的产物中大都包含一个新手性中心，即存在不对称诱导的可能性。DABCO 催化的手性活化烯或手性亲电试剂参加的 MBH 反应，所得到的产物具有较高的 de 值，如 Brzezinski 等人将手性丙烯酰胺引入不对称 MBH 反应，发现某些丙烯酰胺与过量的醛得到的产物具有很高的 de 值，见式 2-10 所示。

RCHO DABCO；MeOH NEt_3；MeO_2C

(2-10)

2007 年 Kang 利用 DABCO 催化剂，成功地合成了 F-3-2-5 抗肿瘤药物中间体，收率达 90%，见式 2-11 所示。

CH_3CHO DABCD n-C_8H_{18} 90%；AC_2O H_2SO_4 CH_2Cl_2，0℃；PhMgBr CuI,THF -78℃；(1) LiHMDS，THF，-78℃ $CHO(CH_2)_2O$ (2) TBAF，THF，0℃

(2-11)

F-3-2-5

3. 4-二甲氨基吡啶(DMAP)催化剂

2-羟甲基-2-环己烯酮衍生物是合成一些具有生物活性化合物的中间体，以往这类物质制备过程很烦琐且产率不高。Rezgui 与 Gaied 用 DMAP 作催化剂在水介质中用 2-环己烯酮的衍生物与甲醛在室温下反应生成 2-羟甲基-2-环己烯酮衍生物，其产率可达 75%～82%，而 DABCO 催化下此类反应未获得应有的加合产物，可见 DABCO 并不能催化这类反应，见式 2-12 所示。

$$\text{R}^1,\text{R}^2\text{-cyclohexenone} \xrightarrow[\substack{\text{HCHO(aq.), THF, r.t.} \\ -60^\circ\text{C, 15h}\sim\text{6d} \\ 68\%\sim82\%}]{\text{DMAP } (4\text{-N(CH}_3)_2\text{-pyridine}),\ (10\sim20\text{mol\%})} \text{2-(hydroxymethyl) product} \qquad (2-12)$$

R^1=H, Me; R^2=H, Me, C_6H_5

4. 三甲胺催化剂

Basavaiah 用丙烯酸酯与多聚甲醛或活泼芳香醛在水合三甲胺介质中进行反应，得到了预期的结果。二氢苊醌是一个非烯醇酮，它作为亲电试剂在甲醇溶剂中三甲胺催化作用下同丙烯腈进行反应，取得了较好的结果，见式 2 - 13 所示。

$$\text{acenaphthenequinone} + \text{CH}_2\text{=CHCN} \xrightarrow[\text{THF, r.t., 12h, 76\%}]{\text{Me}_3\text{N/CH}_3\text{OH}} \text{product (HO, CN)} \qquad (2-13)$$

5. 四甲基胍(TMG)催化剂

Leadbeater 发现 TMG 对多种底物参加的反应都有很好的催化作用。苯甲醛、丙烯酸甲酯与 TMG 按 1∶1∶0.5(摩尔比)的比例混合在室温下反应 16h，能取得较高产率，见式 2 - 14 所示。

$$\text{RCHO} + \text{CH}_2\text{=CHCOOMe} \xrightarrow[\substack{\text{CH}_2\text{Cl}_2\text{, r.t., 6h} \\ 50\%\sim69\%}]{\text{TMG } ((\text{Me}_2\text{N})_2\text{C=NH}),\ (5\sim25\text{mol\%})} \text{RCH(OH)C(=CH}_2\text{)COOMe} \qquad (2-14)$$

R=aryl, alkyl, cinnmyl

温度对 TMG 的活性是有影响的，TMG 催化的 MBH 反应在室温下反应，速率最快，若温度降低，反应速率随之降低，但温度从 30℃提高到 40℃时发现反应的速率非常慢，分析产物后发现温度升高后 TMG 发生了分解并且和反应物生成了多聚物。

6. 脯氨酸与 Lewis 碱催化剂

咪唑和三乙胺是 Lewis 弱碱，本身不会对芳香醛与丙烯酸烷基酯(如 MVK)的反应起到催化作用，但在反应体系中有催化量的 L -脯氨酸存在时反应速率会极大提高。如对硝基苯甲醛与 MVK 在 DMF 中，在 10mol%咪唑与 10mol%L -脯氨酸催化下反应，24h 后产率为 60%，当把咪唑和 L -脯氨酸的含量提高到 30mol%，产率能达到 90%。研究发现 L -脯氨酸在 $NaHCO_3$ 中可以很好地催化乙烯基甲酮与芳香醛的 MBH 反应，反应机理见式 2 - 15 所示，各种脯氨酸的衍生物的催化效果比较如表 2 - 1 所示。

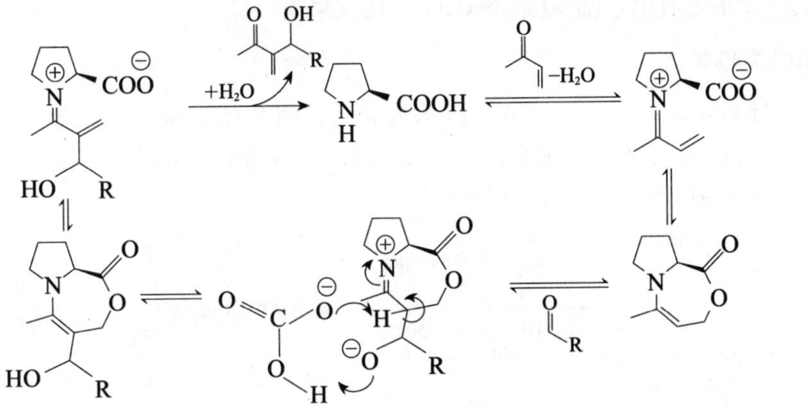

(2-15)

表 2-1 各种脯氨酸的衍生物的催化效果

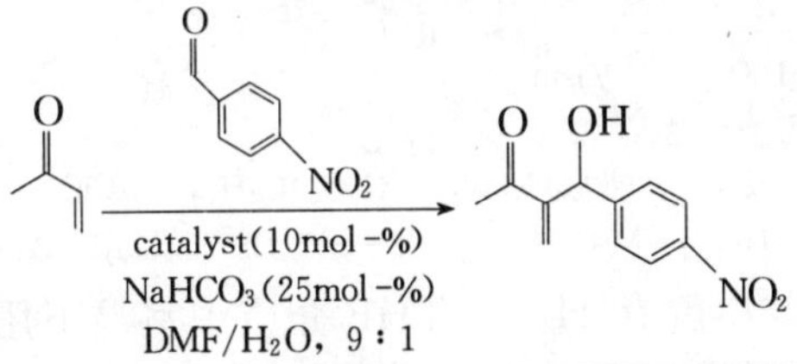

catalyst(10mol-%)
$NaHCO_3$(25mol-%)
DMF/H_2O，9∶1

序号	催化剂	反应温度/(℃)	时间/(h)	转化率/(%)	收率/(%)
1	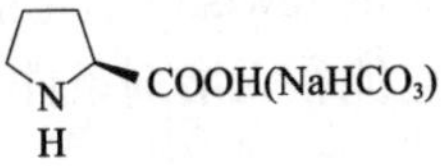 N H COOH($NaHCO_3$)	40	16	>99	92
2	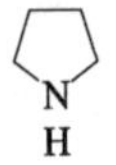 N H	40	16	99	
3	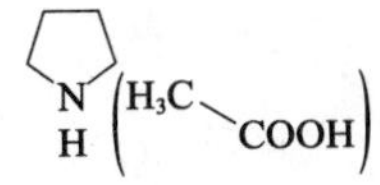 N H (H_3C COOH)	40	16	>80	16
4	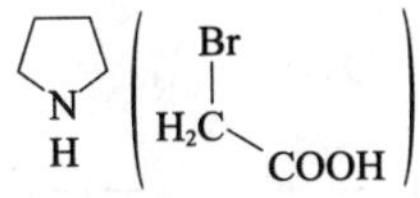 N H (Br H_2C COOH)	40	16	>80	
5	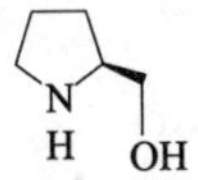 N H OH	40	16	95	16
6	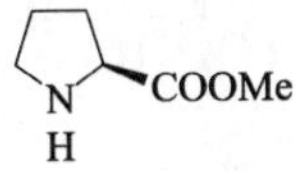 N H COOMe	40	16	>10	
7	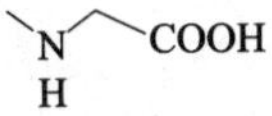 N H COOH	40	16	97	80
8	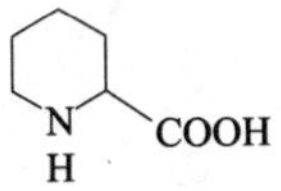 N H COOH	40	16	94	66
9	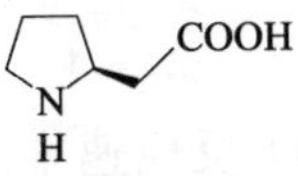 N H COOH	40	16	96	55

由表 2－1 不难看出，脯氨酸－ $NaHCO_3$ 的效果最好。

7. 咪唑类催化剂

Cheng 与 Gatrit 各自独立报道了以水为介质，醛与环烯酮在催化量的咪唑作用下的 MBH 反应。环己烯酮与 30％水合甲醛在 20mol％咪唑催化作用下在室温下反应，结果发现 17 天后产率达到 93％，见式 2－16 所示。

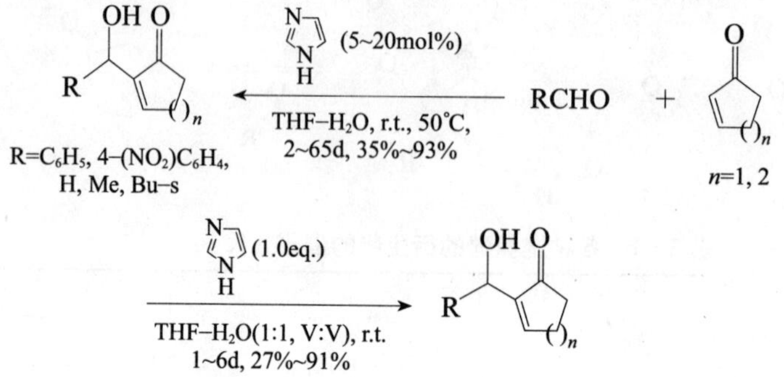

（2－16）

R＝C_6H_5，2-(NO_2)C_6H_4，3-(NO_2)C_6H_4，4-(NO_2)C_6H_4，4－ClC_6H_4，3－BrC_6H_4，4-(CF_3)C_6H_4，4－MeC_6H_4，fur－2－yl，(E)－cinnamyl，Bu－i，H

随后他们用环戊烯酮与甲醛在 H_2O－THF 介质中室温下用 5mol％的咪唑催化下反应，17 天后产率达到 86％。

2005 年中国台湾的东华大学化学部的林雨生发现一种新的 lewis 碱催化剂——1－甲基咪唑－3－N－氧化物(1－methylimidazole－3－N－oxide)，它能在无溶剂条件下催化多种活化醛的 MBH 反应。催化剂的制备的反应见式 2－17 所示。

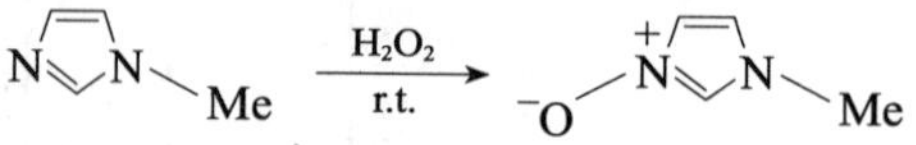

（2－17）

其催化反应可能的机理见式 2－18 所示。

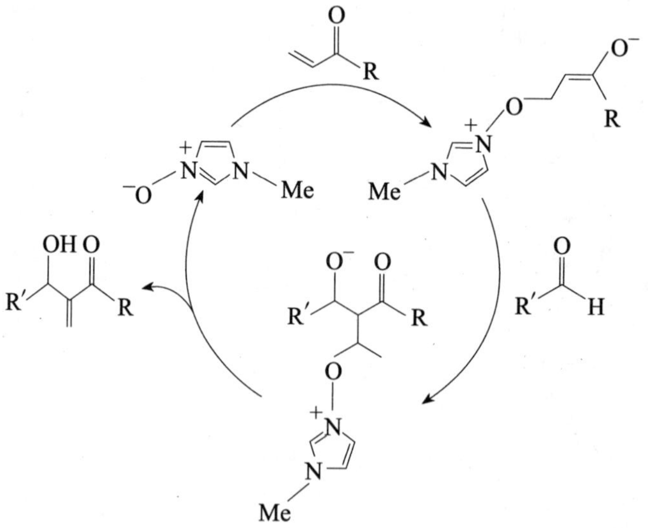

（2－18）

8. 2,6－二氮杂二环［4.4.0］－1－癸烯(DBU)催化剂

Aggarw 发现与 DABCO 相比，DBU 能进一步提高 MBH 反应速率。DABCO 与 3－

HQD 作为 MBH 反应的催化剂属于无空间位阻且亲核性较强的碱，通常认为这是 MBH 反应催化剂应具有的特点，但 DBU 作为位阻较强的碱，却可以很好地催化某些 MBH 反应。苯甲醛与活性烯、丙烯酸酯或 2-环己烯酮等亲电试剂的反应都可以在 DBU 催化下完成，且效果比 DABCO 或 3－HQD 催化的效果好。DBU 与活性烯烃作用形成季铵盐烯醇式中间体，中间体内部由于共轭效应而更加稳定，反应速率会明显提高，见式 2－19 所示。

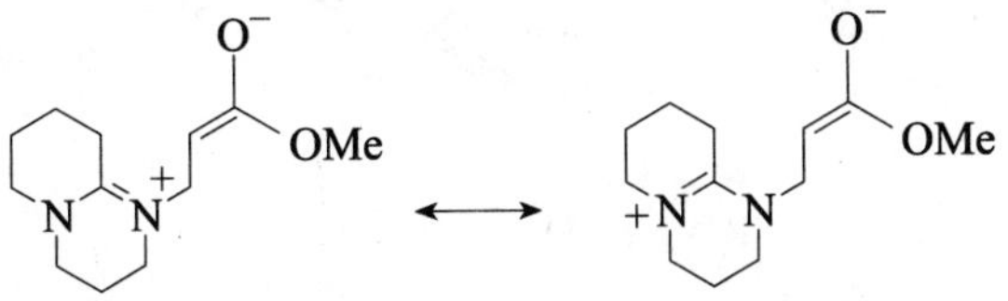

(2－19)

在 DBU 存在下，用 2,2′-二硫代苯甲醛作为亲电试剂与各种活泼链状烯烃进行 MBH 反应，是一个合成苯并噻喃衍生物的好方法，见式 2－20 所示。

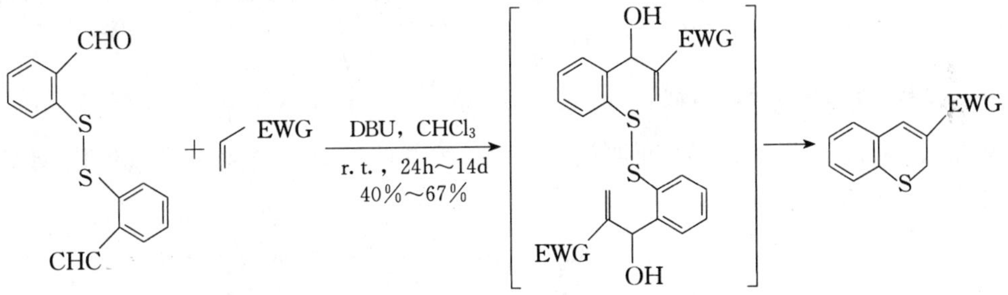

DBU，$CHCl_3$ r. t.，24h～14d 40%～67%

EWG=COMe，COEt，$SO_2C_6H_4$，CN，COOMe，COOEt，CHO

(2－20)

2.1.4 有机膦类催化剂

1968 年 Morita 等人发现了在三环己基膦存在条件下醛与活性烯的反应，形成一个具有多官能团的分子，见式 2－21 和式 2－22 所示。

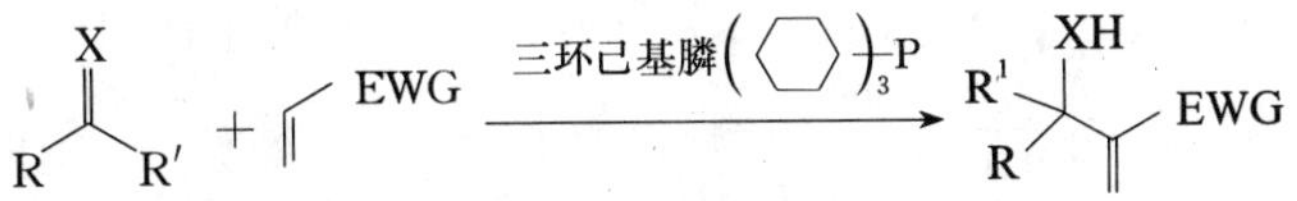

(2－21)

R=aryl，alkyl，heteroaryl；R^1=H，CO_2R，alkyl

X=O，NCO_2R，NTs，NC_6F_5

EWG=COR，CHO，CN，CO_2R，

随后膦作为催化剂广泛用于催化包括 MBH 反应在内的许多有机反应。

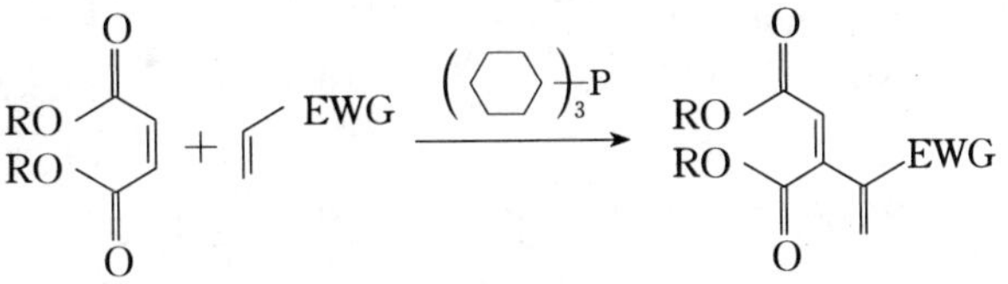

(2－22)

EWG=COOMe，COOH，CN

R=H，Me，Bu

最近 Soai 成功地将(S)-BINAP 作催化剂用于各种醛参与的不对称 MBH 反应，所得产物 DE 值为 9%～44%，产率也不高，只有 8%～26%见式 2-23 所示。

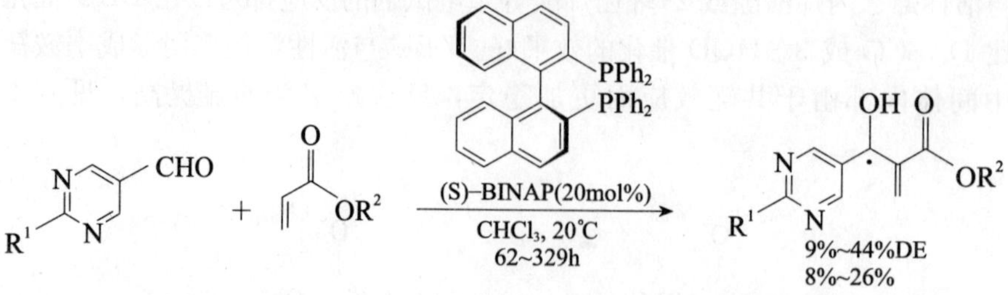

(S)-BINAP(20mol%)

$CHCl_3$, 20℃

62~329h

9%~44%DE

8%~26%

(2-23)

R^1=H，Me

R^2=Me，Et，*i*-Pr

Yamada 与 Ikegami 报道了在四氢呋喃溶剂中三丁基膦与联二萘酚(BINOL)共催化的一些 MBH 反应，结果表明可以高产率地得到预期的加合产物，且该反应在有酚类存在时反应速率比无酚类时要快得多，这是因为在反应中酚类作为布朗斯特酸可使反应底物的活性增强。

2.1.5 含硫硒元素的催化剂

Kataoka 发现了在 Lewis 酸助催化下，有机硫化物或硒化合物也可以催化 MBH 反应，见式 2-24 所示。

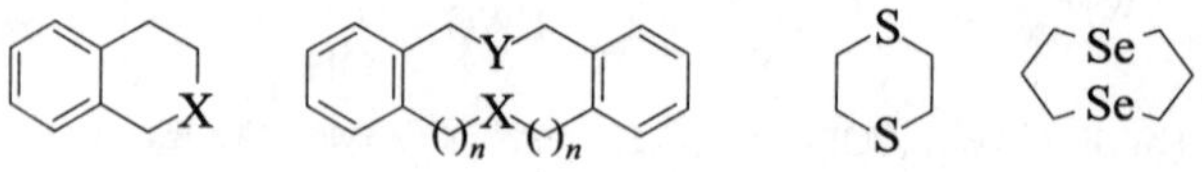

X=S

X=Se

X=Y=S，*n*=1

X=S，Se

Y=S，Se，NCH_2Ph } *n*=0

(2-24)

烷基乙烯基酮和乙醛在 BBr_3-SMe_2催化下可发生 MBH 反应，并且能被 $NaHCO_3$ 或 H_2O 所终止，分别得到不同的产物，反应见式 2-25 所示。

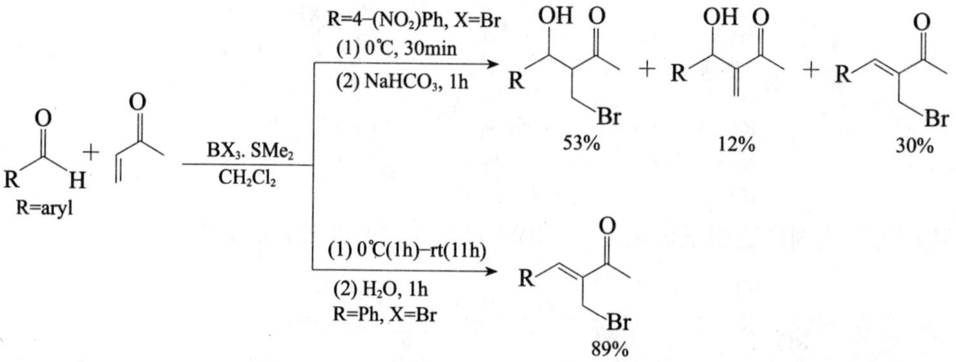

R=aryl

BX_3. SMe_2

CH_2Cl_2

R=4-(NO_2)Ph, X=Br

(1) 0℃, 30min

(2) $NaHCO_3$, 1h

53%　12%　30%

(1) 0℃(1h)-rt(11h)

(2) H_2O, 1h

R=Ph, X=Br

89%

(2-25)

对硝基苯甲醛和甲基丙烯酸酯在 BBr_3-SMe_2 催化下也能发生 MBH 反应，与之相似，用硫代物也能发生该反应，反应过程见式 2-26 所示。

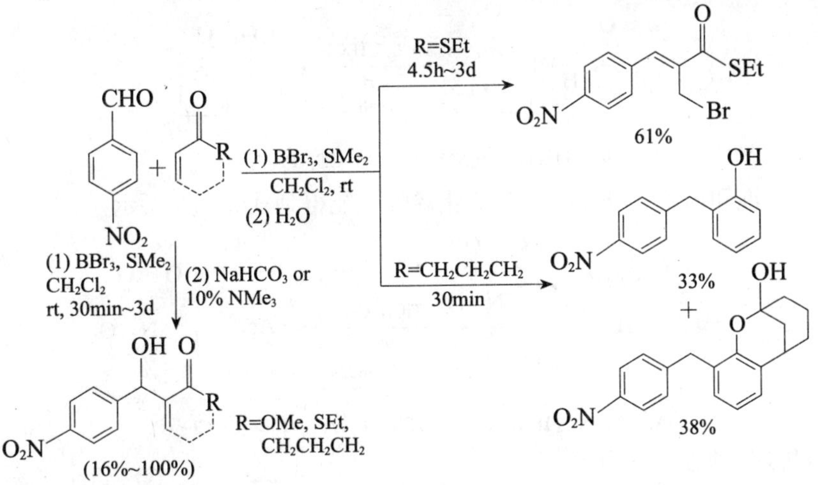

(2-26)

2.1.6 $TiCl_4$ 类催化剂

在 1986 年 Tanaguchi 等用 α，β-乙炔酮和活化烯烃在 $TiCl_4$/TMSI、TMSOTf/TMSI、$TiCl_4/Bu_4NI$、TMSI/Bu_4-NF、Et_2AlI、或 TiI_4 等催化下反应，反应结果最好的是 $Bu_4NI/TiCl_4$ 催化的反应，见式 2-27 所示。

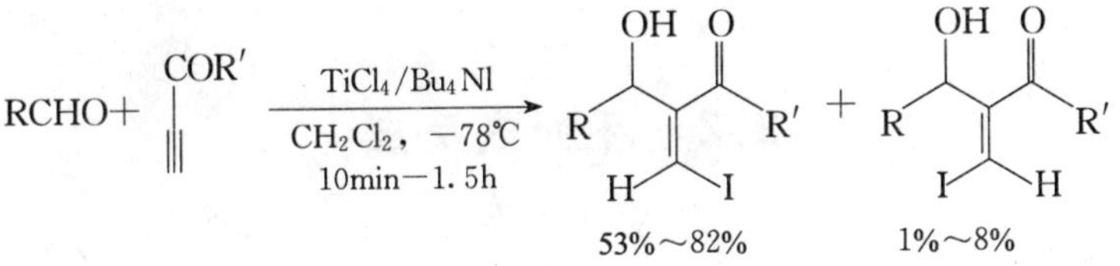

(2-27)

Oshima 等人用丙烯醛和活化烯烃在 $Bu_4NI/TiCl_4$ 催化下反应，反应温度-78℃，得到产物环缩醛，当反应温度为 0℃时，得到烯醛，见式 2-28 所示。

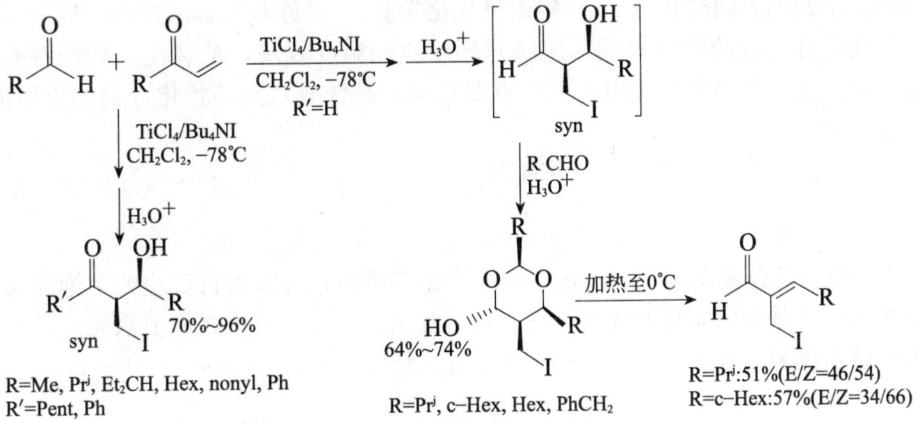

(2-28)

Liet 等人发现可以用 $TiCl_4$ 催化 MBH 反应，见式 2-29 所示。

$$\text{RCHO} + \text{cyclic enone } (n=1,2) \xrightarrow[\text{2h, rt, 47\%\sim68\%}]{\text{TiCl}_4\text{, CH}_2\text{Cl}_2} \text{product} \tag{2-29}$$

R=Prʲ, Pr, Hept, 4-(NO_2)Ph, 4-(CF_3)Ph

如 α,β-不饱和烯苯并噁唑啉作为活化烯烃，能得到式 2-30 所示。

$$\text{ArCHO} + \mathbf{109} \xrightarrow[\text{2h, rt, 45\%\sim82\%}]{\text{TiCl}_4\text{, CH}_2\text{Cl}_2} \text{product} \tag{2-30}$$

Ar=2-(NO_2)Ph, 3-(NO_2)Ph, 4-(NO_2)Ph, 4-(CF_3)Ph

其反应机理如见式 2-31 所示。

$$\xrightarrow{\text{TiCl}_4\text{, RCHO}} \tag{2-31}$$

2.2 环加成反应

2.2.1 Diels-Alder [4+2] 环加成反应

[4+2] 环加成反应是两个分子间进行加成的协同反应。例如，共轭二烯烃与含有 C═C 或 C≡C 的不饱和化合物进行 1,4-环加成反应，生成六元环烯烃，称作 Diels-Alder 反应。它是德国有机化学家狄尔斯(Diels O. 1876—1956)和阿尔德(Alder K 1902—1958)发现的(由此两人同时获得 1950 年诺贝尔化学奖)，又称双烯合成反应。这一反应是可逆的，正向成环反应的温度较低，逆向开环反应的温度较高，是共轭二烯烃特有的反应。不论在理论上，还是实际应用上都有重要意义，是合成六元环状化合物的重要方法，见式 2-32 所示。

$$\text{isoprene} + \text{CH}_2\text{=CHCN} \xrightarrow{\triangle} \text{4-methylcyclohex-3-ene carbonitrile} \tag{2-32}$$

(1) 通常把双烯合成反应中的共轭二烯烃称作双烯体，与其进行反应的不饱和化合物成为亲双烯体，其基本反应是形成六元环。对于复杂的反应，可将之看成六元环的取代产物。可以将双烯体和亲双烯体按式 2-33 所示方法标号。

双烯体　亲双烯体

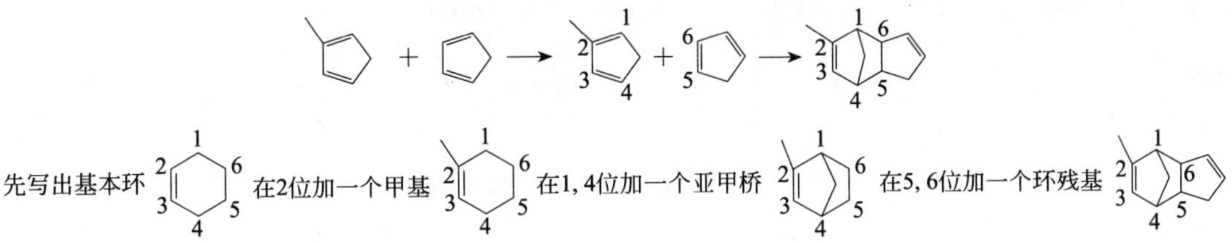

先写出基本环
在2位加一个甲基
在1, 4位加一个亚甲桥
在5, 6位加一个环残基

(2－33)

（2）当双烯体上有给电子基团时，会使其 HOMO 能量升高，而亲双烯体的不饱和碳原子上连有吸电子基团时，会使它的 LUMO 能量下降，降低了反应活比解反应容易进行(见式 2－34)。

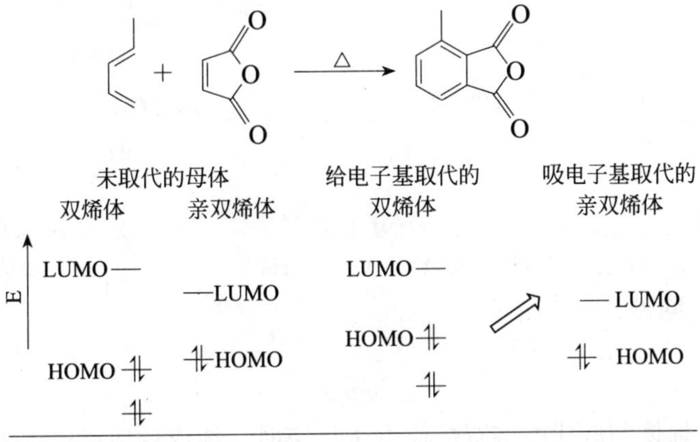

未取代的母体
双烯体
亲双烯体
给电子基取代的
双烯体
吸电子基取代的
亲双烯体
E
LUMO
HOMO

(2－34)

当双烯体上有吸电子基团时，会使其 LUMO 能量下降，而亲双烯体的不饱和碳上连有给电子基团时，会使它的 HOMO 能量升高，同样降低了反应的活比解反应也容易进行(见式 2－35)。

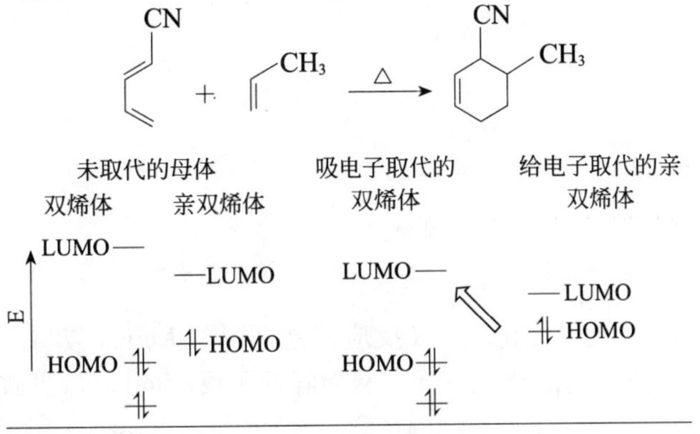

CN
CH_3
未取代的母体
双烯体
亲双烯体
吸电子取代的
双烯体
给电子取代的亲
双烯体
E
LUMO
HOMO

(2－35)

只有当双烯体及亲双烯体上的取代基均为给电子基或均为吸电子基时，间位产物才可能变为主要产物，但反应速率很慢，见式 2－36 所示。

COOH
CN

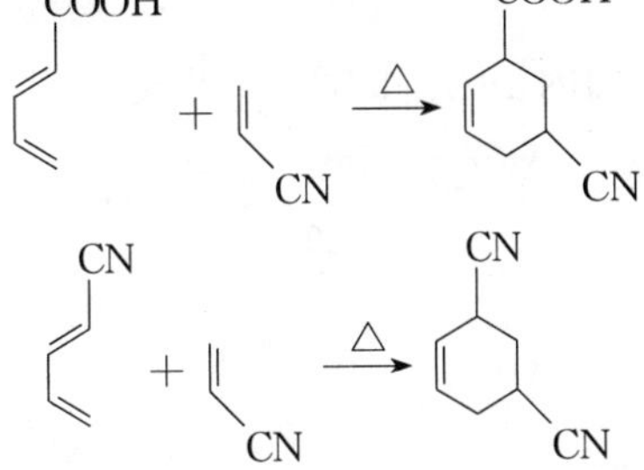

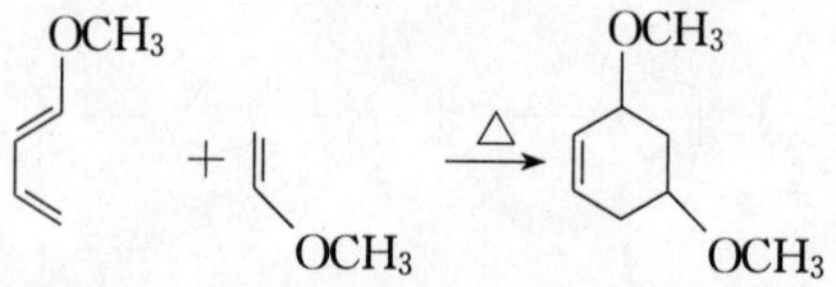

OCH_3 + OCH_3 $\xrightarrow{\triangle}$ OCH_3 OCH_3 (2-36)

(3) 在反应中可以保持双烯体和亲双烯体的构型(同向加成)不变，见式 2-37 所示。

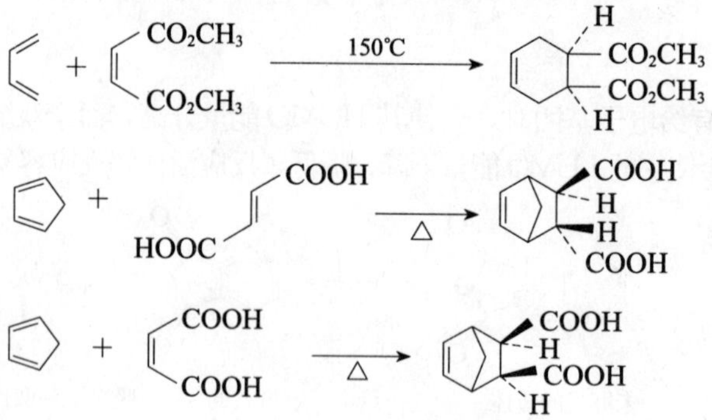

+ CO_2CH_3 CO_2CH_3 $\xrightarrow{150℃}$ H CO_2CH_3 CO_2CH_3 H

+ COOH HOOC $\xrightarrow{\triangle}$ COOH H H COOH (2-37)

+ COOH COOH $\xrightarrow{\triangle}$ COOH H COOH H

环戊二烯自身也能进行双烯合成，一分子为双烯体，另一分子为亲双烯体，这个反应很容易进行。在室温下放置环戊二烯就变成二聚环戊二烯，加热蒸馏后又分解成环戊二烯，可立即使用，见式 2-38 所示。

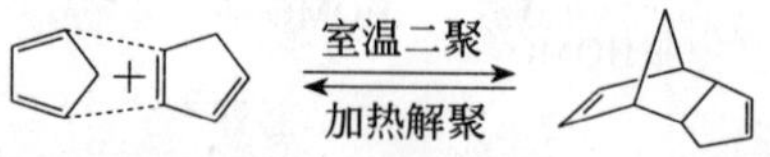

+ 室温二聚 ⇌ 加热解聚 (2-38)

(4) 取代的双烯体与取代的亲双烯体发生反应时，加成反应以不同的取向发生。但实际的产物中邻对位异构体是主要的，这种选择性称为定向选择性。

例如，1-甲氧基丁二烯与丙烯醛反应，主要得到邻位产物，见式 2-39 所示。

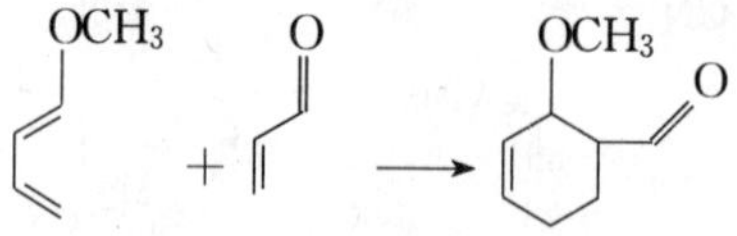

OCH_3 + O $\longrightarrow$ OCH_3 O (2-39)

异戊二烯与丙烯腈反应，主要得到对位产物，如式 2-40。

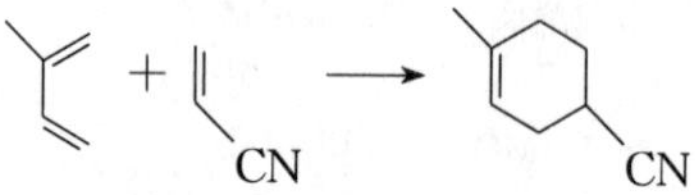

+ CN $\longrightarrow$ CN

(5) 许多强的 Lewis 酸可催化 D-A 反应，这是因为 Lewis 酸与亲双烯体结合，降低了其 LUMO 的能量，使反应活化能下降，从而降低了反应的温度(见式 2-40)。

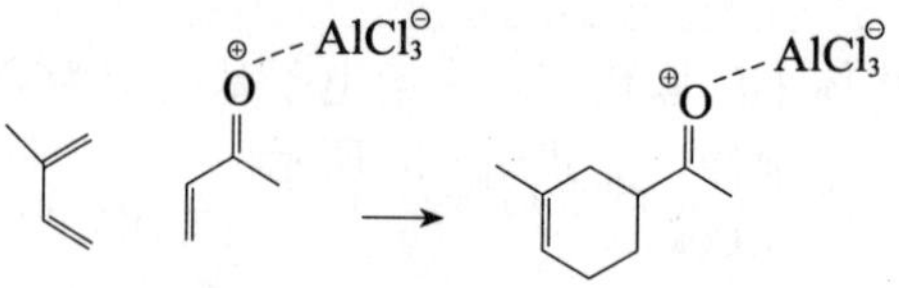

$\overset{\oplus}{O}$---$AlCl_3^{\ominus}$ $\longrightarrow$ $\overset{\oplus}{O}$---$AlCl_3^{\ominus}$ (2-40)

(6) 双烯合成反应主要得到内型为主的产物(见式 2-41)。

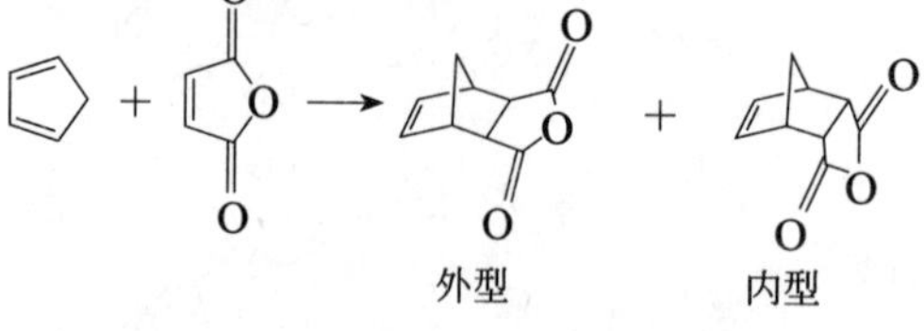

+ O O O $\longrightarrow$ O O O + O O O (2-41)

外型　　内型

(7) 只有 S－cis 型的方可作为双烯体，如不是 S－cis 型，要将 S－trans 型通过旋转 σ 轴，将之变成 S－cis 型。如果由于构型的原因不能将 S－trans 型变成 S－cis 型，则不能进行双烯合成反应(见式 2－42)。

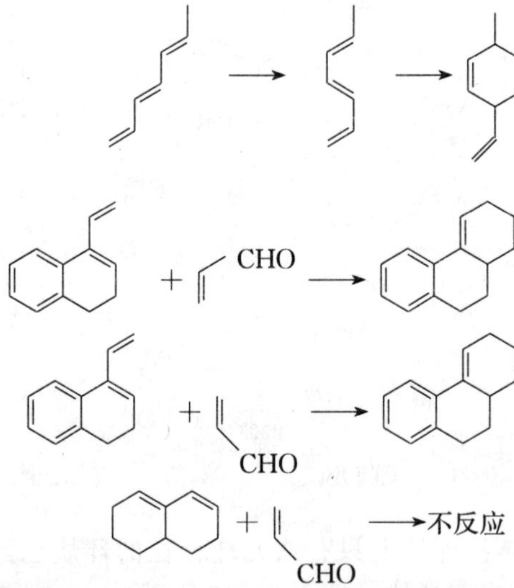

CHO

CHO

(2－42)

CN

CHO

不反应

CHO

(8) 用分子轨道理论解释：先写出丁二烯和乙烯的分子轨道，标出 HOMO 和 LUMO (见式 2－43)。

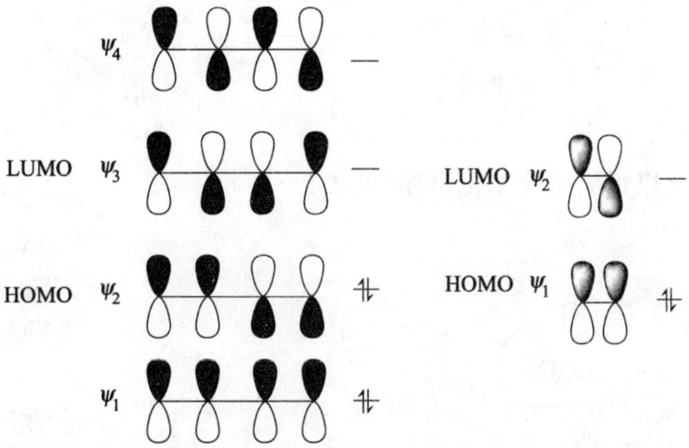

ψ_4

LUMO ψ_3　　LUMO ψ_2

(2－43)

HOMO ψ_2　　HOMO ψ_1

ψ_1

二烯的 HOMO 和乙烯的 LUMO 或二烯的 LUMO 和乙烯的 HOMO 位向相同时，才可以成键。丁二烯的 HOMO(Ψ_2)与乙烯的 LUMO(π^*)对 σ_v 均是反对称的，丁二烯的 LUMO(Ψ_3)与乙烯的 HOMO(π)对 σ_v 均是对称的。该反应不会发生［2+2］反应，因为乙烯的 LUMO 和 HOMO 是对称不匹配的(见式 2－44)。

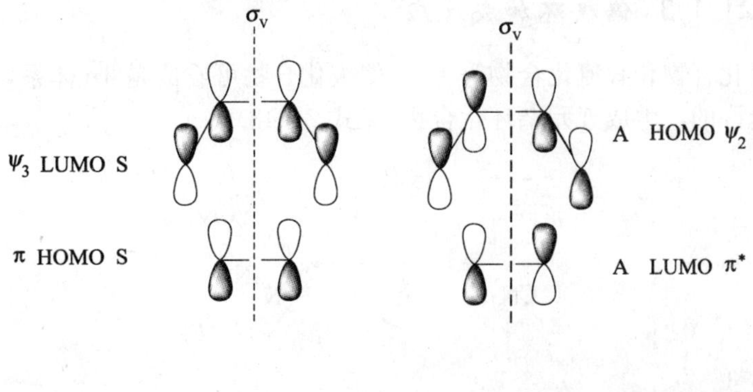

σ_v　　σ_v

ψ_3 LUMO S　　A HOMO ψ_2

(2－44)

π HOMO S　　A LUMO π^*

在光照条件下，双烯体和亲双烯体的前沿轨道的相位是对称性禁阻的。

(9) 杂原子参与的［4+2］反应：利用杂原子参与的D－A反应，可以制备一些重要的有机化合物中间体，见式2－45所示。

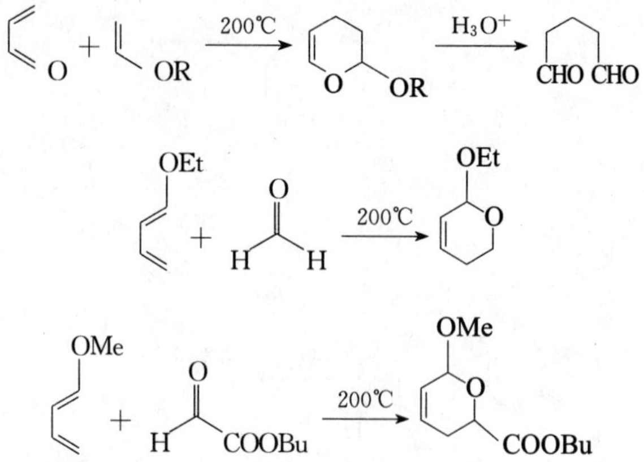

(2－45)

(10) 炔类可作为亲双烯体：理论上只有八元环存在的环炔已经制备出来，它是一种稳定的无色液体，是一个好的亲双烯体，见式2－46所示。

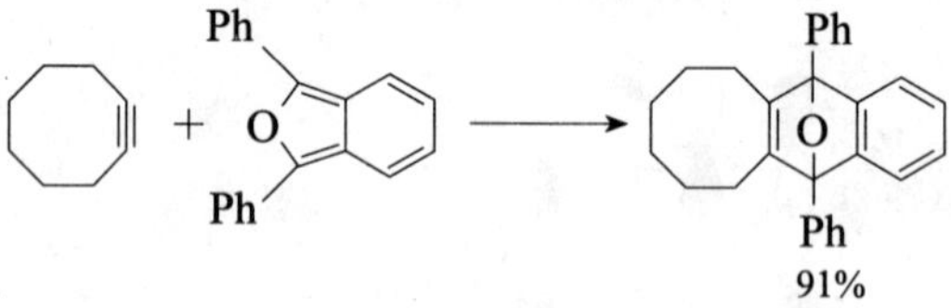

(2－46)

苯炔与苯反应可以得到二聚苯化合物(见式2－47)。

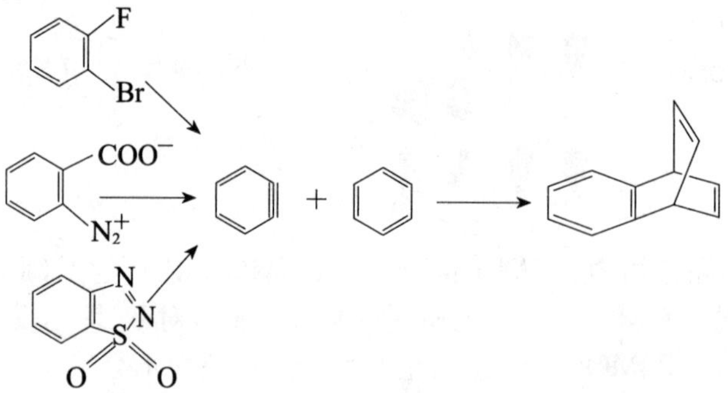

(2－47)

2.2.2 ［4+2］1,3－偶极环加成反应

臭氧、重氮化合物和叠氮化合物等1,3－偶极化合物可看成是4n体系，它们与亲双烯体反应是对称允许的，生成五元杂环化合物(见式2－48)。

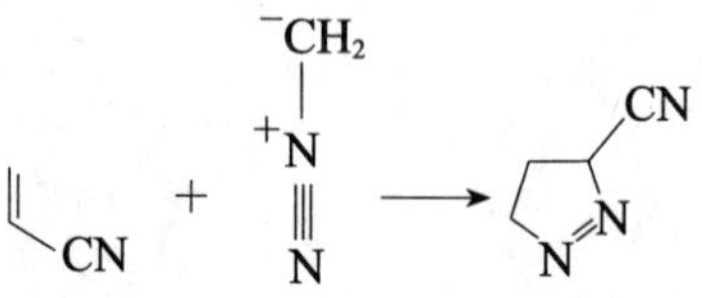

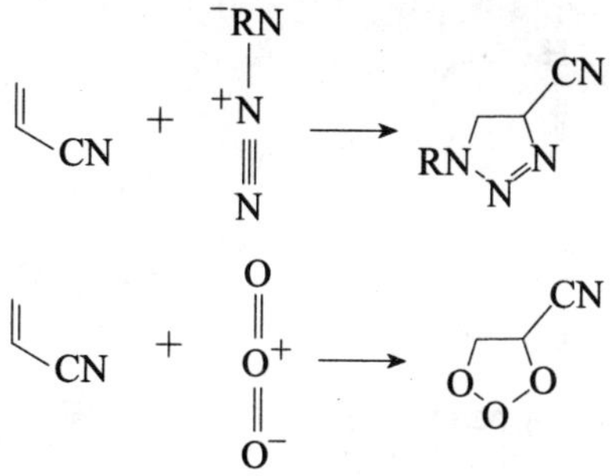

(2-48)

2.2.3 [2+2] 环加成反应

最简单的［2+2］环加成反应是乙烯与乙烯的加成反应，在加热时，由于 HOMO 与 LUMO 的对称性不匹配，不能反应；在光照时，激发态的 HOMO 与 基态的 LUMO 的对称匹配，能发生反应(见式 2-49)。

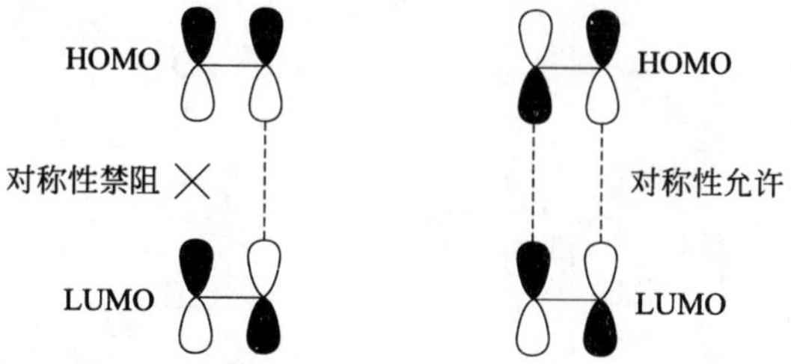

HOMO　对称性禁阻　LUMO　HOMO　对称性允许　LUMO

(2-49)

以下是一些［2+2］环加成反应的例子(见式 2-50)。

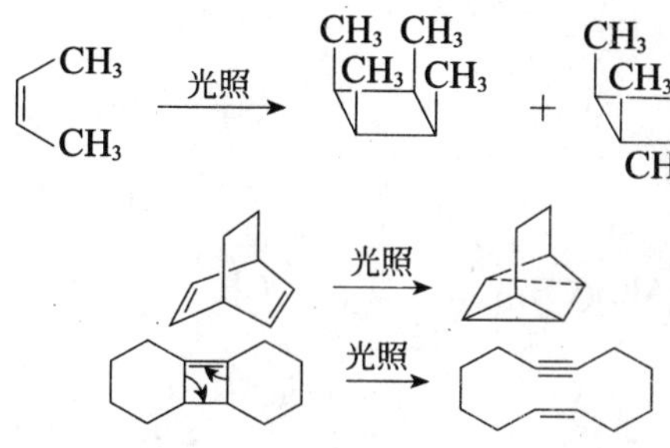

(2-50)

2.2.4 烯炔的环加成反应

烯炔的环加成反应是烯炔作为双烯体与炔烃加成，生成苯环的反应(见式 2-51)。

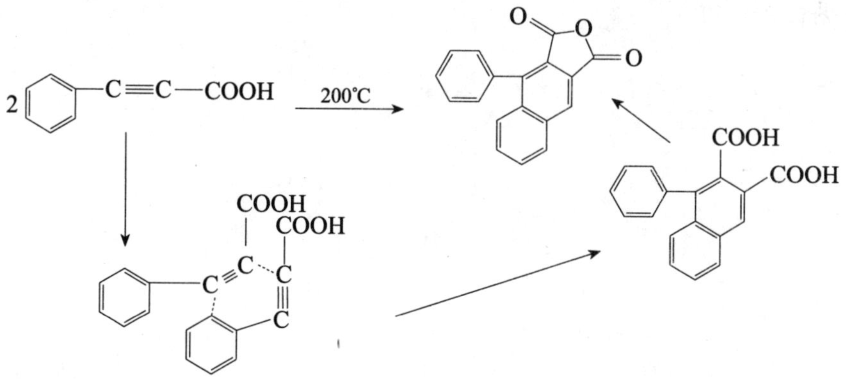

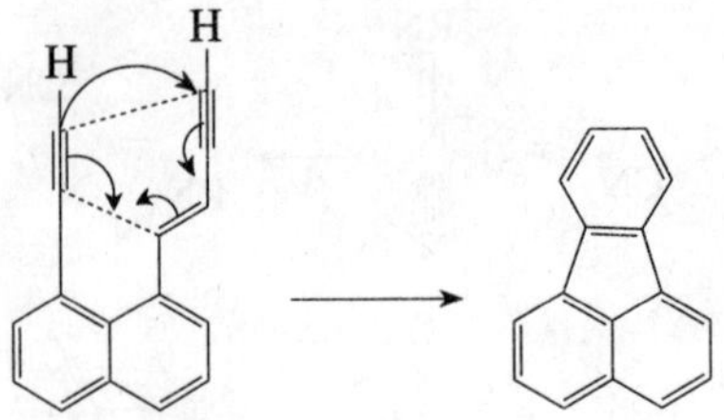

(2-51)

2.2.5 D-A 烯加成反应(ene reaction)

单烯烃能够与强的亲双烯体通过氢的迁移生成加成产物，所需温度比二烯与亲双烯体的加成要高一些(见式 2-52)。

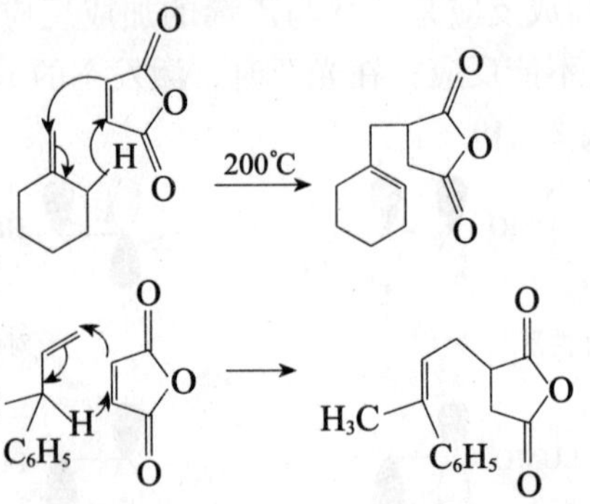

200℃

(2-52)

H_3C C_6H_5 H → H_3C C_6H_5

羰基也可以看成烯发生 D-A 烯加成反应，该反应可用烷基铝作催化剂(见式 2-53)。

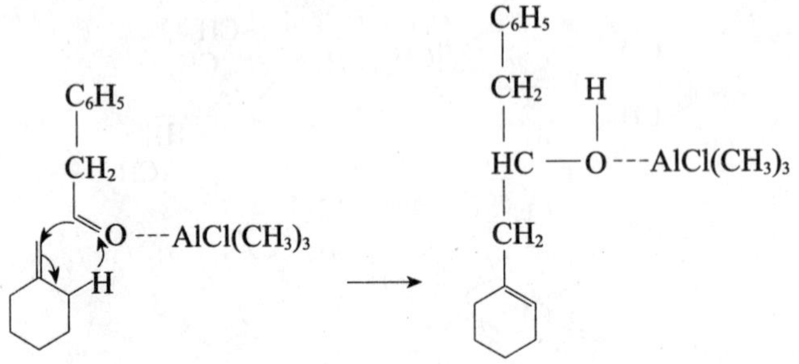

C_6H_5—CH_2—C=O---$AlCl(CH_3)_3$ H → C_6H_5—CH_2—HC(—O(H)---$AlCl(CH_3)_3$)—CH_2—

(2-53)

2.2.6 [6+4]、[12+2]、[14+2] 和 [18+2] 等类型的环加成反应

[6+4] 的反应主要得到外型产物，这与常见的 [4+2] 的反应得到的是内型为主的产物不同(见式 2-54)。

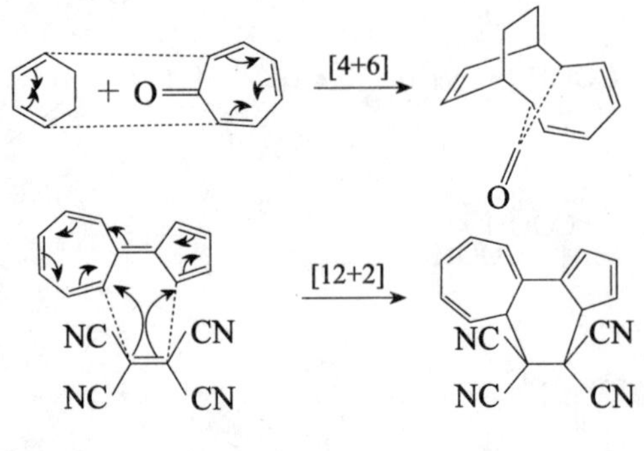

+ O= [4+6] → O

NC CN NC CN [12+2] → NC CN NC CN

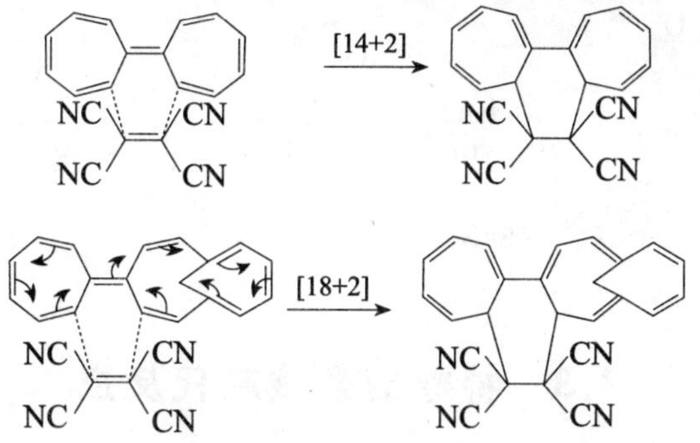

(2-54)

2.2.7 烯丙基正离子或负离子参与的环加成反应

利用烯丙基正离子作为亲双烯体可以完成［4+2］环加成反应，得到七元环正离子(见式2-55)。

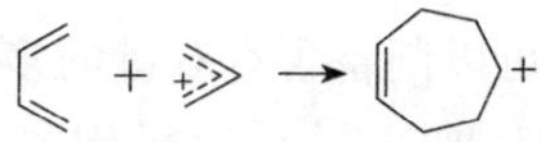

(2-55)

烯丙基正离子可通过烯丙基碘与卤化银反应或烯丙醇与三氟乙酸反应得到。烯丙基正离子作为亲双烯体的典型反应见式2-56所示。

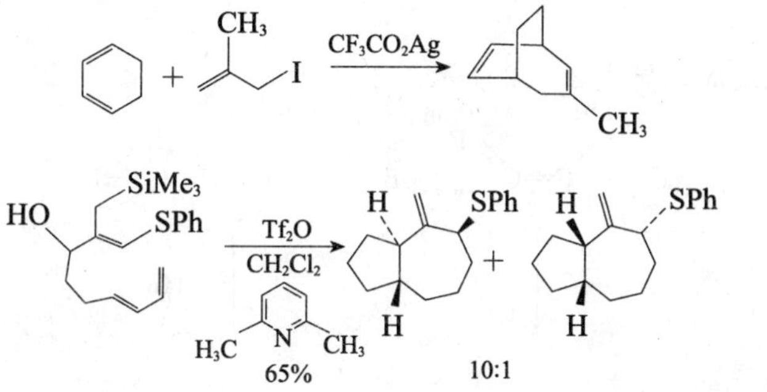

(2-56)

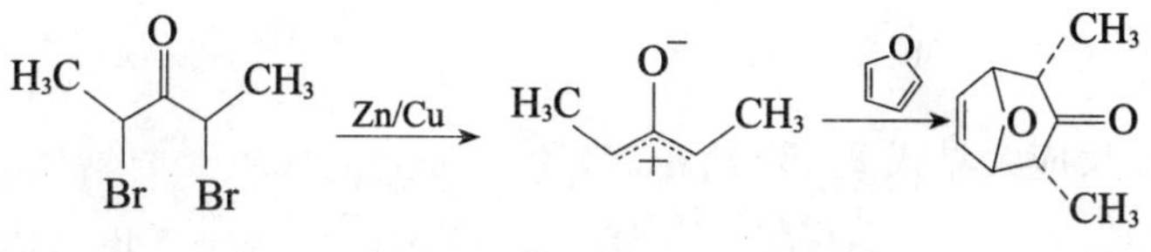

利用烯丙基负离子作为双烯体也可以完成［4+2］环加成反应，得到五元环负离子(见式2-57)。

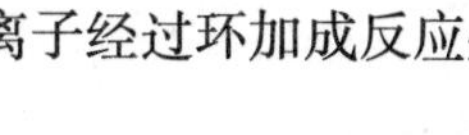

(2-57)

式2-58所示是氮杂烯丙基负离子经过环加成反应生成的两个医药中间体。

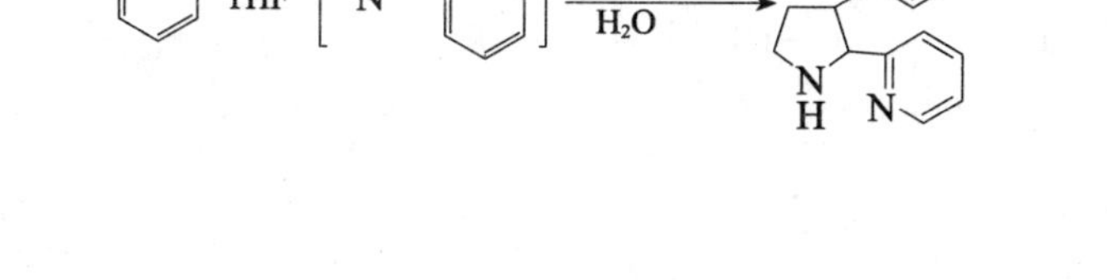

$\xrightarrow[THF]{BuLi}$ $\xrightarrow{H_2O}$ (2 - 58)

SnBu$_3$

2.3 特殊的亲核取代反应

2.3.1 S$_N$V 反应简介

亲核取代反应分脂肪亲核取代反应和芳香亲核取代反应。在脂肪亲核取代反应中有 S$_N$1、S$_N$2、S$_N$2′、S$_N$I 和 S$_N$V 反应。其中 S$_N$V 反应是双键上的亲核取代反应(nucleophilic vinylic substitution)，利用该反应可以制备含有双键的多功能团化合物。

在早期的研究中，共提出了 10 种 S$_N$V 反应机理，如亲核试剂直接进攻双键上的碳原子；C—X 键断裂形成乙烯正离子；加成消除机理；形成卡宾或炔烃；形成丙二烯；自由基历程；双 S$_N$2′历程等。其中对于含有烯卤的不活泼卤代烯烃，多采用下列机理。

(1) 加成消除反应，见式 2 - 59 所示。

$$>C{=}C<^{R} + B \longrightarrow >C{=}C<^{B} + R$$

$$\downarrow \qquad\qquad \uparrow -HR$$

$$-\overset{\ominus}{C}-\overset{B}{C}-R \xrightarrow{H^+} -\underset{H}{C}-\overset{B}{C}-R \qquad (2-59)$$

(2) 消除-加成反应，见式 2 - 60 所示。

$$-\underset{H}{C}{=}\underset{H}{C}-X + B \longrightarrow -C{\equiv}C- + HB^+ + X^- \longrightarrow \;^{H}>C{=}C<^{B} \qquad (2-60)$$

(3) α-消除反应，见式 2 - 61 所示。

$$>C{=}CHX + B \longrightarrow \left[\,>C{=}C{:}\,\right] + HB^+ + X^- \longrightarrow >C{=}C<^{H}_{B} \;\;\text{或}\;\; -C{\equiv}C- \qquad (2-61)$$

(4) 形成丙二烯中间体，见式 2 - 62 所示。

$$\mathrm{>C{=}C(X)(CH_3)} + \mathrm{B} \longrightarrow \mathrm{>C{=}C{=}CH_2} + \mathrm{HB^+} + \mathrm{X^-} \longrightarrow \mathrm{(H)>C{=}C(B)(CH_3)} \qquad (2-62)$$

不含烯卤的活泼烯烃，目前比较统一的说法是经过加成-消去的两步反应机理，见式 2 - 63 所示。

$$\mathrm{(R)(GL)C{=}C(Y)(Y')} + \mathrm{Nu^-} \rightleftharpoons \mathrm{(R)(LG)(Nu)C{-}\overset{-}{C}(Y)(Y')} \longrightarrow \mathrm{(R)(Nu)C{=}C(Y)(Y')} + \mathrm{LG^-} \qquad (2-63)$$

LG 代表离去基团，Y 代表吸电子基团

Bernasconi 等人使用 UV 光谱法首次检测到 RS^- 与活性烯烃的碳负离子结合形成的中间体，见式 2 - 64 所示。

$$\mathrm{Ph(H_3CO)C{=}C(NO_2)Ph} \xrightarrow{RS^-} \mathrm{Ph(H_3CO)(SR)C{-}\overset{-}{C}(NO_2)Ph} \qquad (2-64)$$

Karni 等人通过模型化合物系统地研究了 S_NV 反应机理，认为反应与有机化学中的电子效应、空间效应和介质的极性有关。提出了异头效应稳定中间体的反应机理，见式 2 - 65 所示。

$$\mathrm{(X)(H)C{=}C(H)(H)} \xrightarrow{Z} \mathrm{(X)(H)(Z)C{-}\overset{-}{C}(H)(H)} \qquad (2-65)$$

即碳负离子的 2p 电子进入了 C—X 键的反键轨道，加强了 C—C 键，而消弱了 C—X 键，最后形成 C═C 键，完成取代反应，见式 2 - 66 所示。

$$\mathrm{(X)(H)(Nu)C{-}\ddot{C}(H)(H)} \longrightarrow \mathrm{X^{-}} + \mathrm{(H)(Nu)\overset{+}{C}{-}\ddot{C}(H)(H)} \longrightarrow \mathrm{X^-} + \mathrm{(H)(Nu)C{=}C(H)(H)} \qquad (2-66)$$

由于中间体碳负离子是 sp^2 杂化，另一个是 sp^3 杂化，因此，碳负离子的 2p 电子也可进入 C—H 或 C—Nu 键的反键轨道，形成结果如下。

(1) 2p 电子可进入 C—H 键的反键轨道，见式 2 - 67 所示。

$$\mathrm{(H)(X)(Nu)C{-}\ddot{C}(H)(H)} \longrightarrow \mathrm{H^{-}} + \mathrm{(X)(Nu)\overset{+}{C}{-}\ddot{C}(H)(H)} \longrightarrow \mathrm{H^-} + \mathrm{(Nu)(X)C{=}C(H)(H)} \qquad (2-67)$$

(2) 2p 电子可进入 C—Nu 键的反键轨道，即是可逆反应，见式 2-68 所示。

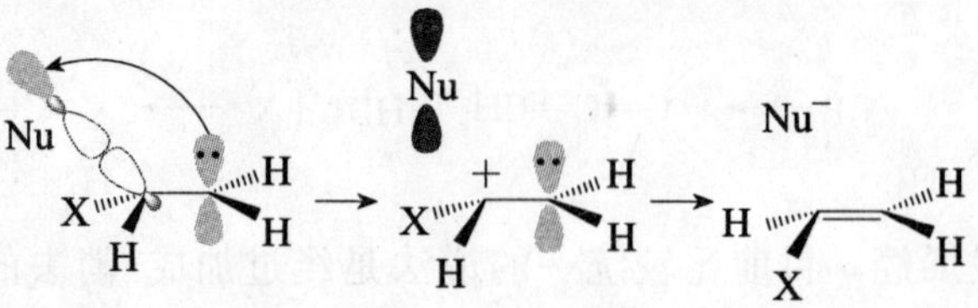

(2-68)

当Nu和X均存在孤对电子的时候，它们之间可发生相互作用(广义的异头效应，即X的孤对电子进入C—Nu键的反键轨道，而Nu的孤对电子进入C—X键的反键轨道，见式2-69所示。

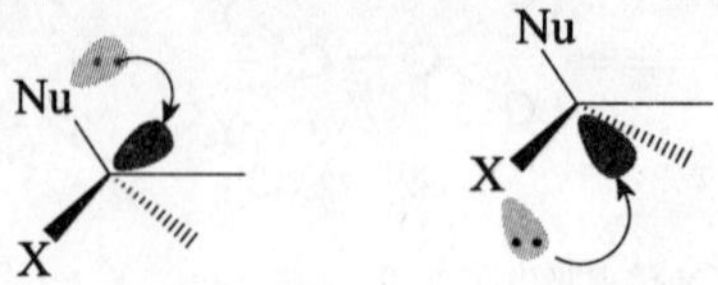

(2-69)

2.3.2 S_N2' 反应简介

在亲核取代反应中，除 S_N1、S_N2、S_NI、S_NV 反应外，还有一类烯丙位卤素的亲核取代反应被 Magid 称为 S_N2'反应，其反应特点见式 2-70 所示。

(2-70)

式 2-71 所示为卤代环己烯的反应。

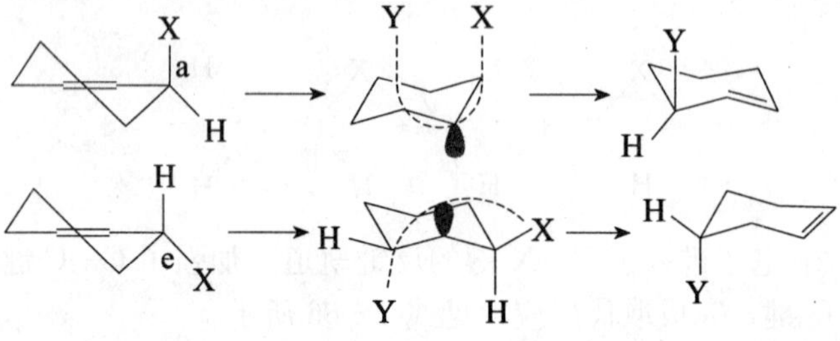

(2-71)

很显然，离去基团在 a 键上有利于反应进行。因为离去基团在 a 键上可形成异头效应，使C—X键容易断裂。式 2-72 所示是一些反应的实例。

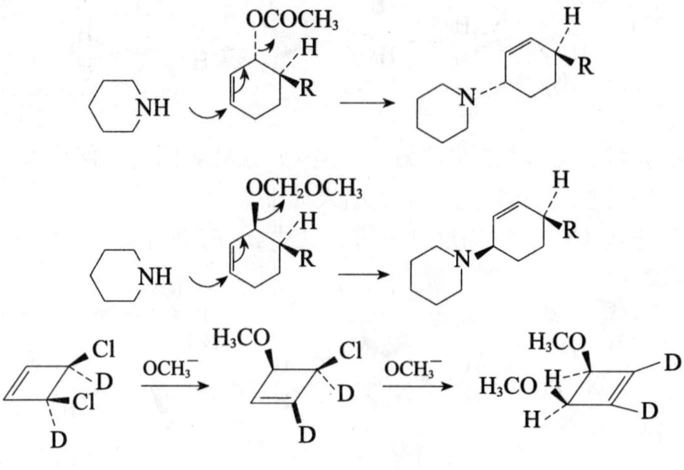

(2-72)

2.4 特殊的消除反应

2.4.1 1,4-消除反应

经过对能发生1,4-消除反应化合物进行研究，发现了该类化合物1,4位有电负性强的原子，且一个电负性原子的孤对电子与另一个电负性原子的C—Y键反平行，其反应规律为：2,3键断裂，3,4键和1,2键间生成双键。这是由于异头效应使C3—N键缩短，使C2—C3键加长的结果，可以看成是一个远程的电子超共轭效应，见式2-73所示。

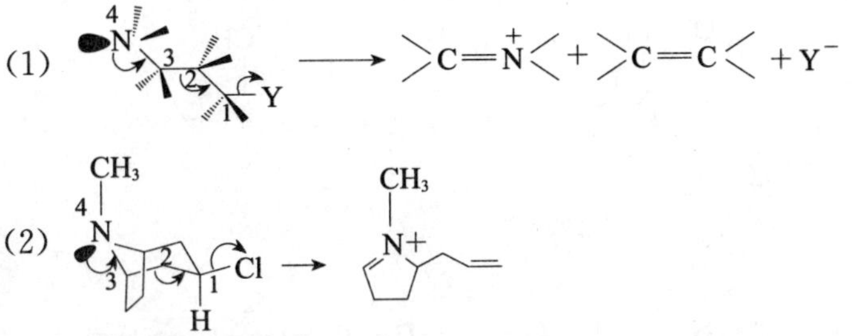

(1) $\longrightarrow$ $>C{=}\overset{+}{N}<$ + $>C{=}C<$ + Y^-

(2) $\longrightarrow$

(2-73)

实验表明，式2-73中反应式(2)的反应物，其两种构型体A反应比B快，见式2-74所示。

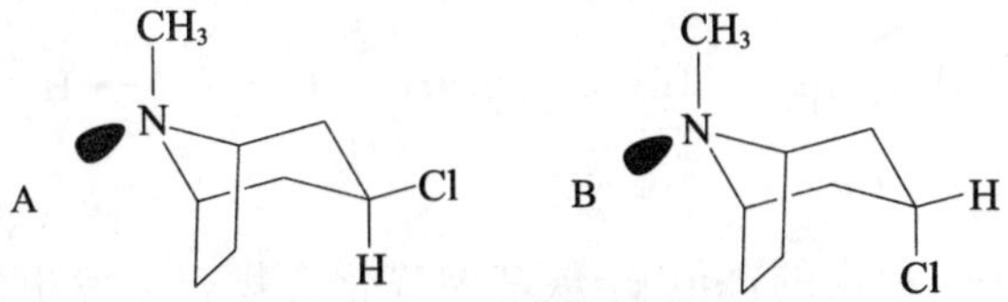

(2-74)

同理，化合物C可发生1,4-消除反应，而化合物D反应较慢，见式2-75所示。

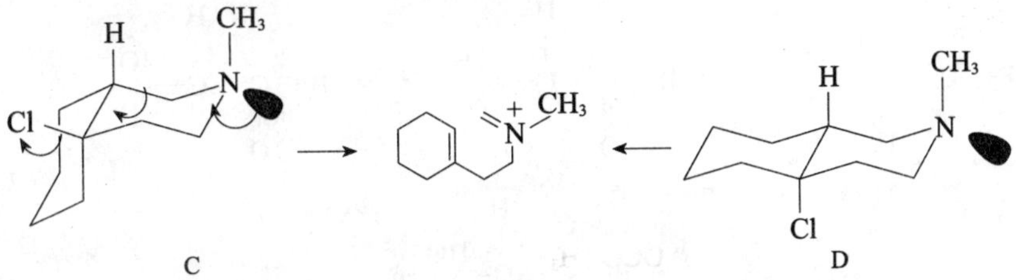

(2-75)

下列化合物分别发生1,4-消除反应，见式2-76所示。

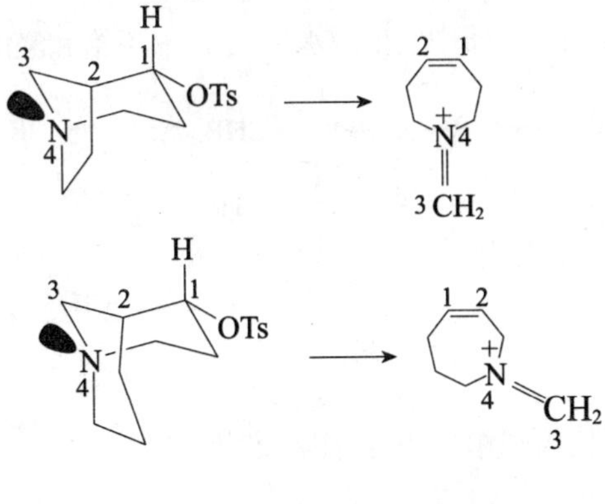

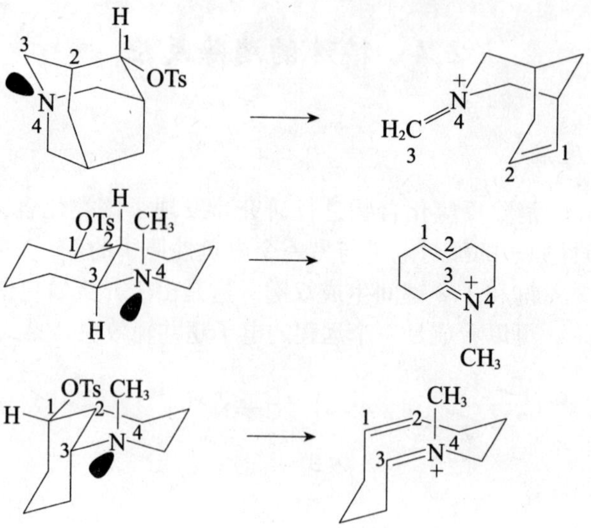

1,3-二醇开裂

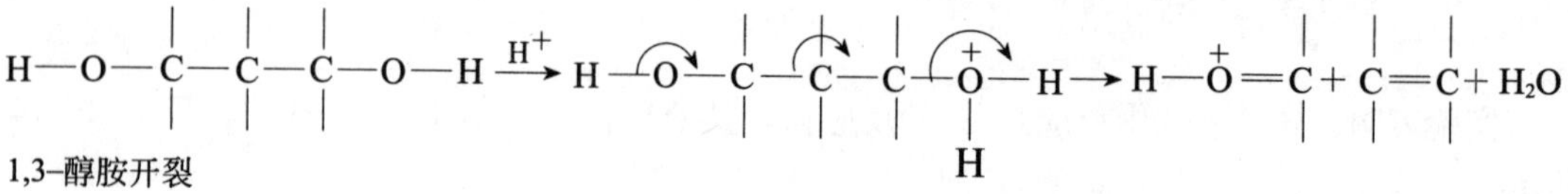

1,3-醇胺开裂

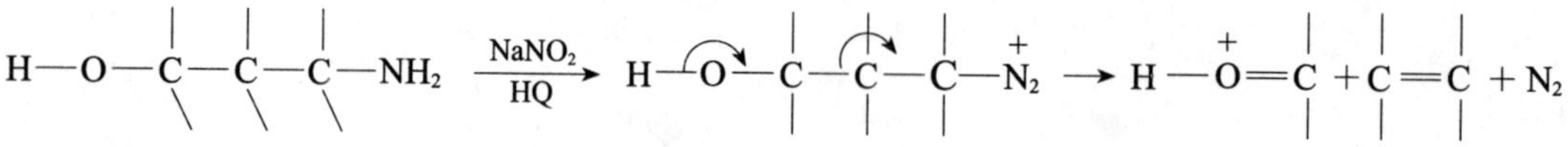

$$H{-}O{-}C{-}C{-}C{-}NH_2 \xrightarrow[HQ]{NaNO_2} H{-}O{-}C{-}C{-}C{-}\overset{+}{N_2} \rightarrow H{-}\overset{+}{O}{=}C + C{=}C + N_2$$

(2-76)

缩醛在碱性介质中是稳定的，但β-羰基缩醛化合物容易发生断裂，其反应历程见式2-77所示。

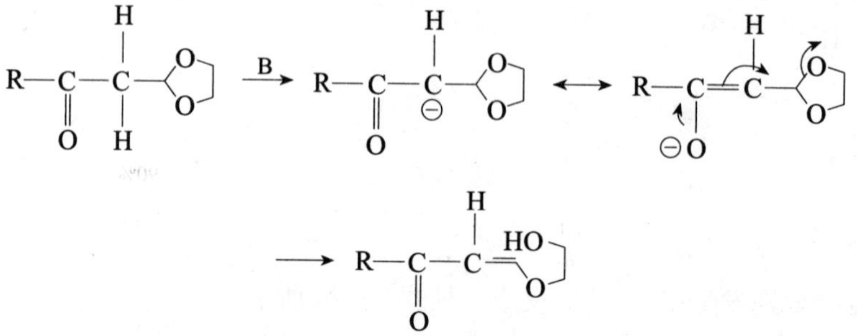

(2-77)

羟醛缩合反应的产物在碱性介质中发生脱水形成α，β不饱和醛的反应，见式2-78所示。

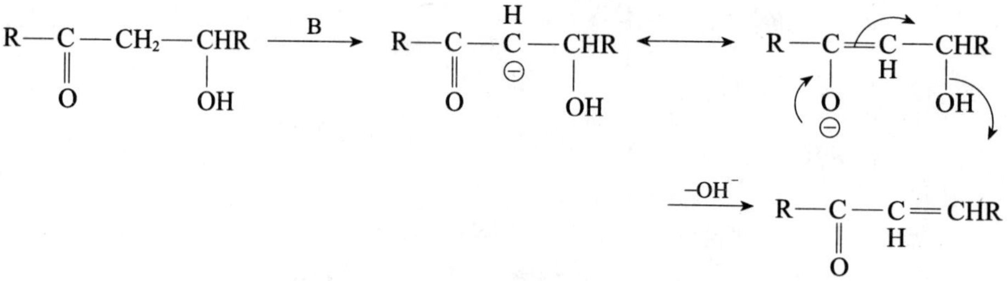

$$\xrightarrow{-OH^-} R{-}\underset{\underset{O}{\|}}{C}{-}\underset{H}{C}{=}CHR \quad (2-78)$$

式2-79所示为β-卤代丙烯酸盐发生消除反应生成炔烃。

$$\text{Br}-\underset{\text{R}}{\text{C}}=\underset{\text{H}}{\text{C}}-\text{COONa} \longrightarrow \text{R}-\text{C}\equiv\text{CH}+\text{NaBr}+\text{CO}_2 \qquad (2-79)$$

2.4.2 1,6-消除反应

1,6-消除反应发生在1,3位有官能团的分子中。通常是1位和6位消除一个小分子，3,4键断裂，在2,3和4,5位形成新的双键。利用1,6-消除反应可以巧妙地将环碳转化成链碳，这是增加多碳链的好方法，见式2-80所示。

(2-80)

$X=SO_2Me$、OTs等

利用该类反应可合成多种有意义的中间体，且有较好的立体选择性。十氢化萘的衍生物有三种立体异构体(A、B、C)其消除反应结果见式2-81所示。

A　烯烃　t-BuK　90%　反式

B　t-BuK　90%　顺式烯烃　(2-81)

C　t-BuK　<1%

Eschenmoser反应也可看成是1,6-消除反应，见式2-82所示。

$TsNHNH_2$ / CH_3CO_2H　Base

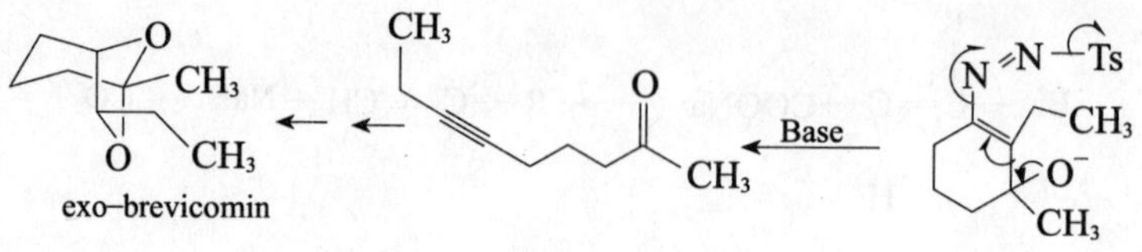

exo–brevicomin

(2-82)

2.4.3 McLafferty 类消除反应

McLafferty 类消除反应历程见式 2-83 所示。

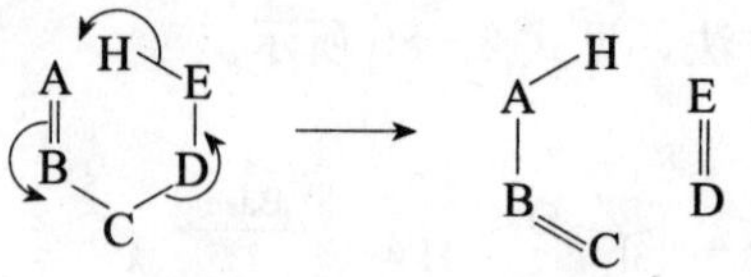

(2-83)

只要 A、B 之间有双键，E 上有 H，反应即可发生，形成 B、C 之间有双键，E、D 之间双键。如丙二酸分解、N-甲氧羰乙基苯胺的热分解反应等，见式 2-84 所示。

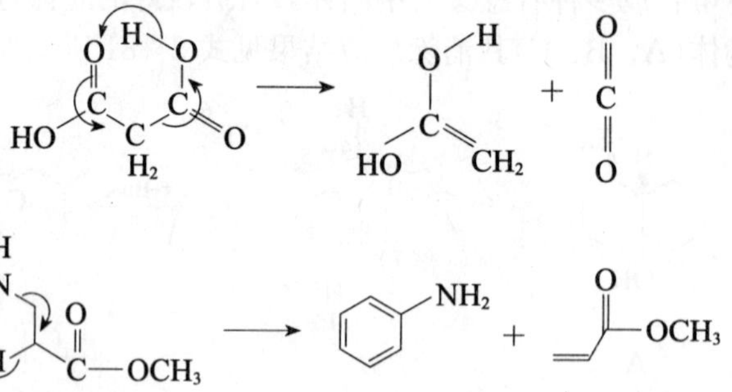

(2-84)

通过式 2-85 所示方程式，可以说明反应是通过顺式消除完成的。

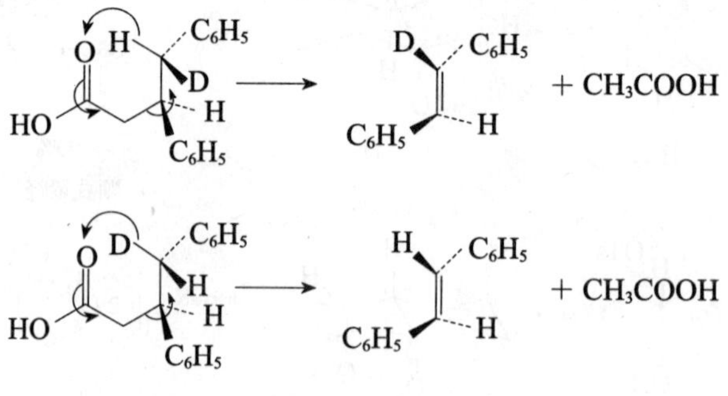

$+ CH_3COOH$

$+ CH_3COOH$

(2-85)

β 不饱和醇分解反应也可看成是 McLafferty 类消除反应，见式 2-86 所示。

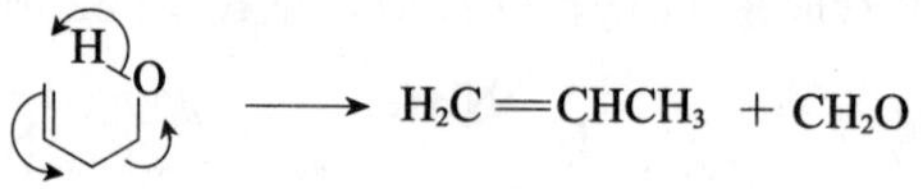

$\longrightarrow H_2C=CHCH_3 + CH_2O$ (2-86)

2.4.4 逐出反应

从有机分子中消除稳定的小分子化合物或单质的反应称为逐出反应。

(1) 逐出CO反应，见式2-87所示。

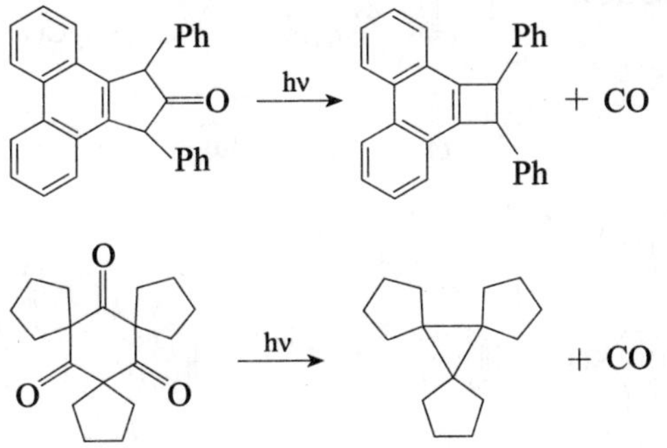

(2-87)

该反应可能经过了一个自由基历程见式2-88所示。

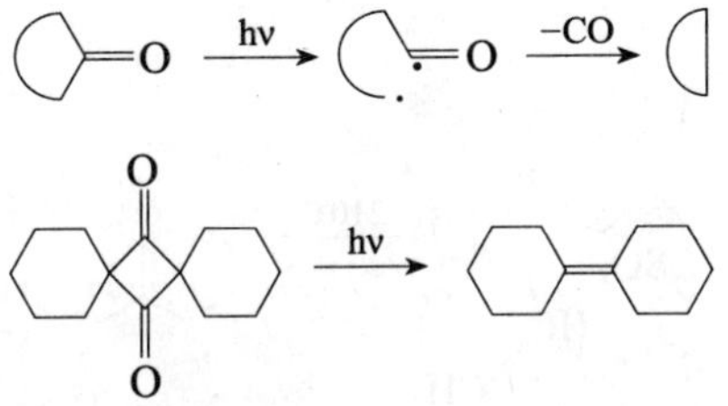

(2-88)

(2) 逐出CO_2反应，见式2-89所示。

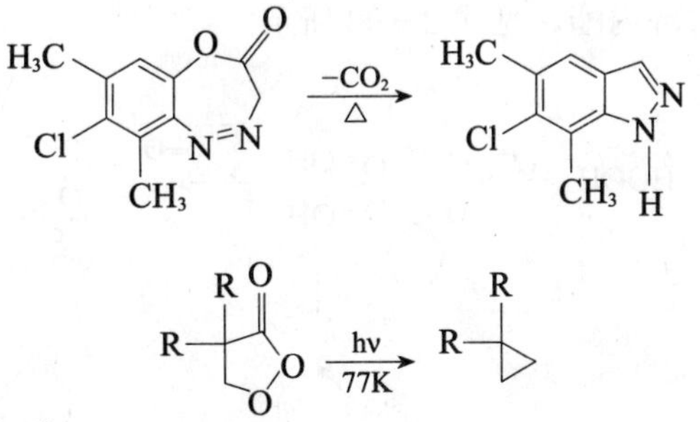

(2-89)

(3) 逐出SO_2反应，见式2-90所示。

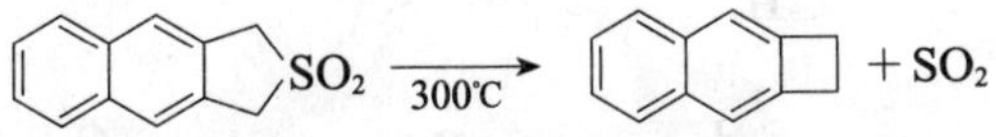

(2-90)

在逐出SO_2时，化合物的构型保持不变，见式2-91所示。

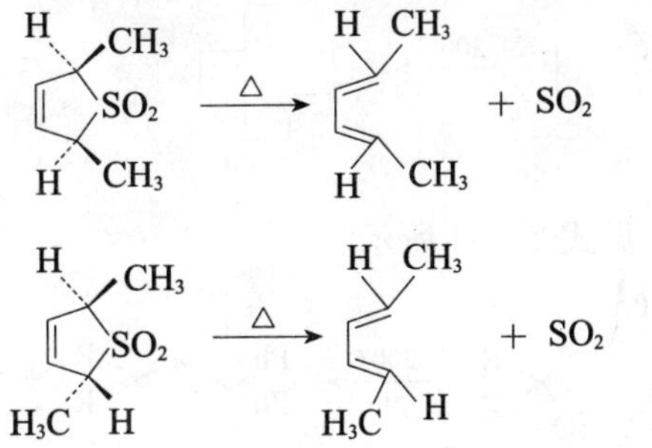

(2-91)

上述逐出反应的生成物是很好的Diels-Alder反应中的双烯前体，能使气态的丁二烯类化合物顺利进行反应，见式2-92所示。

$$\ce{COOCH3-substituted sulfolene + maleic anhydride ->[105℃] COOCH3-substituted tetrahydrophthalic anhydride}$$

$$\text{1,3-diphenyl-1,3-dihydrobenzo[c]thiophene } SO_2 + \text{1,4-naphthoquinone} \xrightarrow{250℃} \text{(42\%)} \tag{2-92}$$

$$\xrightarrow{210℃} \text{(85\%)}$$

(4) Story 合成。环烷烃过氧化物在惰性溶剂中加热，逐出 CO_2 的反应称为 Story 合成。利用该反应可合成大环内酯，见式 2－93 所示。

$$\text{cyclopentanone} + HOOH \xrightarrow{H^+} \xrightarrow{\text{cyclohexanone}}$$

$$\xrightarrow{200℃} + CO_2 \tag{2-93}$$

$$\xrightarrow{200℃} + CO_2$$

(5) 逐出 SO 的反应，见式 2－94 所示。

$$\xrightarrow[PEt_3]{200℃} Ph_2C{=}CR_2 + SO \tag{2-94}$$

(6) 逐出 N_2 的反应。杂环偶氮类物质加热或光照，逐出 N_2，生成环状化合物，见式 2－95 所示。

N=N, R, R $\xrightarrow{200℃}$ R, R + N_2

S, N=N, R, R $\xrightarrow{200℃}$ S, R, R + N_2 (2-95)

其反应历程也是一个自由基历程，见式 2-96 所示。

N=N $\xrightarrow{200℃}$ ·⌒· $\longrightarrow$ ▷ + N_2 (2-96)

2.5 烯烃的复分解反应(Alkene metathesis reactions)

20 世纪 50 年代，人们首次发现，在金属化合物的催化作用下，烯烃里的碳碳双键会被拆散、重组，形成新分子，这种过程被命名为烯烃复分解反应，也称为烯烃的交换反应。1970 年法国科学家伊夫·肖万提出烯烃复分解反应中的催化剂应当是金属卡宾。金属卡宾中一个碳原子与一个金属原子以双键连接，它们也可以形象地被看作一对拉着双手的舞伴。在与烯烃分子相遇后，两对舞伴会暂时组合起来，手拉手跳起四人舞蹈。随后它们“交换舞伴”，组合成两个新分子，其中一个是新的烯烃分子，另一个是金属原子和它的新舞伴。后者会继续寻找下一个烯烃分子，再次“交换舞伴”。烯烃的交换反应示意图如图 2.2 所示。其反应机理见式 2-97 所示。

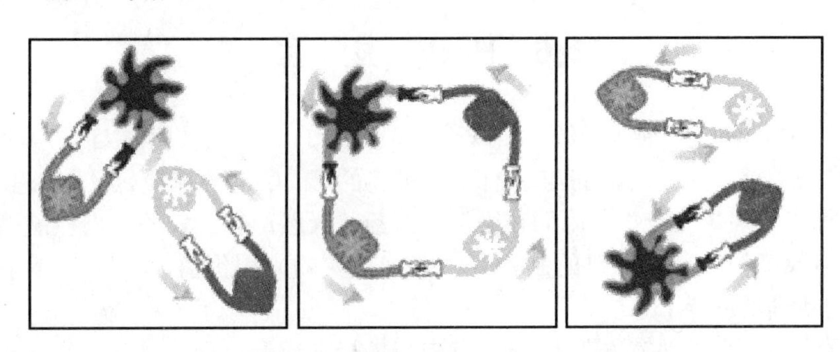

图 2.2 烯径的交换反应示意图

R, L_nM, $H_2C=CH_2$, $[L_nM=CH_2]$, $[L_nM=CHR]$, R, R, L_nM, RCH=CHR, R (2-97)

常用的金属卡宾催化剂见式 2-98 所示。

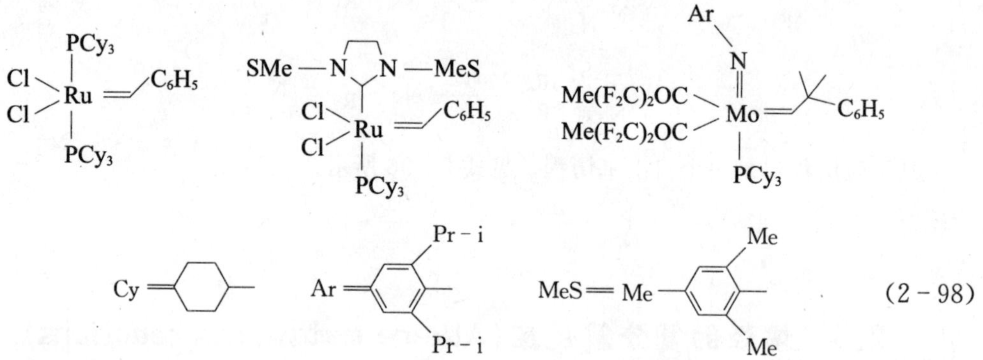

(2-98)

2005 伊夫·肖万(法国)、罗伯特·格拉布(美国)、理查德·施罗克(美国)因在烯烃复分解反应研究方面的贡献即发现了化学键在碳原子间是如何断裂和形成的，而荣获 2005 年度诺贝尔化学奖。

典型的烯烃复分解反应见式 2-99 所示。

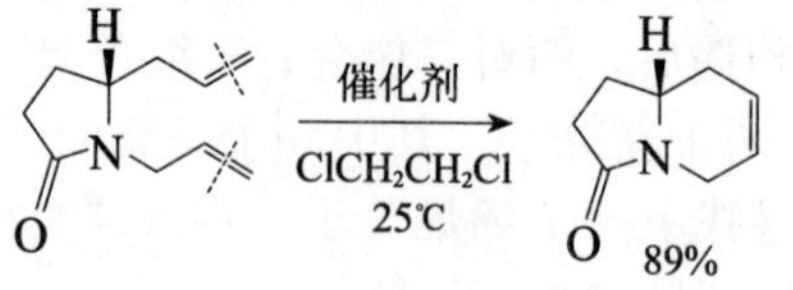

(2-99)

2.6 Heck 反 应

Mizoroki 和 Heck 分别于 1971 和 1972 年发现了 Heck 反应。与 S_NV 反应相似，Heck 反应是一类重要的形成新的与不饱和键相连的 C—C 键的反应，其能够高效地合成一系列芳基烯烃、炔烃化合物，因而在染料、医药、天然产物、农药、肉桂酸型香料等日用化学品，以及新型高分子材料的制备方面有着重要的应用价值。2007 年王宗廷等人对 Heck 反应的新进展进行了总结。

Heck 反应的反应机理描述如下：Pd 首先与烯烃形成配价键，接着发生 β-H 的消除反应，放出二价 Pd 和新的烯烃；二价 Pd 经还原为 0 价 Pd，再与卤代烃发生氧化加成反应，见式 2-100 所示。

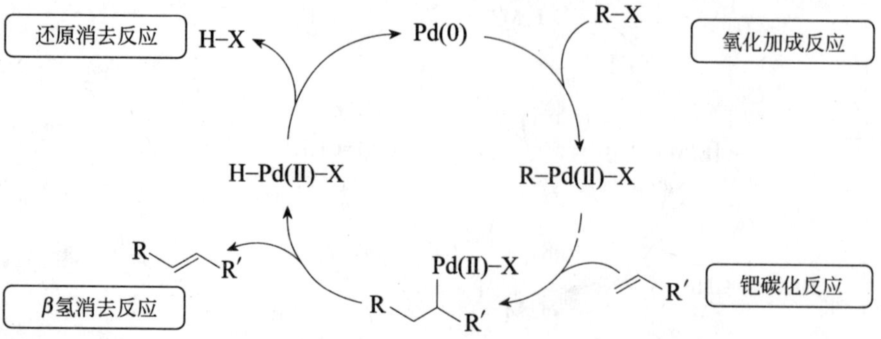

(2-100)

典型的 Heck 反应见式 2－101 所示。

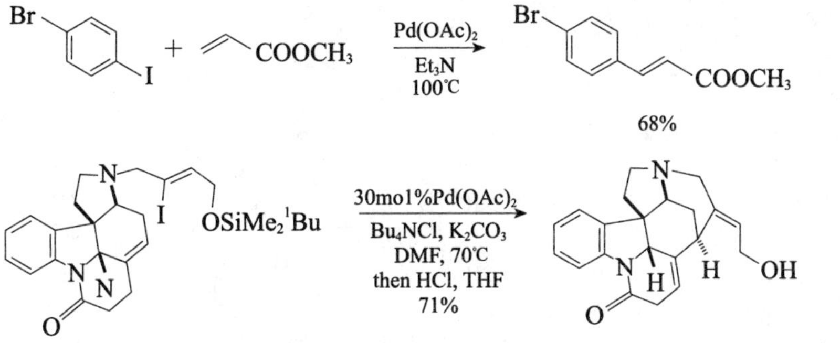

(2－101)

2.7 点击化学(Click Chemistry)

2001 年美国诺贝尔化学奖获得者、Skaggs 研究所的 Sharpless 提出一种名为“Click Chemistry”的合成新技术，其核心是开辟一整套以含杂原子链接单元 C—X—C 为基础的组合化学新方法，用少量简单可靠和高选择性的化学转变来获得更广泛的分子多样性，开创了快速、有效、甚至是 100%可靠的、高选择性地制造各类新化合物的合成化学新领域。

点击化学(Click Chemistry)，也译作链接化学、速配组合式化学、动态组合化学，它是通过小单元的拼接，快速可靠地完成形形色色分子的化学合成。

目前，点击反应主要有：

(1) 环氧化物、吖丙啶、吖丙啶离子、环硫离子等三元环的开环反应。

(2) α,β-不饱和羰基化合物的 Michael 加成反应。

(3) 醛或酮与 1,3-二醇反应生成 1,3-环氧戊环的反应。

(4) 醛与肼生成腙以及醛与羟胺生成肟的反应。

(5) α,β-羰基醛酮或酯生成杂环化合物的反应。

(6) 环加成反应，其中最有用的 1,3-偶极环加成反应等。

这些反应的特征是：产率高且副产物少，符合原子经济；反应有高的立体选择性；反应条件简单；原料易得；反应速率快；不使用溶剂或在水中进行；产物易通过结晶和蒸馏分离；产物对氧气和水不敏感。

烯烃经过氧化、加成等修饰过程可生成一些高能量的中间体，如环氧衍生物、氮杂环丙烷、环状硫酸酯、环状硫酰胺、吖丙啶鎓离子、环硫鎓离子等，其 SN_2 开环反应是可靠的、立体专一的和几乎定量的，常常有很高的区域选择性。例如，在无溶剂的情况下，顺环己二烯的双环氧化物与胺在无溶剂条件下反应生成 94%的氨基醇，在质子性溶剂中，产率也达 90%，且可以通过重结晶纯化，见式 2－102 所示。

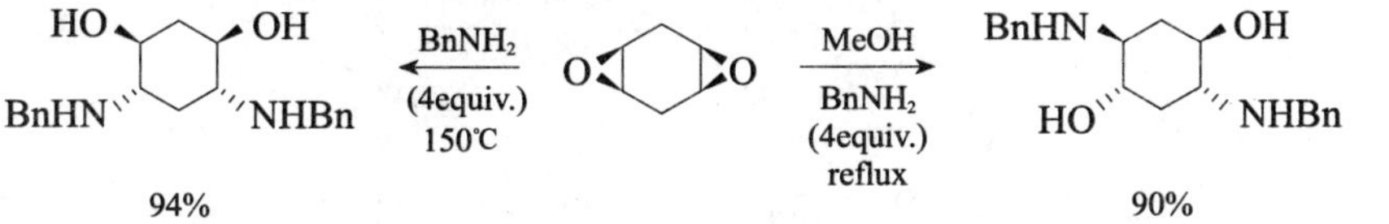

(2－102)

又如，叠氮化物-炔环加成反应，在非催化下反应需要高温和很长的时间，得到两种产物的混合物；而在铜催化下只需在室温下短时间反应，且只得到一种产物，见式 2－103 所示。

$$N\equiv\overset{\oplus}{N}-\overset{\ominus}{N}-R^1 + R^2-C\equiv C-R^3 \xrightarrow[12\sim24h]{80\sim120℃} \text{(1-}R^1\text{, 5-}R^3\text{, 4-}R^2\text{-triazole)} + \text{(1-}R^1\text{, 5-}R^2\text{, 4-}R^3\text{-triazole)} \quad (2-103)$$

$$N\equiv\overset{\oplus}{N}-\overset{\ominus}{N}-R^1 + R^2-C\equiv C-H \xrightarrow[0\sim25℃]{Cu^{I}(cat)} \text{(1-}R^1\text{, 5-H, 4-}R^2\text{-triazole)}$$

由于叠氮化物和炔烃的特殊活性(对其他所有试剂的惰性及相互反应较缓慢)，它们可被利用于在酶这一“反应容器”中来组装那些能与酶紧密结合的分子，这一技术被称作“原位点击化学”(“click chemistry in situ”)。用叠氮化物和炔烃可以用来标记那些能与酶上相近位置结合的分子，如果这些被标记的分子能够同时与目标作用，而使得在某个合适的方向上叠氮化物和炔烃能足够的靠近，三唑环就可以生成并把这两部分与酶结合的组件联结起来。这一技术不需要事前了解目标酶的结构，也不需要对酶进行活性测试。因为在这些实验中，如果叠氮化物和炔烃标记的分子没有结合到酶模板的合适位置，就表明溶液中叠氮化物和炔烃的浓度使之不足以发生反应，所以，这个可用质谱轻易探测的三唑环产物一旦生成，就证明一个极佳的酶抑制剂的诞生，如图 2.3 所示。

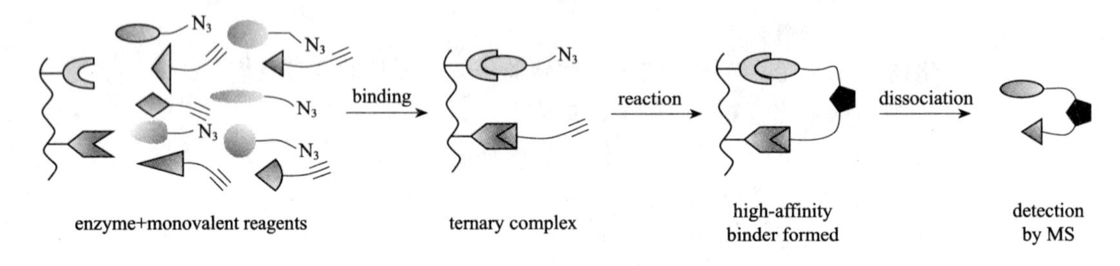

图 2.3 酶抑制剂的诞生过程

目前，原位点击化学(click chemistry in situ)已被用来发现多种酶的高亲和力的抑制剂，包括重要的神经递质酶(neurotransmitter enzyme)，如乙酰胆碱酯酶(acetylcholinesterase)；新陈代谢酶(metabolic enzyme)，如碳酸酐酶(carbonic anhydrase)；艾滋病毒(HIV)蛋白酶(HIV protease)。

羰基化合物相对热力学稳定，在“链接”化学转变中的应用有限，但也有少量基于羰基的反应几乎是定量的，见式 2 - 104 所示。

$$\text{(morpholino)}-CH_2CH_2CHO \xrightarrow[CaO,H_2O]{H_2C{=}O} \text{(morpholino)}-CH_2C(CH_2OH)_3 \quad (2-104)$$

$$\text{(morpholino)}-CH_2CH_2CHO \xrightarrow[H_2O]{HCN} \text{(morpholino)}-CH_2CH_2CH(OH)-ON$$

点击化学是一种新型的合成方法，其目的是为了加速药物和其他特性物质的发现，已被成功地应用于先导化合物的发现和生物体的标记，这说明点击化学方法正从基础研究阶段进入实际应用阶段，在不久的未来将成为药物研究的一个重要的、不可缺少的有效手段。目前点击化学的研究和应用还处于发展阶段，许多问题有待解决，其将来的发展，一方面是发现更多快速、有效、高可靠、高选择性的反应，一方面是以更精确、更富有创造性的方法来发掘其潜力。

习　　题

1. 完成下列反应(D－A 反应)。

(1) 2-亚甲基四氢呋喃（=CH_2） + 丙烯醛 $\xrightarrow{\text{D-A反应}}$

(2) （含 H_3C、CH_3 的双亚甲二氧基环己二烯酮化合物）$\xrightarrow{\text{D-A反应}}$

(3) C_2H_5OOC、$COOC_2H_5$、H 取代的环己二烯基烯烃 $\xrightarrow[\triangle]{}$

(4) 联环己烯 + 丙烯腈（CN） $\xrightarrow[\triangle]{}$

(5) 吲嗪（N） + $EtOOC-C\equiv C-COOEt$ $\xrightarrow{\triangle}$

(6) 联环庚三烯亚基 + $(NC)_2C=C(CN)_2$ $\xrightarrow{\text{D-A反应}}$

2. 完成下列反应(MBH 反应)。

(1) 邻硝基苯甲醛（NO_2，CHO） + 丙烯酰胺（O，NH_2） $\xrightarrow{\text{DABCO}}$

(2) 5,5-二甲基环己-2-烯酮（O，H_3C，H_3C） $+CH_3CHO \xrightarrow{\text{DMAP}}$

(3) 对苯二甲醛 $+ 2H_2C(CN)_2 \xrightarrow{i-C_3H_7OH} ? \xrightarrow[4-NO_2-C_6H_5-CHO]{DMAP} ?$

3. 完成下列反应(消除反应)。

(1) $C_6H_5O_2S$—环己烷—C(R)—O—H $\xrightarrow{NEt_3}$

(2) H、H_3C—N、Cl 桥环化合物 $\longrightarrow$

4. 完成下列反应(逐出反应)。

(1) 双螺环丁二酮 $\xrightarrow{光}$

(2) 四苯基环戊二烯酮(C_6H_5) + Ph—C≡C—Ph $\xrightarrow{\triangle}$

5. 利用 1,3-偶极中间体与烯烃或炔烃进行环加成(D-A)反应是制备杂环化合物的重要手段，如烯烃的 O_3 反应等。试尽量写出 1,3-偶极中间体的构造式，(约 18 种)并完成与 2-丁炔的反应。

第3章　形成碳碳单键的反应

内容提要

本章系统地总结了形成碳碳单键的反应，除传统的方法外，重点介绍了采用芳香自由基的1,5-和1,6-迁移反应、氧化偶联反应及重氮盐法、MBH反应、S_NV反应来实现碳碳单键的合成。

3.1　碳原子上的烃基化反应

3.1.1　芳烃的Friedel-Crafts烷基化反应

在三氯化铝催化下，卤代烃与芳香族化合物反应，在芳香环上引入烃基，该反应被称为Friedel-Crafts反应(一般译作傅瑞德-克拉夫茨反应，简称傅-克反应)。引入的烃基为烷基、环烷基、芳烷基；催化剂主要为Lewis酸(如三氯化铝、三氯化铁、五氯化锑、三氟化硼、氯化锌、四氯化钛)和质子酸(如氟氢酸、硫酸、磷酸等)；烃化剂有卤代烃、烯、醇、醚；芳香族化合物可以是芳香烃、芳香氯及溴化物、酚、酚醚、叔胺以及芳香杂环化合物。

(1) 制备烷基芳香化合物，见式3-1所示。

$$C_6H_6 + (CH_3)_3C-OH \xrightarrow{AlCl_3} C_6H_5-C(CH_3)_3\ (60\%) \quad (3-1)$$

户帅帅等人以月桂酸作原料，经过酰氯化、傅-克酰基化、黄鸣龙还原等反应合成了直链十二烷基苯，产率可达59.2%，见式3-2所示。

$$n-C_{11}H_{23}COOH + SOCl_2 \longrightarrow n-C_{11}H_{23}COCl + HCl\uparrow + SO_2\uparrow$$

$$C_6H_6 + n-C_{11}H_{23}COCl \xrightarrow{AlCl_3} C_6H_5-CO-C_{11}H_{23}-n \quad (3-2)$$

$$C_6H_5-CO-C_{11}H_{23}-n \xrightarrow[\text{一缩二乙二醇，}\triangle]{H_2N\cdot NH_2\cdot H_2O,\ KOH} C_6H_5-C_{12}H_{25}-n$$

烷基化反应可用于特殊定位作用，见式3-3所示。

$$\text{C}_6\text{H}_5\text{OH} + (CH_3)_3C\text{—}OH \xrightarrow{H_2SO_4} p\text{-}(CH_3)_3C\text{—}C_6H_4\text{—}OH \xrightarrow{Br_2-H_2O} 4\text{-}C(CH_3)_3\text{-}2,6\text{-}Br_2C_6H_2OH$$

$$\xrightarrow[\text{C}_6\text{H}_6]{H_2SO_4} C_6H_5C(CH_3)_3 + 2,6\text{-}Br_2C_6H_3OH \quad (3-3)$$

(2) 制备带芳香环的环状化合物，见式 3－4 所示。

$$C_6H_5CH_2CH_2CH_2Cl \xrightarrow{AlCl_3} \text{茚满} \quad (3-4)$$

(3) 氯甲基化反应：在无水 $ZnCl_2$/HCl 存在下，芳烃与甲醛反应生成氯甲基取代芳烃，见式 3－5 所示。

$$C_6H_6 + CH_2O \xrightarrow[\text{HCl}]{\text{无水 }ZnCl_2} C_6H_5CH_2Cl \quad (3-5)$$

氯甲基芳烃很容易转化为羟甲基(—CH_2OH)、氰甲基(—CH_2CN)、甲酰基(—CHO)、羧甲基(—CH_2COOH)、氨甲基(—CH_2NH_2)等芳烃，这在有机合成上可方便地将芳烃转化成相应的衍生物。

利用烯烃、醇作烷基化试剂时，可用酸作催化剂；当使用多卤化物为烷基化试剂时，可得到多苯烷烃，反应方程式见式 3－6 所示。

$$C_6H_6 + CH_3CH_2CH_2Cl \xrightarrow{\text{HZSM}-5} C_6H_5CH(CH_3)_2$$

$$C_6H_6 + ROH \xrightarrow{H_3PO_4} C_6H_5R + H_2O$$

$$C_6H_6 + H_2C{=}CH_2 \xrightarrow{H_3PO_4} C_6H_5C_2H_5 \quad (3-6)$$

$$C_6H_6 + CHCl_3 \xrightarrow{AlCl_3} (C_6H_5)_3C\text{—}H + HCl$$

(4) Scholl 反应：该反应也可称为 Friedel－Crafts 芳基化反应。两个芳基分子通过用 Lewis 酸处理发生偶联，该反应可能是通过芳环的质子化过程，见式 3－7 所示。

$$C_6H_5\text{—}C_6H_5 \xrightarrow{AlCl_3/CuCl_2} C_6H_5\text{—}(C_6H_4)_4\text{—}C_6H_5$$

$$(C_6H_5)_3C\text{—}H \xrightarrow{AlCl_3} \text{9-苯基芴 } C\text{—}H \qquad (3-7)$$

(5) 三苯甲烷类化合物：水杨酸与甲醛在硫酸和 $NaNO_2$ 作用下生成三苯甲烷类化合物，这里甲醛是烷基化试剂，而 $NaNO_2$ 是氧化剂(见式 3－8)。

OH, COOH + HCHO $\xrightarrow[NaNO_2]{H_2SO_4}$ (HO, COOH; HO, COOH; COOH, =O) 83%~96% (3－8)

3.1.2 Mannich 反应

酚或胺在甲醛和仲胺存在下，在苯环上或芳杂环上发生氨甲基的取代反应称为 Mannich 反应。在反应中有新的 C—C 键生成，见式 3－9 所示。

OH $+R_2NH+CH_2O \longrightarrow$ OH, CH_2NR_2 + OH, CH_2NR_2 (3－9)

N—H + R_2NH + CH_2O $\longrightarrow$ CH_2NR_2, N—H

岩白菜素是一种丰产易得的天然化合物，具有滋补强壮、止血、止咳、抗炎、护肝、抗溃疡、抗凝血、降血脂等活性。为进一步研究其构效关系，研究人员用 Mannieh 反应合成了 9 种岩白菜素衍生物(见表 3－1)。

表 3－1 岩白菜素衍生物

OH, 11, OH, O, 2, 3, OH, OH, 10, 10a, 4a, 4, H_3CO, 10b, OH, 9, 6, O, HO, 8, 7, 6a, O $\xrightarrow[\text{HCHO 加热回流}]{\text{仲胺}}$ OH, OH, OH, O, OH, H_3CO, OH, HO, O, O, R_1—N—R_2

（续）

R_1	R_2	R_1	R_2
CH_3CH_2 $CH_3CH_2CH_2$ $CH_3CH_2CH_2CH_2$	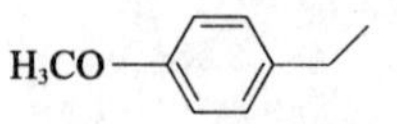 H_3CO—C₆H₄—CH₂— (4-甲氧基苄基)	CH_3CH_2 $CH_3CH_2CH_2$ $CH_3CH_2CH_2CH_2$	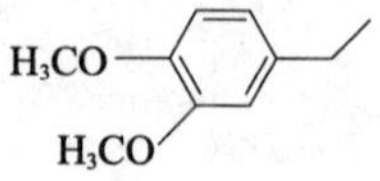 H_3CO, H_3CO—C₆H₃—CH₂— (3,4-二甲氧基苄基)
CH_3CH_2 $CH_3CH_2CH_2$ $CH_3CH_2CH_2CH_2$	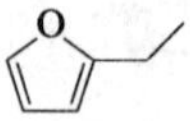 2-呋喃甲基		

3.1.3 巯烷基化反应

苯酚与二甲基亚砜在DCC(二环己基碳二亚胺)存在下，可在环上直接引入巯烷基，在反应中有新的C—C键生成，见式3-10所示。

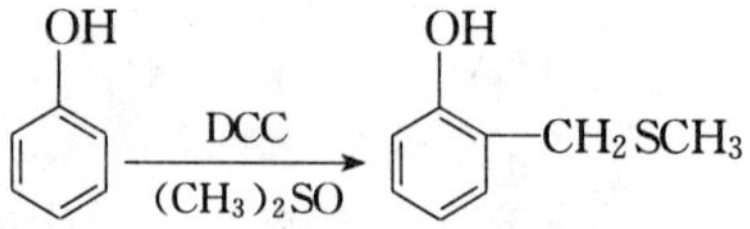

$$C_6H_5OH \xrightarrow[(CH_3)_2SO]{DCC} o\text{-}HOC_6H_4CH_2SCH_3 \qquad (3-10)$$

3.1.4 醛或酮作为烷基化试剂的反应

在浓硫酸存在下，利用醛或酮作烷基化试剂，可在芳环上引入羟烷基。在反应中有新的C—C键生成(见式3-11)。

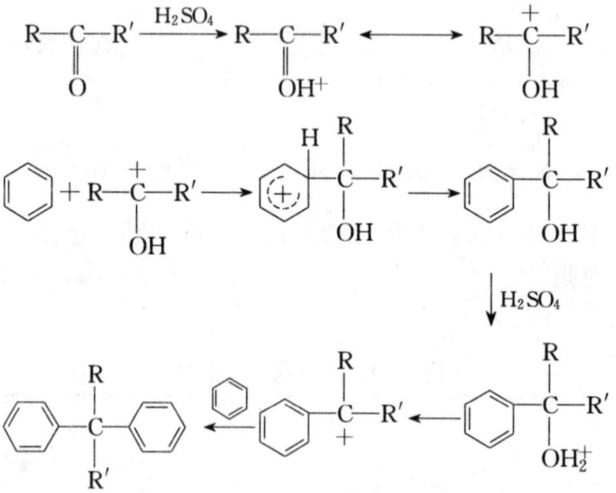

$$R{-}\underset{\|}{C}(=O){-}R' \xrightarrow{H_2SO_4} R{-}C(=OH^+){-}R' \longleftrightarrow R{-}\overset{+}{C}(OH){-}R'$$

$$C_6H_6 + R{-}\overset{+}{C}(OH){-}R' \longrightarrow [C_6H_6^+]{-}C(R)(OH)R' \longrightarrow C_6H_5{-}C(R)(OH){-}R' \qquad (3-11)$$

$$\xrightarrow{H_2SO_4} C_6H_5{-}C(R)(OH_2^+){-}R' \longrightarrow C_6H_5{-}\overset{+}{C}(R){-}R' \xrightarrow{C_6H_6} (C_6H_5)_2C(R)R'$$

甲醛与烯烃在酸的催化下生成二醇或环状缩醛的反应称为Prins反应。该反应生成新的C—C键（见式3-12）。

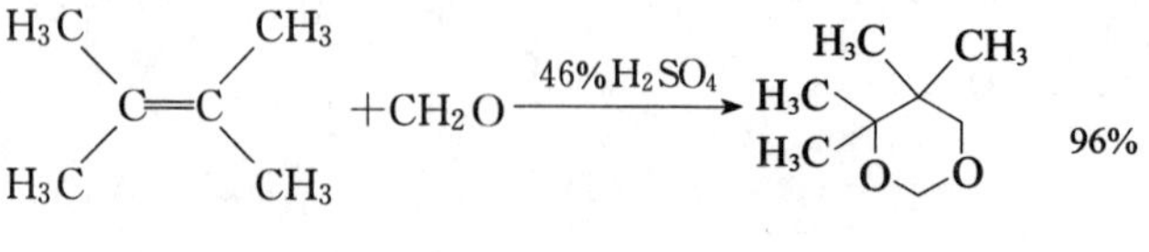

$$(H_3C)_2C{=}C(CH_3)_2 + CH_2O \xrightarrow{46\%\,H_2SO_4} \text{4,4,5,5-四甲基-1,3-二氧六环} \quad 96\%$$

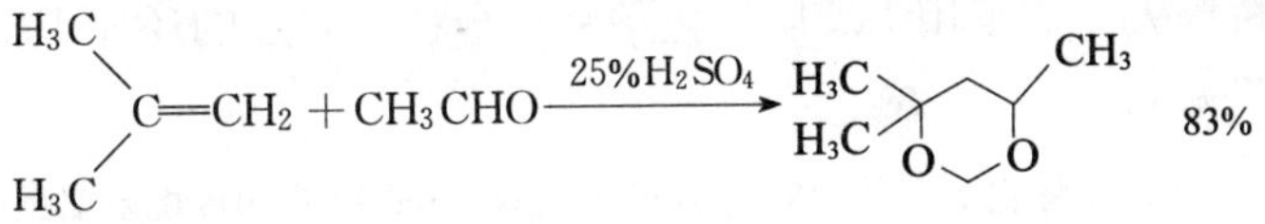

$$(CH_3)_2C{=}CH_2 + CH_3CHO \xrightarrow{25\%H_2SO_4} \text{4,4,6-三甲基-1,3-二噁烷}\quad 83\% \qquad (3-12)$$

DDT、喹啉、酚醛树脂和一些关环反应均属于醛酮作为烷基化试剂的反应(见式 3-13)。

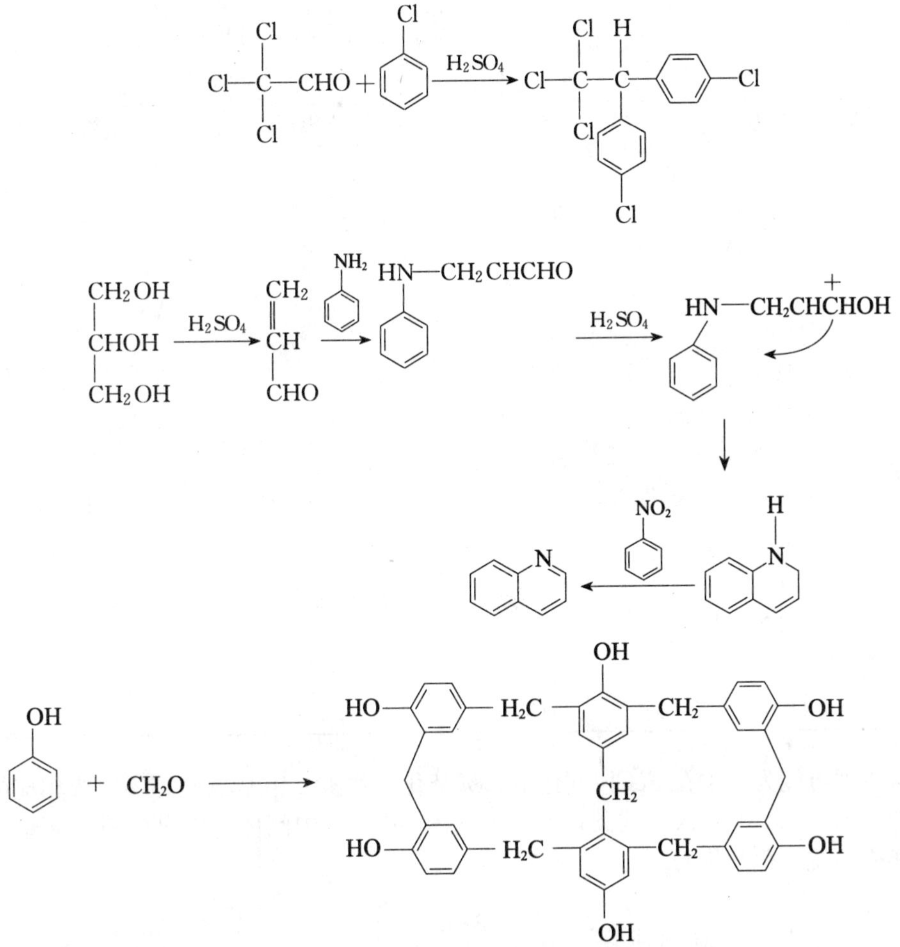

$$Cl_3C{-}CHO + C_6H_5Cl \xrightarrow{H_2SO_4} Cl_3C{-}CH(C_6H_4Cl)_2$$

$$CH_2OH{-}CHOH{-}CH_2OH \xrightarrow{H_2SO_4} CH_2{=}CH{-}CHO \xrightarrow{C_6H_5NH_2} C_6H_5NH{-}CH_2CH_2CHO \xrightarrow{H_2SO_4} C_6H_5NH{-}CH_2CH_2\overset{+}{C}HOH \longrightarrow \text{1,2-二氢喹啉} \xrightarrow{C_6H_5NO_2} \text{喹啉} \qquad (3-13)$$

$$C_6H_5OH + CH_2O \longrightarrow \text{酚醛环状缩合物}$$

在酸作催化剂时，苯甲醛与间苯二酚一起研磨，几秒钟内成为糊状物，将糊状物放置 1h，产物变硬变红，环化生成杯[4]芳烃。水洗，用甲醇重结晶，得到纯品。取代苯甲醛也可以反应，见式 3-14 所示。

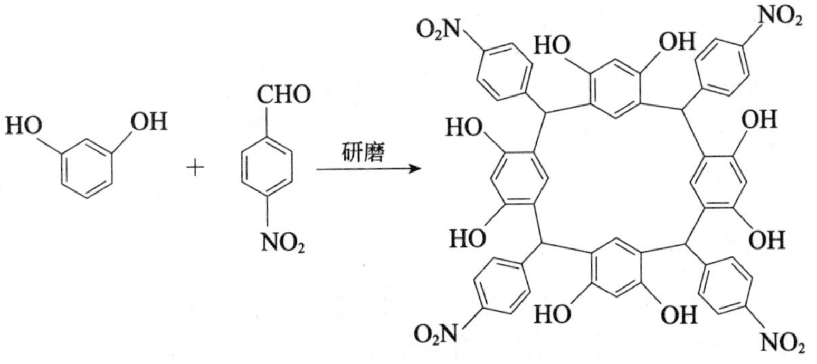

$$\text{间苯二酚} + p\text{-}O_2NC_6H_4CHO \xrightarrow{研磨} \text{杯[4]芳烃} \qquad (3-14)$$

最近，来国桥等人完成了用 $FeCl_3$ 催化羰基化合物与芳烃的还原 Friedel - Crafts 烷基化反应，反应结果如表 3 - 2 所示。

表 3 - 2　$FeCl_5$ 催化羰基化合物与芳烃的还原 Friedel - Crafts 烷基化反应结果

1 + 2 + Me_2SiHCl → (Lewis acid (5 mol%), Solvent, reflux, 4h) 3a

序号	溶剂	酸	产率/%	邻：间
1	n - Hexane	$FeCl_3$	93	89：11
2	n - Hexane	$InCl_3$	20[c]	
3	n - Hexane	$ZnCl_2$	10	
4	n - Hexane	$AlCl_3$	10	
5	n - Hexane	$CuCl_2$	0	
6	n - Hexane	$TiCl_4$	0	
7	n - Hexane	$FeCl_3$	8	
8	THF	$FeCl_3$	10	
9	CH_3CN	$FeCl_3$	35	71：29
10	$CHCl_3$	$FeCl_3$	45[c]	67：33
11	CH_2Cl_2	$FeCl_3$	75	81：19
12	DME	$FeCl_3$	0	
13	DMF	$FeCl_3$	0	
14	DMSO	$FeCl_3$	0	

其反应机理可能为：①在 $FeCl_3$ 催化下，羰基化合物被二甲基氯硅烷还原成相应的硅醚 A(见式 3 - 15)；②硅醚 A 生成碳正离子中间体 B；③该中间体 B 与芳烃进行亲电取代反应生成相应的烷基化产物 C。

Me_2SiHCl + R^1COR^2 →($FeCl_3$) A →($FeCl_3$) B →(ArH) C　　(3 - 15)

3.1.5　炔烃的烃基化反应

Lebeau 及 Picon 在 1913 年报道了乙炔钠与卤代烷在液氨中的反应，生成乙炔的衍生物。因为反应是在强碱介质中进行，所以只有 α 位没有侧链的伯卤化物才能进行理想中的反应。仲及叔卤代烃以及伯卤代烃在 α 位有侧链时，只得到痕迹量的炔烃的烃基化产物，主要产物是卤代烃消除得到的烃(见式 3-16)。

$$H—C≡C—H \xrightarrow[NH_3(l)]{Na} NaC≡CNa \xrightarrow{RX} R—C≡C—R \tag{3-16}$$

芳卤化物和乙烯位卤不能用来烃化炔离子。硫酸二甲或乙基酯可代替相应的卤代烃，用于丙炔及 1-丁炔的合成，收率较好。对甲苯磺酸酯也可与乙炔钠在液氨中，进行乙炔的烃化反应，如用甲苯磺酸甲(乙、丙、丁)酯进行的烃化，可得 37%～47%收率的产物(见式 3-17)。

$$NaC≡CNa \xrightarrow[NH_3(l)]{p-C_6H_4—SO_3R'} R'—C≡C—R' \tag{3-17}$$

乙炔钠与卤代烃烃化，可在炔基的两端引入两个相同或不相同的烃基。乙炔钠在液氨中第一次烃化后，不必分离，再加入悬浮在液氨中的氨基钠，然后再加与第一次烃化相同或不相同的卤代烃，即可在炔基的另一端引入相应的烃基，而且收率很好。这些方法限于应用中等分子量的卤代烃。

将苯乙炔加到含有 $KF—Al_2O_3—CuCl$ 混合物的烧瓶中，用微波照射 8min，经过处理可得到二苯基丁二炔，收率 75%(见式 3-18)。

$$C_6H_5—C≡CH \xrightarrow[微波]{CuCl/KF/Al_2O_3} C_6H_5—C≡C—C≡C—C_6H_5 \quad 75\% \tag{3-18}$$

3.1.6 通过过氧化物的取代反应

在热、光或引发剂的作用下，过氧化物发生分解反应产生自由基，可以对苯环进行自由基取代反应，见式 3-19 所示。

$$C_6H_6 + R—\overset{O}{\overset{\|}{C}}—O—O—\overset{O}{\overset{\|}{C}}—R \longrightarrow C_6H_5R$$

$$R—\overset{O}{\overset{\|}{C}}—O—O—\overset{O}{\overset{\|}{C}}—R \longrightarrow R—\overset{O}{\overset{\|}{C}}—O\cdot \longrightarrow R\cdot + CO_2$$

$$C_6H_6 + R\cdot \longrightarrow C_6H_5R$$

$$\text{吡啶} + RCOOH \xrightarrow[(NH_4)_2S_2O_7]{AgNO_3-H_2SO_4-H_2O} \text{4-R-吡啶} + \text{2-R-吡啶} \tag{3-19}$$

$$2Ag^+ + S_2O_7^{2-} \longrightarrow 2Ag^{2+} + SO_4^{2-}$$

$$RCOOH + Ag^{2+} \longrightarrow RCOO\cdot + H^+ + Ag^+$$

$$RCOO\cdot \longrightarrow R\cdot + CO_2$$

$$\text{吡啶} + R—\overset{O}{\overset{\|}{C}}—\overset{O}{\overset{\|}{C}}—R \xrightarrow[H_2SO_4]{H_2O_2-FeSO_4} \text{4-COOR-吡啶} + \text{2-COOR-吡啶}$$

3.1.7 芳香自由基的1,5-和1,6-迁移反应

自由基不易发生1,2迁移反应，但1,5和1,6迁移反应的例子很多，见式3-20所示。

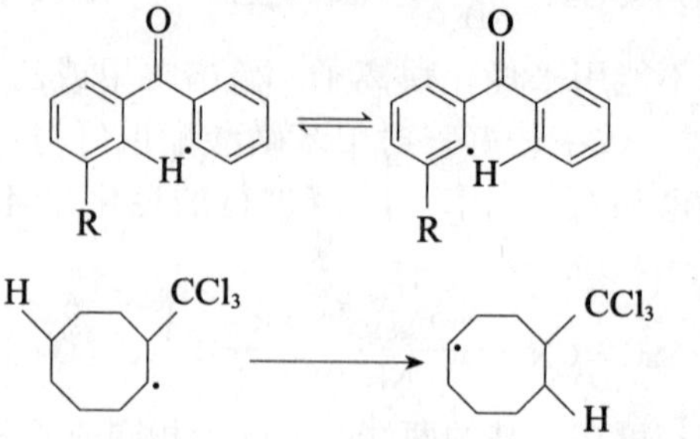

(3-20)

在高分子单体进行线形聚合时，由于1,5或1,6迁移的存在，会生成不希望产生的支链聚合物(见式3-21)。

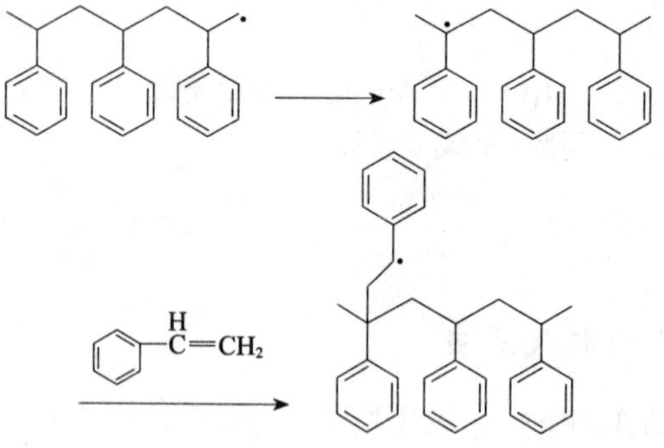

(3-21)

3.1.8 烯烃的烃基化反应

(1) 多卤化物与烯烃的加成反应。在光照或过氧化物的引发下，多卤化物与烯烃发生加成反应，产生新的C—C键和C—X键。其中多卤化物的活性顺序是：

$$CCl_4 < CCl_3Br < CCl_3I$$

多卤化物与烯烃的加成反应见式3-22所示。

$$C_6H_{13}CH{=}CH_2 + CCl_4 \xrightarrow{Bz_2O_2} C_6H_{13}CH(Cl){-}CH_2CCl_3 \quad 75\%$$

$$(C_2H_5)_2C{=}CH_2 + BrCCl_3 \xrightarrow{O_2} (C_2H_5)_2C(Br){-}CH_2CCl_3 \quad 91\% \qquad (3-22)$$

$$H_2C{=}CHCN + ICF_3 \xrightarrow{h\nu} CF_3CH_2CHICN \quad 72\%$$

(2) 烷烃与烯烃的加成反应，见式3-23所示。

$$(H_3C)_2C{=}CH_2 + H_3C{-}C(CH_3)_2{-}H \xrightarrow{AlCl_3} (H_3C)_2CH{-}CH_2{-}C(CH_3)_3 \qquad (3-23)$$

3.1.9 烯丙位、苄位的烃基化反应

在强碱作用下，烯丙位、苄位的C—H键可以断裂脱氢生成碳负离子，在亲电烃化剂存在下可以发生烃基化反应，见式3-24所示。

$$\text{2-甲基吡啶} + (CH_3)_2CHBr \xrightarrow[Et_2O,\ \triangle]{C_6H_5Li} \text{2-}CH_2CH(CH_3)_2\text{吡啶}\quad 92.5\%$$

$$C_6H_5-CH_2-C_6H_5 \xrightarrow[NaNH_2]{n-BuLi} (C_6H_5)_2CH-CH_2CH_2CH_2CH_3 \quad 97\% \qquad (3-24)$$

3.1.10 活泼亚甲基的烃基化反应

(1) 丙二酸二乙酯类的烷基化反应，见式3-25所示。

$$H_2C(COOEt)_2 \xrightarrow{NaOEt} Na^+\ {}^-HC(COOEt)_2 \xrightarrow{RX} R—CH(COOEt)_2 \qquad (3-25)$$

(2) 乙酰乙酸乙酯类的烷基化反应，见式3-26所示。

$$CH_3COCH_2COOEt \xrightarrow{NaOEt} CH_3CO\overset{-}{C}HCOOEt\ Na^+ \xrightarrow{RX} CH_3COCH(R)COOEt$$

$$CH_3COCH_2COOEt \xrightarrow[EtONa]{n-C_4H_9Br} CH_3COCH(C_4H_9-n)COOEt \xrightarrow{H^+} CH_3COCH_2CH_2CH_2CH_2CH_3 \quad 59\% \qquad (3-26)$$

3.1.11 烯烃的加成反应

在$SnCl_4$、$AlCl_3$等Lewis酸催化下，烯烃可以通过加成反应进行烃化及酰化反应形成C—C键，由于在此反应条件下烯烃易于发生异构化反应。所以一般只适用于简单烯烃（见式3-27）。

$$(CH_3)_3CCl + CH_2{=}CH_2 \xrightarrow{SnCl_4} (CH_3)_3C—CH_2CH_2Cl$$

$$C_2H_5COCl + CH_2{=}CH_2 \xrightarrow{AlCl_3} C_2H_5COCH_2CH_2Cl \qquad (3-27)$$

$$R'COCl + CH_2{=}CH_2 \xrightarrow{SnCl_4} RCH(Cl)CH_2COR'$$

式3-27中最后一个反应生成的β-卤代酮在碱性条件下即可失去HCl得到α，β-不饱和酮，见式3-28所示。

$$\underset{\displaystyle\text{Cl}}{\text{RCHCH}_2\text{COR}'} \xrightarrow{Na_2CO_3/H_2O} R—CH═CHCOR'+HCl \tag{3-28}$$

在羰基金属化合物存在下，烯烃可以发生多种羰基化反应，得到醇、醛、酸等。这些羰基化反应的第一步都是金属羰基化合物对烯键的亲电加成，见式 3－29 所示。

$$\begin{aligned}
&R—CH═CH_2+CO+2H_2 \xrightarrow{Fe(CO)_5} RCH_2CH_2CH_2OH+RCH(CH_3)CH_2OH \\
&R—CH═CH_2+CO+H_2 \xrightarrow{[Co(CO)_4]_2} RCH_2CH_2CHO+RCH(CH_3)CHO \\
&R—CH═CH_2+CO+H_2O \xrightarrow{Ni(CO)_4} RCH_2CH_2COOH+RCH(CH_3)COOH
\end{aligned} \tag{3-29}$$

烯烃在质子酸（HX、H_2SO_4 等）及 Lewis 酸（BF_3、$AlCl_3$ 等）催化下可通过形成正离子，可以进行调聚反应，见式 3－30 所示。

$$CH_2=C(CH_3)_2 \xrightarrow{H^+} (H_3C)_2C^+—CH_3 \xrightarrow{CH_2=C(CH_3)_2} (H_3C)_3C—H_2C—C^+(CH_3)_2 \xrightarrow{-H^+} (H_3C)_3C—HC=C(CH_3)_2 \tag{3-30}$$

3.2 碳原子上的酰基化反应

3.2.1 芳烃的 Friedel－Crafts 酰基化反应

Friedel－Crafts 酰基化反应是一个十分有用的反应，酰基化反应不能生成多元取代产物，也不发生酰基异构现象，利用此特点，先合成烷基芳基酮，再还原羰基，可制取长链正构烷基芳香化合物。与烷基化反应相似，当芳环上有硝基、磺基等强吸电子取代基时，不易发生酰基化反应，见式 3－31 所示。

$$\text{芴} \xrightarrow[AlCl_3]{(CH_3CO)_2O} \text{2-COCH}_3\text{-芴}\ (83\%\sim95\%)$$

$$C_6H_5NO_2 \xrightarrow[AlCl_3]{(CH_3CO)_2O} \text{不反应} \tag{3-31}$$

3.2.2 Reimer－Tieman 反应

在 $CHCl_3$－NaOH 体系中，酚类、吡咯可发生甲酰化反应，此反应称为 Reimer－Tieman 反应，如使用固体碱，收率会大大提高，但反应比较激烈，需要严格控制反应条件，以免发生危险，见式 3－32 所示。

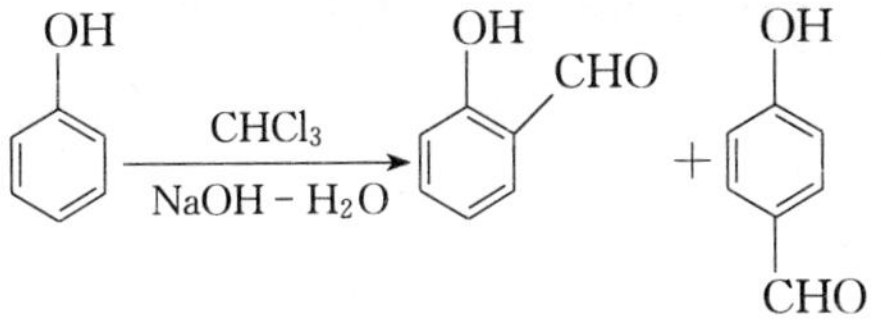

(3-32)

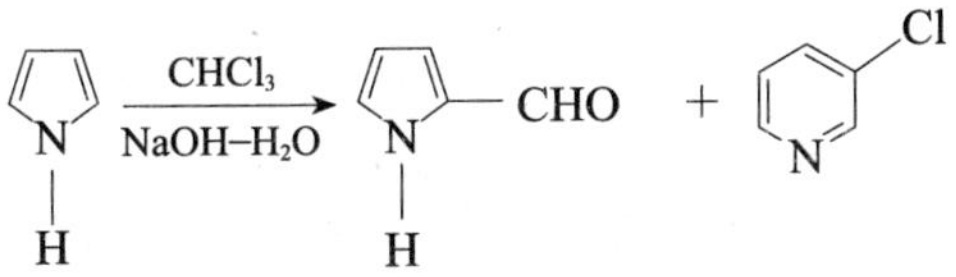

3.2.3 Gatterman-Koch 反应

在 CO-HCl(相当于甲酰氯)和 $AlCl_3$ 存在下，苯环上可发生甲酰化反应，该反应称为 Gatterman-Koch 反应。如果环上有 OH、OR 以及第二类定位基时，反应则不能进行，见式 3-33 所示。

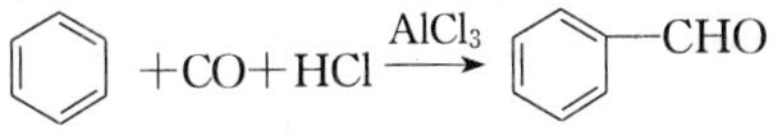

(3-33)

3.2.4 Gatterman 反应

使用 $Zn(CN)_2$-HCl 作为甲酰化试剂，也可以向苯环上引入甲酰基，该反应称为 Gatterman 反应。当苯环上有 OH 或 OR 基时，反应也可顺利完成，见式 3-34 所示。

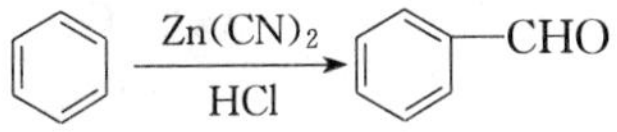

(3-34)

与甲酰氯相比，甲酰氟比较稳定的，使用 BF_3 为催化剂，可顺利完成甲酰化反应。该反应适合苯、烷基苯、卤苯和萘的甲酰化反应，见式 3-35 所示。

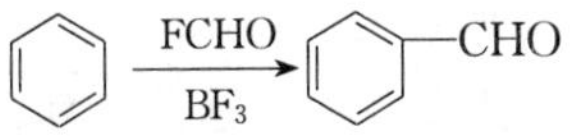

(3-35)

使用 Cl_2CHOCH_3-$AlCl_3$ 也可顺利完成甲酰化反应，但 Cl_2CHOCH_3 毒性较大，见式 3-36 所示。

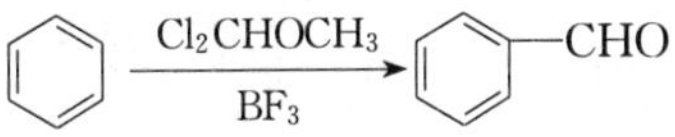

(3-36)

3.2.5 Duff 反应

使用活泼的芳香化合物和乌洛托品反应，可生成苯甲醛及取代物，但收率较小；使用 F_3CCOOH 为催化剂，不仅可以提高收率，而且可以扩展到一般活性的芳烃，见式 3-37 所示。

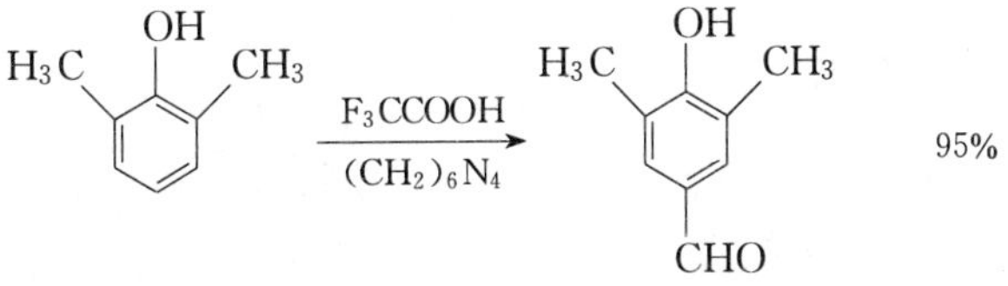

95%

$$\text{C}_6\text{H}_5\text{CH}_3 \xrightarrow[(\text{CH}_2)_6\text{N}_4]{\text{F}_3\text{CCOOH}} p\text{-CH}_3\text{C}_6\text{H}_4\text{CHO}\ (50\%) + o\text{-CH}_3\text{C}_6\text{H}_4\text{CHO}\ (11\%) \tag{3-37}$$

3.2.6 羧化反应

使用 $COCl_2-AlCl_3$ 试剂，可使苯直接羧化生成苯甲酸，见式 3-38 所示。

$$\text{C}_6\text{H}_6 \xrightarrow[\text{AlCl}_3]{\text{COCl}_2} \text{C}_6\text{H}_5\text{COOH} \tag{3-38}$$

苯酚和 CO_2 在碱性介质中反应可生成水杨酸，该反应被称为 Kolbe-Schmitt 反应，见式 3-39 所示。

$$\text{C}_6\text{H}_5\text{OH} \xrightarrow[\text{NaOH}]{\text{CO}_2} o\text{-NaOC}_6\text{H}_4\text{COONa} \xrightarrow{\text{H}^+} o\text{-HOC}_6\text{H}_4\text{COOH} \tag{3-39}$$

3.2.7 活泼亚甲基的酰基化反应

活泼亚甲基的酰基化反应见式 3-40 所示。

$$\text{CH}_3\text{COCH}_2\text{COOEt} \xrightarrow[(2)\ \text{C}_6\text{H}_5\text{COCl}]{(1)\ \text{Na/C}_2\text{H}_5\text{OH}} \text{CH}_3\text{COCH(COC}_6\text{H}_5\text{)COOEt} \xrightarrow[\triangle]{\text{H}_2\text{O}} \text{CH}_3\text{COCH}_2\text{COC}_6\text{H}_5\ (77\%) + \text{CO}_2 + \text{EtOH}$$

$$\text{CH}_3\text{COCH(COC}_6\text{H}_5\text{)COOEt} \xrightarrow[\text{H}_2\text{O}]{\text{NH}_4\text{OH/NH}_4\text{Cl},\ \triangle} \text{CH}_3\text{COCH}_2\text{COC}_6\text{H}_5\ (78\%) + \text{CH}_3\text{COONH}_4 \tag{3-40}$$

金刚乙胺可用于预防和治疗 A 型流感病毒感染，其合成过程中涉及到丙二酸酯中亚甲基的酰基化反应，见式 3-41 所示。

$$\text{Ad-COOH} \xrightarrow{\text{SOCl}_2} \text{Ad-COCl} \xrightarrow[\text{Mg/EtOH}]{\text{CH}_2(\text{COOEt})_2} \text{Ad-CO-CH(COOEt)}_2 \xrightarrow[\text{CH}_3\text{COOH}]{\text{H}_2\text{SO}_4} \text{Ad-CO-CH}_3\ (70\%) \longrightarrow \longrightarrow \text{Ad-CH(NH}_2\text{)CH}_3 \tag{3-41}$$

3.2.8 烯胺的碳酰化反应

醛酮与仲胺反应生成烯胺，其β位碳有较强的亲核性，可以进行碳原子上的烷基化和酰基化反应。这是制备β-二羰基化合物的好方法，见式 3-42 所示。

$$\text{环己酮}\xrightarrow{\text{吗啉(NH)}}\left[\text{烯胺}\longleftrightarrow =N^{+}\right]\xrightarrow{RCOCl}\;\xrightarrow{H_2O}\;\text{2-COR-环己酮} \tag{3-42}$$

3.2.9 烯烃的酰基化反应

烯烃的酰基化反应见式3-43所示。

$$\text{环己烯} + CH_3COCl \xrightarrow{AlCl_3} \text{1-}COCH_3\text{-环己烯} \tag{3-43}$$

3.3 通过有机金属试剂的反应

3.3.1 通过Heck反应制备

钯催化的卤代烃的Heck反应由于具有反应条件温和、产物易于处理等特点，是合成芳香类烯烃化合物的有效方法，广泛应用于天然产物、药物中间体以及功能材料的合成中，见式3-44所示。

$$\text{3-溴吡啶}(Br) + \text{CH}_2{=}\text{CH}C_6H_5 \xrightarrow[\text{P(4-CH}_3C_6H_4)_3,\ 100^\circ C]{Pd(OAc)_2} \text{3-(CH=CH}C_6H_5\text{)吡啶}\ 78\% \tag{3-44}$$

如果三键和双键的位置合适，可连续形成一系列C—C键，这是合成多环化合物的好方法，见式3-45所示。

$$(EtOOC)_2C\text{-烯炔碘化物}(CH_3, I) \xrightarrow[Et_3N\ \triangle\ CH_3CN]{3mol\%\ Pd(PPh_3)_4} (EtOOC)_2\text{-四环产物}(CH_3)\ 76\% \tag{3-45}$$

可以利用Heck反应合成芴类发光材料，见式3-46所示。

$$Br\text{-芴}(^nBu, Bu^n)\text{-}Br \xrightarrow[Pd(OAc)_2,\ PPh_3]{R\text{-CH=CH}_2,\ DMF,\ Et_3N,\ 100^\circ C} R\text{-CH=CH-芴-CH=CH-}R \tag{3-46}$$

R = 4-吡啶基（N）、苯基

分子内Heck反应在很多天然产物合成方面被用作关键步骤，见式3-47所示。

$$\text{(I, O, NHCO}_2\text{Me 底物)} \xrightarrow[\substack{PPh_3,\ Ag_2CO_3\\ THF,\ 56^\circ C\\ 70\%}]{10mol\%\ Pd(OAc)_2} \text{(H, O, NHCO}_2\text{Me 螺环产物)} \tag{3-47}$$

$$\text{2-碘-N-烯丙基苯胺} \xrightarrow[\text{MeCN/H}_2\text{O(15/1, molar ratio)}\ \ \text{Et}_3\text{N, 25°C, 2h, 97\%}]{\text{Pd(OAc)}_2\text{/TPPTS(1/2, molar ratio)}} \text{3-甲基吲哚} \quad (3-47)$$

Heck 反应存在的问题是催化剂昂贵，回收困难，研究催化剂负载或用其他金属替代是目前研究的热点。以天然高分子壳聚糖为载体，室温下与氯化钯乙醇溶液作用制得壳聚糖负载氯化钯，再在乙醇溶液中回流还原，可制得壳聚糖钯配合物催化剂。研究其对碘代苯与丙烯酸 Heck 芳基化反应的催化性能结果表明，该催化剂具有较高的催化活性和立体选择性，可高转化率、高产率地合成反式苯丙烯酸；并且通过简单的过滤、溶剂洗涤回收催化剂，可多次重复使用。该反应见式 3-48 所示。

$$\text{PhI} + \text{CH}_2\text{=CHCOOH} \xrightarrow[\text{Solvent}]{\text{Chitosan-Pd(0)},\ \text{base}} \text{PhCH=CHCOOH} + \text{HI} \quad (3-48)$$

用壳聚糖钯配合物催化剂可成功地合成荧光增白剂 4,4′-双(4-磺酸钠苯乙烯基)联苯，产率达到 56.3%，并对催化剂进行了回收再利用，见式 3-49 所示。

$$2\text{NaO}_3\text{S-C}_6\text{H}_4\text{-CH=CH}_2 + \text{I-C}_6\text{H}_4\text{-C}_6\text{H}_4\text{-I} \xrightarrow[\text{负载钯催化剂}]{125℃} \text{NaO}_3\text{S-C}_6\text{H}_4\text{-CH=CH-C}_6\text{H}_4\text{-C}_6\text{H}_4\text{-CH=CH-C}_6\text{H}_4\text{-SO}_3\text{Na} + 2\text{HI} \quad (3-49)$$

用肟为配体的 Pd 催化剂，可催化 4-硝基氯苯与苯乙烯发生 Heck 反应，产品收率 92%，见式 3-50 所示。

$$\text{4-O}_2\text{N-C}_6\text{H}_4\text{Cl} + \text{PhCH=CH}_2 \xrightarrow[\text{Cat., DMF, 4.5h}]{\text{K}_2\text{CO}_3\text{, 135°C}} \text{4-O}_2\text{N-C}_6\text{H}_4\text{-CH=CH-Ph} \quad (3-50)$$

Cat.: 环钯肟配合物（C₆H₄-Cl-P，N—OH，Pd，Cl，Cl，二聚体 2）

最近，有报道称 CuI 可催化 Heck 反应，CuI 价格便宜且容易得到，是一种十分有益的探索，见式 3-51 所示。

$$\text{2-碘-N-烯丙基-N-甲基苯甲酰胺} \xrightarrow[\text{NMP, 150°C}]{\text{10mol\% CuI, K}_2\text{CO}_3} \text{2,4-二甲基异喹啉-1-酮} \quad (3-51)$$

(N-甲基吡咯烷酮)

3.3.2 通过偶联反应制备

格氏试剂与卤代烃发生偶联反应可以制备长碳链的烯烃，其中与活泼卤代烃反应可以得到高产率的化合物，见式 3-52 所示。

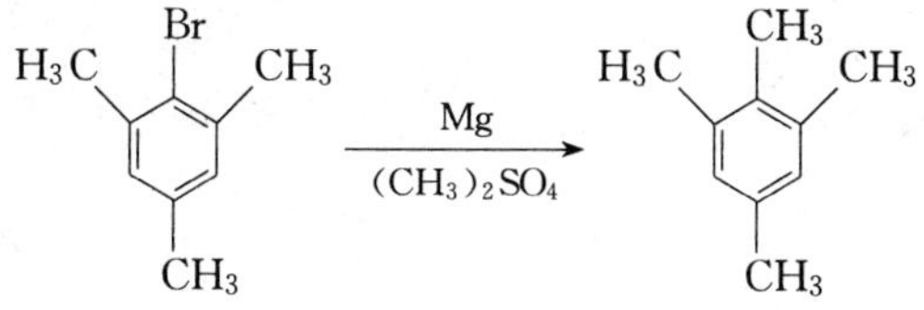

$$\text{2-溴-1,3,5-三甲苯 (Br, }H_3C\text{, }CH_3\text{, }CH_3\text{)} \xrightarrow[(CH_3)_2SO_4]{Mg} \text{1,2,3,5-四甲苯 (}CH_3\text{, }H_3C\text{, }CH_3\text{, }CH_3\text{)} \quad 50\% \sim 60\% \tag{3-52}$$

$$H_2C{=}CHCH_2Br + C_2H_5MgBr \longrightarrow H_2C{=}CHCH_2CH_2CH_3 \quad 94\%$$

有机锂同样也可发生偶联反应，见式 3-53 所示。

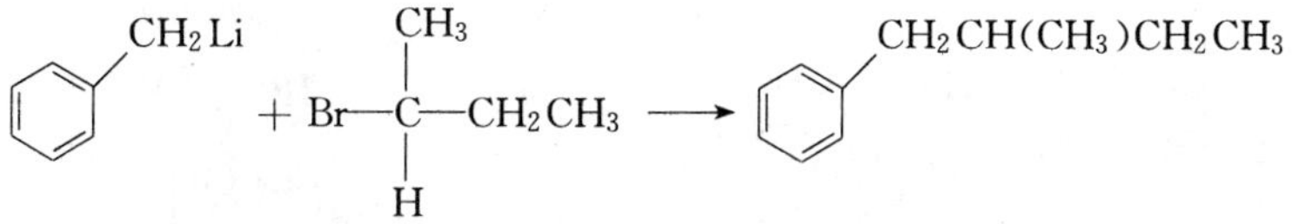

$$C_6H_5CH_2Li + Br-\underset{H}{\overset{CH_3}{C}}-CH_2CH_3 \longrightarrow C_6H_5CH_2CH(CH_3)CH_2CH_3 \tag{3-53}$$

有机铜锂试剂可将烷基连接到 α，β-不饱和酮的 β-位上，是一个很有用的合成方法，见式 3-54 所示。

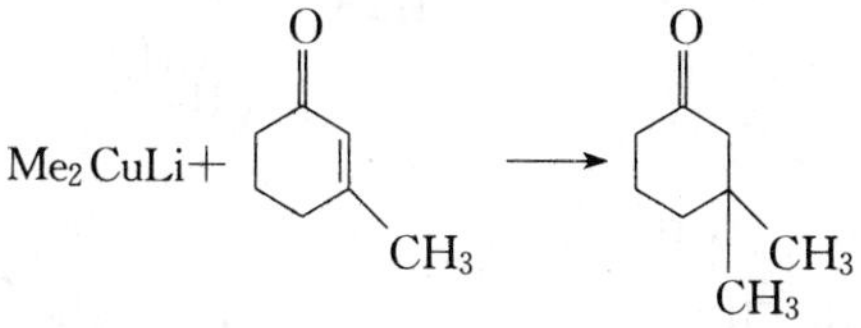

$$Me_2CuLi + \text{3-甲基-2-环己烯酮 (O, }CH_3\text{)} \longrightarrow \text{3,3-二甲基环己酮 (O, }CH_3\text{, }CH_3\text{)} \tag{3-54}$$

锌与 α-卤代羧酸酯生成的 Reformatsky 试剂可与羰基化合物生成 β-羟基酯，见式 3-55 所示。

$$RCHO + BrCH_2COOR' \xrightarrow{Zn} R-\underset{OH}{\overset{H}{C}}-CH_2COOR' \tag{3-55}$$

3.4 Wagner-Meerwein 重排

α-蒎烯酸催化水合得到莰醇以后，脱水成莰烯是通过碳骨架重排进行的，此过程称为 Wagner-Meerwein 重排，见式 3-56 所示。

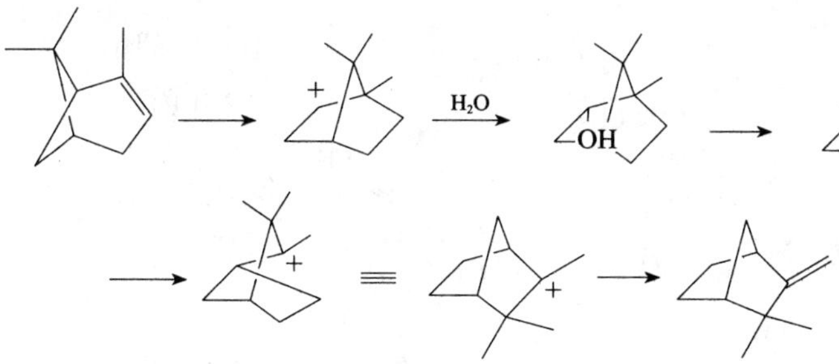

$$\text{α-蒎烯} \longrightarrow \overset{+}{\text{碳正离子}} \xrightarrow{H_2O} \text{莰醇 (OH)} \longrightarrow \overset{+}{\text{碳正离子}} \longrightarrow \overset{+}{\text{碳正离子}} \equiv \overset{+}{\text{碳正离子}} \longrightarrow \text{莰烯} \tag{3-56}$$

实验证明 Wagner-Weerwein 重排反应的历程是生成碳正离子的 S_N1 历程。重排的趋势一般取决于碳正离子的相对稳定性。其迁移基团的活性次序见式 3－57 所示。

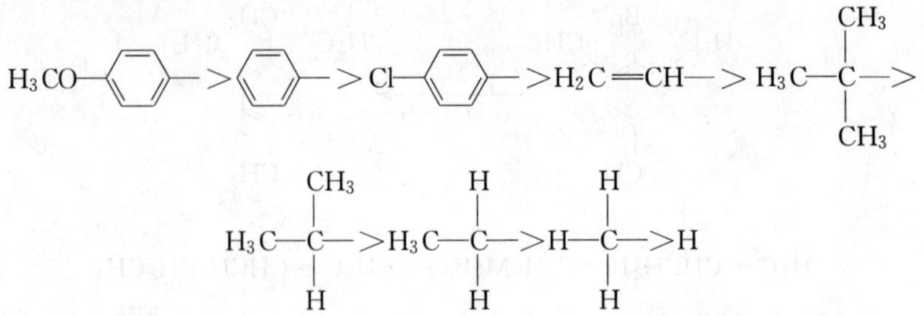

$$H_3CO-C_6H_4- > C_6H_5- > Cl-C_6H_4- > H_2C{=}CH- > (CH_3)_3C- > (CH_3)_2CH- > H_3C-CH_2- > H-CH_2- > H \quad (3-57)$$

Wagner－Weerwein 重排反应在甾体化合物的合成中得到了充分的应用，见式 3－58 所示。

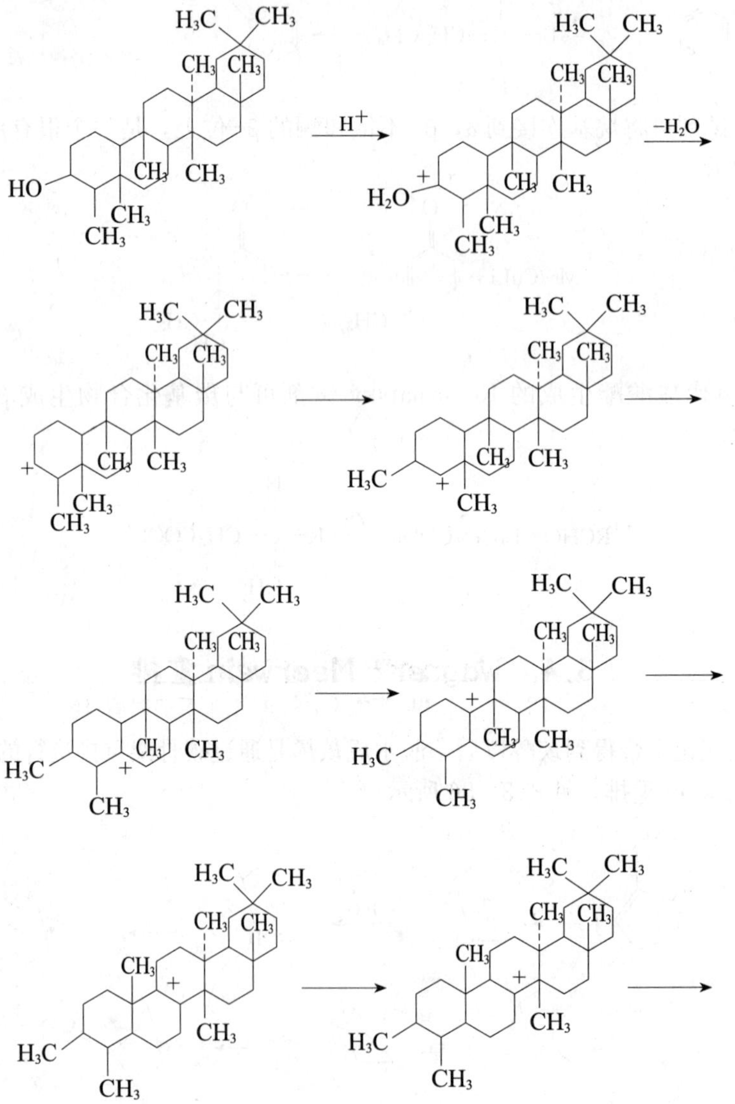

$\xrightarrow{H^+}$ $\xrightarrow{-H_2O}$ → → → → →

H_3C CH_3 CH_3 CH_3 CH_3 CH_3 + H_3C CH_3 → H_3C CH_3 CH_3 CH_3 CH_3 + CH_3 H_3C CH_3 → H_3C CH_3 CH_3 CH_3 CH_3 CH_3 H_3C CH_3 (3-58)

3.5 利用MBH反应合成

2007年Kang等人利用辛醇为溶剂，成功地完成了F-3-2-5抗肿瘤药物中间体的合成，收率达90%。该反应是用乙醛为烷基化试剂，在甲基乙烯基酮的双键上成功地接上了一个羟乙基，见式3-59所示。

O CH_3 —CH_3CHO, R_3N, $n-C_8H_{18}$→ OH O (90%) —Ac_2O, H_2SO_4, CH_2Cl_2, 0°C→ OAc O —PhMgBr, CuI, THF, −78°C→ O —(1) LiHMDS, THF, −78°C, $CHO(CH_2)_2O$; (2) TBAF, THF, 0°C→ O OH OH F-3-2-5 (3-59)

Yu等人用等摩尔碱(DABCO)在水溶液中成功地进行了丙烯酸酯与醛的反应，反应时间短，有的产率达到100%(见表3-3)。

表3-3 丙烯酸酯与醛的反应的反应时间和收率

醛	BH产物	反应时间/(h)	收率/(%)
O, H, H	OH, O, OMe	9	90
O, H	OH, O, OMe	10	86
O, H	OH, O, OMe	14	83

（续）

醛	BH 产物	反应时间/(h)	收率/(%)
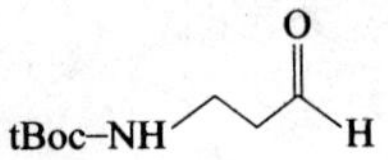 tBoc–NH, O, H	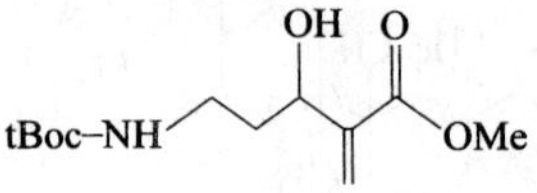 tBoc–NH, OH, O, OMe	4	99
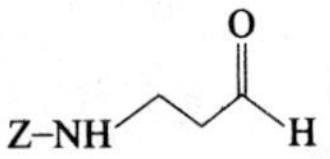 Z–NH, O, H	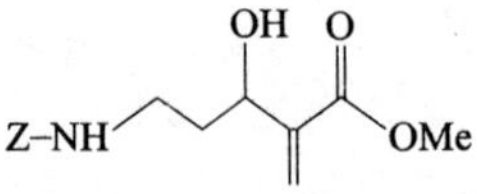 Z–NH, OH, O, OMe	8	80
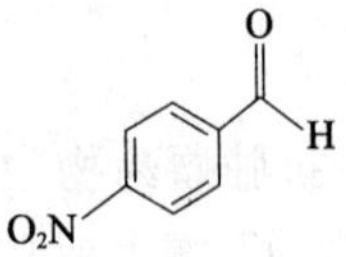 O_2N, O, H	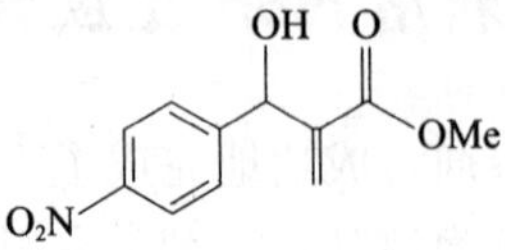 O_2N, OH, O, OMe	3	83
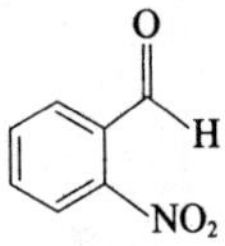 NO_2, O, H	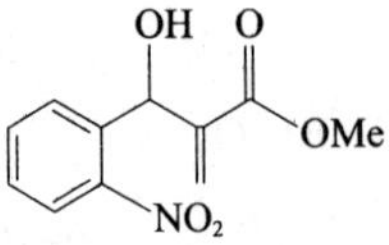 NO_2, OH, O, OMe	16	95
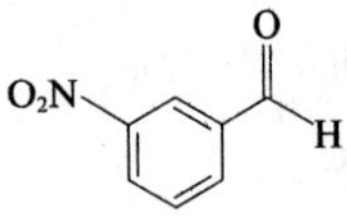 O_2N, O, H	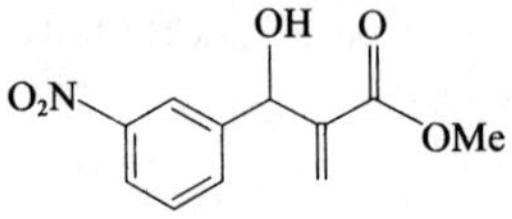 O_2N, OH, O, OMe	16	87
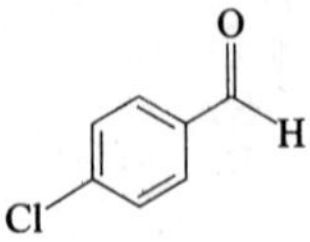 Cl, O, H	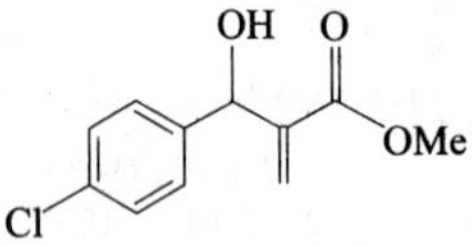 Cl, OH, O, OMe	36	53
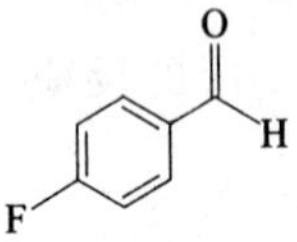 F, O, H	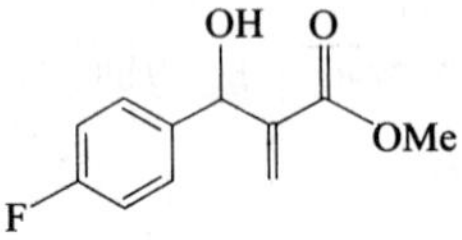 F, OH, O, OMe	36	41
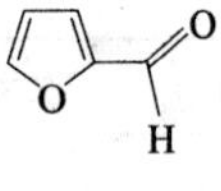 O, O, H	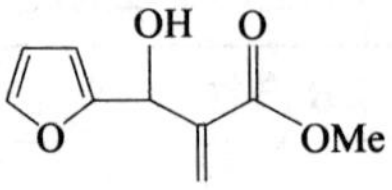 O, OH, O, OMe	20	85
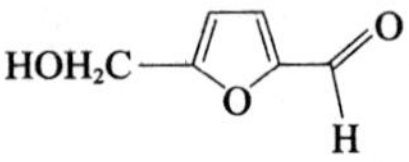 HOH_2C, O, O, H	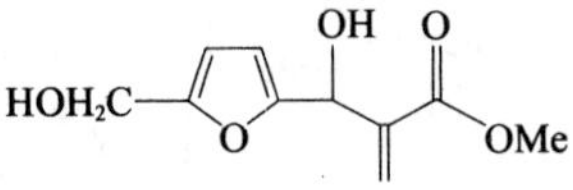 HOH_2C, O, OH, O, OMe	36	62
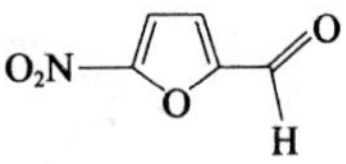 O_2N, O, O, H	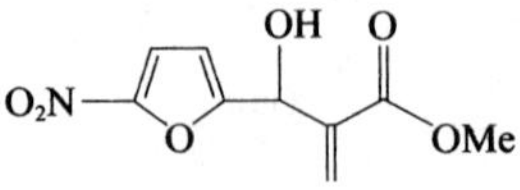 O_2N, O, OH, O, OMe	0.5	100
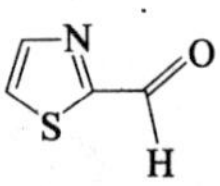 N, S, O, H	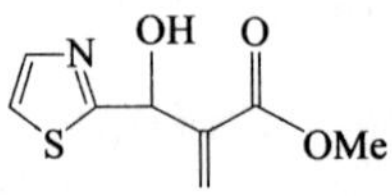 N, S, OH, O, OMe	0.5	100

（续）

醛	BH 产物	反应时间/(h)	收率/(%)
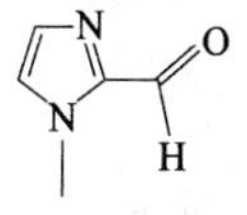	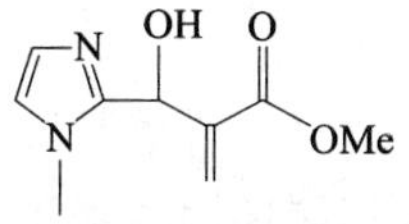	8	100
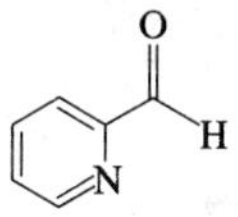	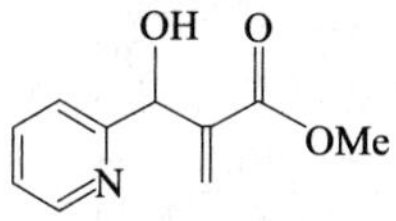	1	100
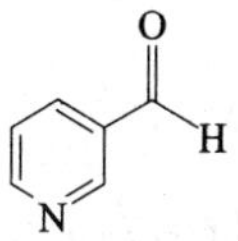	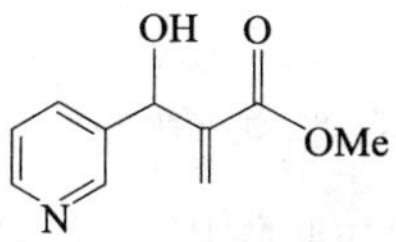	8	100
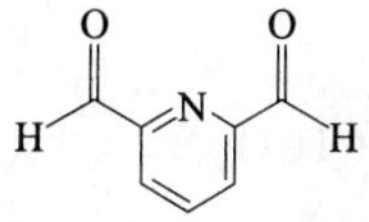	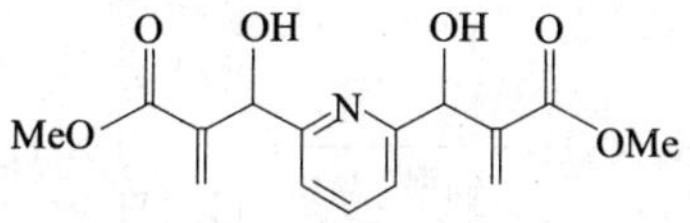	2.5	100

典型的反应条件是：丙烯酸甲酯(3mmol)，DABCO (3mmol)，1,4-二氧六环-H_2O(1∶1，v/v)，Yu C, Liu B, Hu L, *J. Org. Chem.* 2001，66：5413.

3.6 通过 S_NV 反应合成

1981 年 Rappoport 通过 S_NV 反应制备了芳基取代的烯烃，反应中形成了新的 C—C 键，见式 3-60 所示。

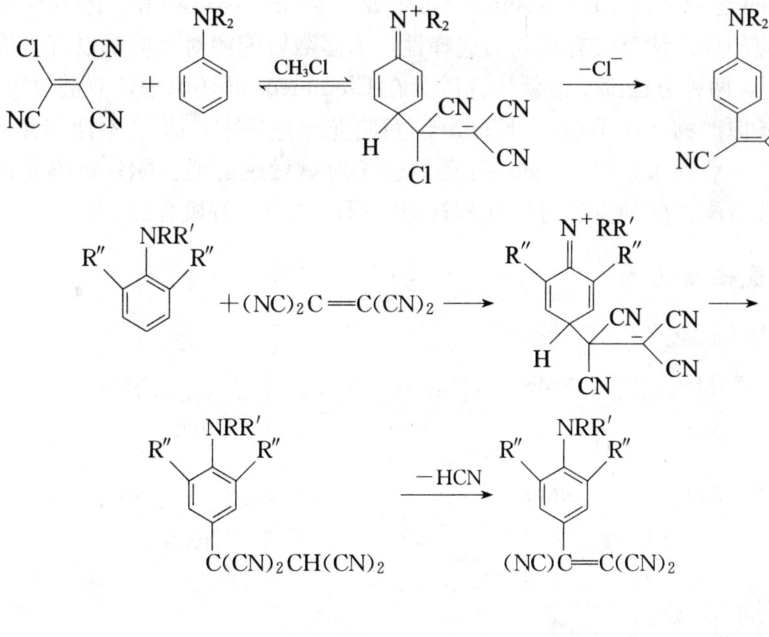

$$+(NC)_2C{=}C(CN)_2 \longrightarrow \qquad (3-60)$$

$$C(CN)_2CH(CN)_2 \xrightarrow{-HCN} (NC)C{=}C(CN)_2$$

3.7 还原反应

3.7.1 Clemmensen 还原反应

酮在锌汞齐和浓盐酸作用下，羰基直接还原成亚甲基，见式 3-61 所示。

$$\text{o-HOC}_6\text{H}_4\text{C(=O)(CH}_2\text{)}_6\text{CH}_3 \xrightarrow[\text{HCl},\ \triangle]{\text{Zn-Hg}} \text{o-HOC}_6\text{H}_4\text{CH}_2\text{(CH}_2\text{)}_6\text{CH}_3 \quad 86\% \qquad (3-61)$$

3.7.2 Wolff - Kishner 还原和黄鸣龙改进法

醛、酮在碱性及高温、高压条件下与肼作用，羰基被还原成亚甲基的反应称为Wolff - Kishner 还原，见式 3-62 所示。

$$\text{R(R')HC=O} + H_2NNH_2 \xrightarrow[\text{高温，高压}]{KOH} \text{R(R')HCH}_2 + N_2 + H_2O \qquad (3-62)$$

该法的缺点是需要高压釜和无水肼为原料，反应时间长，产率不太高。1946 年我国著名化学家黄鸣龙在使用这个方法过程中，对反应条件进行了改进。先将醛、酮、氢氧化钠、肼的水溶液和一个高沸点水溶性溶剂(如二甘醇、三甘醇)一起加热，醛、酮变成腙，再蒸出过量的水和未反应的肼，待温度达到腙的分解温度(200℃左右)时，再回流 3～4h，使反应完成。这样可以不使用纯肼在常压下进行反应，并且产量较高，见式 3-63 所示。

$$C_6H_5COCH_2CH_3 \xrightarrow[\text{二甘醇}]{H_2NNH_2 \cdot NaOH} C_6H_5CH_2CH_2CH_3 \quad 82\% \qquad (3-63)$$

Clemmensen 还原和 Wolff - Kishner -黄鸣龙改进法，都可将醛、酮的羰基还原为亚甲基而得到相应的烃。该反应有很高的选择性，大多数官能团对反应都没有干扰，但对 α，β 不饱和醛、酮，两种方法都不能使用。因为在 Clemmensen 还原中，双键也可能被还原，得不到预期的还原产物。在 Wolff - Kishner -黄鸣龙改进法中，α，β 不饱和醛、酮将会生成杂环化合物。一般说来，Clemmensen 还原适于对碱敏感的醛、酮；黄鸣龙改进法适用于对酸敏感的醛、酮。两种方法可以互相补充，都广泛用于有机合成。

3.7.3 金属氢化物还原

金属氢化物还原见式 3-64 所示。

$$C_6H_5CH=CHC(=O)NMe_2 \xrightarrow[Et_2O]{LiAlH_4:AlCl_3=3:1} C_6H_5CH=CHCH_2NMe_2 \quad 94\%$$

$$C_6H_5CH=CHC(=O)NMe_2 \xrightarrow[Et_2O]{LiAlH_4} C_6H_5CH_2CH_2CH_2NMe_2 \quad 100\% \qquad (3-64)$$

3.7.4 金属和酸反应还原

一般情况下金属和酸反应产生的活泼氢只能将羰基还原成醇羟基，但在特殊情况下也可以将其还原成亚甲基，见式 3－65 所示。

$$\text{蒽醌} \xrightarrow[\text{HOAc, }\triangle]{\text{Sn, HCl}} \text{蒽酮 (62\%)} \tag{3-65}$$

3.8 重氮盐法

利用重氮盐在碱性介质中的反应，可方便地得到 C—C 键化合物，其反应机理有两种，一种为自由基机理（见式 3－66)；一种为离子机理（见式 3－67)。

$$C_6H_5N_2^+ \longrightarrow C_6H_5^+ \xrightarrow{C_6H_6} C_6H_5\text{—}C_6H_5 \tag{3-66}$$

$$C_6H_5N_2^+ \xrightarrow{CuCl} C_6H_5\cdot + N_2$$
$$C_6H_5\cdot \xrightarrow{C_6H_6} C_6H_5\text{—}C_6H_5 \tag{3-67}$$

重氮盐法典型反应如下：

(1) 4－溴联苯的合成。将 4－溴苯重氮盐与过量苯在 NaOH 水溶液中反应 3h，得到的苯溶液脱除苯后，即得到收率为 86％的 4－溴联苯(见式 3－68)。

$$Br\text{—}C_6H_4\text{—}N_2^+Cl^- + C_6H_6 \xrightarrow[\triangle]{NaOH} Br\text{—}C_6H_4\text{—}C_6H_5$$
$$C_6H_5\text{—}N_2^+Cl^- + C_6H_5\text{—}C_6H_5 \xrightarrow[\triangle]{NaOH} C_6H_5\text{—}C_6H_4\text{—}C_6H_5 \tag{3-68}$$

(2) 2,2′-联苯二甲酸的合成。将 2－羧基苯重氮盐与过量的新制备的亚铜反应，可得到收率为 88％以上的 2,2′-联苯二甲酸(见式 3－69)。

$$2\text{-}HOOC\text{—}C_6H_4\text{—}N_2^+Cl^- \xrightarrow[\triangle]{Cu^+} 2,2'\text{-}(HOOC)C_6H_4\text{—}C_6H_4(COOH) \tag{3-69}$$

(3) 9－菲甲酸的合成。利用 Pschorr 合成法可由 2－氨基- 2′-苯基肉桂酸经过重氮化及分子内自由基取代反应生成 9－菲甲酸，见式 3－70 所示。

$$\text{(2-}NH_2C_6H_4)CH{=}C(COOH)C_6H_5 \xrightarrow[HCl]{NaNO_2} \text{(2-}N_2^+C_6H_4)CH{=}C(COOH)C_6H_5 \xrightarrow{CuCl} (\cdot C_6H_4)CH{=}C(COOH)C_6H_5$$

$$\longrightarrow \text{(9-H, 10-COOH phenanthryl radical)} \xrightarrow{CuCl} \text{9-H, 10-COOH phenanthrene} \quad (3-70)$$

3.9 分子内自由基加成反应

在过氧化苯甲酰存在下，1,4-环辛二烯与乙醛反应时，发生了不饱和自由基跨环反应，得到一个环酮，形成过程中有分子内加成作用，见式3-71所示。

$$\text{1,4-cyclooctadiene} + H_3C-\dot{C}O \longrightarrow \text{(cyclooctenyl radical)}-\overset{O}{\overset{\|}{C}}-CH_3 \longrightarrow \text{(bicyclo[3.3.0]octyl radical)}-\overset{O}{\overset{\|}{C}}-CH_3$$

$$\xrightarrow{CH_3CHO} \text{(bicyclo[3.3.0]octyl)}-\overset{O}{\overset{\|}{C}}-CH_3 + CH_3\dot{C}O \quad (3-71)$$

环辛烯与溴代三氯甲烷以完全正常的方式加成，但与四氯化碳反应时由于发生自由基的1,5迁移而生成两种产物，见式3-72所示。

$$\text{cyclooctene} \xrightarrow{BrCCl_3} \text{1-Br-2-}CCl_3\text{-cyclooctane}$$

$$\text{cyclooctene} \xrightarrow{CCl_4} \text{1-Cl-2-}CCl_3\text{-cyclooctane} + \text{1-Cl-4-}CCl_3\text{-cyclooctane} \quad (3-72)$$

3.10 Wurtz 反应

利用Wurtz反应可以得到对称的烷烃，见式3-73所示。

$$2RX+2Na \longrightarrow R-R+2NaX$$

$$2CH_3CH_2Cl+2Na \longrightarrow CH_3CH_2CH_2CH_3+2NaCl \quad (3-73)$$

在制备奇数碳烷烃时，通常使用Li-Cu试剂，见式3-74所示。

$$(CH_3)_2CHBr \xrightarrow{Li-Cu} [(CH_3)_2CH]_2LiCu \xrightarrow{CH_3CH_2CH_2Br} (CH_3)_2CHCH_2CH_2CH_3 \quad (3-74)$$

3.11 借助协同反应制备

3.11.1 借助环加成反应

借助环加成反应见式3-75所示。

O O

100℃

O O

77%

(3－75)

COOEt O

O + 200℃ O COOEt CO_2 COOEt

O COOEt

COOEt COOEt COOEt

84%

下面的反应是通过开环和环加成两步完成的，见式3－76所示。

O

OH OH OH O

△ H

C_6H_6

O H

O

75%

(3－76)

O TBSO O

OTBS CH_3 H CH_3

\+ $CO_2CH_2CH_2TMS$ △ $CO_2CH_2CH_2TMS$

OTBS 90℃ H OH

OTBS O OH O

OTBS

90%

下面是通过ene环加成完成的反应，见式3－77所示。

H_3C O H_3C O

\+ O 170℃ O

H

O O

80%

(3－77)

H CO_2CH_3 CO_2CH_3

\+ Et_2AlCl_2

H_3C 25℃ H_3C

CH_3 CH_3

3.11.2 借助电环化反应

借助电环化反应是先电环化开环，再通过［8+2］环加成关环完成的，见式3－78所示。

$COCH_3$

\+ H_2C ═ $CHCOOCH_3$ △

$CCOOCH_3$

CH_2

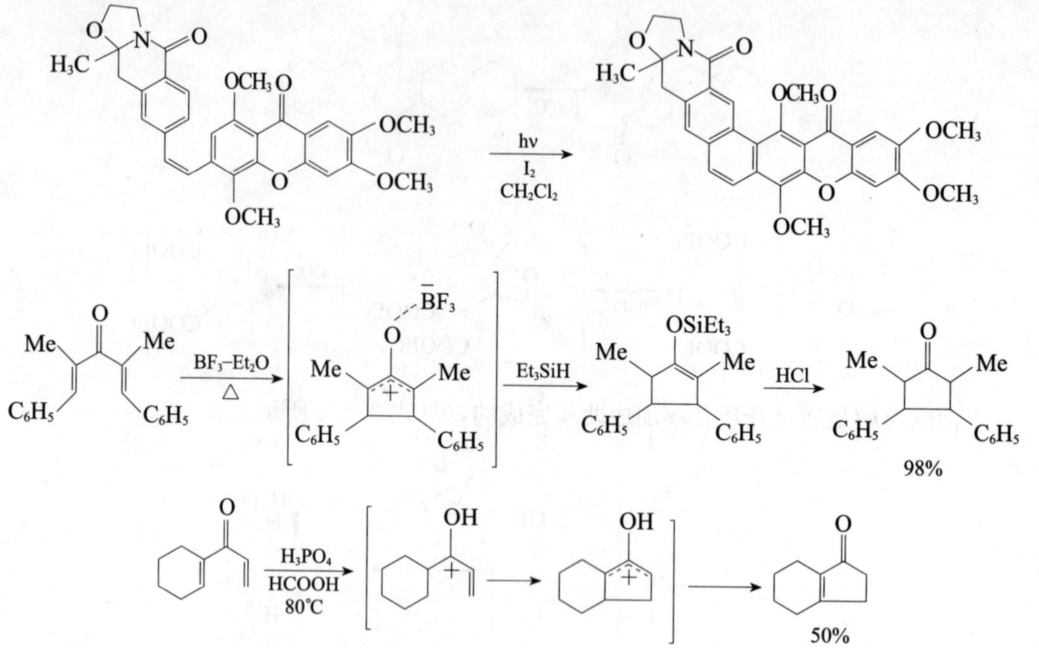

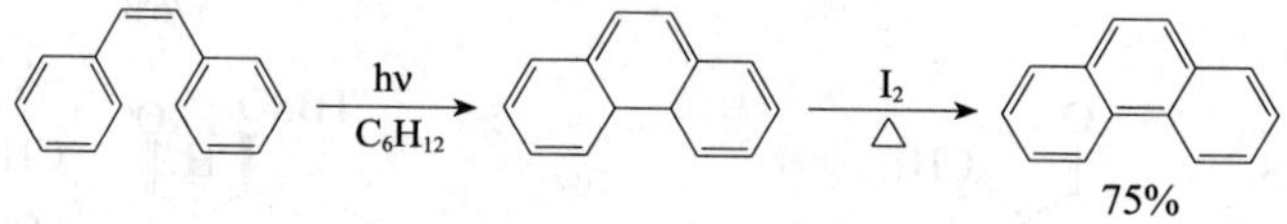

(3-78)

3.11.3 借助 σ-迁移反应

(1) 1,3-σ-迁移，见式 3-79 所示。

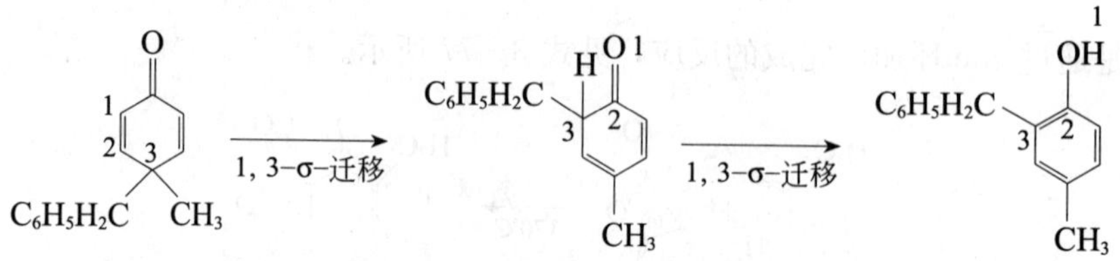

(3-79)

(2) 1,5-σ-迁移。该反应先发生电环化反应，而后再进行 1,5-σ-迁移反应，可以看成是 R 不动，环丙基在沿环不停地移动，见式 3-80 所示。

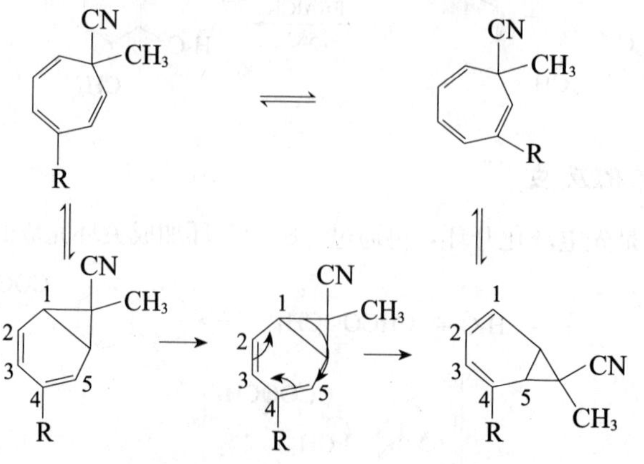

(3-80)

（3）1,7-σ-迁移，见式3-81所示。

C_8H_{17}　7　1　2　H　6　3　5　4　HO　1, 7-σ-迁移　CH_3　C_8H_{17}　HO　（3-81）

（4）3,3′-σ-迁移，见式3-82所示。

1′　2′　$H_3CHC=CH$　OH　3′　1　2　3　△　H_3C　1′　2′　OH　3′　1　2　3　O　CH_3

（3-82）

OH　H　220℃　O　90%

Bu　150℃　Bu

（5）5,5′-σ-迁移，见式3-83所示。

D　3′　1′　5O　5′　4′　2′　D　4　3　2　1　△　5, 5-σ-迁移　O　H　D　D　1, 5-σ-迁移　OH　D　D　（3-83）

（6）2,3′-σ-迁移，见式3-84所示，可以看成是2′,3-断裂，1,1′相连，2,3位成双键。

R　1　2　3　R′　Y　X　1′　2′　△　R　1　2　3　R′　Y　X　1′　2′

$SiMe_3$　1　1′　O　2　$BuMe_2SiO$　2′　3′　BuLi　THF　-78℃　2OH　1′　1　$SiMe_3$　$BuMe_2SiO$　2′　3′　66%

CH_3　1′　O　CH_3　2′　H_3C　3′　1　O　2　BuLi　THF　-78℃　CH_3　1　O　CH_3　3　2　1　H_3C　HO　2　88%

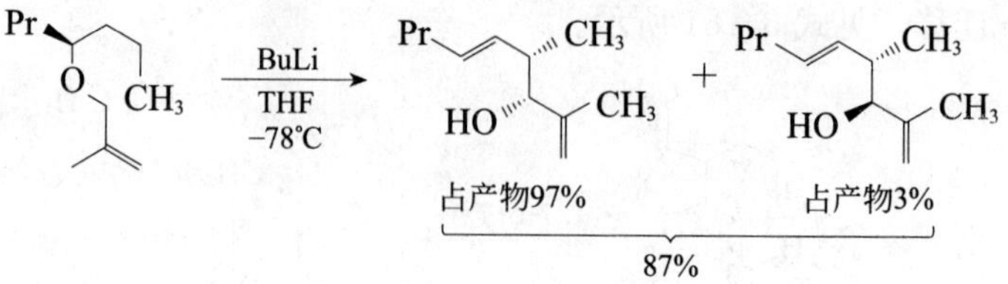

Pr O CH₃ —BuLi, THF, −78℃→ 占产物97% + 占产物3%，87%

(3－84)

3.12 借助氧化偶联反应制备

芳香酚类在氧化剂三氯化铁的作用下，可在其 α 位发生偶联反应(见式 3－85)，使用无溶剂方法将 $FeCl_3 \cdot 6H_2O$ 与 2-萘酚一起研磨后放置 1h，再酸化，可得到 95％收率的产物。

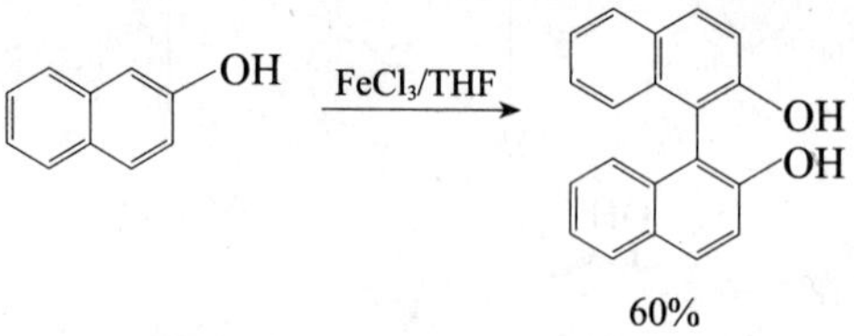

$FeCl_3$/THF，60%

(3－85)

式 3－86 所示反应，在微波作用下进行无溶剂反应，其产物收率为 85％。

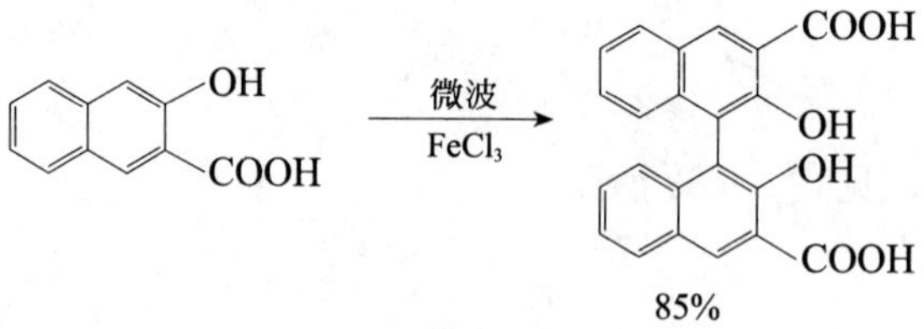

微波，$FeCl_3$，85%

(3－86)

使用 $VOCl_3$ 为氧化偶联剂可以合成苯并［9,10］菲，这是一个三偶联的例子，见式 3－87 所示，反应机理见式 3－88 所示。

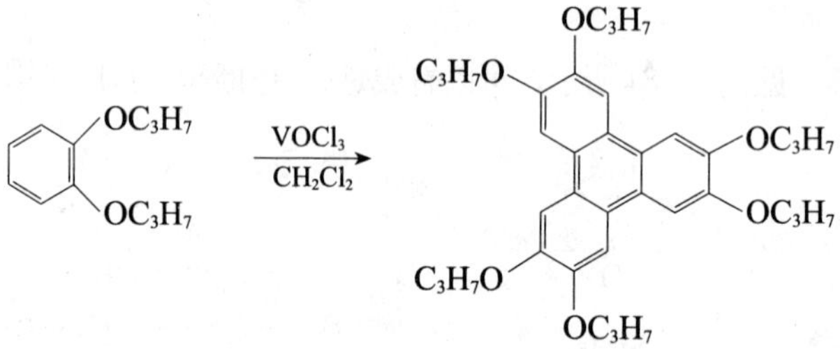

$VOCl_3$，CH_2Cl_2

(3－87)

−H·；−H·，−e

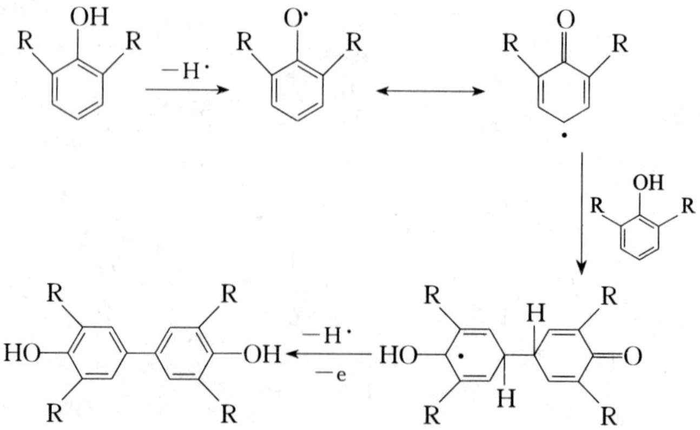

(3－88)

Wulff 发现，在空气中采用封管加热，也可以完成氧化偶联反应，见式 3 - 89 所示。

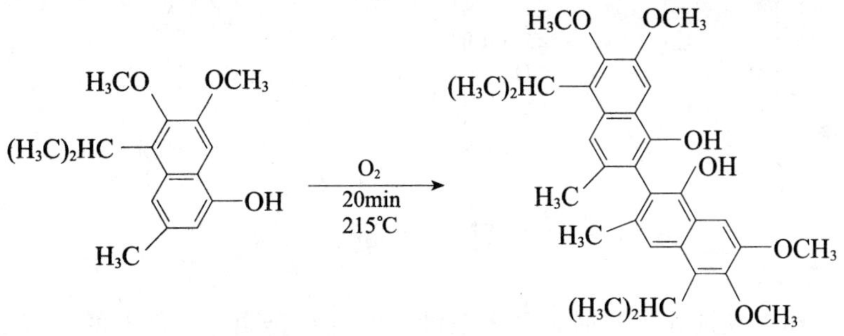

(3 - 89)

氧化偶联反应也可以发生在分子内部，见式 3 - 90 所示。

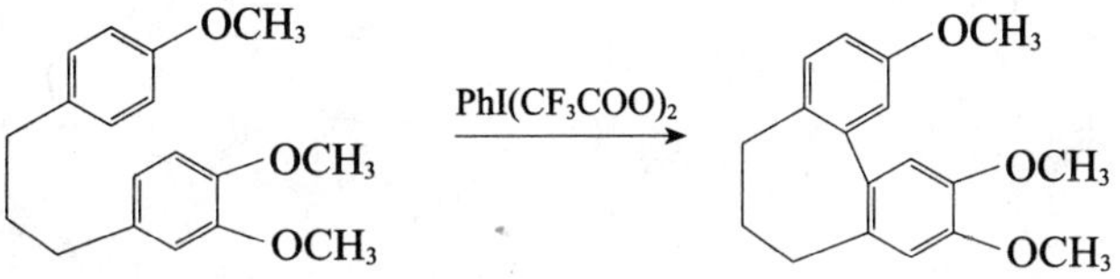

(3 - 90)

苯硼酸与芳香卤代烃的偶联反应几乎是定量的完成，见式 3 - 91 所示。这个反应在复杂的化合物的合成中经常使用，如在电致发光材料的合成中用到了此反应（见式 3 - 92）。

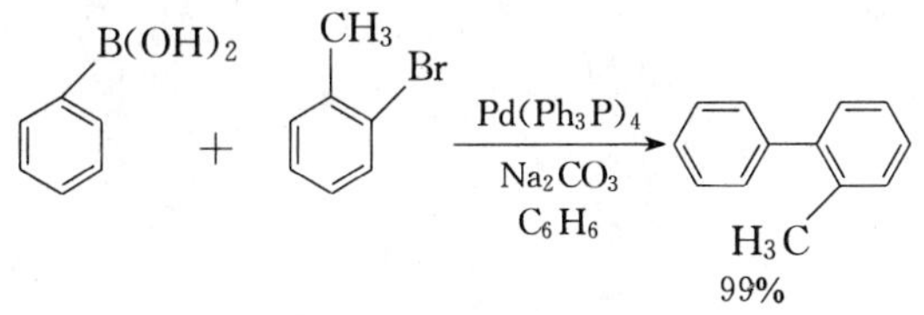

(3 - 91)

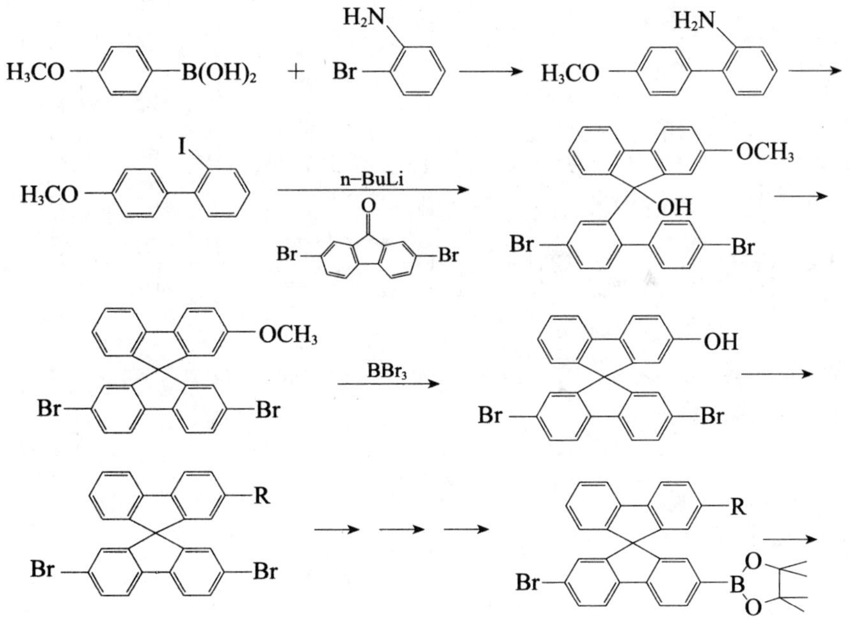

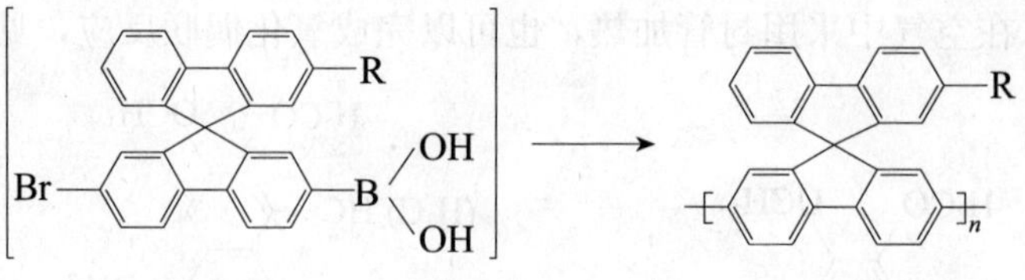

R
Br
B
OH
OH
R
n

蓝光发光材料

(3-92)

习　题

1. 1,3,5-环庚三烯在加热时，处于双键上的烷基会像走马灯似的在双键各个键上游动，称为游动重排，试描述它的机理。

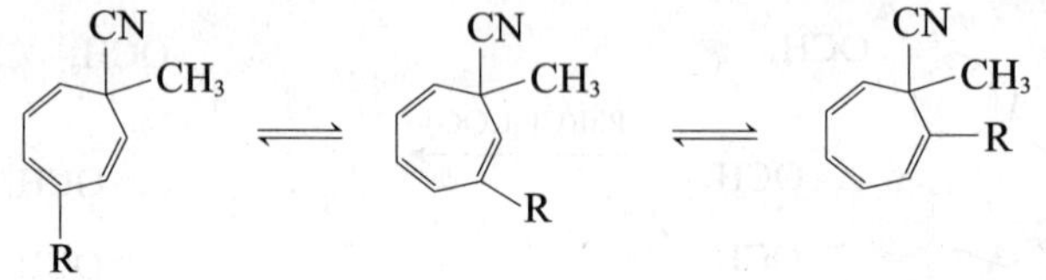

CN
CH3
R

2. 完成下列反应。

(1) 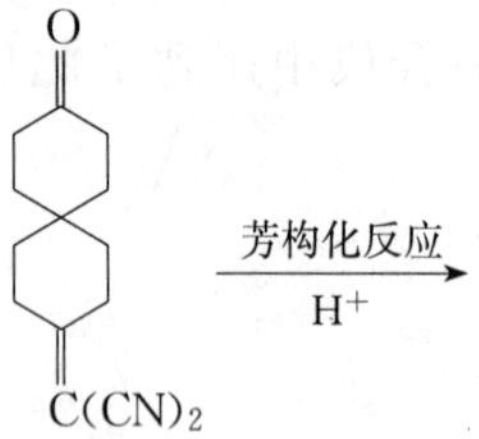

O
C(CN)2
芳构化反应
H+

(2) 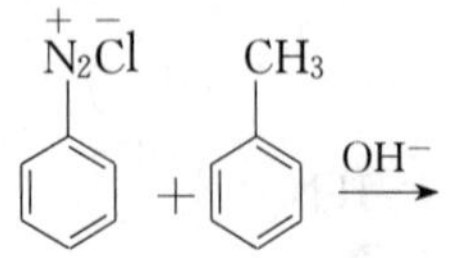

N2Cl
CH3
OH−

(3) 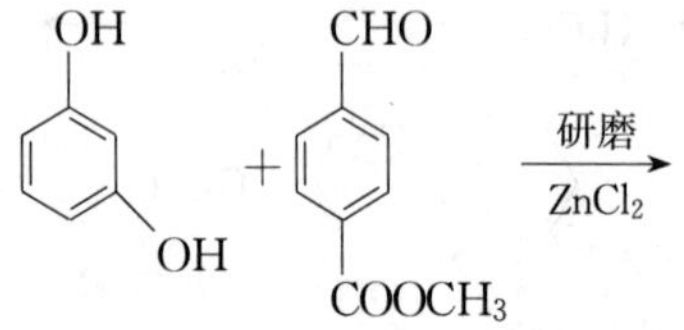

OH
OH
CHO
COOCH3
研磨
ZnCl2

(4) 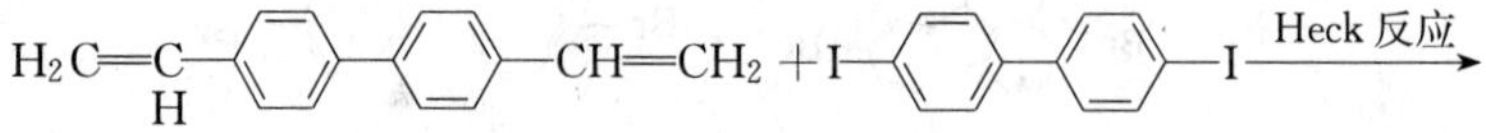

H2C=C
H
CH=CH2
I
I
Heck 反应

(5) 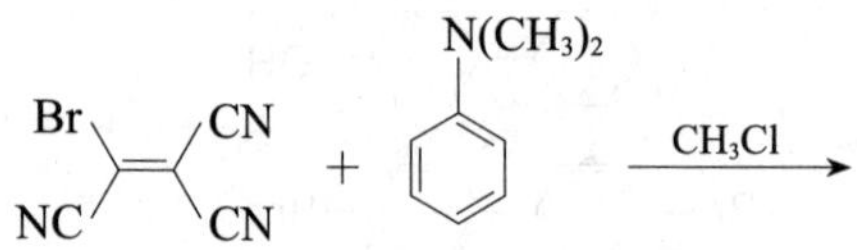

Br
CN
NC
CN
N(CH3)2
CH3Cl

(6) 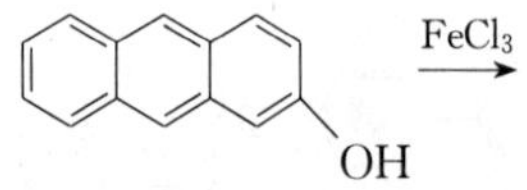

OH
FeCl3

第 4 章　形成碳碳双键(三键)的反应

内容提要

本章系统地总结了形成碳碳双键(三键)的反应，除传统的方法外，重点介绍了使用1,4-消除和1,6-消除反应、消除二醇的反应、由砜制备烯烃的反应、使用 Ti 或 Cr 制备烯烃的反应、酮的芳构化反应来实现碳碳双键的合成。

4.1　消除反应

4.1.1　β-消除反应

1. β-消除反应的历程

1) E1 历程

E1 历程与 S_N1 历程相近，先失去离去基团(L)生成碳正离子，然后失去β-氢，反应分两步进行，这种历程称为 E1 历程(见图 4.1)。

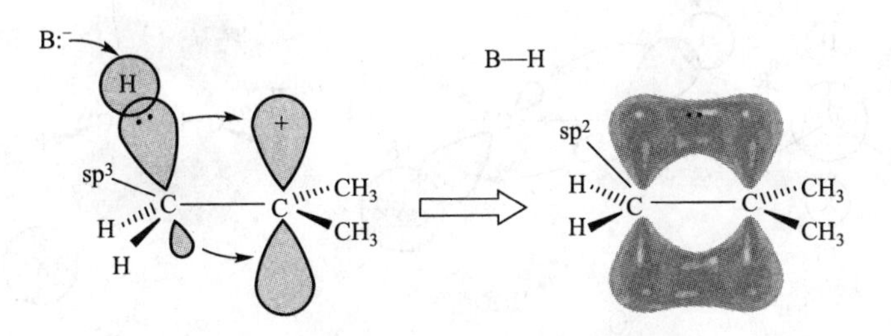

图 4.1　E1 历程

一般来说，生成碳正离子的一步是决定反应速率最关键的一步，动力学上表现为一级反应。其反应速率仅与反应物的浓度有关，故称单分子消除反应，用 E1 表示。一般地讲，易于解离为碳正离子的化合物，消除反应按 E1 历程进行；E1 反应与 S_N1 反应中间体都是碳正离子，两者为竞争反应。有利于 E1 反应的因素是：使碳正离子稳定的给电子基团；好的离去基团；电离能力强的高介电常数极性溶剂。E1 机理的速率决定步骤中，碱不起作用，但对 E1 与 S_N1 的竞争却起着至关重要的作用，较强的碱有利于 E1 反应。

2) E1cb 历程

E1cb 历程不同于 E1 历程，虽然此历程也分两步进行，但第一步是除去一个β-氢生成碳负离子，第二步除去离去基团，由于它是从反应物的共轭碱中除去的，故此历程称为 E1cb 历程，又因在此历程中形成的活性中间体是一个碳负离子，故也称碳负离子历程(见式 4-1)。

$$-\overset{|}{\underset{|}{C}}-\overset{H}{\underset{L}{\overset{|}{\underset{|}{C}}}}- \xrightarrow{B} -\overset{|}{\underset{L}{\overset{|}{\underset{|}{C}}}}-\overset{|}{\bar{C}}- \longrightarrow \;\rangle C{=}C\langle \; + L^{-} \qquad (4-1)$$

这一反应通常是二级反应。按此历程进行的反应物需具备两个条件：①离去基团不易离去，即C—L键不易断裂；②至少有一个酸性β-氢。例如2-硝基乙酸环己酯与CH_3OK溶液作用，经E1cb历程消除CH_3COOH得到1-硝基环己烯(见式4-2)。

$$\text{(OCOCH}_3\text{, NO}_2\text{, H 取代环己烷)} \xrightarrow[CH_3OH]{CH_3OK} \text{(OCOCH}_3\text{, }\bar{C}\text{—NO}_2\text{ 环己烷碳负离子)} \longrightarrow \text{1-硝基环己烯 (NO}_2\text{)} \qquad (4-2)$$

从结构来看，此反应物经E1cb历程进行的有利因素是，在β-碳上有一个强吸电子的硝基，使β-氢有较大的酸性，生成碳负离子后，由于硝基的吸电子作用，使碳负离子得到稳定。

3) E2历程

在双分子消除反应中，亲核试剂从反应物夺取一个氢，与此同时，反应物的离去基团带着一对键合电子离开反应物，它们是逐渐进行的，经过一个过渡态，最后旧键完全断裂，新键完全生成(反式或顺式消除)，形成烯烃，如图4.2所示。

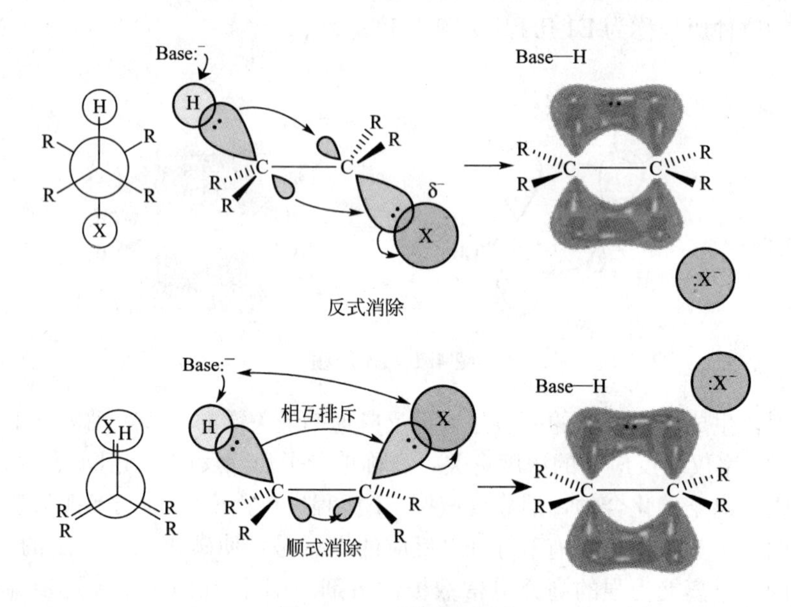

图4.2 E2历程示意图

在E2历程中，亲核试剂参与了过渡态的形成，所以反应速率与反应物和亲核试剂有关系，是典型的二级反应。只不过S_N2反应是亲核试剂进攻碳原子，而E2反应则是进攻β位的氢，故它们经常伴随发生。

与S_N2反应相似，进行E2反应的反应物，其离去基团可以是鎓型离子或其他吸电子基，如NR_3^+、SR_2^+、OH_2^+、X、SO_2R、OCOR、NO_2、CN等，亲核试剂是中性或带电荷的碱，如 H_2O、NR_3、OR^-、HO^-、CN^- 等。

2．β-消除反应的规则

1）Saytzeff 规则

E1 反应中，决定消除反应的方向主要是生成的烯类的稳定性，在此情况下遵从 Saytzeff 定则，形成在不饱和碳原子上有烃基最多的烯烃，见式 4-3 所示。

$$H_3C-CH(CH_3)-CHCl-CH_3 \xrightarrow{NaOH} (H_3C)_2C=CH(CH_3) + H_3C-CH(CH_3)-CH=CH_2 \qquad (4-3)$$

主产物　　副产物

2）Hofmann 规则

季铵盐和锍盐在碱性介质中，主要生成取代基较少的烯烃，见式 4-4 所示。

$$H_3C-\overset{+}{N}(C_6H_5)(CH_2CH_3)-CH_2CH_2CH_3 + OH^- \longrightarrow H_3C-N(C_6H_5)-CH_2CH_2CH_3 + H_2C=CH_2 \qquad (4-4)$$

3）反 Saytzeff 规则和反 Hofmann 规则

当消除反应发生后产生共轭体系时，有时会生成反 Saytzeff 规则和反 Hofmann 规则的产物，见式 4-5 所示。

$$C_6H_9-CH_2-CHCl-CH(CH_3)_2 \longrightarrow C_6H_9-CH=CH-CH(CH_3)_2 + C_6H_9-CH_2-CH=C(CH_3)_2$$

主要产物　反 Saytzff 产物　　次要产物　Saytzff 产物

$$H_3C-\overset{+}{N}(CH_3)(CH_2CH_3)-CH_2CH_2-C_6H_5 \; OH^- \longrightarrow C_6H_5-CH=CH_2 + H_3C-N(CH_3)-CH_2CH_3 \qquad (4-5)$$

反 Hofmann 规则产物

由于空间位阻的影响，有时生成空间位阻小的烯烃，见式 4-6 所示。

$$(H_3C)_3C-CH[CH(CH_3)_2]-CHCl-CH_3 \xrightarrow{NaOH} (H_3C)_3C-CH[CH(CH_3)_2]-CH=CH_2 \qquad (4-6)$$

由于结构的原因有时生成反 Saytzeff 规则产物，见式 4-7 所示。

$$\text{2-氯降冰片烷} \longrightarrow \text{(桥头双键烯)} + \text{降冰片烯} \qquad (4-7)$$

Cl　　张力太大 Saytzeff产物　　主要产物 反Saytzeff产物

在环上消除基本上为反式消除，有时可能得到反 Saytzeff 规则的烯烃(见式 4-8)。

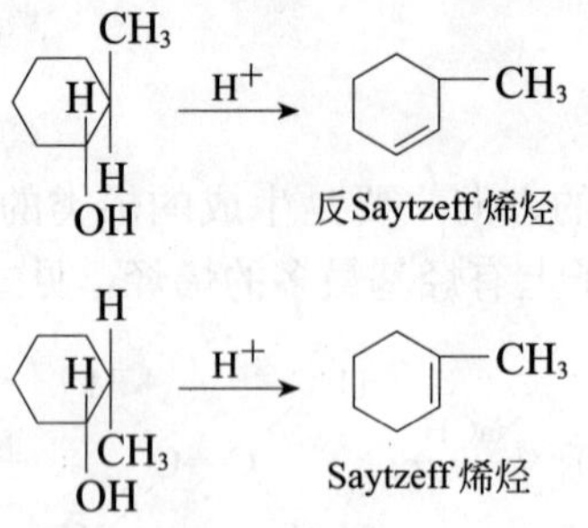

反Saytzeff烯烃

Saytzeff烯烃

(4-8)

3. β-消除反应的反应

(1) 脱除 HX 的反应，见式 4-9 所示。

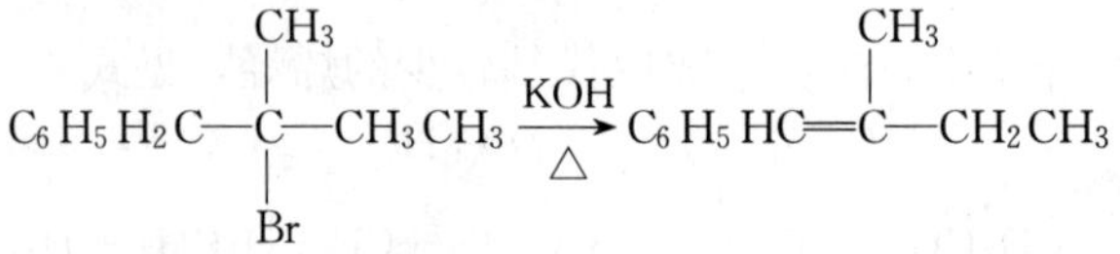

$$C_6H_5H_2C—C(CH_3)(Br)—CH_2CH_3 \xrightarrow[\triangle]{KOH} C_6H_5HC═C(CH_3)—CH_2CH_3 \quad 87\% \tag{4-9}$$

(2) 脱除 X_2 的反应，见式 4-10 所示。

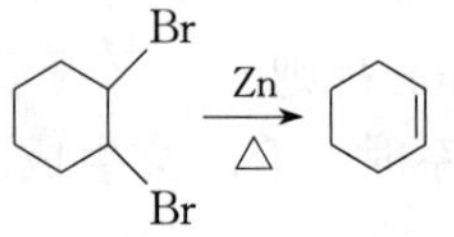

$$\xrightarrow[\triangle]{Zn} \tag{4-10}$$

(3) 脱除 H_2O 的反应见式 4-11 所示。

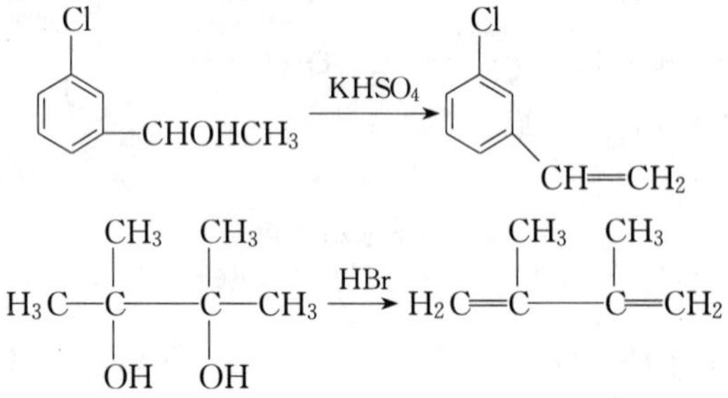

$$\xrightarrow{KHSO_4}$$

$$H_3C—C(CH_3)(OH)—C(CH_3)(OH)—CH_3 \xrightarrow{HBr} H_2C═C(CH_3)—C(CH_3)═CH_2 \tag{4-11}$$

55%～60%

(4) 脱除 H_2 的反应见式 4-12 所示。

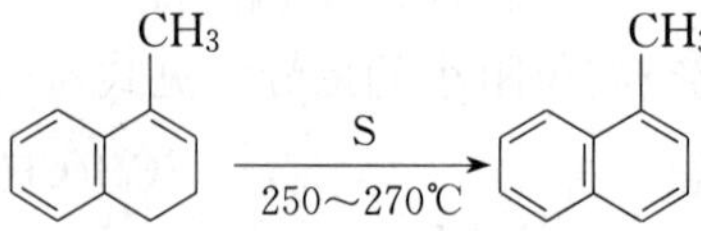

$$\xrightarrow[250\sim270℃]{S} \quad 91\%\sim94\% \tag{4-12}$$

4.1.2 MacLaflerty 类消除反应

(1) 黄原酸酯热分解见式 4-13 所示。

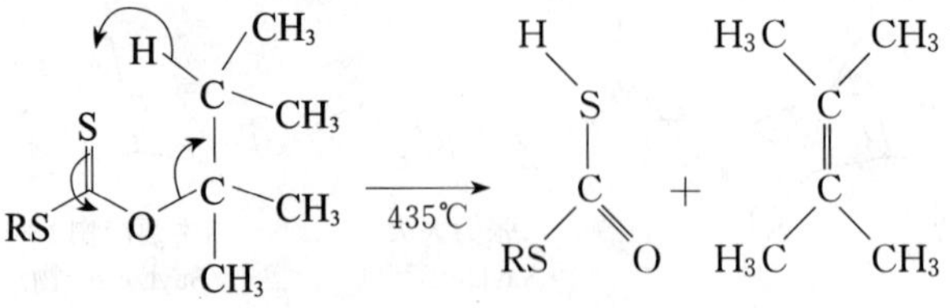

$$\xrightarrow{435℃} \quad + \tag{4-13}$$

(2) 羧酸酯热分解，见式 4-14 所示。

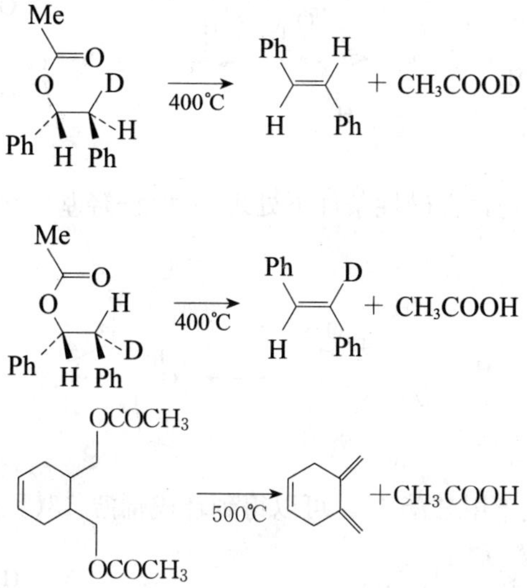

Me O O D Ph H Ph H —400℃→ Ph H H Ph + CH_3COOD

Me O O H Ph H Ph D —400℃→ Ph D H Ph + CH_3COOH (4-14)

$OCOCH_3$ $OCOCH_3$ —500℃→ + CH_3COOH

4.1.3 1,4-消除反应和1,6-消除反应

1. 1,4-消除反应

1,4-消除反应是由于异头效应影响的结果。Corey 等人在石竹烯合成中发现，在碱性条件下，通过 1,4-消除反应三环羟基甲苯磺酸酯 1 可以转化成具有所希望的 E 型双键的双环酮 2(见式 4-15)。

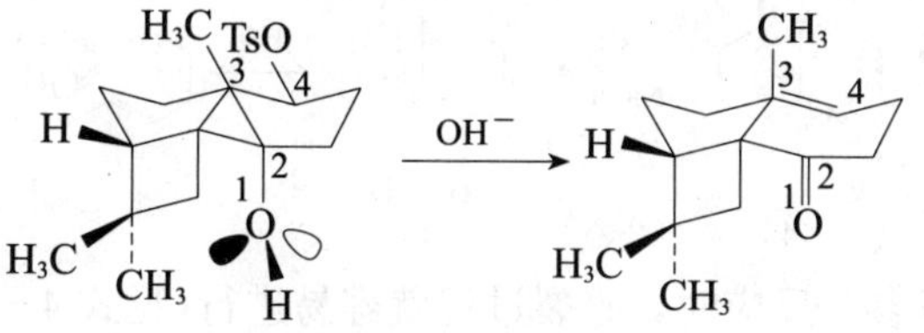

H_3C TsO 3 4 H 2 1 O H_3C CH_3 H —OH^-→ CH_3 3 4 H 2 1 O H_3C CH_3 (4-15)

1 2

Kraus 观察到，双环羰基对甲苯磺酸酯 3 的还原经过中间体 4 可以转化为 5(见式 4-16)。

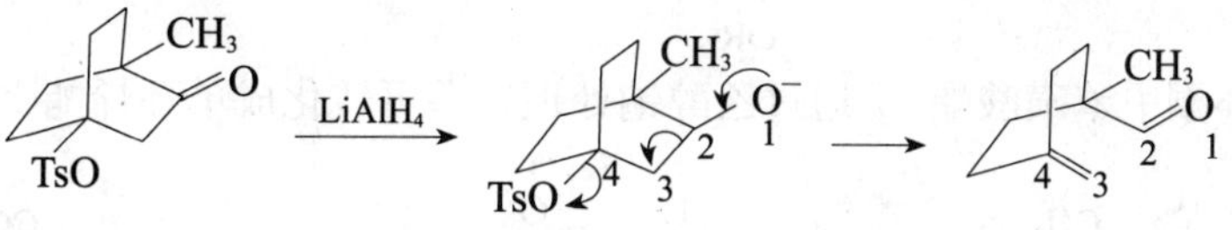

CH_3 O TsO —$LiAlH_4$→ CH_3 O^- 1 2 3 4 TsO → CH_3 O 2 1 4 3 (4-16)

3 4 5

Siddall 等人在保幼激素合成中，用 NaOH 将 6 转化为 7(见式 4-17)。

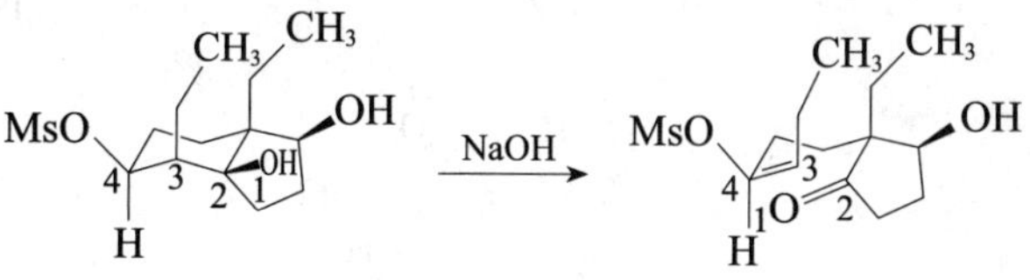

CH_3 CH_3 MsO OH 4 3 2 1 OH H —NaOH→ CH_3 CH_3 MsO OH 4 3 1 O 2 H (4-17)

6 7

Marshall 和 Brady 在苍术醇合成中，将 8 转化为 9(见式 4－18)。

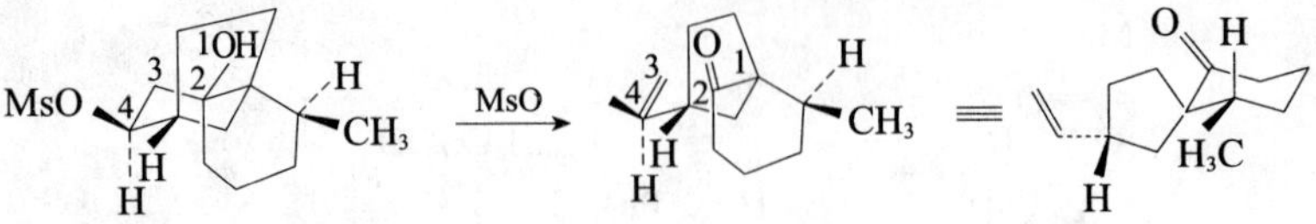

MsO 4 3 2 1OH H CH3 H H —MsO→ 4 3 2 O 1 H CH3 H H ≡ O H H3C H

8 9

(4－18)

Wharton 和 Hiegl 发现，在碱性条件下处理顺和反-羟基对甲苯磺酸酯 10 可以产生反式烯烃 11(见式 4－19)。

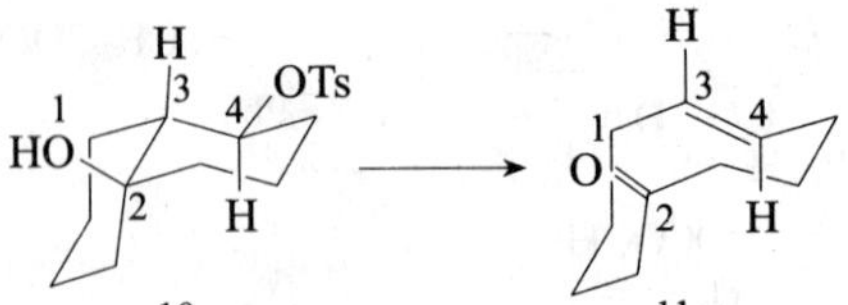

H 1 HO 3 4 OTs 2 H ⟶ H 3 1 O 4 2 H

10 11

(4－19)

用叔丁醇钾处理氯代苯甲酸酯 12，可以得到环戊烯醛 13(见式 4－20)。

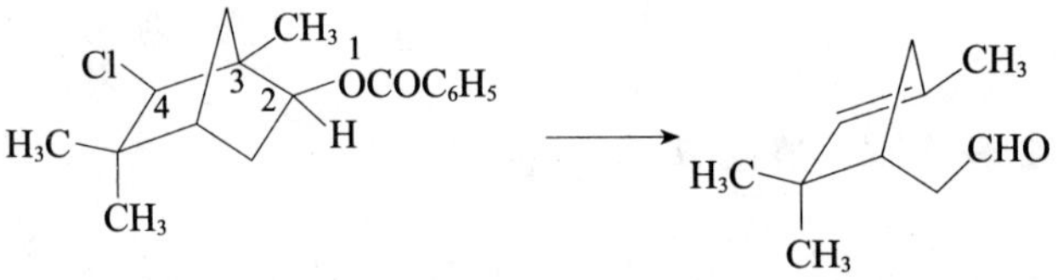

Cl CH3 1 OCOC6H5 3 4 2 H H3C CH3 ⟶ CH3 CHO H3C CH3

12 13

(4－20)

Marshall 和 Bundy 已发现，在不饱和的甲磺酸酯 14 进行硼氢化反应之后，接着进行通常的碱处理，即经过中间体 15 的碎裂，就可平稳地得到二烯 16(见式 4－21)。

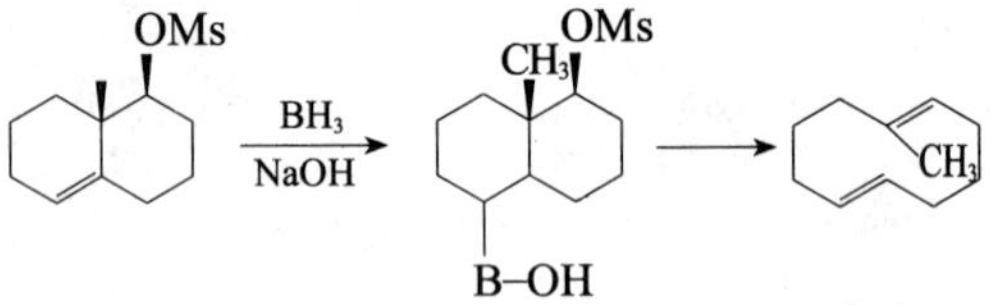

OMs —BH3 / NaOH→ CH3 OMs B–OH ⟶ CH3

14 15 16

(4－21)

当两个氧原子可以参与反应时，碎裂过程就容易进行(见式 4－22)。

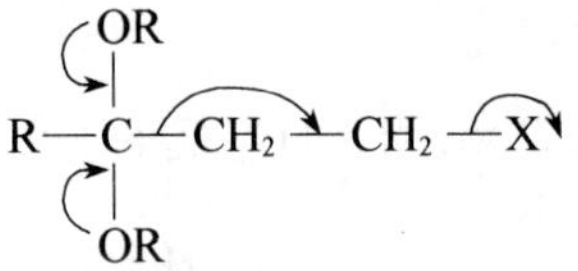

$$R—C(OR)(OR)—CH_2—CH_2—X$$

(4－22)

平伏键双环酮甲苯磺酸酯 17 通过乙醇钠处理，即可转化成单环烯酯 18(见式 4－23)。

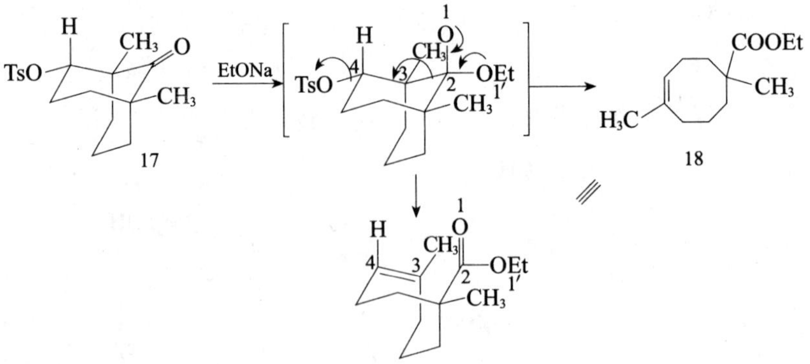

H TsO CH3 O CH3 —EtONa→ [H 1 O TsO 4 3 CH3 2 OEt CH3 1′] ⟶ COOEt CH3 H3C

17 18

↓ ≡

H 1 O 4 3 CH3 OEt 2 CH3 1′

(4－23)

Buchanan 和 Mclay 发现，双环酮甲苯磺酸酯 19 经过乙醇钠处理可以转化成七元环烯酯 20(见式 4-24)。

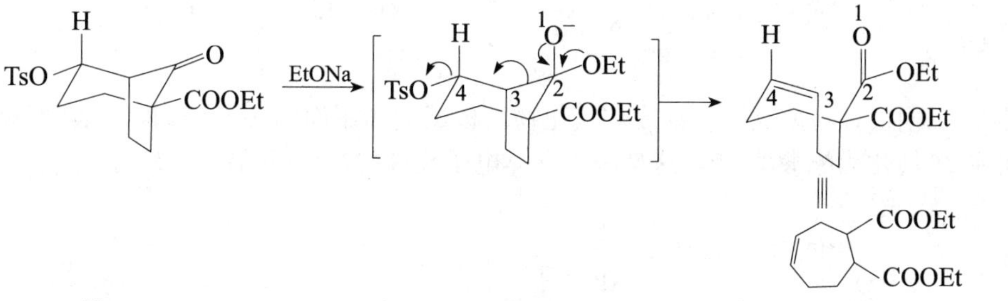

H TsO O COOEt —EtONa→ [H 1 O^- TsO 4 3 2 OEt COOEt] → H 1 O 4 3 2 OEt COOEt ≡ COOEt COOEt (4-24)

19　　20

化合物 21(ryanodol)在酸催化下很容易转化成 22(anhydrory-anodol)，这一反应在碱性条件下(NaH，THF)也发生，表明当两个氧原子之一带有负电荷时，即使离去基团是氢氧根离子，反应也能够进行(见式 4-25)。

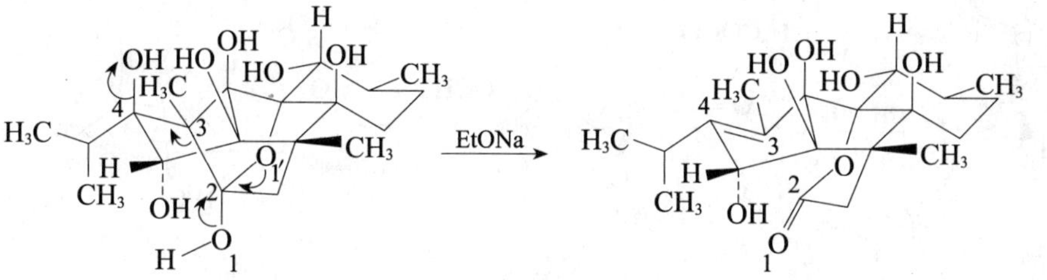

OH HO OH H OH H_3C HO CH_3 4 3 H_3C CH_3 O 1′ H CH_3 OH 2 H O 1 —EtONa→ HO OH H OH H_3C HO CH_3 4 3 H_3C CH_3 H O CH_3 OH 2 O 1 (4-25)

21　　22

缩酮甲苯磺酸酯 23 经还原($LiAlH_4$)或与格氏试剂反应(CH_3MgI)会得到缩酮 24，缩酮基的两个氧各有一对处于反式共平面的电子对，这使得消除过程变得容易进行(见式 4-26)。

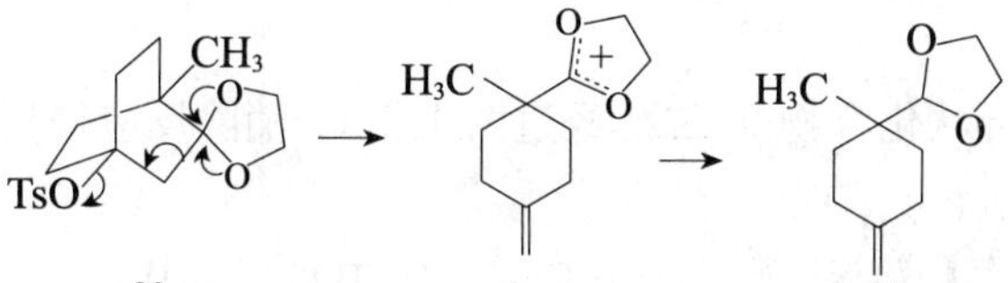

CH_3 O O TsO → H_3C O + O → H_3C O O (4-26)

23　　24

Eschenmoser 等人进行了一系列脱羧双消除反应，这些反应巧妙地利用了异头效应。该合成方法为制备不饱和大环内酯提供了新途径。在它们的熔点(180、220℃)加热羧酸盐 25，即可高产率地得到大环内酯 26(见式 4-27)。

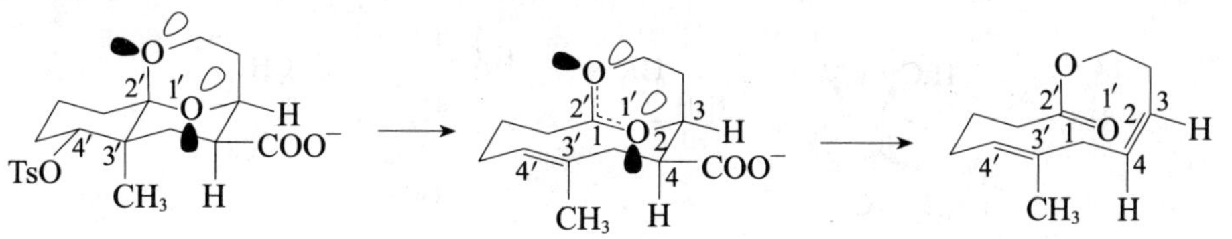

O 2′ 1′ O H COO^- 4′ 3′ TsO CH_3 H → O 2′ 1′ 3 3′ 1 O 2 H 4′ 4 COO^- CH_3 H → O 2′ 1′ 3 3′ 1 O 2 H 4′ 4 CH_3 H (4-27)

25　　26

β-酮醛、β-二酮的逆-酰基化反应和β-酮酯的逆-Claisen 反应也可看成是 1,4-消除反应(见式 4-28)。

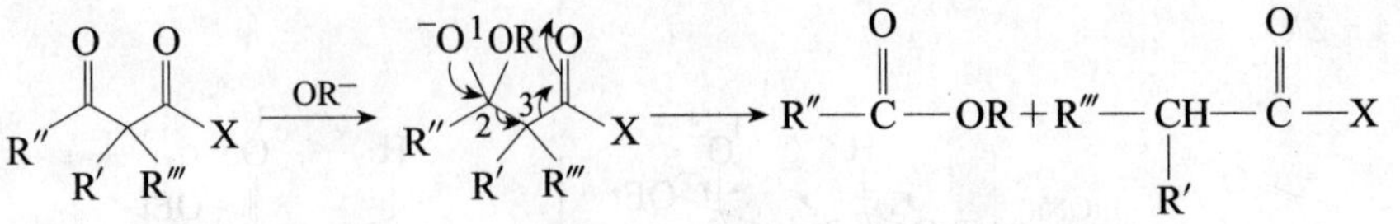

(4-28)

双环β-二酮很容易被氢氧化物或烷氧化物亲核试剂作用而断裂。例如，二酮 27 容易经过中间体 28 转化为酮酸酯 29，这是一个立体电子允许的过程(见式 4-29)。

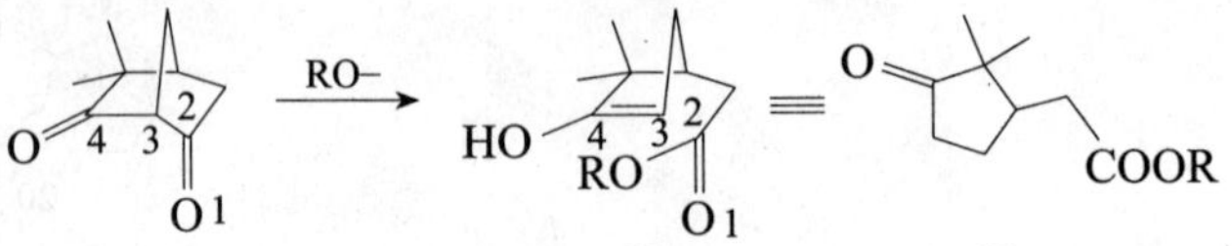

(4-29)

用甲醇钠处理三酮乙酸酯 30 可以得到 31(见式 4-30)。

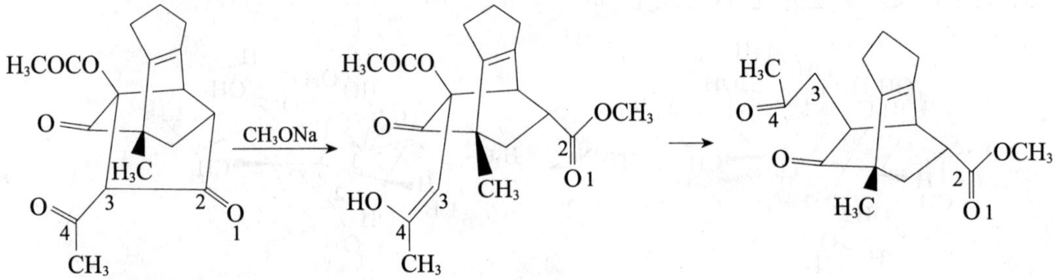

(4-30)

2. 1，6-消除反应

利用 1,6-消除反应可将环上的碳原子转化成直链碳原子，是制备长碳链烯烃或大环烯烃的好方法。

如式 4-31 所示环状化合物β-二醇经过两次 1,6-消除反应得到直链烯酮化合物。

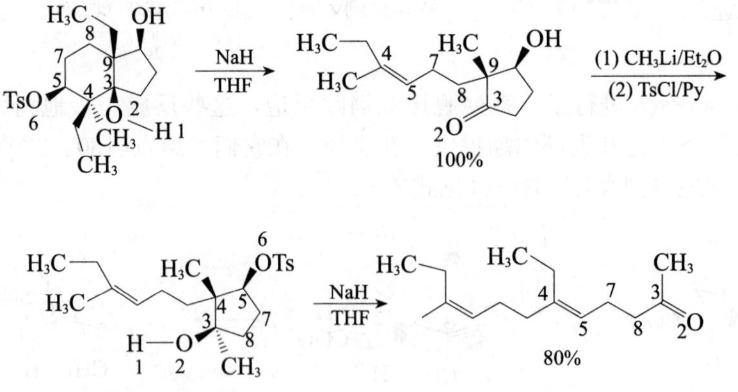

(4-31)

1,6-消除反应不限于二醇类，其他类型物质也可发生 1,6-消除反应。如烯醇类化合物经过硼氢化反应可以得到大环二烯烃(见式 4-32)。

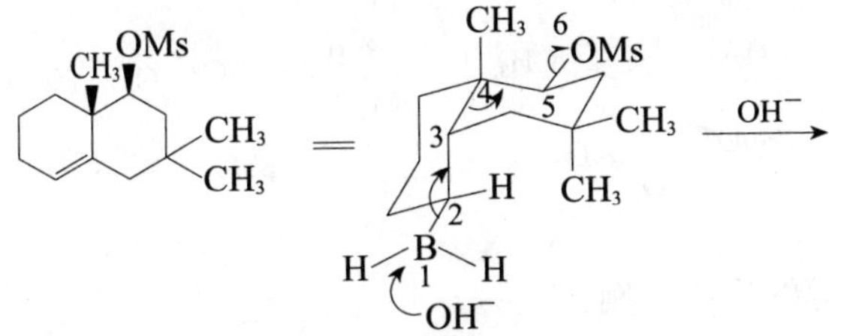

(4-32)

Buchanan 和 Young 报道，在甲醇盐催化下，三环烯二酮 32 可转化成异构的酯 33 的混合物(见式 4-33)。

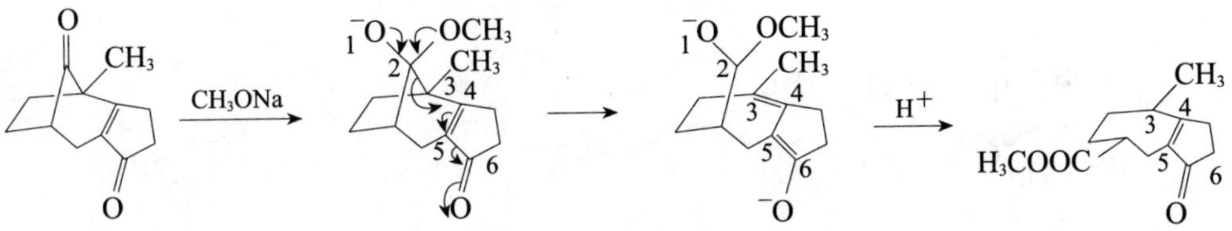

(4-33)

Eisele 等人报道了双环酮-肟甲苯磺酸酯 34 到氰基羧酸 35 的定量转化。这个反应是通过中间体 36 发生的(见式 4-34)。

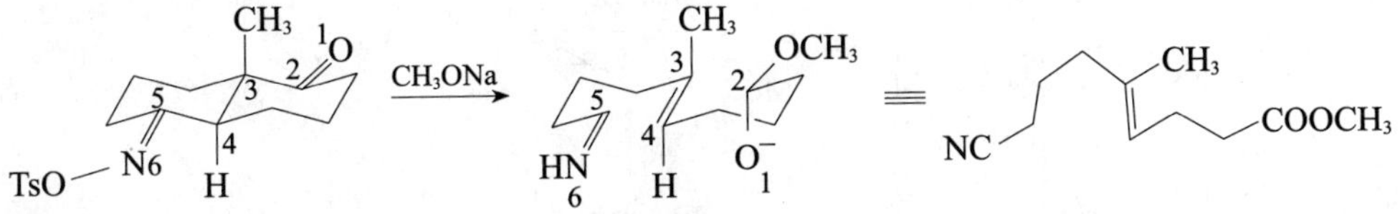

(4-34)

4.1.4 消除二醇的反应

通过 McMurry 反应和 Corey-Winter 反应，可以由二醇得到烯烃。

1. McMurry 反应

利用 $TiCl_3$-K 得到的活性钛与二醇的顺式消除反应，可以方便地得到烯烃(见式 4-35)。

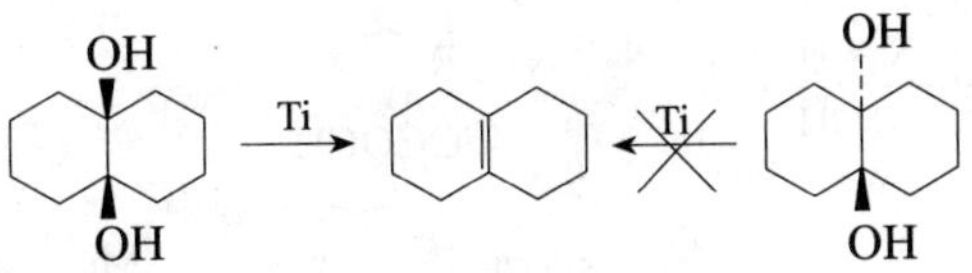

(4-35)

2. 通过 Corey-Winter 反应

利用硫代光气与二醇生成硫代碳酸酯的反应被称为 Corey-Winter 反应，得到的硫代碳酸酯在有机磷的作用下，通过顺式消除可得到双键(见式 4-36)。

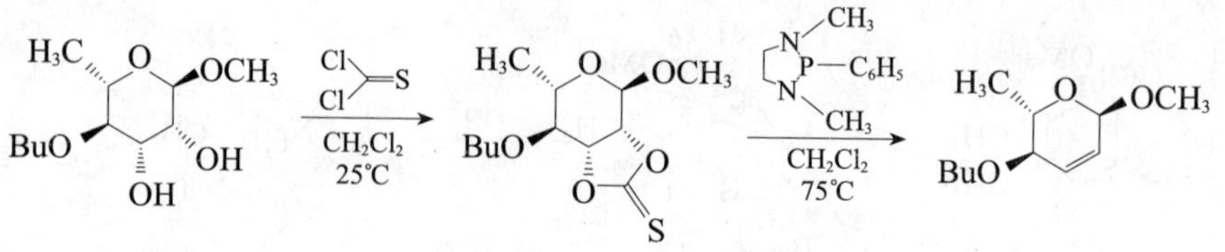

(4-36)

式 4-37 所示为一些消除二醇的反应实例。

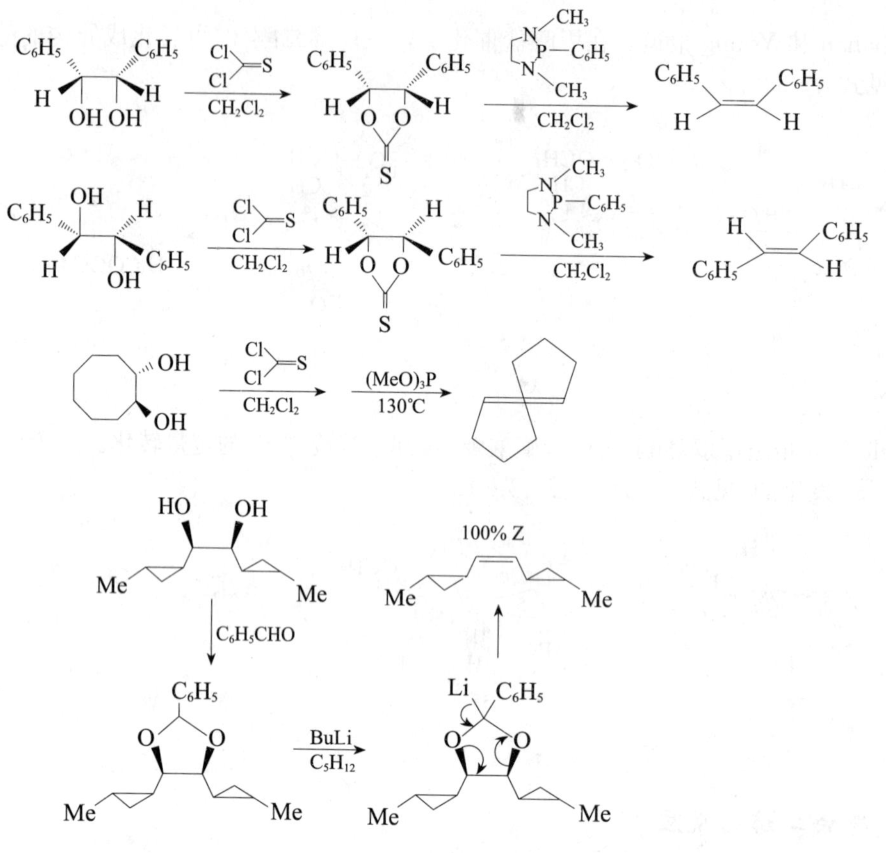

(4-37)

4.1.5 由砜制备烯烃的反应

由砜制备烯烃的反应是一种特殊的反应，它的特点是可以保持化合物的构型，另外它可能是制备含有砜结构单元的的重要的副反应，如含砜基团的活性染料，其可能的反应机理如图 4-38 所示，典型的反应见式 4-39 所示。

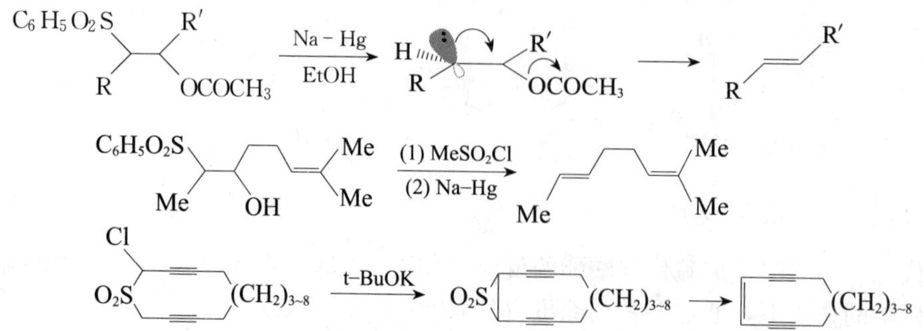

(4-38)

$$\text{BnO-糖苷-SO}_2\text{CH}_2\text{C}_6\text{H}_5 \xrightarrow{\text{KOH-Al}_2\text{O}_3} \text{烯糖-CHC}_6\text{H}_5\ (94\%) \tag{4-39}$$

4.1.6 由丙二酸二乙酯制备烯烃的反应

由丙二酸二乙酯制备烯烃的反应可能经过先取代再消除的过程(见式 4-40)。

$$2\text{BrCH(CO}_2\text{Et)}_2 \xrightarrow[\triangle]{\text{Na}_2\text{CO}_3} (\text{EtO}_2\text{C})_2\text{C=C(CO}_2\text{Et)}_2 \tag{4-40}$$

得到的乙烯四甲酸酯是一个非常好的中间体，可以制备树形或星形大分子化合物。

4.2 使用 Ti 或 Cr 化合物制备烯烃的反应

从形式上看，该反应可看成烯烃 O_3 氧化的逆反应。这是制备长链烯烃或环状烯烃的有效方法。目前该反应机理尚不清楚(见式 4-41)。

(4-41)

利用 $TiCl_4$-Zn 和胞二溴化物反应，可以由醛酮直接变为端烯烃(见式 4-42)。

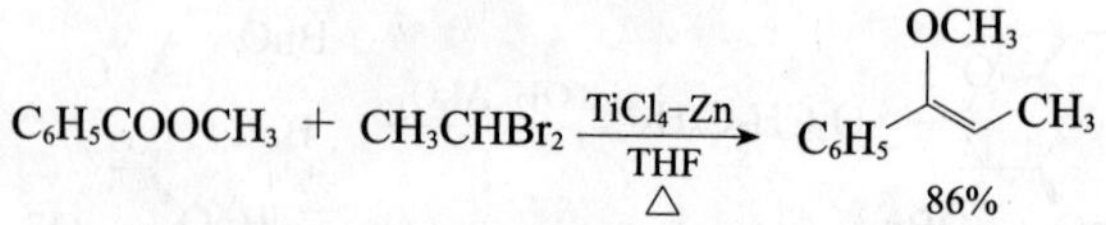

$$C_6H_5COOCH_3 + CH_3CHBr_2 \xrightarrow[THF\ \triangle]{TiCl_4\text{-}Zn} C_6H_5C(OCH_3)=CHCH_3 \quad 86\% \qquad (4-42)$$

利用 $CrCl_2$ 和三碘甲烷催化，可以将醛直接变为碘代端烯烃(见式 4－43)。

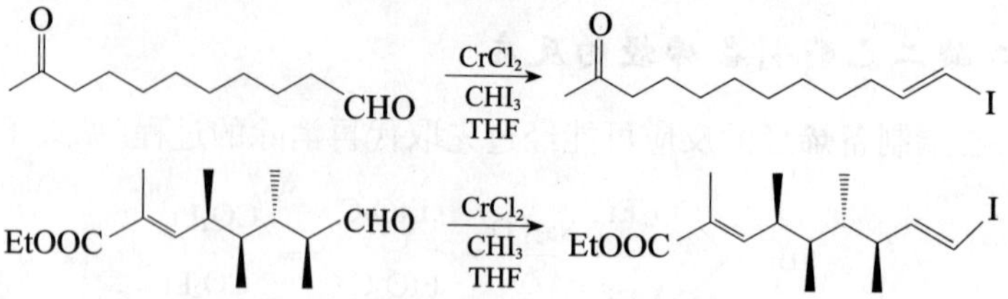

(4－43)

4.3 烯烃的复分解反应

烯烃的复分解反应所用催化剂的结构见式 4－44 所示。

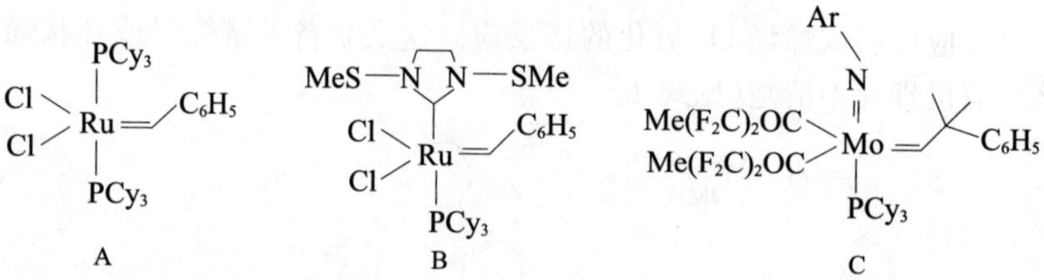

(4－44)

三种催化剂对不同反应有不同的活性。如式 4－45 所示反应使用催化剂 A 几乎不反应，而使用催化剂 C 反应收率可达 90%。

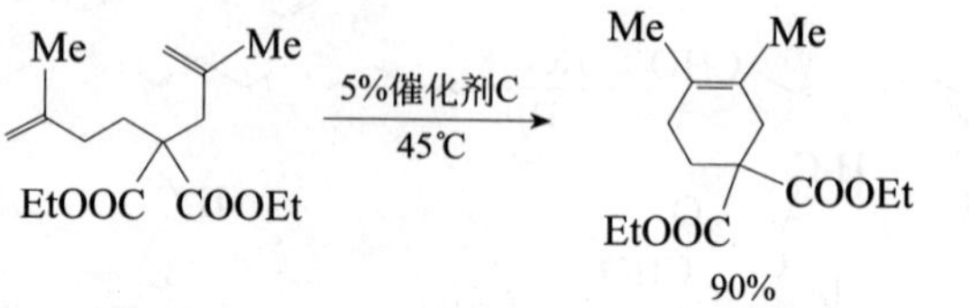

(4－45)

式 4－46 所示反应可用于制备中环烯烃化合物，使用催化剂 B 效果很好，收率为 92%。

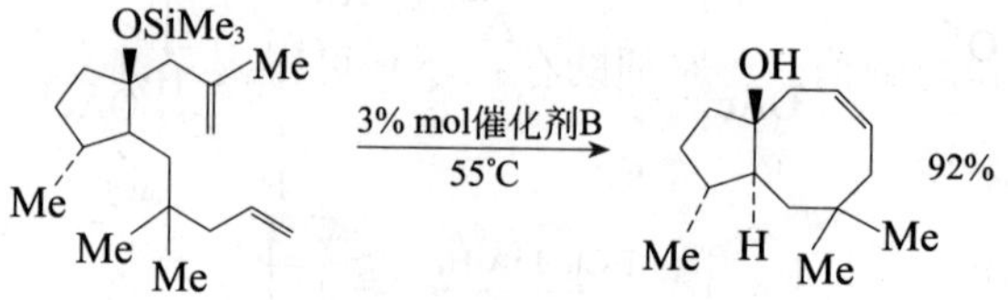

(4－46)

利用烯烃的复分解反应也可以制备大环烯烃化合物，如利用催化剂 A 可以较高收率地完成式 4－47 所示的关环反应，顺反异构体的总收率为 85%。

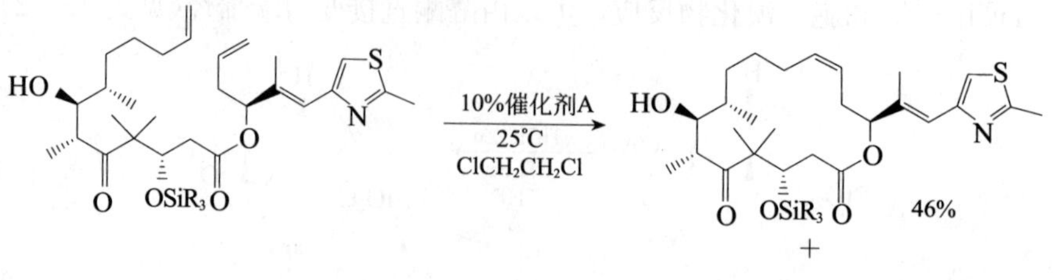

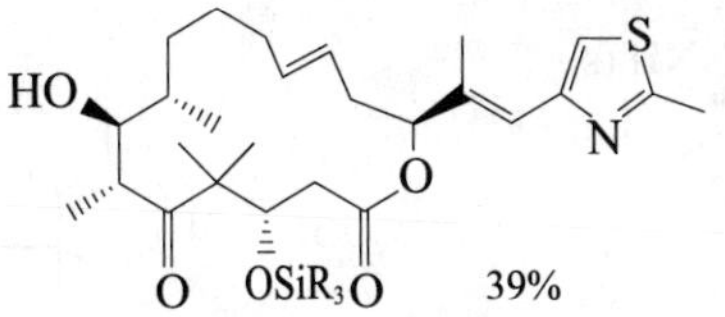

HO　OSiR$_3$O　O　S　N　39%

(4-47)

利用烯烃的复分解反应，还可完成类似的 Wittig 反应，见式 4-48 所示。

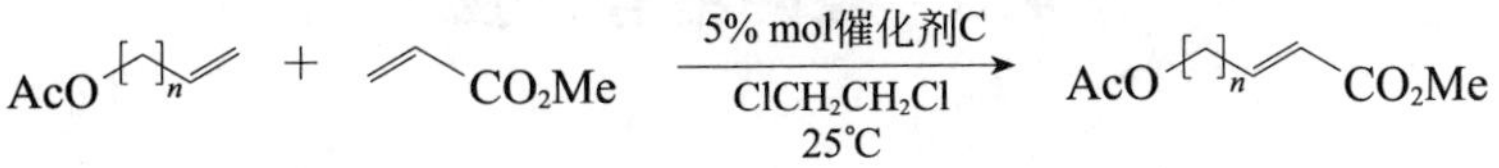

AcO ( )$_n$ + CO$_2$Me —[5% mol催化剂C; ClCH$_2$CH$_2$Cl, 25℃]→ AcO ( )$_n$ CO$_2$Me　(4-48)

4.4 通过 Bamford-Stevens 反应

羰基化合物与肼形成腙，进而在碱性介质中形成双键的反应称为 Bamford-Stevens 反应，其反应机理见式 4-49 所示。

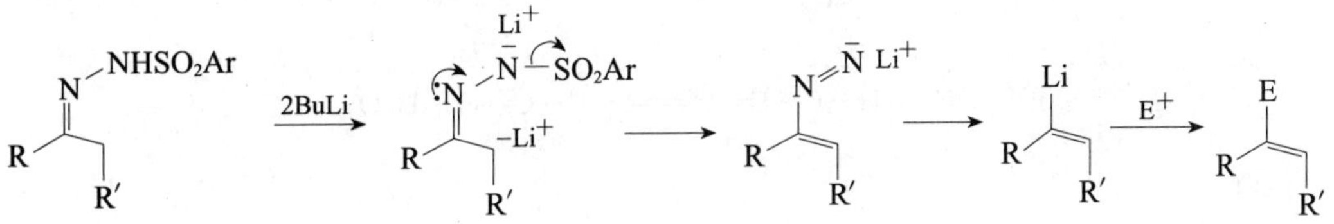

R, R′, N, NHSO$_2$Ar —2BuLi→ Li$^+$, N, SO$_2$Ar, −Li$^+$ → N=N̄ Li$^+$ → Li → E$^+$ → E

(4-49)

式 4-50 所示为一些 Bamford-Stevens 反应实例。

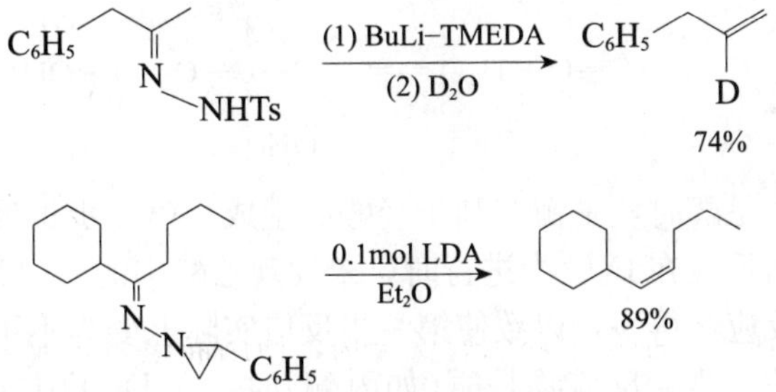

C$_6$H$_5$, N, NHTs —[(1) BuLi–TMEDA; (2) D$_2$O]→ C$_6$H$_5$, D　74%

(4-50)

N, N, C$_6$H$_5$ —[0.1mol LDA; Et$_2$O]→ 89%

此外，α，β-不饱和的酮腙在还原剂的存在下，可得到双键发生移位的烯烃。其反应机理如图 4-51 所示。

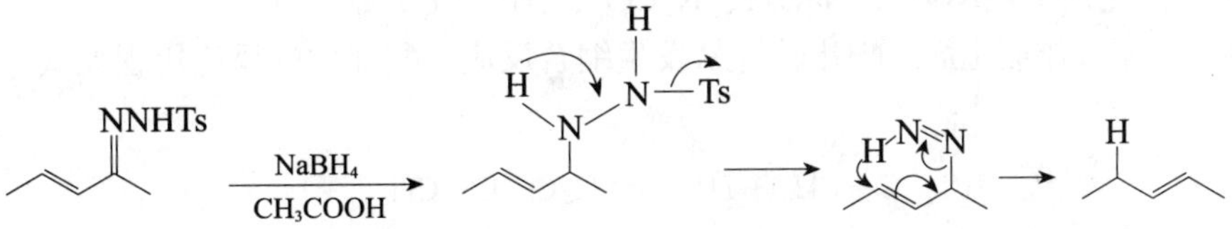

NNHTs —[NaBH$_4$; CH$_3$COOH]→ H, N, H, N, Ts → H, N, N, N → H　(4-51)

式 4-52 所示为一些反应实例，注意氘代试剂不同，氘取代的位置不同。

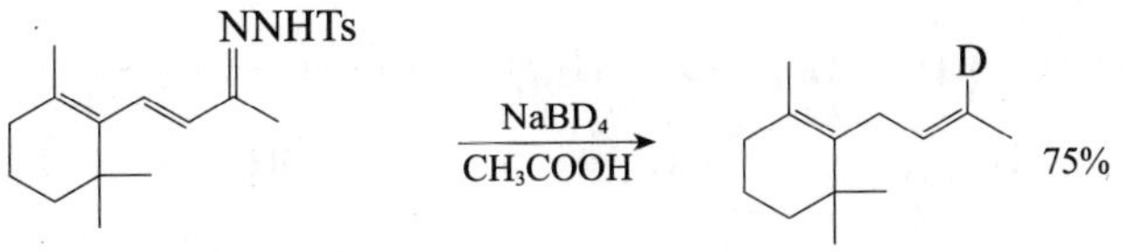

NNHTs —[NaBD$_4$; CH$_3$COOH]→ D　75%

$$\text{(NNHTs 腙)} \xrightarrow[\text{CH}_3\text{COOD}]{\text{NaBH}_4} \text{(D 取代产物)}\ 72\% \tag{4-52}$$

4.5 羟醛缩合反应

4.5.1 反应机理

在催化剂的作用下，含有 α-氢原子的醛或酮相互作用，生成羟基醛或羟基酮，称为羟醛缩合反应。这类反应的催化剂可以是酸也可以是碱。

(1) 碱催化：碱(一般是 OH^-)使一分子羰基化合物转变成碳负离子，后者作为亲核试剂加到另一分子羰基碳原子上，生成-羟基醛(或酮)。其反应历程见式 4-53 所示。

$$OH^- + H-\overset{|}{\underset{|}{C}}-\overset{|}{\underset{|}{C}}=O \rightleftharpoons -\overset{|}{\underset{|}{\bar{C}}}-\overset{|}{C}=O + H_2O$$

$$>C=O + -\overset{-}{\underset{|}{C}}-\underset{|}{C}=O \rightleftharpoons >\underset{O^-}{C}-\overset{|}{\underset{|}{C}}-\underset{|}{C}=O \tag{4-53}$$

$$>\underset{O^-}{C}-\overset{|}{\underset{|}{C}}-\underset{|}{C}=O + H_2O \rightleftharpoons >\underset{OH}{C}-\overset{|}{\underset{|}{C}}-\underset{|}{C}=O + OH^-$$

实验发现，反应物是醛时，平衡有利于羟醛的生成。第二步正反应与第一步逆反应实质上是相互竞争的。若反应在 D_2O 中进行时，未发现乙醛中的 α-H 与 D 的交换。这说明第二步反应比第一步反应快得多，以致使第一步反应实际上变为不可逆，这意味着第一步反应是控制反应速率的一步。反应物是酮(如丙酮)时，在 D_2O 中进行反应，发现未反应的丙酮中有 H 被 D 取代，说明第二步的正反应不再比第一步的逆反应要快了，即控制反应速率这一步是碳负离子与第二分子丙酮发生亲核加成这一步。

常用的碱性催化剂有：KOH、NaOH、K_2CO_3、$Ba(OH)_2$ 等。

(2) 酸催化：用酸作催化剂，酮比较容易发生缩合反应。酸催化的反应历程如式 4-54 所示。

$$H_3C-\underset{\underset{O}{\|}}{C}-CH_3 + H^+ \rightleftharpoons H_3C-\overset{+}{\underset{OH}{C}}-CH_3$$

$$H_3C-\overset{+}{\underset{OH}{C}}-CH_3 + H_2C=\underset{OH}{C}-CH_3 \rightleftharpoons H_3C-\overset{CH_3}{\underset{OH}{C}}-CH_2-\overset{+}{\underset{OH}{C}}-CH_3$$

$$\mathrm{H_3C{-}\underset{OH}{\overset{CH_3}{C}}{-}CH_2{-}\underset{OH}{\overset{+}{C}}{-}CH_3 \xrightleftharpoons{-H^+} H_3C{-}\underset{OH}{\overset{CH_3}{C}}{-}CH_2{-}\underset{O}{C}{-}CH_3} \tag{4-54}$$

常用的酸性催化剂有：硫酸、盐酸、对甲苯磺酸等。

β-羟基醛或酮一般在酸性条件下发生脱水，生成 α,β-不饱和羰基化合物(见式 4-55)。

$$\mathrm{R{-}CH_2{-}\underset{OH}{\overset{H}{C}}{-}\underset{R}{\overset{H}{C}}{-}CHO \xrightleftharpoons{H^+} R{-}CH_2{-}\underset{^+OH_2}{\overset{H}{C}}{-}\underset{R}{\overset{H}{C}}{-}CHO \xrightleftharpoons{-H_2O} R{-}CH_2{-}\underset{+}{\overset{\overset{+}{H}}{C}}{-}\underset{R}{\overset{H}{C}}{-}CHO}$$

$$\mathrm{\xrightarrow{H^+} R{-}CH_2{-}\underset{H}{C}{=}\underset{R}{C}{-}CHO} \tag{4-55}$$

在缩合产物中，如果羟基连在叔碳原子上，则几乎经常发生酸催化脱水反应。

在碱的作用下，羟醛也可脱水(见式 4-56)。

$$\mathrm{H_3C{-}\underset{OH}{\overset{H}{C}}{-}\underset{H}{\overset{H}{C}}{-}CHO \xrightleftharpoons{OH^-,\ -H_2O} H_3C{-}\underset{OH}{\overset{H}{C}}{-}\overset{H}{\underset{-}{C}}{-}CHO \xrightleftharpoons{-OH^-} H_3C{-}\underset{H}{C}{=}\underset{H}{C}{-}CHO} \tag{4-56}$$

4.5.2 反应实例

当用两种不同的醛或酮进行醇醛缩合时，其中的一个醛必须无 α-氢原子，而只能提供羰基作为碳负离子接受体时，这种交叉羟醛缩合反应才具有合成意义。

在 NaOH 水溶液中，芳醛与简单的脂肪醛或甲基酮的缩合，称为 Claisen-Schmidt 缩合。如所预料的那样，芳醛的芳环上含有给电子基时，使反应减慢。例如，对甲氧基苯甲醛的反应速率是苯甲醛的 1/7。

在 Claisen-Schmidt 缩合的条件下，简单醛(酮)的自身缩合反应，可能与交叉缩合反应发生竞争，但由于交叉缩合与脱水后形成的产物，双键不仅与羰基形成共轭体系，而且与苯环也形成共轭体系，故其稳定性比简单醛自身缩合脱水后形成的产物要稳定，所以 $K_2>K_1$。另外，芳醛的 Cannizzaro 反应是很慢的，在整个反应中不是一个重要的竞争反应，因此 Claisen-Schmidt 缩合反应在有机合成中具有重要意义(见式 4-57)。

$$\mathrm{C_6H_5CHO + CH_3CHO \rightleftharpoons C_6H_5{-}\underset{OH}{\overset{H}{C}}{-}CH_2{-}CHO \xrightleftharpoons{K_2} C_6H_5{-}CH{=}\underset{H}{C}{-}CHO + H_2O}$$

$$\mathrm{2CH_3CHO \xrightleftharpoons{K_1} H_3CH\underset{OH}{C}{-}CH_2CHO} \tag{4-57}$$

$$K_2>K_1$$

值得注意的是，芳醛和甲基酮的碱性缩合，所得不饱和酮倾向于反式立体构型。这种立体选择性应从脱水反应的过渡态来考虑。在这个过渡态中，原芳醛中的醛基碳原子与原甲基酮的α-碳原子和羰基处于同一平面，芳基与原甲基酮中的R基在同一侧时比在异侧时的非键张力大，从而使过渡态的能量较高，所以生成的产物以反式异构体为主(见式4-58)。

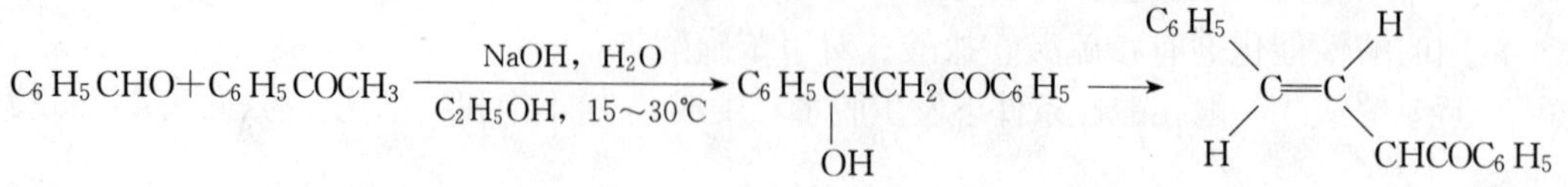

$$C_6H_5CHO + C_6H_5COCH_3 \xrightarrow[C_2H_5OH,\ 15\sim30^\circ C]{NaOH,\ H_2O} C_6H_5CH(OH)CH_2COC_6H_5 \longrightarrow (C_6H_5)(H)C{=}C(H)(CHCOC_6H_5) \quad (4-58)$$

羟醛缩合反应既可被碱催化又可被酸催化，但催化剂不同产物也不同。例如，2-丁酮与苯甲醛的反应，碱催化主要得到直链缩合物，而酸催化则主要得到支链缩合物(见式4-59)。

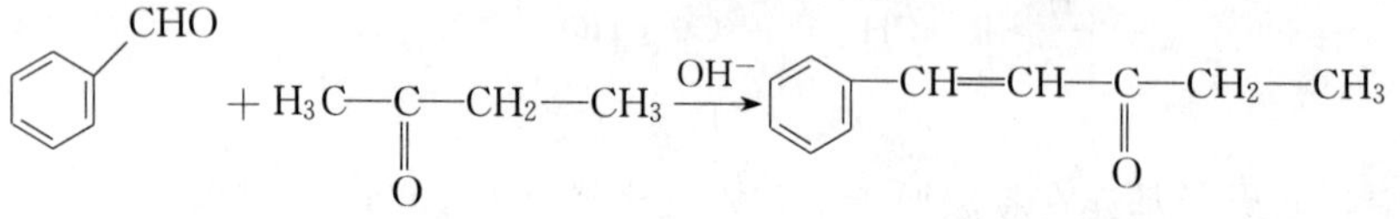

$$C_6H_5CHO + H_3C-\overset{O}{\overset{\|}{C}}-CH_2-CH_3 \xrightarrow{OH^-} C_6H_5-CH{=}CH-\overset{O}{\overset{\|}{C}}-CH_2-CH_3 \quad (4-59)$$

主要产物

$$C_6H_5CHO + H_3C-CH_2-\overset{O}{\overset{\|}{C}}-CH_3 \xrightarrow{H^+} C_6H_5-CH{=}\underset{CH_3}{\underset{|}{C}}-\overset{O}{\overset{\|}{C}}-CH_3$$

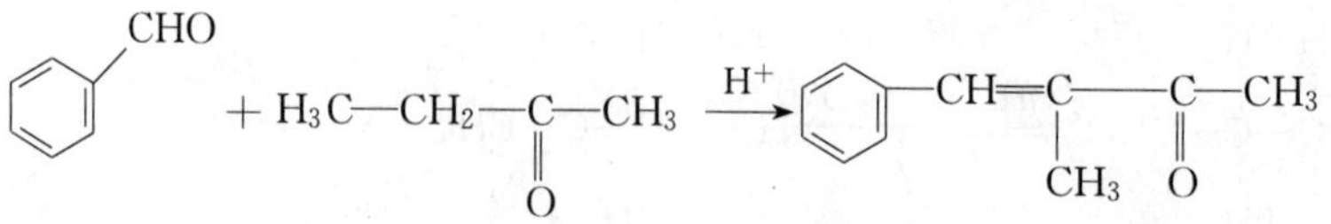

主要产物

造成这种结果主要是因条件不同酮的烯醇化产物不同所致。在碱中生成烯醇负离子的过渡态，受诱导和空间效应的影响，OH^-进攻2-丁酮的甲基比亚甲基更有利，因为甲基比亚甲基的酸性强且空间阻碍作用小，故反应按式4-60所示进行。

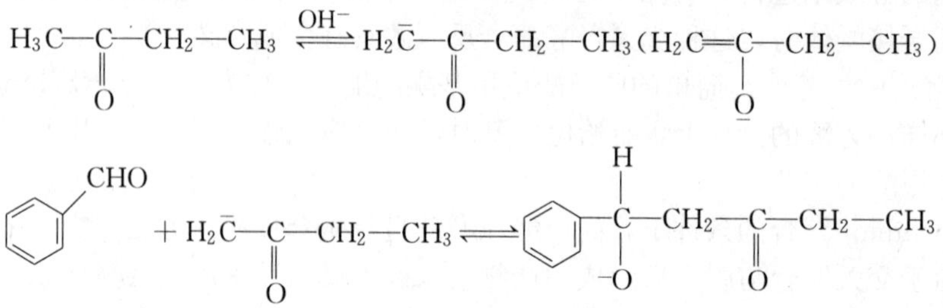

$$H_3C-\overset{O}{\overset{\|}{C}}-CH_2-CH_3 \overset{OH^-}{\rightleftharpoons} H_2\bar{C}-\overset{O}{\overset{\|}{C}}-CH_2-CH_3\ (H_2C{=}\underset{O^-}{\underset{|}{C}}-CH_2-CH_3)$$

$$C_6H_5CHO + H_2\bar{C}-\overset{O}{\overset{\|}{C}}-CH_2-CH_3 \rightleftharpoons C_6H_5-\overset{H}{\underset{O^-}{C}}-CH_2-\overset{O}{\overset{\|}{C}}-CH_2-CH_3 \quad (4-60)$$

在酸催化下，酮的烯醇化方向主要受烯醇式能量的控制。其烯醇化的方式有两种可能，如式4-60所示。

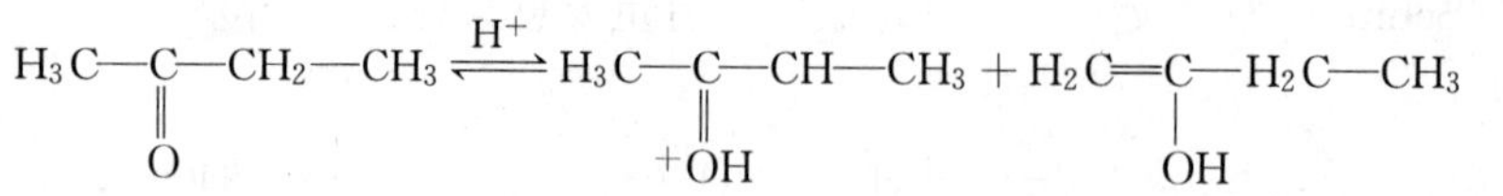

$$H_3C-\overset{O}{\overset{\|}{C}}-CH_2-CH_3 \overset{H^+}{\rightleftharpoons} H_3C-\underset{^+OH}{\underset{\|}{C}}-CH-CH_3 + H_2C{=}\underset{OH}{\underset{|}{C}}-H_2C-CH_3 \quad (4-61)$$

(Ⅰ)稳定，主要产物　　(Ⅱ)稳定性差，次要产物

从超共轭效应来看，图4-61中(Ⅰ)比(Ⅱ)的能量低且稳定些，故(Ⅰ)是酸催化反应的主要产物，反应按式4-62所示进行。

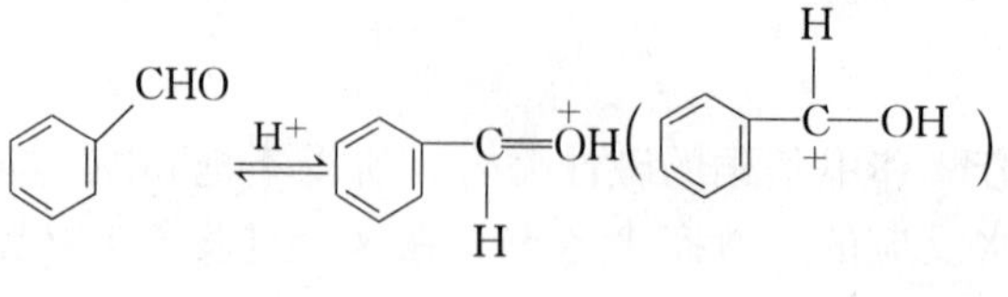

$$C_6H_5CHO \overset{H^+}{\rightleftharpoons} C_6H_5-\underset{H}{\underset{|}{C}}{=}\overset{+}{O}H\ (C_6H_5-\overset{H}{\underset{+}{C}}-OH)$$

$$C_6H_5\text{-}\overset{+}{C}H\text{-}OH + H_3C\text{-}C(OH)\text{=}CH\text{-}CH_3 \longrightarrow C_6H_5\text{-}CH(OH)\text{-}CH(CH_3)\text{-}C(\overset{+}{O}H)\text{-}CH_3 \xrightarrow{H^+} C_6H_5\text{-}CH(OH)\text{-}CH(CH_3)\text{-}C(=O)\text{-}CH_3$$

(4-62)

总之，对于不对称酮，因酸或碱催化所得烯醇化产物的结构不同，故与羰基化合物的缩合产物不同。碱催化有利于直链产物的生成，酸催化有利于支链产物的生成。

将苯二甲醛和1,3-环已二酮在无溶剂下借助微波反应，已成功地合成了吖啶类化合物(见式4-63)。

CHO / CHO + O / O $\xrightarrow{NH_4Cl}$ HN / NH (O, O, O, O)

(4-63)

9,9′-(1,4-亚苯基)-2H，2′H，3H，3′H，4H，4′H，
5H，5H′，6H，6H′，7H，7H′，9H，9′H-十四氢-
二-吖啶-1,1′，8,8′-四酮

同理，也可以合成9,9′-(1,4-亚苯基)-2H，2′H，3H，3′H，4H，4′H，5H，5H′，6H，6H′，7H，7H′，9H，9′H-十四氢-二-呫吨-1,1′，8,8′-四酮(见式4-64)。

CHO / CHO + O / O $\xrightarrow{BF_3}$ O / O

(4-64)

用苯二甲醛和1,3-环已二酮合成吖啶类化合物的可能的反应历程见式4-65所示。

$$OHC\text{-}C_6H_4\text{-}CHO \xrightarrow{H^+} HOH\overset{+}{C}\text{-}C_6H_4\text{-}CHO \quad (1)$$

O / O $\rightleftharpoons$ O / OH (2) $\xrightarrow{(1)}$ $\overset{+}{O}H$, OH, C, CHO, O, H $\xrightarrow{H^+}$ O, $\overset{+}{O}H_2$, C, CHO, O, H

$\longrightarrow$ O, $\overset{+}{C}$, CHO, O, H $\xrightarrow[(2)]{H^+}$ O, O, O, O, CHO $\xrightarrow{H^+}$ O, O, O, O, $\overset{+}{C}HOH$ $\xrightarrow[(2)]{H^+}$

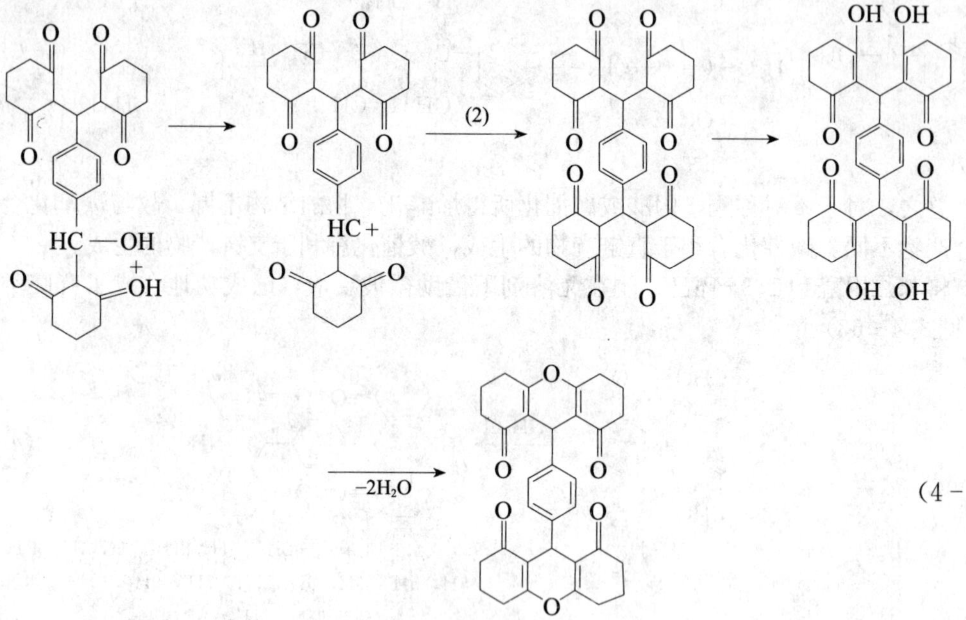

$$\xrightarrow{-2H_2O} \qquad (4-65)$$

4.6 Wittig 反应

4.6.1 Wittig 试剂

Wittig 试剂是一种磷的鎓内盐，也叫磷叶立德。它在相邻的两个原子上具有相反的电荷，其中磷是缺电子的 Lewis 酸结构，而碳负离子则是 8 电子的带有负电荷的亲核中心，但其受邻近的磷正离子的影响而稳定(因碳的 2p 轨道与磷的空 3d 轨道在侧面相互交盖构成离域轨道，使碳上的负电荷得到分散)。人们有时也把 Wittig 试剂写成双键形式，称为鎓内盐的烯式。Wittig 试剂用共振的形式见式 4-66 所示。

$$Ph_3\overset{+}{P}—\overset{-}{C}R_2 \longleftrightarrow Ph_3P{=}CR_2 \qquad (4-66)$$

但核磁共振谱分析结果表明，其结构主要是鎓内盐的极性结构(叶立德)，而烯式的双键结构(叶立因)即使有也是微量的。

Wittig 反应可用一般形式表示见式 4-67 所示。

$$\gt C{=}O + Ph_3\overset{+}{P}—\overset{-}{C}R_2 \longrightarrow \gt C{=}CR_2 + Ph_3P{=}O \qquad (4-67)$$

Wittig 反应应用很广。醛和酮可以是脂肪的、脂环的或芳香的；它可以包括双键或三键；可以包括各种基团，如 OR、NR_2、芳香的硝基或卤素、缩醛，甚至酯基。Wittig 试剂可以包括双键、三键、芳基或某些官能团。简单的 Wittig 试剂（R═H 或烷基)很活泼，与氧(包括空气)、水、氢卤酸、醇等能起反应，因此该反应需控制在没有这些物质存在的情况下进行。当 COR、CN、COOR、CHO 等吸电子基与带负电荷的碳原子相连时，由于吸电子的诱导效应和共轭效应的存在，使碳上的负电荷得到分散，因此这样的 Wittig 试剂是比较稳定的。

4.6.2 反应历程及反应的立体化学

1. Wittig 反应的历程

Wittig 反应的历程见式 4-68 所示。

$$>C{=}O + Ph_3\overset{+}{P}-\overset{-}{C}(R)(R') \rightleftharpoons Ph_3\overset{+}{P}-C(R)(R')-C(\overset{-}{O})< \longrightarrow \begin{matrix} Ph_3P-C(R)(R') \\ | \quad\quad | \\ O\,-\,C< \end{matrix} \longrightarrow (R)(R')C{=}C< + Ph_3P{=}O \tag{4-68}$$

甜菜碱　　　　氧磷环丁烷

Wittig 试剂首先与羰基化合物发生亲核加成，生成极性的甜菜碱(betaine)或氧磷环丁烷(oxaphosphetane)，也可能甜菜碱进一步关环生成氧磷环丁烷，后者分解生成产物。稳定的三苯基氧膦的生成是 Wittig 反应完成的重要推动因素。反应的活化熵是负值，支持这个历程。在某些情况下，甜菜碱和氧磷环丁烷可被分离出来。

2. 反应的立体化学

经 Wittig 反应生成的烯烃，通常是顺式和反式异构体的混合物。如果使用活泼的 Wittig 试剂，则混合物中通常是顺式烯烃较多(见式 4-69)。

$$Ph_3\overset{+}{P}-\overset{-}{C}H-CH_3 + C_6H_5CHO \longrightarrow \underset{87\%}{(H_3C)(H)C{=}C(C_6H_5)(H)}\ (顺式) + \underset{13\%}{(H_3C)(H)C{=}C(H)(C_6H_5)}\ (反式) \tag{4-69}$$

这可能是由于生成的甜菜碱中间体是不可逆的，而在动力学上有利的赤型结构将优先生成，故分解后生成的烯烃以顺式为多(见式 4-70)。

$$Ph_3\overset{+}{P}-\overset{-}{C}H-CH_3 + C_6H_5CHO \longrightarrow \left[\begin{matrix} Ph_3\overset{+}{P}-C(H)(CH_3) \\ {}^{-}O-C(C_6H_5)(H) \end{matrix}\right]_{苏型} \longrightarrow (H_3C)(H)C{=}C(H)(C_6H_5)$$

$$Ph_3\overset{+}{P}-\overset{-}{C}H-CH_3 + C_6H_5CHO \longrightarrow \left[\begin{matrix} Ph_3\overset{+}{P}-C(H)(CH_3) \\ {}^{-}O-C(H)(C_6H_5) \end{matrix}\right]_{赤型} \longrightarrow (H_3C)(H)C{=}C(C_6H_5)(H) \tag{4-70}$$

然而，当使用因共轭作用而稳定的 Wittig 试剂和羰基化合物时，则反式烯烃通常成为主要产物(见式 4-71)。

$$Ph_3\overset{+}{P}-\overset{-}{C}H-C_6H_5 + C_6H_5CHO \longrightarrow \underset{25\%}{(C_6H_5)(H)C{=}C(C_6H_5)(H)}\ (顺式) + \underset{75\%}{(C_6H_5)(H)C{=}C(H)(C_6H_5)}\ (反式) \tag{4-71}$$

其原因可能是：生成的甜菜碱中间体是可逆的，赤型和苏型可以相互转变，使热力学更稳定的苏型成为主要中间体，然分解生成反式烯烃(见式 4-72)。

$$\left[Ph_3\overset{+}{P}(-O^-)C(H)(C_6H_5)-C(H)(C_6H_5)\right]_{苏型} \longleftarrow Ph_3\overset{+}{P}-\overset{-}{C}H-C_6H_5 + C_6H_5CHO \longrightarrow \left[Ph_3\overset{+}{P}(-O^-)C(H)(C_6H_5)-C(H)(C_6H_5)\right]_{赤型} \quad (4-72)$$

苏型 → (E)-$C_6H_5CH=CHC_6H_5$（反式烯烃）

赤型 → (Z)-$C_6H_5CH=CHC_6H_5$（顺式烯烃）

烯烃立体选择性的程度与 Wittig 试剂和羰基化合物中取代基的性质有关(见表 4-1)。

表 4-1　烯烃立体选择性与 Wittig 试剂和羰基取代基的关系

$$(C_2H_5O)_2\underset{\overset{\|}{O}}{P}-\overset{-}{C}(C_2H_5)(CO_2C_2H_5) + R-CHO \xrightarrow[15℃]{CH_3OCH_2CH_2OCH_3} \xrightarrow{H_2O}$$

$$\underset{A}{(R)(H)C=C(C_2H_5)(CO_2C_2H_5)} + \underset{B}{(H)(R)C=C(C_2H_5)(CO_2C_2H_5)}$$

R	A/(%)	B/(%)
CH_3	82	18
C_2H_5	59	41
$(CH_3)_2CH$	10	84
$(CH_3)_3C$	45	55

溶剂的性质对烯烃顺反异构体的比例也有影响。当使用 α 位连有芳基、酰基等稳定的 Wittig 试剂与羰基化合物在质子溶剂或极性非质子溶剂中进行反应时，通常有利于生成顺式烯烃。但是，当反应在非极性非质子溶剂中进行时，反式烯烃的含量明显增加，如表 4-2 所示。

表 4-2　溶剂的性质对烯烃顺反异构体的比例影响

$$C_6H_5-\overset{H}{\underset{-}{C}}-\overset{+}{P}Ph_3 + C_2H_5CHO \longrightarrow \underset{A}{(C_6H_5)(H)C=C(C_2H_5)(H)} + \underset{B}{(C_6H_5)(R)C=C(H)(C_2H_5)}$$

溶剂	A/(%)	B/(%)
C_6H_6	18～27	73～82
C_6H_6+悬浮的 LiBr	23～27	73～77
C_2H_5OH	47～52	48～57
$(CH_3)_2NCHO$	39～46	54～61
$(CH_3)_2NCHO$+溶解的 LiBr	41～46	54～59

4.6.3 典型的 Wittig 反应

1. 反应实例

Wittig 反应在有机合成中具有较广泛的用途，可用来合成烯烃、醛、β,γ-不饱和酸、含 C5～C16 的单环或多环化合物，以及天然产物等(见式 4-73)。

$$\text{环己酮}\ \xrightarrow{Ph_3\overset{+}{P}-\overset{-}{C}H-OCH_3}\ \text{环己亚基}=CH-OCH_3\ \xrightarrow[H_2O]{H^+}\ \text{环己基}-CHO$$

$$\text{邻苯二(亚甲基三苯基膦叶立德)}\ (\overset{-}{C}H-\overset{+}{P}Ph_3)_2 + \text{邻苯二甲醛}\ (CHO)_2 \longrightarrow \text{二苯并环辛四烯}$$

$$\text{(H}_3\text{C, CH}_3\text{, CH}_3\text{ 取代环己烯基二烯醛)}-CHO + Ph_3\overset{+}{P}H\overset{-}{C}-C(CH_3)=CH-CO_2R \xrightarrow{DMF} \cdots CO_2R$$

$$\longrightarrow \cdots CH_2OH \quad \text{维生素A} \qquad (4-73)$$

利用分子内的 Wittig 反应，可以得到具有较大张力的桥头烯(见式 4-74)。

$$\text{3-(3-氧代环己基)丙基}-\overset{+}{P}Ph_3Br^- \xrightarrow[NaH]{H_3C-C(OH)(CH_3)-CH_2CH_3} \text{桥头烯} \qquad (4-74)$$

2. Horner-Emmons 改进法

Horner-Emmons 使用膦酸酯代替磷鎓盐，其反应历程与磷鎓盐类似，其优点是：

(1) 膦酸酯容易制备见式 4-75 所示。

$$(EtO)_3P + Br-CHRR' \xrightarrow{\text{Arbuzow 重排}} (EtO)_2P(=O)-CHRR' + EtBr \qquad (4-75)$$

(2) 膦酸酯在强碱作用下生成稳定的碳负离子，具有较好的反应活性见式 4-76 所示。

$$\begin{array}{l} (C_6H_5)_2C{=}O \xrightarrow{(EtO)_2\overset{O}{\overset{\|}{P}}\bar{C}COOEt} (C_6H_5)_2C{=}CHCOOEt \\ (C_6H_5)_2C{=}O \xrightarrow{(C_6H_5)_3\overset{+}{P}\bar{C}COOEt} \times \end{array} \quad (4-76)$$

(3) 立体选择性好，见式 4－77 所示。

$$C_6H_5H_2C\cdot\overset{O}{\overset{\|}{P}}—(OEt)_2 + H_3CO—C_6H_4—CHO \xrightarrow{EtONa} \underset{100\%\ E}{(H)(C_6H_5)C{=}C(C_6H_4—OCH_3—p)(H)} \quad (4-77)$$

4.7 其他类型的反应

4.7.1 Perkin 反应

由于酸酐的 α-氢比羧酸盐的 α-氢要活泼，更容易被碱夺去形成碳负离子。所以在 Perkin 反应中选择与芳醛作用的是酸酐而不是羧酸盐，见式 4－78 所示。

$$C_6H_5CHO + (CH_3CO)_2O \xrightarrow{CH_3COOK} C_6H_5CH{=}CHCOOH \quad (4-78)$$

如果使用丙酸酐，则生成带支链的芳香不饱和酸(见式 4－79)。

$$C_6H_5CHO + (CH_3CH_2CO)_2O \xrightarrow{CH_3CH_2COOK} C_6H_5CH{=}C(CH_3)COOH \quad (4-79)$$

4.7.2 Stobbe 反应

1. 反应机理

在强碱作用下，丁二酸酯与醛或酮缩合生成 α,β-不饱和酯的反应称为 Stobbe 反应。在反应过程中，碱不仅是催化剂，而且是反应物，1mol 羰基化合物反应需要消耗 1mol。常用的碱有：醇钠、叔丁醇钾、氢化钠等。其反应机理如式 4－80 所示。

$$\begin{array}{c} CH_2COOEt \\ | \\ CH_2COOEt \end{array} \xrightarrow{RO^-} \begin{array}{c} \bar{C}HCOOEt \\ | \\ CH_2COOEt \end{array} \xrightarrow{R'R''C{=}O} R'R''C(O^-)—CH(COOEt)—CH_2—\overset{O}{\overset{\|}{C}}—OEt$$

$$\xrightarrow{^{-}OEt^{-}} \text{(R}',\text{R}''\text{-lactone, COOEt)} \xrightarrow{OEt^{-}} \text{(lactone carbanion, COOEt)} \longrightarrow \xrightarrow{H^{+}} \begin{matrix} R' \\ R'' \end{matrix}\!\!>C{=}C(COOH)COOEt \quad (4-80)$$

2. 典型的 Stobbe 反应

式 4-81 所示为一些典型的 Stobbe 反应。

$$(C_6H_5)_2C{=}O + \begin{matrix} CH_2COOEt \\ | \\ CH_2COOEt \end{matrix} \xrightarrow{NaH} (C_6H_5)_2C{=}C(COOEt)CH_2COOH$$

98%

$$m\text{-}O_2N\text{-}C_6H_4\text{-}CHO + CH_2COOEt\text{-}C^{-}(COOEt)(CH_3)(H_3C) \xrightarrow{EtONa} m\text{-}O_2N\text{-}C_6H_4\text{-}CH{=}C(COOEt)CMe_2COOEt \quad (4-81)$$

4.7.3 Knoevenagel 反应

醛酮与活泼氢的反应称为 Knoevenagel 反应，该反应可酸催化也可以碱催化。其反应历程类似于羟醛缩合反应。典型的反应见式 4-82 所示。

$$CH_3CHO + CH_2(COOH)_2 \xrightarrow{H^{+}} CH_3CH{=}C(COOH)_2$$

$$o\text{-}Br\text{-}C_6H_4\text{-}CHO + CH_2(COOEt)_2 \xrightarrow{\text{piperidine (N-H)}} o\text{-}Br\text{-}C_6H_4\text{-}CH{=}C(COOEt)_2$$

88%

$$\text{cyclohexanone}{=}O + H_2C(CN)(COOEt) \xrightarrow[\triangle]{CH_3COOH} \text{cyclohexylidene}{=}C(COOEt)(CN)$$

100%

(4-82)

4.7.4 Pterson 反应

三甲基硅烷稳定的碳负离子与醛或酮加成得到羟基硅烷，在碱性介质中发生顺式消除，在酸性介质中发生反式消除，得到烯烃类化合物见式 4-83。

$$(CH_3)_3Si(XMg)CHR^1 \xrightarrow{R^2COR^3} (H_3C)_3Si\text{-}CH(R^1)\text{-}C(OH)R^2R^3 \xrightarrow{\text{碱或酸}} R^1HC{=}CR^2R^3$$

$$\mathrm{(H_3C)_3Si}\ \text{—}\ \mathrm{CH(C_3H_7)}\text{—}\mathrm{CH(C_3H_7)OH} \xrightarrow{\text{KH–THF}} (Z)\text{-}\mathrm{C_3H_7CH{=}CHC_3H_7}\quad 99\%(94\%Z)$$

$$\mathrm{(H_3C)_3Si}\ \text{—}\ \mathrm{CH(C_3H_7)}\text{—}\mathrm{CH(C_3H_7)OH} \xrightarrow{\mathrm{BF_3,\ Et_2O}} (E)\text{-}\mathrm{C_3H_7CH{=}CHC_3H_7}\quad 96\%(95\%E) \qquad (4-83)$$

4.7.5 炔烃的选择性加氢还原反应

炔烃在 Lindlar 催化剂存在下与氢气加成，可以得到 Z-式烯烃，在 $Na—NH_3$(l)中可以得到 E-式烯烃(见式 4-84)。

$$\mathrm{H_3C(H_2C)_7C{\equiv}C(CH_2)_7COOH} \xrightarrow[\mathrm{H_2}]{\text{Lindlar}} (Z)\text{-}\mathrm{H_3C(H_2C)_7CH{=}CH(CH_2)_7COOH}$$

$$\mathrm{C_3H_7C{\equiv}C(CH_2)_7OH} \xrightarrow[\text{(2)}\,\mathrm{NH_4Cl}]{\text{(1)}\,\mathrm{Na—NH_3(l)}} (E)\text{-}\mathrm{C_3H_7CH{=}CH(CH_2)_7OH} \qquad (4-84)$$

4.7.6 酮的芳构化反应

自 1877 年盖布瑞尔和迈塞尔发现环酮三聚反应以来，该类反应在有机合成中发挥了很大作用。例如，1,3-茚二酮 无论在酸或碱介质中，均能以高产率得到三聚产物(见式 4-85)。

$$\text{1,3-茚二酮} \xrightarrow{\mathrm{H^+}\ \text{or}\ \mathrm{HO^-}} \text{三聚产物} \qquad (4-85)$$

将 1,3-环己二酮用酸催化，可实现酮三聚反应，收率为 45%(见式 4-86)。

$$\text{1,3-环己二酮} \xrightarrow{\mathrm{H^+}} \text{三聚产物}$$

$$\text{1,3-环己二酮} \xrightarrow{\mathrm{H^+}} \mathrm{OH^+} \longleftrightarrow \cdots \xrightarrow{-\mathrm{H_2O}} \cdots$$

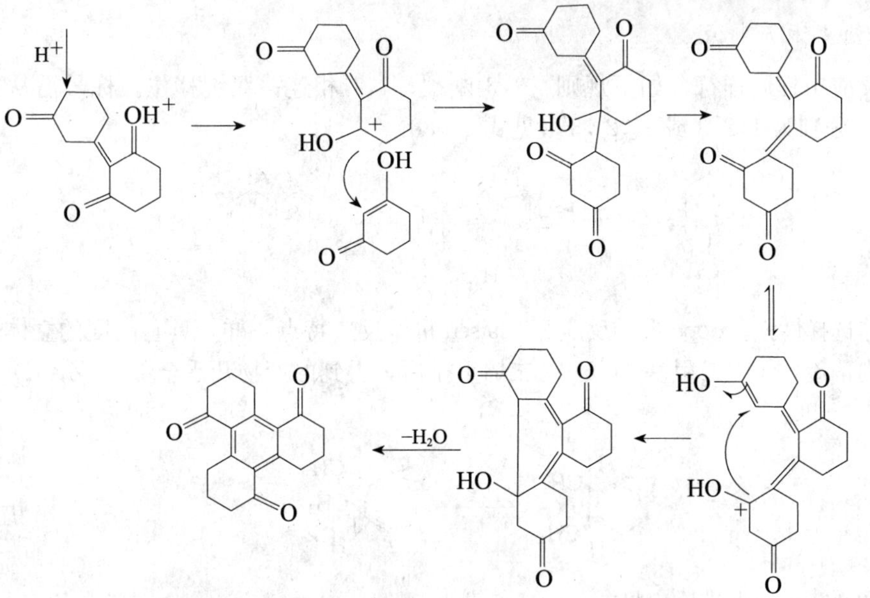

(4-86)

利用该反应，已经合成了许多有趣的化合物，见式4-87所示。

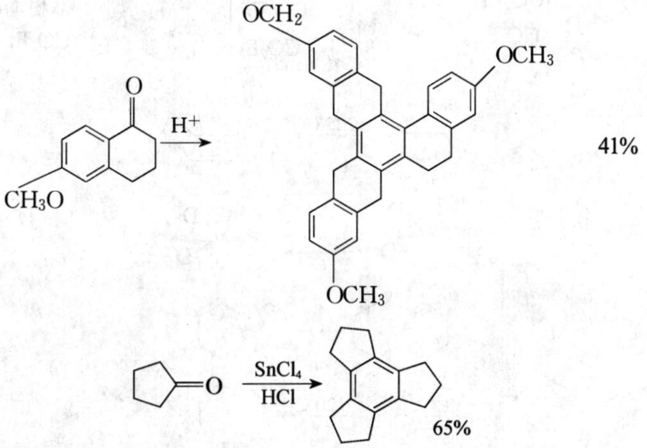

41%

(4-87)

65%

4.7.7 Cope重排反应

Cope重排反应和Claisen重排反应属于周环反应，这两个重排反应很相似，它们的区别是Claisen重排反应一般有杂原子参加，而Cope重排反应是无杂原子的碳链的重排。

1. Cope重排反应历程

与Claisen重排反应类似，Cope重排反应也是一个［3，3］σ-迁移的协同反应，其反应历程要经过一个环状过渡态(见式4-88)。

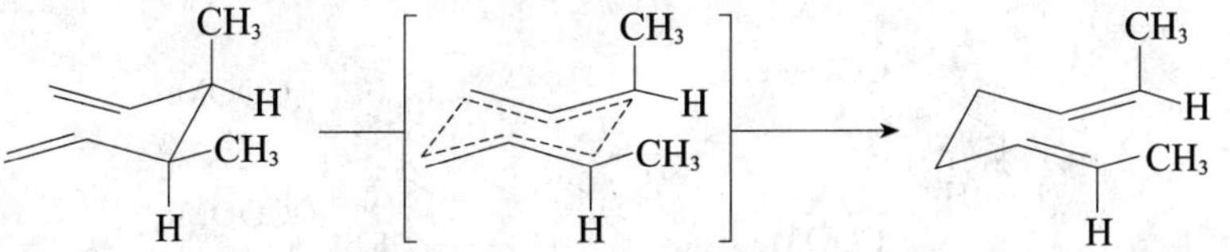

(4-88)

2. Cope 重排反应特点

(1) 其反应历程同样符合如下规则：3,3′断裂；1,1′相连；双键移位。标号需从双键位开始标起，分别为1,2,3或1′,2′,3′(见式4-89)。

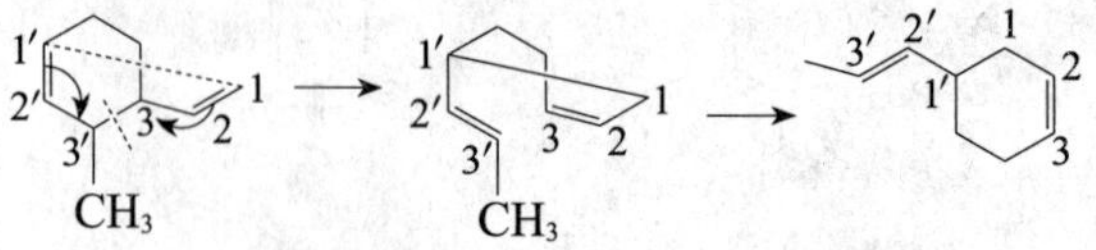

(4-89)

(2) 立体选择性强。Cope重排反应和Claisen重排反应特点一样，具有高度的立体选择性。例如，内消旋-3,4-二甲基-1,5-己二烯重排后，得到的产物几乎全部是(Z, E)-2,6辛二烯(见式4-90)。

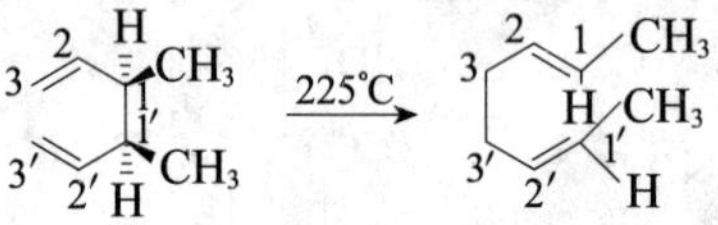

(4-90)

一些常见的Cope重排反应见式4-91～式4-96。

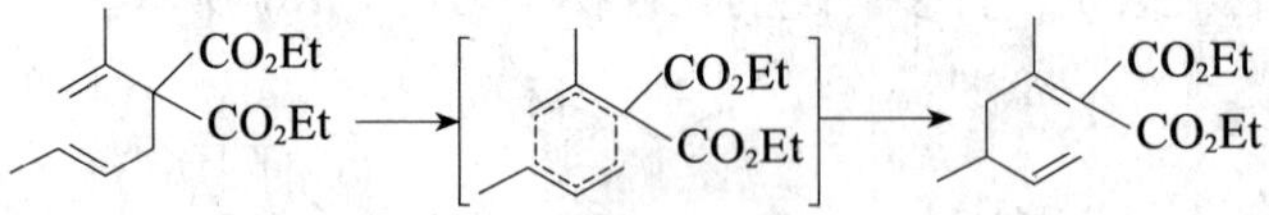

(4-91)

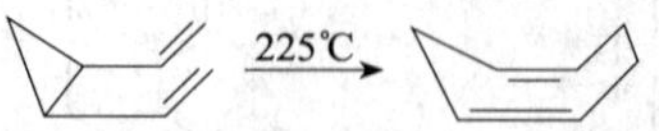

(4-92)

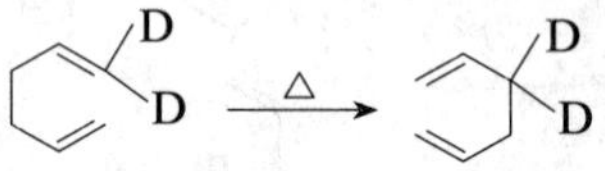

(4-93)

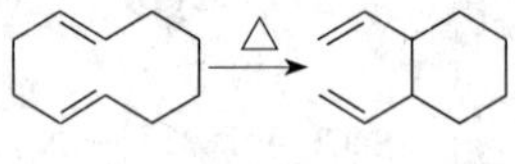

(4-94)

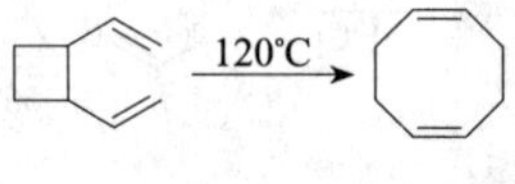

(4-95)

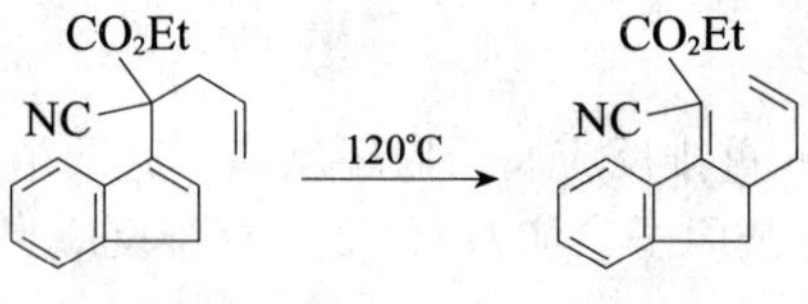

(4-96)

4.7.8 通过ene反应

通过ene反应可以巧妙地合成一些带有双键的多官能团化合物，见式4-97所示。

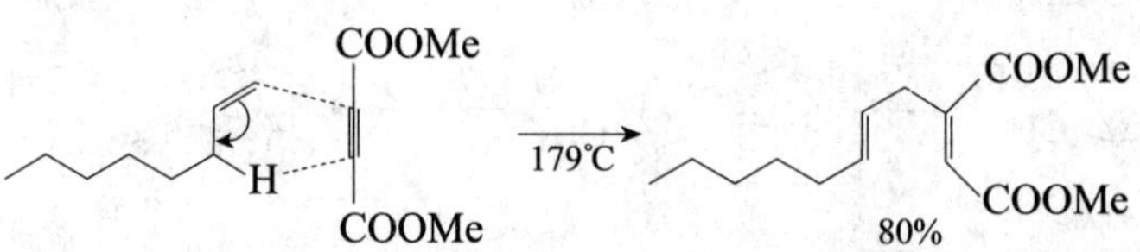

(4-97)

式 4－97 中甲酰基的双键可以作为 ene 反应的双键使用，进而转化为 OH 官能团，这是制备 β-不饱和醇的好方法(见式 4－98)。

H···O　CH_3　H_3C —— 25℃, Me_2AlCl, CH_2Cl_2 → OH　CH_3　H_3C　65%　(4－98)

席夫碱的双键也可以作为 ene 反应的双键使用，进而转化为胺基官能团，可制备 β—不饱和胺类化合物(见式 4－99)。

H_3C ＋ COOBu, NTs —— $SnCl_4$, CH_2Cl_2, 0℃ → H_3C　NHTs　COOBu　(4－99)

4.7.9 通过逐出反应

β-内酯受热脱出 CO_2 可以得到烯烃，见式 4－100 所示。

H, H_3C, C═O, O, $C_6H_5H_2C$, C_6H_5 —— △ → H, C_6H_5, H_3C, $CH_2C_6H_5$

H_3C, H, C═O, O, $C_6H_5H_2C$, C_6H_5 —— △ → H, $CH_2C_6H_5$, H_3C, C_6H_5　(4－100)

4.7.10 形成碳碳三键的反应

1. 二卤化物脱 HX

二卤化物脱 HX 是制备炔烃化合物的常规方法，二卤化物在强碱作用下去掉卤素原子形成碳碳三键，常用的强碱是：KOH/EtOH、RONa/ROH、NaH、$NaNH_2/NH_3$(1)等(见式 4－101)。

$$\mathrm{RCHXCHXR'} \xrightarrow{\mathrm{NaOH/EtOH}} \mathrm{R{-}C{\equiv}C{-}R'}$$
$$\mathrm{RCX_2CH_2R'} \xrightarrow{\mathrm{NaOH/EtOH}} \mathrm{R{-}C{\equiv}C{-}R'} \qquad (4-101)$$

利用酮与 PCl_5 反应，也可到到炔烃化合物(见式 4－102)。

$COCH_3$, $COOCH_3$ —— PCl_5, Py, C_6H_6 → CCl_2CH_3, $COOCH_3$ —— NaOH/EtOH → C≡CH, $COOCH_3$　(4－102)

2. 四卤化物脱卤素

四卤化物脱卤素如式 4－103 所示。

$$H_3C-\underset{Cl}{\overset{Cl}{C}}-\underset{Cl}{\overset{Cl}{C}}-CH_3 \xrightarrow{Zn} H_3C-C\equiv C-CH_3 + ZnCl_2 \qquad (4-103)$$

3. 1,2-二酮脱氧

1,2-二酮在 $P(OEt)_3$ 存在下可脱氧形成炔烃化合物(见式 4-104)。

$$C_6H_5-\overset{O}{\overset{\|}{C}}-\overset{O}{\overset{\|}{C}}-C_6H_5 + P(OEt)_3 \longrightarrow C_6H_5-C\equiv C-C_6H_5 + O=P(OEt)_3 \qquad (4-104)$$

4. 烯烃卤化物脱 HX

Ingold 早期研究表明，氯代富马酸转化成丁炔二酸比氯代马来酸快 50 倍；顺-二氯乙烯被碱转化成氯乙炔比反一二氯乙烯快 20 倍(见式 4-105)。

$$\begin{array}{l}
(B\cdots H)(HOOC)C=C(COOH)(Cl) \xrightarrow{快} HOOC-C\equiv C-COOH \\
(HOOC)(B\cdots H)C=C(COOH)(Cl) \xrightarrow{慢} HOOC-C\equiv C-COOH \\
(B\cdots H)(Cl)C=C(H)(Cl) \xrightarrow{快} Cl-C\equiv C-COOH \\
(Cl)(B\cdots H)C=C(H)(Cl) \xrightarrow{慢} Cl-C\equiv C-COOH
\end{array} \qquad (4-105)$$

Cristol 发现，在乙醇的乙醇钠溶液中，顺式对硝基苯乙烯溴化物可发生消除反应，而反式对硝基苯乙烯溴化物不能发生消除反应(见式 4-106)。

$$\begin{array}{l}
(B\cdots H)(p-O_2N-C_6H_4)C=C(H)(Br) \xrightarrow{快} p-O_2N-C_6H_4Cl-C\equiv C-COOH \\
(p-O_2N-C_6H_4)(H\cdots B)C=C(H)(Br) \not\longrightarrow p-O_2N-C_6H_4Cl-C\equiv C-COOH
\end{array} \qquad (4-106)$$

习　　题

1. 完成下列反应。

(1) 1-环己烯基$-CH_2CHClCH(CH_3)_2 \xrightarrow[EtOH]{NaOH}$

(2) $C_6H_5-CHO \xrightarrow{KCN} ? \xrightarrow{Ag(NH_3)_2} ? \xrightarrow{P(OEt)_3}$

(3) COOEt H$_3$C H COOEt $\xrightarrow{\triangle}$

(4) $\xrightarrow[\text{DME}]{\text{TiCl}_3/\text{Zn-Cn}}$

(5) OH OH $\xrightarrow{\text{Ti}}$

(6) OMs CH_3 CH_3 CH_3 $\xrightarrow[\text{OH}^-]{\text{B}_2\text{H}_6}$

2. 某染料中间体在合成过程中发现有分解现象，试解释。

OCH_3 CH_2CH_2CN N $CH_2CH_2COOC_2H_5$ $NHCOCH_3$ $\longrightarrow$ OCH_3 CH_2CH_2CN N H $NHCOCH_3$ + OCH_3 H N $CH_2CH_2COOC_2H_5$ $NHCOCH_3$ + OCH_3 NH_2 $NHCOCH_3$

3. 完成下列反应。

(1) $SiMe_2Ph$ HO OH HO OBn OBn $\xrightarrow{\text{KH}}$

(2) $SiMe_2Ph$ HO OH HO OBn OBn $\xrightarrow{\text{H}_2\text{SO}_4}$

(3) N $COCF_3$ $\xrightarrow[\text{催化剂}, \triangle]{\text{C}_6\text{H}_5\text{CH}_3}$

催化剂= MeS—N N—SMe Cl Ru Ph Cl PCy_3

（4） Me O O Me $\xrightarrow[\text{催化剂}\ \triangle]{CH_2Cl_2}$

催化剂＝MeS—N N—SMe Cl Ru Ph Cl PCy_3

（5） O O $\xrightarrow[\triangle]{H_3C-C_6H_4-SO_3H}$

（6） Cl O ＋ $Ph_3P{=}C$ H CO_2Et $\xrightarrow{Et_3N}$

第 5 章　形成碳杂单键的反应

内容提要

本章系统地总结了形成 C—O 单键和 C—N 单键的反应。其中铟催化的原位 Claisen 缩合反应(Indium - Catalyzed Retro - Claisen Condensation)是用二酮完成的酰化反应。本章还介绍了众多的重排反应，如 Sommelet - Hauser 重排、联苯胺重排、Stevens 重排、Hofmann 重排、Beckmann 重排、Claisen 重排、苯醚重排、Fires 重排、过氧化物重排、Meisenheimer 重排、Wittig 重排和乙二酮重排等。

5.1　形成碳-氧单键的反应

5.1.1　醇类化合物的合成

1. 还原反应

利用催化加氢和用活泼金属与醇或金属氢化物还原羰基、羧基或酯基的反应，可以得到相应的羟基化合物。举例如下：

(1) 酮还原得到热力学稳定的产物(见式 5 - 1)。

R—(环己酮) $\xrightarrow{Na}$ R—(环己基)—O^- $\xrightarrow{ROH}$ R—(环己基)—OH $\xrightarrow{Na}$ R—(环己基)—OH $\xrightarrow{ROH}$ R—(环己基)—OH　　(5 - 1)

(2) 不饱和醛的还原反应：利用 $LiAlH_4$ 还原不饱和醛，得到的是饱和醇；而使用 $NaBH_4$ 还原得到的是不饱和醇(见式 5 - 2)。

$$C_6H_5CH{=}CHCHO \xrightarrow[Et_2O]{LiAlH_4} C_6H_5CH_2CH_2CH_2OH$$

$$C_6H_5CH{=}CHCHO \xrightarrow[Et_2O,\ 35℃]{NaBH_4} C_6H_5CH{=}CHCH_2OH \qquad (5-2)$$

(3) 不饱和酮酸酯的还原反应：利用 $LiAlH_4$ 还原不饱和酮酸酯，得到的是饱和二醇；而使用 $NaBH_4$ 还原可以得到的是饱和醇酯(见式 5 - 3)。

$$CH_3COCH_2COOEt \xrightarrow[Et_2O]{LiAlH_4} CH_3CH(OH)CH_2CH_2OH$$

$$CH_3COCH_2COOEt \xrightarrow[EtOH]{NaBH_4} CH_3CH(OH)CH_2COOEt \qquad (5-3)$$

如想保留酮基，可先保护再还原(见式 5－4)。

O COOEt ⟶ O O COOEt $\xrightarrow[Et_2O]{LiAlH_4}$ O OH　　(5－4)

(4) $LiAlH_4-AlCl_3$的选择性还原：$AlCl_3$可降低 $LiAlH_4$ 的活性，提高保留 C—X 键的选择性(见式 5－5)。

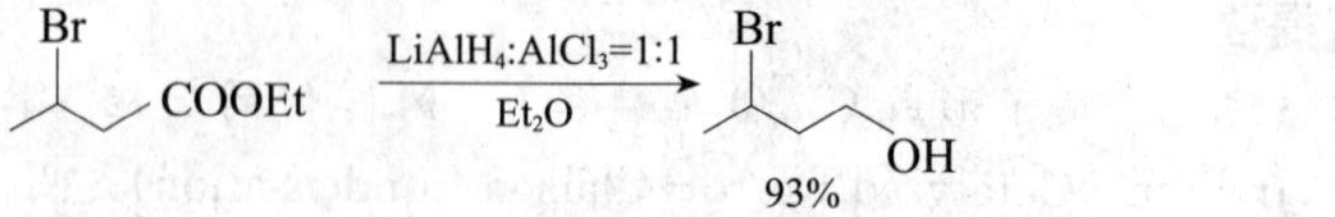

Br COOEt $\xrightarrow[Et_2O]{LiAlH_4:AlCl_3=1:1}$ Br OH 93%　　(5－5)

(5) 葡萄糖可以转化成山梨醇，见式 5－6 所示。

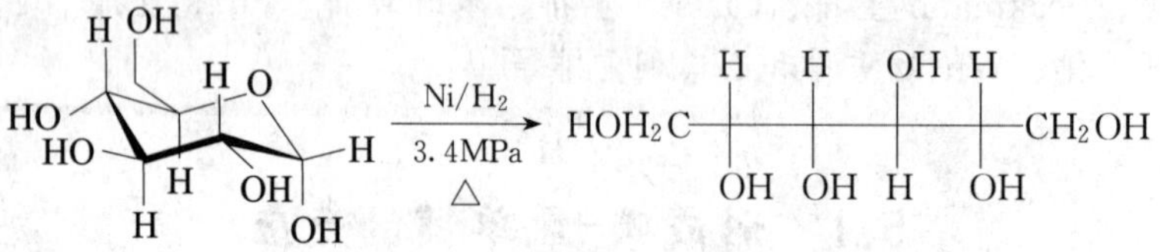

H OH HO H O HO H H OH H OH $\xrightarrow[3.4MPa\ \triangle]{Ni/H_2}$ HOH_2C—(H, OH)(H, OH)(OH, H)(H, OH)—CH_2OH　　(5－6)

2. 氧化反应

将稀的高锰酸钾水溶液滴加到烯烃中，在低温(－5℃)下反应，其结果得到顺式加成的邻二醇，见式 5－7 所示。

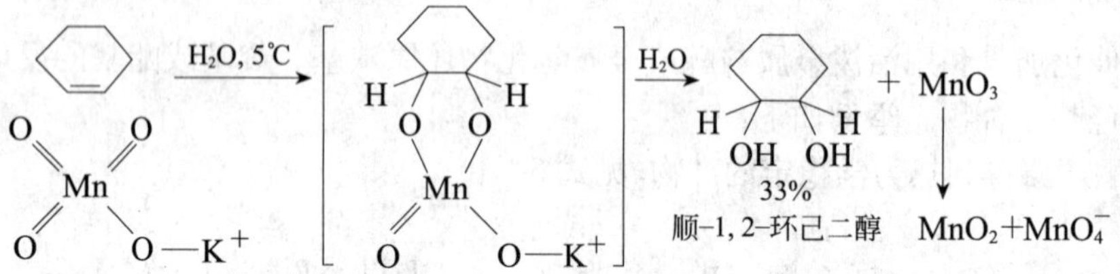

环己烯 + $KMnO_4$ $\xrightarrow{H_2O,\ 5℃}$ [H O O H Mn O O—K^+] $\xrightarrow{H_2O}$ H OH OH H 33% 顺-1,2-环己二醇 + MnO_3 ⟶ $MnO_2+MnO_4^-$　　(5－7)

式 5－7 中高锰酸钾与环己烯顺式加成，得到环状中间体，此环状中间体很快水解得到顺-1,2-环己二醇。

用四氧化锇(OsO_4)在非水溶剂如乙醚、四氢呋喃中也能将烯烃氧化成顺式加成的邻二醇(见式 5－8)：

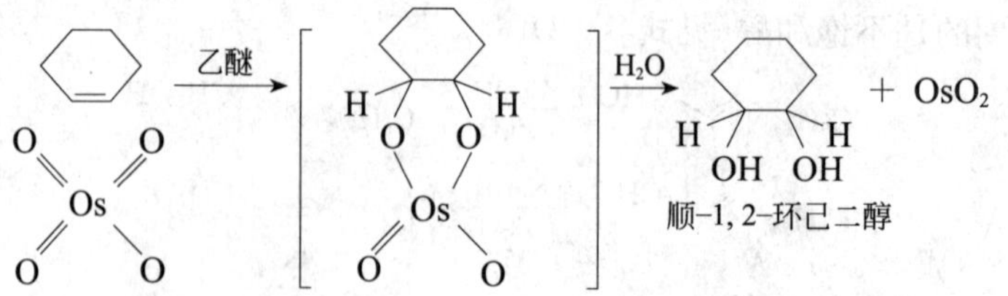

环己烯 + OsO_4 $\xrightarrow{乙醚}$ [H O O H Os O O] $\xrightarrow{H_2O}$ H OH OH H 顺-1,2-环己二醇 + OsO_2　　(5－8)

四氧化锇是一种很昂贵的试剂，较经济的方法是用 H_2O_2 及催化量的 OsO_4 的混合物，先是 OsO_4 与烯烃反应，OsO_4 被还原为 OsO_3，OsO_3 与 H_2O_2 反应再产生 OsO_4，如此反复进行，直到反应完成。OsO_4 与烯烃反应，产率几乎是定量的，但毒性很大，一般用于很难得到的烯烃的氧化，并仅进行小量操作。

烃可以氧化成醇，双键可以被 $KMnO_4$、OsO_4 氧化成二醇，这些在基础有机化学中已介绍过。式 5－9 所示为一些特殊的氧化反应，其在有机合成中占有特殊的地位。

$$\text{(邻-CHO, OH)} + H_2O_2 \xrightarrow[\text{(2) } CH_3C_6H_5,\ \triangle]{\text{(1) NaOH}} \text{(邻-OH, OH)} \quad 69\%\sim73\%$$

$$\text{(CHO, OH, } OCH_3) + H_2O_2 \xrightarrow[\text{(2) } CH_3C_6H_5,\ \triangle]{\text{(1) NaOH}} \text{(OH, OH, } OCH_3) \quad 68\%\sim80\% \qquad (5-9)$$

3. 重排反应

1) 乙二酮重排

无α-氢原子的1,2-二苯基乙二酮在强碱作用下生成α-羟基酸的分子内重排称为乙二酮重排(见式5-10)。

$$C_6H_5-C(=O)-C(=O)-C_6H_5 \xrightarrow{KOH} C_6H_5-C(C_6H_5)(-OH)-COOK \qquad (5-10)$$

乙二酮重排的反应机理与前面讨论的相似，属亲核重排历程。所不同的是迁移基团不是转移到碳正离子上，而是转移到有较多正性部分的羰基碳原子上(见式5-11)。

$$C_6H_5-C(=O)-C(=O)-C_6H_5 \xrightarrow{KOH} HO-C(C_6H_5)(O^-)-C(=O)-C_6H_5 \longrightarrow KOOC-C(C_6H_5)(C_6H_5)-OH \qquad (5-11)$$

如用CH_3O^-、t-BuO^-代替KOH，最终产物是羧酸酯(见式5-12)。

$$C_6H_5-C(=O)-C(=O)-C_6H_5 \xrightarrow{CH_3O^-} H_3COOC-C(C_6H_5)(C_6H_5)-OH \qquad (5-12)$$

但一般不用EtO^-和$(CH_3)_2CHO^-$作为碱试剂，因为这些烷氧基负离子容易被氧化，而将二酮还原为羟基酮。

无α-氢原子的二醛也可以发生类似乙二酮重排的反应，这一反应实质上是一个分子内的歧化反应(见式5-13)。

$$C_6H_4(-CHO)(-CHO) \xrightarrow{KOH} C_6H_4(-CH_2OH)(-COOK) \xrightarrow{H^+} \text{(内酯, O, =O)}$$

$$\text{(菲醌, O O)} \xrightarrow{KOH} \text{(芴, HO COOK)}$$

$$\begin{array}{l} CHO \\ | \\ CHO \end{array} \xrightarrow{KOH} \begin{array}{l} CH_2OH \\ | \\ COOK \end{array} \qquad (5-13)$$

乙二酮重排是不可逆反应，反应速率与碱的浓度及反应物的浓度都有关，动力学上为二级反应。

2) Wittig 重排

醚与烷基锂作用，醚分子中的烷基或芳基迁移到碳原子上，重排成醇，这样的重排反应称为 Wittig 重排(见式 5-14)。

$$PhCH_2—O—CH_2Ph \xrightarrow[H_3O^+]{PhLi} PhCH(OH)—CH_2Ph$$

$$\text{(9-fluorenyl)}CH—O—CH_3 \xrightarrow[H_3O^+]{PhLi} \text{(9-fluorenyl)}C(OH)CH_3 \qquad (5-14)$$

$$(CH_2{=}CHCH_2)_2O \xrightarrow[liqNH_3]{NaNH_2} CH_2{=}CHCH(OH)—CH_2CH{=}CH_2$$

3) Meisenheimer 重排

三级胺的氧化物在加热的情况下给出取代的羟胺的反应称为 Meisenheimer 重排反应(见式 5-15)。

$$R^3—\overset{R^1}{\underset{R^2}{N^+}}—O^- \xrightarrow{\triangle} R^3—\underset{R^2}{N}—OR^1 \qquad (5-15)$$

4. 氧化偶联反应

酮在 Mg 的存在下可以发生氧化偶联反应，形成 α-二醇(见式 5-16)。

$$H_3C—\overset{O}{\overset{\|}{C}}—CH_3 + Mg \longrightarrow (H_3C)_2C(O)—C(O)(CH_3)_2\,Mg \longrightarrow (H_3C)_2C(OH)—C(OH)(CH_3)_2 \qquad (5-16)$$

在光照下也可生成形成 α-二醇(见式 5-17)。

$$2\,PhCOPh \xrightarrow[HOAc(cat.)]{i-PrOH,\ sunlight} Ph_2C(OH)—C(OH)Ph_2 \quad 94\%\sim95\% \qquad (5-17)$$

5.1.2 酚类化合物的合成

1. 过氧化物重排

在酸作用下，过氧化物经过脱水、烷基移动，再加水后形成酮和酚的反应称为过氧化

氢重排(见式 5 - 18)。

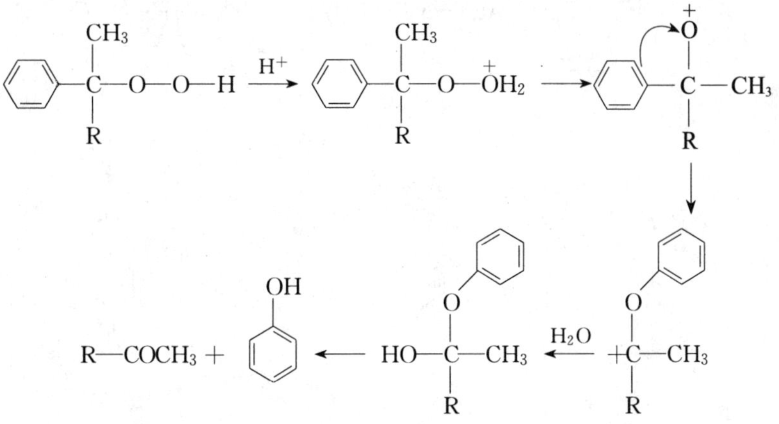

(5 - 18)

2. Fires 重排

酚类的羧酸酯在 Lewis 酸如三氯化铝、二氯化锌或三氯化铁等存在下加热，则发生酰基的迁移，重排到邻位或对位，而生成邻、对位酚酮的混合物，称为 Fires 重排反应(见式 5 - 19)。

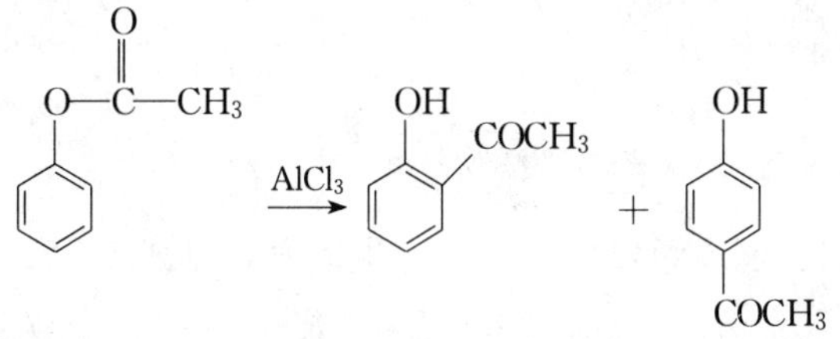

(5 - 19)

邻位和对位异构体生成的比率与反应的温度和催化剂有关，一般低温有利于生成邻位产物，而高温有利于对位产物的生成(见式 5 - 20)。

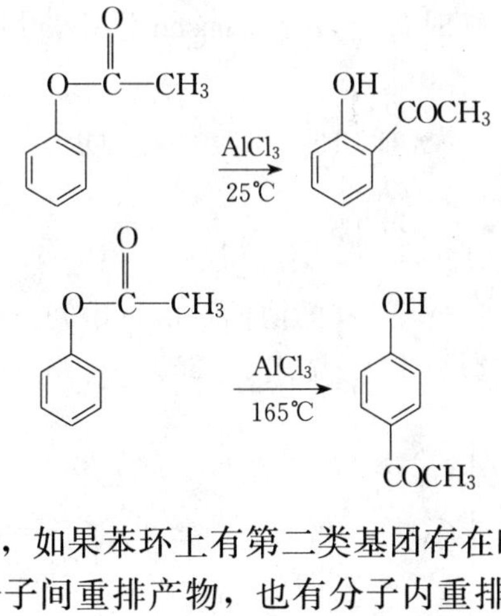

(5 - 20)

其如同傅氏反应中一样，如果苯环上有第二类基团存在时，将阻碍重排反应的进行。有人认为在室温时，既有分子间重排产物，也有分子内重排产物，主要是分子间重排产物。也有人认为邻位重排是分子内重排性质，而对位重排则是分子间重排历程。其反应机理表示见式 5 - 21 所示。

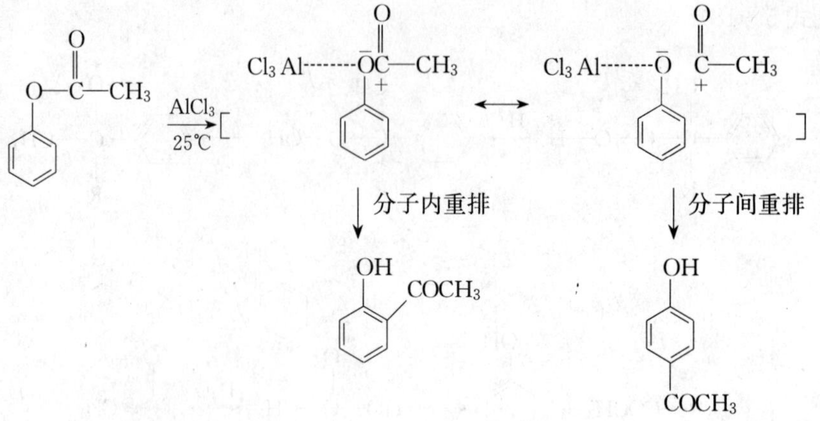

(5-21)

3. 苯醚重排

与 Fires 重排类似，苯醚类化合物在 Lewis 酸存在下加热，则发生烷基的迁移，重排到邻位或对位，而生成邻、对位烷基酚(见式 5-22)。

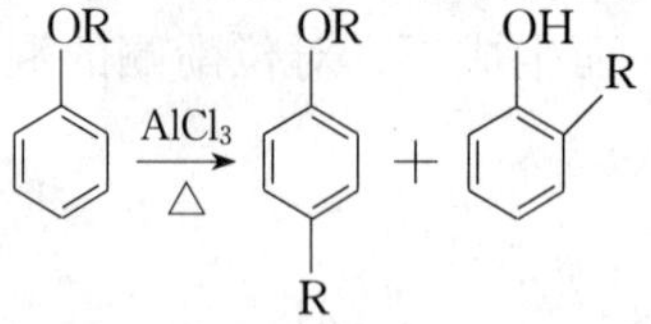

(5-22)

4. Claisen 重排

酚氧负离子可与卤代烃(RX)发生取代反应生成醚，见式 5-23 所示。

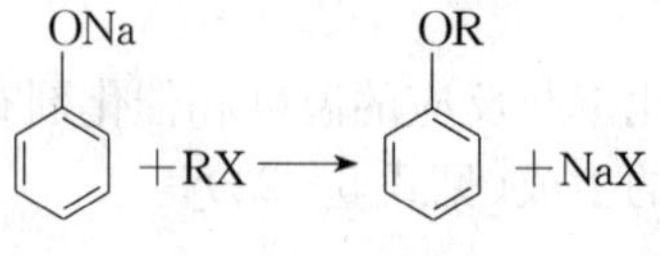

(5-23)

当生成物为酚的烯丙基醚时，会发生 Claisen 重排，最后生成取代酚见式 5-24 所示。

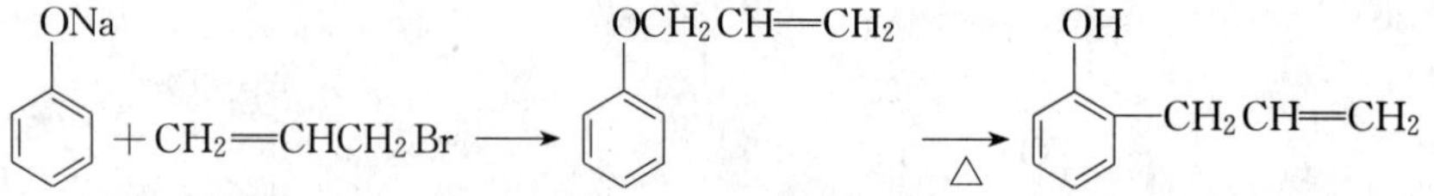

(5-24)

Claisen 重排是一个［3,3］-σ-迁移的协同反应，中间经过一个环状过渡态，所以芳环上取代基的电子效应对重排影响不大(见式 5-25)。

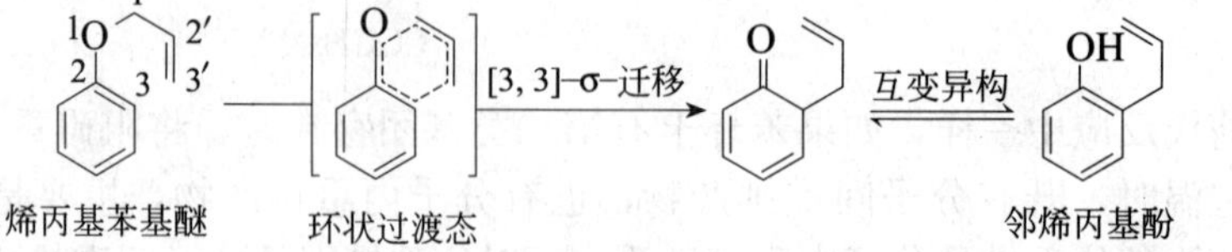

(5-25)

Claisen 重排反应历程符合如下规律：3,3′断裂；1,1′相连；双键移位。标号需从双键位开始标起，分别为 1,2,3 或 1′,2′,3′(见式 5-26)。

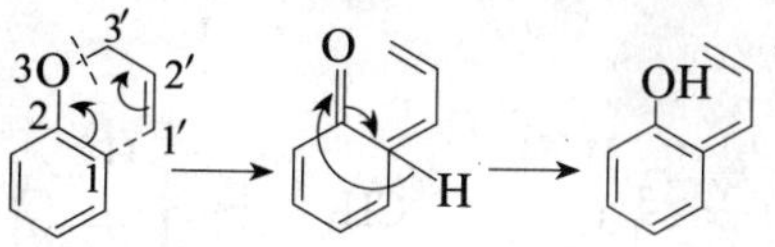

$$(5-26)$$

如果邻位已被取代基占据，则重排发生在对位，第一步重排称作 Claisen 重排(有杂原子参加的重排)，第二步重排称作 Cope 重排(只有纯碳链的重排)，见式 5-27 所示。

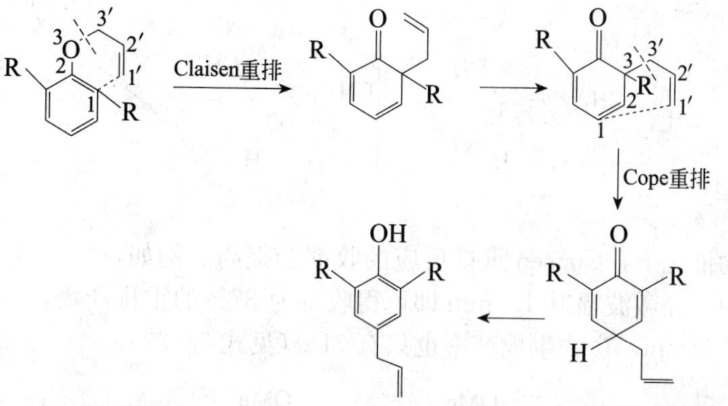

$$(5-27)$$

类似结构的酚的烯丙基醚均发生该重排，它是分子内重排，所以将式 5-28 所示两反应物混合加热，不会生成交叉产物。

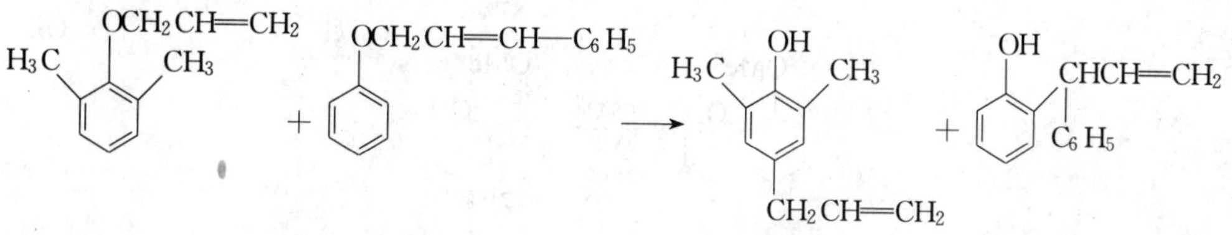

$$(5-28)$$

长期以来，人们一直认为 Claisen 重排反应不受酸碱的影响。近年来发现在 Lewis 酸的作用下，可以降低反应的温度，如苯基烯丙基醚的反应温度可由原来的 200℃降至 15℃(见式 5-29)。

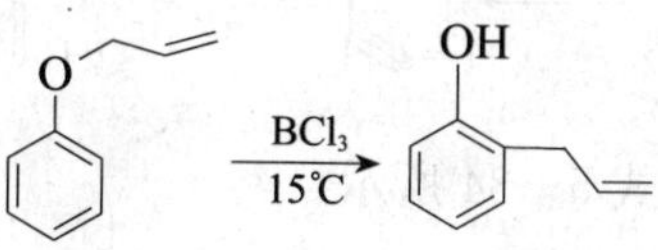

$$(5-29)$$

在 BCl_3 催化下当邻对位有取代基时烯丙基可重排到间位(见式 5-30)。

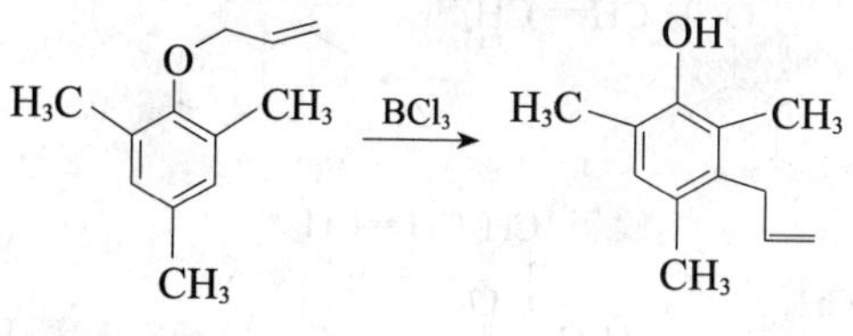

$$(5-30)$$

取代的烯丙基芳基醚重排时，无论原来的烯丙基双键是 Z-构型还是 E-构型，重排后的新双键的构型都是 E 构型，这是因为 Claisen 重排反应所经过的六元环状过渡态具有稳定椅式构象的缘故(见式 5-31)。

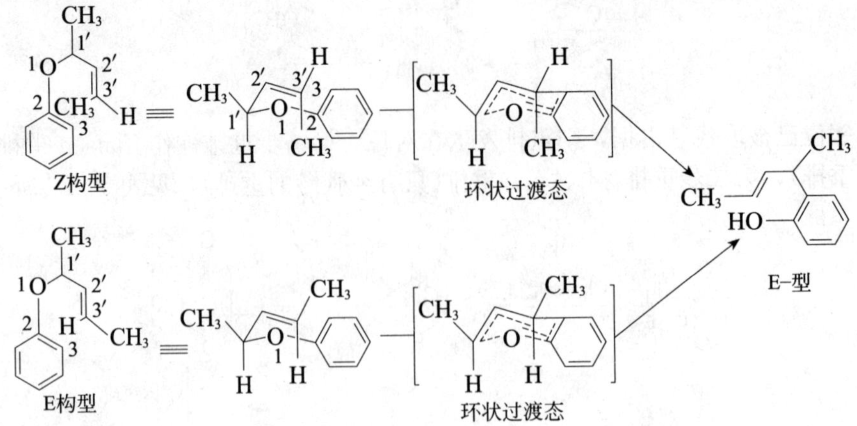

Z构型 环状过渡态 E-型 (5-31)

E构型 环状过渡态

在微波辅助催化下，Claisen重排反应的收率会提高。例如，2-甲氧苯基烯丙基醚在二甲基甲酰胺中，经微波辐射1.5min即可得收率为87%的重排产物，而在通常条件，加热265℃，反应45min，产物生成产率也只有71%(见式5-32)。

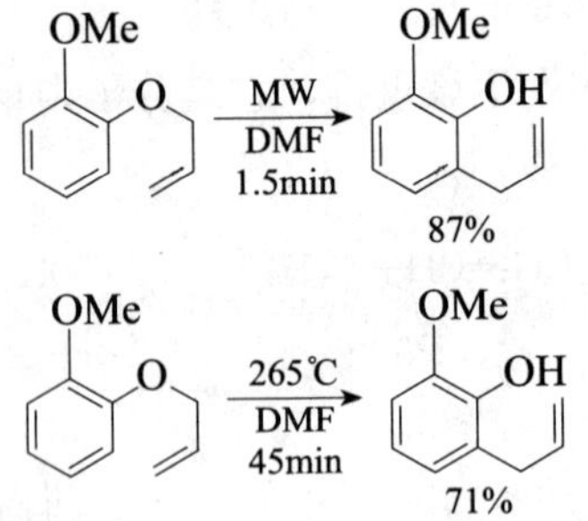

MW DMF 1.5min 87%

(5-32)

265℃ DMF 45min 71%

当温度较高时，Claisen重排产物发生异构化，称为异常的Claisen重排反应，见式5-33所示。

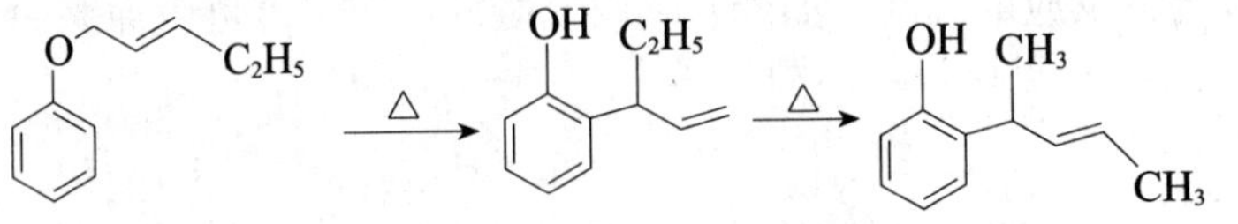

(5-33)

典型的Claisen重排反应见式5-34所示。

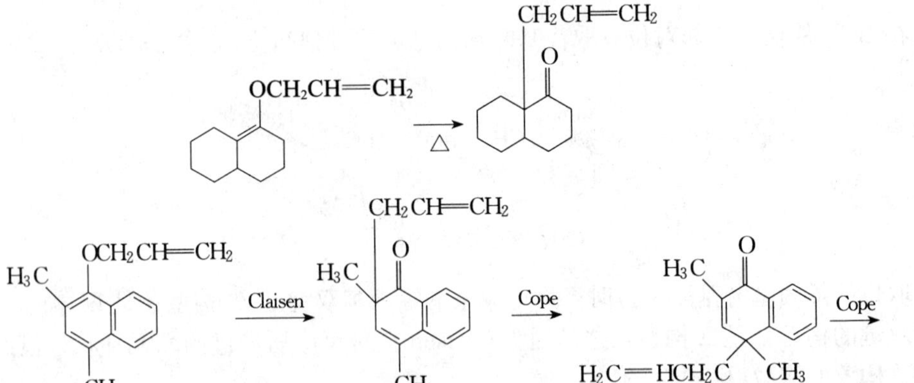

Claisen Cope Cope

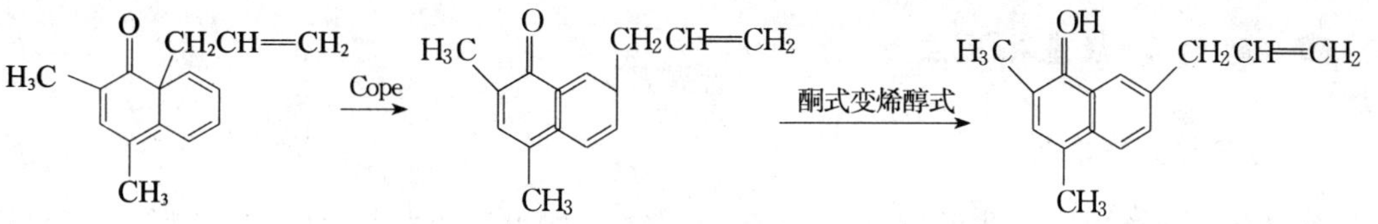

O $CH_2CH=CH_2$ H_3C CH_3 $\xrightarrow{\text{Cope}}$ H_3C O $CH_2CH=CH_2$ CH_3 $\xrightarrow{\text{酮式变烯醇式}}$ OH H_3C $CH_2CH=CH_2$ CH_3

(5-34)

或 $OCH_2CH=CH_2$ H_3C CH_3 $\rightleftharpoons$ $OCH_2CH=CH_2$ H_3C CH_3 $\xrightarrow{\text{Claisen}}$

O $CH_2CH=CH_2$ H_3C CH_3 $\xrightarrow{\text{Cope}}$ H_3C O $CH_2CH=CH_2$ CH_3 $\xrightarrow{\text{酮式变烯醇式}}$ OH H_3C $CH_2CH=CH_2$ CH_3

$OCH_2-CH=CHCH_3$ H_3C CH_3 $\xrightarrow{200℃}$ OH CH_3 CH_3 $CH_2-CH=CHCH_3$

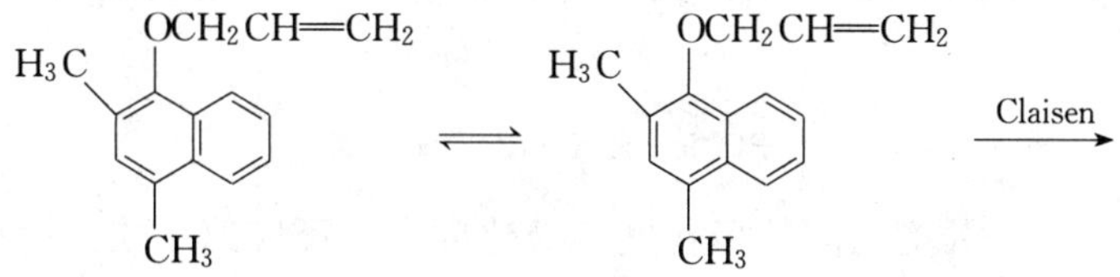

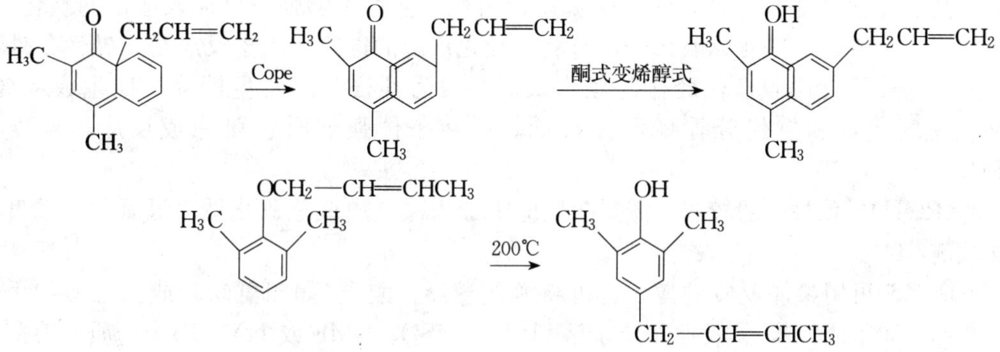

5. 羟化反应

利用 $F_3CCOOOH$ 和 BF_3 可将芳环直接氧化成酚(见式 5-35)。

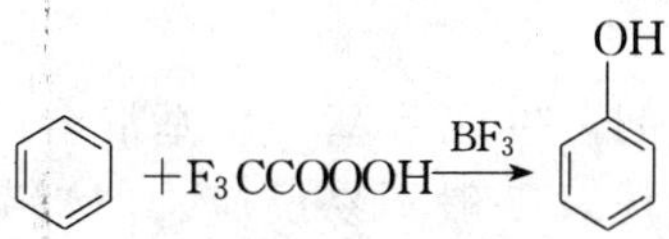

$$+F_3CCOOOH \xrightarrow{BF_3}$$ OH (5-35)

该反应收率较低，主要是因为—OH 活化了苯环，生成多取代物或被氧化成醌。如使用均三甲苯，可以得到较好的收率(见式 5-36)。

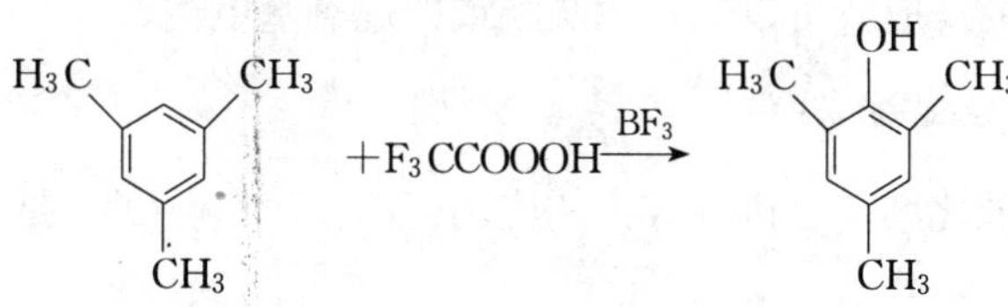

H_3C CH_3 CH_3 $$+F_3CCOOOH \xrightarrow{BF_3}$$ OH H_3C CH_3 CH_3 (5-36)

6. 胺类水解

将苯胺在高压下与稀 H_2SO_4 反应，可得到苯酚，间苯二胺在压力下与稀 H_2SO_4 反应生成间苯二酚已工业化生产见式 5-37。

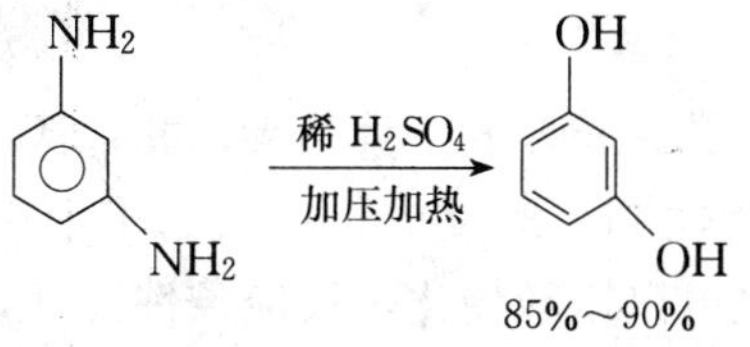

NH_2 NH_2 $$\xrightarrow[\text{加压加热}]{\text{稀 } H_2SO_4}$$ OH OH (5-37)

85%～90%

5.1.3 醇的O-烃基化反应

1. 卤代烃为烃化剂

醇的氧原子上进行烃化反应可生成醚。通常简单醚可采用醇脱水的方法制备，复杂的混合醚可通过 Williamson 方法合成。其反应速率与醇、卤代烃的结构和反应介质有关如式 5-38。

$$RONa + R'X \rightarrow ROR' + NaX \tag{5-38}$$

不同卤素影响 C—X 键之间的极化度，极化度大，反应速率快。因此，当烷基 R 相同时，其活性顺序是 RI>RBr>RCl；如所用卤代烃活性不够强，可加入适量的碘化钾，使卤代烃中卤素被置换变成碘代烃，有利于烃化反应的进行。由于反应是在碱性条件下进行的，因此不能用叔卤代烃作为烃化试剂，因为其很容易发生消除反应生成烯烃；乙烯位的氯代烃和氯代芳香烃活性较低，但在条件强烈时也可完成反应，且收率较好。

醇(ROH)的活性一般较弱，需要在反应中加入碱金属或氢氧化钠、氢氧化钾以生成亲核试剂 RO^-。

反应溶剂可用参加反应的醇，也可将醇盐悬浮在醚类(如四氢呋喃或乙二醇二甲醚等)、芳烃(如苯或甲苯)、极性非质子溶剂(如 DMSO、DMF 或 HMPT)中。质子溶剂有利于卤代烃的解离，但能与 RO^- 发生溶剂化作用，明显地降低了 RO^- 的亲核活性。而在极性非质子溶剂中，醇盐的亲核性得到了加强，对反应产生有利影响。

卤代醇在碱性条件下发生分子内的环化反应是制备环氧乙烷、环氧丙烷及大环醚类化合物的方法。

芳香卤化物也可作为烃化剂，生成芳基—烷基混合醚。通常情况下，由于芳卤化物上的卤素与芳环共轭不够活泼，一般不易反应。但当芳环上在卤素的邻对位有吸电基存在时，可增强卤原子活性，能顺利地与醇羟基进行亲核取代反应而得到烃化产物。

多卤代物与醇钠的反应，可以制备原酸酯或四烷氧基甲烷。

2. 芳基磺酸酯为烃化剂

芳基磺酸酯作为烃化剂在有机合成中的应用范围比较广，OTs 是很好的离去基团，可用于制备混合醚如式 5-39。

$$(CH_3)_3CCH_2ONa + CH_3—O—SO_2—C_6H_4—CH_3 \longrightarrow (CH_3)_3CCH_2OCH_3 + OTs^- \tag{5-39}$$

3. 环氧乙烷为烃化剂

环氧乙烷属小环化合物，其三元环的张力很大，非常活泼，开环反应是环氧乙烷的主要反应。环氧乙烷可以作为烃化剂与醇反应，在氧原子上引入羟乙基，亦称羟乙基化反应。该反应即可用酸催化，也可以用碱催化，反应条件温和，反应速率快。一般认为酸催化属单分子亲核取代反应，而碱催化则属双分子亲核取代反应。

环氧乙烷衍生物在碱催化下进行的是双分子亲核取代反应。由于位阻原因，RO^- 通常进攻环氧环中取代较少的碳原子。环氧乙烷的酸催化开环主要生成碳正离子稳定的中间体。例如，苯基环氧乙烷在酸催化下与甲醇反应，主要得到伯醇，而以甲醇钠催化，则主要得到仲醇(见式 5 - 40)。

$$C_6H_5\text{-}\overset{O}{\triangle} \xrightarrow[H_2O]{H_2SO_4} C_6H_5CH_2CH_2OH$$

$$C_6H_5\text{-}\overset{O}{\triangle} \xrightarrow[CH_3OH]{CH_3ONa} C_6H_5CH(OH)CH_2OCH_3 \qquad (5-40)$$

用环氧乙烷进行氧原子上的羟乙基化反应时，由于生成的产物仍含有羟基，如果环氧乙烷过量，则可形成聚醚。因此，在合成烷氧基乙醇时，所使用的醇必须过量，以免发生聚合反应。

4. 烯烃为烃化剂

醇可与烯烃双键进行加成反应生成醚，例如，作为汽油添加剂的甲基叔丁基醚的合成(见式 5 - 41)。

$$CH_3OH + (H_3C)_2C{=}CH_2 \xrightarrow{H_2SO_4} H_3C{-}C(CH_3)_2{-}OCH_3 \qquad (5-41)$$

醇的氰乙基化反应是非常有用的形成醚键的反应，如式 5 - 42 所示的树形化合物的合成中就用到两次醇的氰乙基化反应。

$$C(CH_2OH)_4 \xrightarrow[KOH]{CH_2{=}CHCN} C(CH_2OCH_2CH_2CN)_4 \xrightarrow[conc,\ HCl]{MeOH/H_2O}$$

$$C(CH_2OCH_2CH_2COOH)_4 \xrightarrow[CH_2Cl_2]{SOCl_2} C(CH_2OCH_2CH_2COCl)_4$$

$$H_2N{-}C(CH_2OH)_3 \xrightarrow[KOH]{CH_2{=}CHCN} H_2N{-}C(CH_2OCH_2CH_2CN)_3 \xrightarrow[HCl]{EtOH} H_2N{-}C(CH_2OCH_2CH_2COOEt)_3$$

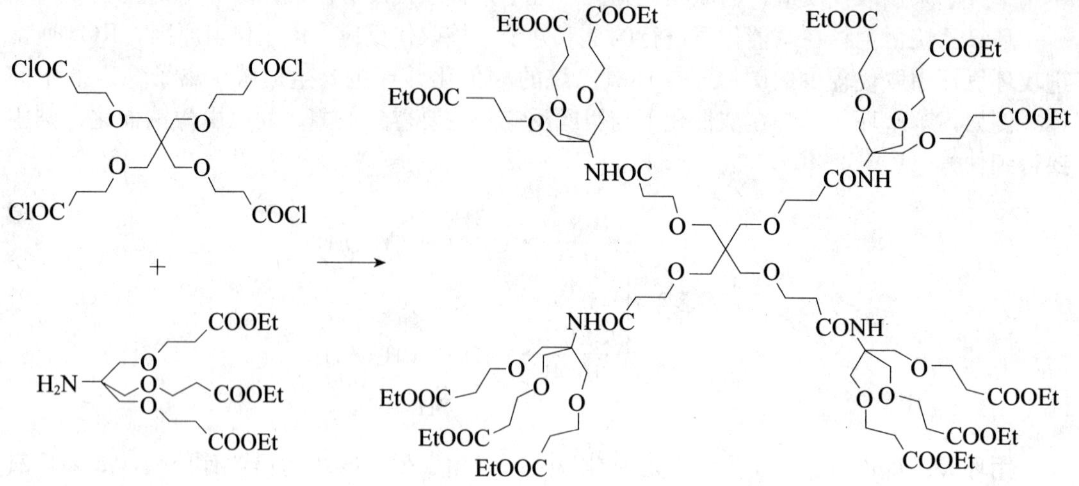

(5-42)

5.1.4 酚的O-烃基化反应

酚羟基和醇羟基一样，可以进行O-烃基化。由于酚的酸性比醇强，所以反应更容易进行。

1. 烃化剂

卤代烃与酚在碱存在下，容易得到较高收率的酚醚，一般可用氢氧化钠、碳酸钠(钾)作缚酸剂，可用水、醇类、丙酮、DMF、DMSO、苯或二甲苯等作为溶剂。待溶液接近中性时，反应即基本完成。

水溶性酚的碱金属盐可用硫酸二甲酯甲基化，从软硬酸碱理论考虑，属软碱的硫酸酯更有利于O-烃基化。由于碘甲烷价格昂贵，所以在药物生产中，多使用价格便宜的硫酸二甲酯制备酚甲醚。

重氮甲烷与酚的反应一般可在乙醚、甲醇、氯仿等溶剂中进行，用三氟化硼或氟硼酸作催化剂。反应过程中除放出氮气外，无其他副产物生成。因此后处理简单，产品纯度好，收率高。

2. 多元酚的选择性烃化

多元酚以及带其他官能团的多元酚烃化时，可用强烈条件实现完全烃化，也可以采用适宜条件进行选择性烃化。这是有机合成中常遇到的问题。

异黄酮类化合物一般分子中有两个酚羟基，由于形成分子内氢键，邻近羰基的羟基没有甲基化，这是利用螯合选择性烃化的例子。

3. O-烃基化与C-烃基化

酚在进行烃化反应时，除得O-烃基化产物外，在有些情况下，还会得到C-烃基化产物，有时甚至主要得到C-烃基化产物。研究表明，溶剂对烃化位置有较大影响：酚类在DMSO、DMF、醚类、醇类中烃化时，主要得酚醚(O-烃化基产物)，而在水、酚或三氟乙醇中烃化时，则主要得到C-烃基化产物。

5.1.5 醇的O-酰基化反应

醇的O-酰基化反应属于羧酸及衍生物的醇解反应，反应经过亲核加成再消除，生成的产物是羧酸酯。使用的酰化剂有羧酸、羧酸酯、酸酐(烯酮)、酰卤或酰胺。

除上述常规反应以外，在此介绍一种是用二酮完成的酰化反应，即铟催化的原位Claisen缩合反应(Indium - Catalyzed Retro - Claisen Condensation)，其反应见式5-43所示。

O O R^1 R^3 R^1 + HO C_6H_5 —In(OTf)$_3$(3mol %), 80℃, 24h→ O R^1 O C_6H_5 + O R^3 R^2

O R^3 R^2 M O O R^1 R^3 R^2

M$^{\ominus}$ O H$^{\oplus}$ R^3 R^2 M O OH R^1 R^3 R^2 (5-43)

M$^{\ominus}$ O O R^1 $\oplus$ R^3 R^4 O H R^2 ⇌ M$^{\ominus}$ O O—H R^1 $\oplus$ R^3 R^4 O H R^2 R^4—OH

O R^1 O R^4

式5-44所示为一些铟催化的Claisen缩合反应实例。

O O H_3C C_6H_5 + HO C_6H_5 —In(OTf)$_3$ (3mol%), 80℃ 24h→ O C_6H_5 O C_6H_5 90%

O O + HO C_6H_5 —In(OTf)$_3$ (3mol%), 80℃ 24h→ O O O C_6H_5 95% (5-44)

O O + HO C_6H_5 —In(OTf)$_3$ (3mol%), 80℃ 24h→ O O O C_6H_5 88%

使用不同的醇可以得到不同的酯，如表5-1所示。

表 5-1 二酮作为酰化剂与醇反应的产物及收率

二酮	醇	酯	收率(%)
$R^1COCH_2COR^2$	$HO(CH_2)_2C_6H_5$	$R^1COO(CH_2)_2C_6H_5$	95
$R^1COCH_2COR^2$	$HOCH(CH_3)(CH_2)_2C_6H_5$	$R^1COOCH(CH_3)(CH_2)_3C_6H_5$	94
2-乙酰基环戊酮	$HOCH_2CH=CH_2$	$CH_3CO(CH_2)_4COOCH_2CH=CH_2$	93

该缩合反应中若使用水或胺类，可以得到相应的羧酸和酰胺(见式 5-45)。

$$\text{2-乙酰基环己酮}\ (1.0\text{equiv}) + H_2O\ (5.0\text{equiv}) \xrightarrow[80℃,\ 24h]{In(OTf)_3(5.0mol\%)} CH_3CO(CH_2)_5COOH\ \ 85\%$$

$$CH_3COCH_2COCH_3\ (1.0\text{equiv}) + \text{吗啉 HN}\ (1.5\text{equiv}) \xrightarrow[80℃,\ 24h]{In(OTf)_3(5.0mol\%)} CH_3CO\text{-N(吗啉)}\ \ 99\% \tag{5-45}$$

显然，利用环二酮可以高收率地制备长链的羧酸、酯和酰胺。

5.1.6 酚的O-酰基化反应

酚的O-酰基化反应经过亲核加成再消除，生成的产物是羧酸苯酯，使用酸酐(烯酮)、酰卤等强的酰化剂。

5.1.7 Baeyer-Villiger 重排

酮在过氧酸的存在下，氧原子插入到酮和迁移基团之间而生成酯的重排反应称为 Baeyer-Villiger 重排，也称 Baeyer-Villiger 氧化反应。三氟过氧乙酸是应用最广、反应性能最强的过氧酸试剂，其他过氧酸如过硫酸、过氧苯甲酸和过氧乙酸也可使用(见式 5-46)。

$$\text{环己酮} \xrightarrow{F_3CCOOOH} \varepsilon\text{-己内酯}$$

$$C_6H_5-\overset{O}{\overset{\|}{C}}-CH_3 \xrightarrow{F_3CCOOOH} C_6H_5-O-\overset{O}{\overset{\|}{C}}-CH_3 \tag{5-46}$$

Baeyer-Viuiger 重排的反应历程首先是过氧酸在质子化的羰基上加成，然后迁移基

团重排到过氧基的碳上，同时分解出酸(见式 5-47)。

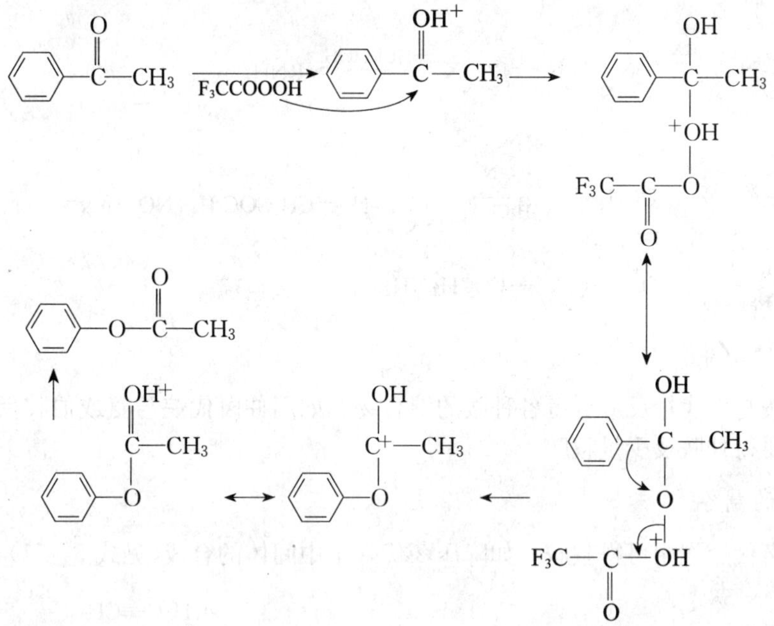

(5-47)

5.2 形成碳氮单键的反应

5.2.1 脂肪胺的N-烃基化反应

卤代烃与氨或伯、仲胺之间进行的烃基化反应是合成胺类的主要方法之一。氨或胺都具有碱性，亲核能力较强。因此，它们比羟基更容易进行烃基化反应。

1. 伯胺的制备

用过量的氨与伯仲卤代烃反应，可抑制氮上进一步烃基化而主要得伯胺。或将氨先制备成邻苯二甲酰亚胺，再进行 N-烃基化反应，这时，氨中两个氢原子已被酰基取代，只能进行单烃基化反应。利用氮上氢的酸性，先与氢氧化钾生成钾盐，然后与伯仲卤代烃作用，得 N-烃基邻苯二甲酰亚胺，肼解或酸水解即可得纯伯胺(见式 5-48)。

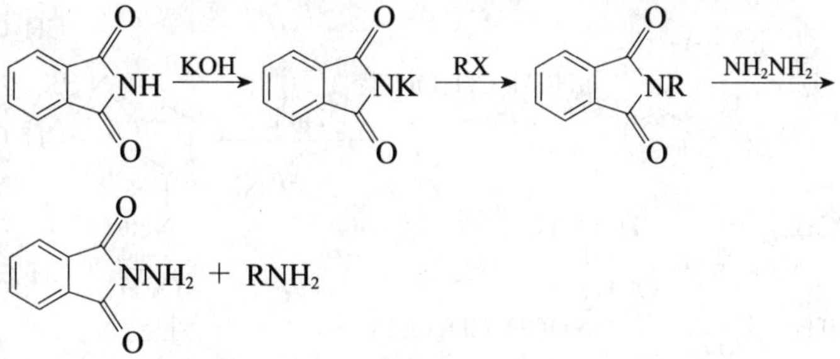

(5-48)

用伯、仲卤代烃与乌洛托品反应得季铵盐，然后水解可得伯胺，此反应氮上已没有活性氢，只能发生一取代反应(见式 5-49)。抗菌药氯霉素中间体的合成采用了此反应(见式 5－50)。

$$\text{(CH}_2)_6\text{N}_4 \xrightarrow{RX} [(\text{CH}_2)_6\text{N}_4\text{–R}]^+ X^- \xrightarrow{HCl/EtOH} RNH_2 \quad (5-49)$$

$$O_2N\text{–}C_6H_4\text{–}COCH_2Br \xrightarrow[C_6H_5Cl]{(CH_2)_6N_4} [(CH_2)_6N_4^+\text{–}CH_2COC_6H_4\text{–}NO_2\text{–}p]\,X^-$$

$$\xrightarrow[(2)\ NaHCO_3]{(1)\ HCl/EtOH} O_2N\text{–}C_6H_4\text{–}COCH_2NH_2 \quad (5-50)$$

2. 仲胺的制备

氨或伯胺与卤代烃反应可得各种胺的混合物。如用仲卤代烷与氨或伯胺反应，由于立体位阻，主要得仲胺及少量叔胺。

3. 叔胺的制备

仲胺与卤代烃作用可得叔胺，如降压药优降宁中间体的合成(见式 5－51)。

$$C_6H_5CH_2NHCH_3 \xrightarrow{HC\equiv C\text{–}CH_2Cl} C_6H_5CH_2N(CH_3)CH_2C\equiv CH \quad (5-51)$$

5.2.2 芳香胺的 N－烃基化反应

苯胺与卤代烃反应，生成仲胺，进一步反应可得叔胺，如蓝色染料中间体的合成(见式 5－52)。

$$\text{2-OCH}_3\text{-5-NHCOCH}_3\text{-C}_6\text{H}_3\text{NH}_2 \xrightarrow[NaHCO_3]{CH_3CH_2Cl} \text{2-OCH}_3\text{-5-NHCOCH}_3\text{-C}_6\text{H}_3\text{N}(C_2H_5)_2 \quad (5-52)$$

苯胺与丙烯腈或丙烯酸甲酯可发生麦氏加成反应，得到 N－氰乙基化产物或甲氧羰乙基化苯胺。式 5－53 所示为红色或蓝色分散染料中间体的合成路径。

$$\text{3-NHCOCH}_3\text{-C}_6\text{H}_4\text{NH}_2 \xrightarrow{\text{环氧乙烷}} \text{3-NHCOCH}_3\text{-C}_6\text{H}_4\text{NHCH}_2CH_2OH \xrightarrow[CH_2=CHCN]{ZnCl_2} \text{3-NHCOCH}_3\text{-C}_6\text{H}_4\text{N}(CH_2CH_2OH)(CH_2CH_2CN)$$

$$\text{2-OCH}_3\text{-5-NHCOCH}_3\text{-C}_6\text{H}_3\text{NH}_2 \xrightarrow{\text{环氧乙烷}} \text{2-OCH}_3\text{-5-NHCOCH}_3\text{-C}_6\text{H}_3\text{NHCH}_2CH_2OH \xrightarrow[CH_2=CHCN]{ZnCl_2} \text{2-OCH}_3\text{-5-NHCOCH}_3\text{-C}_6\text{H}_3\text{N}(CH_2CH_2OH)(CH_2CH_2CN)$$

$$\text{2-甲氧基-5-乙酰氨基苯胺} \xrightarrow{\text{环氧乙烷}} \text{(5-乙酰氨基-2-甲氧基苯基)}NH(CH_2CH_2OH)_2$$

$$\text{2-甲氧基-5-乙酰氨基苯胺} \xrightarrow[ZnCl_2]{CH_2=CHCO_2CH_3} \text{(5-乙酰氨基-2-甲氧基苯基)}N(CH_2CH_2COOCH_3)_2 \quad (5-53)$$

$$\text{3-乙酰氨基苯胺} \xrightarrow[ZnCl_2]{CH_2=CHCO_2CH_3} \text{(3-乙酰氨基苯基)}N(CH_2CH_2COOCH_3)_2$$

苯胺与脂肪伯醇反应也可发生N-烃基化。例如，苯胺与甲醇在加压的情况下加热，得N,N-二甲基苯胺(见式5-54)。

$$C_6H_5NH_2 \xrightarrow[\text{Raney Ni, 加压}]{CH_3OH} C_6H_5N(CH_3)_2 \; (98\%) \quad (5-54)$$

5.2.3 脂肪胺的N-酰基化反应

脂肪胺的N-酰基化反应的酰化剂可选用羧酸、羧酸酯、酸酐(烯酮)、酰卤或酰胺。这些反应是经过亲核加成再消去的羧酸及衍生物的胺解反应。

使用羧酸作为酰化剂时，常用DCC缩合剂，反应过程见式5-55所示。

$$R-\overset{O}{\overset{\|}{C}}-OH + C_6H_{11}-N=C=N-C_6H_{11}\,(\text{DCC}) \longrightarrow C_6H_{11}-\underset{H}{N}-\underset{OCOR}{C}=N-C_6H_{11} \overset{H^+}{\rightleftharpoons}$$

$$R-\overset{O}{\overset{\|}{C}}-O-C(=\overset{+}{H}N-C_6H_{11})(NH-C_6H_{11}) \quad RCOO^- \xrightarrow{R'NH_2} RCONHR' + C_6H_{11}-\underset{H}{N}-\underset{O}{\overset{\|}{C}}-\underset{H}{N}-C_6H_{11} \quad (5-55)$$

5.2.4 芳香胺的N-酰基化反应

芳香胺的N-酰基化反应的酰化剂常用酸酐(烯酮)或酰卤强酰化剂，这也是保护氨基常用的方法。利用乙酰苯胺再烷基化后水解，可以得到较纯的单烷基化苯胺(见式5-56)。

$$\text{PhNH}_2 \xrightarrow[\triangle]{CH_3COOH} \text{PhNHCOCH}_3 \xrightarrow{CH_3I} \text{PhN(CH}_3\text{)COCH}_3 \xrightarrow[H^+]{H_2O} \text{PhNHCH}_3 \quad (5-56)$$

使用羧酸代替乙酸酐选择性酰化，通过控制乙酸的浓度和反应液的 pH，使单酰化产物不断从反应液中析出，可制得重要的染料中间体，该项改进没有废料排放，是对环境友好的新工艺(见式 5-57)。

$$\text{间苯二胺}(NH_2\cdot HCl) \xrightarrow[H_2O]{CH_3COOH} \text{(NH}_2\cdot HCl,\ NHCOCH_3) + \text{(NHCOCH}_3,\ NHCOCH_3) \quad (5-57)$$

主要产物

5.2.5 含氮的 Claisen 重排

将氧原子换成 N 也可以发生 Claisen 重排(见式 5-58)。

$$\text{1-萘基-}NHCH_2CH{=}CH_2 \xrightarrow[3h]{260℃} \text{2-烯丙基-1-萘胺}(NH_2) \quad (5-58)$$

5.2.6 Mannich 反应

利用 Mannich 反应可以方便地生成 C—N 键(见式 5-59)。

$$\text{PhCOCH}_3 + HCHO + \text{吡咯烷(N–H)} \longrightarrow \text{PhCOCH}_2CH_2N\text{(吡咯烷基)} \quad (5-59)$$

利用 Mannich 反应也可以生成环上取代的 C—N 键(见式 5-60)。

$$\text{4-R-苯酚(OH)} + \text{HC(O)R} + \text{4-X-苯胺}(NH_2) \xrightarrow[\substack{37℃\\18h}]{pH=6.5} \text{2-[CH(R)NH-C}_6H_4\text{-X]-4-R-苯酚} \quad (5-60)$$

5.2.7 Beckmann 重排

酮肟在五氯化磷、浓磷酸或其他一些酸性催化剂作用下，发生分子内重排而得到取代酰胺的反应称为 Backmann 重排反应(见式 5-61)。

$$(C_6H_5)(H_3C)C{=}N{-}OH \xrightarrow{H_3PO_4} H_3C{-}\underset{\underset{O}{\|}}{C}{-}NHC_6H_5$$

$$(H_3C)(C_6H_5)C{=}N{-}OH \xrightarrow{H_3PO_4} C_6H_5{-}\underset{\underset{O}{\|}}{C}{-}NHCH_3 \quad (5-61)$$

Beckmann重排过程中，迁移基团与羟基处于反式位置，是反式重排，这是通过很多实验可以证实的。例如，2-溴-5-硝基苯基苯甲酮肟可能有Z、E两种构型，其中Z型在冷的碱中即可脱卤化氢环化成苯并异噁唑，而另一种E型即使在强烈的条件下，也难于环化，由此可清楚地看出两种构型的不同(见式5-62)。

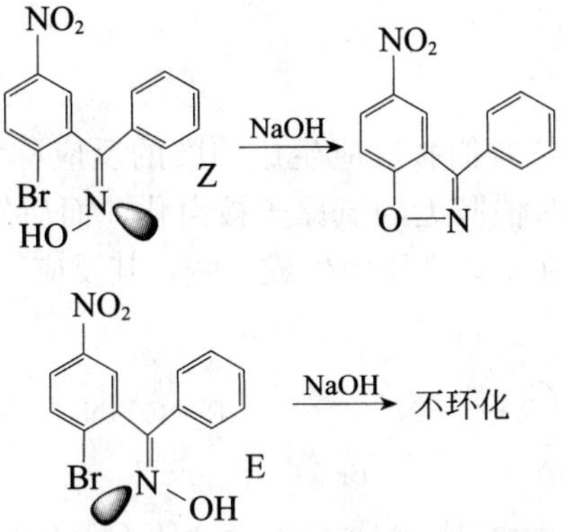

NO_2 Br N HO Z —NaOH→ NO_2 O—N

NO_2 Br N OH E —NaOH→ 不环化

(5-62)

Z、E两种构型的肟在酸性条件下，均经过反式重排而得到酰胺(见式5-63)，该反应的反应历程见式5-64所示。

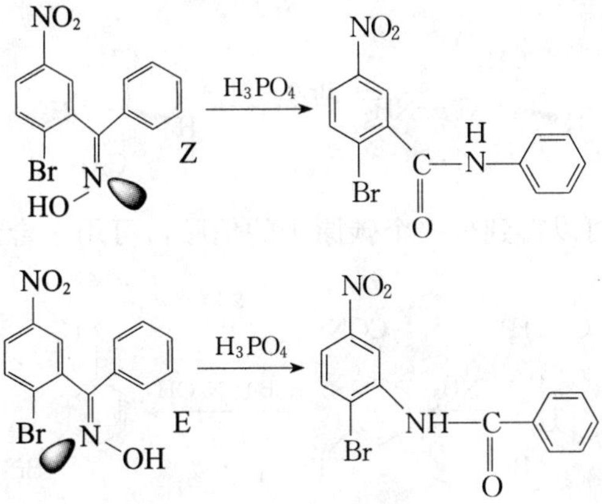

NO_2 Br N HO Z —H_3PO_4→ NO_2 Br C(=O)—N(H)—Ph

NO_2 Br N OH E —H_3PO_4→ NO_2 Br NH—C(=O)—Ph

(5-63)

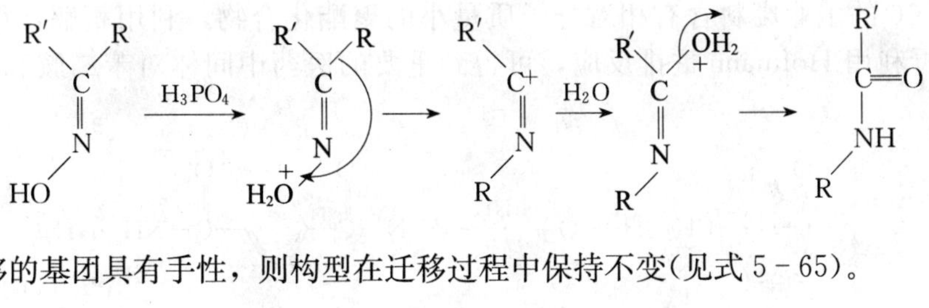

R′(R)C=N—HO —H_3PO_4→ R′(R)C=N—$\overset{+}{O}H_2$ ⟶ R′—C^+=N—R —H_2O→ R′—C($\overset{+}{O}H_2$)=N—R ⟶ R′—C(=O)—NH—R (5-64)

若迁移的基团具有手性，则构型在迁移过程中保持不变(见式5-65)。

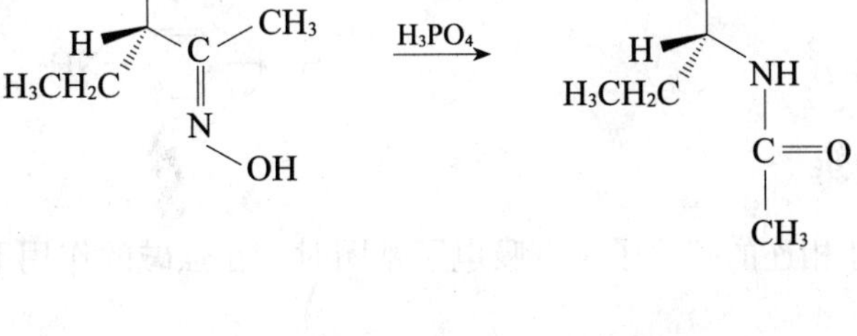

CH_3 H H_3CH_2C C(CH_3)=N—OH —H_3PO_4→ CH_3 H H_3CH_2C NH—C(=O)—CH_3 (5-65)

Backmann 重排在工业上用于制取尼龙-6(见式 5-66)。

$$\text{环己酮} \longrightarrow \text{环己酮肟(=NOH)} \longrightarrow \text{己内酰胺} \longrightarrow \left[NH-\overset{O}{\overset{\|}{C}}-CH_2CH_2CH_2CH_2CH_2\right]_n \quad (5-66)$$

5.2.8 Hofmann 重排

在碱性介质中，氯或溴与酰伯胺反应生成伯胺的反应称为 Hofmann 重排。它是分子内碳到氮的重排。反应开始时伯胺上的氢原子被卤化，而后发生 α-消除，生成奈春，进而生成异氰酸酯，异氰酸酯在碱性介质中生成伯胺，其反应历程如式 5-67 所示。

$$R-\overset{O}{\overset{\|}{C}}-NH_2 \longrightarrow R-\overset{O}{\overset{\|}{C}}-N(H)Br \longrightarrow R-\overset{O}{\overset{\|}{C}}-\ddot{N}: \longrightarrow R-\overset{O}{\overset{\|}{C}}-\ddot{N}: \longrightarrow$$

$$O=C=N-R \longrightarrow HO-\underset{OH}{\underset{|}{C}}=NR \longrightarrow HOOCNHR \longrightarrow RNH_2+CO_2 \quad (5-67)$$

对于光学异构体的酰胺，重排后其构型保持不变，见式 5-68 所示。

$$H-C(CH_3)(C_2H_5)-\overset{O}{\overset{\|}{C}}-NH_2 \xrightarrow{Br_2/NaOH} H-C(CH_3)(C_2H_5)-NH_2 \quad (5-68)$$

利用 Hofmann 重排可以得到少一个碳原子的伯胺，可用来合成不能直接得到的化合物(见式 5-69)。

$$\text{m-}BrC_6H_4COOH \xrightarrow{NH_3} \text{m-}BrC_6H_4CONH_2 \xrightarrow{Br_2/NaOH} \text{m-}BrC_6H_4NH_2 \quad (5-69)$$

绦纶-66 的工业废料含有相对分子质量小的聚酯化合物，利用氨解，得到对苯二甲酰胺，再利用 Hofmann 重排反应，可得到重要的医药中间体对苯二胺和乙二醇(见式 5-70)。

$$\left[\overset{O}{\overset{\|}{C}}-C_6H_4-\overset{O}{\overset{\|}{C}}-O-CH_2CH_2-O\right]_n \xrightarrow{NH_3} H_2N-\overset{O}{\overset{\|}{C}}-C_6H_4-\overset{O}{\overset{\|}{C}}-NH_2 + H_2\underset{OH}{\underset{|}{C}}-\underset{OH}{\underset{|}{C}}H_2$$

$$\xrightarrow{Br_2/NaOH} H_2N-C_6H_4-NH_2 \quad (5-70)$$

5.2.9 Stevens 重排

当与季铵(锍)盐相连的碳原子上有吸电子基团时，在强碱的作用下，季铵(锍)盐上的取代基重排到具有吸电子的碳原子上，形成叔胺(硫醚)的反应称为 Stevens 重排反应。如果没有吸电子的基团存在，就需要使用更强的碱，而且产率很低(见式 5-71)。

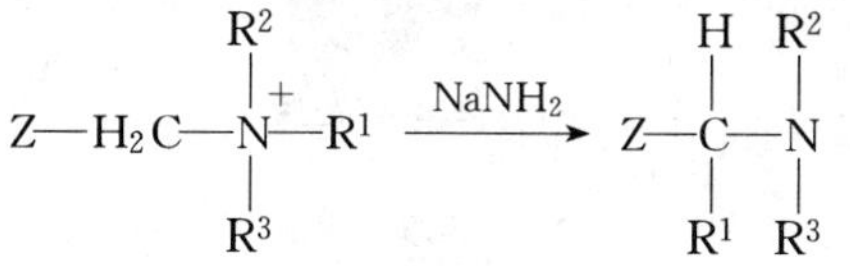

$$Z—H_2C—\overset{R^2}{\underset{R^3}{\overset{|}{\underset{|}{N^+}}}}—R^1 \xrightarrow{NaNH_2} Z—\overset{H}{\underset{R^1}{\overset{|}{\underset{|}{C}}}}—\overset{R^2}{\underset{R^3}{\overset{|}{\underset{|}{N}}}} \tag{5-71}$$

图 5-68 中的 Z 为吸电子基团，常见的移动基团有烯丙基、苄基、二苯甲基、3-苯基炔丙基等。

Sterens 重排反应历程见式 5-72 所示。

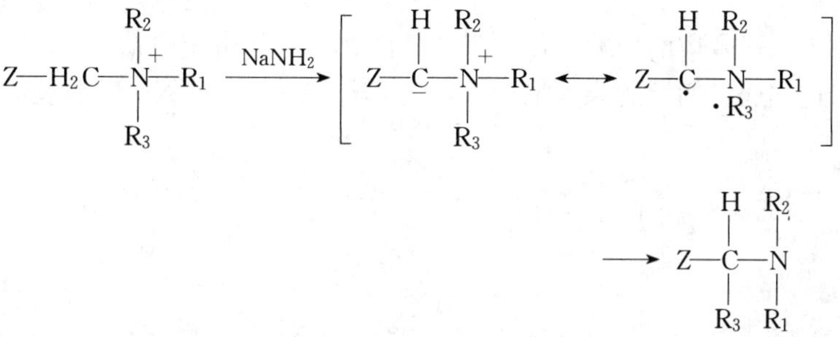

$$Z—H_2C—\overset{R_2}{\underset{R_3}{\overset{|}{\underset{|}{N^+}}}}—R_1 \xrightarrow{NaNH_2} \left[Z—\overset{H}{\overset{|}{\underset{-}{C}}}—\overset{R_2}{\underset{R_3}{\overset{|}{\underset{|}{N^+}}}}—R_1 \longleftrightarrow Z—\overset{H}{\overset{|}{\dot{C}}}—\overset{R_2}{\overset{|}{N}}—R_1 \quad \cdot R_3 \right] \longrightarrow Z—\overset{H}{\underset{R_3}{\overset{|}{\underset{|}{C}}}}—\overset{R_2}{\underset{R_1}{\overset{|}{\underset{|}{N}}}} \tag{5-72}$$

该反应历程已被使用 NMR 观察到游离基引起的质子自旋极化信号(CIDAP，负峰)所证实。在反应产物中有 $R_1—R_1$ 偶联副产物生成。

带有烯丙基的 Stevens 类型物可发生 1,2 或 1,4 重排，得到构型保持的化合物(见式 5-73)。

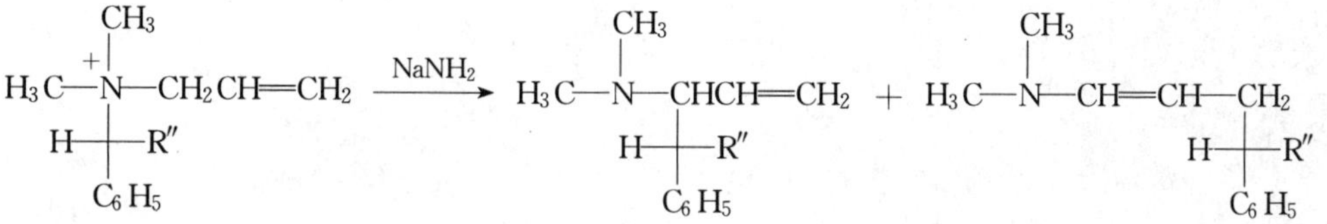

$$H_3C—\overset{CH_3}{\overset{|}{N^+}}—CH_2CH{=}CH_2 \;(N\text{上连 } H—\overset{|}{C}—R'',\ C_6H_5) \xrightarrow{NaNH_2} H_3C—\overset{CH_3}{\overset{|}{N}}—\underset{H—\underset{C_6H_5}{C}—R''}{CH}CH{=}CH_2 + H_3C—\overset{CH_3}{\overset{|}{N}}—CH{=}CH—\underset{H—\underset{C_6H_5}{C}—R''}{CH_2} \tag{5-73}$$

由于两种不同季铵盐进行重排不产生交叉重排产物，从而可以证明 Stevens 重排是分子内的重排。若以具有旋光活性的季铵盐，且迁移基团为手性基的季铵盐进行重排反应，结果迁移基团的构型保持不变(见式 5-74)。

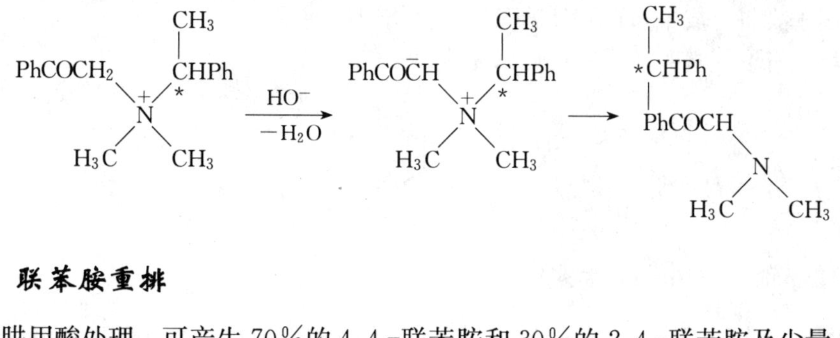

$$PhCOCH_2—\overset{+}{N}(CH_3)_2—\overset{*}{C}HPh(CH_3) \xrightarrow[-H_2O]{HO^-} PhCO\overset{-}{C}H—\overset{+}{N}(CH_3)_2—\overset{*}{C}HPh(CH_3) \longrightarrow PhCOCH(\overset{*}{C}HPhCH_3)—N(CH_3)_2 \tag{5-74}$$

5.2.10 联苯胺重排

二苯肼用酸处理，可产生 70%的 4,4-联苯胺和 30%的 2,4-联苯胺及少量 2,2-联苯胺、N-苯基 1,2-苯二胺和 N-苯基 1,4-苯二胺(见式 5-75)。

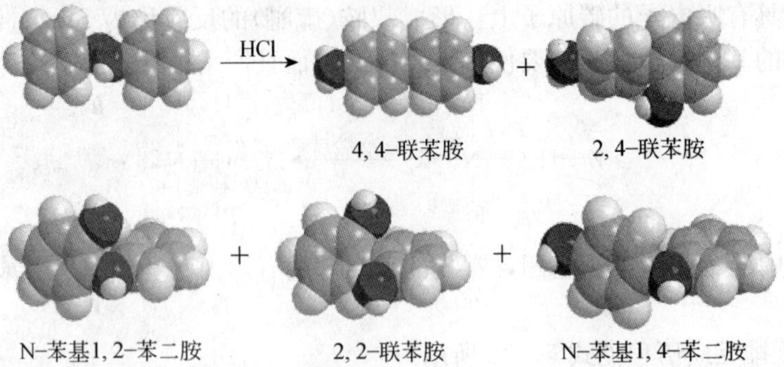

HCl

4, 4-联苯胺　　2, 4-联苯胺

N-苯基1, 2-苯二胺　　2, 2-联苯胺　　N-苯基1, 4-苯二胺

(5-75)

联苯胺重排反应历程如下：反应过程中一个 NH_2 首先被酸质子化，从而降低了 N—N 键的强度，由于电子效应的影响，使一个苯环的邻、对位带正电荷，另一个苯环的邻、对位带负电荷，这样通过简单的亲电取代，形成 C—C 键，同时 N—N 断裂(见式 5-76)。

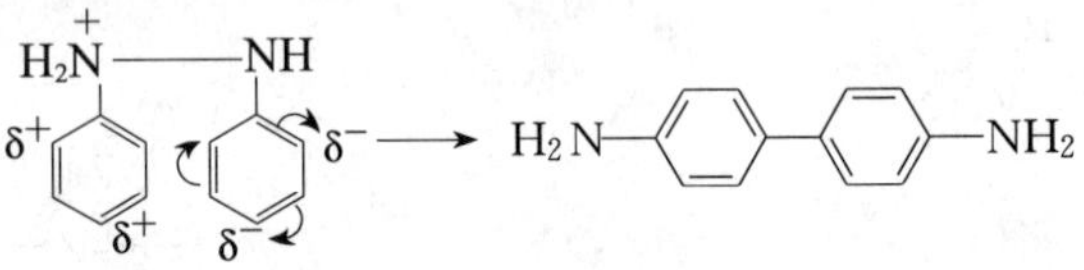

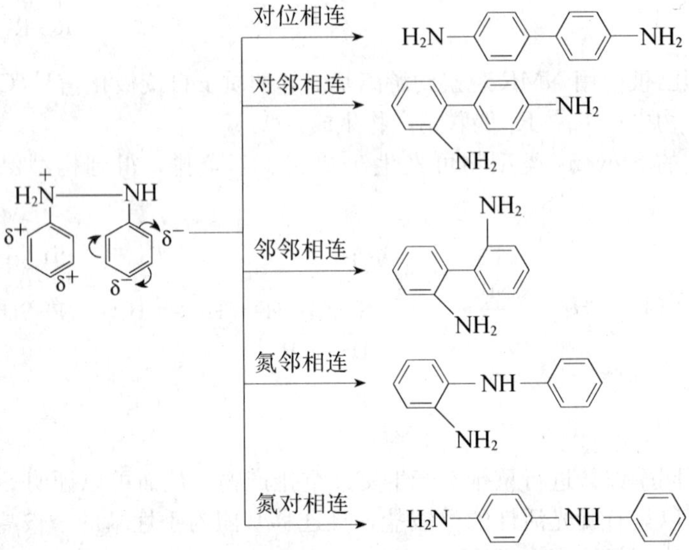

$H_2\overset{+}{N}$—NH　δ^+　δ^+　δ^-　δ^-　→　H_2N—⟨⟩—⟨⟩—NH_2

$H_2\overset{+}{N}$—NH　δ^+　δ^+　δ^-　δ^-

对位相连　→　H_2N—⟨⟩—⟨⟩—NH_2

对邻相连　→　NH_2　NH_2

邻邻相连　→　NH_2　NH_2

氮邻相连　→　NH　NH_2

氮对相连　→　H_2N—⟨⟩—NH—⟨⟩

(5-76)

联苯胺重排曾广泛用于染料中间体联苯胺的合成，但由于联苯胺具有强烈的致癌性，现已禁止用于染料合成中，在其他方面也已严格限制使用。

当苯环上有取代基时，反应也可以完成(见式 5-77)。

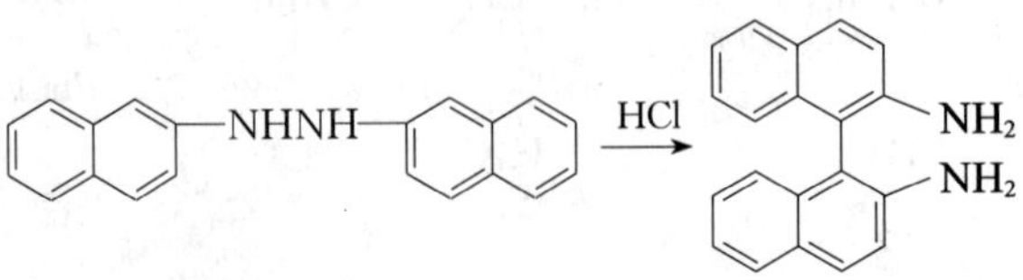

NHNH　$\xrightarrow{HCl}$　NH_2　NH_2

(5-77)

5.2.11 Sommelet-Hauser 重排

苄基季铵盐在强碱($NaNH_2$或 NaH)催化下重排成邻位甲基取代的苄基叔胺的反应被称为 Sommelet-Hauser 重排(见式 5-78)。

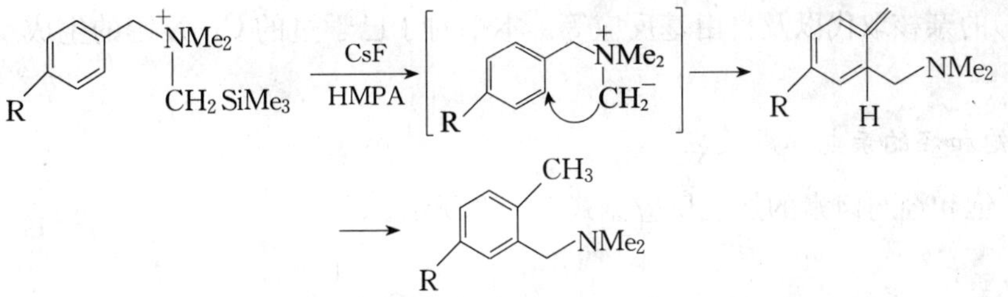

(5－78)

5.2.12 活泼亚甲基的亚硝化还原反应

活泼亚甲基的亚硝化还原反应见式5－79所示。

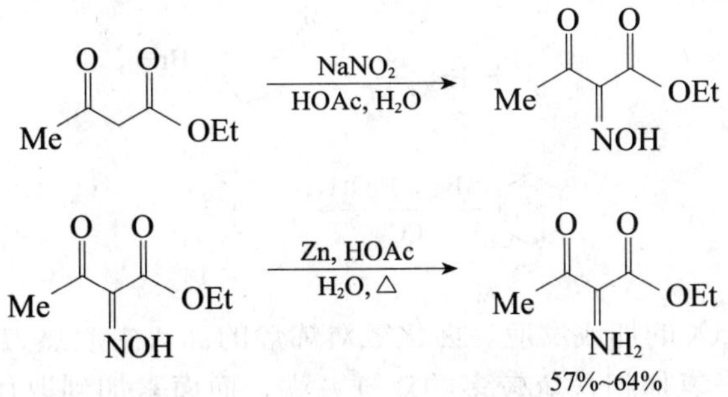

(5－79)

5.2.13 采用NO_2硝化的方法

采用混酸硝化是常用的硝化方法，在此介绍用NO_2硝化的方法。将羟基苯甲醛(500mg)与NO_2(0.3bar，1bar＝10^5Pa)混合反应2h，可得到两种硝化产物(见式5－80)。

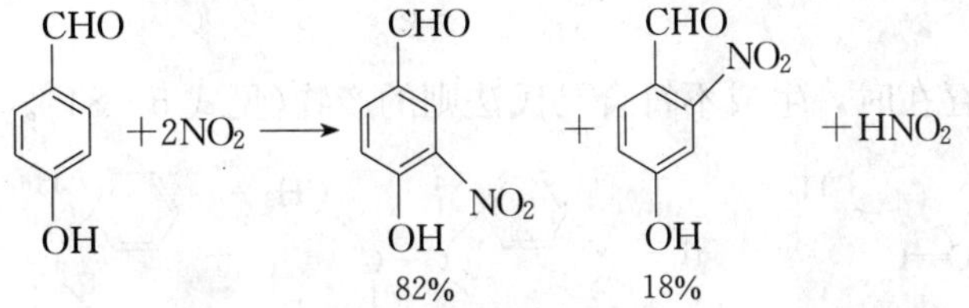

(5－80)

将四苯乙烯(800mg)与NO_2(0.3bar)混合反应12h，可得到近乎定量的硝化产物，生成的NO可通过通入O_2使反应连续进行(见式5－81)。

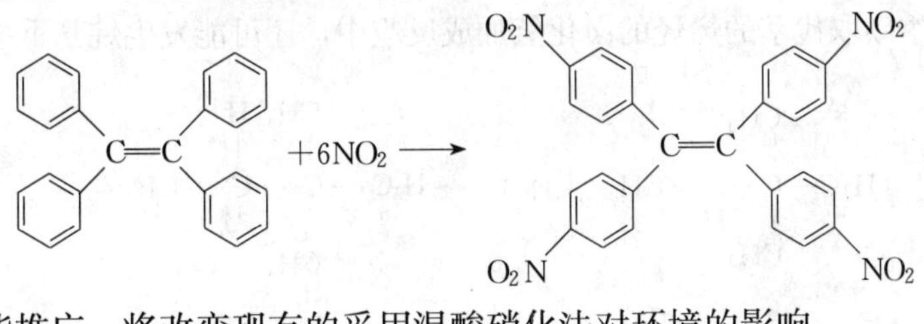

(5－81)

该反应如能推广，将改变现有的采用混酸硝化法对环境的影响。

5.3 形成C—X(Cl、Br、I)键的反应

5.3.1 常见的形成C—X(Cl、Br、I)键的反应

常见的形成C—X(Cl、Br、I)键的反应主要包括不饱和烃的亲电加成、芳烃的亲电取

代、醇(醚)的亲核取代以及自由基反应等。本书对于已学过的 C—X 键的生成反应仅作一般描述。

1. 不饱和烃的亲电加成反应

(1) 不饱和烃与卤素的加成反应见式 5-82 所示。

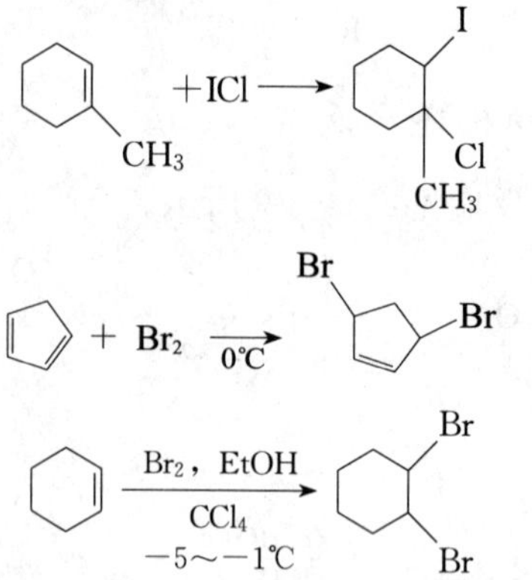

+ICl →

+ Br_2 $\xrightarrow{0℃}$

$\xrightarrow[CCl_4,\ -5\sim-1℃]{Br_2,\ EtOH}$ (5-82)

(2) 不饱和烃与 HX 的加成反应。卤化氢对烯烃的加成生成热力学稳定的产物，一般情况下符合马氏法则，氢加到含氢较多的双键一端，而卤素加到取代较多的碳原子上(见式 5-83)。

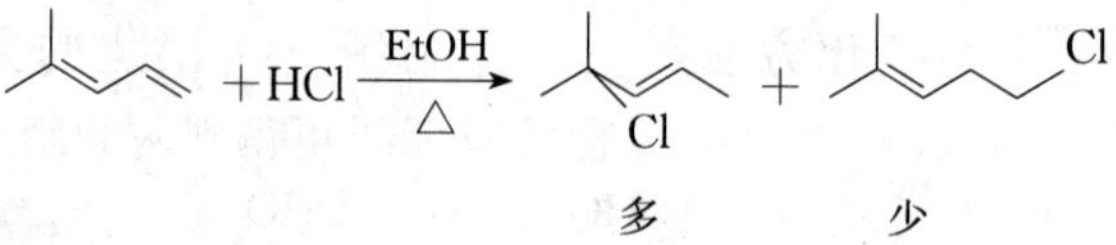

+HCl $\xrightarrow[\triangle]{EtOH}$ +

多 少 (5-83)

当有共轭体系存在时，生成不符合马氏法则的产物(见式 5-84)。

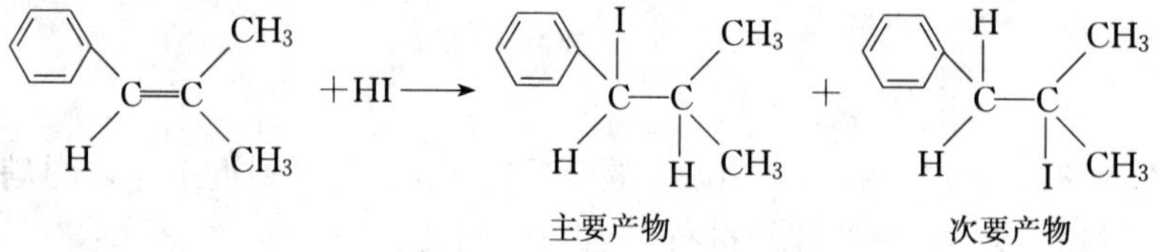

+HI → + (5-84)

主要产物 次要产物

在某些具有季碳取代基的烯烃的卤化氢加成反应中，还可能发生烷基重排(见式 5-85)。

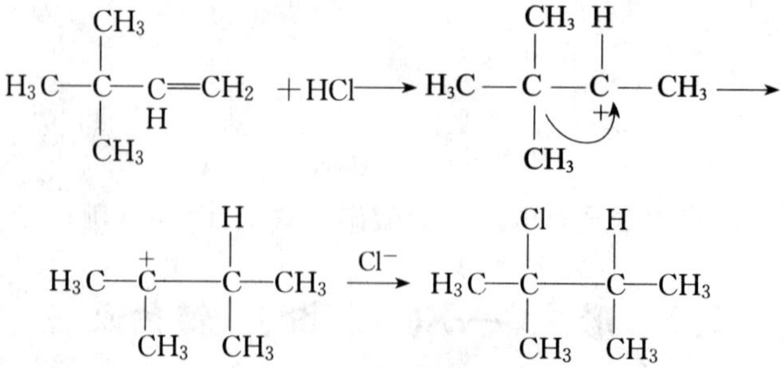

$H_3C-C(CH_3)_2-CH{=}CH_2$ + HCl → $H_3C-C(CH_3)_2-\overset{+}{C}H-CH_3$ →

$H_3C-\overset{+}{C}(CH_3)-CH(CH_3)-CH_3$ $\xrightarrow{Cl^-}$ $H_3C-CCl(CH_3)-CH(CH_3)-CH_3$ (5-85)

(3) 不饱和羧酸的卤内酯化反应。当分子中同时存在不饱和双键和羧酸基团时，羧酸负离子会进攻不饱和双键形成内酯，其反应历程与烯烃与卤素加成历程相似，可用于合成卤甲基的内酯(见式 5-86)。

$$\text{CH}_2\text{=CHCH}_2\text{CH}_2\text{CH}_2\text{COOH} \xrightarrow{Br_2} \text{BrH}_2\text{C-}(\delta\text{-valerolactone})$$

$$\text{CH}_2\text{=CHCH}_2\text{CH}_2\text{COOH} \xrightarrow{Br_2} \text{BrH}_2\text{C-}(\gamma\text{-butyrolactone}) \qquad (5-86)$$

(4) 不饱和烃和次卤酸(酯)、N-卤代酰胺的反应。次卤酸对烯烃加成时，卤素正离子首先对烯烃的双键进攻，加成在双键的取代基较少的一端，生成桥卤三元化过渡态后，水分子或 OH^- 对其进行亲核进攻得β-卤醇(见式 5-87)。

$$\text{CH}_2\text{=CHCH}_2\text{CH}_3 \xrightarrow[H_2O]{Br_2} \text{BrCH}_2\text{CH(OH)CH}_2\text{CH}_3 \qquad (5-87)$$

N-卤代酰胺是有机合成中最常用的卤化剂，如 N-溴代丁二酰亚胺(NBS)，N-氯代丁二酰亚胺(NCS)等，其反应活性高，且操作方便。如烯烃在酸催化下与 N-卤代酰胺反应，生成β-卤代醇或其衍生物(见式 5-88)。

$$\text{CH}_2\text{=CHCH}_2\text{CH}_3 \xrightarrow[CH_3COOH]{NBS} \text{BrCH}_2\text{CH(OCOCH}_3\text{)CH}_2\text{CH}_3$$

$$(\text{CH}_3)_2\text{C=CHCH}_2\text{CH}_3 \xrightarrow[DMSO,\ H_2O]{NBS} (\text{CH}_3)_2\text{CBr-CHBrCH}_2\text{CH}_3 \qquad (5-88)$$

2. 自由基加成反应

在光照或过氧化物的催化下，溴化氢对烯烃(炔烃)进行自由基的加成反应，反应的定位主要取决于中间体碳自由基的稳定性(见式 5-89)。

$$\text{C}_6\text{H}_5\text{-CH=C(CH}_3)_2 + \text{HBr} \xrightarrow{\text{过氧化苯甲酰}} \text{C}_6\text{H}_5\text{-CH}_2\text{-CBr(CH}_3)\text{-CH}_3 \qquad (5-89)$$

3. 自由基卤取代反应

(1) 饱和烃的卤取代反应见式 5-90 所示。

$$\text{H}_3\text{C-C(CH}_3)_2\text{-H} \xrightarrow[h\nu]{Br_2} \text{H}_3\text{C-C(CH}_3)_2\text{-Br} \quad 99\% \qquad (5-90)$$

(2) 不饱和烃的卤取代反应。烯丙位和苄位α-碳原子上卤取代反应属于自由基反应历程，常用自由基引发剂有过氧化物、偶氮二异丁腈等，卤化剂有卤素、N-卤代酰胺、次卤酸酯等(见式5-91)。

$$1,3,5-(CH_3)_3C_6H_3 + Br_2 \xrightarrow[\text{500W 白炽灯}]{CCl_4,\ \triangle} 1,3,5-(CHBr_2)_3C_6H_3 \xrightarrow{\text{发烟硫酸}} \xrightarrow{\text{冰水}} 1,3,5-(CHO)_3C_6H_3 \quad (5-91)$$

4. 芳烃的卤取代反应

(1) 氟取代反应：氟气在氩气或氮气稀释下，于−78℃通入芳烃的惰性溶剂稀溶液中进行芳烃的亲电取代反应，也可用酰基次氟酸酐为氟化剂。但当用 XeF_2 或 XeF_4 做为氟化剂时，可能属于自由基反应历程。

(2) 氯取代或溴代反应(见式5-92)。

$$1,3,5-(CH_3)_3C_6H_3 \xrightarrow[CCl_4,\ 0℃]{Br_2} 2-Br-1,3,5-(CH_3)_3C_6H_2 \quad 79\%\sim82\%$$

$$H_2N-C_6H_4-SO_2NH_2 + 2HCl + H_2O_2 \longrightarrow 4-H_2N-3,5-Cl_2C_6H_2-SO_2NH_2 \quad 65\%\sim71\% \quad (5-92)$$

在无溶剂的条件下，酚或芳胺与NBS一起研磨，可以较高收率得到溴化物(见式5-93)。

$$3,5-(CH_3)_2C_6H_3OH \xrightarrow{NBS} 2,4,6-Br_3-3,5-(CH_3)_2C_6OH$$

$$3-H_2NC_6H_4OH \xrightarrow{NBS} 2,4,6-Br_3-3-H_2NC_6HOH \quad (5-93)$$

$$HO-C_6H_4-OH \xrightarrow{NBS} 2,5-\text{二溴-1,4-苯醌}$$

(3) 碘取代反应见式 5－94 所示。

$$O_2N-C_6H_4-NH_2 + ICl \xrightarrow[CH_3COOH]{\triangle} O_2N-C_6H_2I_2-NH_2 \quad 56\%\sim64\%$$

$$o\text{-}HOC_6H_4COOH + ICl \xrightarrow[CH_3COOH]{\triangle} 3,5\text{-}I_2\text{-}2\text{-}HOC_6H_2COOH \quad 91\%\sim92\% \qquad (5-94)$$

5. 醛和酮的 α－卤取代

羰基的 α－氢原子被卤素取代的反应属于卤素亲电取代历程，所用卤化试剂同与烯烃亲电加成相似。反应可在酸或碱的催化下进行，其酸催化机理见式 5－95 所示。

$$>\underset{H}{C}-\underset{O}{\overset{\|}{C}}- \underset{}{\overset{H^+}{\rightleftharpoons}} \left[>C=\underset{OH}{C}-\right] \xrightarrow{-HX} >\underset{X}{C}-\underset{O}{\overset{\|}{C}}- \qquad (5-95)$$

对于酸催化的反应，α 位具有给电子基团时，有利于烯醇的稳定，卤取代较容易。在 α 位具有吸电子基团时，卤代反应受到阻滞。

对于碱催化的 α－卤取代反应来说，与上述酸催化反应的情况相反。α－给电子基的存在降低 α－氢原子活性，而吸电子基有利于 α－氢质子脱去而促进反应。

其碱催化机理见式 5－96 所示。

$$>\underset{H}{C}-\underset{O}{\overset{\|}{C}}- \overset{B:}{\rightleftharpoons} \left[>\bar{C}-\underset{O}{\overset{\|}{C}}- \longleftrightarrow >C=\underset{O^-}{C}-\right] \longrightarrow >\underset{X}{C}-\underset{O}{\overset{\|}{C}}- \qquad (5-96)$$

$$C_6H_5COCH_3 \xrightarrow[NaOH]{Br_2} C_6H_5COCH_2Br \quad 88\%\sim96\%$$

6. 羧酸衍生物的 α－卤取代反应

羧酸衍生物的 α－卤代反应与醛酮相似，也属于亲电取代机理。酰卤、酸酐、腈、丙二酸及其酯的 α－氢原子活性较大，可以直接用各种卤化剂进行 α－卤取代反应。其他二羧酸可转化成酰卤后再进行 α－卤取代(见式 5－97)。

$$\begin{matrix}CH_2CH_2COOH\\|\\CH_2CH_2COOH\end{matrix} \xrightarrow{SOCl_2} \begin{matrix}CH_2CH_2COCl\\|\\CH_2CH_2COCl\end{matrix} \xrightarrow[\triangle]{Br_2} \begin{matrix}CH_2CHBrCOCl\\|\\CH_2CHBrCOCl\end{matrix} \xrightarrow{EtOH} \begin{matrix}CH_2CHBrCOOEt\\|\\CH_2CHBrCOOEt\end{matrix} \quad 91\%\sim99\% \qquad (5-97)$$

$$CH_2(COOEt)_2 \xrightarrow[\triangle]{Bt_2/CCl_4} \underset{Br}{CH}(COOEt)_2 \quad 75\%$$

7. 醇的卤置换反应

醇与卤化氢或氢卤酸的反应属于亲核取代反应，反应中醇羟基的活性顺序为叔羟基>仲羟基>伯羟基。不同卤素可采取不同的置换条件，例如：醇在氯置换反应中，活性较大的叔醇、卞醇等可直接用浓盐酸或氯化氢气体进行反应；伯醇常用 Lucas 试剂进行氯置换反应。醇在溴氢酸中进行置换反应时，也可采用及时分馏除去水分的方法使反应朝着正反应方向进行，对碘的置换反应，虽然速度很快，但碘代烃易被碘化氢还原，因此，在反应中需及时将碘代烃蒸馏移出反应系统，碘化剂需用碘化钾和 95%的磷酸或多聚磷酸的混合物。

醇和氯化亚砜反应中易生成氯化氢和二氧化硫气体，可通过挥发除去而无残留物，经直接蒸馏可得纯的氯代烃。与氯化亚醇的反应过程，则要首先生成氯化亚硫酸酯，然后再生成氯代烃。

卤化磷的活性比氢卤酸大，与醇羟基的置换反应中，重排副反应也较少，大多为 S_N2 反应机理。

8. 酚的卤置换反应

酚卤置换中，一般必须采用五卤化磷或与氧化磷合用，在较剧烈的条件下才能反应。对于芳杂环上羟基的卤置换反应则相对比较容易，单独用五卤化磷，也能得到较好的结果(见式 5-98)。

$$\text{4-甲基-2-羟基喹啉} \xrightarrow[\triangle]{PCl_5} \text{4-甲基-2-氯喹啉 (89\%)} \tag{5-98}$$

9. 羧羟基的卤置换反应

羧羟基与卤化磷、卤化亚砜的反应是制备酰卤的好方法。不同结构羧酸的反应活性顺序为：脂肪羧酸>芳香羧酸；芳环上具有给电子取代基的芳香羧酸>无取代基的芳香羧酸>有吸电子取代基的芳香羧酸。

用氯化亚砜与羧酸反应制备酰氯，所得产品容易纯化。也可用氯化亚砜与酸酐反应制得。因氯化亚砜沸点低、易蒸馏回收，且对分子内存在的其他官能团如双键、羰基、烷基或酯基影响甚少，故被当做羧酸制备酰氯的常用试剂。

利用草酰氯和羧酸或其盐之间的交换反应可在较温和的条件下得到酰氯。

5.3.2 特殊的形成 C—X(Cl、Br、I)键的反应

1. 磺酸酯的卤置换反应

由于磺酰氯及其酯的活性较大，因此常将醇用磺酰氯转化成相应的磺酸酯，再用卤素置换，可得到高收率的卤化物。常用的卤化剂有卤化钠、卤化钾、卤化锂、卤化镁等，反应溶剂为丙酮、醇、DMF 等极性溶剂。例如，季戊四溴的合成收率近 100%(见式 5-99)。

$$C(CH_2OH)_4 + H_3C\text{—}C_6H_4\text{—}SO_2Cl \xrightarrow{DMF}$$

$$p-H_3C—C_6H_4O_2SO—\ \ —OSO_2C_6H_4—CH_3-p \xrightarrow[DMF]{NaBr} Br—\ \ —Br \tag{5-99}$$

2. 芳香重氮盐化合物的卤置换反应

在氯化亚铜或溴化亚铜和相应的氢卤酸存在下，将芳香重氮盐转化成卤代芳烃反应被称为Sandmeyer反应。如由间硝基苯甲醛制备间氯苯甲醛，收率为75%～79%(见式5-100)。

$$\text{OHC-}C_6H_4\text{-}NO_2 \xrightarrow[HCl]{Sn} \text{OHC-}C_6H_4\text{-}NH_2 \xrightarrow[HCl,\ 0℃]{NaNO_2} \text{OHC-}C_6H_4\text{-}N_2^+Cl^- \xrightarrow[HCl]{CuCl} \text{OHC-}C_6H_4\text{-}Cl\ \ 75\%\sim79\% \tag{5-100}$$

芳香重氮盐的碘置换反应中可不必加入铜盐，只需将芳香重氮盐和碘化钾或碘直接加热即可得碘代芳烃(见式5-101)。

$$C_6H_5\text{-}NH_2 \xrightarrow[HCl,\ 0℃]{NaNO_2} C_6H_5\text{-}N_2^+Cl^- \xrightarrow{KI} C_6H_5\text{-}I\ \ 75\% \tag{5-101}$$

在制备氟代芳烃时，一般采用Schiemann反应，反应时需将芳香重氮盐转化成不溶性的重氮氟硼酸盐或氟磷酸盐，或用芳胺直接用亚硝酸钠和氟硼酸进行重氮化后再经分解，就可以得到较高收率的氟代芳烃。

利用不饱和烃的硼氢化-卤解反应，可方便地制备用正常加成反应难以得到的某些卤化物。常用硼氢化试剂有B_2H_6、BH_3/THF和BH_3/Me_2S(DMS)等。烯烃的硼氢化反应见式5-102所示。

$$\text{降冰片烯} \xrightarrow[THF]{B_2H_6} [\text{降冰片基}]_3B \xrightarrow{I_2/CH_3ONa} \text{2-碘降冰片烷}\ \ 78\%$$

$$C_6H_5COO(CH_2)_3CH=CH_2 \xrightarrow[(2)\ ICl]{(1)\ B_2H_6} C_6H_5COO(CH_2)_5I\ \ 88\% \tag{5-102}$$

3. Hunsdriecke反应

Hunsdriecke反应为羧酸银盐和溴或碘反应，脱去二氧化碳，生成比羧酸少一个碳原子的卤代烃的反应。反应在无水的条件下进行，特别适合由α,ω-二元羧酸制备ω-卤代羧酸(见式5-103)。

$$\begin{matrix}CH_2CH_2COOH\\|\\CH_2CH_2COOH\end{matrix} \xrightarrow[NaOH]{AgNO_3} \begin{matrix}CH_2CH_2COOAg\\|\\CH_2CH_2COOH\end{matrix} \xrightarrow[CCl_4]{Br_2} \begin{matrix}CH_2CH_2Br\\|\\CH_2CH_2COOH\end{matrix} \tag{5-103}$$

Hunsdriecke反应可改用羧酸的铅盐和卤化物进行反应(见式5-104)。

$$\text{1-金刚烷-COOH} \xrightarrow[LiCl,\ C_6H_6,\ \triangle]{Pb(OAc)_4} \text{1-金刚烷-Cl}\ \ 60\% \tag{5-104}$$

习 题

1. 完成下列反应。

(1) 2,6-二甲基-4-甲基苯基烯丙基醚 $\xrightarrow{BCl_3}$

(2) 1,3,5-三甲苯 $\xrightarrow[500W 白炽灯]{Br_2-CCl_4,\ \triangle}$ $\xrightarrow{发烟硫酸}$ $\xrightarrow{冰水}$

(3) 1,3-环己二酮 $+ n-C_4H_9OH \xrightarrow[80℃]{In(OTf)_3(3mol\%)}$

(4) 1,3-环己二酮 $\xrightarrow[\triangle]{In(OTf)_3}$

(5) $C_6H_5NHCH_2CH=CH_2 \xrightarrow{\triangle}$

(6) $C_6H_5SCH_2CH=CH_2 \xrightarrow{\triangle}$

2. 利用季戊醇和3,9二氧化螺[5.5]十一烷合成3,21-二氧代-10,14,26,29-四硫杂螺[5.2.2.2.2.5.2.2.2.2]三十一烷。(注意螺环化合物的命名)

3. 利用苯及烷基苯合成2-溴-4,6-二硝基-1,3,5-三甲苯。

第 6 章　形成其他双键的反应

内容提要

本章系统地总结了形成碳氧双键、氮氮双键的反应。除传统的方法外，重点介绍了采用肼与醌反应制备偶氮化合物的方法，还介绍了非常规的一些偶合反应。

6.1　偶氮化合物的合成

6.1.1　重氮-偶联法合成偶氮化合物

基础有机化学中讲述，胺类和酚类可与重氮盐发生偶联反应。由于重氮正离子是一个较弱的亲电试剂，所以要求芳环上要有高的电子云密度，反应才能顺利进行，下面介绍一些特殊的反应。

1. 非胺类和酚类作为偶合组分

当使用的重氮正离子是一个活性高的亲电试剂时，对苯环上电子云密度的要求有所下降，所以多烷基苯或苯甲醚类也可以发生偶联反应，见式 6－1、式 6－2 所示。

$$2,4,6\text{-}(O_2N)_3C_6H_2\overset{+}{N_2}\overset{-}{Cl} \xrightarrow{1,3,5\text{-}(CH_3)_3C_6H_3} 2,4,6\text{-}(O_2N)_3C_6H_2\text{-}N{=}N\text{-}C_6H_2\text{-}2,4,6\text{-}(CH_3)_3 \qquad (6-1)$$

$$2,4,6\text{-}(O_2N)_3C_6H_2\overset{+}{N_2}\overset{-}{Cl} \xrightarrow{C_6H_5OCH_3} 2,4,6\text{-}(O_2N)_3C_6H_2\text{-}N{=}N\text{-}C_6H_4\text{-}4\text{-}OCH_3 \qquad (6-2)$$

该反应为合成一些新的结构染料提供了新的思路(见式 6－3)。

$$4\text{-}O_2N\text{-}2,6\text{-}(CN)_2C_6H_2\text{-}N{=}N\text{-}C_6H_2\text{-}2,4,6\text{-}Me_3 \xrightarrow[H_2SO_4]{HNO_3} 4\text{-}O_2N\text{-}2,6\text{-}(CN)_2C_6H_2\text{-}N{=}N\text{-}C_6H(Me)_3(NO_2)$$

$$\longrightarrow 4\text{-}O_2N\text{-}2,6\text{-}(CN)_2C_6H_2\text{-}N{=}N\text{-}C_6H(Me)_3(NH_2) \xrightarrow[HCl]{NaNO_2} 4\text{-}O_2N\text{-}2,6\text{-}(CN)_2C_6H_2\text{-}N{=}N\text{-}C_6H(Me)_3(N_2^+)$$

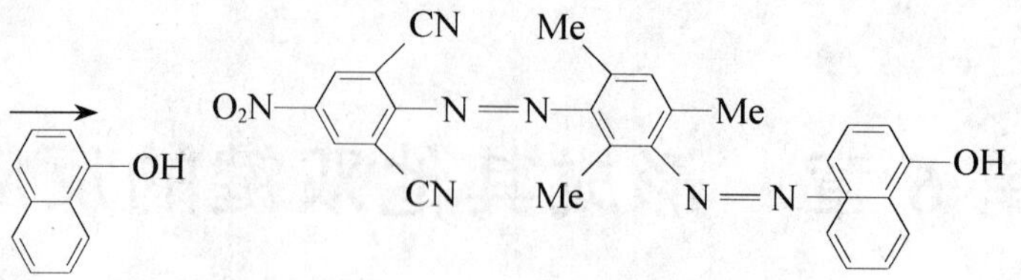

CN Me

O_2N— —N═N— —Me

—OH CN Me N═N— —OH (6 - 3)

2. 强酸介质中偶合

基础有机化学中讲述，胺类和酚类可与重氮盐发生偶联反应的 pH 分别为 5 或 8，以保证反应的顺利进行。但当重氮盐非常活泼且在稀酸介质中易分解时，只能在强酸介质中偶合，如分散蓝需在 5% H_2SO_4 中合成(见式 6 - 4)。

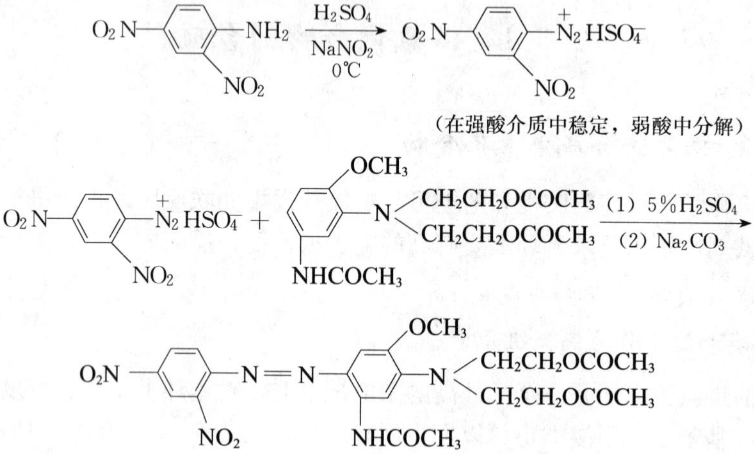

O_2N— —NH_2 $\xrightarrow[NaNO_2,\ 0℃]{H_2SO_4}$ O_2N— —$\overset{+}{N_2}HSO_4^-$

NO_2 NO_2

(在强酸介质中稳定，弱酸中分解)

O_2N— —$\overset{+}{N_2}HSO_4^-$ + (OCH_3, N($CH_2CH_2OCOCH_3$)$_2$, $NHCOCH_3$) $\xrightarrow[(2)\ Na_2CO_3]{(1)\ 5\%H_2SO_4}$ (6 - 4)

NO_2

O_2N— —N═N— (OCH_3) —N($CH_2CH_2OCOCH_3$)$_2$

NO_2 $NHCOCH_3$

式 6 - 5 所示的杂环分散染料要在 12%～15% H_2SO_4 中完成偶合反应。

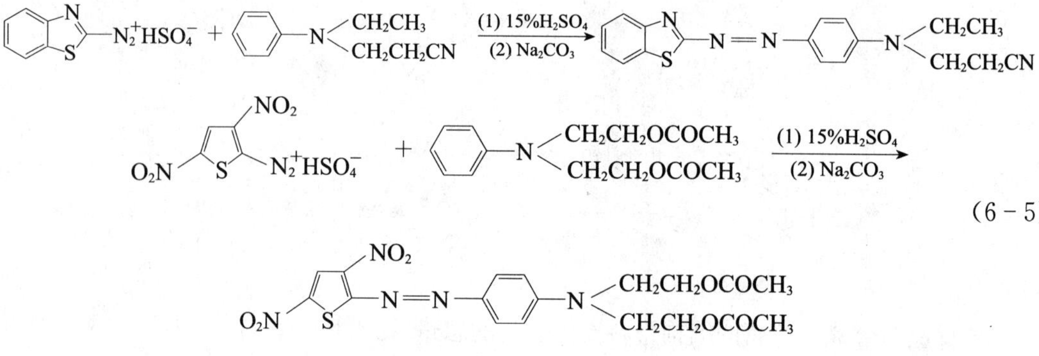

(N, S)—$N_2^+HSO_4^-$ + —N(CH_2CH_3)(CH_2CH_2CN) $\xrightarrow[(2)\ Na_2CO_3]{(1)\ 15\%H_2SO_4}$ (N, S)—N═N— —N(CH_2CH_3)(CH_2CH_2CN)

NO_2

O_2N S $N_2^+HSO_4^-$ + —N($CH_2CH_2OCOCH_3$)$_2$ $\xrightarrow[(2)\ Na_2CO_3]{(1)\ 15\%H_2SO_4}$

(6 - 5)

NO_2

O_2N S —N═N— —N($CH_2CH_2OCOCH_3$)$_2$

3. 重氮盐与无机 Cl^- 的副反应

一些活泼的重氮盐如 2,4 -二硝基- 6 -溴重氮盐和 2,4 -二硝基- 6 -氯重氮盐很容易与偶合组分中的 Cl^- 离子发生副反应，生成相应的氯化物。因此，在与活泼重氮盐发生偶联反应时，有时脱除氯或溴离子是增加收率的好方法。如在式 6 - 7 所示的染料制备过程中，由于偶合组分中存在有 NaCl，结果发生了副反应，所以必须将偶合组分中 NaCl 用水洗去，以减少副反应的产生。

Br, N_2^+, NO_2, NO_2 + $N(CH_2COOEt)_2$, $NHCOCH_3$ $\xrightarrow{CH_3COOH}$ O_2N—(Br, NO_2)—N═N—(NHCOCH$_3$)—$N(CH_2COOEt)_2$

主反应 (6-6)

Br, N_2^+, NO_2, NO_2 $+Cl^- \longrightarrow$ Br, Cl, NO_2, NO_2

副反应

图 6.1 所示为生成式 6-6 所示氯化物的 MS 图谱。

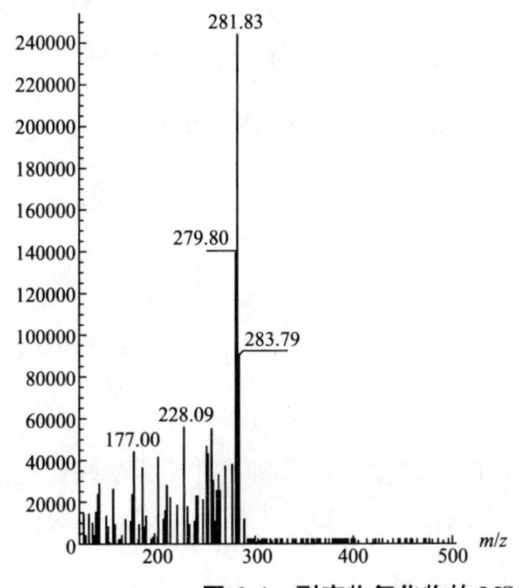

图 6.1　副产物氯化物的 MS 图谱

(化合物的 M 峰为 279.80，M+2 峰为 281.83，其比例为 1∶4/3).

6.1.2　无溶剂法合成重氮化合物

1. 使用 NOCl 进行重氮化反应

将装有固体苯胺的烧瓶在真空下与充满 NOCl 的烧瓶相连 24h，在－196℃下回收气体，可定量得到橙黄色重氮盐固体(见式 6-7)。

$$R\text{-}C_6H_4\text{-}NH_2 + NOCl \longrightarrow R\text{-}C_6H_4\text{-}N_2^+Cl^- + H_2O \quad (6-7)$$

$R=NO_2$，COOH，SO_3H

2. 使用 NO 进行重氮化反应

使用亚硝化物或亚胺类化合物与 NO 进行反应，可定量得到重氮盐固体(见式 6-8)。

$$R\text{-}C_6H_4\text{-}N{=}O + 2NO \longrightarrow R\text{-}C_6H_4\text{-}\overset{+}{N}_2NO_3^- \quad (6-8)$$

R=H，$N(CH_3)_2$

$$H_3CO\text{-}C_6H_4\text{-}N{=}CH\text{-}C_6H_4\text{-}Cl + 4NO \longrightarrow H_3CO\text{-}C_6H_4\text{-}\overset{+}{N}_2NO_3^- + OHC\text{-}C_6H_4\text{-}Cl + N_2$$

3. 使用 NO_2 进行重氮化反应

使用 NO_2 进行重氮化反应，可定量得到重氮盐固体(见式 6-9)。

$$R\text{-}C_6H_4\text{-}NH_2 + 2NO_2 \longrightarrow R\text{-}C_6H_4\text{-}\overset{+}{N}_2NO_3^- + H_2O$$

R=4-COOH，4-Br，4-Cl，4-NO_2，3-NO_2，2-COOH，4-CN，4-SO_3H，2-SO_3H

$$\text{1-氨基蒽醌} + 2NO_2 \longrightarrow \text{1-重氮蒽醌硝酸盐}(\overset{+}{N}_2NO_3^-) + H_2O \quad (6-9)$$

使用无溶剂法制备重氮化合物反应速率快，收率高，对环境友好，是值得关注的合成方法，但重氮化合物在无溶剂下特别不稳定，容易发生爆炸，这是需要认真研究的问题。

6.1.3 非重氮-偶联法合成偶氮化合物

采用非重氮-偶联法合成偶氮化合物不仅可以减少废酸废水的生成，从而降低对环境的污染，而且可以得到重氮-偶联法不易得到染料结构类型。下面介绍醌与肼生成腙和亚硝基化合物与胺缩合的方法。肼可用取代方法制备，见式 6-10 所示。

$$\text{1-Cl-2,4-}(NO_2)_2C_6H_3 \xrightarrow[KOAc]{H_2NNH_2\cdot H_2SO_4} \text{1-(HN-NH}_2\text{)-2,4-}(NO_2)_2C_6H_3 \quad (6-10)$$

81%～85%

1. 醌与肼生成腙的方法

从偶氮染料的结构可知，腙和偶氮基团是互变异构体，如甲基橙的酸碱变色(见式 6-11)。

$(H_3C)_2N^+=C_6H_4=N-NH-C_6H_4-SO_3H$ 红色 pH<3.3 腙式结构

⇌

$(H_3C)_2N^+=C_6H_4=N-NH-C_6H_4-SO_3^-$ 橙色 pH=3.3～4.4 腙式结构 (6-11)

⇌

$(H_3C)_2N-C_6H_4-N=N-C_6H_4-SO_3Na$ 黄色 pH>4.4 偶氮结构

因此，通过醌与肼生成腙，再异构化可以制备偶氮化合物，进而再进行修饰，可得到预想的偶氮染料，见式6-12所示。

$O_2N-C_6H_3(NO_2)-NHNH_2 + O=C_6H_4=O \xrightarrow[CH_2Cl_2]{研磨} O_2N-C_6H_3(NO_2)-HN-N=C_6H_4=O$

$\xrightarrow{异构化} O_2N-C_6H_3(NO_2)-N=N-C_6H_4-OH \xrightarrow{衍生化} O_2N-C_6H_3(NO_2)-N=N-C_6H_2(Cl)_2-OH$

(6-12)

重氮-偶联法得到的染料多为重氮组分有吸电子基团，偶氮组分有给电子基团。利用该法还可以得到偶氮基两侧的芳环为吸电子基团或为给电子基团的化合物，见式6-13所示。

$O_2N-C_6H_4-NH-N=C_6(CN)_4=O \rightleftharpoons O_2N-C_6H_4-N=N-C_6(CN)_4-OH$ (6-13)

$H_3C-C_6H_4-NH-N=C_6H_4=O \rightleftharpoons H_3C-C_6H_4-N=N-C_6H_4-OH$

2. 亚硝基化合物与胺缩合的方法，如6-14所示。

$Me_2N-C_6H_5 \xrightarrow{C_5H_{11}ONO} Me_2N-C_6H_4-NO$

(6-14)

$Me_2N-C_6H_4-NO + H_2N-C_6H_4-OH \longrightarrow Me_2N-C_6H_4-N=N-C_6H_4-OH$

3. 三氮烯-1-氧化物的方法

在无溶剂条件下，将三氮烯-1-氧化物与1-萘酚或2-萘酚在丙酮中混合后，除去丙酮得到混晶，研磨并在日光下反应7h，可得到偶氮化合物(见式6-15)。

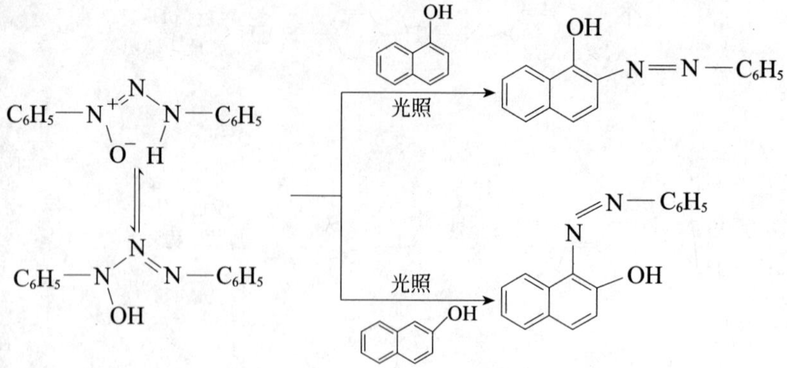

(6-15)

4. 胺氧化偶合法

Gilbert 等人使用 MnO_2 氧化 4-氯(氟)苯胺得到了一系列偶氮化合物，收率为 69%～79%(见式 6-16)。

(Gilbert, A. M.; Failli, A.; Shumsky, J.; Yang, Y.; Severin, A.; Singh, G.; Hu, W.; Keeney, D.; Petersen, P. J.; Katz, A. H. J. Med. Chem. 2006, 49, 6027)

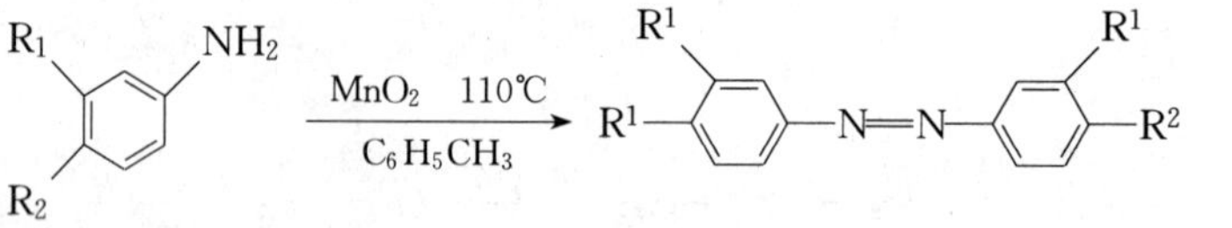

$$\xrightarrow[C_6H_5CH_3]{MnO_2\ \ 110^\circ C}$$

(6-16)

$R^1=H\quad R^2=Cl\quad 49\%$; $R^1=Cl\quad R^2=Cl\quad 89\%$;

$R^1=Cl\quad R^2=H\quad 88\%$; $R^1=H\quad R^2=F\quad 79\%$

使用 MnO_2 氧化 4-羟基苯胺也可得到偶氮化合物，收率较低，两步收率为 34%(见式 6-17)。

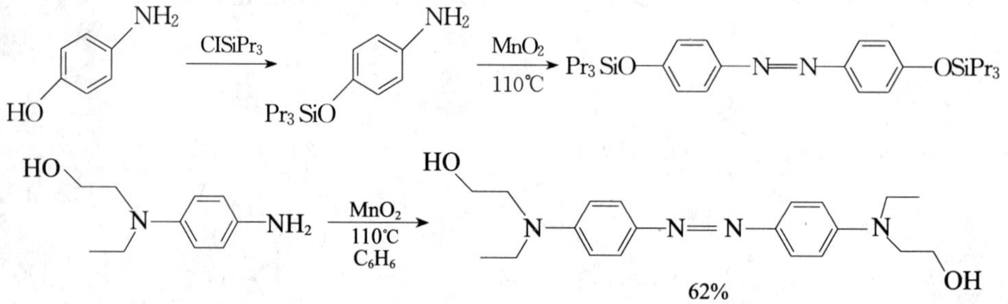

(6-17)

62%

2007 年 Naeimi 等利用过硼酸钠氧化法，得到了 52%的二氨基偶氮苯，见式 6-18 所示。

(Naeimi, H.; Safari, J.; Heidarnezhad, A. Dyes Pigments 2007, 73, 251-253)

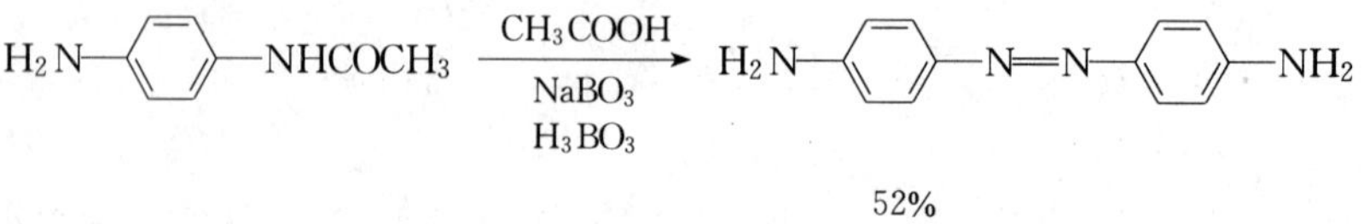

$$H_2N-C_6H_4-NHCOCH_3 \xrightarrow[NaBO_3,\ H_3BO_3]{CH_3COOH} H_2N-C_6H_4-N{=}N-C_6H_4-NH_2$$

(6-18)

52%

Saiki 通过氧化偶合方法合成了下列化合物，收率为 64%。该法为合成大环衍生物提供了重要方法(见式 6-19)。

(Saiki, Y.; Sugiura, H.; Nakamura, K.; Yamaguchi, M.; Hoshi, T.; Anzai, J. I. J. Am. Chem. Soc. 2003, 125, 9268)

$R=COOC_{10}H_{21}$-*n*

(6-19)

使用 $KMnO_4-CuSO_4$ 氧化苯胺衍生物也可得到很好收率的偶氮化合物，见式 6-20 所示。

（Noureldin, N. A.; Bellegarde, J. W. Synthesis 1999, 939-942）

R—C₆H₄—NH₂ →($KMnO_4-CuSO_4$, CH_2Cl_2) R—C₆H₄—N=N—C₆H₄—R (6-20)

R=H，78%；R=Bu-s，77%；R=I，87%

Orito 等人使用 $HgO-I_2$ 试剂完成偶氮化合物的合成，收率为 87%，并提出了如下反应机理（见式 6-21）。

EtOOC—C₆H₄—NH₂ →(HgO/I_2, CH_2Cl_2) ErOOC—C₆H₄—N=N—C₆H₄—COOEt

(6-21)

苯环上电子云密度较高且胺基周围空间位阻较小，收率较好；如果环上电子云密度较低或空间位阻较大，收率很小，没有制备价值，见式 6-22 所示。

HgO/CH_2Cl_2 (6-22)

4%

胺基氧化偶联一般得到的是对称的偶氮化合物，经过适当修饰，可以得到非对称的偶氮化合物。Khan 报道了氧化偶联直接得到非对称的偶氮化合物的方法，见式 6－23 所示。

(Khan, A.; Hecht, S. Chem. dEur. J. 2006, 12, 4764)

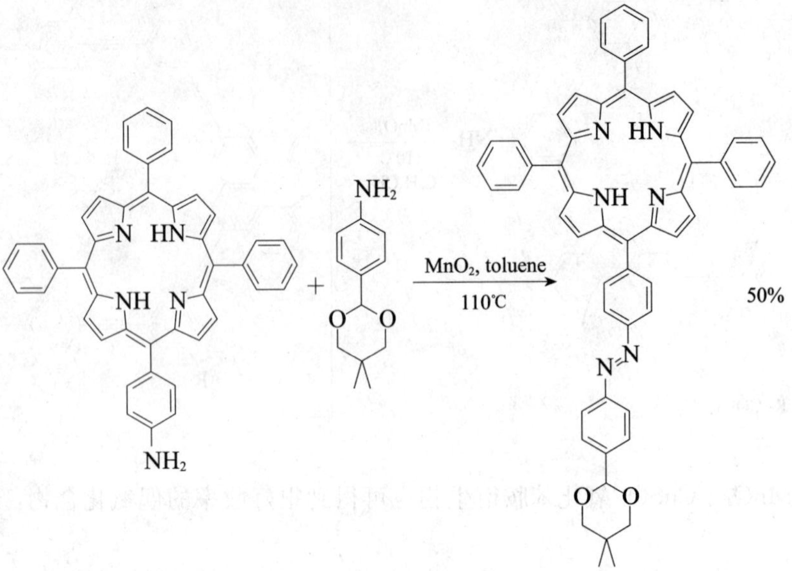

MnO_2, toluene, 110℃　50%　(6－23)

5．芳香硝基化合物还原法

芳香硝基化合物在碱性介质中可以还原成双分子化合物氧化偶氮苯、偶氮苯和氢化偶氮苯，反应产物往往是混合物。在特殊的条件下也有制备价值。如 Gowda 利用甲酸-Pb(粉末)-Et_3N－CH_3OH 体系将硝基苯还原成偶氮苯，收率高达 92%，见式 6－24 所示。

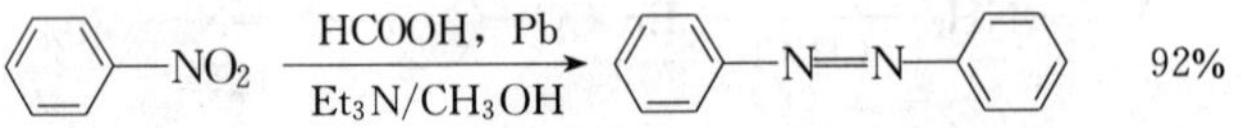

$$PhNO_2 \xrightarrow[Et_3N/CH_3OH]{HCOOH，Pb} Ph{-}N{=}N{-}Ph \quad 92\% \qquad (6-24)$$

(Srinivasa, G. R.; Abiraj, K.; Gowda, D. C. Tetrahedron Lett. 2003, 44, 5835)

利用葡萄糖-水将硝基苯甲酸还原成相应的偶氮苯，收率为 76%，见式 6－25 所示。

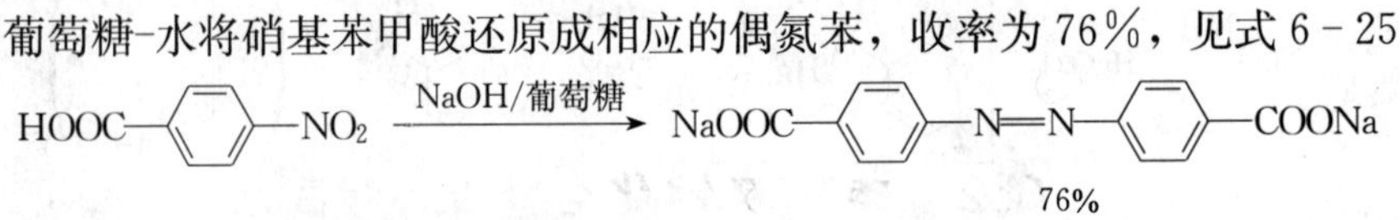

$$HOOC{-}C_6H_4{-}NO_2 \xrightarrow{NaOH/葡萄糖} NaOOC{-}C_6H_4{-}N{=}N{-}C_6H_4{-}COONa \quad 76\% \qquad (6-25)$$

将两个位置相近的硝基可氧化成偶氮苯，见式 6－26 所示。

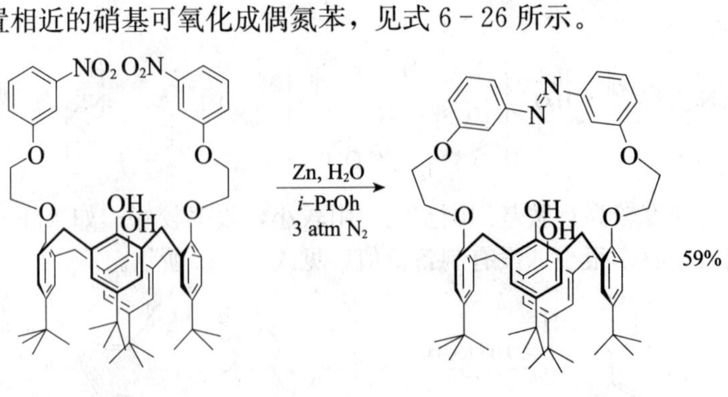

Zn, H_2O, *i*-PrOh, 3 atm N_2　59%　(6－26)

6．芳香肼化合物氧化法

由肼氧化成偶氮苯可使用多种氧化剂，如 H_2O_2、O_2、MnO_2、$FeCl_3$、$Pb(MeCO_2)_4$、

HgO、$(NH_4)_2S_2O_8$、NBS 等，见式 6-27 所示。

$$\text{PhNH–NHPh} \xrightarrow[O_2]{KF/Al_2O_3} \text{PhN=NPh}\quad 85\% \tag{6-27}$$

其可能的机理见式 6-28 所示。

$$\text{PhNH–NHPh} \overset{Al_2O_3}{\rightleftharpoons} \text{PhNH–NHPh} \xrightarrow{O_2} \text{PhNH–}\ddot{N}\text{Ph} \rightarrow \text{Ph}\dot{N}\text{–}\dot{N}\text{Ph} \rightarrow \text{PhN=NPh} \tag{6-28}$$

7. 氧化偶氮化合物还原

使用等物质的量的常用的还原剂和容易将氧化偶氮化合物还原成偶氮化合物，见式 6-29 所示。

$$\text{Ar–N=N}^+(O^-)\text{–Ar} \xrightarrow[THF]{LiAlH_4} \text{Ar–N=N–Ar}\quad 82\% \tag{6-29}$$

有意思的是氧化偶氮苯用硫酸处理，得到了羟基偶氮苯，见式 6-30 所示。(Cox，R. A.；Fung，D. Y. K.；Csizmadia，I. G.；Buncel，E. Can. J. Chem. 2003，81，535)

$$\text{PhN=N}^+(O^-)\text{Ph} \xrightarrow{H_2SO_4} \text{PhN=N–C}_6\text{H}_4\text{–OH} \tag{6-30}$$

6.2 碳氧双键化合物的合成

6.2.1 炔烃的加成

1. 炔烃的水合反应

在硫酸汞的催化下，炔烃水合可以得到羰基化合物，但汞盐对环境污染严重，无汞催化是发展方向。最近发现使用 $Ce(SO_4)_2$ 为催化剂可以完成炔烃水合反应(见式 6-31)。

$$R\text{—≡—}R' \xrightarrow[\text{benzene, }70^\circ C]{Ce(SO_4)_2,\ H_2O,\ H_2SO_4(conc)} R\text{–CO–CH}_2\text{–}R' \tag{6-31}$$

R=aryl，alkyl　R′=H，Me，Ph，COOMe

式 6-31 所示反应可能的反应机理式 6-32 所示。

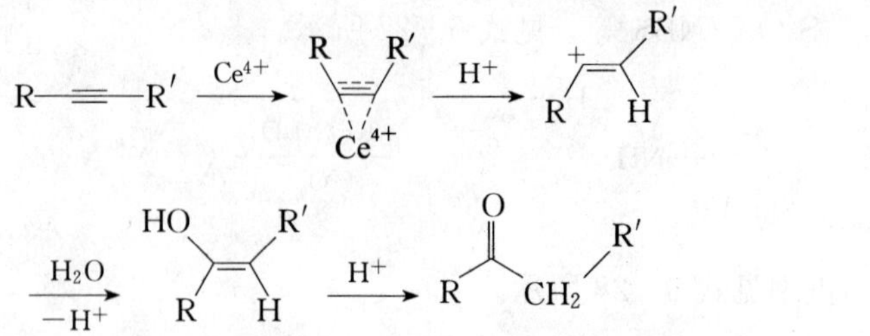

$$R{-}{\equiv}{-}R' \xrightarrow{Ce^{4+}} \text{[R, R' 炔–}Ce^{4+}\text{ 配合物]} \xrightarrow{H^+} R\overset{+}{C}{=}CHR' \tag{6-32}$$

$$\xrightarrow[-H^+]{H_2O} R(HO)C{=}CHR' \xrightarrow{H^+} RCOCH_2R'$$

苯环上有给电子基团时有利于水合反应，苯环上有吸电子基团时不利于水合反应中间体的稳定，收率较低。同时也间接说明该反应属于亲电子加成反应(见式 6 - 33)。

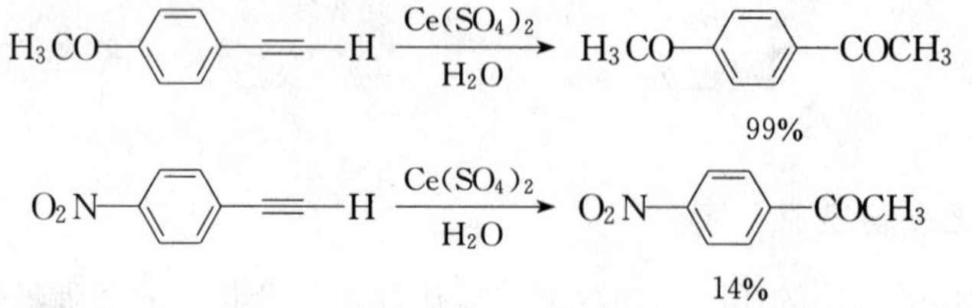

$$H_3CO{-}C_6H_4{-}C{\equiv}CH \xrightarrow[H_2O]{Ce(SO_4)_2} H_3CO{-}C_6H_4{-}COCH_3 \quad 99\%$$

$$O_2N{-}C_6H_4{-}C{\equiv}CH \xrightarrow[H_2O]{Ce(SO_4)_2} O_2N{-}C_6H_4{-}COCH_3 \quad 14\% \tag{6-33}$$

2. 硼氢化反应

炔烃经硼氢化和过氧化氢氧化水解后可得到烯醇，后者异构化便生成醛酮(见式 6 - 34)。

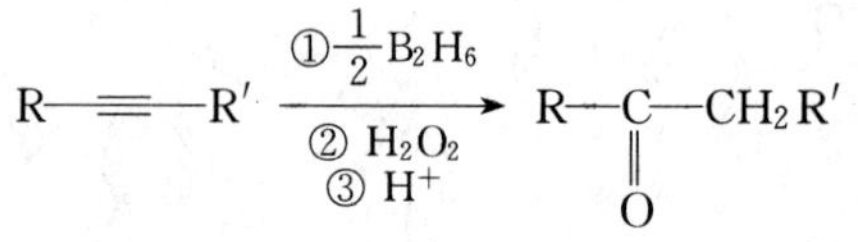

$$R{-}{\equiv}{-}R' \xrightarrow[\text{② } H_2O_2 \quad \text{③ } H^+]{\text{① } \frac{1}{2}B_2H_6} R{-}\underset{\underset{O}{\|}}{C}{-}CH_2R' \tag{6-34}$$

6.2.2 重排反应

1. pinacol 重排

邻二醇在酸作用下发生重排，经历了碳正离子的过程，可生成醛或酮(见式 6 - 35)。

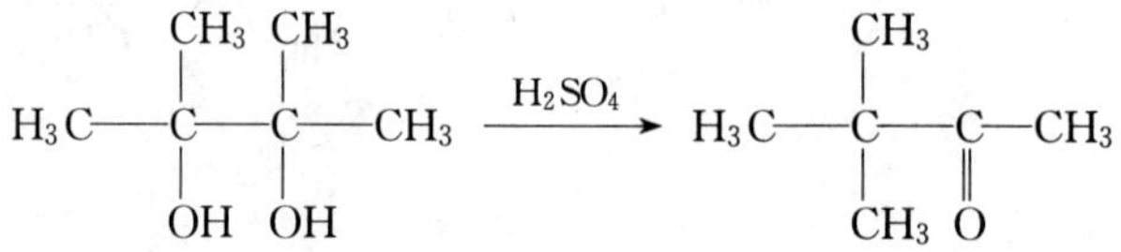

$$H_3C{-}C(CH_3)(OH){-}C(CH_3)(OH){-}CH_3 \xrightarrow{H_2SO_4} H_3C{-}C(CH_3)_2{-}\underset{\underset{O}{\|}}{C}{-}CH_3 \tag{6-35}$$

这类反应最初是在频哪醇重排为频哪酮时发现的，因此这类邻二醇的重排反应称为 pinacol 重排反应。此重排反应与 Wagner - Weerwein 重排类似，反应方程式如图 6 - 36 所示。

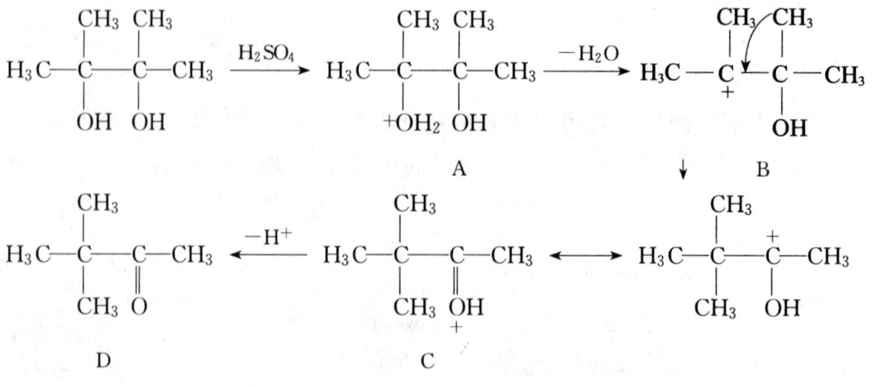

$$H_3C{-}C(CH_3)(OH){-}C(CH_3)(OH){-}CH_3 \xrightarrow{H_2SO_4} \underset{A}{H_3C{-}C(CH_3)(\overset{+}{O}H_2){-}C(CH_3)(OH){-}CH_3} \xrightarrow{-H_2O} \underset{B}{H_3C{-}\overset{+}{C}(CH_3){-}C(CH_3)(OH){-}CH_3}$$

$$\underset{D}{H_3C{-}C(CH_3)_2{-}\underset{\underset{O}{\|}}{C}{-}CH_3} \xleftarrow{-H^+} \underset{C}{H_3C{-}C(CH_3)_2{-}C(={\overset{+}{O}H}){-}CH_3} \longleftrightarrow H_3C{-}C(CH_3)_2{-}\overset{+}{C}(OH){-}CH_3 \tag{6-36}$$

首先是羟基质子化形成 A，A 失水成碳正离子 B，B 相继发生基团的迁移，缺电子中心转移到羟基的氧原子上（见图 6－36 中），B 中带正电荷的碳为 6 电子，C 中锌盐的氧为 8 电子，C 比 B 稳定，这是促使发生重排反应的原因，C 失去质子生成呐呐酮 D。

Wagner - Weerwein 重排是从一个碳正离子重排为另一个更稳定的碳正离子，而 pinacol 重排是从一个碳正离子重排为另一个更加稳定的锌盐离子。pinacol 重排反应需注意以下几个方面：

（1）哪一个羟基被质子化：在不对称取代的乙二醇中，哪一个羟基被质子化后脱水离去，这与羟基离去后形成碳正离子的稳定性有关，一般形成比较稳定的碳正离子的碳上的羟基被质子化，式 6－37 所示，苯环与碳正离子共轭比较稳定，因此 C1 形成碳正离子，由 C2 上氢重排。

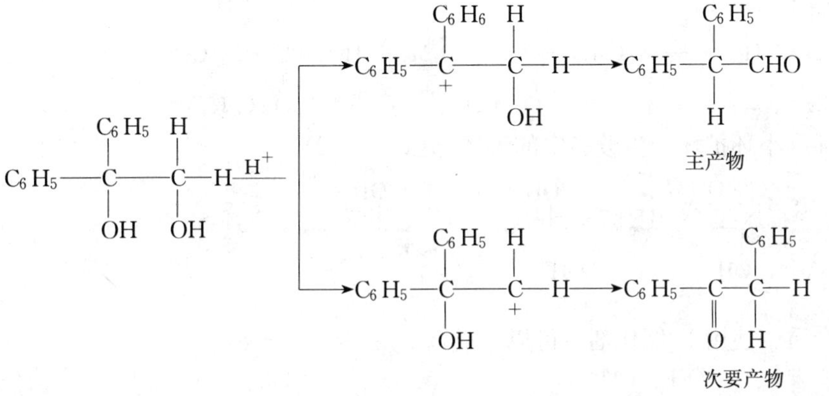

$$C_6H_5-\underset{OH}{\overset{C_6H_5}{C}}-\underset{OH}{\overset{H}{C}}-H \xrightarrow{H^+} \begin{cases} C_6H_5-\overset{C_6H_6}{\underset{+}{C}}-\underset{OH}{\overset{H}{C}}-H \longrightarrow C_6H_5-\underset{H}{\overset{C_6H_5}{C}}-CHO \quad \text{主产物} \\ C_6H_5-\underset{OH}{\overset{C_6H_5}{C}}-\underset{+}{\overset{H}{C}}-H \longrightarrow C_6H_5-\underset{O}{\overset{\|}{C}}-\underset{H}{\overset{C_6H_5}{C}}-H \quad \text{次要产物} \end{cases} \qquad (6-37)$$

（2）优先迁移基团：当形成的碳正离子相邻碳上两个基团不同时，由于碳正离子是缺电子基团，优先迁移的基团应是电负性较大的基团；如果两个基团电负性相近，应是体积较小的基团优先迁移，见式 6－38 所示。

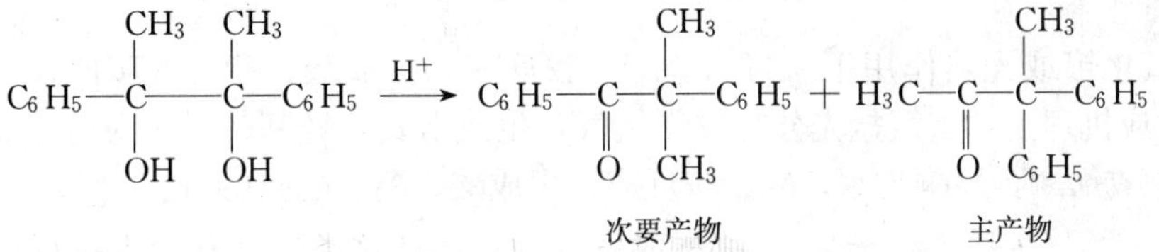

$$C_6H_5-\underset{OH}{\overset{CH_3}{C}}-\underset{OH}{\overset{CH_3}{C}}-C_6H_5 \xrightarrow{H^+} \underset{\text{次要产物}}{C_6H_5-\underset{O}{\overset{\|}{C}}-\underset{CH_3}{\overset{CH_3}{C}}-C_6H_5} + \underset{\text{主产物}}{H_3C-\underset{O}{\overset{\|}{C}}-\underset{C_6H_5}{\overset{CH_3}{C}}-C_6H_5} \qquad (6-38)$$

当碳正离子的相邻碳上有两个不同的芳基时，在重排时迁移的相对速率见式 6－39 所示。

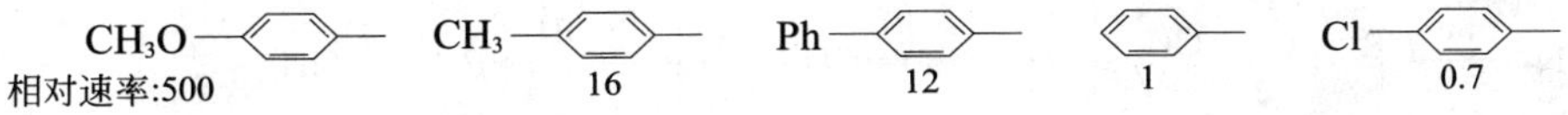

$$\underset{\text{相对速率:500}}{CH_3O-C_6H_4-} \quad \underset{16}{CH_3-C_6H_4-} \quad \underset{12}{Ph-C_6H_4-} \quad \underset{1}{C_6H_5-} \quad \underset{0.7}{Cl-C_6H_4-} \qquad (6-39)$$

（3）反式迁移：迁移基团与离去基团处于反式位置时，迁移速率较快。例如，顺-1,2-二甲基-1,2-环己二醇在稀硫酸作用下能迅速重排，甲基迁移得到环己酮，而反-1,2-二甲基-1,2-环己二醇在相同条件下，由于迁移基团与离去基团不处于反式位置，反应很慢，并导致发生环缩小反应(见式 6－40)。

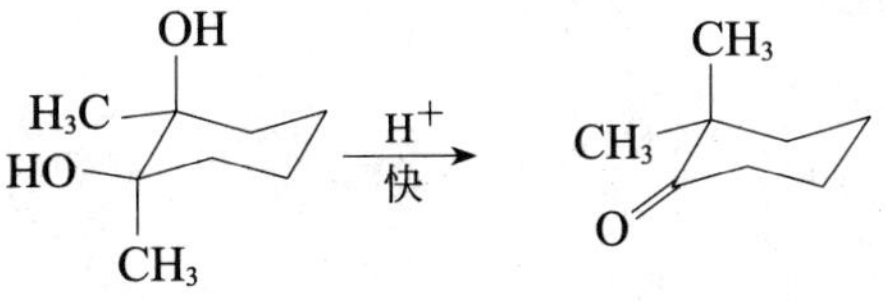

$$\text{(1-OH, 1-}H_3C\text{, 2-HO, 2-}CH_3\text{ 环己烷)} \xrightarrow[\text{快}]{H^+} \text{2,2-}(CH_3)_2\text{ 环己酮}$$

$$\text{(1,2-dimethylcyclohexane-1,2-diol)} \xrightarrow[\text{慢}]{H^+} H_3COC\text{-(1-methylcyclopentyl)} \qquad (6-40)$$

(4) 卤代或氨基醇类：与频哪醇类似结构的卤代或氨基醇也可发生 pinacol 重排反应(见式 6－41)。

$$C_6H_5-C(CH_3)(OH)-C(CH_3)(NH_2)-C_6H_5 \xrightarrow{HNO_2} C_6H_5-CO-C(CH_3)_2-C_6H_5 + H_3C-CO-C(CH_3)(C_6H_5)-C_6H_5$$

$$C_6H_5-C(CH_3)(OH)-C(CH_3)(Br)-C_6H_5 \xrightarrow{AgNO_3} C_6H_5-CO-C(CH_3)_2-C_6H_5 + H_3C-CO-C(CH_3)(C_6H_5)-C_6H_5 \qquad (6-41)$$

(5) 小环扩环：小环扩环产生较稳定的大环(见式 6－42)。

$$\text{1-(1-hydroxycyclobutyl)cyclopentanol} \xrightarrow{H^+} (OH_2^+) \longrightarrow (+) \longrightarrow \text{spiro ketone} \qquad (6-42)$$

(6) 在酸性介质中使用 I_2 催化剂也可以完成该反应(见式 6－43)。

$$Ph_2C(OH)-C(OH)Ph_2 \xrightarrow[\triangle]{I_2,\ HOAc} PhCO-CPh_3 \qquad (6-43)$$

2. Wolff 重排

重氮酮在氧化银或光热作用下，与水、醇、胺反应，生成酸、酯、酰胺的反应称为 Wolff 重排，反应机理是：重氮盐先分解放出氮气，生成卡宾，烃基带着一对电子迁移到卡宾碳原子上生成烯酮，烯酮与水、醇、胺反应，生成酸、酯、酰胺(见式 6－44)。

$$R-CO-CHN_2^+ \xrightarrow{h\nu} R-CO-\ddot{C}H \longrightarrow O=C=CHR \begin{cases} \xrightarrow{H_2O} R-CO-OH \\ \xrightarrow{R'OH} R-CO-OH'' \\ \xrightarrow{NH_3} R-CO-NH_2 \end{cases} \qquad (6-44)$$

Wolff 重排反应历程见式 6－45 所示。

$$C_6H_5-CO-CHN_2 \xrightarrow{Ag_2O} C_6H_5-CO-\ddot{C}H \longrightarrow C_6H_5-CH=C=O \qquad (6-45)$$

被迁移基团如果是手性的，迁移后其构型保持不变(见式 6－46)。

$$H(H_3C)(CH_3CH_2)C-COCHN_2^+ \xrightarrow{H_2O} HOOCH_2C-C(H)(CH_3)-CH_2CH_3 \qquad (6-46)$$

3. 过氧化氢重排

在酸作用下，过氧化物经过脱水、烷基移动，再加水后形成酮和酚的反应称为过氧化氢重排(见式 6－47)。

$$C_6H_5-C(CH_3)_2-O-O-H \xrightarrow{H^+} C_6H_5-C(CH_3)_2-O-\overset{+}{O}H_2 \longrightarrow C_6H_5-C(CH_3)_2-O^+ \longrightarrow {}^+C(CH_3)_2-O-C_6H_5 \xrightarrow{H_2O} HO-C(CH_3)_2-O-C_6H_5 \longrightarrow CH_3COCH_3 + C_6H_5OH \qquad (6-47)$$

基团的迁移能力见式 6－48 所示。

$$C_6H_5- > H_3C-C(CH_3)_2- > H_3C-CH(CH_3)- > H > H_3C-CH_2- > CH_3 \qquad (6-48)$$

6.2.3 氧化反应

1. 芳烃的氧化

使用强氧化剂如 $KMnO_4/H_2SO_4$、$K_2Cr_2O_7/H_2SO_4$ 可将芳烃侧链氧化成羧酸(见式 6－49)。

$$p\text{-}O_2N-C_6H_4-CH_3 \xrightarrow[H_2SO_4]{Na_2CrO_4} p\text{-}O_2N-C_6H_4-COOH \qquad (6-49)$$

一些特殊的氧化剂($CrCl_3/Ac_2O$、CrO_2Cl_2 等)可将芳烃侧链氧化成醛或酮(见式 6－50)。

$$p\text{-}CH_3-C_6H_4-CH_3 \xrightarrow[(2)\ H_2SO_4]{(1)\ CrO_3-HOAc} p\text{-}OHC-C_6H_4-CHO \quad 52\%$$

$$\text{4-BrC}_6\text{H}_4\text{CH}_3 \xrightarrow[(2)\ H_2O]{(1)\ CrO_2Cl_2/CCl_4} \text{4-BrC}_6\text{H}_4\text{CHO}\quad 80\%$$

$$\text{苊} \xrightarrow[HOAc,\ 40℃]{Na_2CrO_4} \text{苊醌}\quad 75\% \qquad (6-50)$$

芳烃侧链没有 α－H 时，在强烈条件下发生芳环被氧化的反应，生成脂肪酸(见式 6－51)。

$$C_6H_5C(CH_3)_3 \xrightarrow[H_2SO_4]{KMnO_4} (CH_3)_3CCOOH \qquad (6-51)$$

使用 CrO_3－AcOH 试剂可将 2－甲基萘氧化成 2－甲基-1,4－萘醌(见式 6－52)。

$$\text{2-甲基萘} \xrightarrow[40℃]{CrO_3,\ CH_3COOH} \text{2-甲基-1,4-萘醌}\quad 46\% \qquad (6-52)$$

借助加 HCl 的反应，使用 CrO_3 试剂可将茚氧化成 1－茚酮，此处 1－氯化物起到定位的作用(见式 6－53)。

$$\text{茚} \xrightarrow{HCl} \text{1-氯茚满}\ (80\%\sim90\%) \xrightarrow[35\sim40℃]{CrO_3} \text{1-茚酮}\ (50\%\sim60\%) \qquad (6-53)$$

2. 酚(胺)的衍生物的氧化

使用氧化剂很容易将酚氧化成醌，见式 6－54 所示。

$$\text{(HO, CH}_3\text{, CH(Me)}_2\text{ 取代苯)} \xrightarrow[EtOH]{NaNO_2,\ HCl} \text{(NO 取代产物)}$$

$$\text{(NO 取代物)} \xrightarrow[H_2S]{NH_4OH} \text{(NH}_2\text{ 取代产物)}$$

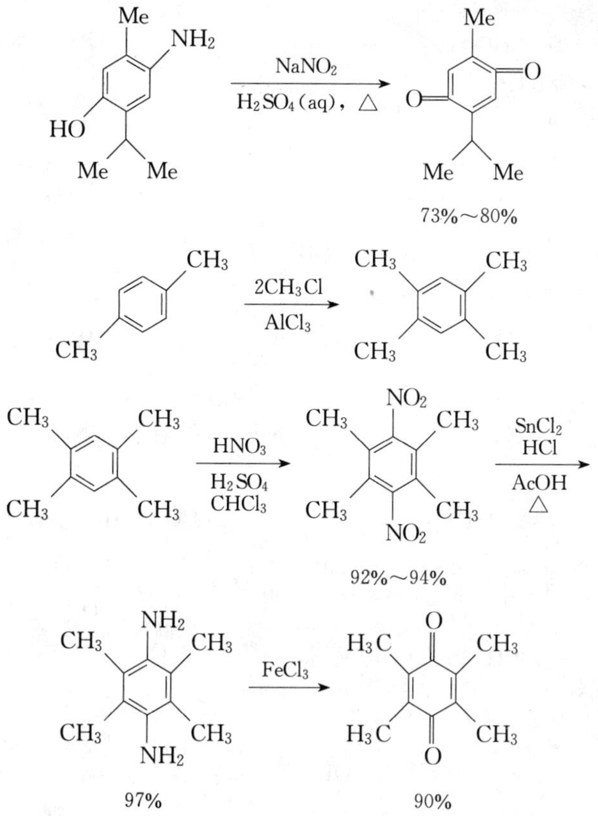

Me NH₂ HO Me Me —— $NaNO_2$ / $H_2SO_4(aq)$，△ ——→ Me O O Me Me

73%～80%

CH_3 CH_3 —— $2CH_3Cl$ / $AlCl_3$ ——→ CH_3 CH_3 CH_3 CH_3

CH_3 CH_3 CH_3 CH_3 —— HNO_3 / H_2SO_4 $CHCl_3$ ——→ NO_2 CH_3 CH_3 CH_3 CH_3 NO_2 —— $SnCl_2$ HCl / $AcOH$ △ ——→ (6-54)

92%～94%

NH_2 CH_3 CH_3 CH_3 CH_3 NH_2 —— $FeCl_3$ ——→ O H_3C CH_3 H_3C CH_3 O

97% 90%

使用特殊的氧化剂如 Fremy 试剂($(KSO_3)_2NO$)，硝酸铈铵(CAN)，2,3-二氯-5,6-二氰-1,4-苯二醌(DDQ)等可将芳环上的—OH 氧化成醌，见式 6-55 所示。

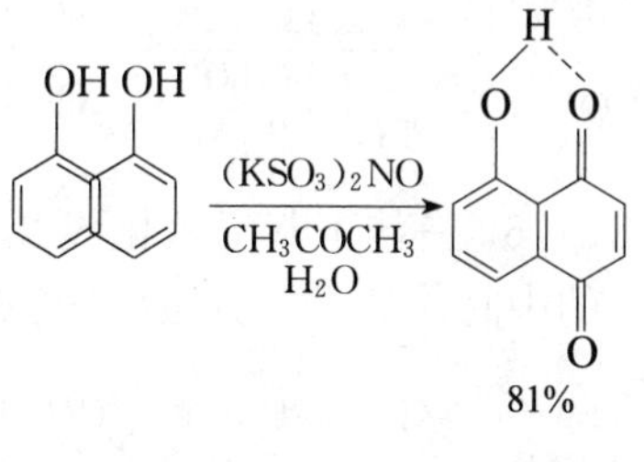

OH OH —— $(KSO_3)_2NO$ / CH_3COCH_3 H_2O ——→ H O O O (6-55)

81%

见式 6-56 所示反应是将醚直接氧化成醌，此反应在合成上有一定价值。

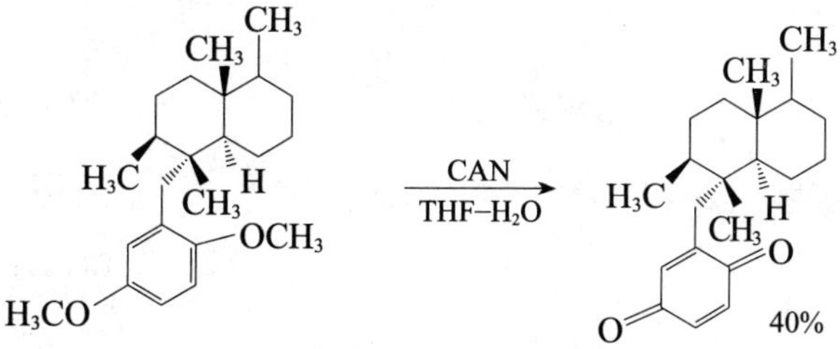

CH_3 CH_3 H_3C CH_3 H OCH_3 H_3CO —— CAN / THF-H_2O ——→ CH_3 CH_3 H_3C CH_3 H O O 40% (6-56)

式 6-57 所示反应是保留醛基而将酚羟基氧化成醌，此反应已成功用于抗癌药 E09 的合成。

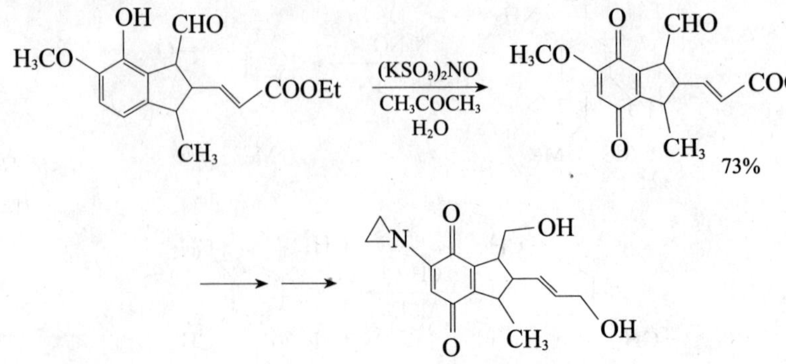

$$\xrightarrow[\substack{CH_3COCH_3\\H_2O}]{(KSO_3)_2NO}\quad 73\%$$

$$\longrightarrow\longrightarrow \qquad (6-57)$$

抗癌药 E09

高价碘氧化剂如 $PhI(OAc)_2$ 或 $PhI(OCOCF_3)_2$ 等在特殊醌的合成中特别有价值，见式 6－58 所示。

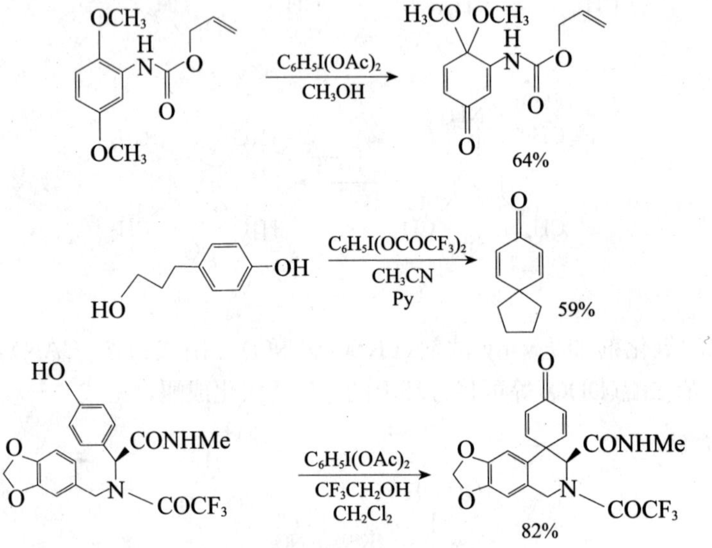

$$\xrightarrow[CH_3OH]{C_6H_5I(OAc)_2}\quad 64\%$$

$$\xrightarrow[\substack{CH_3CN\\Py}]{C_6H_5I(OCOCF_3)_2}\quad 59\% \qquad (6-58)$$

$$\xrightarrow[\substack{CF_3CH_2OH\\CH_2Cl_2}]{C_6H_5I(OAc)_2}\quad 82\%$$

使用 DDQ 为氧化剂可将 2,4,6－三叔丁基酚氧化成 2,6－二叔丁基－1,4－苯醌，这是用非重氮－偶联法制备偶氮染料的中间体的重要方法(见式 6－59)。

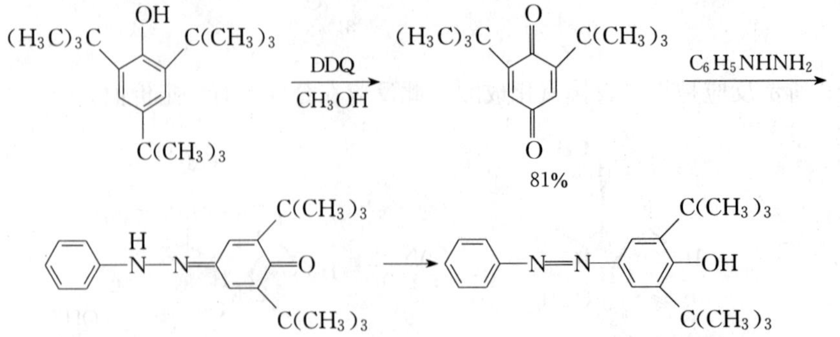

$$\xrightarrow[CH_3OH]{DDQ}\quad 81\% \quad \xrightarrow{C_6H_5NHNH_2} \qquad (6-59)$$

$$\longrightarrow$$

3. 双键的氧化

双键用 O_3 氧化再经 $Zn-H_2O$ 水解可得到羰基化合物，反应在早期用来鉴定双键的位置，在特殊情况下有制备价值。采用 $KMnO_4$ 氧化法可以将双键氧化成酮或酸(见式 6－60)。

$$\text{(pinene-type bicyclic alkene)} \xrightarrow[(2)\ H^+]{(1)\ KMnO_4/C_6H_6} \text{(bicyclic keto acid, -COOH)}\ \ 90\% \qquad (6-60)$$

具有 1,2-二醇(也称 α-二醇)结构的多元醇(如乙二醇、丙三醇),可被高碘酸氧化,连有羟基的两个邻接碳原子之间发生断裂(见式 6-61)。β-二醇(1,3-diol)和 γ-二醇(1,4-diol)则不发生此反应。此反应常被用来检测分子中是否含有 α-二醇结构单元。反应是定量进行的,可从消耗高碘酸的量来推测反应物的结构(可用碘量法来进行测定)。反应结果相当于在断键中间加一个—OH。实际上,二酮、二醛、二酸、α-羟基酮、α-羟基醛、α-羟基酸均可发生类似的反应(见式 6-62)。

$$\underset{OH\quad\ OH}{CH_2\text{—}CH_2} \xrightarrow[H_2SO_4]{KIO_4} 2CH_2O$$

$$\underset{OH\qquad OH}{CH_3CH\text{—}C(CH_3)_2} \xrightarrow[H_2SO_4]{KIO_4} CH_3CHO + CH_3COCH_3 \qquad (6-61)$$

二醇 $H_2C(OH)\text{—}C(OH)H_2 \longrightarrow H\text{—}CH(OH)\text{—}OH \xrightarrow{-H_2O} H_2C{=}O$;$\ H\text{—}CH(OH)\text{—}OH \xrightarrow{-H_2O} H_2C{=}O$

二醛 $H\text{—}C{=}O\ |\ C{=}O\text{—}H \longrightarrow H\text{—}C({=}O)\text{—}OH$;$\ HO\text{—}C({=}O)\text{—}H$

羟酸 $H\text{—}CR(OH)\text{—}COOH \longrightarrow H\text{—}CR(OH)\text{—}OH \xrightarrow{-H_2O} RCHO$;$\ HO\text{—}COOH \xrightarrow{-H_2O} CO_2$

糖类 $HOH_2C\text{—}CH(OH)\text{—}CH(OH)\text{—}CH(OH)\text{—}CHO \longrightarrow \underset{\downarrow\ CH_2O}{HO\text{—}CH_2OH} + \underset{\downarrow\ HCOOH}{H\text{—}C(OH)_2\text{—}OH} + \underset{\downarrow\ HCOOH}{H\text{—}C(OH)_2\text{—}OH} + \underset{\downarrow\ HCOOH}{H\text{—}C(OH)_2\text{—}OH} + \underset{\downarrow\ HCOOH}{CHO\text{—}OH} \qquad (6-62)$

4. 醇的氧化

将仲醇氧化成酮是常见的合成反应，见式 6 - 63 所示。

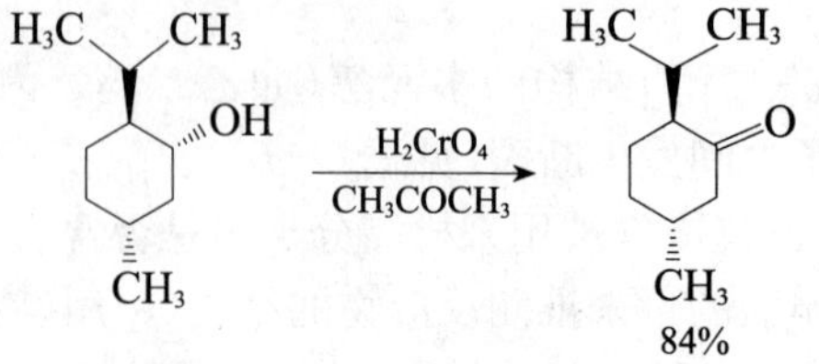

$$\xrightarrow[CH_3COCH_3]{H_2CrO_4} \quad 84\% \qquad (6-63)$$

对于多元醇可以通过保护的方法使羟基免遭氧化，以达到选择性氧化的目的(见式 6 - 64)。

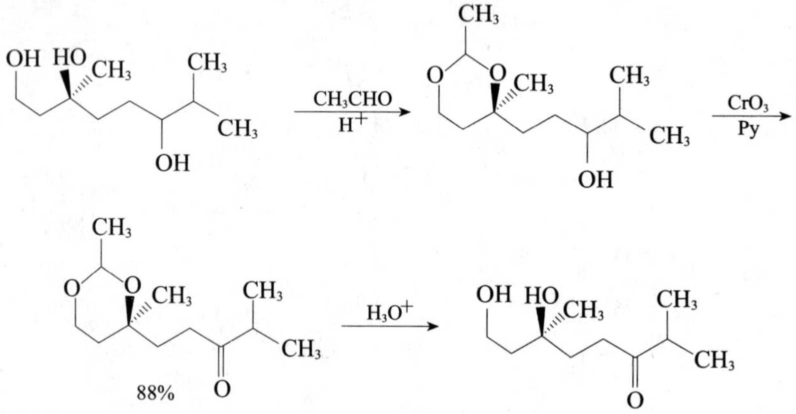

$$\xrightarrow[H^+]{CH_3CHO} \quad \xrightarrow[Py]{CrO_3} \quad 88\% \quad \xrightarrow{H_3O^+} \qquad (6-64)$$

将伯醇氧化成醛在有机合成早期使用的氧化剂是 DMSO - DCC(二环己基碳二亚胺)，如 3′- O -乙酰基胸腺嘧啶脱氧核苷的氧化(见式 6 - 65)。

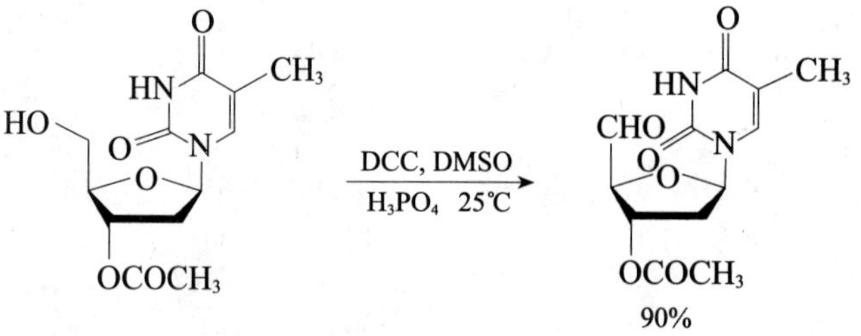

$$\xrightarrow[H_3PO_4\ 25℃]{DCC,\ DMSO} \quad 90\% \qquad (6-65)$$

利用乙二酰氯和 DMSO(Swern 氧化)可以将伯醇氧化成醛，该反应的特点是反应条件温和，不影响其他部分的立体结构，是有机合成中很有用的反应之一。

Swern 氧化的可能反应过程见式 6 - 66 所示。

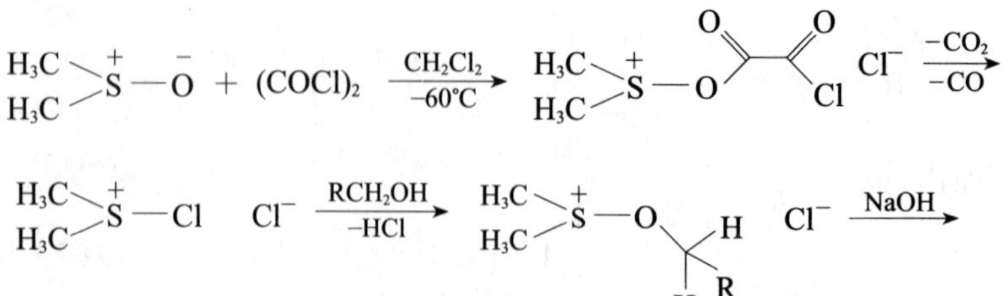

$$(H_3C)_2\overset{+}{S}-\overset{-}{O} + (COCl)_2 \xrightarrow[-60℃]{CH_2Cl_2} (H_3C)_2\overset{+}{S}-O-C(=O)-C(=O)Cl\ Cl^- \xrightarrow[-CO]{-CO_2}$$

$$(H_3C)_2\overset{+}{S}-Cl\ Cl^- \xrightarrow[-HCl]{RCH_2OH} (H_3C)_2\overset{+}{S}-O-CH_2R\ Cl^- \xrightarrow{NaOH}$$

$$H_3C-\overset{+}{S}(-O-CHR(H))-CH_2^- \longrightarrow (CH_3)_2S + RCHO \qquad (6-66)$$

典型的 Swern 反应见式 6 - 67 所示。

$$(CH_3)_2C{=}CHCH_2CH_2C(CH_3){=}CHCH_2OH \xrightarrow[\text{(2) } Et_3N]{\text{(1) } (COCl)_2\ DMSO,\ CH_2Cl_2\ -50℃} (CH_3)_2C{=}CHCH_2CH_2C(CH_3){=}CHCHO\ \ 95\%$$

$$H_3C\text{-(2,2-二甲基-1,3-二氧六环)-}CH(CH_3)CH_2OH \xrightarrow[\text{(2) } Et_3N]{\text{(1) } (COCl)_2DMSO,\ CH_2Cl_2\ -78℃} H_3C\text{-(2,2-二甲基-1,3-二氧六环)-}CH(CH_3)CHO\ \ 98\% \qquad (6-67)$$

$$C_6H_5CH_2CH(NHBoc)CH_2OH \xrightarrow[\text{(2) } Et_3N]{\text{(1) } (COCl)_2DMSO,\ CH_2Cl_2\ -63℃} C_6H_5CH_2CH(NHBoc)CHO\ \ 95\%\sim100\%$$

5. 酮 α-氢的氧化

苯乙酮与二氧化硒反应，可以生成苯甲酰基甲醛，这是一个很有用的反应(见式 6 - 68)。

$$C_6H_5-COCH_3 + SeO_2 \xrightarrow[\text{二氧六环},\ H_2O]{55℃} C_6H_5-COCHO\ \ 69\%\sim72\% \qquad (6-68)$$

6.2.4 格氏试剂反应

利用格氏试剂与原甲酸酯反应，可以得到醛类化合物(见式 6 - 69)。

$$\text{9-菲基}-MgBr \xrightarrow{HC(OC_2H_5)_3} \text{9-菲基}-CH(OC_2H_5)_2 \xrightarrow[H_2O]{H_2SO_4} \text{9-菲基}-CHO\ \ 50\%\sim52\% \qquad (6-69)$$

6.2.5 消去反应

利用甘油脱水可以产生丙烯醛(见式 6 - 70)。

$$\begin{array}{c}CH_2OH\\ |\\ HC-OH\\ |\\ CH_2OH\end{array} \xrightarrow[\triangle]{KHSO_4} \begin{array}{c}CH_2\\ \|\\ CH\\ |\\ CHO\end{array}\ \ 33\%\sim48\% \qquad (6-70)$$

利用甘油脱水产生丙烯醛中间体，可用来生产喹啉及其衍生物(见式 6 - 70)。

OH, NH_2 + CH_2OH / HC—OH / CH_2OH $\xrightarrow[\triangle]{H_2SO_4}$ N, OH $\xrightarrow{OH,\ NH_2}$ N, OH (6-71)

习 题

1. 完成下列转化。

(1) $\overset{+}{N_2}Cl^-$, O_2N, Br, NO_2 ⟶ O_2N, NO_2, Br, N=N, H_3C, CH_3, CH_3, CH_3

(2) $\overset{+}{N_2}Cl^-$, O_2N, NO_2 ⟶ O_2N, NO_2, Br, N=N, H_3C, NO_2, CH_3, H_3C, NO_2

2. 完成下列反应式。

(1) O_2N—C(OH)(CH_3)—C(OH)(NO_2)—CH_3 $\xrightarrow{H^+}$

(2) Cl OH $\xrightarrow{AgNO_3}$

(3) C_8H_{17}, O $\xrightarrow{\triangle}$

(4) O, HN, CCl_3 $\xrightarrow[\triangle]{\text{二甲苯}}$

(5) HO, S, S $\xrightarrow[THF,\ H_2O]{HgO,\ BF_3\text{–}Et_2O}$

3. 用非重氮偶联法合成下列染料。

(1)

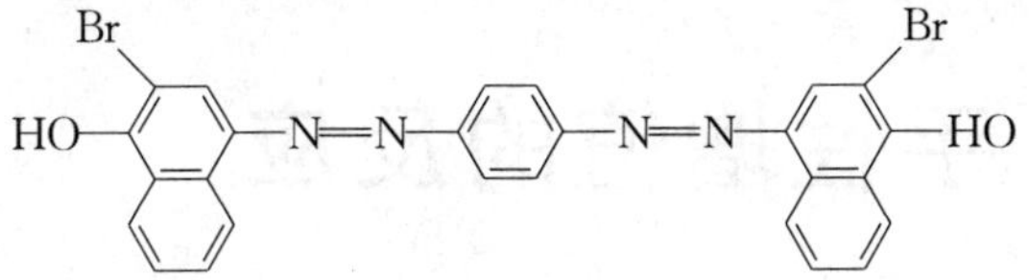

(2)

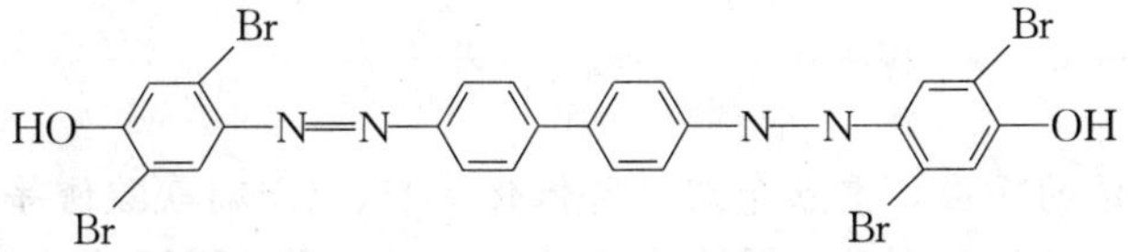

4. 解释下列现象。

(1) 用 KH 处理化合物得到一个含醛的化合物。

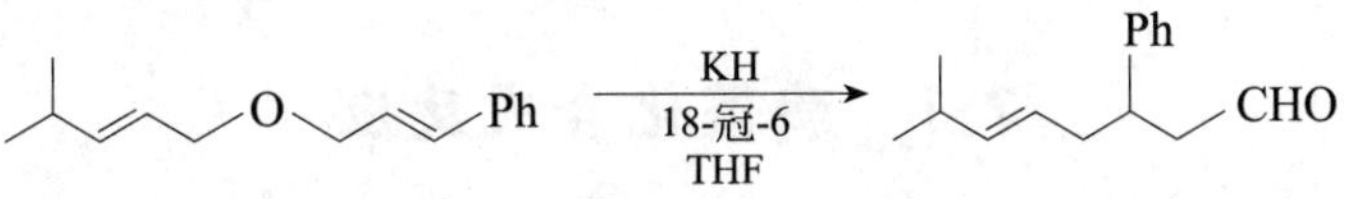

KH, 18-冠-6, THF

(2) 解释形成烯酮的过程。

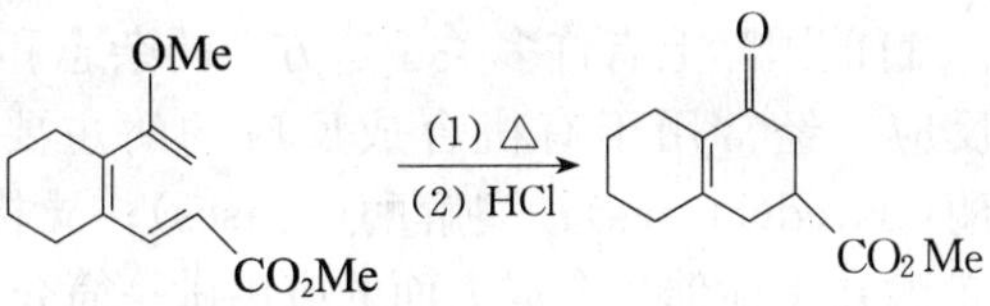

(1) △ (2) HCl

第 7 章　手性增值的反应

内容提要

本章系统地总结了手性增值的反应，重点介绍了酶催化反应、L-脯氨酸诱导的反应、手性辅基诱导的不对称反应、手性催化剂催化的合成反应、与不对称 MBH 反应有关的手性增值反应以及双不对称合成和偏振光诱导的不对称合成等内容。

7.1　酶催化合成反应

酶催化反应是有机化学、生物化学和微生物学多学科交叉的学科，由于对环境友好，属于国际上重点研究领域。目前国际上有许多关于这方面的杂志和数据库，记录了大量关于酶的特性和酶催化的反应。经常用于有机合成反应的酶主要有以下几类 ：水解酶(hydmlase)；氧化-还原酶(oxreductases)；裂解酶(1yases)；异构化酶(isomerases)；合成酶(ligases)等。本节仅就酶在手性催化合成方面的应用做一简介。

7.1.1　手性醇类化合物

(1) C—H 键的 OH 化反应。传统的有机化学将烷烃的 C—H 键转化成 C—OH 键是较困难的，而使用生物酶催化，却可以较易得到高产率的产物。例如，黑曲霉能催化孕甾酮的 11 位 C—H 键变为 C—OH 键(见式 7-1)。

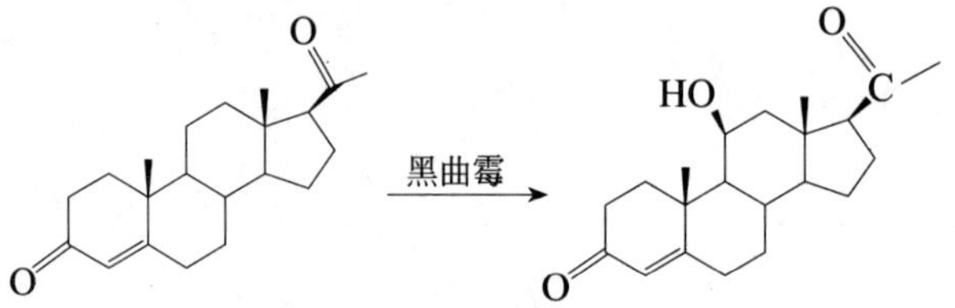

黑曲霉　(7-1)

又如，木贼镰孢酶可催化石胆酸 7 位 C—H 键变为 C—OH 键(见式 7-2)。

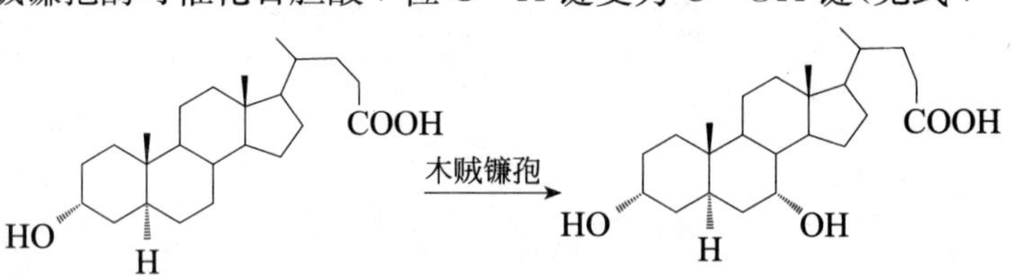

木贼镰孢　(7-2)

(2) 酮羰基的选择性还原。利用 Baker 酵母可高选择性地将 β-酮酸酯还原成 β-羟基酸酯(见式 7-3)。

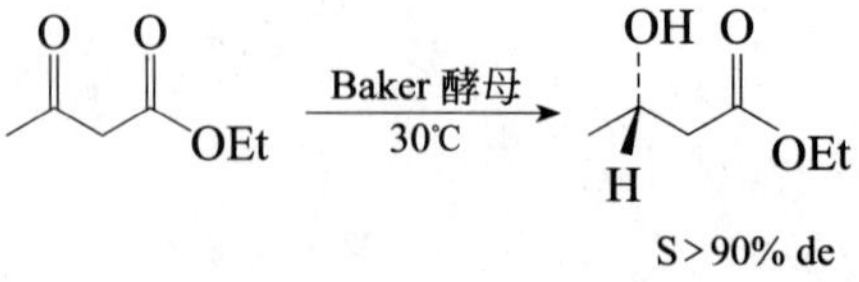

Baker 酵母，30℃

S>90% de

Baker 酵母, 30℃ → CO_2Et, CO_2Bu; S > 95% de (7-3)

利用 Rhodococcus Ruber DSM 44541 酶可将烯酮还原成烯醇(见式 7-4)。

Rhodococcus Ruber DSM 44541, 30℃ → OH; 99% de (7-4)

利用白地霉素(Geotrichum candidum)对 2-丁酮到 2-癸酮进行还原，得到的对应的(S)-2-丁醇到 2-癸醇 de 值大于 99%(见式 7-5)。

$R-CO-CH_3$ —白地霉素→ HO–C(R)(CH$_3$)–H; >99% de(S) (7-5)

(3) 羰基加 HCN 的反应。使用醇腈酶可选择性地加 HCN 到羰基上，得到手性的氰醇(见式 7-6)。

$H_3CO-C_6H_4-CHO$ —R-醇腈酶, HCN→ $H_3CO-C_6H_4-C(H)(OH)CN$ R 93% de

$H_3CO-C_6H_4-CHO$ —S-醇腈酶, HCN→ $H_3CO-C_6H_4-C(H)(CN)OH$ S 95%~99% de

(7-6)

2-呋喃甲醛 CHO —R-醇腈酶, HCN→ C(H)(OH)CN R 98% de

3-噻吩甲醛 CHO —S-醇腈酶, HCN→ C(H)(CN)OH S 98% de

7.1.2 手性胺类

手性胺是很重要的生物活性分子，是很多天然产物和手性药物的重要中间体，也是很有用的拆分试剂。利用猪胰脂肪酶(PPL)为催化剂可以制备手性氨基醇，产物中的 S 体可以作为 β-肾上腺素阻断剂，反应式见式 7-7 所示。

$$\mathrm{ArO}\!\!\diagdown\!\!\triangle + (CH_3)_2CH{-}NH_2 \xrightarrow{\text{猪胰脂肪酶}} \underset{99\%}{\mathrm{ArOCH_2CH(OH)CH_2NHCH(CH_3)_2}} + \underset{1\%}{\mathrm{ArOCH_2CH(OH)CH_2NHCH(CH_3)_2}} \quad (7-7)$$

7.1.3 手性羧酸及衍生物类

(1) 手性羧酸酯类。使用猪肝酯酶可进行选择性地水解手性羧酸酯，当环是三元环或四元环，S-型酯被水解，当是六元环时，R 型酯被水解(见式 7-8)。

$$\text{ROOC(S)-环丙烷-(R)COOR} \xrightarrow{\text{猪肝酯酶}} \text{HOOC(S)-环丙烷-(R)COOR}$$

$$\text{ROOC(S)-环丁烷-(R)COOR} \xrightarrow{\text{猪肝酯酶}} \text{HOOC(S)-环丁烷-(R)COOR} \quad (7-8)$$

$$\text{ROOC(R)-环己烷-(S)COOR} \xrightarrow{\text{猪肝酯酶}} \text{HOOC(R)-环己烷-(S)COOR}$$

(2) S-羟基丁二酸。使用富马酸酶可以进行富马酸加水的反应，得到高光学纯的产物 S-羟基丁二酸(见式 7-9)。

$$\mathrm{HOOC{-}CH{=}CH{-}COOH} \xrightarrow[H_2O]{\text{富马酸酶}} \mathrm{HOOC{-}CH(OH){-}CH_2{-}COOH}\ \ 100\%\ de \quad (7-9)$$

(3) S-氨基丁二酸。使用 3-甲基天冬氨酸酶可以催化富马酸与氨的反应，得到高光学纯的产物 S-氨基丁二酸(见式 7-10)。

$$\mathrm{HOOC{-}CH{=}CH{-}COOH} \xrightarrow[NH_3]{\text{3-甲基天冬氨酸梅}} \mathrm{HOOC{-}CH(NH_2){-}CH_2{-}COOH}\ \ 100\%\ de \quad (7-10)$$

(4) S-赖氨酸。使用 dl-氨基己内酰胺：隐形酵母：无色杆菌为 100：1：1 于 40℃反应 24h，可得到 99%de 的 S-赖氨酸(见式 7-11)。

$$\text{dl-氨基己内酰胺} \xrightarrow{\text{隐形酵母}} \mathrm{H_2N{-}CH(COOH){-}(CH_2)_4NH_2} + \text{R-氨基己内酰胺}$$

$$\text{R-氨基己内酰胺} \xrightarrow{\text{无色杆菌}} \text{S-氨基己内酰胺} \xrightarrow{\text{隐形酵母}} \mathrm{H_2N{-}CH(COOH){-}(CH_2)_4NH_2} \quad (7-11)$$

(5) 三甲基-4-氧代环戊烷乙酸。Whittingham 等人利用从杜鹃花中得到的 6-氧代樟脑水解酶[6-oxo-camphor hydrolase(OCH)]完成了式 7-11 所示反应，得到 85.7% 的(R, S)-2,2,3-三甲基-4-氧代环戊烷乙酸和 14.3%的(S, S)-2,2,3-三甲基-4-氧代环戊烷乙酸(见式 7-12)。

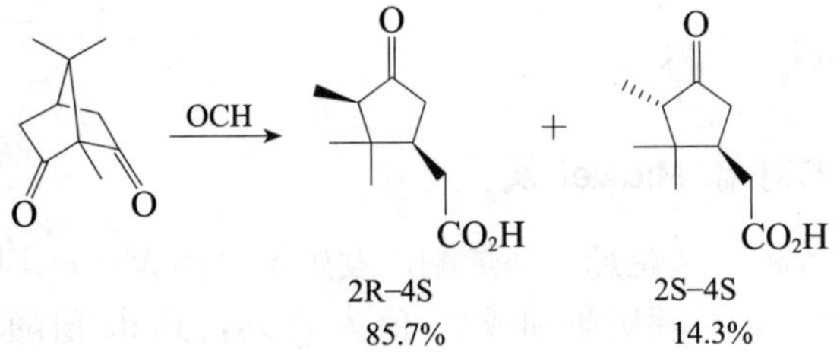

OCH → CO_2H (2R–4S, 85.7%) + CO_2H (2S–4S, 14.3%) (7-12)

(6) 手性环内酯。利用猪胰脂肪酶(PPL)为催化剂，合成了 S-茉莉酮内酯关键中间体，收率 74%，de 值为 90%(见式 7-13)。

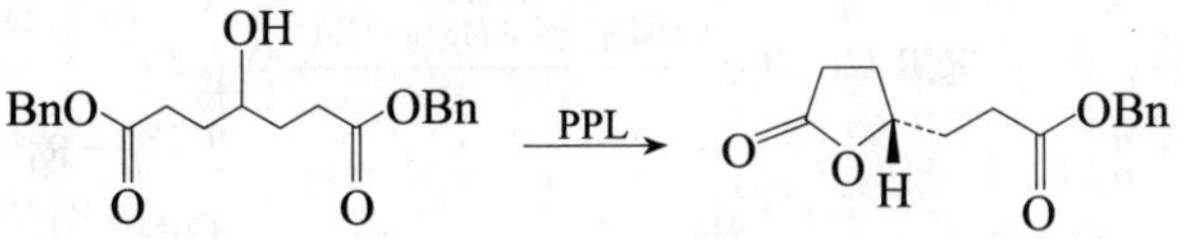

BnO(C=O)–CH(OH)–(C=O)OBn →PPL→ lactone–OBn (7-13)

在乙醚中用 PPL 催化合成 γ-丁内酯时，通过对带有不同长度支链的 γ-羟基丁酸甲酯的内酯化进行考察，发现产物 4-位取代的 γ-丁内酯的 de 值达到 82%～98%(见表 7-1)。

表 7-1 不同长度支链对反应的影响

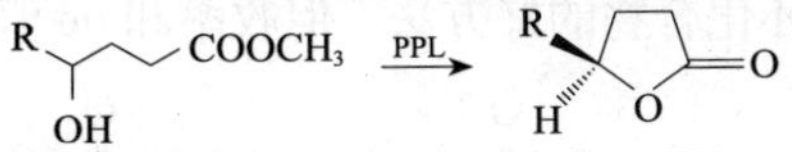

R–CH(OH)–CH_2CH_2–$COOCH_3$ →PPL→ γ-丁内酯

R	yield/(%)	configuration	de/(%)
H	100	—	—
CH_3	21	S	>98
C_2H_5	41	S	88
C_6H_{13}	48	S	82
C_8H_{17}	43	S	91
C_6H_5	31	R	92
Me-C_6H_4	30	R	94
MeO-C_6H_4	34	R	98
Br-C_6H_4	28	R	94

7.2 L-脯氨酸诱导的反应

L-脯氨酸在多种不对称合成催化中显示了非常好的催化效果。与其他类手性催化剂相比，这类催化剂具有在空气中化学性质稳定、反应操作简便、价格便宜、毒性小、易于回收利用、对环境友好等特点。下面按反应类型简述它的主要应用领域。

7.2.1 脯氨酸催化不对称 Mannich 反应

研究发现各种酮与 p-甲氧基苯胺、p-硝基苯甲醛均能发生脯氨酸催化的 Mannich 反应，并得到很好的结果(94%～99% de)，见式 7－14 所示。

(7－14)

7.2.2 脯氨酸催化不对称 Michael 反应

在脯氨酸催化下，各种硝基烷烃与环烯酮可发生不对称 Michael 反应，2－硝基丙烷与环己酮加成，de 值为 59%，与环庚酮加成 de 值为 79%，其 de 值随环的变化是：六元环烯酮＞七元环烯酮＞五元环烯酮(见式 7－15)。

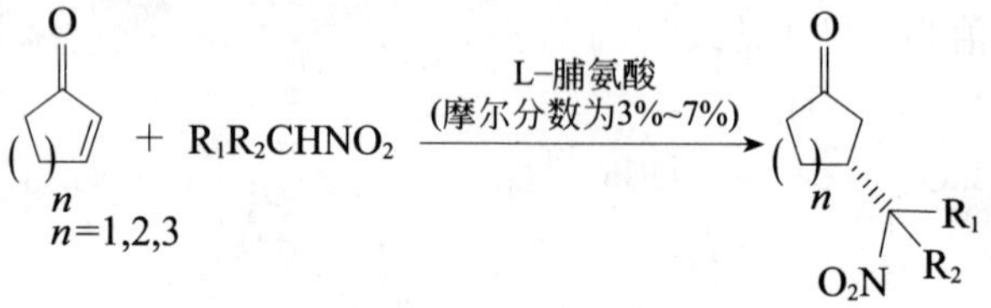

(7－15)

7.2.3 脯氨酸催化 Robinson 成环反应

用 2－甲酰基环己酮和 3－丁烯酮在 L－脯氨酸的催化下可直接得到手性螺环化合物，de 值为 34%。这是合成手性螺环化合物的好方法，但收率和 de 值还有待提高(见式 7－16)。

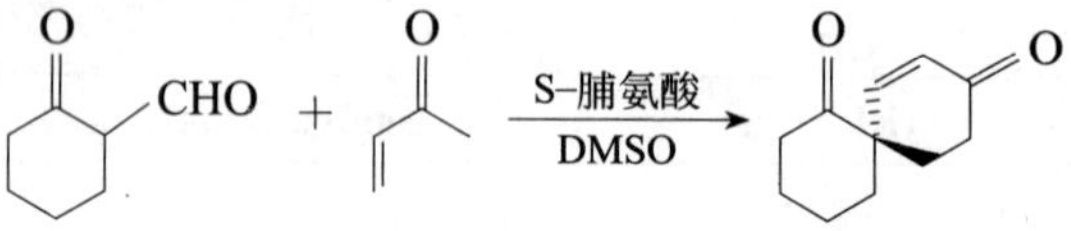

(7－16)

7.2.4 脯氨酸催化不对称 Aldol 反应

以脯氨酸为催化剂，DMSO 为溶剂，多种芳香醛均可与酮类在室温下反应得到具有光学活性的 Aldol 产物。其中，丙酮和异丙醛的反应产率最高可达 97%，对映选择性(de 值)最高可达 96%(见式 7－17)。

(7－17)

式 7－18 所示为一些脯氨酸催化不对称 Aldol 反应的实例。

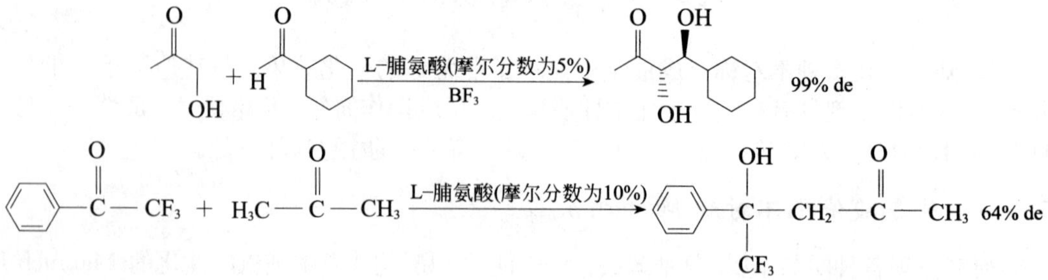

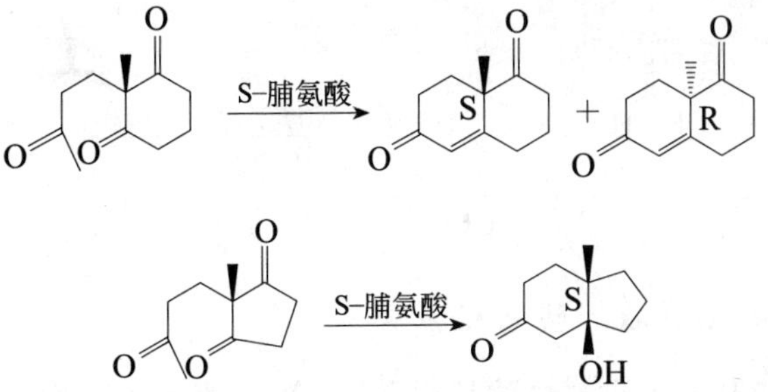

S-脯氨酸

(7-18)

S-脯氨酸

2007 年 Bernard 等人研究了 L-脯氨酸催化的不对称羟醛缩合反应，ee 值高达 89%～99%(见表 7-2)。

表 7-2　L-脯氨酸催化的不对称羟醛缩合反应

Ketones, L-脯氨酸, 20mol%, DMSO, rt

n=1
n=2
n=3

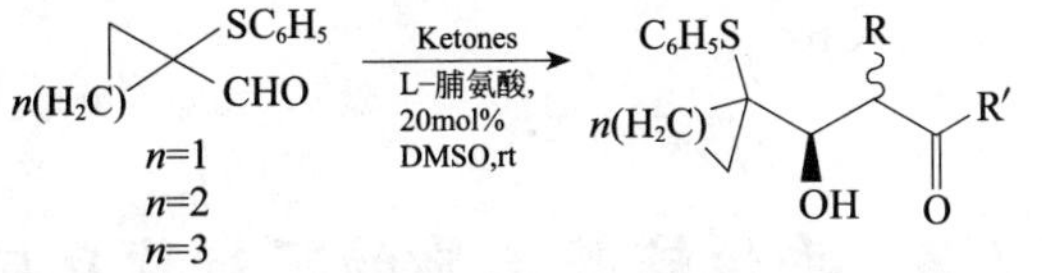

n	R	R′	t/(h)	yield/(%)	ee/(%)
1	H	Me	16	80	95
2	H	Me	16	88	98
3	H	Me	24	56	>99
1	H	Et	24	51	96
2	H	Et	24	44	99
3	H	Et	48	21	>99
1	H	Pr	48	21	96

7.2.5　L-脯氨酸催化的三组分 Diels-Alder 反应

在甲醇溶剂中，反式-4-苯基-3-丁烯-2-酮、4-硝基苯甲醛与丙二酸和丙酮的缩合物反应 48h，产率为 85%，de 值为 60%(见式 7-19)。

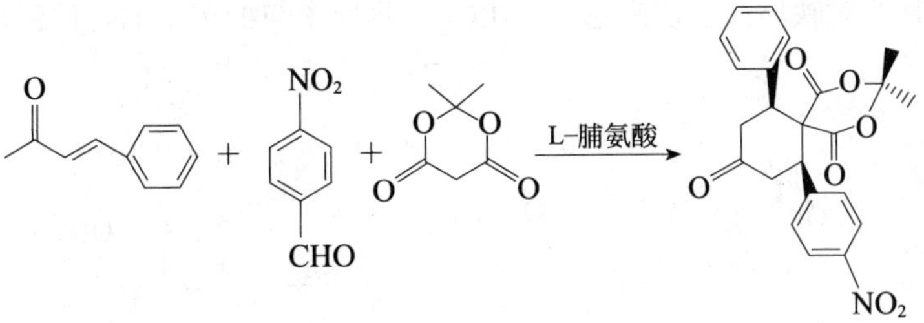

L-脯氨酸

(7-19)

在 DMSO 中，用 L-脯氨酸催化了三组分的 Aza-Diels-Alder 反应，得到了收率为 82%和 de 值为 99%的产物(见式 7-20)。

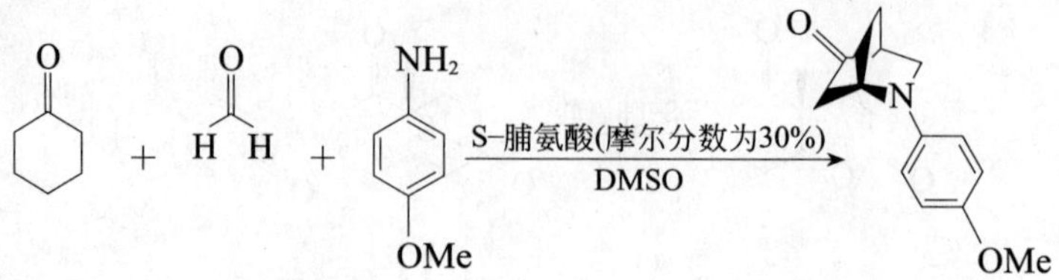

S-脯氨酸(摩尔分数为30%)
DMSO
(7-20)

7.2.6 L-脯氨酸催化的α-胺基化反应

以L-脯氨酸为催化剂，重氮二羧基化合物与醛会发生不对称α-胺基化反应，有很好的收率和非对映选择性(见式7-21)。

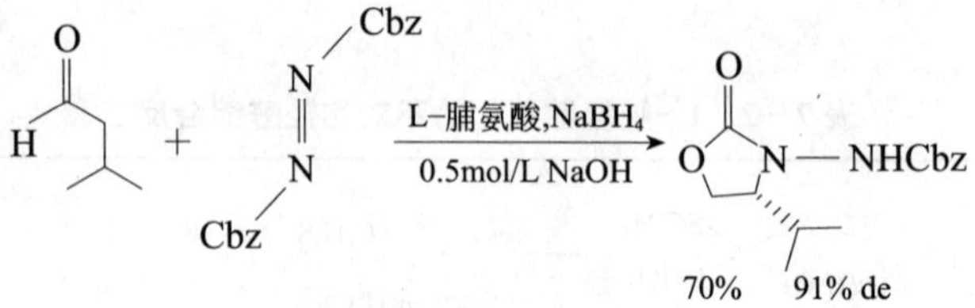

L-脯氨酸,$NaBH_4$
0.5mol/L NaOH
70%　91% de
(7-21)

7.3 手性辅基诱导的不对称反应

采用手性辅基诱导是获得光学活性化合物的重要手段之一。下面介绍一些重要的手性辅基诱导反应。

7.3.1 不对称Diels-Alder反应

将樟脑磺内酰胺手性辅剂用于不对称Diels-Alder反应中，可以取得较好的效果，其中乙基二氯化铝中的铝原子与亲双烯体的羰基配位，降低了亲双烯体的电子云密度，增加了反应活性。产物经过水解，即可得到光学活性的R-桥环化合物(见式7-22)。

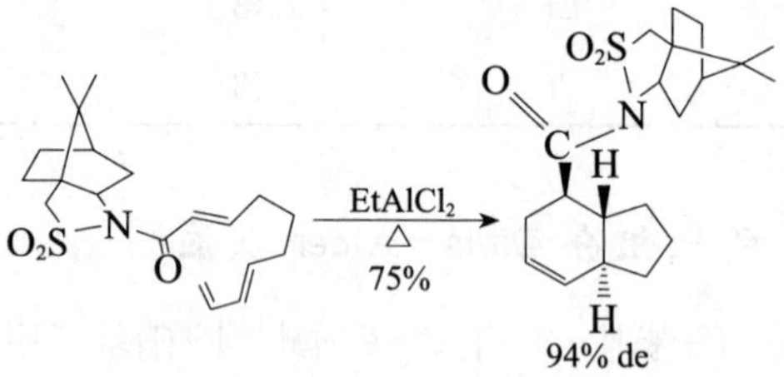

$EtAlCl_2$
△
75%
94% de
(7-22)

将手性辅基连在Diels-Alder反应的二烯上，也可有很好的光学活性物质生成。如式7-23所示的反应，其非对映体过量值高达97%以上，B原子与醌羰基的配位活化了亲双烯体。

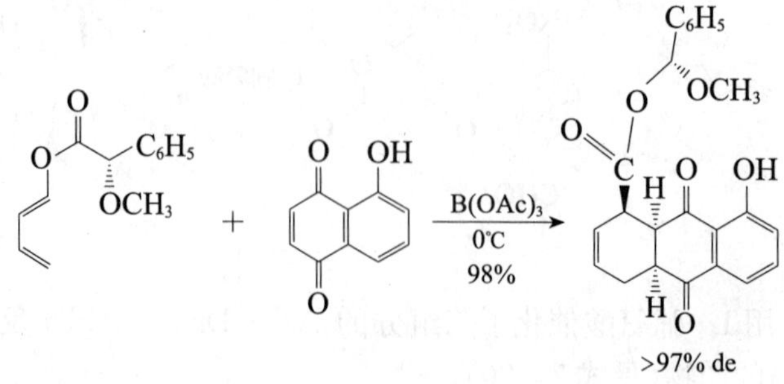

$B(OAc)_3$
0℃
98%
>97% de
(7-23)

在杂原子参与的 Diels－Alder 反应中，手性辅基同样可以诱导产生光学活性物质。如连有糖手性辅基的含 N ═O 键化合物与环己二烯进行的 Diels－Alder 反应，手性物质的 de 值为 96％以上(见式 7－24)。

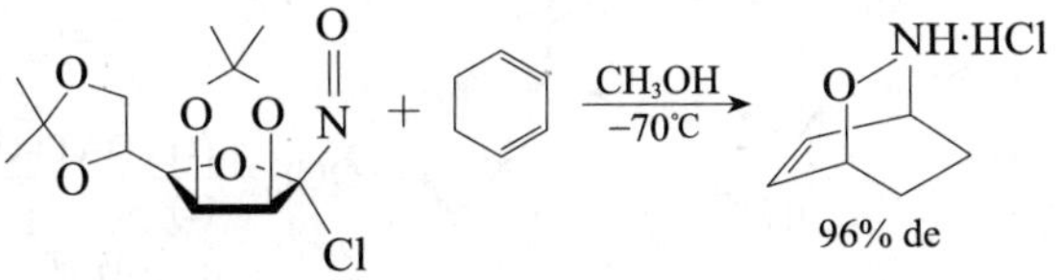

CH_3OH, −70℃; NH·HCl; 96% de (7－24)

7.3.2 不对称烷基化反应

在酮羰基的烷基化反应中，使用手性辅基可以得到不对称烷基化反应产物。常用的噁唑烷酮类手性辅基见式 7－25 所示。

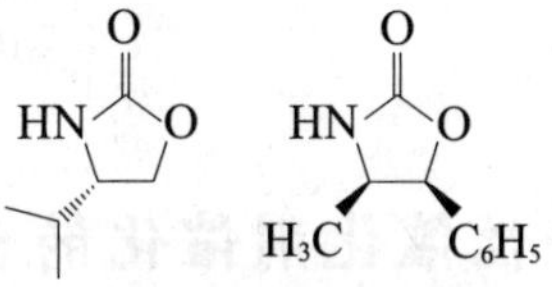

HN, O, H_3C, C_6H_5 (7－25)

式 7－26 所示为噁唑烷酮类手性辅基参与的反应。

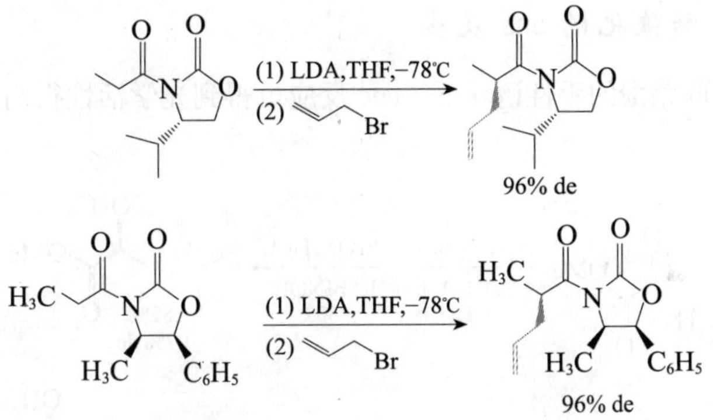

(1) LDA,THF,−78℃ (2) Br; 96% de

(7－26)

H_3C; (1) LDA,THF,−78℃ (2) Br; H_3C, C_6H_5; 96% de

式 7－25 中手性辅基在免疫抑制剂(－)－Sanglifehrin A 的中间体合成中得到了应用，产物的光学纯度达到 100％(见式 7－27)。

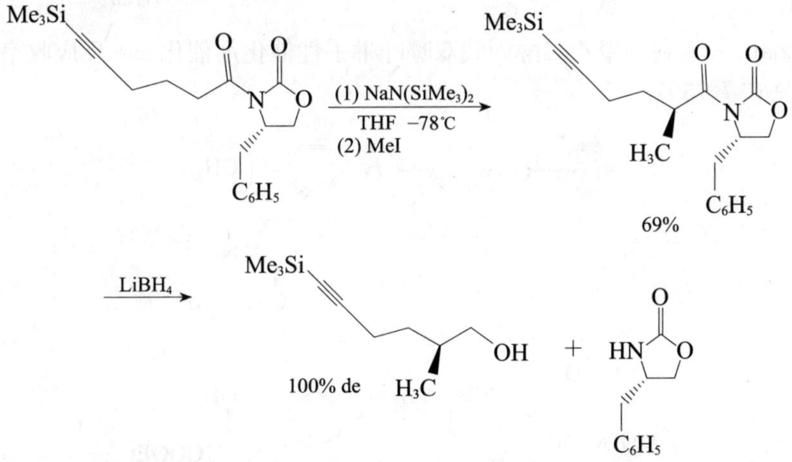

Me_3Si; (1) $NaN(SiMe_3)_2$ THF −78℃ (2) MeI; C_6H_5; H_3C; 69%

(7－27)

$LiBH_4$; Me_3Si; OH; +; HN, O; 100% de; H_3C; C_6H_5

采用手性肼与羰基反应生成腙，烷基化后再除去辅基方法，可用于制备酮的不对称烷基化产物。如利用(S)-1-氨基-2-甲氧甲基四氢吡咯为手性辅基，从3-戊酮合成了 Atta texana(切叶蚁)信息素(S)-4-甲基-3-庚酮(见式7-28)。

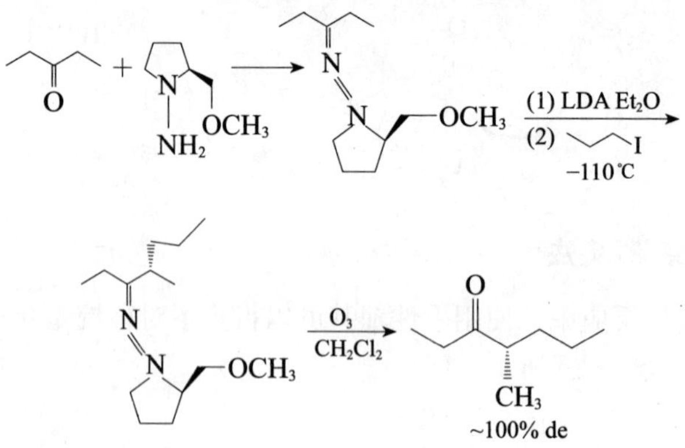

O + N NH_2 OCH_3 → N N OCH_3

(1) LDA Et_2O
(2) I
−110℃

N N OCH_3

O_3
CH_2Cl_2

O
CH_3
~100% de

(7-28)

7.4 手性催化剂催化的合成反应

7.4.1 手性催化剂催化的 ene 反应

在手性2,2′-二联萘酚的手性诱导下，ene 反应可得到光学活性很高的产物，见式7-29所示。

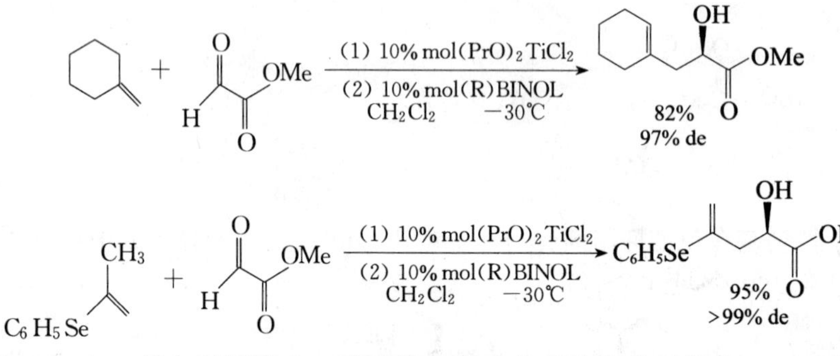

+ O H OMe O

(1) 10% mol$(PrO)_2TiCl_2$
(2) 10% mol(R)BINOL
CH_2Cl_2 −30℃

OH OMe O
82%
97% de

(7-29)

CH_3 C_6H_5Se + O H OMe O

(1) 10% mol$(PrO)_2TiCl_2$
(2) 10% mol(R)BINOL
CH_2Cl_2 −30℃

C_6H_5Se OH OMe O
95%
>99% de

Annunziata 等人利用聚乙二醇固载双噁唑啉手性催化剂催化 ene 反应收率达99%，de 值为96%(见式7-30)。

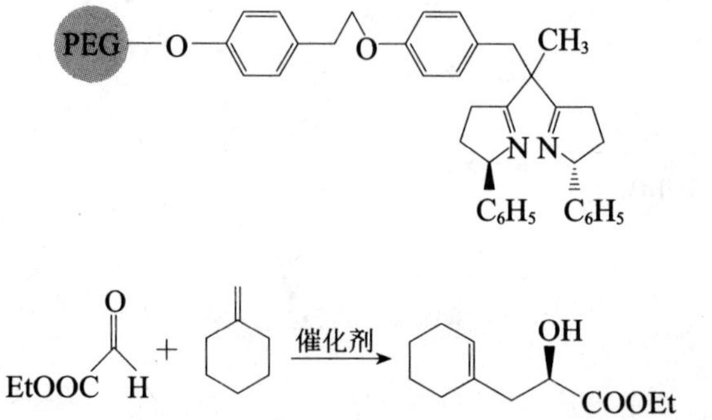

PEG—O—O— CH_3 N N C_6H_5 C_6H_5

(7-30)

O EtOOC H + 催化剂 OH COOEt

7.4.2 手性催化剂催化的 Diels - Alder 反应

使用手性双噁唑啉铜的络合物为催化剂，可以高选择性地催化 Diels - Alder 反应，其典型的结构式见式 7 - 31 中 A、B 所示。

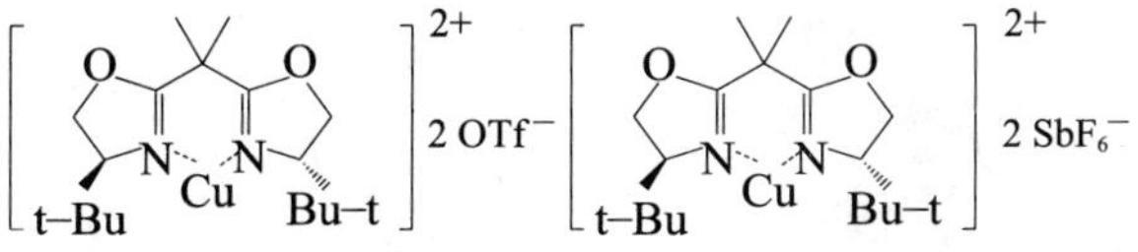

A　　B

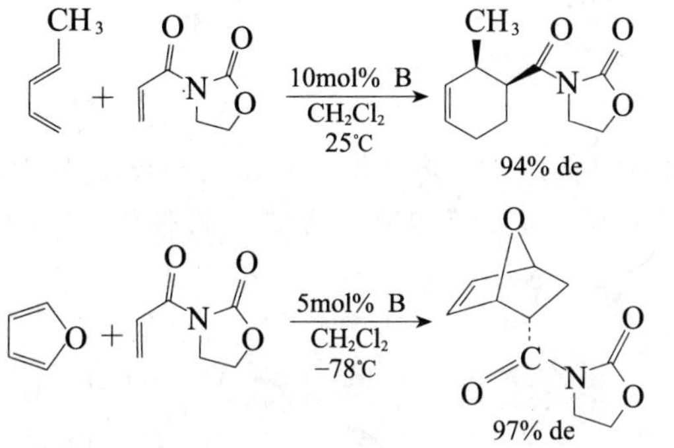

10mol% B, CH_2Cl_2, 25℃　94% de

(7 - 31)

5mol% B, CH_2Cl_2, −78℃　97% de

实验表明，双噁唑啉铜的络合物是很好的不对称 Diels - Alder 反应催化剂，将之用于杂原子的不对称 Diels - Alder 反应，效果也很好(见式 7 - 32)。

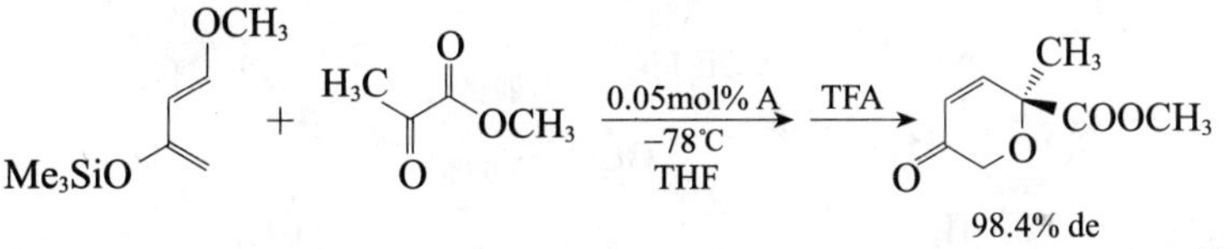

0.05mol% A, −78℃, THF; TFA　98.4% de　(7 - 32)

此外使用手性联二萘酚钛的络合物 C、硼的络合物 D 作催化剂也能得到较好的效果，如式 7 - 33 所示。

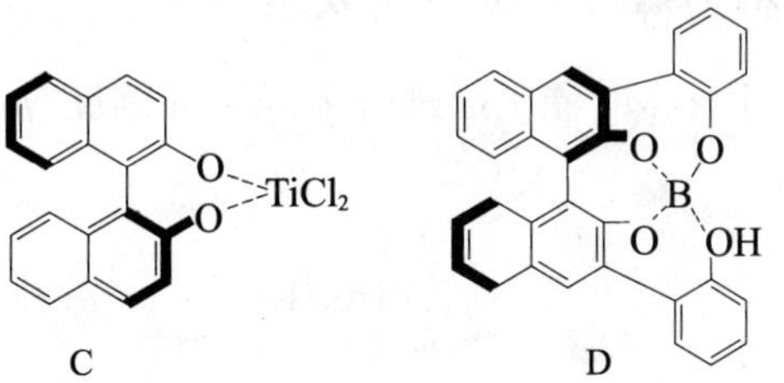

C　　D

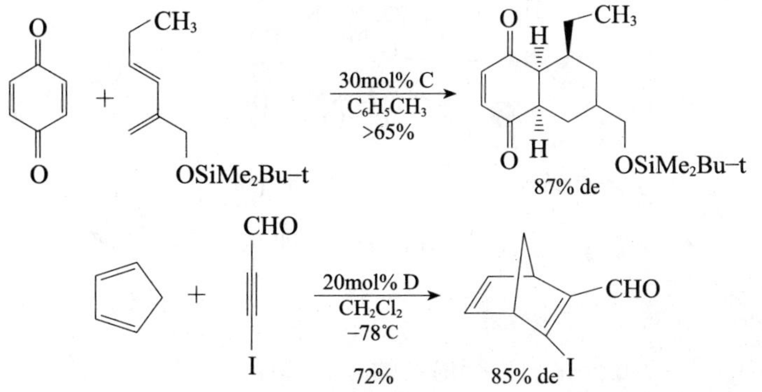

30mol% C, $C_6H_5CH_3$, >65%　87% de　(7 - 33)

20mol% D, CH_2Cl_2, −78℃　72%　85% de

这类手性催化剂的共同特点是可以与双烯体或亲双烯体形成稳定的络合，使进攻试剂从空间位阻小的方向进攻，从而主要形成某一光学异构体。如试剂B与亲双烯体形成的络合物(见式7-34)。

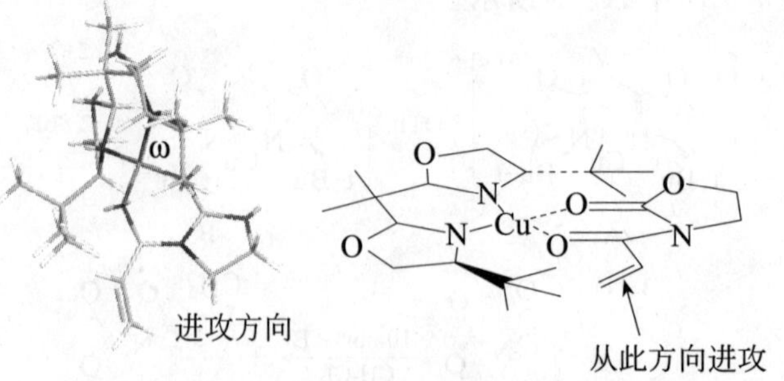

进攻方向　从此方向进攻　(7-34)

固载手性催化剂可以循环使用，经济环保。Kobayashi等人利用固载手性催化剂完成了杂Diels-Alder反应，收率99%，de值为91%。固载手性催化剂结构及反应见式7-35所示。

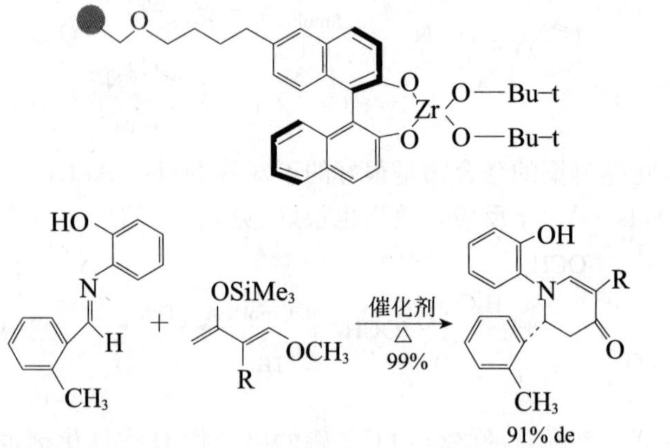

催化剂 △ 99%　91% de　(7-35)

7.4.3 手性催化剂催化的烯烃的复分解反应

Hultzsch报道了使用手性Mo催化剂进行烯烃复分解反应，收率82%～92%，de值92%～98%(见式7-36)。

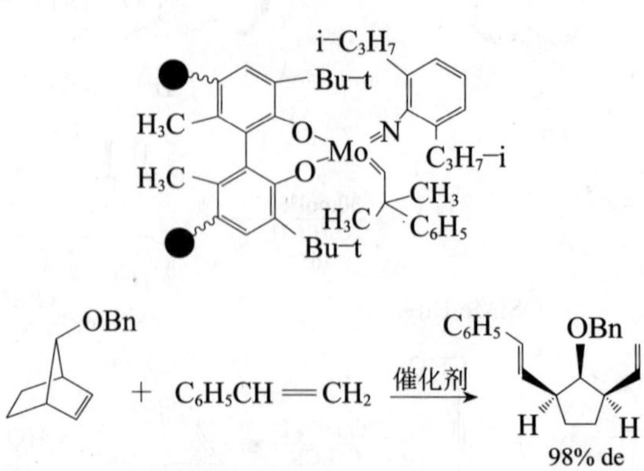

$C_6H_5CH=CH_2$ 催化剂　98% de　(7-36)

有报道称使用手性Rh催化剂进行烯烃的复分解反应，de值有时可达100%。

7.4.4 树形手性催化剂用于 $ZnEt_2$ 与苯甲醛的加成反应

树形手性催化剂用于 $ZnEt_2$ 与苯甲醛的加成反应，de 值可达到 96%～98%(见式 7-37)。

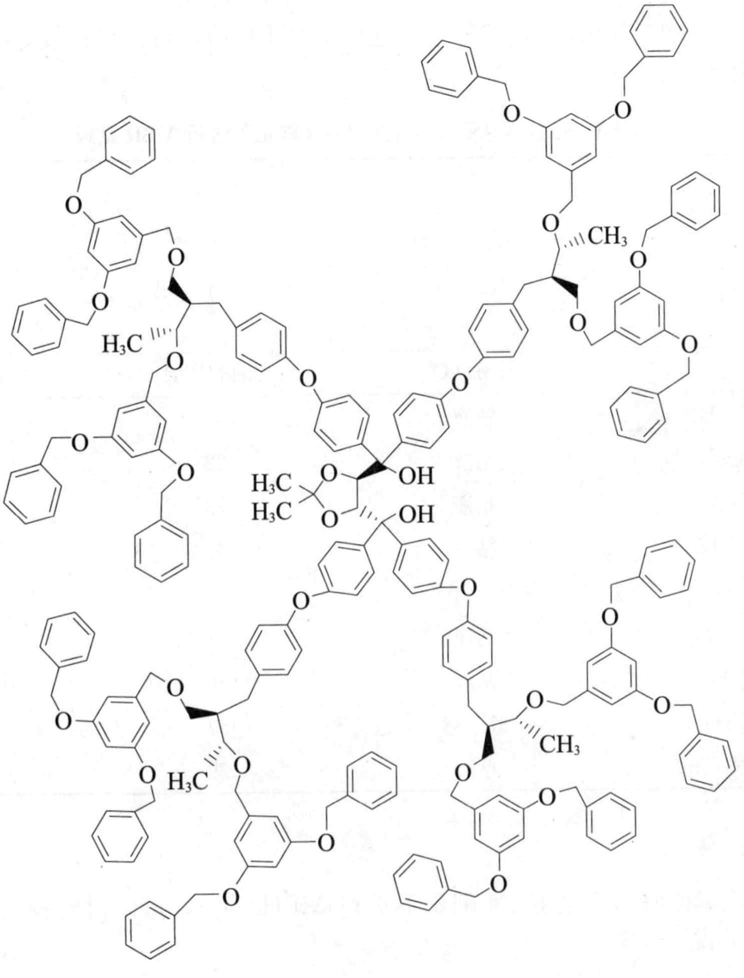

(7-37)

7.5 与不对称 MBH 反应有关的手性增值反应

MBH 反应产物中大都包含一个新手性中心的形成，即存在不对称诱导的可能性。因此，将不对称性引入 MBH 反应中已引起越来越多的化学家的关注。和生成手性产物的任何反应一样，不对称信息可能存在于影响 MBH 反应的四个组分的任何一个中，即光学活性的活化烯、亲电试剂、催化剂和溶剂。

7.5.1 手性活化烯

1. 手性丙烯酸酯

手性丙烯酸酯类易于制备且易于从产物中去除，许多研究者将手性丙烯酸酯为原料进行反应进而得到另外的具有一定 de 值的产物(见式 7-38)。

$$\text{CH}_2\text{=CHCOOR}^* + \text{RCHO} \xrightarrow{\text{DABCO}} \text{R}\overset{*}{\text{C}}\text{H(OH)C(=CH}_2\text{)COOR}^* \quad (7-38)$$

2%~100% de

利用手性丙烯酸酯与醛在 Et_3N 催化下进行 MBH 反应，可以得到较好收率和较高 de 值的产物(见表 7-3)。

表 7-3 手性丙烯酸酯与醛在 Et_3N 催化下进行 MBH 反应

RCHO + (menthyl acrylate) —Me_3N/H_2O/4,4-Dioxane, 25℃, 7d→ (menthyl ester product, *, R, OH)

R	m. p. /℃	Yield/(%)	de/(%)
4-$O_2NC_6H_4$	粘液	88	83
3-$O_2NC_6H_4$	粘液	82	99
2,4-$(O_2N)_2C_6H_3$	粘液	79	78
4-$F_3CC_6H_4$	粘液	91	67
4-FC_6H_4	99-101	72	95
2,4-$Cl_2C_6H_3$	粘液	86	39
3-ClC_6H_4	粘液	70	98
4-HOC_6H_4	87-88	57	71
5-Mc-2-furan	粘液	59	12

2. 手性丙烯酰胺

利用手性丙烯酰胺与醛在 Et_3N 催化下进行 MBH 反应，可以得到较高 de 值的产物(见表 7-4)。

表 7-4 手性丙烯酰胺与醛在 Et_3N 催化下进行 MBH 反应

RCHO + Ph(H)(Me)C–NH–C(=O)CH=CH$_2$ —$Me_3N/H_2O/CH_3OH$, 25℃, 7d→ Ph(H)(Me)C–NH–C(=O)C(=CH$_2$)–*CH(OH)R

R	m. p. /℃	Yield/(%)	de/(%)
4-$O_2NC_6H_4$	135～137	47	94
3-$O_2NC_6H_4$	118～119	54	97

利用手性丙烯酰肼与醛反应，也可得到较好收率和较高 de 值的产物(见式 7-39)，详细结果如表 7-5 所示。

RCHO,DABCO (68%~92%) → 94%~98% de　　(7-39)

表 7-5　手性丙烯酰肼与醛反应

RCHO(R=)	solvent	t/d	yield/(%)	configuration
Me		1/3	92	S
Me	THF	1/2	82	S
Me	DMSO	2	88	S
Et	DMSO	4	85	S
$PhCH_2CH_2$	DMSO	4	80	S
Me_2CHCH_2	DMSO	2	75	S
Ph	DMSO	7	80	S
Me	THF/H_2O	4	73	R
Et	THF/H_2O	3	85	R
$PhCH_2CH_2$	THF/H_2O	3	68	R
Me_2CHCH_2	THF/H_2O	3	81	R
Ph	THF/H_2O	21	0	
Pr	DMSO	4		
Bu	DMSO	1/3		

7.5.2　手性亲电试剂

Bonfi 等人报道烷氧基手性醛和二甲氨基丙酸酯反应可以得到反式异构体为主、反顺比从 65∶35 到 83∶17 的手性 MBH 产物(见式 7-40)。

LDA / DBU　　(7-40)

Drewes 等人对烷氧基手性醛的 MBH 反应进行了研究，得到了 de 值 51% 的产物(见式 7-41)。

DABCO　　(7-41)

2005 年 Krishna 等人用不同的糖类衍生物和多种活性烯烃反应，制备出具有手性的化合物，并得出空间位阻对此反应具有决定性的作用。

Bussolari 等人发现手性氨基醛和丙烯酸甲酯在 DABCO 催化下反应，收率很好，手性产物的分离也很容易(见式 7-42)。

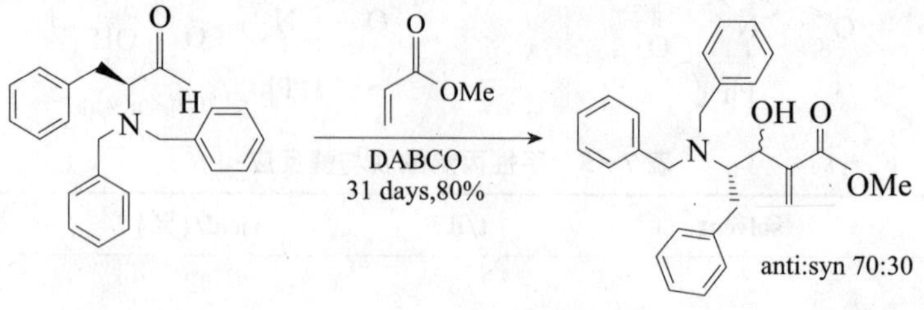

DABCO 31 days,80% anti:syn 70:30 (7-42)

7.5.3 手性催化剂

1. 手性胺氮催化剂

利用脯氨酸衍生物为催化剂进行 MBH 反应，可得到高 de 值的环状手性化合物(见表 7-6)。

表 7-6 手性胺氮催化的 MBH 反应

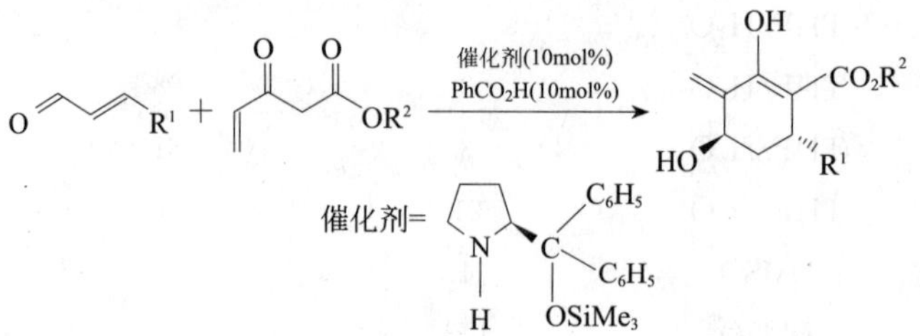

催化剂(10mol%) $PhCO_2H$(10mol%)

催化剂=

R^1	R^2	yield/(%)	de/(%)
Ph	Et	55	94
Ph	Et	53	95
Ph	*t*Bu	68	94
Ph	烯丙基	45	94
p-ClC_6H_4	Et	49	93
p-$MeOC_6H_4$	Et	69	93
p-$NO_2C_6H_4$	Et	58	96
p-$NO_2C_6H_4$	*t*Bu	51	95
2-thienyl	Et	57	95
2-furyl	Et	66	92
CO_2Et	Et	51	98
Et	Et	64	86
(*Z*)-hex-3-enyl	Et	51	92

表 7-6 所示反应的反应过程见式 7-43 所示。

O
R^1 CO_2R^2 O
NHR_2
O—H
CO_2R^2
分子内Morita-Baylis-Hillman反应
OH
NHR_2
OH
CO_2R^2
R
N
R
N H R
R^1 O Michael 加成反应
CO_2R^2
OH OH
R^1 O CO_2R^2 ⇌ R^1 OH CO_2R^2
N R
O
CO_2R^2
R^1
O
R^1

(7-43)

2006年Nakano等人利用手性催化剂β-ICD与手性醛进行MBH反应，收率为80%～90%，de值为66%～100%(见式7-44)。

R * CHO
NR′ Boc
+ O O CF_3 CF_3
HFIPA
β-ICD
DMF,-55℃
R * * OH O O CF_3 CF_3
NR′ Boc

(7-44)

β-ICD = OH O N N

从南美金鸡纳树中提取的生物碱，能很好地催化一些MBH反应，见式7-45所示，其中C是效果最好的催化剂，de值可以最高达到99%。

OMe OH N N
A
OMe OH OH N N
B
OMe O N N
C

(6-72)

O
Bu′ H
+ O O CF_3 CF_3
C(10mol%)
DMF,-55℃,72h
Bu′ OH O O CF_3 CF_3 (R)
99% de

利用催化剂C可以合成对提高人体免疫力非常有用的物质(—)-mycestericin，合成方法见式7-46所示。

$$\xrightarrow[\text{DMF-CH}_2\text{Cl}_2(1:1),\ -55^\circ\text{C}\ 24\text{h}]{\text{催化剂C}}$$

47%
>97% de

(−)-mycestencin

(6-73)

2. 手性硫脲催化剂

利用手性双硫脲催化剂进行 MBH 反应可以得到较好收率和较高 de 值的产物，其手性催化剂的合成如表 7-7 所示。

表 7-7 手性双硫脲催化剂的合成

NH_2, H_3C, CH_3, H_3C, NH_2 —— R-N=C=X, DCM or THF → HN, X, N-R, H, H_3C, CH_3, H_3C, NH, HN, X, R

configuration	yield	configuration	yield
X=O		R=Ph	100%
R=Ph	60%	R=3,5-$(CF_3)_2$-C_6H_3	100%
R=3,5-$(CF_3)_2$-C_6H_3	85%	R=cyclohexyl(环乙基)	65%
X=S		R=adamantyl(金刚烷基)	100%

手性双硫脲催化的 MBH 反应如表 7-8 所示。

表 7-8 手性双硫脲催化的 MBH 反应

$$\xrightarrow[\text{neat, }10^\circ\text{C}]{\text{20mol\% 双硫脲, 20mol\% base}}$$

助催化剂 碱	yield/(%)	ee/(%)	助催化剂 碱	yield/(%)	ee/(%)
DABCO	81	90	quinuclidine	67	82
DABCO[e]	48	90	quinine	12	91
DMAP	30	48	quinidine	12	90
DBU	56	59	brucine	2	72
TMIPDA	90	91	ENt_3	3	
TMIPDA	90	90			

实验表明溶剂对反应有较大影响，在极性小的溶剂中手性硫脲催化反应效果较好，如表 7-9 所示。

表 7-9 溶剂对反应影响

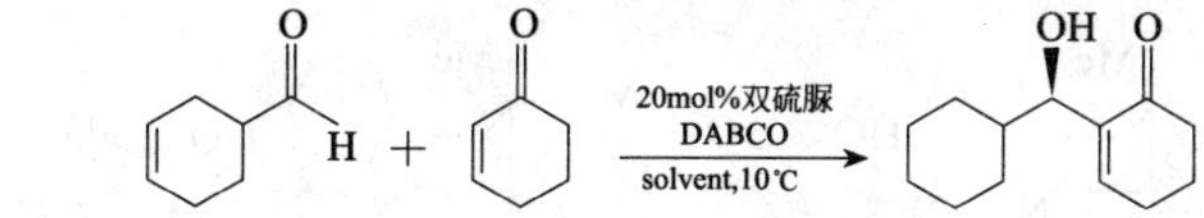

溶剂	产率(%)	ee(%)	溶剂	产率(%)	ee(%)
toluene	70	96	DMF	14	25
toluene	75	96	DCM	55	95

2005 Wang 等人利用联萘二胺的硫脲衍生物作为手性催化剂，得到中等收率和中等 de 值产物。手性催化剂的种类见式 7-47 所示，可能的反应机理式 7-48 所示。

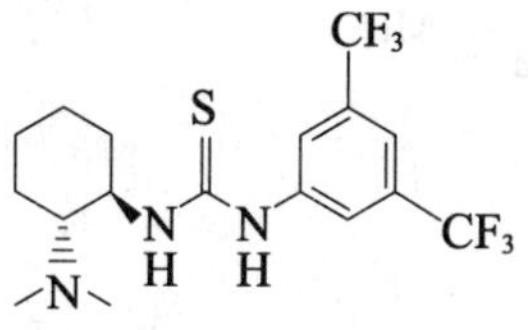

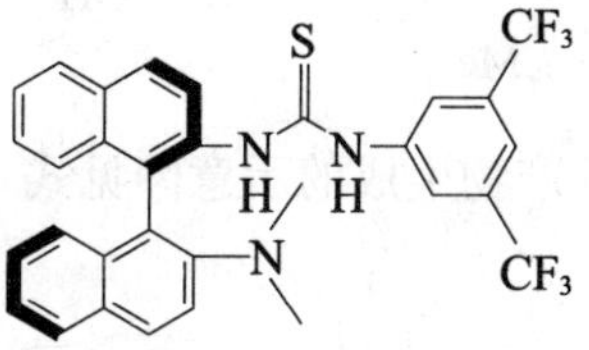

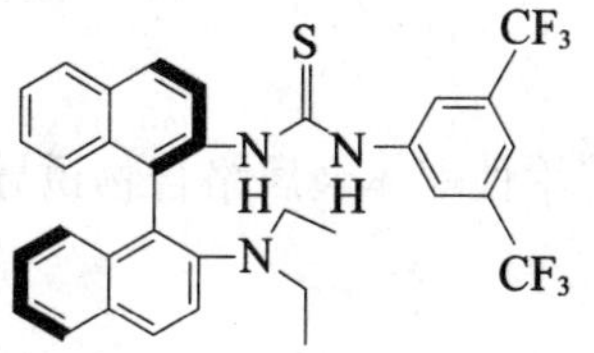

(7-47)

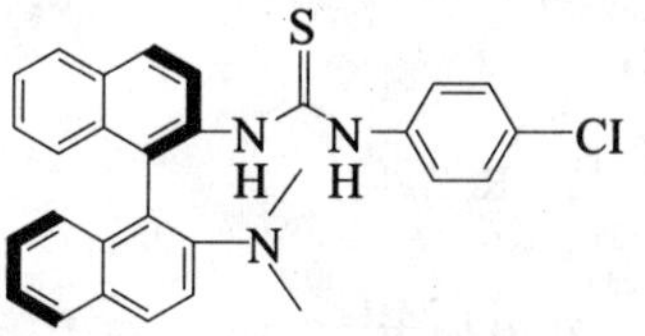

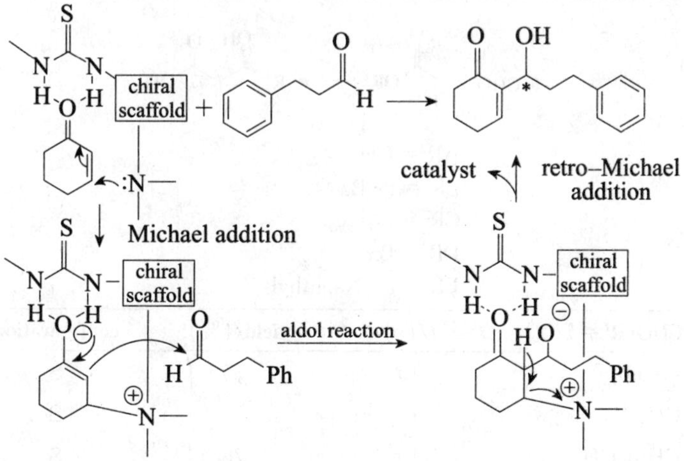

(7-48)

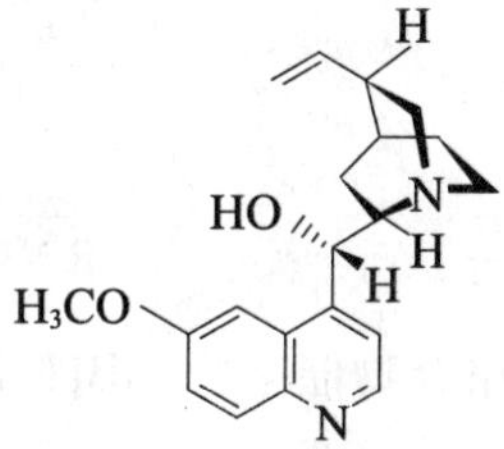

Nagasawa and Berkessel 发现从 1,2-环己二胺衍生的双硫脲和 3-(氨甲基)-3,5,5-三甲基环己胺(IPDA)在各种醛与环己烯酮的 MBH 反应中也可以得到很好的产率和 de 值的产物。

3. 手性配体金属催化剂

Yang 等人用手性配体 Lewis 酸催化 MBH 反应，得到中等收率和中等 de 值的产物。

手性配体的结构见式 7－49 所示。

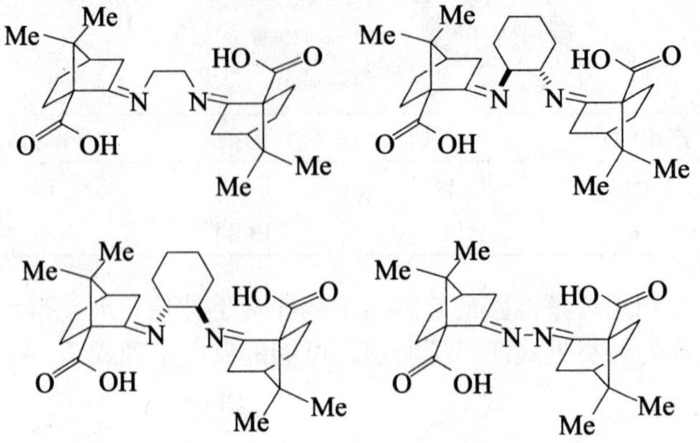

(7－49)

手性配体金属络合物诱导手性产物生成的示意图见式 7－50 所示。

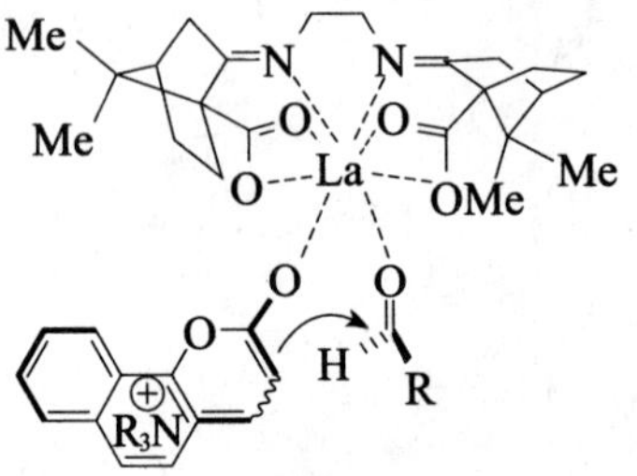

(7－50)

手性配体金属络合物催化的 MBH 反应的结果如表 7－10 所示。

表 7－10　手性配体金属络合物催化的 MBH 反应

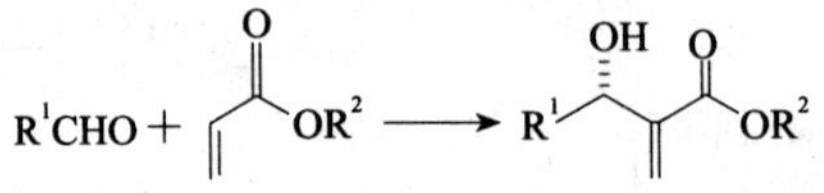

R^1CHO + (acrylate, OR^2) ⟶ 5

A $R^2=CH_3$
B $R^2=t-Bu$
C $R^2=Ph$
D $R^2=Bn$
E $R^2=\alpha-Naphthyl$

acrylate	$R^1CHO(R^1=)$	$t/(h)$	yield/(%)[b]	configuration	ee/(%)
A	CH_3	10	85	S	10
A	CH_3CH_2	10	89	S	7
A	$(CH_3)_2CH$	10	75	S	6
A	$4-MeOC_6H_4$	10	55	S	66
B	Ph	10	25	S	70
C	Ph	10	97	S	75
D	CH_3	10	85	S	65
D	CH_3CH_2	10	85	S	65

（续）

acrylate	$R^1CHO(R^1=)$	*t*/(h)	yield/(%)[b]	configuration	ee/(%)
D	Ph	10	75	S	75
D	4 - $MeOC_6H_4$	10	50	S	95
D	4 - $NO_2C_6H_4$	10	93	S	85
E	c - C_6H_{11}	1/3	71	S	71
E	CH_3CH_2	1/3	75	S	70
E	Ph	1/3	88	S	81
E	4 - $MeOC_6H_4$	1/3	35	S	95
E	4 - $NO_2C_6H_4$	1/3	82	S	93
E	$Ph(CH_2)_2CH_2$	1/3	78	S	81

4. 手性膦催化剂

Shi 等人利用手性膦胺配体为催化剂，高选择性地合成了光学异构体，其催化剂的结构见式 7 - 51 所示。

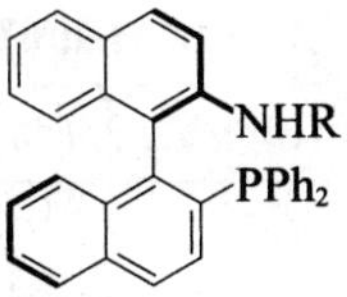

NHR
PPh_2

L1：R=SO_2CH_3
L2：R=SO_2CF_3
L3：R=$SO_2C_6H_4CH_3$ - *p*
L4：R=COC_6H_5
L5：R=$COCH_3$
L6：R=CO_2CH_3
L7：R=$PO(C_6H_5)_2$

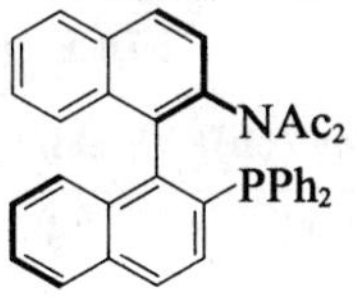

NAc_2
PPh_2

L8

(7 - 51)

各种手性膦胺配体催化的 MBH 反应的反应条件和生成的光学异构体的 de 值如表 7 - 11 所示，从反应结果看，L5 催化剂的效果最好，如表 7 - 12 所示。

表 7 - 11　各种手性膦胺配体催化的 MBH 反应

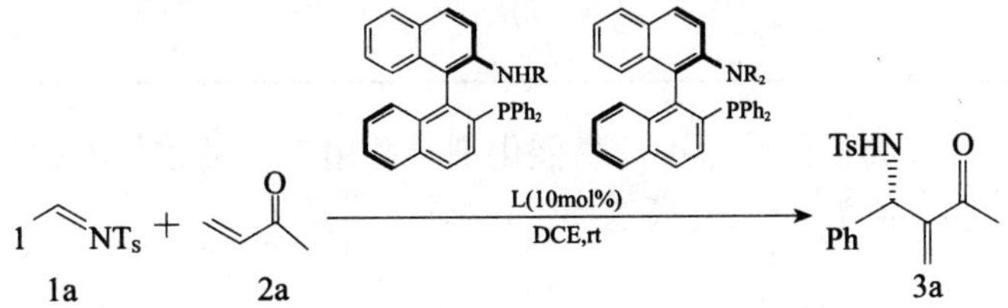

NHR　PPh_2　NR_2　PPh_2

1　NT_s　+　O　L(10mol%)　DCE,rt　TsHN　O　Ph

1a　2a　3a

Catalyst	t/(h)	Yield/(%)	ee/(%)
L1	48	95	89
L2	48	0	—
L3	96	94	86

（续）

Catalyst	Time/(h)	Yield/(%)	ee/(%)
L4	48	89	78
L5	48	99	93
L6	60	91	59
L7	96	85	72
L8	96	0	—

表 7-12　手性膦胺配体 L5 催化的 MBH 反应

NHAc PPh₂ L5(10mol%) DCE,rt,or DCM,0℃ Ts N R O TsHN Ar R O

Ar	R	DCE ar rt			DCM at 0℃		
		Time/(h)	Yield/(%)	de/(%)	Time/(h)	Yield/(%)	de/(%)
p-BrC_6H_4	Me	48	98	82	24	86	90
p-$NO_2C_6H_4$	Me	24	75	80	7	99	90
o-$NO_2C_6H_4$	Me	12	78	46	28	85	61
m-$NO_2C_6H_4$	Me	12	99	80	8	99	82
o-ClC_6H_4	Me	12	76	65	48	80	65
p-ClC_6H_4	Me	36	99	82	24	99	90
m-ClC_6H_4	Me	12	89	84	24	90	89
p-FC_6H_4	Me	36	99	85	24	90	91
m-FC_6H_4	Me	20	77	75	24	91	80
p-$MeOC_6H_4$	Me	48	99	46	48	98	82
p-MeC_6H_4	Me	60	99	84	48	99	90
C_6H_5	Et				60	95	74
p-BrC_6H_4	Et				60	80	65
P-ClC_6H_4	Et				60	86	51

2008 年 Liu 等人合成了树枝形手性膦催化剂，并用于磺酰胺与丙烯醛或乙烯基甲酮的 MBH 反应中，得到 de 值为 97%的高选择性产物。

7.6　特殊的不对称合成反应

7.6.1　双不对称合成

所谓双不对称合成是指两个反应物均是具有光学活性的化合物之间的反应。如果反应产物的立体选择性提高了，则称为两个手性因子匹配，否则认为不匹配。

(1) 双不对称 Diels - Alder 反应：手性双烯与非手性亲双烯体、非手性双烯与手性亲双烯体以及手性双烯与手性亲双烯体的反应见式 7 - 52～式 7 - 55 所示。

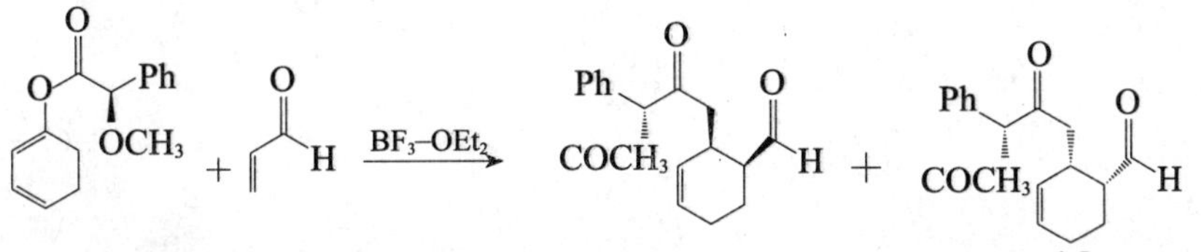

1 : 4.5 (7 - 52)

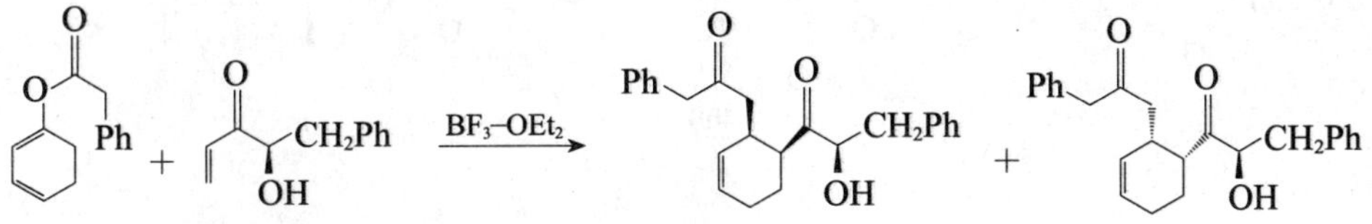

1 : 8 (7 - 53)

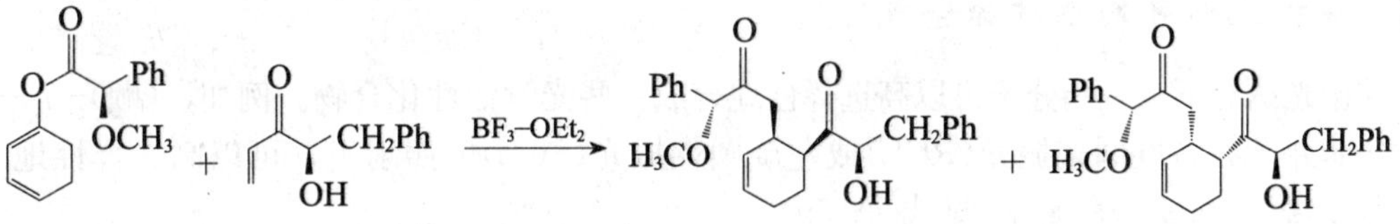

1 : 40 (7 - 54)

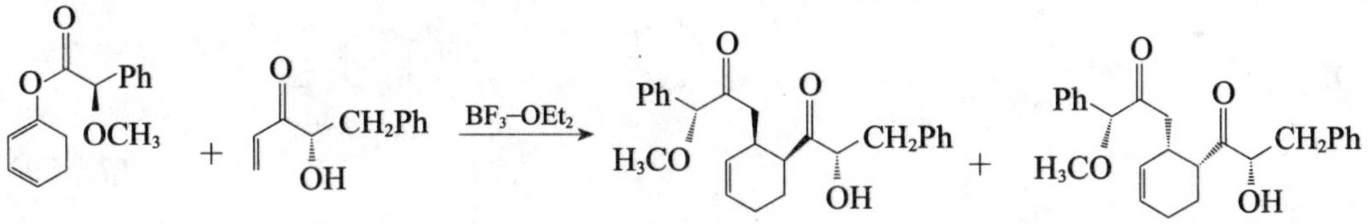

1 : 2 (7 - 55)

从式 7 - 52～式 7 - 55 的反应可以看出，使用 R -手性双烯与 R -手性亲双烯体进行的 Diels - Alder 反应立体选择性好，是匹配的反应(见式 7 - 54)；R -手性双烯与 S -手性亲双烯体进行的 Diels - Alder 反应立体选择性差，是不匹配的反应(见式 7 - 55)。

(2) 双不对称 Aldol 反应：手性醛与手性烯醇体之间的缩合反应属于双不对称 Aldol 反应。当使用手性醛与非手性烯醇体进行缩合反应时，非对映体产物比率相差较小。而使用手性醛与手性烯醇体进行缩合反应时，非对映体产物比率相差很大，如式 7 - 56～式 7 - 58 所示。

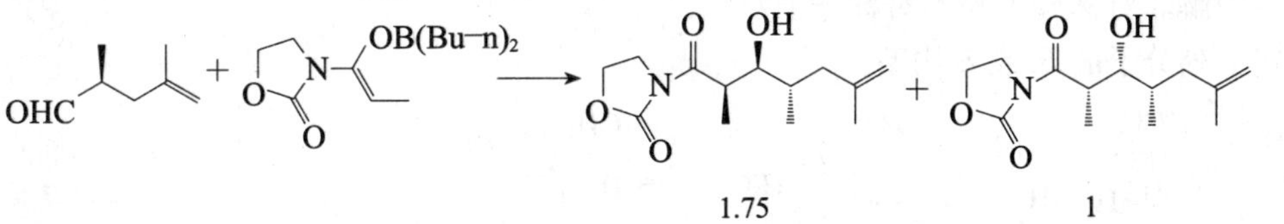

1.75 : 1 (7 - 56)

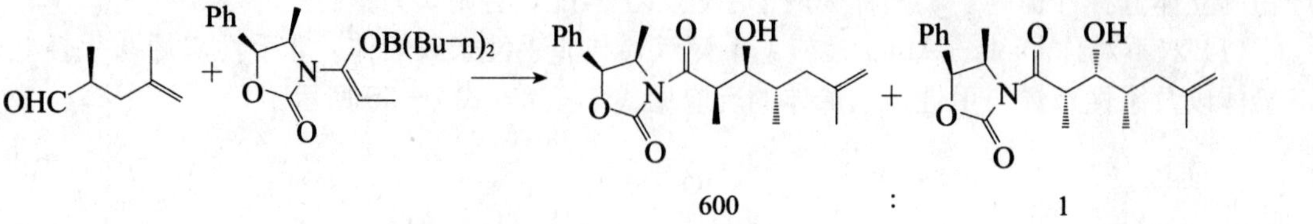

OHC + Ph, OB(Bu-n)$_2$, N, O, O ⟶ Ph, O, OH, N, O, O + Ph, O, OH, N, O, O

600 : 1

(7－57)

OHC + OB(Bu-n)$_2$, N, O, O ⟶ O, OH, N, O, O + O, OH, N, O, O

400 : 1

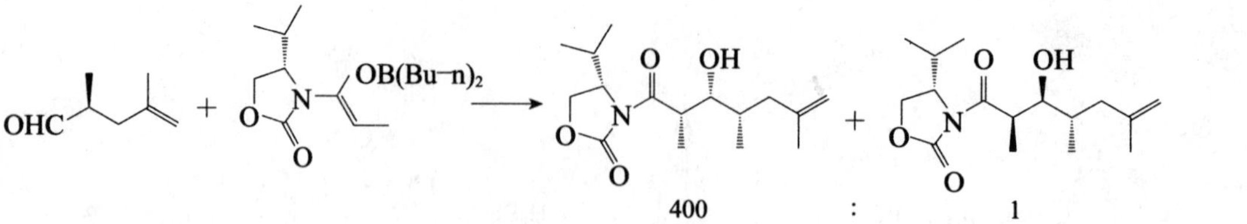

(7－58)

从式 7－57 和式 7－58 可以看出，该反应是匹配的，非对映选择性较高。

7.6.2 偏振光诱导的不对称合成

在偏振光诱导下，一些分子可以高选择性地合成一些光学活性化合物。例如，(顺)-1-苯基-2-菲并苯在右旋圆偏振光(RCL)或左旋圆偏振光(SCL)的照射下，可以高选择性地得到(M)-六螺苯和(P)-六螺苯(见式 7－59)。

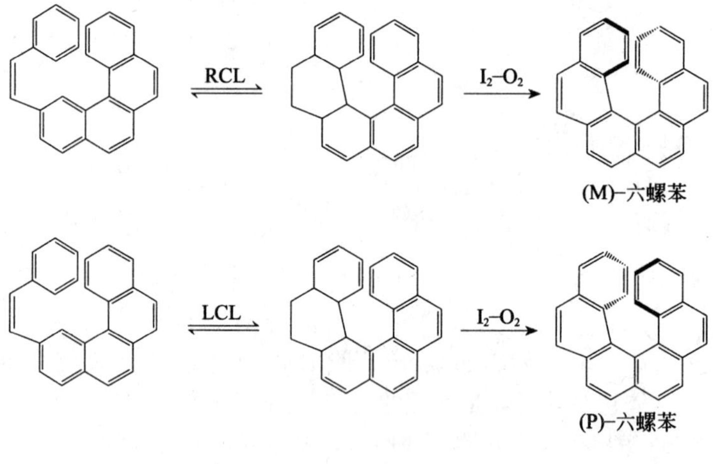

RCL　I_2–O_2

(M)–六螺苯

(7－59)

LCL　I_2–O_2

(P)–六螺苯

习　　题

1. 如何理解 de 值和 ee 值?
2. 如何理解非对称分子和不对称分子?
3. 确定下列分子的 R 或 S 构型。

(1) 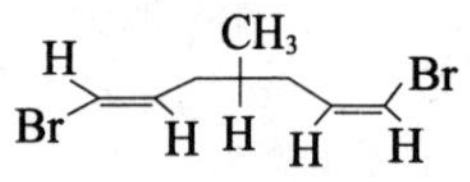 H, Br, CH_3, H H, H, Br, H　　(2) 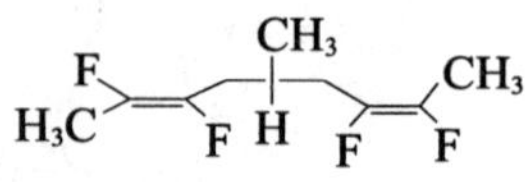 F, H_3C, CH_3, F, H, F, CH_3, F

(3) 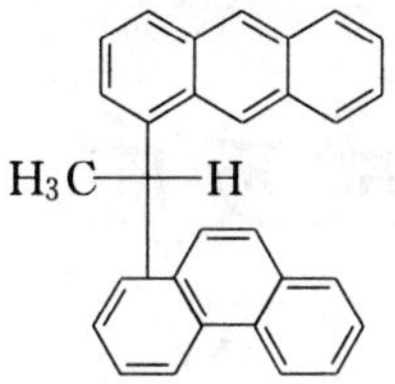 H_3C—H

(4) 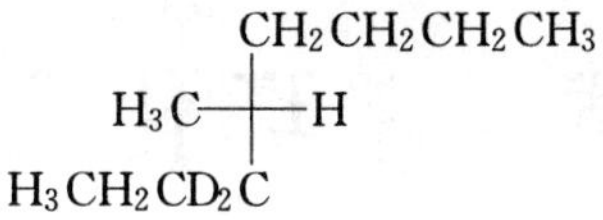 $CH_2CH_2CH_2CH_3$ H_3C—H $H_3CH_2CD_2C$

(5) 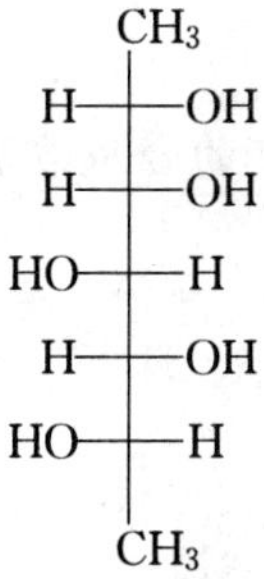 CH_3 H—OH H—OH HO—H H—OH HO—H CH_3

(6) 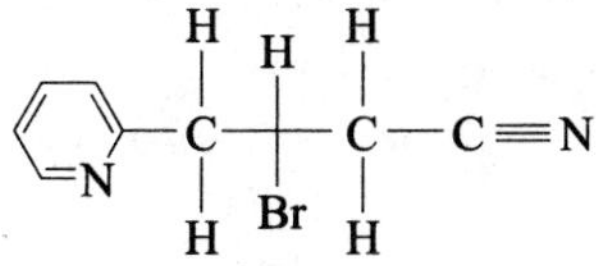 H H H C C—C≡N N H Br H

(7) 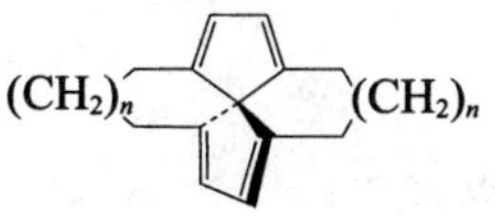 $(CH_2)_n$ $(CH_2)_n$

(8)  H

(9) 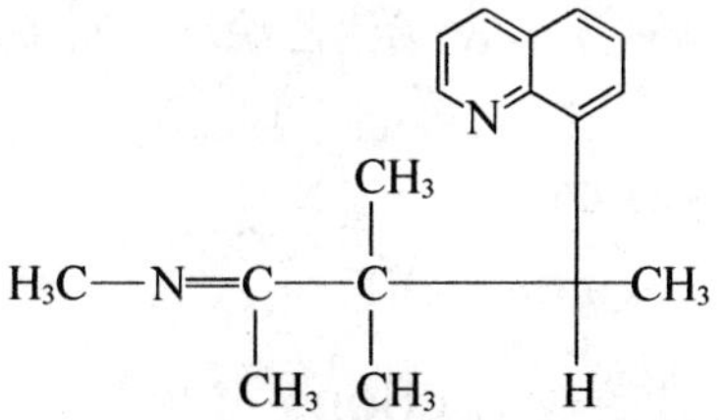 N CH_3 H_3C—N=C—C—CH_3 CH_3 CH_3 H

4. 3-溴环己烷羧酸一种消除溴很快，另一种很慢，画出两种化合物的构型式。

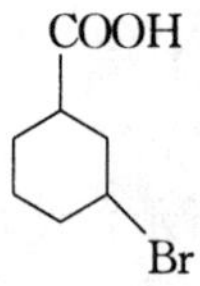

COOH Br

5. 化合物二环［2.2.2］-5-辛烯-2-甲酸有两种构型异构体，用 Br_2/H_2O 处理可得到不同产物，写出两种构型异构体的结构。

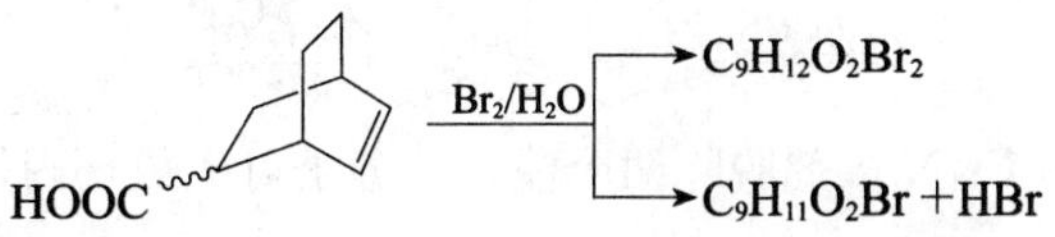

HOOC $\xrightarrow{Br_2/H_2O}$ $C_9H_{12}O_2Br_2$; $C_9H_{11}O_2Br + HBr$

6. 六六六有 9 个异构体，用甲醇钠处理，2 个异构体很快消去 3 分子 HCl，5 个异构体消去 2 分子 HCl，1 个异构体消去 1 分子 HCl，1 个异构体是惰性的，写出所有对映异构体的构型式。

7. 已知 A、B 2 个化合物的消旋化的时间如下，试比较 Cl 和 OCH_3 的体积大小。

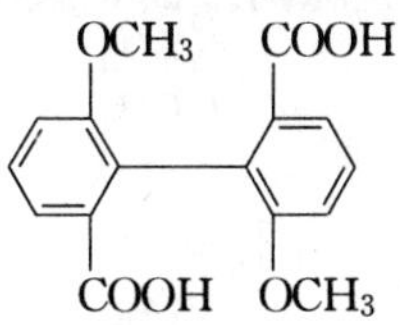

OCH_3 COOH COOH OCH_3 A　　Cl COOH COOH Cl B

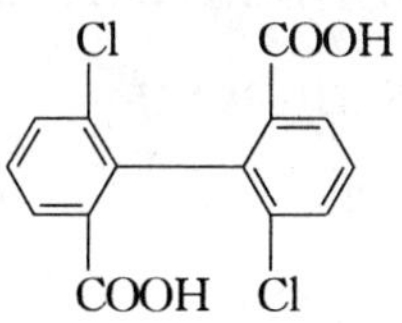

t/1/2(min)　　70　　稳定

第 8 章　单环化合物的合成反应

内容提要

本章系统地总结了三元环、四元环、五元环、六元环和大环及杂环的合成方法，讨论了各种环状化合物的合成规律。

8.1　形成三元环的反应

8.1.1　形成三元碳环的反应

三元碳环可分为饱和的和含有不饱和双键的，一般可通过分子内亲核取代反应、消去反应和加成反应制备。最常用的合成方法是用丙二酸酯与 1,2-二溴乙烷反应制备。

(1) 分子内亲核取代反应，如式 8-1 所示。

EtOOC, EtOOC CH_2 + $BrCH_2CH_2Br$ —EtONa→ (COOEt, COOEt) —H^+/△→ COOH

Cl CN —NaOH/H_2O→ CN —H_2SO_4/H_2O→ COOH　　(8-1)

H_3C O Cl —NaOH/H_2O→ H_3C O

(2) 分子内的消去反应。见式 8-2 所示，使用 Zn-Cu 试剂脱除两个溴原子可生成三元环化合物。

Br C_6H_5 Br —Zn-Cu/DMF/7~9℃→ C_6H_5　　(8-2)

式 8-3 所示，使用 Et_3N 试剂脱除两个溴化氢分子可生成环丙烯衍生物。

C_6H_5 C_6H_5 Br O Br —Et_3N/CH_2Cl_2→ O C_6H_5 C_6H_5　　(8-3)

式 8-4 所示，在—50℃下使用 KNH_2 试剂可脱除两个卤化氢分子生成环丙烯衍生物。

OCH_3 OCH_3 Br Cl —KNH_2/-50℃→ H_3CO OCH_3 O　　(8-4)

(3) 卡宾或重氮甲烷类与双键的加成反应，见式 8-5 所示。

$$\mathrm{(C_6H_5)_2C{=}CH_2} \xrightarrow[\mathrm{KOBu\text{-}t},\ \mathrm{C_5H_{12}}]{\mathrm{CHBr_3}} \text{1,1-二溴-2,2-二苯基环丙烷}$$

$$\mathrm{C_6H_5CH{=}CH_2} + \mathrm{N_2{=}CHCO_2Et} \xrightarrow[\triangle]{\mathrm{C_6H_5CH_3}} \text{2-苯基环丙烷甲酸乙酯 } (\mathrm{C_6H_5},\ \mathrm{COOEt}) \qquad (8-5)$$

8.1.2 三元杂环化合物的合成

三元杂环可分为饱和的和不饱和的、含一个、两个或三个杂原子的，以及所含杂原子是相同的或不同的等多种情况。

1. 含一个杂原子的饱和三元杂环化合物

三元杂环化合物是具有张力的分子，形成三元杂环的反应是一个内能增加的过程。一般要用比较强烈的条件或特别活泼的试剂，常用分子内的环化反应和［2+1］型的加成反应实现这个过程。

(1) 分子内的环化法，见式 8-6 所示。

$$\mathrm{-C_1(AH)-C_2(L)-} \xrightarrow{X^-} \mathrm{-C_1(\bar{A})-C_2(L)-} \longrightarrow \mathrm{C_1{-}A{-}C_2}\ (\text{三元环}) + L^- \qquad (8-6)$$

式 8-6 中 A 为杂原子，L 为各种离去基团，如卤素等。含有 O、N、S 等杂原子的链状分子，由于杂原子上有共享的电子对，所以在这些分子中，它们能够作为一个强的亲核基团进攻连有离去基团的 α-碳原子，从而发生分子内的环化反应，如式 8-7 所示。

$$\mathrm{HO(H)(CH_3)C-C(H)(CH_3)Br} \longrightarrow \text{质子化环氧化物 } (\mathrm{H_3C},\ \overset{+}{\mathrm{O}}\mathrm{H},\ \mathrm{CH_3}) \xrightarrow{-H^+} \text{2,3-二甲基环氧乙烷} \qquad (8-7)$$

反应是 OH 从 Br 基团的背面进攻 α-碳原子并将 Br“挤掉”，结果得到一个有张力的三元杂环分子，这个环化反应是一个分子内的 S_N2 反应。

邻位氨基的环醇在亚硝酸作用下，可生成环氧乙烷衍生物(见式 8-8)。

$$\text{2-氨基环戊醇 } (\mathrm{OH},\ \mathrm{NH_2}) \xrightarrow[\mathrm{HCl}]{\mathrm{NaNO_2}} (\mathrm{OH},\ \mathrm{N_2^+Cl^-}) \longrightarrow [\text{环戊基碳正离子 } \mathrm{OH}] \longrightarrow \text{质子化环氧 } \mathrm{OH^+} \xrightarrow{-H^+} \text{环氧环戊烷} \qquad (8-8)$$

各种取代的脂肪族 β-卤代胺都能发生类似的环化反应，生成环乙亚胺衍生物(见式 8-9)。在通常情况下，这种反应生成的环乙亚胺衍生物是顺、反异构体的混合物。

$$\mathrm{R-CH(X)-CH(NHR'')-R'} \xrightarrow[\text{或 } \mathrm{Ag_2O}]{\mathrm{KOH}} \mathrm{R-CH-CH-R'}\ (\text{经 } \mathrm{N-R''} \text{ 成环}) \qquad (8-9)$$

R，R″=H，CH_3，C_6H_5；R′=H，C_6H_5，CH_3，SO_2Ar；X=Cl，Br

(2) 加成法。

① 向双键插入杂原子的方法：用过氧化物作为氧化剂来氧化双键，是制备环氧化合物的一个最方便和使用最广泛的方法(见式 8－10)。

$$CH_2{=}CH{-}CH{=}CH_2 + CH_3CH_2COOOH \xrightarrow[40℃]{苯} CH_2{=}CH{-}\underset{O}{CH{-}CH_2} \tag{8-10}$$

过氧酸的环化反应是亲电加成反应，若烯键 C 原子上连有吸电子基如—NO_2 等，环氧反应就变得十分困难，甚至不发生环氧化反应。但若用双氧水或过氧醇作为氧化剂，无论有无吸电子基，均可得到较好产率的环氧化合物(见式 8－11)。

$$C_6H_5(H)C{=}C(CN)C_6H_5 \xrightarrow{t\text{-}BuOOH} C_6H_5(H)\underset{O}{C{-}C}(CN)C_6H_5 \tag{8-11}$$

② 奈春与双键加成：用奈春(Nitrene)与烯反应，可得到相应的环乙亚胺化合物(见式 8－12)。

$$环己烯 + :\ddot{N}-COOC_2H_5 \longrightarrow 环己烷并氮丙啶{-}N-COOC_2H_5 \tag{8-12}$$

在醛、酮、硫酮和席夫碱的分子中，都存在 C═X(X═O，S，N)键，打开这些双键并引入一个亚甲基—CH_2—，则得到相应三元杂环体系(见式 8－13)。

$$>C{=}X + :CH_2 \longrightarrow >C\underset{\diagdown\diagup}{\quad}X \tag{8-13}$$

③ 与硫叶立德的亲核加成反应：硫叶立德和芳香的以及非共轭的醛或酮都能发生这一反应，接着通过分子闭关环形成的三元杂环，如式 8－14 所示。

$$H_3C-\overset{O}{\overset{\|}{S}}-CH_3 + CH_3I \longrightarrow H_3C-\overset{O}{\overset{\|}{S^+}}(CH_3)-CH_3\cdot I^- \xrightarrow[NaH，DMSO]{-HI}$$

$$H_3C-\overset{O}{\overset{\|}{S^+}}(CH_3)-CH_2^- \xrightarrow[DMSO,25℃,1h]{4\text{-叔丁基环己酮}} 4\text{-叔丁基环己基}{-}\overset{\bar{O}}{C}{-}CH_2{-}\overset{O}{\overset{\|}{S^+}}(H_3C)(CH_3) \xrightarrow{DMSO} 螺环氧化物 \tag{8-14}$$

(3) 缩合反应。此处的缩合反应是指用一个活泼试剂与醛或酮发生的加成反应。实现在 C═O 键之间插入一个亚甲基或次甲基而生成相应的环氧化物，在卤代乙酸酯中，由于卤原子和酯基的作用，使得亚甲基很活泼，容易与羰基缩合(加成)，如式 8－15 所示。

$$C_6H_5CHO + H_2\overset{Cl}{\overset{|}{C}}-CO_2C_2H_5 \xrightarrow[二氧六环]{NaOH} C_6H_5HC\underset{O}{\diagdown\diagup}\overset{H}{\overset{|}{C}}-CO_2C_2H_5 \tag{8-15}$$

在磷胺作用下，两个分子的芳醛也能发生缩合反应生成相应的环氧化物(见式 8－16)。

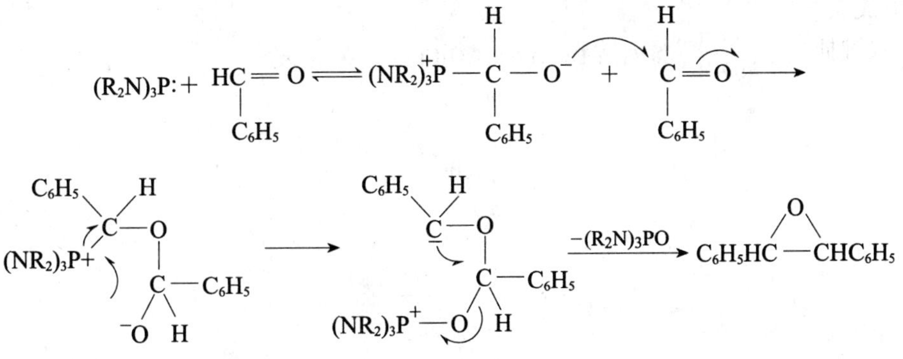

$$(R_2N)_3P{:}+\ \underset{C_6H_5}{HC}{=}O \rightleftharpoons (NR_2)_3\overset{+}{P}{-}\underset{C_6H_5}{\overset{H}{C}}{-}O^- \ + \ \underset{C_6H_5}{\overset{H}{C}}{=}O \longrightarrow$$

$$\begin{array}{c} C_6H_5\ \ H \\ (NR_2)_3P^{+}{-}C{-}O \\ C{-}C_6H_5 \\ ^{-}O\ \ H \end{array} \longrightarrow \begin{array}{c} C_6H_5\ \ H \\ C{-}O \\ C{-}C_6H_5 \\ (NR_2)_3P^{+}{-}O\ \ H \end{array} \xrightarrow{-(R_2N)_3PO} C_6H_5HC\overset{O}{—}CHC_6H_5 \qquad (8-16)$$

(4) 杂原子交换法，见式 8－17 所示。

$$\bigcirc\!\!>O \xrightarrow[EtOH]{KSCN} \bigcirc\!\!>S \qquad (8-17)$$

2. 含两个杂原子的三元杂环化合物

席夫碱与过氧化物通过加成反应，生成含两个杂原子的三元杂环化合物(见式 8－18)。

$$C_6H_5{-}CH{=}NC(CH_3)_3 + C_6H_5COOOH \longrightarrow C_6H_5{-}CH\underset{O}{—}NC(CH_3)_3 \qquad (8-18)$$

羰基化合物与卤代胺反应，可以得到含 O 和 N 的三元杂环化合物。反应是通过加成消除历程来实现的(见式 8－19)。

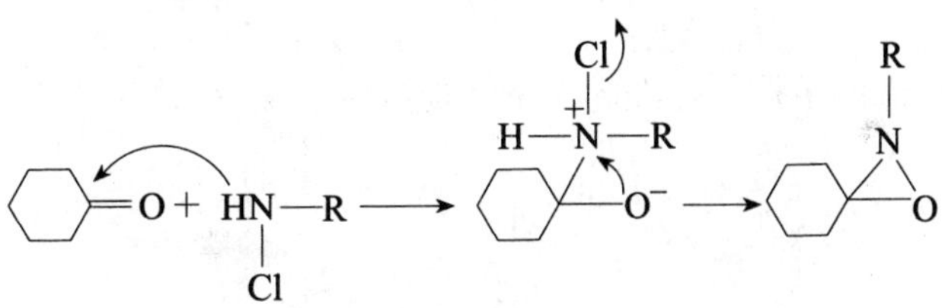

$$\bigcirc{=}O + \underset{Cl}{HN}{-}R \longrightarrow \bigcirc\!\!<\begin{array}{c}\overset{Cl}{H{-}\overset{+}{N}{-}R}\\ O^-\end{array} \longrightarrow \bigcirc\!\!<\begin{array}{c}\overset{R}{N}\\ O\end{array} \qquad (8-19)$$

8.2 形成四元环的反应

8.2.1 形成四元碳环的反应

四元碳环可分为饱和的和含有不饱和双键的两种，最常用的合成方法是用丙二酸酯与 1,3－二溴丙烷通过分子内亲核取代反应制备，此外还有 [2]+[2] 加成反应和逐出反应等。

1. 分子内亲核取代反应

分子内亲核取代反应见式 8－20 所示。

2. [2]+[2] 加成反应

[2]+[2] 加成反应一般需在光照下完成，对于一些活泼单体，加热甚至在低温下也可顺利完成反应(见式 8－21)。

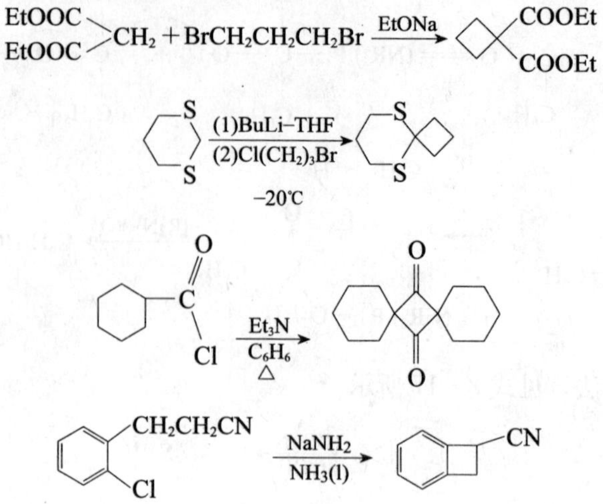

$$\begin{matrix}EtOOC\\EtOOC\end{matrix}{>}CH_2 + BrCH_2CH_2CH_2Br \xrightarrow{EtONa} \square{<}\begin{matrix}COOEt\\COOEt\end{matrix}$$

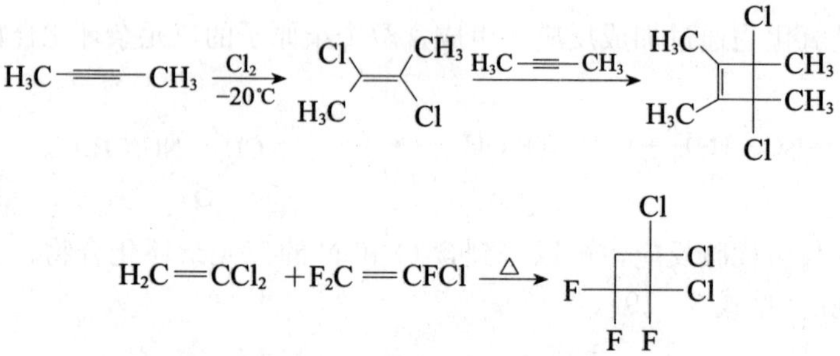

$$\text{(S, S)} \xrightarrow[(2)Cl(CH_2)_3Br]{(1)BuLi\text{-}THF} \text{(S, S)} \qquad -20℃$$

(8-20)

$$\text{(O, C, Cl)} \xrightarrow[C_6H_6,\ \triangle]{Et_3N} \text{(O, O)}$$

$$\text{(CH}_2\text{CH}_2\text{CN, Cl)} \xrightarrow[NH_3(l)]{NaNH_2} \text{(CN)}$$

$$H_3C-C\equiv C-CH_3 \xrightarrow[-20℃]{Cl_2} \text{(Cl, CH}_3\text{, H}_3\text{C, Cl)} \xrightarrow{H_3C-C\equiv C-CH_3} \text{(Cl, H}_3\text{C, CH}_3\text{, CH}_3\text{, H}_3\text{C, Cl)}$$

(8-21)

$$H_2C=CCl_2 + F_2C=CFCl \xrightarrow{\triangle} \text{(Cl, Cl, Cl, F, F, F)}$$

对于一些活性较低的单体，需在光照下才能顺利完成反应(见式 8-22)。

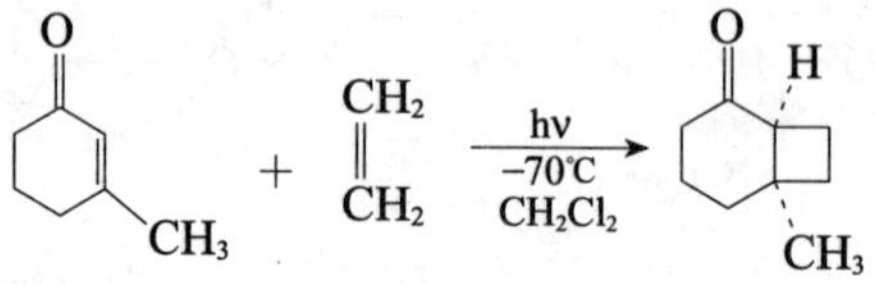

$$\text{(O, CH}_3\text{)} + \begin{matrix}CH_2\\ \|\\ CH_2\end{matrix} \xrightarrow[-70℃,\ CH_2Cl_2]{h\nu} \text{(O, H, CH}_3\text{)} \qquad (8-22)$$

三氯乙酰氯在 Zn-Cu 作用下可脱除 Cl_2 形成烯酮，从而与烯或炔完成 [2]+[2] 加成反应(见式 8-23)。

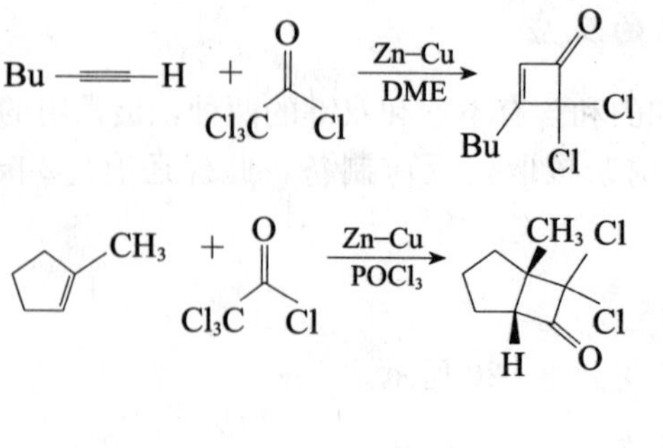

$$Bu-C\equiv C-H + \text{(O, Cl}_3\text{C, Cl)} \xrightarrow[DME]{Zn\text{-}Cu} \text{(O, Cl, Bu, Cl)}$$

(8-23)

$$\text{(CH}_3\text{)} + \text{(O, Cl}_3\text{C, Cl)} \xrightarrow[POCl_3]{Zn\text{-}Cu} \text{(CH}_3\text{, Cl, Cl, H, O)}$$

3. 逐出反应

通过从分子内逐出(消除)一个小分子如 CO_2、SO_2、CO、N_2 等，生成四元环形化合物(见式 8-24)。

$$\text{(1,3-dimethyl hexahydrobenzo[c]thiophene } SO_2\text{)} \xrightarrow[\text{(2) LAH},\ \triangle]{\text{(1) BuLi}} \text{(dimethyl bicyclo[4.2.0]octene)} \quad (8-24)$$

8.2.2 形成四元杂环的反应

早在 1899 年，人们就合成了最简单的一个四元杂环化合物——氮杂环丁烷。但是，直到 1942 年以后，由于在青霉素的结构测定中发现β-内酰胺对于青霉素的活性起着十分重要的作用，从而引起了人们对于四元杂环化合物研究的广泛兴趣。

1. 分子内的亲核取代反应

饱和四元杂环虽然其环张力比三元杂环的小，但是通过分子直接环化来合成还是很困难的。通常由链状分子直接环化制备四元杂环时是先将其制成相应的β-卤代衍生物，然后再进行环化，这些衍生物多为醋酸、硫酸、磺酸的酯或酰胺。它们的环化反应通式如式 8-25 所示。

$$XH_2C-CH_2-CH_2-A-D \xrightarrow{MOH} \text{(四元环 } H_2C-CH_2-A-CH_2\text{)} + MX + HO-D \quad (8-25)$$

X=Br，Cl；A=O，NH，S；D=CH_3CO，SO_3H，$SO_2C_6H_5$，p-$CH_3C_6H_4SO_2$，M=Na，K

分子内的亲核取代反应见式 8-26 所示。

$$BrH_2C-CH_2-CH_2-O-C(=O)-CH_2CH_3 \xrightarrow[140℃]{KOH} \text{(氧杂环丁烷)} + H_3CH_2CC(=O)-Br$$

$$H_3C-CH(CH_2Cl)-CH_2-NHCH_2CH_3 \xrightarrow[100℃]{50\%KOH} \text{(3-甲基-1-乙基氮杂环丁烷)} \quad (8-26)$$

2. [2+2] 型的加成反应

一个含碳碳双键(或叁键)的化合物，与含杂原子的不饱和分子发生环化反应，可得到较好产率的四元杂环，通式如式 8-27 所示。

$$>C=C< + >C=X \xrightarrow{h\nu} \text{(四元环 } -C-X-C-C-\text{)} \quad (8-27)$$

X=O，S，NH

这一类型的环加成有的是协同反应，有的则不一定是协同反应，随反应物的结构和反应条件而异，但都是［2+2］型的。

通过［2+2］型的加成反应可生成环丁砜衍生物，如式 8-28 所示。

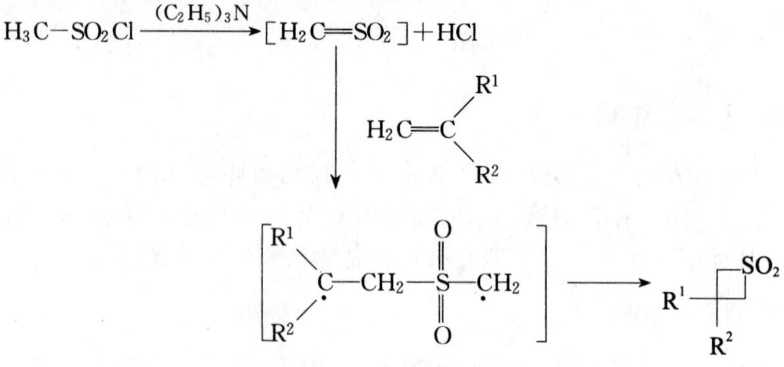

$$H_3C-SO_2Cl \xrightarrow{(C_2H_5)_3N} [H_2C{=}SO_2]+HCl$$

$$H_2C{=}C(R^1)(R^2)$$

$$\left[(R^1)(R^2)\dot{C}-CH_2-S(=O)_2-\dot{C}H_2\right] \longrightarrow R^1,R^2\text{-}(SO_2\text{ ring}) \qquad (8-28)$$

R^1 或 $R^2=CH_3$，C_6H_5，OCH_3

3. 缩环和扩环重排反应

由低一级的环扩环，或由高一级的环缩环来制备相应的四元环反应，实际上都是分子中的重排过程，如式 8-29 所示。

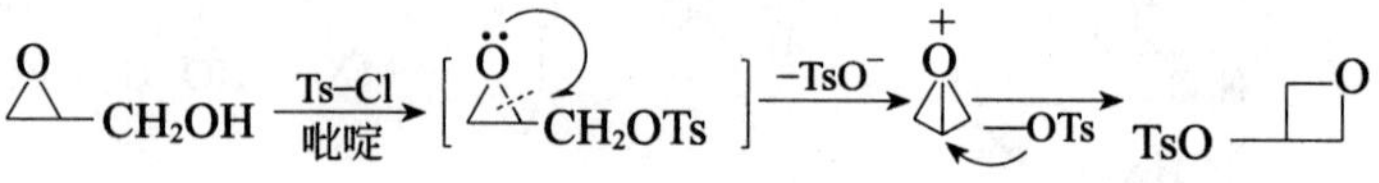

$$\overset{O}{\triangle}\!-CH_2OH \xrightarrow[\text{吡啶}]{Ts-Cl} \left[\overset{\ddot{O}}{\triangle}\!-CH_2OTs\right] \xrightarrow{-TsO^-} \overset{+}{O} \xrightarrow{-OTs} TsO-\square O \qquad (8-29)$$

8.3 形成五元环的反应

8.3.1 形成五元碳环的反应

五元碳环稳定，可通过缩合、取代、加成、二元酸脱羧等多种方法制备。

(1) Dieckmann 缩合反应，见式 8-30 所示。

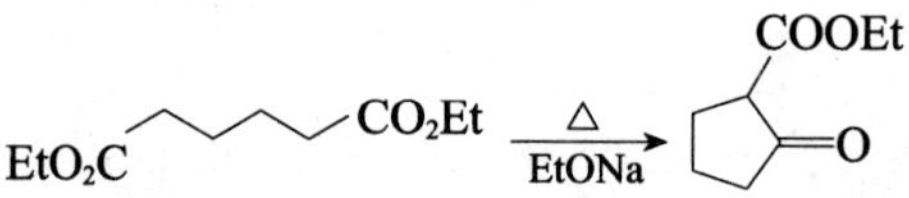

$$EtO_2C\text{~~~~}CO_2Et \xrightarrow[EtONa]{\triangle} (COOEt)\text{-}C_5\text{=}O \qquad (8-30)$$

(2) 二元酸脱羧，见式 8-31 所示。

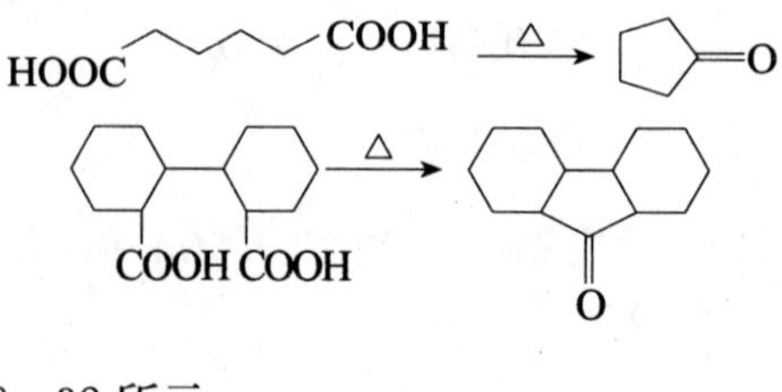

$$HOOC\text{~~~~}COOH \xrightarrow{\triangle} C_5\text{=}O$$

$$(COOH\ COOH) \xrightarrow{\triangle} (=O) \qquad (8-31)$$

(3) 取代反应，见式 8-32 所示。

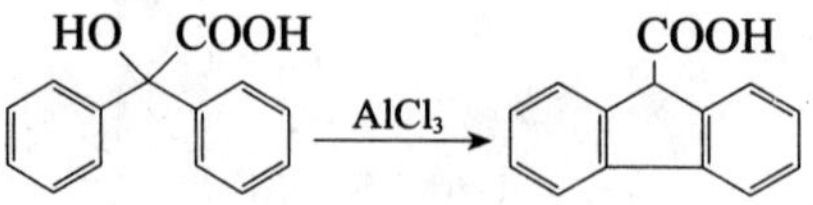

$$(HO)(COOH)C(C_6H_5)_2 \xrightarrow{AlCl_3} (COOH)$$

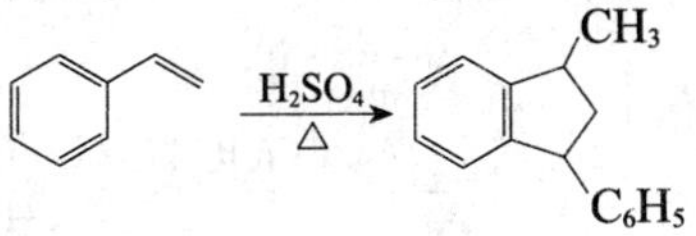

$$C_6H_5CH{=}CH_2 \xrightarrow[\triangle]{H_2SO_4} \text{1-甲基-3-苯基茚满}\ (CH_3,\ C_6H_5) \qquad (8-32)$$

8.3.2 形成五元杂环的反应

呋喃、吡咯、噻吩环系广泛存在于各种生物体中，所以可以从天然产物中制得这些杂环化合物。例如，可以从稻草、玉米棒等植物的茎料中制取呋喃衍生物糠醛，糠酸等、并由此来制取呋喃(见式8-33)。

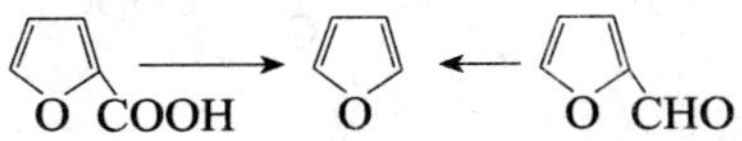

$$\text{呋喃-2-COOH} \longrightarrow \text{呋喃} \longleftarrow \text{呋喃-2-CHO} \qquad (8-33)$$

合成呋喃、吡咯、噻吩的方法很多，从这些分子的骨架构成上，将其合成方法按组合式分为几种类型来进行讨论。

1. [2+3] 型反应

按照杂原子在结构单元中的不同位置，[2+3] 型反应可有三种情况(见式8-34)。

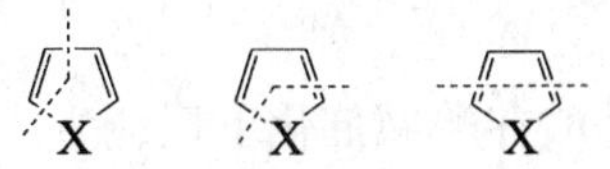

X　　X　　X

[2C+3X]　[3C+2X]　[2C+3X]　　(8-34)

对于上述情形，参加反应的两个分子，除了含有杂原子的取代基之外，它们至少含有两个活泼的反应中心，如活泼的亚甲基或羰基等。

(1) Knorr反应：该反应是α-氨基酮和含活泼亚甲基的羰基化合物的缩合反应，见式8-35所示。

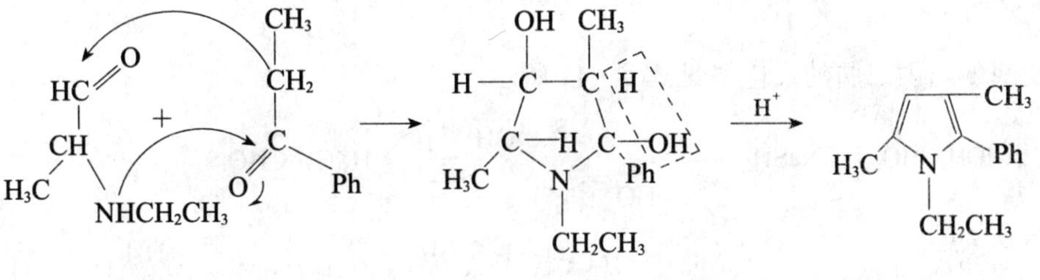

$$H_3C{-}CH(NHCH_2CH_3){-}HC{=}O + CH_3CH_2{-}C({=}O){-}Ph \longrightarrow$$

$$\text{(OH, CH}_3\text{, H, H}_3C\text{, N-CH}_2CH_3\text{, C-OH, Ph 中间体)} \xrightarrow{H^+} \text{1-乙基-2-甲基-4-甲基-5-苯基吡咯}\ (H_3C,\ CH_3,\ Ph,\ N{-}CH_2CH_3) \qquad (8-35)$$

(2) 重氮化合物与β-二羰基化合物的反应，见式8-36所示。

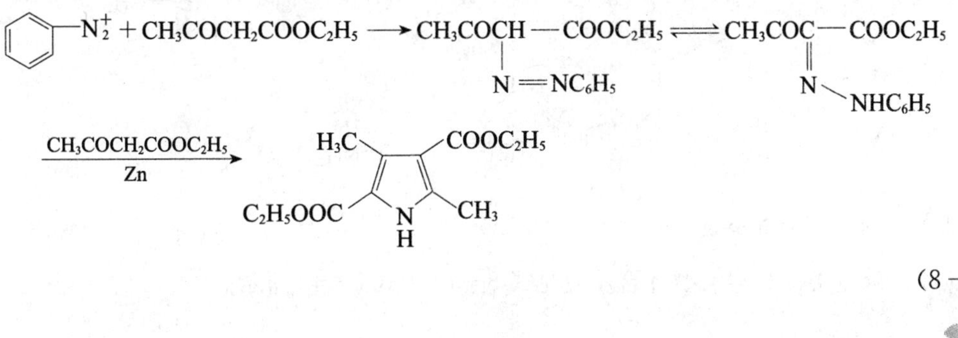

$$C_6H_5N_2^+ + CH_3COCH_2COOC_2H_5 \longrightarrow CH_3COCH(N{=}NC_6H_5){-}COOC_2H_5 \rightleftharpoons CH_3COC({=}N{-}NHC_6H_5){-}COOC_2H_5$$

$$\xrightarrow[Zn]{CH_3COCH_2COOC_2H_5} \text{吡咯}\ (H_3C,\ COOC_2H_5,\ C_2H_5OOC,\ CH_3,\ N{-}H)$$

(8-36)

(3) α-羟基酮与炔二酸酯的缩合反应(见式 8-37 和式 8-38 所示)。

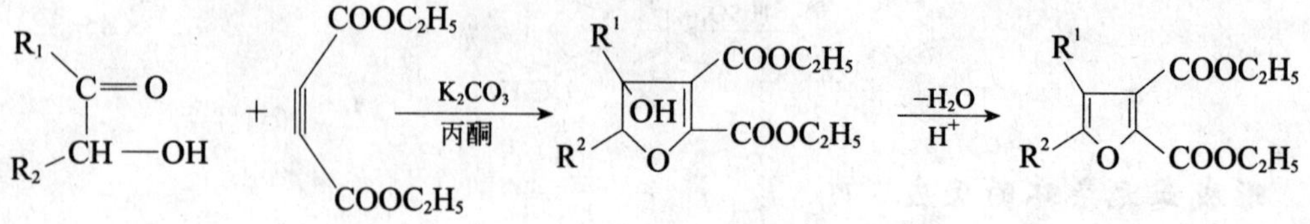

R_1—C=O, R_2—CH—OH + $COOC_2H_5$—C≡C—$COOC_2H_5$ $\xrightarrow[\text{丙酮}]{K_2CO_3}$ (R^1, OH, R^2, O, $COOC_2H_5$, $COOC_2H_5$) $\xrightarrow[H^+]{-H_2O}$ (R^1, R^2, O, $COOC_2H_5$, $COOC_2H_5$)

R^1，R^2=H，烷基，芳香基 (8-37)

H_3C—C=O, Ph—CH—OH + $COOC_2H_5$, $COOC_2H_5$ $\xrightarrow[\text{丙酮}]{K_2CO_3}$ (H_3C, OH, Ph, H, O, $COOC_2H_5$, $COOC_2H_5$) $\xrightarrow[HCl]{CH_3OH}$ (H_3C, Ph, O, $COOC_2H_5$, $COOC_2H_5$)

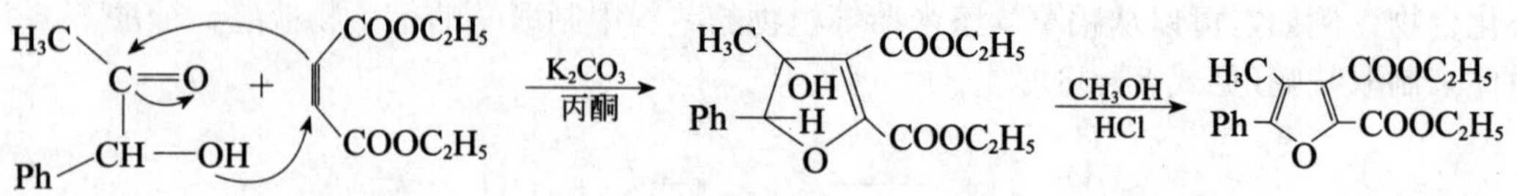

(8-38)

而要想得到吡咯衍生物，只要将图 8-37 中反应物的—OH 换为—NH_2 即可(见式 8-39)。

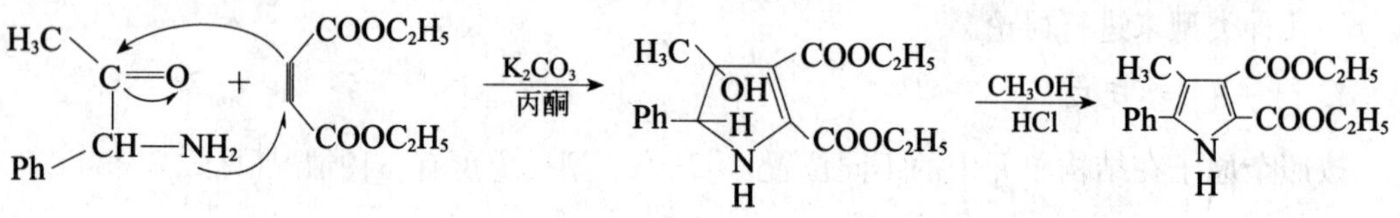

H_3C—C=O, Ph—CH—NH_2 + $COOC_2H_5$, $COOC_2H_5$ $\xrightarrow[\text{丙酮}]{K_2CO_3}$ (H_3C, OH, Ph, H, N, H, $COOC_2H_5$, $COOC_2H_5$) $\xrightarrow[HCl]{CH_3OH}$ (H_3C, Ph, N, H, $COOC_2H_5$, $COOC_2H_5$)

(8-39)

(4) α,β-不饱和酮或 α-氨基酸在醇碱催化下反应生成吡咯，见式 8-40 所示。

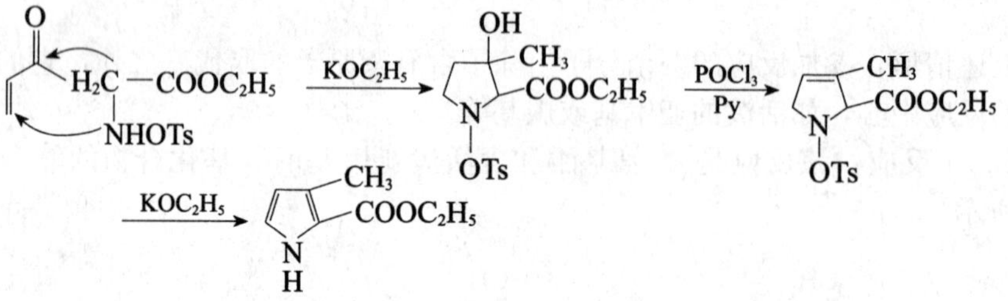

(O, H_2C—$COOC_2H_5$, NHOTs) $\xrightarrow{KOC_2H_5}$ (OH, CH_3, $COOC_2H_5$, N, OTs) $\xrightarrow[Py]{POCl_3}$ (CH_3, $COOC_2H_5$, N, OTs) (8-40)

$\xrightarrow{KOC_2H_5}$ (CH_3, $COOC_2H_5$, N, H)

(5) 巯代醛酮与丙二腈的反应，见式 8-41 所示。

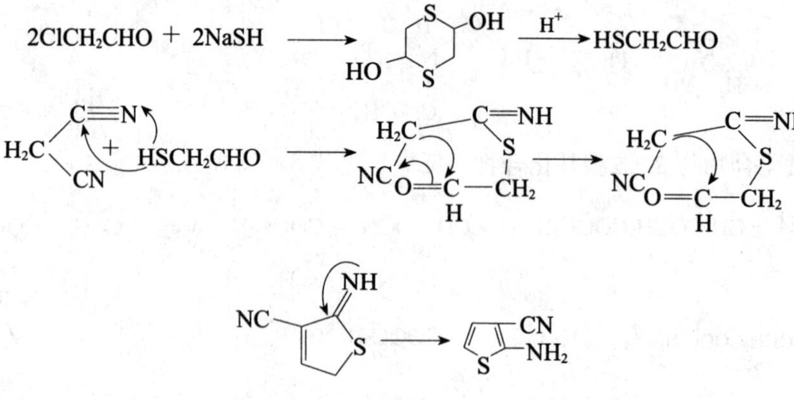

$2ClCH_2CHO$ + 2NaSH ⟶ (S, OH, HO, S) $\xrightarrow{H^+}$ $HSCH_2CHO$

H_2C(C≡N)(CN) + $HSCH_2CHO$ ⟶ (H_2C, C=NH, S, NC, O=C—CH_2, H) ⟶ (H_2C, C=NH, S, NC, O=C—CH_2, H) (8-41)

(NC, NH, S) ⟶ (CN, NH_2, S)

2. [1+4] 型的环合反应

1,4 二羰基类 [1+4] 型环合反应见式 8-42 和式 8-43 所示。

$$H_2C(COR_2)-CH_2COR_2 \xrightarrow[100\sim115℃]{(NH_4)_2SO_3} \longrightarrow \longrightarrow R_1\text{-pyrrole-}R_2 \quad (8-42)$$

$$\text{2-萘基-CO-CH}_2\text{-CH(CO}_2\text{C}_2\text{H}_5\text{)-COCH}_3 + H_2NCH_2COOH \longrightarrow \longrightarrow \longrightarrow \quad (8-43)$$

1,4-二羰基化合物与 P_2S_5 反应生成相应的噻吩，见式 8-44 所示。

$$H_2C(C(=O)R^1)-H_2C(C(=O)R^2) + P_2S_5 \longrightarrow \longrightarrow R^1\text{-thiophene-}R^2 \quad (8-44)$$

二炔化物与 Na_2S_2 闭环生成相应的取代噻吩(见式 8-45)。

$$R^1-C\equiv CH,\ R^2-C\equiv CH + Na_2\ddot{S}_2 \xrightarrow[\triangle]{碱} \text{3-}R^1\text{-4-}R^2\text{-thiophene}$$

R^1，R^2=H，CH_3，Ph，COOH (8-45)

环的缩环重排能形成相应的五元环化合物的衍生物，如由含氧杂原子的六元环成为呋喃衍生物(见式 8-46)。

$$H_3C-CO\text{-(3-Cl-2-pyranone)} \xrightarrow{H_2O} \longrightarrow \quad (8-46) \xrightarrow{H_2O} \text{4-COCH}_3\text{-furan-2-COOH}$$

3. 尤里耶夫反应

尤里耶夫反应是指呋喃、吡咯和噻吩在一定条件下可以相互转化(见式 8-47)。

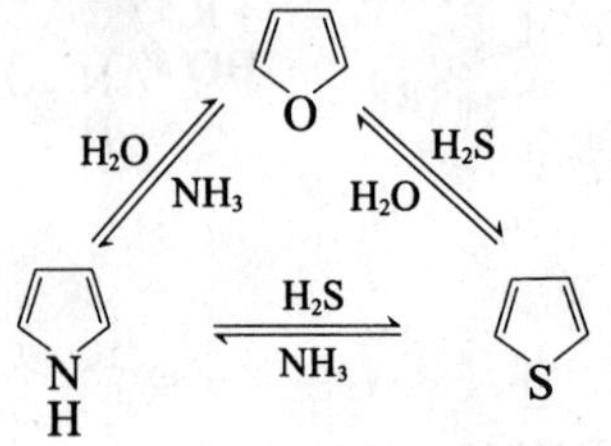

$$\text{呋喃} \underset{NH_3}{\overset{H_2O}{\rightleftharpoons}} \text{吡咯};\quad \text{呋喃} \underset{H_2O}{\overset{H_2S}{\rightleftharpoons}} \text{噻吩};\quad \text{吡咯} \underset{NH_3}{\overset{H_2S}{\rightleftharpoons}} \text{噻吩} \tag{8-47}$$

8.3.3 含有两个杂原子的含氮五元杂环化合物

含有两个杂原子的含氮五元杂环化合物,其种类如式 8-48 所示。

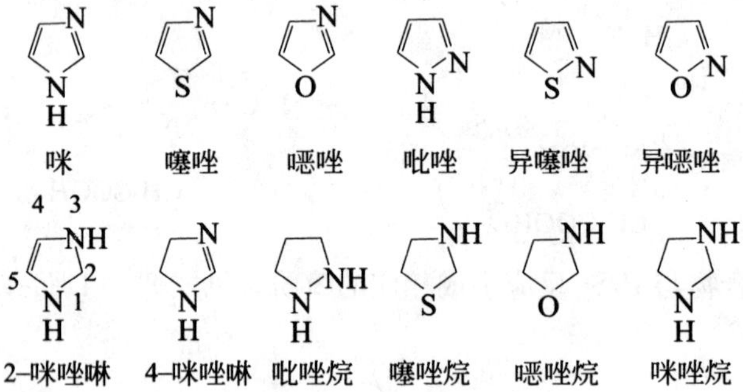

咪　噻唑　噁唑　吡唑　异噻唑　异噁唑

2-咪唑啉　4-咪唑啉　吡唑烷　噻唑烷　噁唑烷　咪唑烷

(8-48)

1. 唑的合成

(1) [4+1] 型环化方法:由链状含氮原子的 1,4-二羰基化合物进行 Knorr 型的环化反应,反应是通过加成-消除来实现的(见式 8-49)。

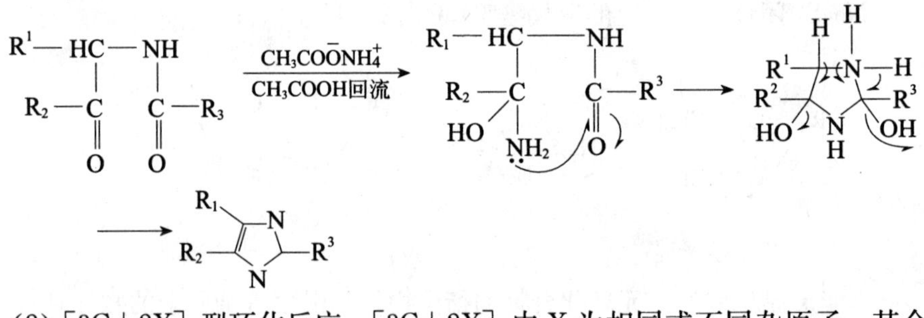

$$R^1\text{—HC(—NH—C(=O)—}R_3\text{)—C(=O)—}R_2 \xrightarrow[CH_3COOH\text{回流}]{CH_3CO\bar{O}NH_4^+} R_1\text{—HC(—NH—C(=O)—}R^3\text{)—C(OH)(NH}_2\text{)—}R_2 \longrightarrow \text{中间体} \longrightarrow \text{咪唑}(R_1, R_2, R^3) \tag{8-49}$$

(2) [3C+2X] 型环化反应:[3C+2X] 中 X 为相同或不同杂原子,其合成方法可用式 8-50 所示通式表示。

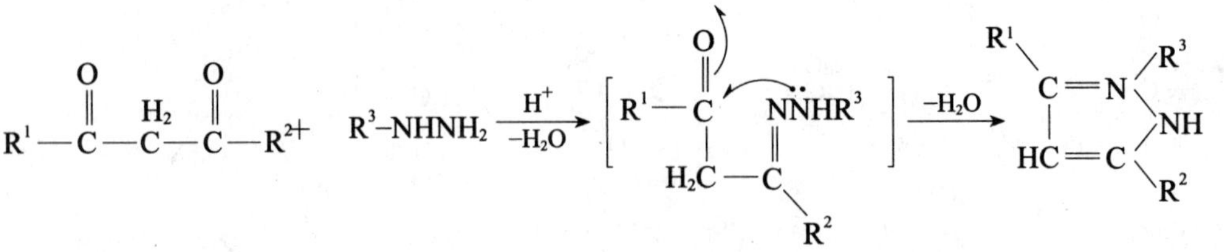

$$R^1\text{—C(=O)—}\overset{H_2}{C}\text{—C(=O)—}R^2 + R^3\text{—NHNH}_2 \xrightarrow[-H_2O]{H^+} \left[R^1\text{—C(=O)—}H_2C\text{—C(=NNHR}^3\text{)—}R^2\right] \xrightarrow{-H_2O} R^1\text{—C=N(—}R^3\text{)—NH—C(}R^2\text{)=CH} \tag{8-50}$$

(3) [2C+3X] 型环化反应：通式如式 8-51 所示，其中 X 为杂原子。

$$R-CO-CH_2Br + H_2N-C(=X)-R_2 \xrightarrow[\triangle]{苯} [\,R-C(=O)-CH_2-X-C(=NH)-R_2\,] \longrightarrow \text{(R}_1\text{, R}_2\text{-取代五元杂环，含 N 与 X)} \quad (8-51)$$

(4) Pechanann(佩希曼)吡唑合成法。

Pechanann 吡唑合成法是利用炔与重氮甲烷加成生成吡唑及其衍生物，反应过程可由见式 8-52 所示通式表示。

$$\bar{C}H_2-N^+\equiv N + R-C\equiv C-H \xrightarrow[0℃]{乙醚} \text{3H-吡唑 (}H_2C, CH, CR, N-N\text{)} \xrightarrow{异构化} \text{HC-CR, HC, N, NH 吡唑} \quad (8-52)$$

(5) 多杂原子唑类的合成，见式 8-53 所示。

$$NH_4SCN + NH_2NH_2 \xrightarrow{H_3PO_2} H_2N-\text{(1,3,4-噻二唑)}-SH$$

$$NH_4SCN \xrightarrow{H^+} H-S-C\equiv N + H_2N-NH_2 + N\equiv C-S-H \longrightarrow H_2N-C(=S)-NHNH-C(=S)-NH_2$$

$$\rightleftharpoons H_2N-C(SH)=N-NH-C(=S)-NH_2 \longrightarrow H_2N-C(=NNH)(S)C(SH)-NH_2 \xrightarrow{-NH_3} \quad (8-53)$$

$$H_2N-C(=NNH)-S-C(=S) \longrightarrow H_2N-\text{(1,3,4-噻二唑)}-SH$$

式 8-53 所示化合物称为 2-氨基-5-巯基-1,3,5-噻哒唑，是染料或合成医药的重要中间体，见式 8-54 所示。

$$H_2N-\text{(噻二唑)}-SH \xrightarrow[NaOH]{C_2H_5Br,\ PTC} H_2N-\text{(噻二唑)}-SC_2H_5 \xrightarrow{NOHSO_4} \overset{+}{N_2}-\text{(噻二唑)}-SC_2H_5$$

$$\xrightarrow{3-N(C_2H_5)_2-C_6H_4-NHCOCH_3} (C_2H_5)_2N-C_6H_3(NHCOCH_3)-N=N-\text{(噻二唑)}-SC_2H_5 \quad (8-54)$$

(6) 由环丙烷的衍生物经过 S_NV 反应可一步合成异噁唑(见表 8-1)。

表 8-1 环丙肟类化合物生成异噁唑的反应结果

$POCl_3/CH_2Cl_2$, rt; NHAr; CH_2CH_2Cl

entry	R	Ar	yield(%)
1	Me	C_6H_5	90
2	Me	4-MeC_6H_4	88
3	Me	4-$MeOC_6H_4$	93
4	Me	4-ClC_6H_4	87
5	Me	2-$MeOC_6H_4$	81
6	Me	2，4-$Me_2C_6H_3$	78
7	C_6H_5	C_6H_5	75

环丙肟类生成异噁唑的反应条件为环丙肟类(1.0mmol)、$POCl_3$(1.5mmol)，反应时间 0.5～1.5h，其反应机理见式 8-55 所示。

$POCl_3$ / CH_2Cl_2 ; $-HOPOCl_2$; NHAr ; CH_2CH_2Cl (8-55)

异噁唑类化合物是药物或药物中间体，也是功能材料、超分子材料的组成结构单元，利用分子内的 S_NV 反应合成了吡唑和异噁唑，创造了合成该类物质的新的思路，与传统的合成方法相比，合成方法简单、对环境友好。

2. 非芳香类化合物的合成

(1) 吡唑啉类化合物：由烯与重氮甲烷通过偶极加成方法可以制备吡唑啉化合物(见式 8-56)。

$\overset{-}{C}H_2$—N^+≡N + RCH=CH_2 —(乙醚, 0℃)→ 吡唑啉 —(异构化)→ 2-吡唑啉 (8-56)

吡唑啉类化合物可作为药物或染料中间体。例如，退烧镇痛药安替比林的合成(见式 8-57)。

$H_3CC(=O)CH_2C(=O)OC_2H_5$ + $H_2N\ddot{N}H$—C_6H_5 → [中间体：H_3C, H—N, C=O, NH, OC_2H_5, C_6H_5]

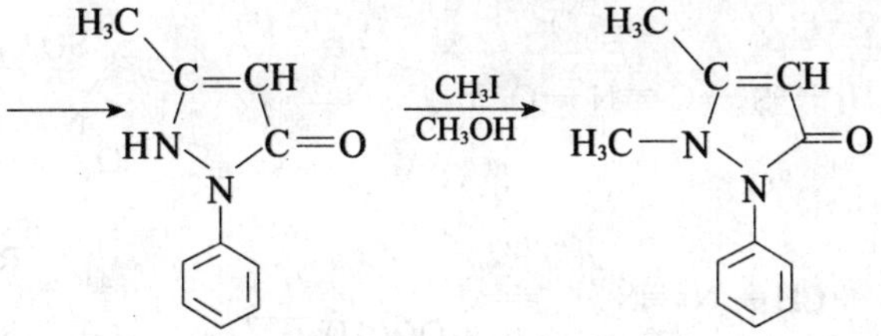

$$\longrightarrow \text{(1-苯基-5-甲基吡唑-3-酮)} \xrightarrow[CH_3OH]{CH_3I} \text{(1-苯基-2,3-二甲基吡唑-5-酮)} \qquad (8-57)$$

(2) 噁唑啉：由β-氨基醇与羧酸脱水可制噁唑啉(见式 8-58)。

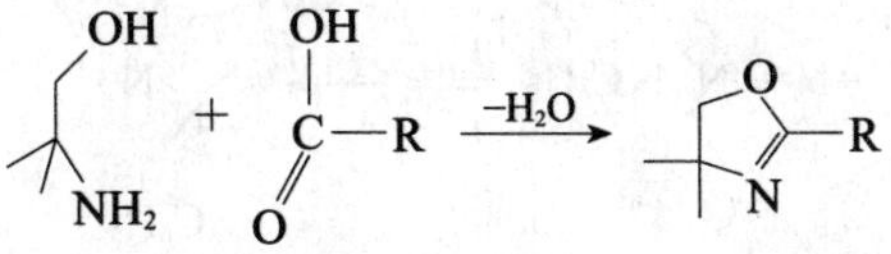

$$\text{HOCH}_2\text{C(CH}_3)_2\text{NH}_2 + \text{R—COOH} \xrightarrow{-H_2O} \text{(2-R-4,4-二甲基噁唑啉)} \qquad (8-58)$$

在噁唑啉中，4-噁唑啉具有亚胺基醚的结构不太稳定，在水中煮沸即可分解开环(见式 8-59)。

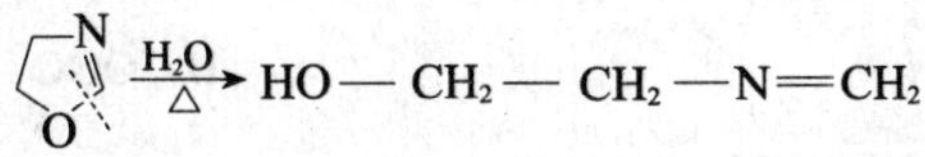

$$\text{(噁唑啉)} \xrightarrow[\triangle]{H_2O} HO—CH_2—CH_2—N{=}CH_2 \qquad (8-59)$$

利用噁唑啉的易分解开环的性质，可作为合成一些中间体的等价物，见式 8-60 所示。

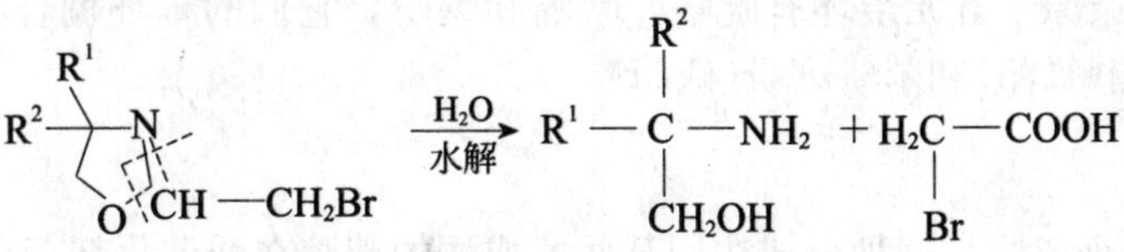

$$\text{(4-R}^1\text{-4-R}^2\text{-2-CH}_2\text{Br-噁唑啉)} \xrightarrow[\text{水解}]{H_2O} R^1—C(R^2)(CH_2OH)—NH_2 + H_2C(Br)—COOH \qquad (8-60)$$

(3) 咪唑烷：咪唑氢化即可得到咪唑烷，乙二胺与醛缩合可合成咪唑烷(见式 8-61)。

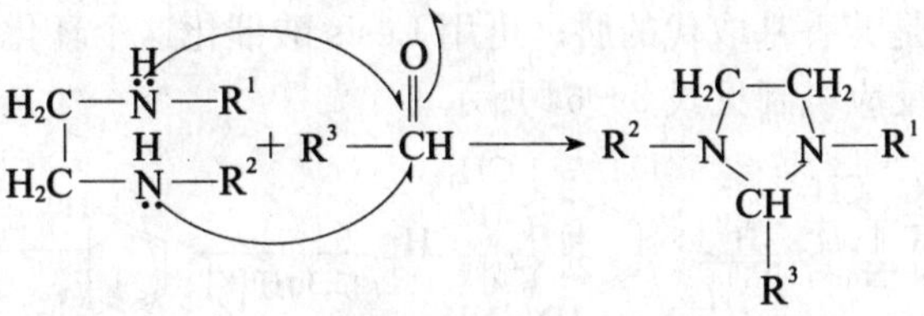

$$\text{H}_2\text{C—NH—R}^1,\ \text{H}_2\text{C—NH—R}^2 + R^3—CHO \longrightarrow \text{(1-R}^2\text{-3-R}^1\text{-2-R}^3\text{-咪唑烷)} \qquad (8-61)$$

(4) 噻唑啉：噻唑啉可用 N-甲酰基-β-酰基乙胺在五氧化二磷作用下闭环制得(见式 8-62)。

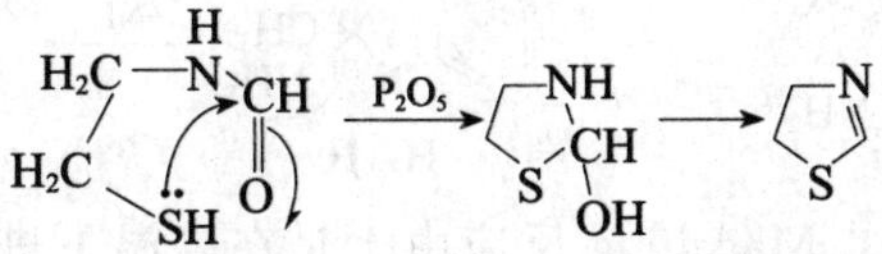

$$\text{HS—CH}_2\text{—CH}_2\text{—NH—CHO} \xrightarrow{P_2O_5} \text{(2-羟基噻唑烷)} \longrightarrow \text{(噻唑啉)} \qquad (8-62)$$

(5) 利用偶极子与烯、炔、醛酮、偶氮类以及席夫碱等含双键物质进行环加成反应，可得到各种唑类化合物(见式 8-63)。

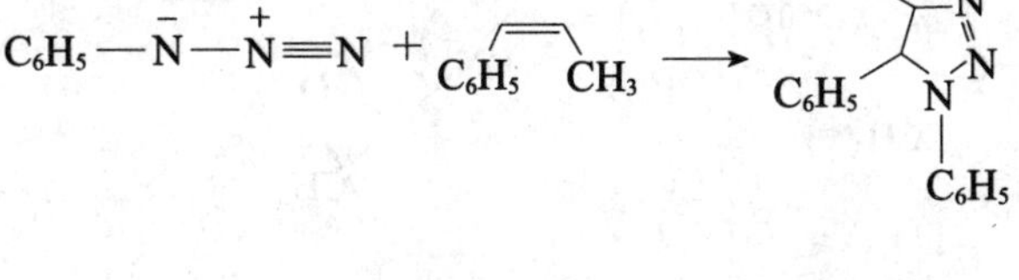

$$C_6H_5—\overset{-}{N}—\overset{+}{N}{\equiv}N + C_6H_5CH{=}CHCH_3 \longrightarrow \text{(1,5-二苯基-4-甲基-4,5-二氢-1,2,3-三唑)}$$

$$C_6H_5-SO_2-C\equiv\overset{+}{N}-\overset{-}{O} + \text{环戊烯} \longrightarrow \text{(3-}SO_2C_6H_5\text{-环戊并异噁唑啉)}$$

$$R-\overset{-}{C}H-\overset{+}{N}\equiv N + CH_2=CH-COOCH_3 \longrightarrow \text{(}H_3CO_2C\text{-吡唑啉, 5-R)}$$

$$C_6H_5-\overset{-}{N}-\overset{+}{N}\equiv N + C_6H_5-C\equiv CH \longrightarrow \text{1,4-二苯基三唑 (42\%)} + \text{1,5-二苯基三唑 (52\%)} \quad (8-63)$$

$$\text{二氢异喹啉 N-氧化物} + HC\equiv C-COOCH_3 \longrightarrow \text{(}H_3COOC\text{-异噁唑啉并异喹啉)}$$

8.3.4 苯骈五元杂环化合物

最常见的单杂原子五元杂环有吡咯、呋喃和噻吩，它们的苯环稠合物为苯骈吡咯(即吲哚)，苯骈呋喃(氧茚)和苯骈噻吩(硫茚)。

1. 吲哚

(1) Fischer 合成法：这种合成法用某些醛或酮的苯腙在酸催化剂存在下加热，从而得到吲哚取代衍生物，主要条件如下：羰基化合物必须是在其 α 位至少要有一个氢原子；用以形成腙的肼，必须是芳香基取代的肼；可用 Lesis 酸催化这个环化反应。

Fisher 合成法的反应机制见式 8-64 所示。

$$C_6H_5NH-N=C(CH_3)_2 \xrightleftharpoons{H^+} \text{烯肼 (HN-NH, 1,2,3; 1',2',3')} \xrightarrow{[3,3\sigma\text{迁移}]} \text{亚胺中间体 (NH, NH)}$$

$$\longrightarrow \text{(}NH_2\text{, }^{+}NH_2\text{)} \longrightarrow \text{(H, }CH_3\text{, }CH_3\text{, }NH_3\text{)} \xrightarrow{-NH_4^+} \text{2,3-二甲基吲哚} \quad (8-64)$$

(2) Madelung 合成法：Madelung 反应由于是在高温下进行的，所以必须要隔绝空气，它只适用于合成一些较稳定的吲哚衍生物，如烷基取代吲哚(见式 8-65)。

$$\text{邻甲基乙酰苯胺 (}CH_3\text{, NH-C(=O)}CH_3\text{)} \xrightarrow[250^\circ C]{NaOR\text{或}NaNH_2} \left[\text{(}\ddot{C}H_2\text{, HN-C(=O)}CH_3\text{)} \longrightarrow \text{(C-H, H; C(}O^-\text{)-}CH_3\text{; N-H)}\right]$$

$$\xrightarrow{} \text{(2-甲基苯基)-NH-C(=O)-CH}_3 \longrightarrow \text{2-羟基-2-甲基二氢吲哚 (H, C—H, C—CH}_3\text{, N—H, OH)} \longrightarrow \text{2-甲基吲哚 (—CH}_3\text{, N—H)} \quad (8-65)$$

(3) Bischler-Mohlau 合成法：这种合成法可看为由一个α-卤代酮和一个芳香胺一起加热，首先生成α-氨基酮中间体，最后经环化得到相应的吲哚衍生物，见式 8-66 和式 8-67 所示。

$$R_1\text{-}C_6H_4\text{-}\ddot{N}H_2 + R_2HC(X)\text{—}C(=O)\text{—}R_3 \xrightarrow{\triangle} R_1\text{-}C_6H_4\text{-}NH\text{—}CH(R_2)\text{—}C(=O)\text{—}R_3 \rightleftharpoons$$

$$R_1\text{-}C_6H_4\text{-}NH\text{—}C(R_2)\text{=}C(OH)\text{—}R_3 \xrightarrow{-H_2O} R_1\text{-吲哚 (2-CH}_3\text{, 3-CH}_3\text{, N—H)} \quad (8-66)$$

$$\text{(2-CH}_3\text{)C}_6H_4\text{NHCH}_3 + H_2C(Br)\text{—}C(=O)\text{—}CH_3 \xrightarrow{\triangle} \left[\text{(2-CH}_3\text{)C}_6H_4\text{—N—}CH_2\text{—}C(=O)\text{—}CH_3\right] \xrightarrow{-H_2O} \text{2,3-二甲基吲哚 (CH}_3\text{, CH}_3\text{, N—H)}$$

(8-67)

(4) Resser 合成法：这种合成法非常适用于合成苯环上带有取代基的吲哚化合物，因为它的前体化合物芳基丙酮酸酯很容易制备，见式 8-68 所示。

$$H_3C\text{-}C_6H_3(CH_3)(NO_2) + C_2H_5OC(=O)\text{—}C(=O)\text{—}OC_2H_5 \xrightarrow[C_2H_5OH]{NaOC_2H_5} H_3C\text{-}C_6H_3(CH_2COOC_2H_5)(NO_2)$$

$$\xrightarrow{Pt/H_2} H_3C\text{-}C_6H_3(NH_2)\text{—}CH_2C(=O)\text{—}CO_2C_2H_5 \longrightarrow H_3C\text{-}C_6H_3(\ddot{N}H_2)\text{—}CH_2C(=O)\text{—}CO_2C_2H_5$$

$$\xrightarrow{-H_2O} H_3C\text{-吲哚-2-COOH (N—H)} \xrightarrow{\triangle} H_3C\text{-吲哚 (N—H)} \quad (8-68)$$

(5) Nenitzescu 合成法：这种方法是由对苯醌与β-氨基巴豆酸酯在丙酮等溶剂中回流，生成相应的吲哚衍生物，见式 8-69 所示。

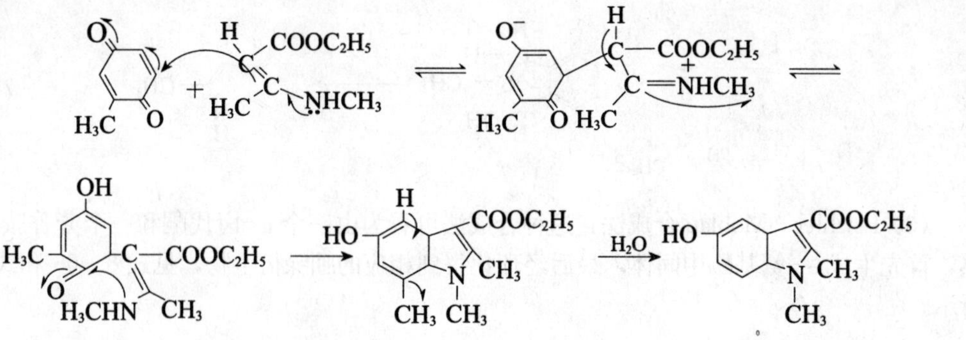

(8-69)

2. 苯骈呋喃和苯骈噻吩

氧茚衍生物可由苯酚与α-卤代羰基化合物作用制备见式8-70。

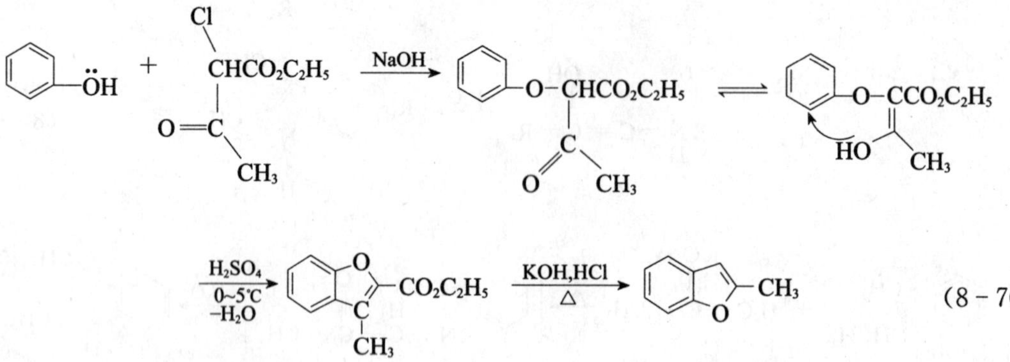

$\xrightarrow{NaOH}$ $\rightleftharpoons$ $\xrightarrow[\substack{0\sim5℃ \\ -H_2O}]{H_2SO_4}$ $\xrightarrow[\triangle]{KOH,HCl}$ (8-70)

同理，若想得到硫茚衍生物，只需将硫酚与α-卤代羰基化合物作用即可，反应见式8-71所示。

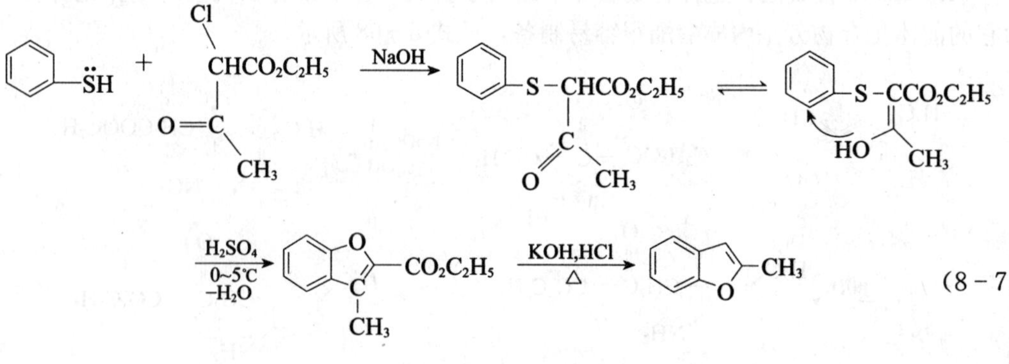

$\xrightarrow{NaOH}$ $\rightleftharpoons$ $\xrightarrow[\substack{0\sim5℃ \\ -H_2O}]{H_2SO_4}$ $\xrightarrow[\triangle]{KOH,HCl}$ (8-71)

8.4 形成六元环的反应

8.4.1 形成六元碳环的反应

形成六元碳环的反应很多，可通过缩合、取代、加成、电环化、二元酸脱羧等多种方法制备。

（1）亲电取代反应，见式 8－72 所示。

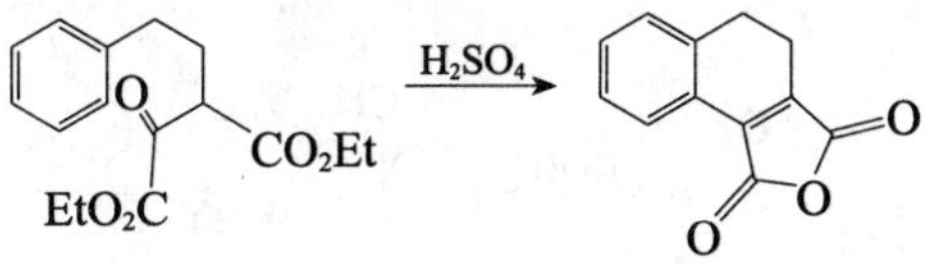

$$\xrightarrow{H_2SO_4} \tag{8-72}$$

$$+ \ \| \ \xrightarrow[CH_2Cl_2]{AlCl_3}$$

（2）二元酸脱羧反应，见式 8－73 所示。

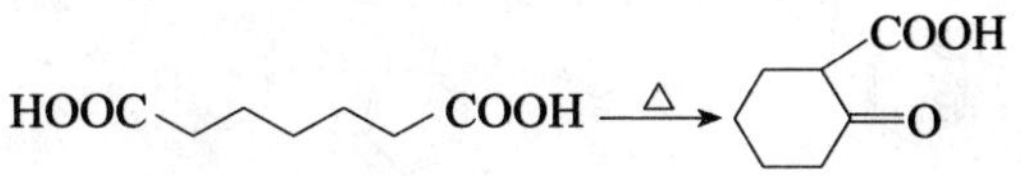

$$HOOC\text{~~~~~~}COOH \xrightarrow{\triangle} \tag{8-73}$$

（3）Diels－Alder 反应，见式 8－74 所示。

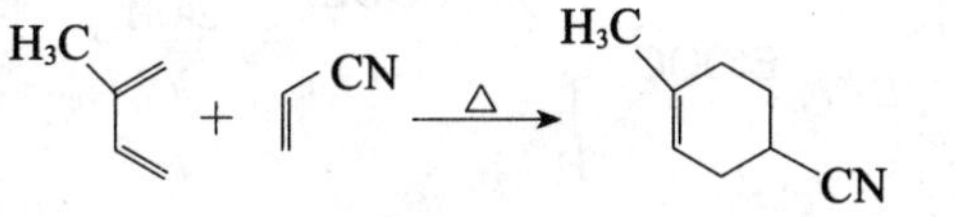

$$+ \xrightarrow{\triangle} \tag{8-74}$$

（4）Dieckmann 缩合反应，见式 8－75 所示。

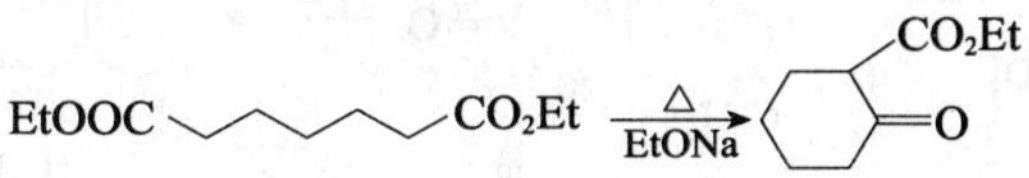

$$EtOOC\text{~~~~~~}CO_2Et \xrightarrow[EtONa]{\triangle} \tag{8-75}$$

（5）芳构化反应，见式 8－76 所示。

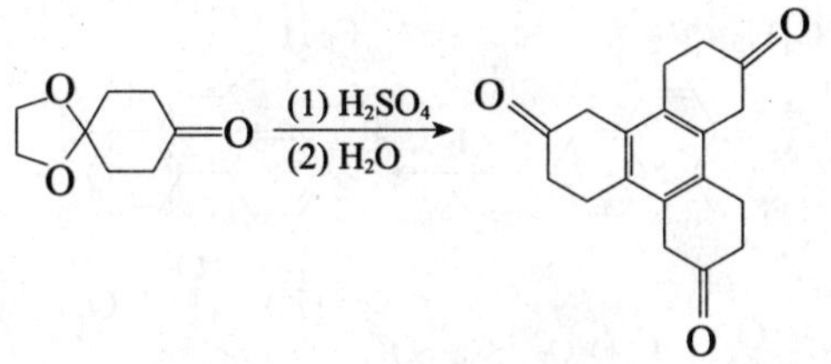

$$\xrightarrow[(2)\ H_2O]{(1)\ H_2SO_4} \tag{8-76}$$

$$H_3CCOCH_3 + 3HCO_2Et \xrightarrow[Et_2O]{EtONa} 3\left[H_3CCOCH{=}CHONa\right] \xrightarrow{CH_3CO_2H}$$

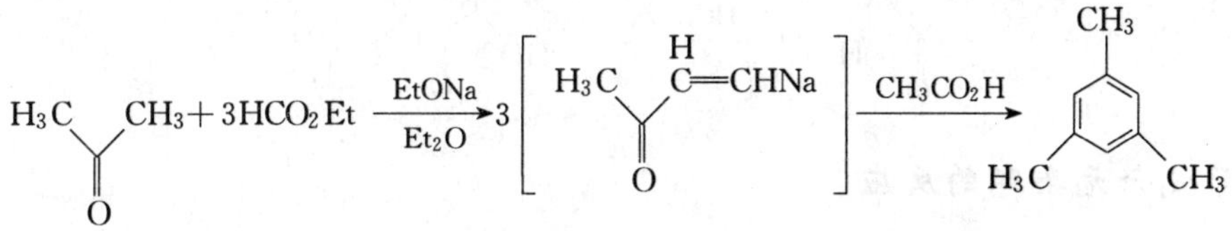

（6）Stobbe 反应，见式 8－77 所示。

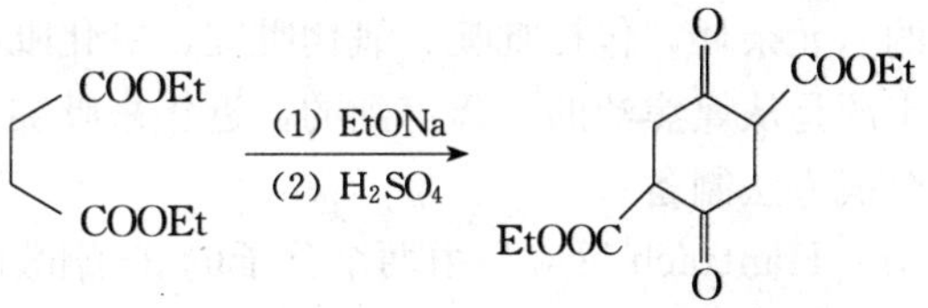

$$\xrightarrow[(2)\ H_2SO_4]{(1)\ EtONa} \tag{8-77}$$

(7) 分子内的羟醛缩合反应，见式 8-78 所示。

O, CH_3, O + O, CH_3 $\xrightarrow{KOH}$ O, CH_3, O, O, CH_3 $\xrightarrow[\triangle]{\text{N(吡啶)}}$ O, CH_3, O　　(8-78)

(8) 逐出 CO 反应，见式 8-79 所示。

O + $\xrightarrow{\triangle}$ O $\xrightarrow{-CO}$

SO_2 + H, COOEt, EtOOC, H $\xrightarrow[\triangle]{EtOH}$ COOEt, COOEt　　(8-79)

I^+, C_6H_5, CO_2^- + C_6H_5, C_6H_5, O, C_6H_5, C_6H_5 $\xrightarrow{\triangle}$ C_6H_5, C_6H_5, C_6H_5, C_6H_5

(9) 氧化反应，见式 8-80 所示。

C_6H_5 $\xrightarrow[\triangle]{I_2}$ C_6H_5

H, O, H, O $\xrightarrow[(2)\ HCl,\ \triangle]{(1)\ O_2,\ Na_2SO_3}$ HO, O, OH, HO, O, OH　　(8-80)

8.4.2 形成六元杂环的反应

1. 吡啶类化合物

含有一个氮原子的六元杂环，包括吡啶、氧化吡啶、氢化吡啶及其酮式化合物。

吡啶的主要工业来源是从煤焦油的分馏得到的，近年来吡啶及其取代衍生物主要以石油产品为原料，通过合成方法制备。

(1) Hantzach 反应：Hantzach 反应是由两个分子的 β-酮酸酯与一个分子的醛和一分子的氨进行缩合，而得到最终产物。

吡啶类衍生物的合成还可以直接用乙醛与胺反应(见式 8-81)。

H, C=O, R + CH_3, C=O, $CH_2CO_2C_2H_5$ + CH_3, C=O, $CH_2CO_2C_2H_5$ + $\ddot{N}H_3$ ⟶ HC—R, O, $C_2H_5O_2C$, $CO_2C_2H_5$, CH_2, H_2C, CH, CH, H_3C, N, CH_3 ⟶ (8-81)

$C_2H_5O_2C$, R, $CO_2C_2H_5$, H_3C, N, H, CH_3 $\xrightarrow[\text{H}_2\text{SO}_4\ \text{氧化脱氢}]{\text{HNO}_3}$ $C_2H_5O_2C$, R, $CO_2C_2H_5$, H_3C, N, CH_3 $\xrightarrow[-CO_2C_2H_5]{\text{KOH, CaO}}$ R, H_3C, N, CH_3

(2) 扩环重排合成法：3-丁烯基氮杂环丙烯经扩环重排反应可以得到取代吡啶(见式 8-82)。

C_2H_5, N, H_3C $\xrightarrow{\text{双键异构}}$ C_2H_5, N, H_3C ⟶ CH_3, C_2H_5, H_3C, N (8-82)

由异噁唑合成取代吡啶的化合物(见式 8-83)。

R_1, CH_2Cl, O, N, R_2 $\xrightarrow{CH_3COCH_2CO_2C_2H_5}$ R_1, CH_2—C(H)(COCH_3)—$CO_2C_2H_5$, O, N, R_2 ⟶

R_1, C(=O)—C(CH(NH_2)R_2)=CH—CH(C(=O)CH_3)($CO_2C_2H_5$) ⇌ R_1—C(=O)—C(=CH—)(C(H_3C)NH_2)—C(CO_2C_2H_5)=C(OH)R_2 $\xrightarrow{-H_2O}$ (8-83)

⟶ H_3COC, $CO_2C_2H_5$, H_3C, N, H, R_2 $\xrightarrow{-H_2}$ R_1OC, $CO_2C_2H_5$, H_3C, N, R_2

目前临床使用的维生素 B6 是人工合成的吡哆醇的盐酸盐，为白色或微黄色结晶，合成维生素 B6 的方法很多，但多用合成吡啶的经典方法，见式 8-84 所示。

$C_2H_5OOCH_2C—Cl \xrightarrow{NaOC_2H_5} C_2H_5—O—CH_2COOC_2H_5 \xrightarrow{H_3C—C(=O)—CH_3}$

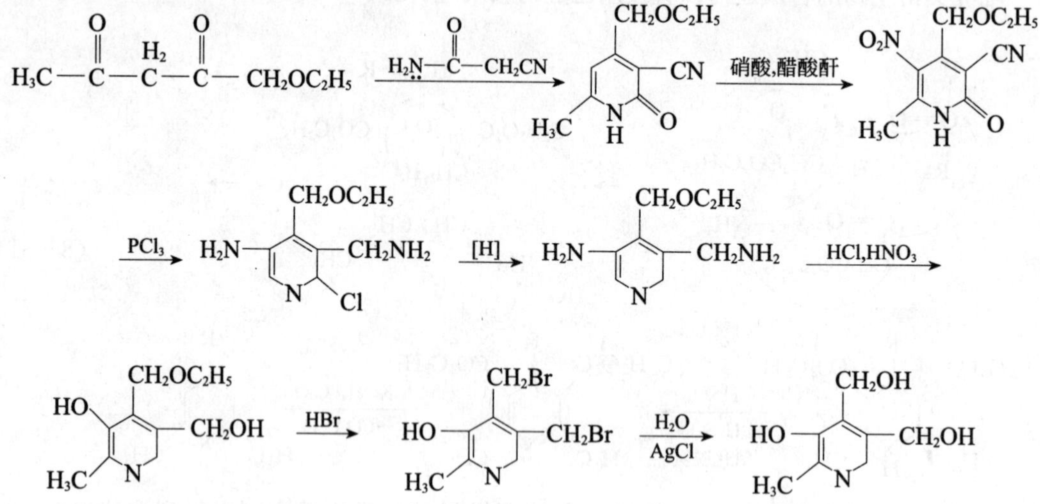

(8-84)

2. 吡啶酮类化合物

吡啶酮类化合物是合成分散染料的重要中间体，它可通过以下方法制得：

(1) 氰乙酸胺-乙酰乙酸乙酯法，见式 8-85 所示。

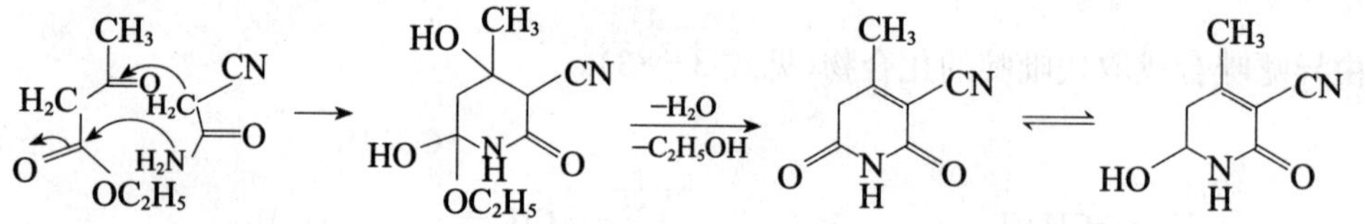

(8-85)

(2) 丙二酸二乙酯-乙酰乙酰胺法，见式 8-86 所示。

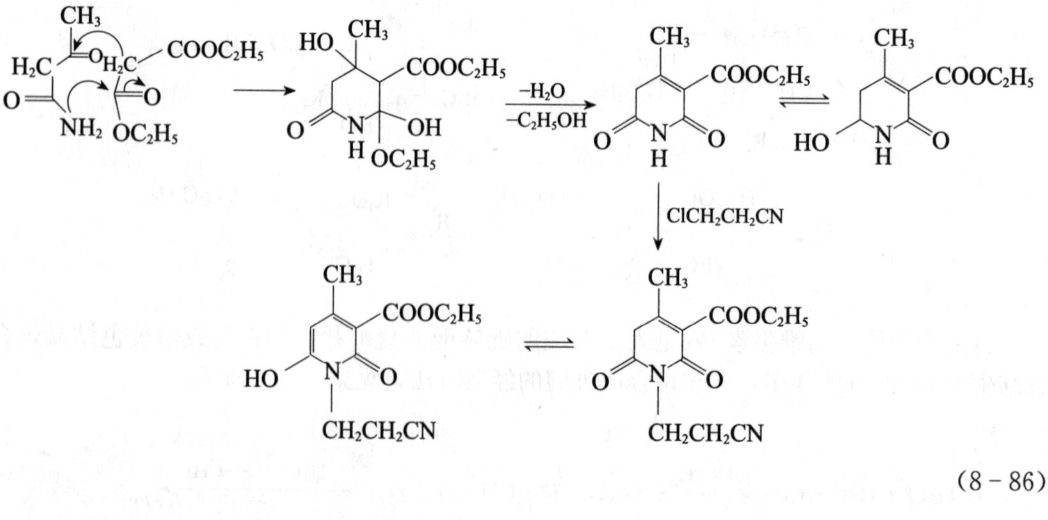

(8-86)

3. 苯骈吡啶环体系

(1) 喹啉：通过选择不同的芳香胺和取代的α,β-不饱和羰基化合物(或醛)能够合成各种取代喹啉和含喹啉环结构的稠环化合物。例如，苯胺与甘油在 H_2SO_4(浓)存在下，经加成和脱水而生成喹啉(见式 8-87)。

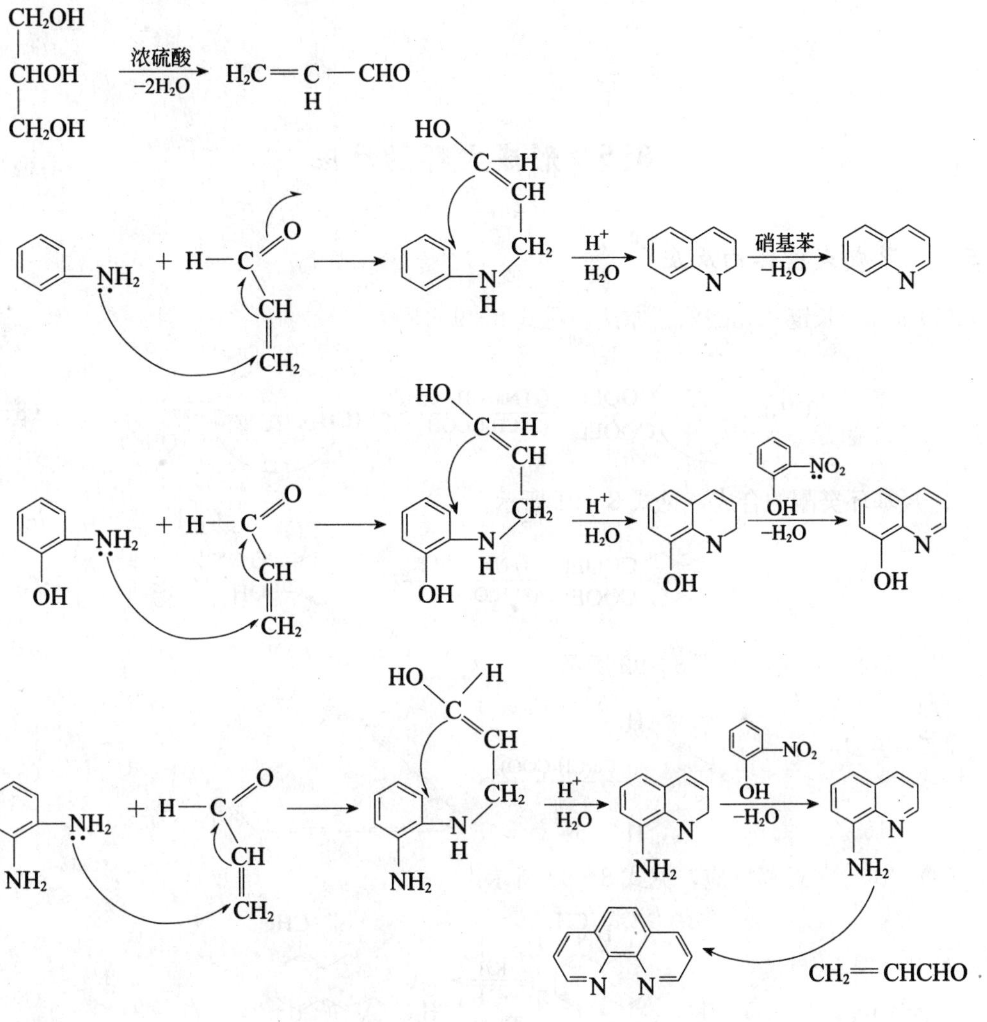

$$CH_2OH-CHOH-CH_2OH \xrightarrow[-2H_2O]{浓硫酸} H_2C=CH-CHO$$

NH_2 + H—C(=O)—CH=CH_2 ⟶ HO—C(H)=CH—CH_2—NH— $\xrightarrow[H_2O]{H^+}$ N $\xrightarrow[-H_2O]{硝基苯}$ N

NH_2, OH + H—C(=O)—CH=CH_2 ⟶ HO—C(H)=CH—CH_2—N(H), OH $\xrightarrow[H_2O]{H^+}$ N, OH $\xrightarrow[-H_2O]{(NO_2, OH)}$ N, OH

NH_2, NH_2 + H—C(=O)—CH=CH_2 ⟶ HO—C(H)=CH—CH_2—N(H), NH_2 $\xrightarrow[H_2O]{H^+}$ N, NH_2 $\xrightarrow[-H_2O]{(NO_2, OH)}$ N, NH_2

CH_2═CHCHO ⟶ N N

(8-87)

(2) 异喹啉：异喹啉环系合成可由苯胺型的结构为起始原料合成的。

① Bischler-Napieralski 合成法，见式 8-88 所示。

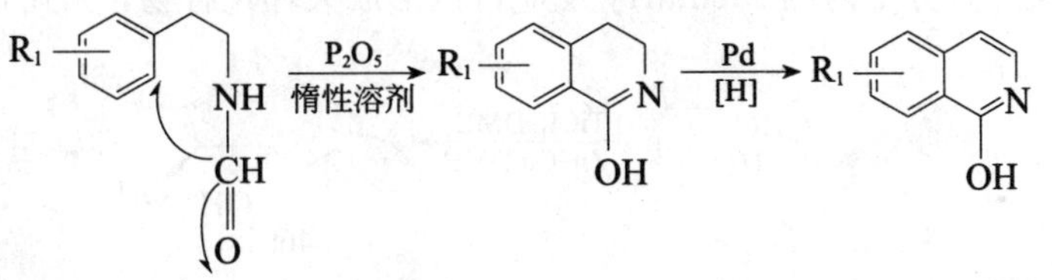

R_1—(NH—CH=O) $\xrightarrow[惰性溶剂]{P_2O_5}$ R_1—(N, OH) $\xrightarrow[[H]]{Pd}$ R_1—(N, OH)

(8-88)

此合成法首先通过分子内缩合，然后经过脱氢后，芳环异构而得到异喹啉环系化合物。

② 以 Schiff 碱为前体化合物的环化反应，见式 8-89 所示。

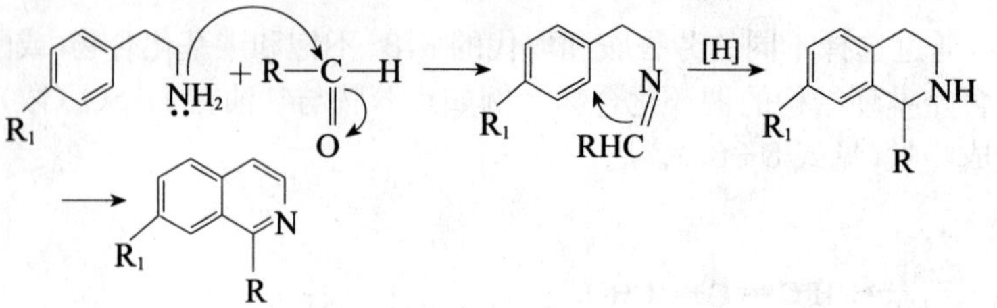

(8-89)

8.5 形成大环的反应

8.5.1 形成大碳环的反应

(1) α,ω—长链二元酸酯还原法，见式 8-90 所示。

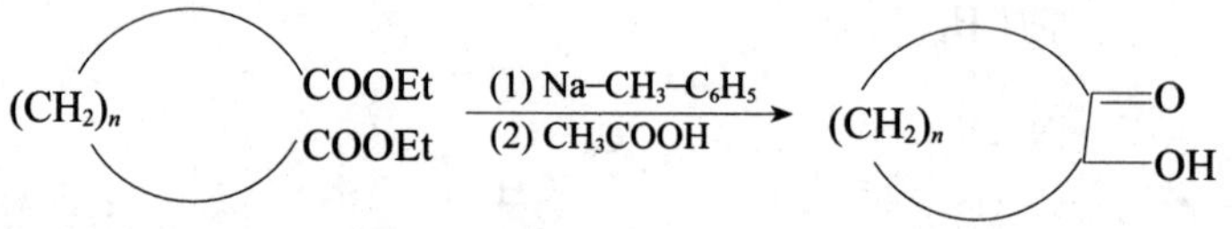

$$(CH_2)_n(COOEt)_2 \xrightarrow[(2)\ CH_3COOH]{(1)\ Na-CH_3-C_6H_5} \tag{8-90}$$

2-羟基环癸酮的合成，见式 8-91 所示。

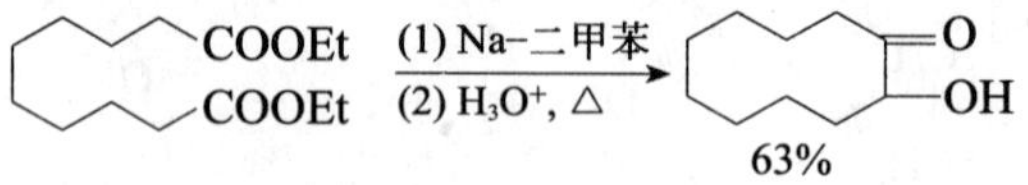

$$\xrightarrow[(2)\ H_3O^+,\ \triangle]{(1)\ Na-二甲苯}\quad 63\% \tag{8-91}$$

(2) 二炔三聚法，见式 8-92 所示。

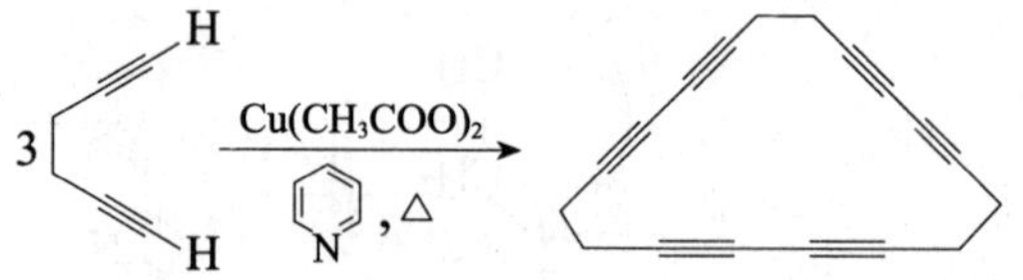

$$3 \xrightarrow[\text{吡啶},\ \triangle]{Cu(CH_3COO)_2} \tag{8-92}$$

(3) [3,3] σ迁移反应，见式 8-93 所示。

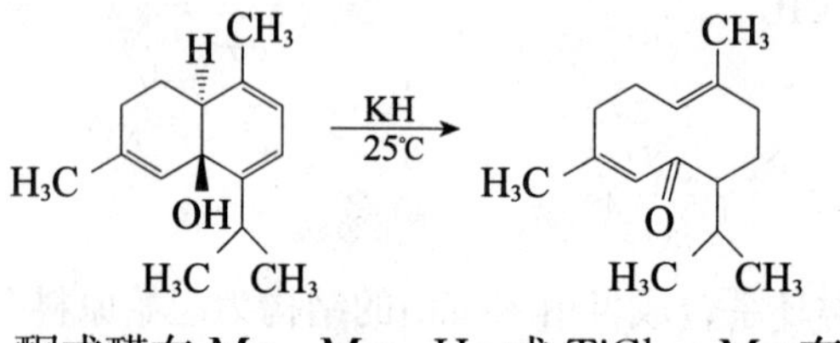

$$\xrightarrow[25℃]{KH} \tag{8-93}$$

(4) Mcmurry 反应。酮或醛在 Mg、Mg-Hg 或 $TiCl_3$-Mg 存在下发生还原偶联反应称为 Mcmurry 反应。分子内的 Mcmurry 反应可以形成大环化合物，见式 8-94 所示。

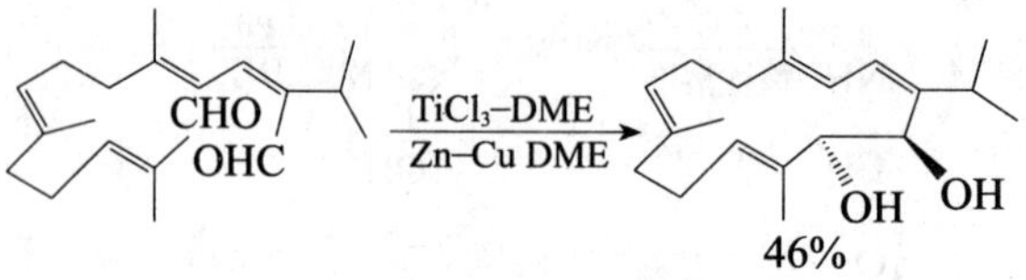

$$\xrightarrow[Zn-Cu\ DME]{TiCl_3-DME}\quad 46\% \tag{8-94}$$

(5) Stille 反应。在有机钯催化下，有机锡化合物与芳香三氟磺酸酯或芳卤的偶联反应称为 Stille 反应，利用分子内的 Stille 反应，可以制备大环化合物。倒如，玉米烯酮的合成中，Stille 反应得到的大环化合物在酸性介质中水解去掉保护剂 MEM，即可得到 Zearalenone(玉米烯酮)，见式 8－95 所示。

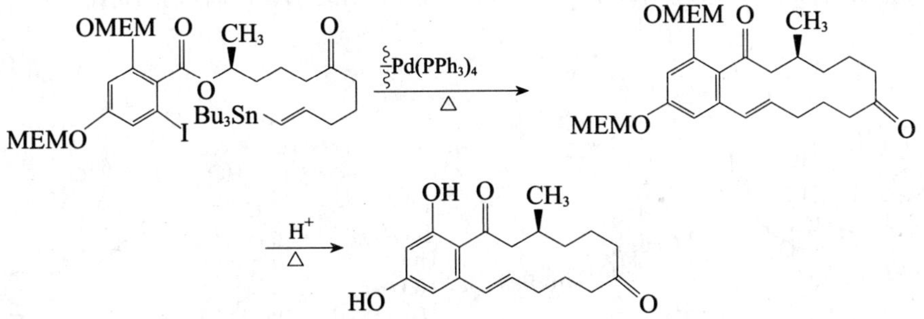

(8－95)

(6) 杯芳烃。杯芳烃是苯酚与醛类形成的一种环状低聚物。20 世纪 40 年代，奥地利化学家 Zinke 在前人工作的基础上，首先合成了第一个杯芳烃化合物。后来研究发现，该类化合物有模拟酶的功能，引起了全世界化学家的极大兴趣(见式 8－96)。

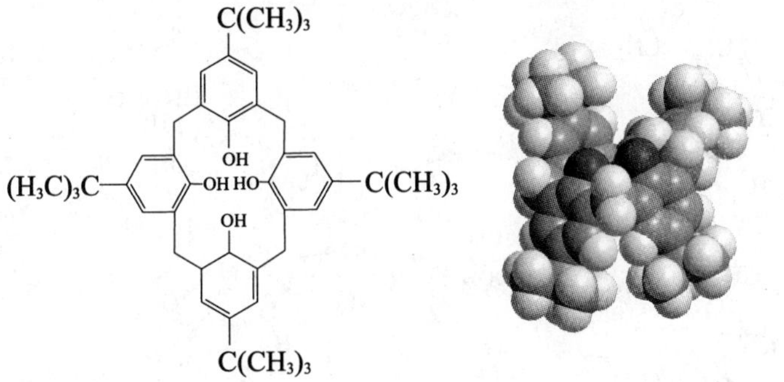

(8－96)

8.5.2 形成大杂环的反应

1. 冠醚化合物

冠状化合物是 1967 年以后出现的一类中性有机化合物，其中包括以氮、硫、磷、硒等替换氧杂原子的大环化合物和以氮原子为支点的大二环、大三环多元醚(即所谓的穴醚)类化合物。冠状化合物具有许多新奇的化学结构和独特的性质，因此形成了一门引起多方面重视的新兴边缘学科—大环化学。

冠醚化合物的合成关键是闭环反应(见式 8－97)。

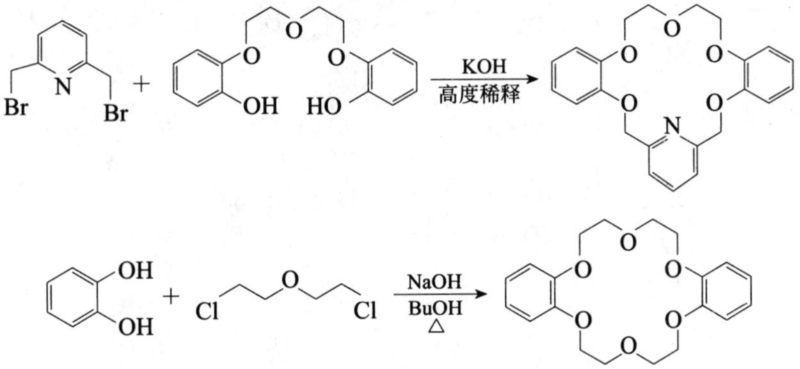

(8－97)

2. 制备阿奇霉素类化合物

利用红霉素作原料，通过Backmann重排扩环，可以得到大环化合物阿奇霉素，见式8－98所示。

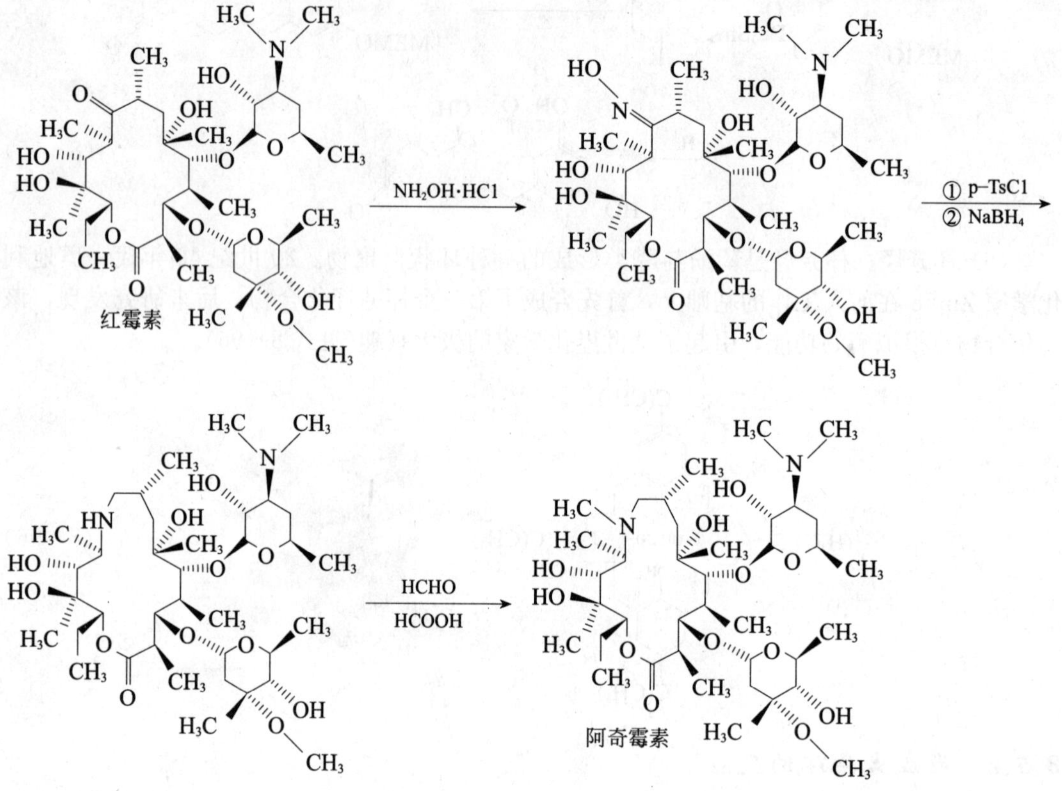

(8－98)

3. 杯杂芳烃

将杯芳烃分子内的苯酚单元换成吡咯环或呋喃环，即可得到含杂原子的杯芳烃化合物，见式8－99所示。

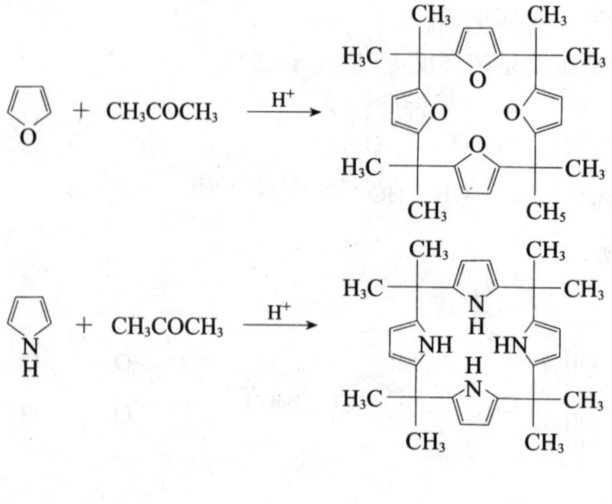

(8－99)

4. 芳香环状低聚体

芳香环状低聚体(aromatic cyclic oligomers)是指在主链上含有很少的脂肪链或不含脂肪链的全芳香的聚碳酸酯、聚酯、聚醚、聚硫醚、聚酰胺及聚酰亚胺等环状化合物的同系物，是在现代航天、航空、电子、机械等高技术领域有重要作用的功能材料。

20世纪60年代，Prochaska等人曾报道过在高稀释溶液中环状聚碳酸酯的合成反应，但产率较低。1989年，美国GE公司首次公开了利用“假高稀”技术高产率地合成芳香环状化合物的技术，为该领域的研究开创了一个里程碑式的新局面。下面仅举几例加以说明：

(1) 环状聚酯：在十六烷基三甲基溴化铵为相转移催化剂(PTC)时，邻苯二甲酰氯和双酚A直接反应可得到几乎是定量的单分散的芳香酯环状二聚体(见式8-100)。

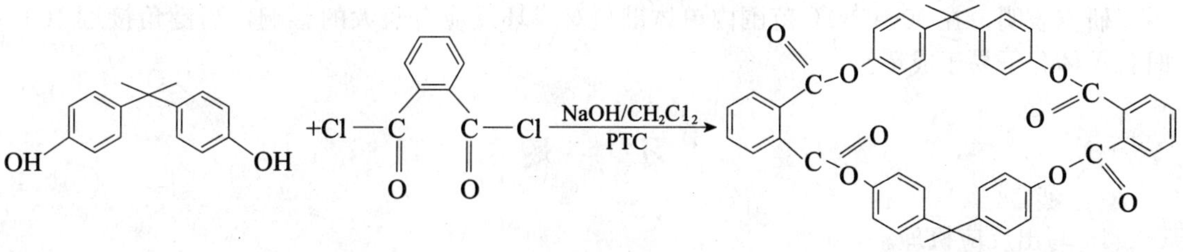

OH OH +Cl—C(=O)—C(=O)—Cl $\xrightarrow[PTC]{NaOH/CH_2Cl_2}$

(8-100)

(2) 环状聚芳醚：Hay领导的研究小组接连报道了一系列含1,2-二苯甲酰基苯基的环状聚醚的合成，其中$n>2$，成环率可达80%～95%(见图8-101)。

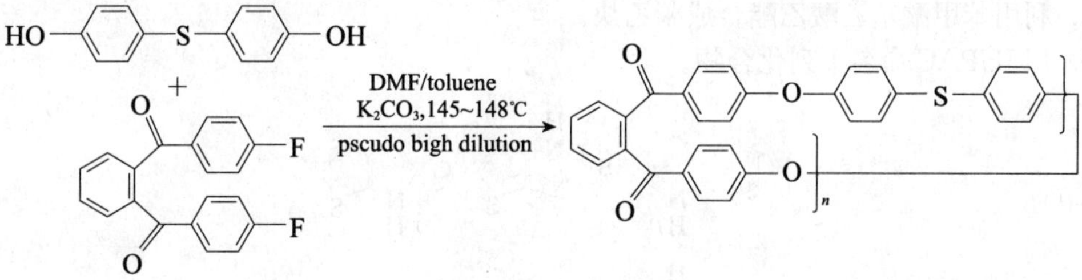

HO—S—OH + F F

DMF/toluene

K_2CO_3,145~148℃

pscudo bigh dilution

(8-101)

(3) 环状聚醚酮：Colquhoun以间苯二酚和4,4′-二氟二苯酮为原料，合成了全芳香的环状聚醚酮，成环率达30%(见式8-102)。

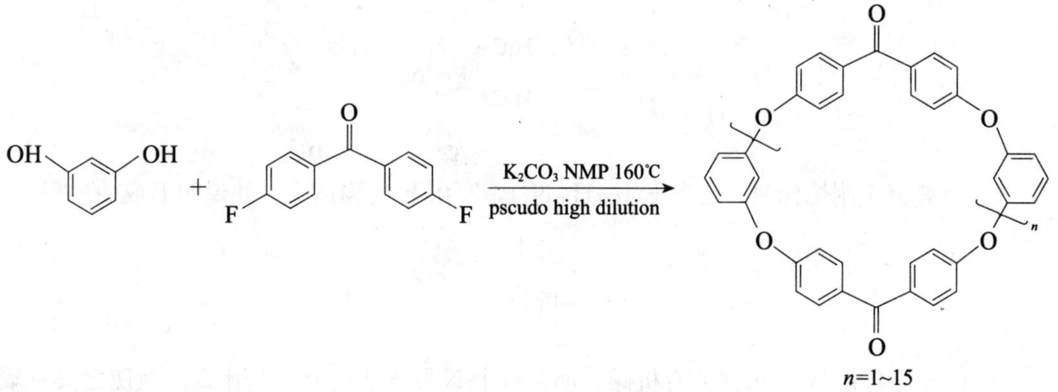

OH OH + F F

K_2CO_3 NMP 160℃

pscudo high dilution

n=1~15

(8-102)

总之，一步合成法是应用最多的制备方法，它步骤简单，不因繁杂的反应过程浪费原料，所得环化物的产率较高。运用“假高稀”(pseudo high dilution)技术合成芳香环状低聚体时，反应单体的分子结构对成环反应起着至关重要的作用。例如，GE公司报道的一种螺环双酚，由于其分子构型利于成环，利用它来合成环状聚碳酸酯的产率高达95%(见式8-103)。

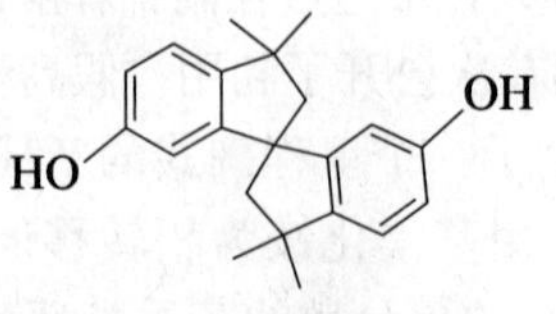

螺环双酚化合物 (8-103)

研究表明，在90～180℃范围内单体键角对成环反应有较大的影响，当键角接近109°时，单体分子易于成环。

习　题

1. 写出反应机理。

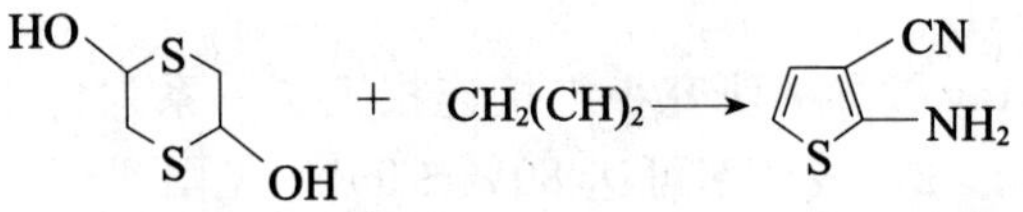

HO, S, S, OH + $CH_2(CH)_2$ ⟶ CN, NH_2, S

2. 利用苯甲酰基乙酸乙酯合成苯乙炔。
3. 用IUPAC命名下列化合物。

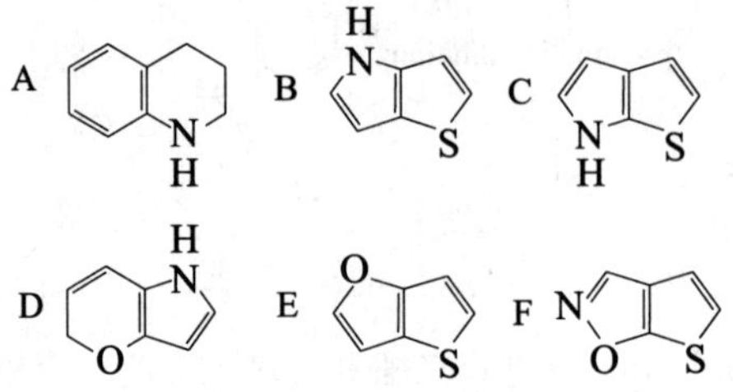

A　B　C　D　E　F

4. 下列哪些杂环化合物具有芳香性?

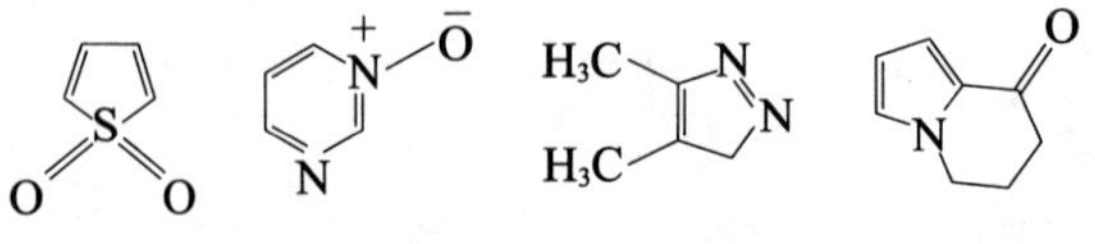

A　B　C　D

5. 1-叠氮金刚烷光照，给出F($C_{20}H_{30}N_2$)，写出F的构造式，并说明形成的过程。

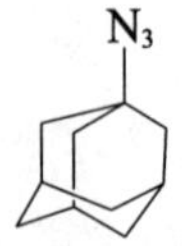

N_3

6. 已知化合物W是很强的有机碱，那么哪个N原子接受质子？什么原因使之具有较强的碱性？

W

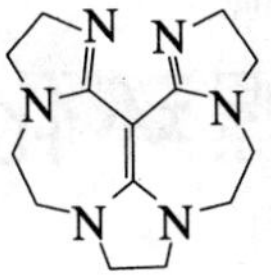

7. 写出反应历程。

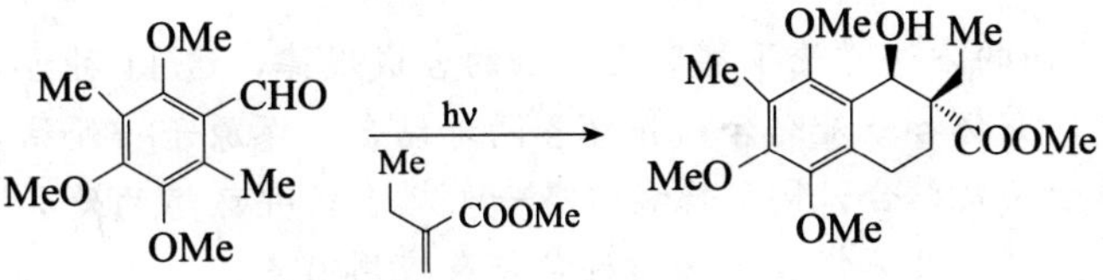

OMe, Me, CHO, MeO, Me, OMe $\xrightarrow[\text{Me, COOMe}]{h\nu}$ OMe, OH, Me, Me, COOMe, MeO, OMe

8. 完成下列反应。

(1) 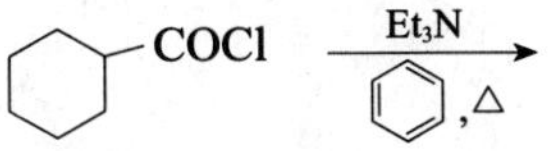 COCl $\xrightarrow[\text{benzene},\ \triangle]{Et_3N}$

(2)  I, O $\xrightarrow[\triangle]{KOH/MeOH}$

(3) $3CH_3COCH_3 + 3HCOOCH_3 \xrightarrow[EtOH,\ \triangle]{Na}$

(4) 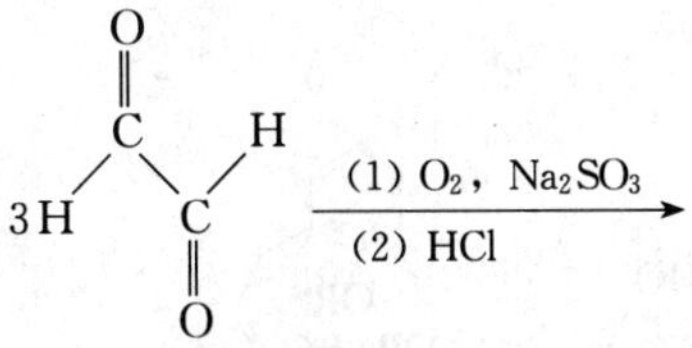 3 H—C(=O)—C(=O)—H $\xrightarrow[\text{(2) HCl}]{\text{(1) } O_2,\ Na_2SO_3}$

(5) 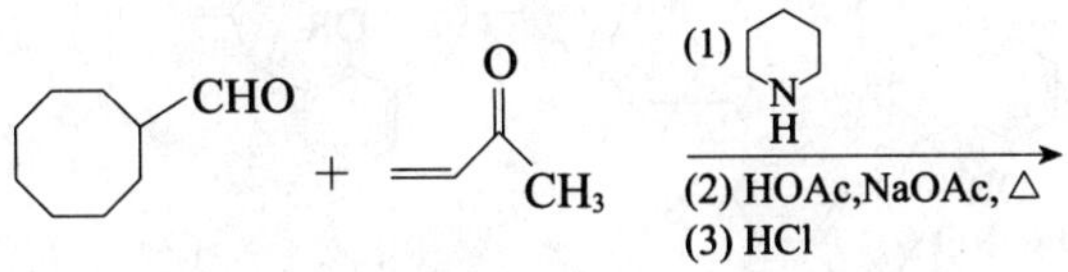 CHO + CH₂=CH—C(=O)—CH₃ (1) piperidine (N—H); (2) HOAc, NaOAc, △; (3) HCl

(6) 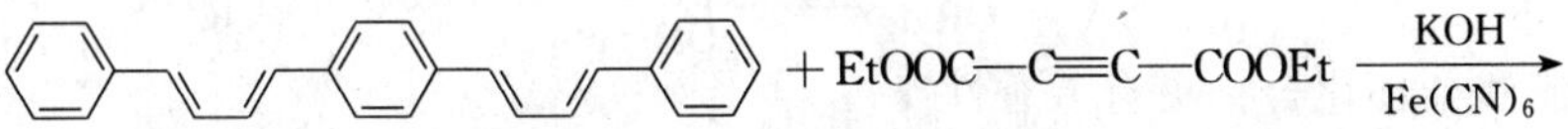 + EtOOC—C≡C—COOEt $\xrightarrow[Fe(CN)_6]{KOH}$

(7) 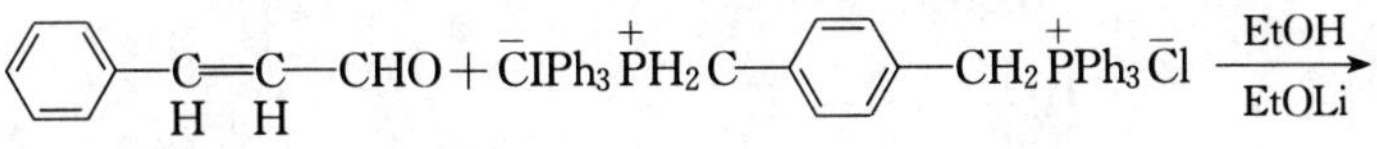 C₆H₅—CH=CH—CHO + $\bar{C}lPh_3\overset{+}{P}H_2C$—C₆H₄—$CH_2\overset{+}{P}Ph_3\bar{C}l$ $\xrightarrow[EtOLi]{EtOH}$

第 9 章　螺环化合物的合成

内容简介

本章用 11 种不同的方法讨论了螺环化合物的合成规律，这 11 种方法是：同环一处结合，同环两处结合；异环各一处结合；异环各两外结合；螺原子一处结合；同环螺原子两处结合；异环螺原子两处结合；同环螺和边各一处结合；异环螺两处和一边结合；重排反应；其它种方法。介绍了螺环化合物的结构特征及应用前景。

9.1　引　言

1900 年 Bayer 首次将两环共用一个碳原子的化合物称为螺环化合物。由于螺环化合物的独特的结构和性质，已在不对称催化、发光材料、光致变色材料、医药、农药、高分子黏合剂等方面得到广泛应用。特别在生物化学、分子分离等方面也有较大进展。如 2000 年 Wan 等人用于包埋 C_{60} 的研究，如式 9 - 1。

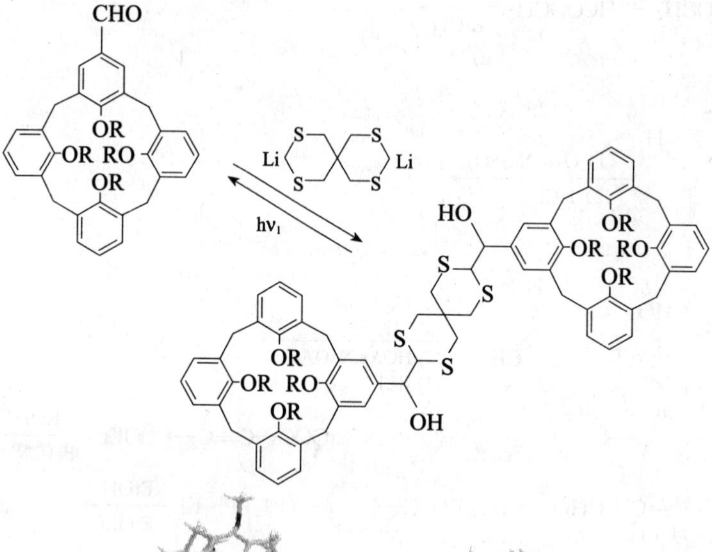

(9 - 1)

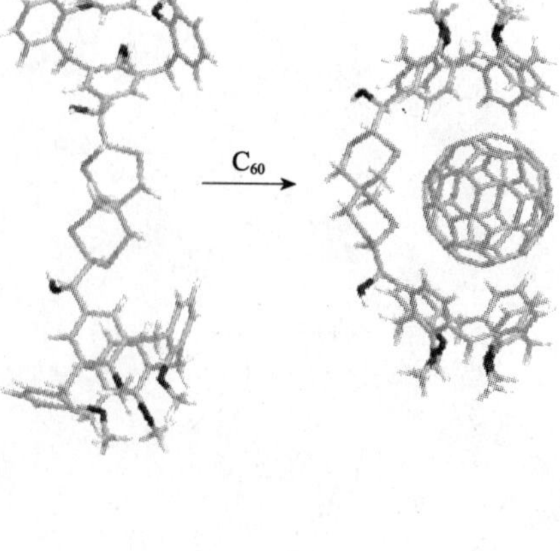

2006—2007 年 Chu 等人合成了下列化合物，并进行了生物化学方面的研究，见式 9-2。

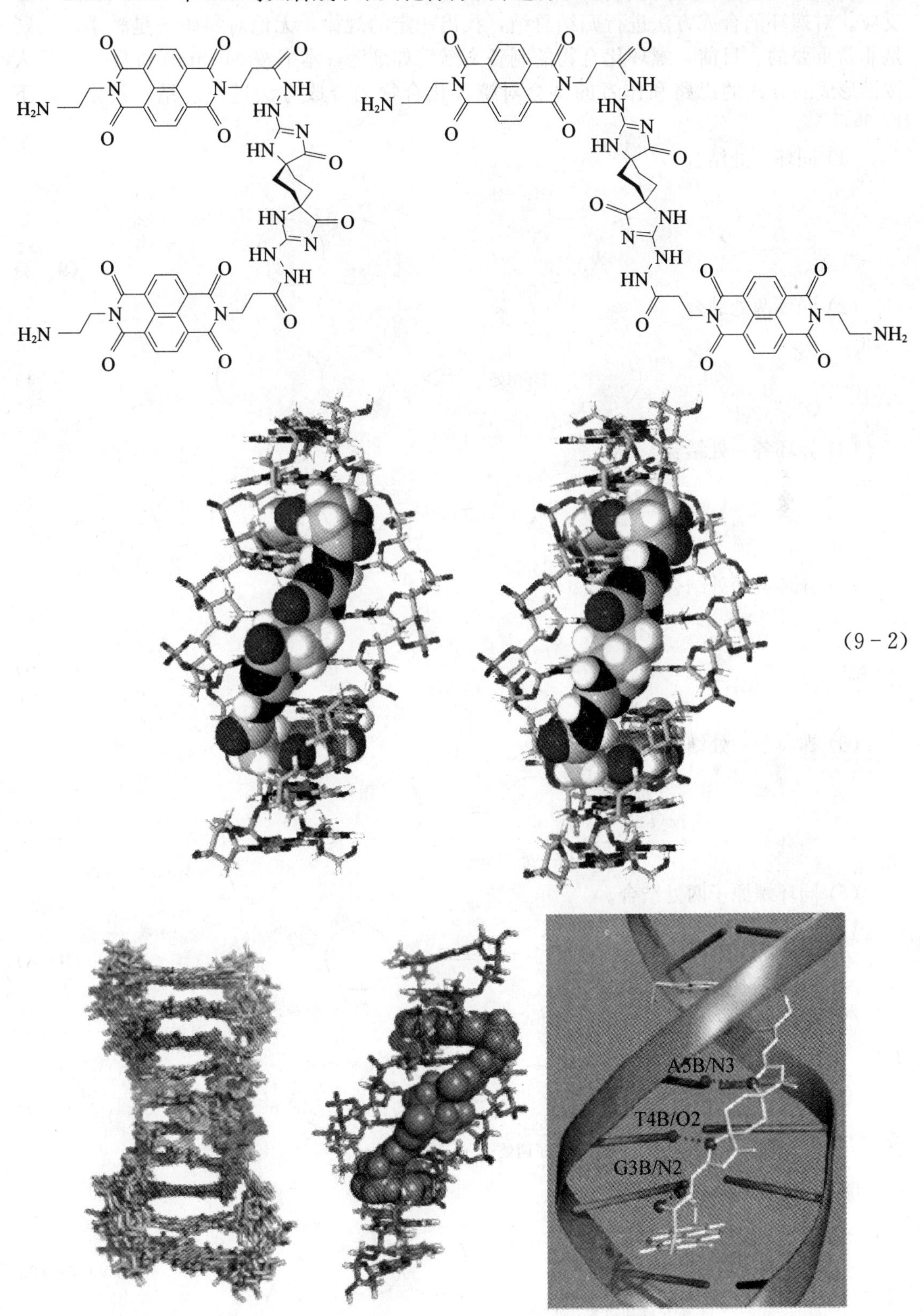

(9-2)

合成螺环的原料部分可用常规的方法制备，而形成螺环化合物的那一步反应是关键反应。对螺环的合成方法进行归纳总结，找出一定的规律，无论对科研还是教学，无疑是非常重要的。目前，螺环化合物的制备文献浩如烟海，本书按 Mishrab 和 Behera 等人按键形成的方式的思路和作者的体会对螺环化合物的合成方法进行总结。共分为以下 11 种：

(1) 同环一处结合。

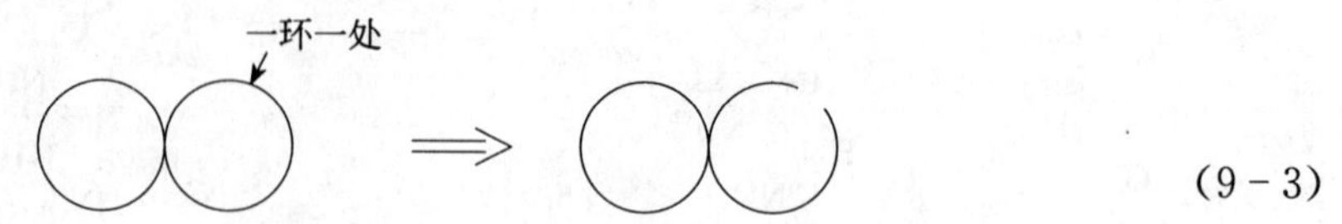

(9-3)

(2) 同环两处结合。

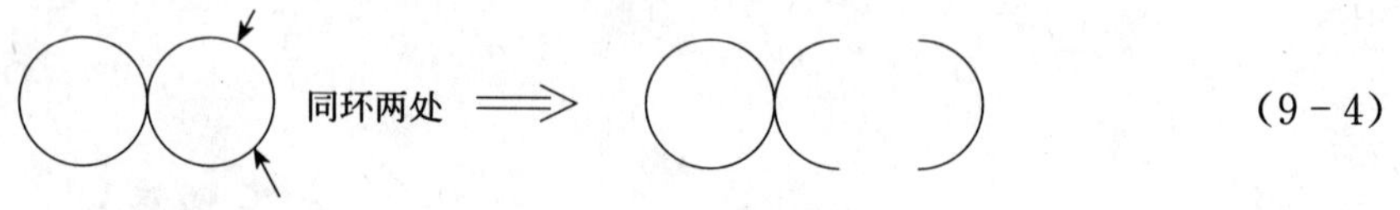

(9-4)

(3) 异环各一处结合。

一异各一处

(9-5)

(4) 异环各两处结合。

异环各两处

(9-6)

(5) 螺原子一处结合。

螺原子一处

(9-7)

(6) 同环螺原子两处结合。

(9-8)

(7) 异环螺原子两处结合。

异环螺原子两处

(9-9)

(8) 同环螺和边各一处结合。

同环螺和边各一处

(9-10)

(9) 异环螺两处和边一处结合。

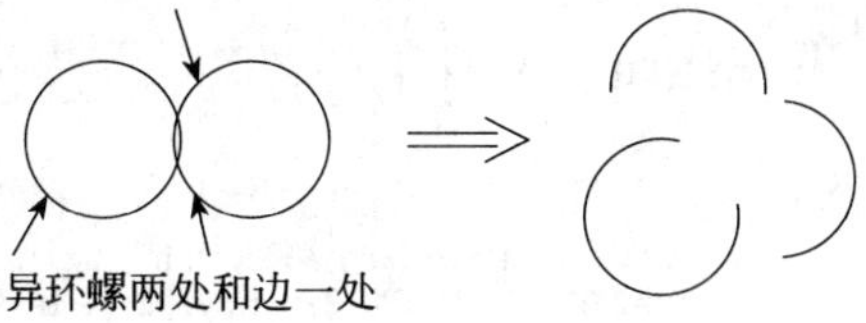

(9－11)

(10) 通过重排反应。

(11) 通过其他反应。

9.2 同环一处结合

同环一处结合是合成螺环化合物最简单的方法。起始原料结构特点是1,1-二取代基的环状化合物，其取代基多带有羰基、羧基、双键、三键、羟基等功能团。取代基通过常规的羟醛缩合、酯缩合、双键的亲电加成等反应，形成螺环化合物。多数情况下环的1-位碳是螺原子。

9.2.1 消除反应

Sakato 等人合成了1-氧杂-8-氧代—2,6,10,10-四甲基螺［4.5］-6-癸烯，该化合物是红茶中的香气成分，具体合成过程见式9－12所示。

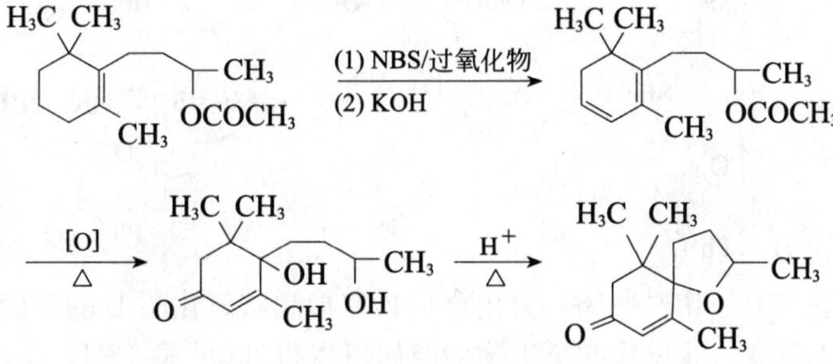

(9－12)

螺［环丙烷-1,2′-吲哚］-酮类在医药上用于抑制胃酸分泌物，并具有一定的消炎和止痛的作用，其合成路线见式9－13所示。

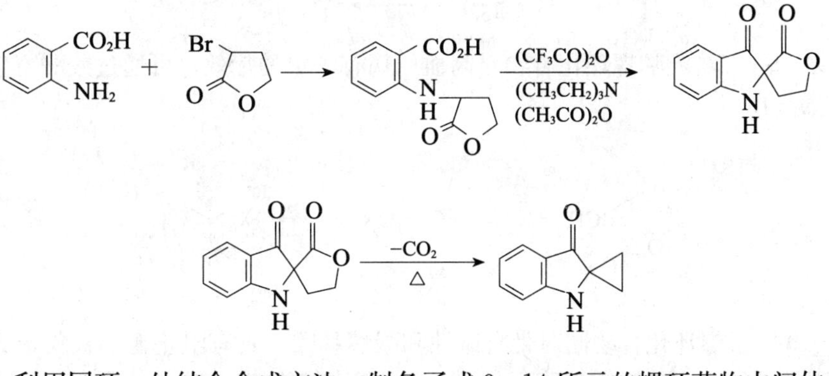

(9－13)

Kurth 利用同环一处结合合成方法，制备了式9－14所示的螺环药物中间体。

MeO O O R N R¹ $\xrightarrow{R_2NHNH_2}$ MeO O NNHR₂ R N R¹ ⟶ R_2 N-N O R O N R¹ (9-14)

R=Me, Et, Ph4-NePh, 4-MeOPh
R^1=2-Ph, 4-MeOPh, 2-pyridy1, 2-(4-BrBnO)Ph
R^2=H, Me, Ph, Bn, 4-MeOPh

9.2.2 加成消除反应

Bella 等人利用生成酰胺衍生物的方法，合成了式 9-15 所示的螺环化合物。

NH_2 O NH_2 Bn N $COOC_2H_5$ ⟶ NH O O H_2N N H (9-15)

Padmavathi 等人利用羧酸衍生物之间的反应，合成了一系列螺环化合物(见式 9-16)。

EtOOC COOEt Ph O Ph；NH_2CONH_2 ⟶ O HN NH O O Ph O Ph；NH_2CSNH_2 ⟶ S HN NH O O Ph O Ph；NH_2OH ⟶ HN-O O O Ph O Ph；NH_2NH_2 ⟶ HN-NH O O Ph O Ph (9-16)

螺［十氢化萘-2,2′-咪唑啉酮］类化合物具有抑制胺氧化酶 B 的功能，还是预防和治疗中枢神经疾病的药物，通过羧酸衍生物的醇解可以得到(见式 9-17)。

NHCOCl CH_2OH $\xrightarrow{NaH}$ O HN C O (9-17)

3-氨基苯并二氢吡喃螺环化合物对高血压病有一定的疗效，可通过羧酸衍生物的氨解得到(见式 9-18)。

R^2 O NO_2 CH R^3 —CH_2—C(=O)—OR^1 $\xrightarrow{Ni/H_2}$ R^3 (CH_2) R^2 O N O R^1 (9-18)

式 9-19 所示螺环化合物同时带有碱性和酸性基团，具有阻止血小板集聚、阻止纤维蛋白原凝固的功能，可以延缓动脉硬化、心肌梗塞绞痛的病态反应。

O=⟨⟩NH + C6H5–CH2OCOCl ⟶ O=⟨⟩N–C(=O)–OCH2C6H5 —(CH3)3SI/NaH⟶

O⟨⟩N–C(=O)–OCH2C6H5 —H2N–C6H4–CN⟶ NC–C6H4–NH–CH2–C(OH)⟨⟩N–C(=O)–OCH2C6H5

—COCl2⟶ NC–C6H4–N(C=O)O-spiro⟨⟩N–C(=O)–OCH2C6H5 —piperidine(NH)⟶ NC–C6H4–N(C=O)O-spiro⟨⟩NH

—BrCH2CH2CH2COOC2H5⟶ NC–C6H4–N(C=O)O-spiro⟨⟩N— CH2CH2CH2COOC2H5 ⟶

NC–C6H4–N(C=O)O-spiro⟨⟩N—CH2CH2CH2COOH (9-19)

Schaffner 等人合成了桥环螺环化合物，这类化合物具有抗滤过性病原体的活性(见式 9-20)。

NC, CN ⟶ CN, CN —LiAlH4⟶ CN, CN

⟶ NH, O, O —Pd/H2⟶ NH (9-20)

—C6H5CH2Br⟶ N— CH2C6H5

Schepens 等人在制备药物中间体时，采用酯缩合法制备了式 9-21 所示的螺环化合物。

H3CO, O, H3CO, O ⟶ H3COOC, O (9-21)

盐酸丁螺环酮化学名称为 8-[4-[4-(2-嘧啶基)-1-哌嗪基] 丁基]-8-氮杂螺[4.5] 癸烷-7,9-二酮盐酸盐，是美国 Mead Johnson 公司开发的新一代抗焦虑药。浙江大学陈新志、陈芬儿等人采用式 9-22 所示的合成路线，制备了丁螺环酮化合物。

cyclopentanone=O + CN–CH2CO2CH3 + CN–CH2CONH2 + Et3N ⇌(HCHO/NH2) CN–CH–CNH2(=O); CN–CH–C(=O)–OMe ⟶ CN, O, NH·NEt3, CN, O

—H+⟶ CN, O, NH, CN, O —H2O/H2SO4⟶ CH2COOH, CH2COOH —NH3.H2O, △⟶ O, NH, O —KOH/CH3OH⟶ O, N—K, O

—NH<CN2CN2OH, CH2CH2OH; CH2Cl2, SO2Cl2⟶ HCl·NH<CH2CH2Cl, CH2CH2Cl —2-氨基嘧啶(NH2), HCl C2H5OH⟶ 嘧啶–HN⟨⟩NH·HCl

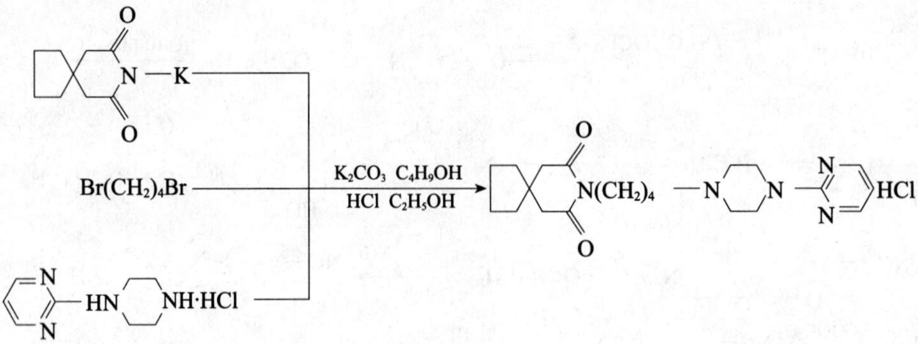

(9－22)

式 9－23 所示的氧杂螺环化合物在医学上可作为抗抑郁病药和安定药使用。

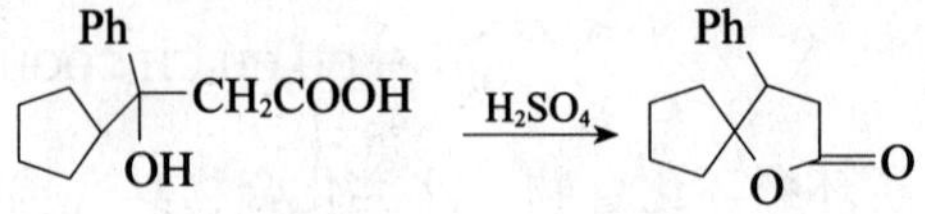

(9－23)

2003 年 Satoh 等人合成了一系列大环螺环化合物(见式 9－24)。

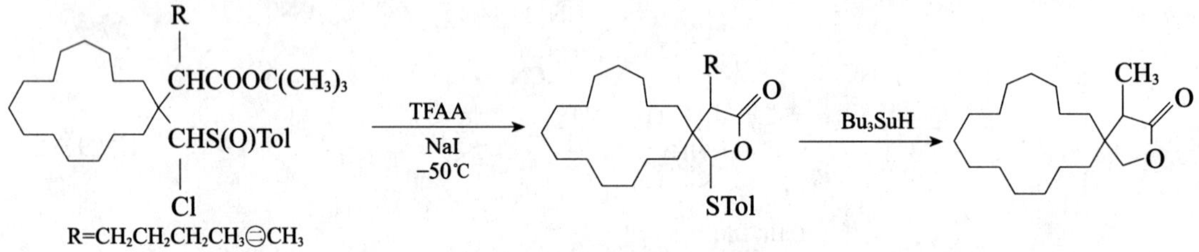

(9－24)

2007 年 Prusov 等人合成了一系列有生理活性的含氮螺环化合物(见式 9－25)。

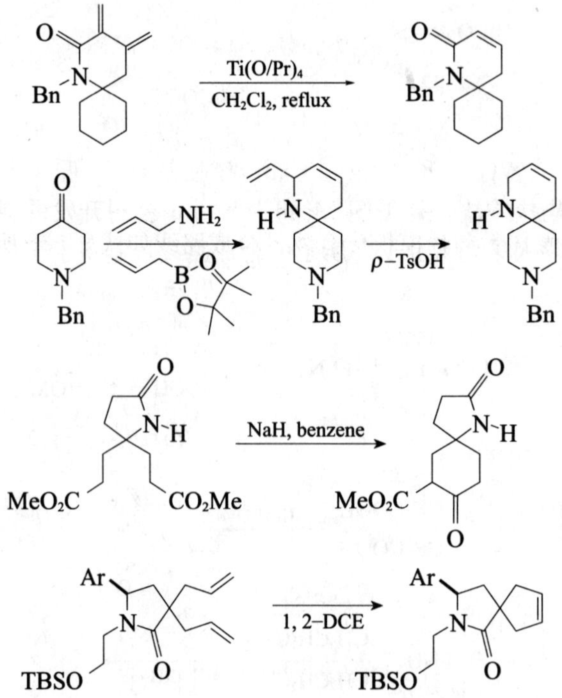

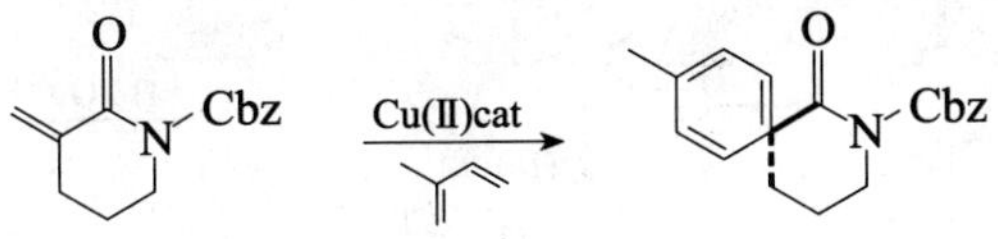

(9-25)

9.2.3 羟醛缩合反应

2000年张福利等人采用羟醛缩合方法合成了二羰基螺环化合物，反应方程式见式9-26所示。

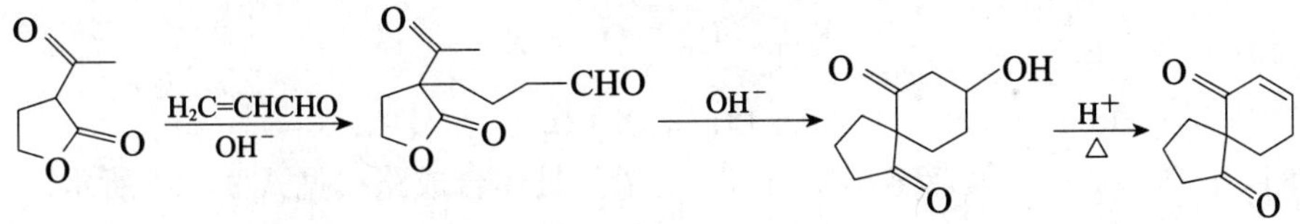

(9-26)

在 N_2 气流下，将研磨过的(S)-脯氨酸和2-甲酰基环酮1∶1混合研磨2h，逐滴加入新蒸馏过的甲基乙烯基酮，生成棕色黏稠物，用 CH_2Cl_2 提取，过柱纯化。得到S或R-螺二酮。这是一个可以直接得到单一光学异构体的反应(见式9-27)。

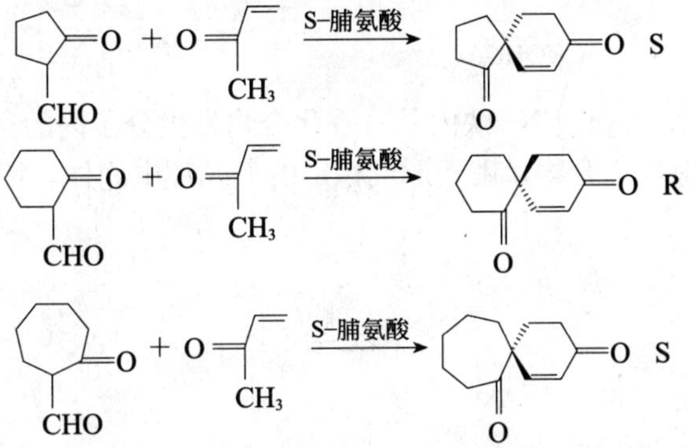

(9-27)

9.2.4 亲电取代反应

一些螺环类化合物的衍生物已被证实具有显著的治疗作用，如抗肿瘤、抗血小板凝聚、抗老年痴呆等，因此，研究小分子螺环"模板化合物"的合成具有重要意义。2004年冷先胜等人合成了螺环类药物模板化合物，合成路线如式9-28所示。

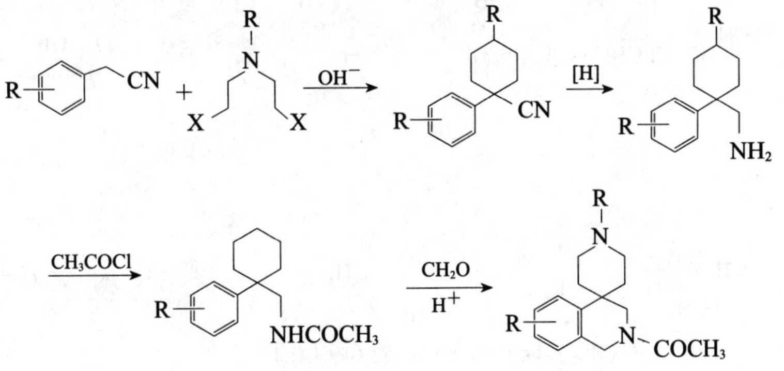

(9-28)

Oda等人利用环庚三烯衍生物和环庚酮反应，通过亲电取代反应，制备式9-29所示螺环化合物。

$OSiMe_3$ + ; $TiCl_4$ → HO, O ; H_3PO_4 → O

(9-29)

2001年吴毓林等人合成了含有不饱和侧链的螺环化合物，典型的结构如式9-30所示。

R, O, O, X

(9-30)

R=F，Cl，Br，CH_3COO，CH_3O，C_2H_5O，NO_2，C_6H_5；X=O，C

2-苯次甲基-1,6-二氧杂螺［4.4］-3-壬烯的具体合成路线见式9-31所示。

$CH_2CH_2CH_2OH$, O ; Ac_2O, DMAP → $CH_2CH_2CH_2OAc$, O ; C_6H_5COCl → $CH_2CH_2CH_2OAc$, O, COC_6H_5 ; $NaBH_4$ →

$CH_2CH_2CH_2OH$, O, $CHOHC_6H_5$; $CuSO_4$ → O, O

(9-31)

Zhang Xiao-Xia等人利用N-炔丙基芳香化合物发生分子内的亲电加成和亲电取代反应，合成一系列五元螺环化合物，由于形成稳定的五元环中间体，因此没有六元非螺环化合物生成(见式9-32)。

F_3COC, N, Ph, OCH_3 ; ICl, -78℃ → $F_3C-\overset{O}{C}-N$, I, Ph, O, 88% ; $F_3C-\overset{O}{C}-N$, I, Ph, OCH_3, 0%

(9-32)

含异喹啉环的螺环化合物具有极高的生理活性，Jian Liu等人通过亲电取代反应，得到了式9-33所示的活性化合物。

R_1, R_2, CN + $Cl_2CHCH_2CH_2N(CH_3)_2$; OH^- → CH_3, N, R_1, R_2, CN ; BH_3-THF, CH_3SO_2Cl →

CH_3, N, R_1, R_2, NH, SO_2CH_3 ; RCHO, H^+ → CH_3, N, R_1, R_2, $N-SO_2CH_3$, HO, CHR ; H^+ → CH_3, N, R_1, R_2, $N-SO_2CH_3$, R

(9-33)

R=CH_3, Ph, Et; R_1=H, F, CH_3; R_2=Cl, OCH_3,F

螺硫代类固醇类化合物对生殖健康有调节作用，Cook等人通过加成反应制得了式9-34所示的螺硫代类固醇类化合物。

(9-34)

9.3 同环两处结合

同环两处结合(见式9-4)使用的合成子是一个环的二取代物，如式9-35和式9-36所示。

(9-35)

Ar=Ph, 4-OMe-C_6H_4, 4-Cl-C_6H_4

Ar=Ph, 4-MeO-C_6H_4, 4-Cl-C_6H_4

R^1=H, OMe: R^2=H, Br, R^3=H, OMe

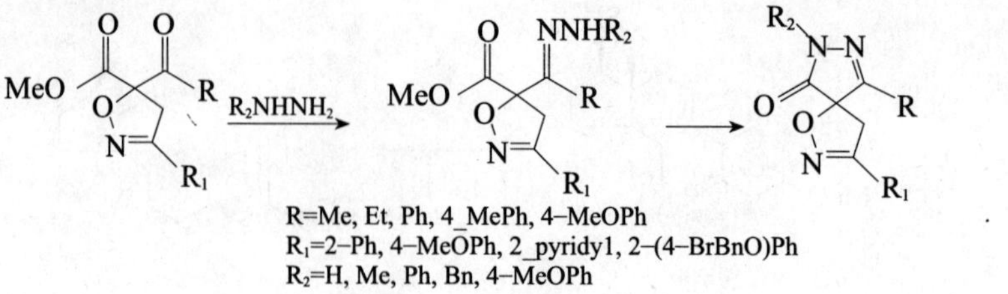

R=Me, Et, Ph, 4_MePh, 4-MeOPh
R_1=2-Ph, 4-MeOPh, 2_pyridy1, 2-(4-BrBnO)Ph
R_2=H, Me, Ph, Bn, 4-MeOPh

(9-36)

9.4 异环各一处结合

Guo 等人通过分子内酰化反应得到螺二酮化合物(见式 9-37)。

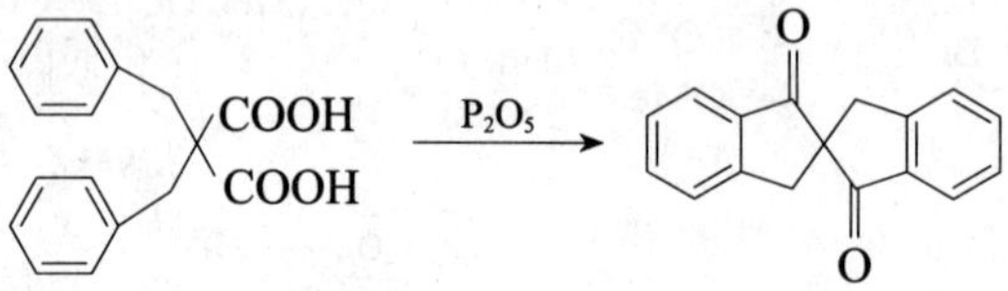

(9-37)

式 9-38 是一些异环各一处法合成螺环化合物的例子。

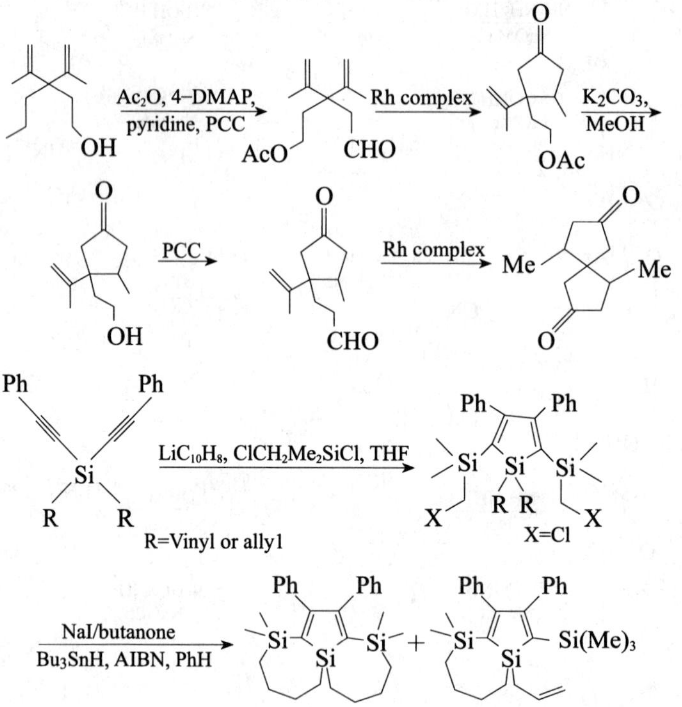

(9-38)

9.5 异环各两处结合

9.5.1 羟醛缩合反应

季戊四醇类化合物原料易得，分子内存在多个羟基，并可衍生出卤素、巯基、氨基和磺酸酯基等活性基团，通过亲核加成、亲核取代或消除反应，可以很容易得到螺环化合物。

季戊四醇双缩醛、酮化合物在工业和有机合成中都有广泛的应用，工业上常用作增塑剂、硫化剂、杀虫剂、表面活性剂的消泡剂、塑料的抗氧剂等；有机合成上可以用来合成有光学活性的物质和作为潜在的保护基团。季戊四醇双缩醛、酮的合成可在盐酸、硫酸、对甲苯磺酸、氯化锌、酸性阳离子交换剂、蒙脱石黏土、可膨胀石墨和无水硫酸亚铁催化剂存在下进行，刘清福等人在无溶剂条件下，通过微波照射，用硫酸氢铵为催化剂，合成了季戊四醇双缩醛、酮。作者在盐酸水溶液中也完成了该反应，充分说明该化合物的稳定性较高(见式9-39)。

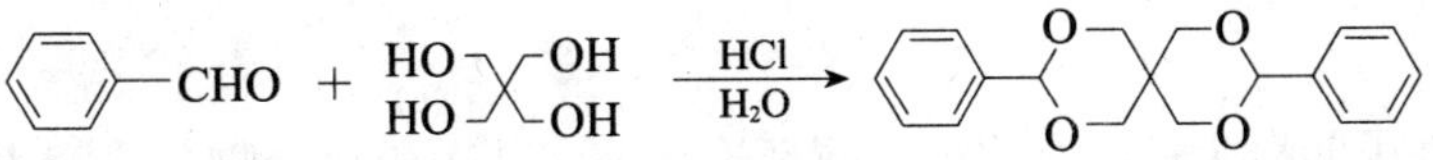

(9-39)

2003年原科初彦(日本)合成了季戊四醇类螺环化合物，该类化合物可有效地阻止聚缩醛树脂受热降解和老化，同时抑制甲醛的释放，其典型结构见式9-40所示。

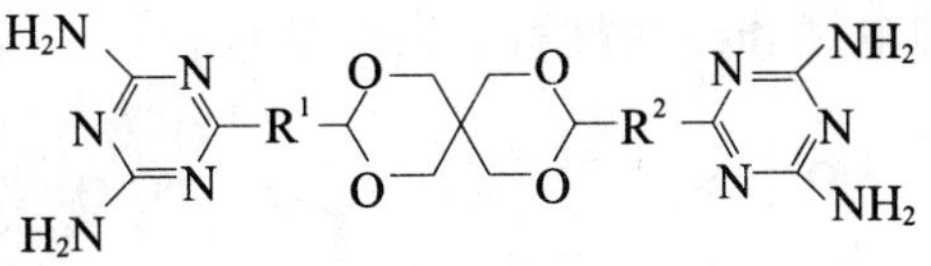

(9-40)

式9-40中 R^1、R^2 可以相同或不同，分别代表亚烷基、亚芳基或亚芳烷基。

Schulte采用邻羟基苯甲醚在 $FeCl_3$ 作用下发生氧化偶联反应，而后与季戊四溴反应，生成两个七元环组成的螺环化合物(见式9-41)。

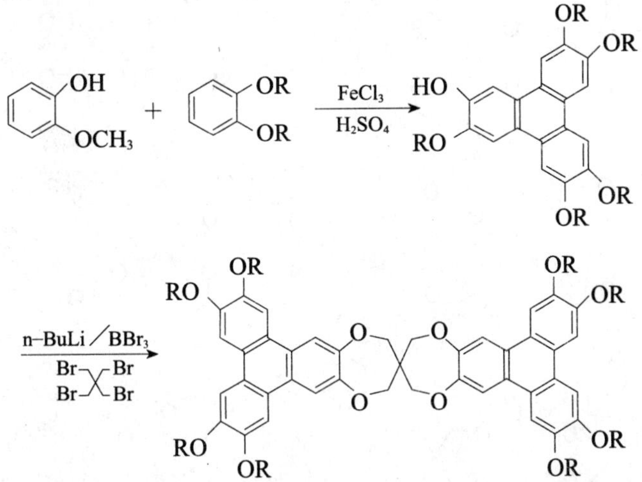

(9-41)

以三氯化磷或三氯氧磷和季戊四醇作为主要原料合成的新型的双螺环化合物，具有优良的热稳定性和耐水解性，其中的大部分亚磷酸酯用作抗氧剂，与受阻酚相结合，显示出较好的抗氧化能力；磷(膦)酸酯类一般用作阻燃剂。由于季戊四醇骨架在燃烧时，本身会形成一层焦碳保护膜，因此阻燃性能良好。该化合物的通式如式9-42所示。

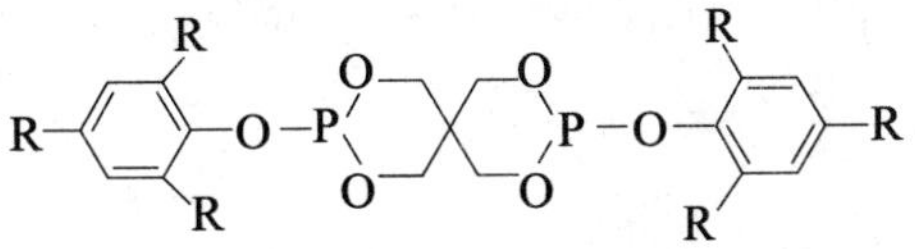

(9-42)

在三丁胺存在下，三氯化磷与季戊四醇反应，再与酚类化合物反应可得到式9-42所示化合物(见式9-43)。

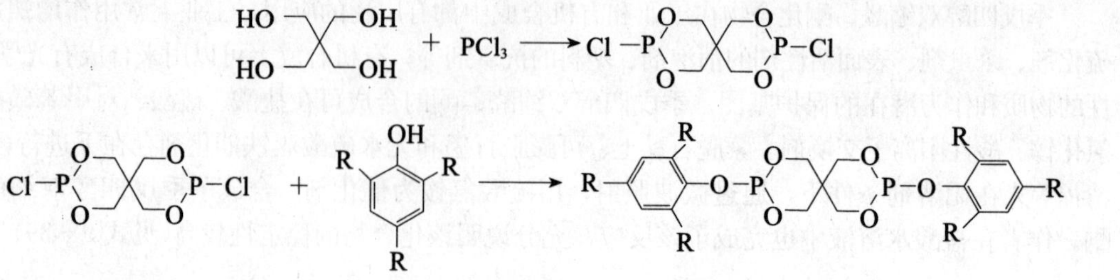

HO OH + PCl_3 ⟶ Cl—P—Cl
HO OH

Cl—P—Cl + R(OH)R R ⟶ R—Ar—O—P—O—Ar—R

(9-43)

Weber 以季戊四醇为核，合成了以螺环连接的多环冠醚化合物。研究表明，该类冠醚能同时包络 2～3 个与环直径匹配的金属离子。通过调节环的大小，这类化合物可作为多选择性的阳离子受体。由于环之间相互垂直，与金属形成的络合物处在不同的平面上，该类物质可能是新的电性和磁性材料。典型的化合物结构如式 9-44 所示。

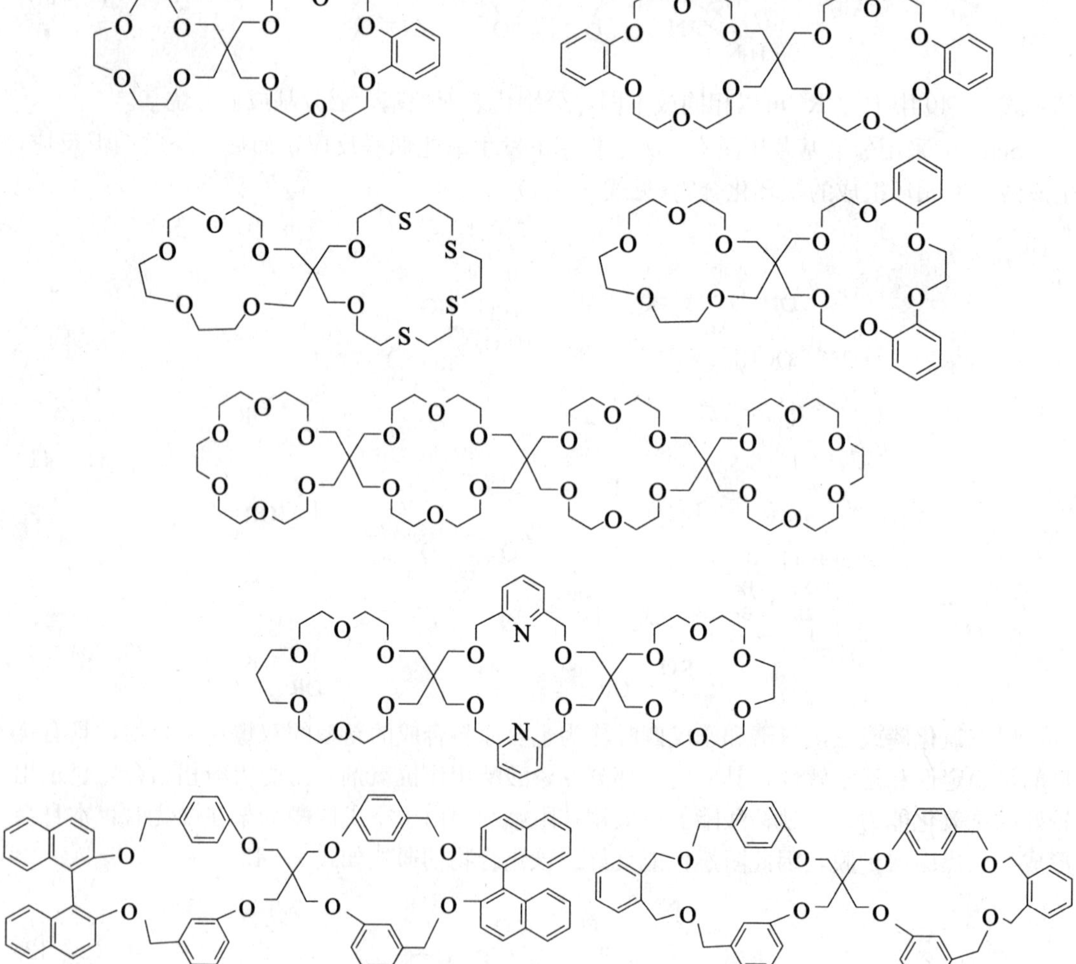

(9-44)

2002 年 Vodak 等人采用一锅煮的方法，合成了螺环碳酸酯齐聚物，如图 9.1 所示。

2007 年 Basavaiah 等人在室温下采用一锅煮法合成了螺茚类化合物(见式 9-45)。

$\xrightarrow[-C_2H_5OH]{\triangle}$ HO HO ⌈ O O O O O O ⌉$_m$ OH OH

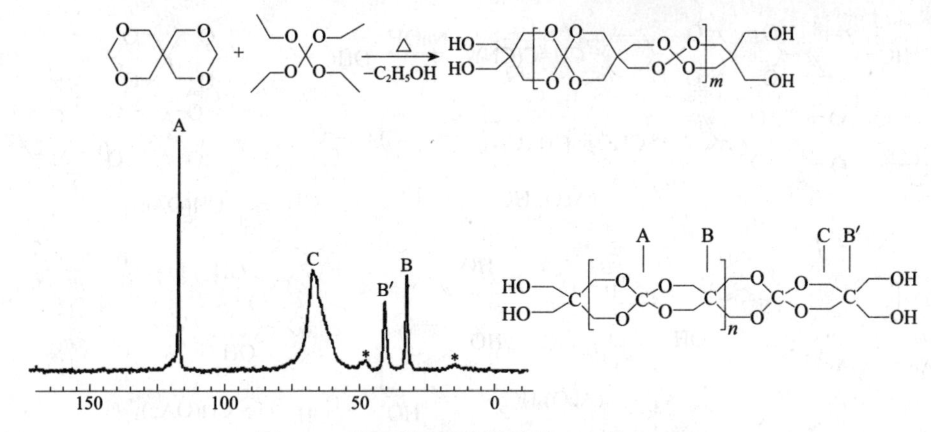

图 9.1　螺环碳酸酯齐聚物的 MAS^{13}CNMR

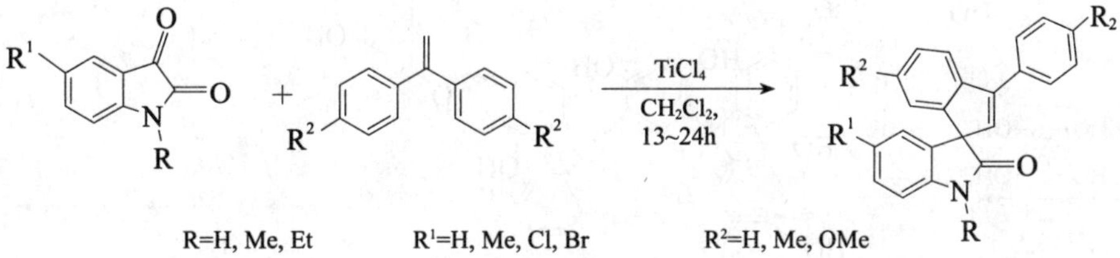

R^1 O O N R + R^2 R^2 $\xrightarrow[CH_2Cl_2,\ 13\sim24h]{TiCl_4}$ R^2 R_2 R^1 O N R

R=H, Me, Et　　R^1=H, Me, Cl, Br　　R^2=H, Me, OMe

(9－45)

我们研究小组用对苯二甲醛与季戊四醇为原料，得到了由螺环组成的线形大分子化合物，结构如式 9－46 所示。

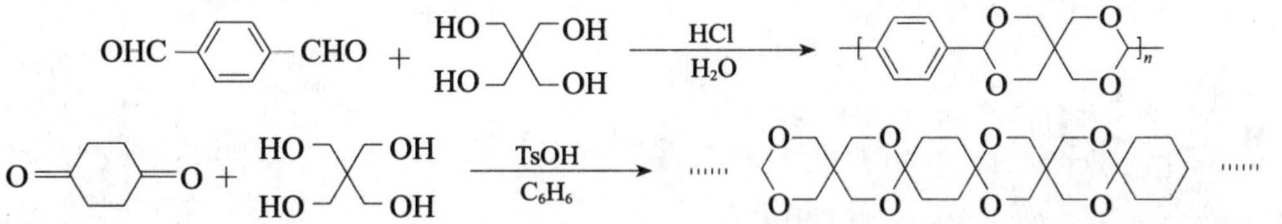

OHC—⟨苯环⟩—CHO + HO HO OH OH $\xrightarrow[H_2O]{HCl}$ ⌈⟨苯环⟩ O O O O⌉$_n$

O=⟨环己烷⟩=O + HO HO OH OH $\xrightarrow[C_6H_6]{TsOH}$ …… O O O O O O O O ……

(9－46)

该类分子呈螺旋状，图 9.2 所示是使用计算机模拟的对苯二甲醛与季戊四醇形成的聚合物片段。

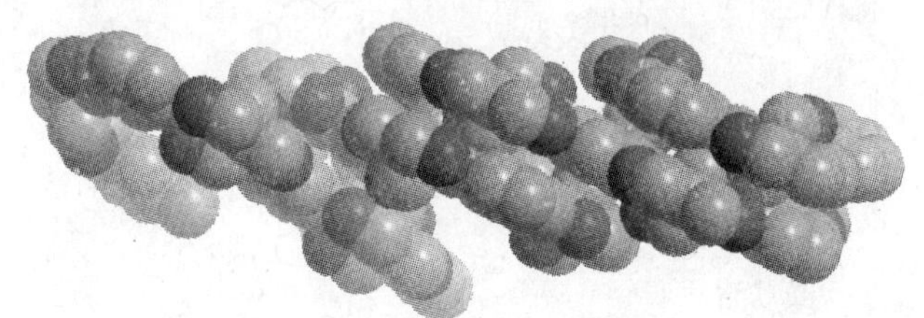

图 9.2　聚合物 3D 结构

利用对苯二甲醛、季戊四醇为原料，可以合成树形大分子化合物(见式 9－47)。

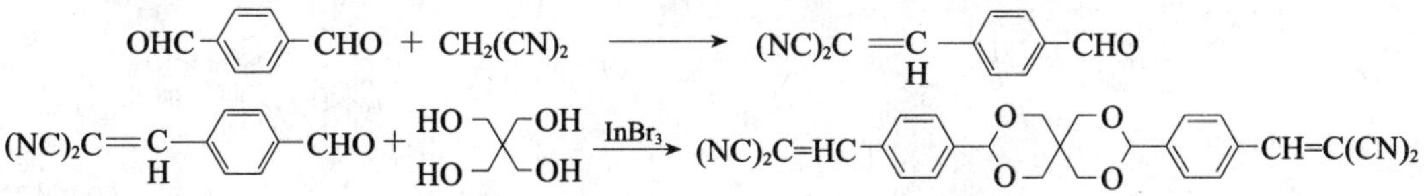

OHC—⟨苯环⟩—CHO + $CH_2(CN)_2$ ⟶ $(NC)_2C$ =C(H)—⟨苯环⟩—CHO

$(NC)_2C$=C(H)—⟨苯环⟩—CHO + HO HO OH OH $\xrightarrow{InBr_3}$ $(NC)_2C$=HC—⟨苯环⟩ O O O O ⟨苯环⟩—CH=$C(CN)_2$

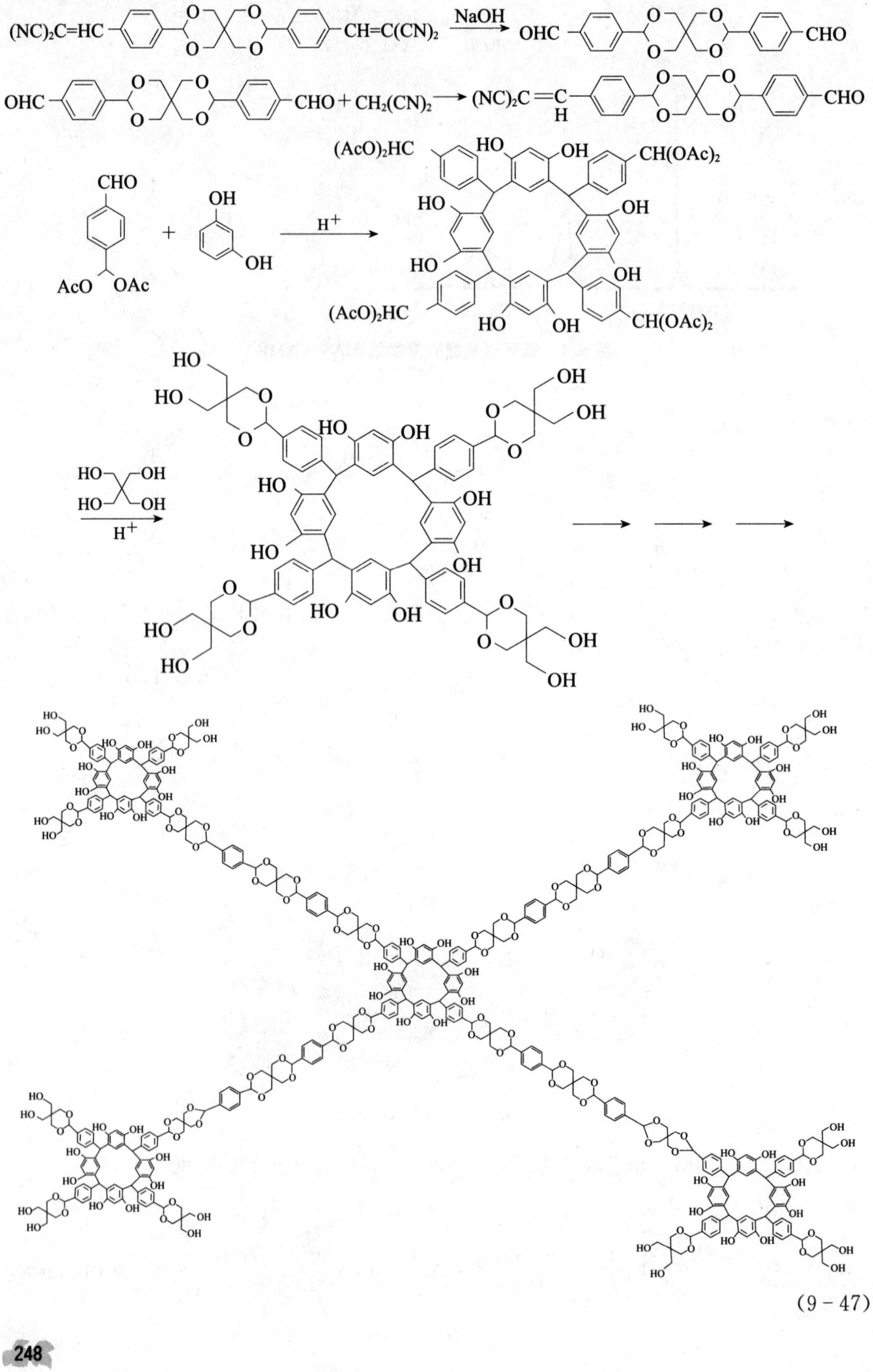

（9－47）

9.5.2 与季戊四溴(碘)反应

在碱性介质中，丙二酸酯及类似物与季戊四溴(氯)反应，可以生成螺环化合物，这是制备小环螺环化合物的经典方法(见式 9-48)。

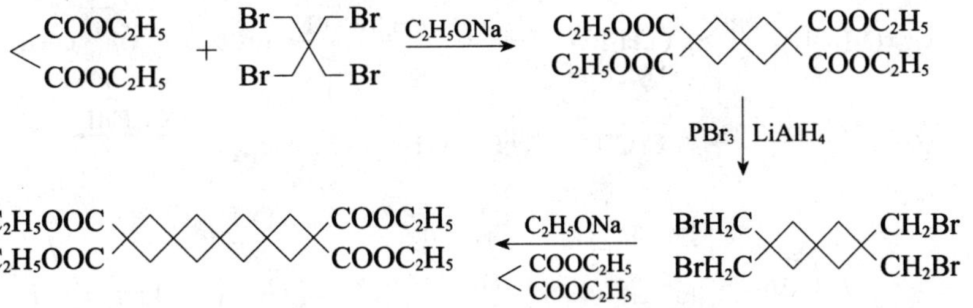

(9-48)

1907 年 Fecht 采用乙醇钠为催化剂，利用丙二酸酯和季戊四溴反应，首次合成了螺[3.3]-2,6-庚二酸(Fecht 酸)。1960 年 Rice 和 Grogan 从螺[3.3]-2,6-庚二酸出发，合成了一系列螺[3.3]庚烷的衍生物(见式 9-49)。

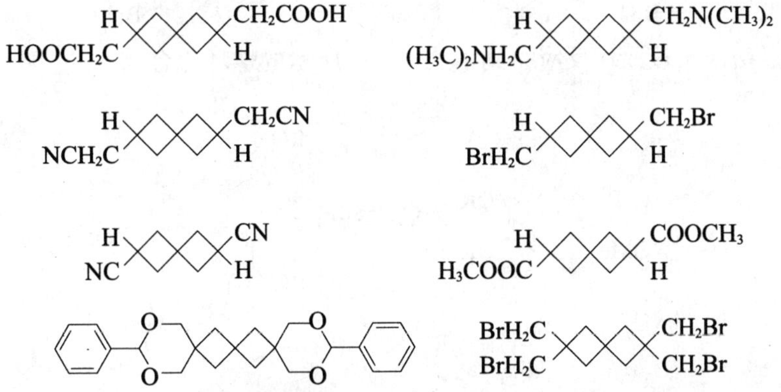

(9-49)

2004 年 Fassung 合成了一系列螺环液晶材料，已合成的化合物代表结构见式 9-50 所示。

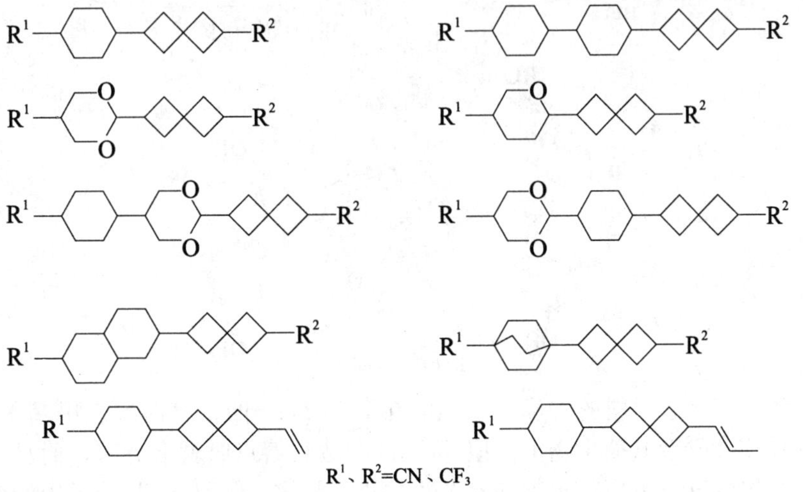

(9-50)

R^1、R^2=CN、CF_3

芴的钾盐与丙二酸二乙酯类似。Moll 等人利用芴的钾盐与季戊四溴反应，形成四元螺环化合物，李等人利用季戊四溴巧妙地合成了双杯芳烯大环冠醚化合物(见式 9-51)。

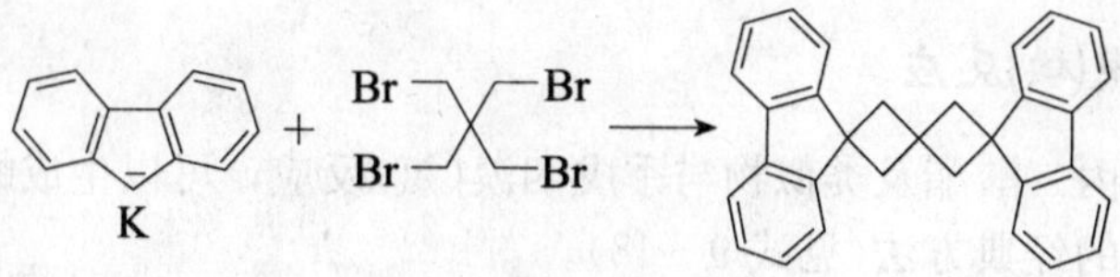

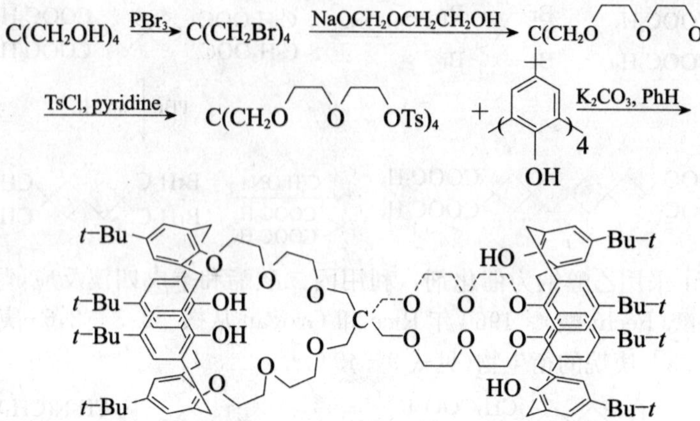

$$C(CH_2OH)_4 \xrightarrow{PBr_3} C(CH_2Br)_4 \xrightarrow{NaOCH_2OCH_2CH_2OH} C(CH_2O\diagup\diagdown O\diagup\diagdown OH)_4$$

$$\xrightarrow{TsCl,\ pyridine} C(CH_2O\diagup\diagdown O\diagup\diagdown OTs)_4 + \xrightarrow{K_2CO_3,\ PhH} \quad (9-51)$$

Moll 通过两次亲核取代反应得到了式 9－52 所示的螺环化合物。

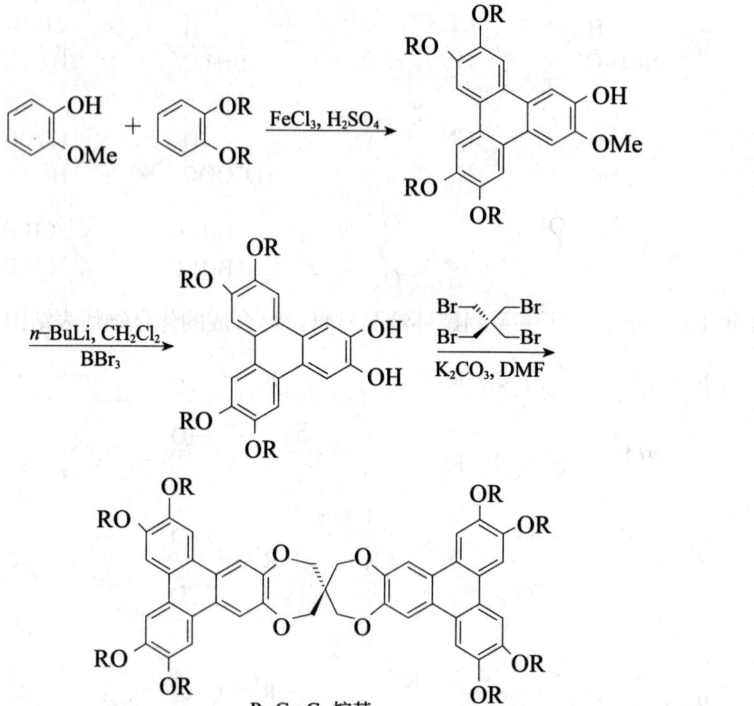

$$\xrightarrow{FeCl_3,\ H_2SO_4}$$

$$\xrightarrow[BBr_3]{n\text{-}BuLi,\ CH_2Cl_2} \quad \xrightarrow{K_2CO_3,\ DMF} \quad (9-52)$$

R=C_5~C_{10}烷基

目前有机电双稳态材料的大量工作集中在 7,7,8,8－四氰基对二次甲基苯醌(TCNQ)和四硫富瓦烯(TTF)及其衍生物上。但 TCNQ 刚达到熔点时就会分解，而且 TCNQ 的金属配合物的工作温度也不高。武芳卉等人通过分子剪裁，保留 TTF 分子中的氰基(—CN)作为吸电子基，烷硫基(—SR)作为给电子基，通过引入螺环结构，将两个氰基和两个烷硫基进行共轭连接。这样不仅增加了目标分子的推、吸电子功能，而且大大提高目标化合物的热稳定性和机械强度。他们设计了新型的四硫杂螺环化合物 3,9-双(二氰基亚甲基)-2,4,8,10-四硫杂螺［5.5］十一烷，获得全新的具有电子授受性质的有机化合物，并研究了电荷转移配合物的电双稳性质(见式 9-53)。

$$CH_2(CN)_2 \xrightarrow[C_6H_6/DMF]{NaH} \xrightarrow{CS_2} (NC)_2C{=}C(SNa)_2 \xrightarrow{C(CH_2I)_4} \text{[spiro tetrathia product with } {=}C(CN)_2 \text{ ends]} \quad (9-53)$$

2002 年徐伟等人利用季戊四碘和其他原料，合成了含硫螺环结构的有机化合物，反应方程式如式 9-54 所示。

$$(9-54)$$

9.6 螺原子一处结合

该(见式 9-7)合成方法的原料结构特点是取代的环状化合物，环上取代基的位置是形成螺环化合物螺原子的位置，一般可通过分子内的亲核取代、亲电取代反应完成。

9.6.1 分子内的亲核取代反应

分子内的亲核取代反应例子很多，式 9-55 所示是一些教科书中的具体实例。

OH
Br
O

(9-55)

(2R, 3S)-3,4-二甲基-2-苯基-1,4-氧氮杂-5,7-二酮是重要的手性源化合物，利用它的手性诱导作用合成了许多具有高光学产率的化合物，其中包括生物碱及抗白血病药物的合成。李春红等人利用 Kukajyama 方法合成了 7,8-二甲基-3,6-二苯基-5-氧-8-氮螺［2.6］-4,9-壬二酮(见式 9-56)。

O
H_3C
H_3C
S
+
CH_2
O
CH_3
N
H
CH_3
Ph
C_6H_5
O
O
H
Ph
O
CH_3
N
CH_3
C_6H_5
O
O

(9-56)

郁兆莲等人以糠醛为原料，经光氧化反应得到 5-羟基丁烯酸内酯，再与甲醇进行脱水反应，得到 5-甲氧基丁烯内酯，经溴加成及脱溴化氢反应，生成 5-甲氧基-3-溴代丁烯酸内酯，与不同的亲核试剂在温和条件下，通过 Michael 加成及分子内的亲核取代反应，得到目标产物螺环丙烷类化合物，反应式见式 9-57 所示。

CHO
O
HO
O
O
H_3CO
O
O
H_3CO
Br
O
O
C_4H_9O
Br
H_3CO
O
O^-
O^-
O
Br
OCH_3
Br
O
OC_4H_9
O
OCH_3
O
O
Br
OCH_3
O
O
OC_4H_9
O
OCH_3

(9-57)

O
O
Br
OCH_3
O
O
$OC_{18}H_{37}$
O
OCH_3
O
O
Br
OCH_3
O
O
$OC_{14}H_{29}$
O
OCH_3
O
O
Br
OCH_3
O
O
O
O
OCH_3

环戊二烯(Cp)类化合物具有常温二聚、高温解聚的特性，可用于形成热可逆共价键交联结构，即将 Cp 环引作聚合物侧基或通过双环戊二烯结构形成交联键。这种热可逆的化学交联对研究开发新型热塑性弹性体具有重要意义。显然，带 Cp 环的功能单体及其二聚体的合成是制备上述新型热塑性弹性体的基础，这些 Cp 衍生物应至少具有一种活性基团，如环氧基、COOH、OH 等。陈晓农、焦书科等人用环戊二烯钠(CpNa)与环氧氯丙烷(ECH)反应，制备了 1-螺环［2.4］-4,6-庚二烯基甲醇，如式 9-58 所示。

Na^+
+
CH_2Cl
O
H_2C
O
O^-
OH

(9-58)

9.6.2 亲核加成

Camps等人合成了大量有生理活性的中间体，其中一个代表物的反应见式9-59所示。

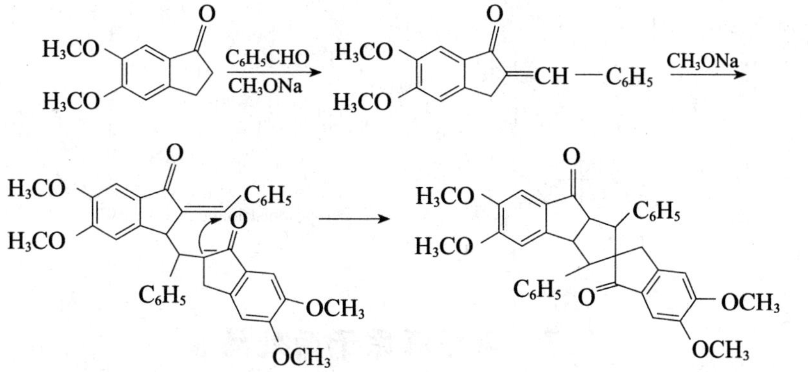

O
H_3CO
H_3CO
C_6H_5CHO
CH_3ONa
O
H_3CO
H_3CO
$=CH-C_6H_5$
CH_3ONa

O
H_3CO
H_3CO
C_6H_5
O
C_6H_5
OCH_3
OCH_3
O
H_3CO
H_3CO
C_6H_5
C_6H_5
O
OCH_3
OCH_3

(9-59)

谷珉珉等人利用酸酐与双格氏试剂的反应，得到了螺环化合物，反应方程式见式9-60所示。

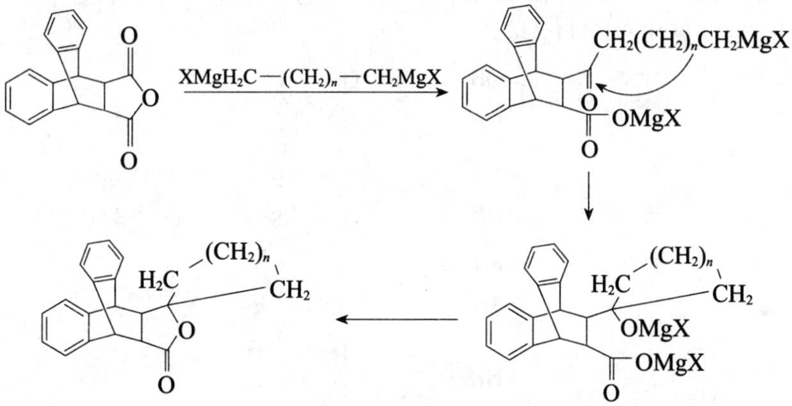

O
O
O
$XMgH_2C-(CH_2)_n-CH_2MgX$
$CH_2(CH_2)_nCH_2MgX$
O
O
OMgX
O

(9-60)

$(CH_2)_n$
H_2C
CH_2
O
O
$(CH_2)_n$
H_2C
CH_2
OMgX
OMgX
O

Bermezo等人也完成了式9-61所示的分子内关环反应。

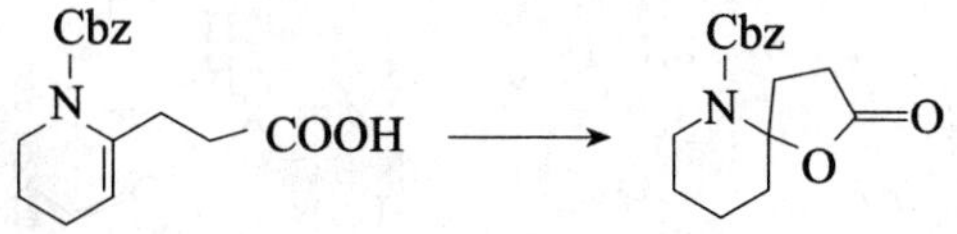

Cbz
N
COOH
Cbz
N
O
O

(9-61)

Bachand等人利用手性催化剂BINAP-Pd成功地合成了式9-62所示的螺环化合物。

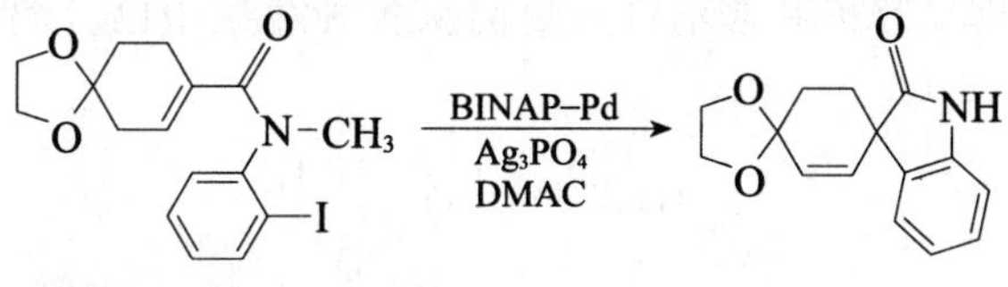

O
O
O
$N-CH_3$
I
BINAP-Pd
Ag_3PO_4
DMAC
O
O
O
NH

(9-62)

Tanner等人利用亲核加成法制备了perhydrohistrionicotoxin化合物，其中采用NCS和$AgNO_3$脱除硫醇保护基是值得借鉴的方法(见式9-63)。

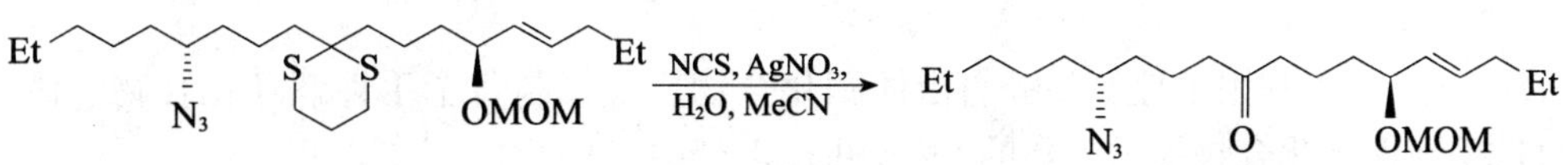

Et
N_3
S
S
OMOM
Et
NCS, $AgNO_3$,
H_2O, MeCN
Et
N_3
O
OMOM
Et

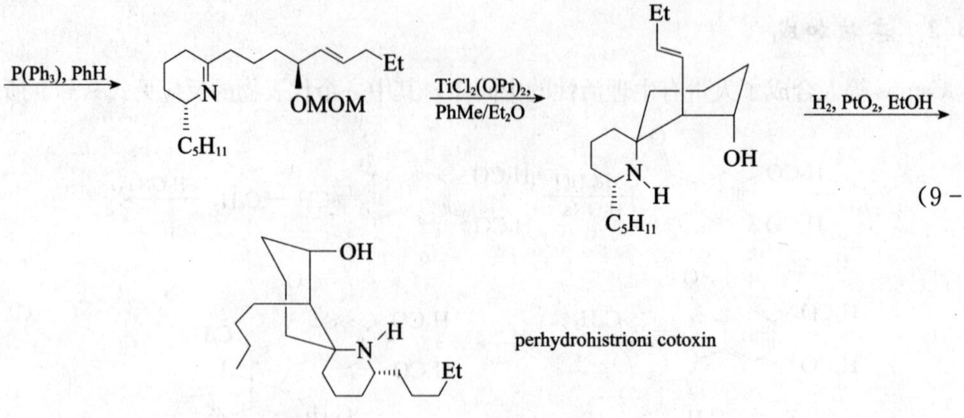

$\xrightarrow{P(Ph_3),\ PhH}$ N, C_5H_{11}, OMOM, Et $\xrightarrow[PhMe/Et_2O]{TiCl_2(OPr)_2}$ Et, N H, C_5H_{11}, OH $\xrightarrow{H_2,\ PtO_2,\ EtOH}$

(9-63)

OH, N H, Et

perhydrohistrioni cotoxin

9.7 同环螺原子两处结合

在酸催化和带水剂存在下，1,2-二醇，1,3-二醇，1,2-二硫醇，1,3-硫二醇，1,2-二胺，1,3-二胺和环己酮或环己二酮反应，可方便地得到具有五元环或六元环结构单元的单螺或二螺化合物(见式9-64)。

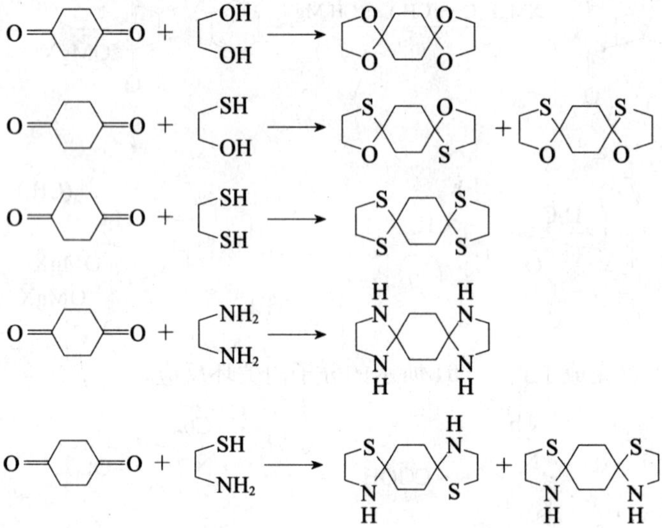

O=⟨⟩=O + OH, OH ⟶ O, O, O, O

O=⟨⟩=O + SH, OH ⟶ S, O, O, S + S, S, O, O

O=⟨⟩=O + SH, SH ⟶ S, S, S, S

O=⟨⟩=O + NH_2, NH_2 ⟶ H N, H N, N H, N H

O=⟨⟩=O + SH, NH_2 ⟶ S, H N, N H, S + S, S, N H, N H

(9-64)

此反应多用来保护羰基。

一些缩醛酮化合物具有抗肿瘤活性，目前从各种蔬菜中已分离出多种缩醛酮化合物(见式9-65)。

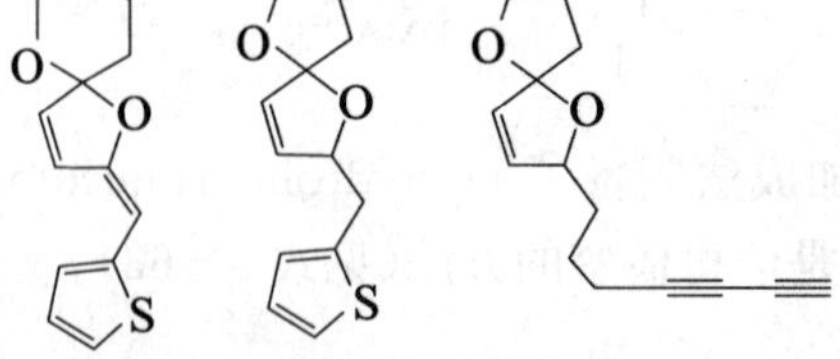

O, O, S　　O, O, S　　O, O

(9-65)

Sharma等人利用手性氨基醇与甾体酮化合物反应，制备了手性螺环化合物。该反应为合成手性螺环化合物提供了新的方法(见式9-66)。

$$R\text{-steroid ketone }(CH_3,\ C_8H_{17},\ H,\ O) + C_2H_5C(H)(NH_2)CH_2OH \xrightarrow{TsOH} \text{spiro-oxazolidine }(CH_3,\ C_8H_{17},\ R,\ H,\ O,\ S,\ NH,\ C_2H_5)$$

(9-66)

Yadav 等人使用缩酮反应，制备了螺环二烯化合物(见式 9-67)。

$$\text{cyclohexenone} \xrightarrow[DMAP,\ THF]{HCHO/H_2O} CH_2OH\text{-cyclohexenone} \xrightarrow{HSCH_2CH_2OH} \text{S,O-spiro}(CH_2OH) \longrightarrow \text{S,O-spiro}(CHO) \longrightarrow \text{S,O-spiro diene}$$

(9-67)

使用硒试剂与二酮反应，可得到螺聚咪唑啉耐热高分子材料(见式 9-68)。

$$H_2N,\ H_2N\text{-biphenyl-}NH_2,\ NH_2 + O{=}C_6H_8{=}O \longrightarrow \cdots\text{NH, N, H, HN, NH, HN, N, H}\cdots$$

(9-68)

将 2,4,8,10-四氧杂-3,9-二(1,1-二甲基羟乙基)螺［5.5］十一烷添加入高分子材料中，可提高高分子材料的耐热性、耐光性和耐溶剂性，该化合物已由日本厂家生产。例如，将其添加入聚氨酯人造革中，可改善手感和舒适度；作为异氰酸酯的添加剂，可获得绝缘性更好的电缆涂料；与二丙烯酸作用，可制得聚酯、聚氨酯、聚碳酸酯、聚醚多元醇和环氧化合物等新材料。该化合物可由甲醛和异丁醛为原料制备，反应如式 9-69 所示。

$$H_3C-CH(CH_3)-CHO \xrightarrow[NaOH]{HCHO} H_3C-C(CH_3)(CH_2OH)-CHO$$

$$H_3C-CHO \xrightarrow[NaOH]{HCHO} HOH_2C-C(CH_2OH)_2-CH_2OH$$

$$\xrightarrow{H^+} H_3C-C(CH_3)(CH_2OH)-\text{spiro[5.5] (O,O,O,O)}-C(CH_3)(CH_3)-CH_2OH$$

(9-69)

2-氧杂-6-硫杂-9-氮杂-6-甲基螺［4.4］壬烷具有特别的谷类气味，并有饼干、咖啡的特征，它的气味给香料带来了原始谷味的内涵。该化合物性质稳定，不易分解，可用于食品调香或饮料之中。2-氧杂-6-硫杂-9-氮杂-6-甲基螺［4.4］壬烷的合成如式 9-70 所示。

$$NH_2\cdot HCl\ /\ SH + \text{2-methyl-tetrahydrofuran-3-one }(O,\ CH_3) \xrightarrow{NaOH} \text{spiro }(H,N,S,O,CH_3)\ 90\% + \text{spiro }(S,N,H,O,CH_3)$$

(9-70)

将邻苯二胺：酮按 1：2 混合，在室温下与三氟甲磺酸镱一起室温搅拌 4h，加入 CH_2Cl_2 使三氟甲磺酸镱结晶析出，剩余物用 CH_2Cl_2 过柱洗脱，得到螺环化合物。该研究为合成含有大环的螺环化合物提供了合成途径(见式 9-71)。

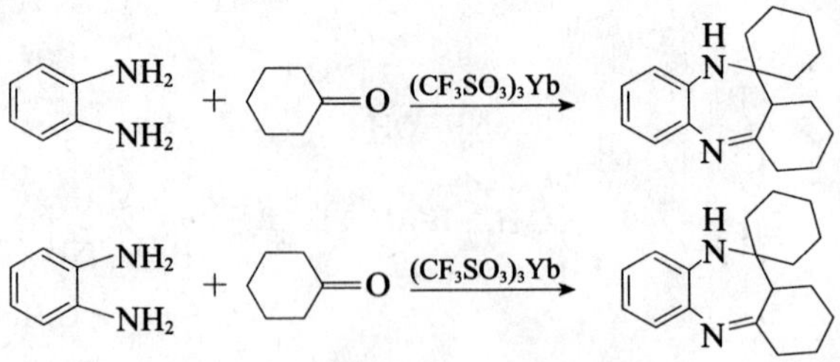

(9－71)

王宏等人从简单的原料出发，经一系列有机反应，合成了新的螺环单体 2－亚甲基 1，4－二氧二螺［4.2.5.2］十五烷。该化合物可作为高分子膨胀剂的单体(见式 9－72)。

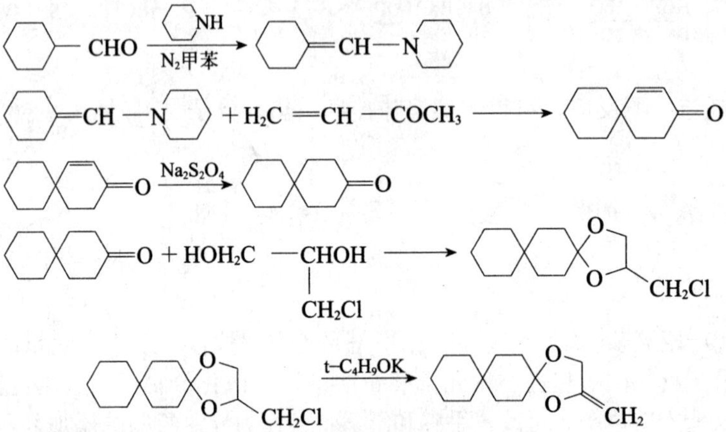

(9－72)

Ciblat 等人利用金刚烷酮和胺反应，通过胺与酮加成，然后活泼甲基与羟基脱水，再催化加氢得到了式 9－73 所示的螺环药物中间体。

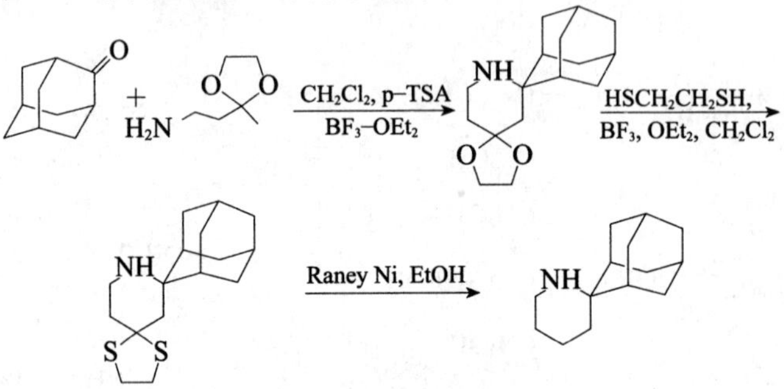

(9－73)

利用相似的方法完成了另一螺环药物中间体的合成(见式 9－74)。

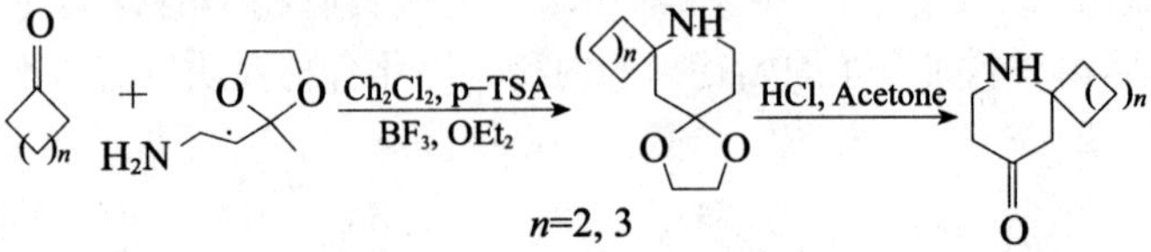

(9－74)

利用该合成方法制备了多种螺环药物或药物中间体，如式 9－75 所示。

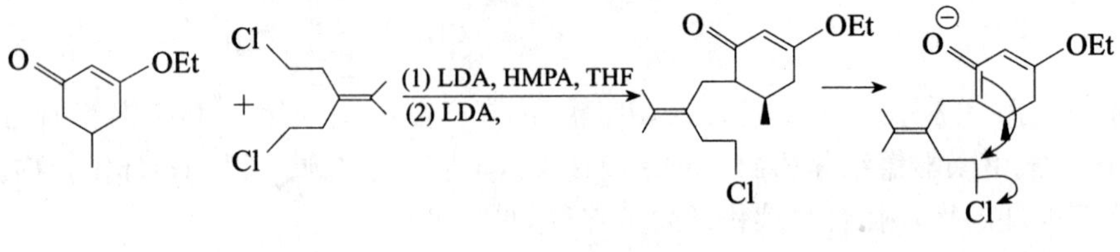

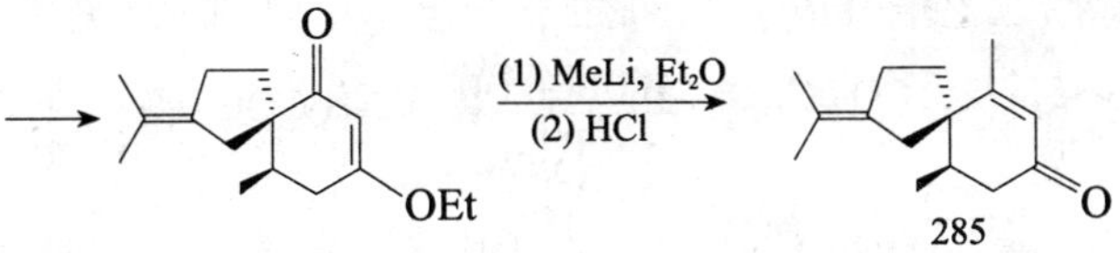

$$\xrightarrow{(1)\ MeLi,\ Et_2O \quad (2)\ HCl}$$ 285 (±)-β-vetivone (9-75)

Canonne 利用双格氏试剂与烯酮反应制备了螺环药物中间体(见式 9-76)。

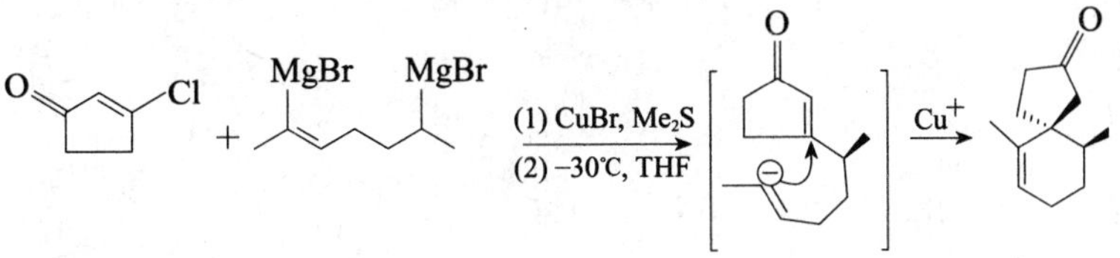

$$\xrightarrow{(1)\ CuBr,\ Me_2S \quad (2)\ -30℃,\ THF} \quad \xrightarrow{Cu^+}$$ (9-76)

9.8 异环螺原子两处结合

异环螺原子两处结合合成方法的原料结构特点是多官能团的直链化合物，如对称或非对称的二羟基(氨基、巯基、羧基等)酮类。直链化合物中心的官能团多是形成新的螺环化合物螺原子的位置。

9.8.1 羟醛缩合反应

该类结构一般通过羟醛缩合反应生成螺二醚化合物，在螺环化合物中，酮的碳原子是螺原子。利用分子内的缩酮化反应，很容易得到六元或五元螺环二醚化合物(见式 9-77)。

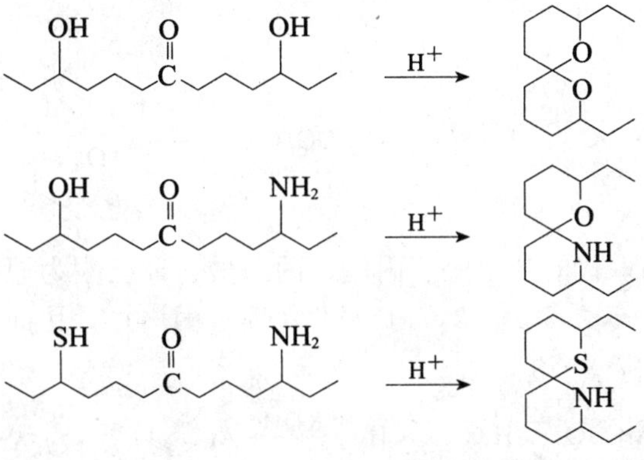

$$\xrightarrow{H^+}$$ (9-77)

六元螺环二醚化合物主要生成由于异头效应而稳定的构型(见式 9-78)。

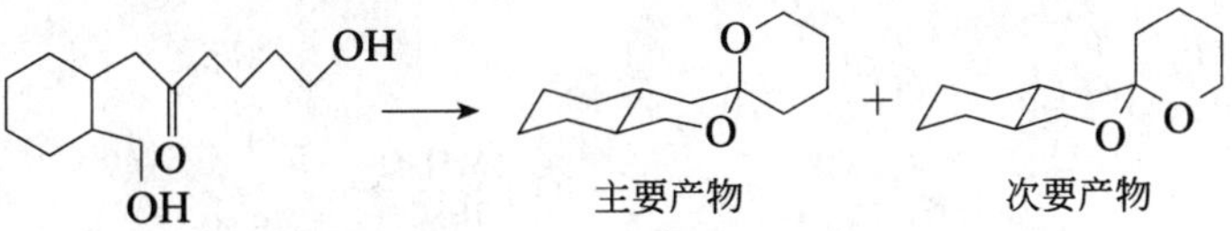

主要产物 次要产物 (9-78)

1982 年 Volhard 利用二羟基酮为原料，合成了 2,7-二乙基-1,6-二氧杂螺 [4.4] 壬烷(见式 9-79)。

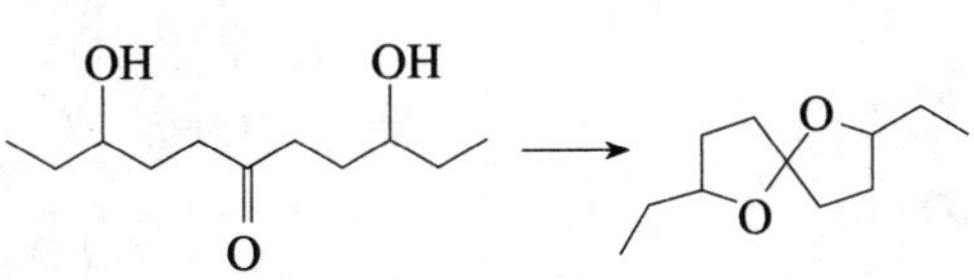

(9-79)

Stetter 用酮二羧酸二乙酯合成了 1,6-二氧杂螺［4.4］壬烷(见式 9-80)。

C_2H_5OOC ... $COOC_2H_5$ (O) $\xrightarrow[H^+]{CH_2OHCH_2OH}$ C_2H_5OOC ... $COOC_2H_5$ (O O)

$\xrightarrow{LiAlH_4}$ HOH_2C ... CH_2OH (O O) $\longrightarrow$ (O O)

(9-80)

1983 年 Enders 等人用二甲基丙酮腙与取代环氧乙烷在丁基锂存在下，合成了取代的螺二醚化合物(见式 9-81)。

NNR_2; H_3C CH_3 $\xrightarrow[BuLi]{O, R}$ NNR_2; H_3C ... R, OLi $\xrightarrow[BuLi]{O, R}$

NNR_2; R ... R; OLi OLi $\longrightarrow$ R, O, O, R

(9-81)

Gardner 和 Hoye 等人在合成 4-羰基庚二酸酯时发现，4-羰基庚二酸经分子内脱水可形成螺双环丁内酯；同样，5-羰基壬二酸经分子内脱水则生成相应的螺双环戊内酯(见式 9-82)。

HOOC ... (O) ... COOH $\longrightarrow$ O, O, O, O

HOOC ... (O) ... COOH $\longrightarrow$ O, O, O, O

(9-82)

陈洪超、简锡贤由取代的苯甲醛、丙酮、丙二酸、环己酮为原料，合成了 1,5-二芳基-8,15-二氧杂二螺［5.2.5.2］-3,7,16-十六烷三酮，并对其抑菌性能进行了探讨(见式 9-83)。

ArCHO + H_3C (O) CH_3 $\xrightarrow{KOH}$ Ar ... (O) ... Ar

(O) OH, (O) OH + (cyclohexanone) =O $\xrightarrow[H_2SO_4]{(AcO)_2O}$ O, O, O, O

(9-83)

Ar ... (O) ... Ar + O, O, O, O $\longrightarrow$ O= ... Ar O, Ar O, O, O

1,6-二氧杂螺环［4.4］壬烷及其衍生物与HBr酸作用生成二溴酮，水解后得到二羟基酮，可自动转化成螺环酮化合物。该类化合物在酸中是稳定的，但光学纯的化合物极易消旋化(见式9-84)。

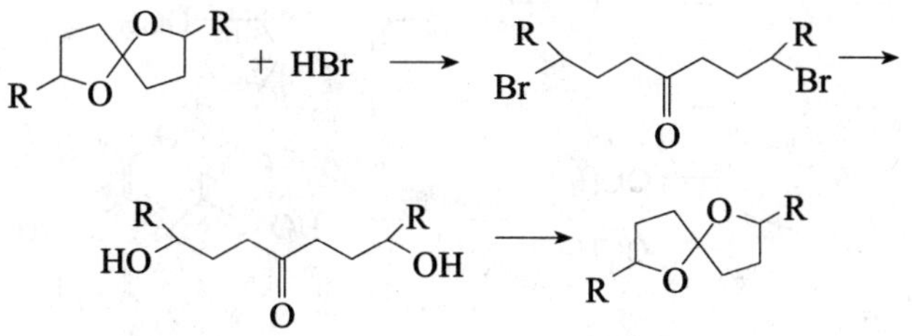

(9-84)

9.8.2　亲电取代反应

在1915年，Mills研究组首次合成了5,5′-二羧基-3,3′-螺双苯酞，总收率为39%(见式9-85)。

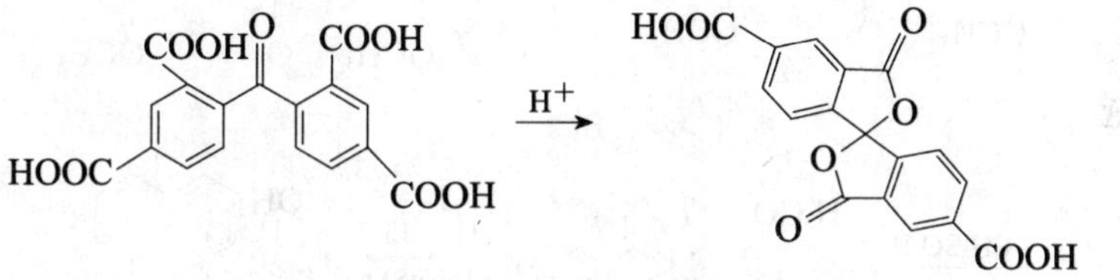

(9-85)

20世纪90年代，Wang研究了芳香型及非芳香型螺双内酰胺的合成与聚合反应，合成了式9-86所示的螺双内酰胺化合物。

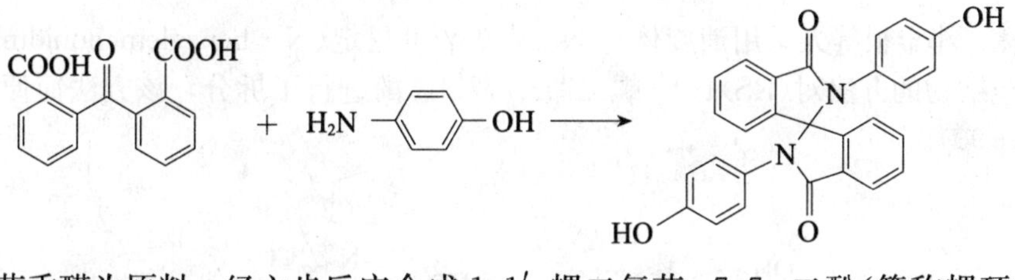

(9-86)

以间茴香醛为原料，经六步反应合成1,1′-螺二氢茚-7,7-二酚(简称螺环二酚SPINOL)，其总收率28%(见式9-87)。

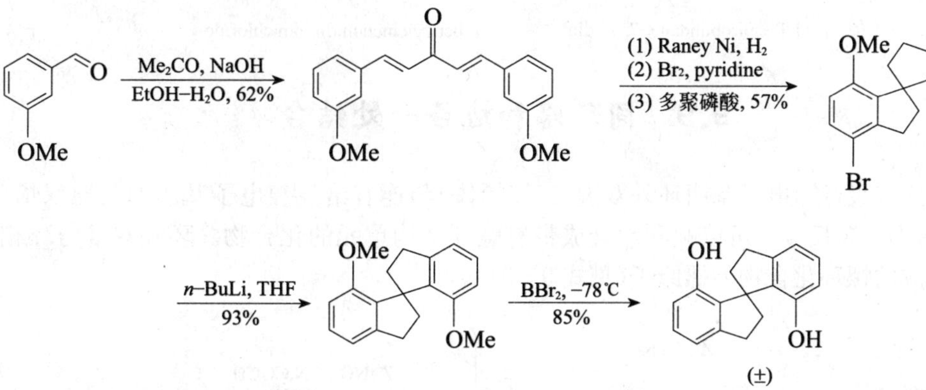

(9-87)

上述合成关键的一步是使关环反应发生在邻位，引入溴原子占位是非常重要的。采用上述类似的方法，张绪穆合成了式9-88所示的螺环化合物。

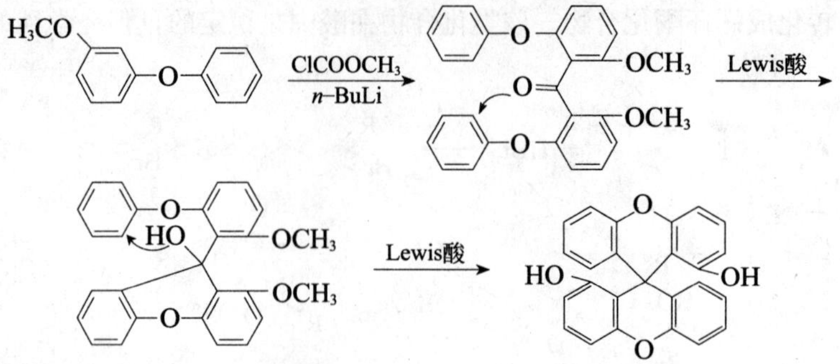

(9-88)

最近周其林、霍祥宏采用上述策略合成了四氢萘螺环化合物(见式9-89)。

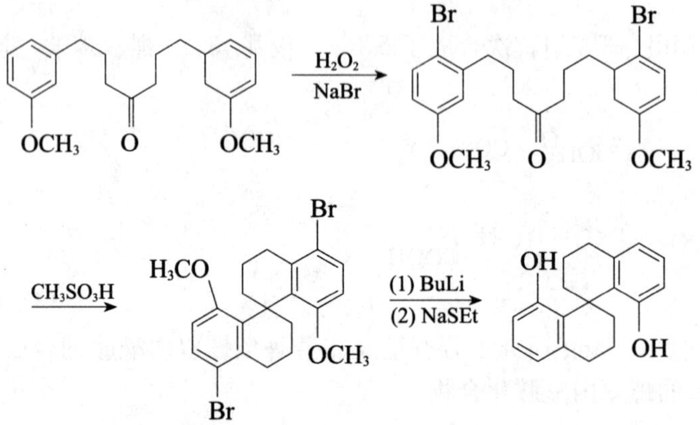

(9-89)

周其林、邓金根等人采用消旋体与N-苄基辛可尼定(N-benzylcinchonidinium chloride)形成包结物的方法对(RS)1,1′-螺二茚-7,7′-二酚进行了拆分，该方法简便，易于操作(见式9-90)。

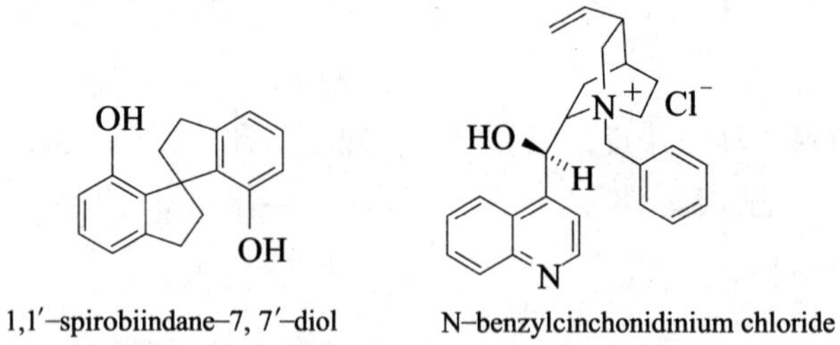

1,1′-spirobiindane-7, 7′-diol　　N-benzylcinchonidinium chloride

(9-90)

9.9 同环螺和边各一处结合

利用连有吸(给)电子基团环外双键(亲双烯体)与连有给(吸)电子基团的共轭双烯(双烯体)通过D-A反应，可以顺利地合成带有螺环结构单元的化合物。环外双键与环相连处是新生成的螺环化合物的螺原子(见式9-91)。

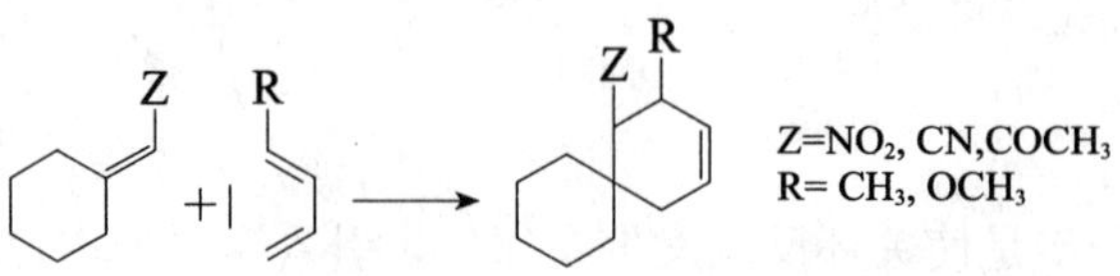

$Z=NO_2$, CN, $COCH_3$
R= CH_3, OCH_3

(9-91)

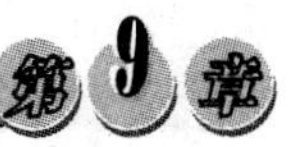

如果双烯体和亲双烯体上的取代基均是吸电子基团或给电子基团，反应很难进行。当双烯体上有给电子基团时，会使其 HOMO 能量升高，而亲双烯体的不饱和碳原子上连有吸电子基团时，会使它的 LUMO 能量下降，使 HOMO 与 LUMO 轨道能量差减小，反应容易进行。当双烯体上有吸电子基团时，会使其 LUMO 能量下降，而亲双烯体的不饱和碳上连有给电子基团时，会使它的 HOMO 能量升高，亦使 HOMO 与 LUMO 轨道能量差减小，反应也容易进行。Okada 和 Gelmi 等人利用上述类型的反应，合成了下列吲哚酮类螺环化合物(见式 9－92)。

$R=COOCH_3, R_1=CH_3, R_2=H, CH_3$

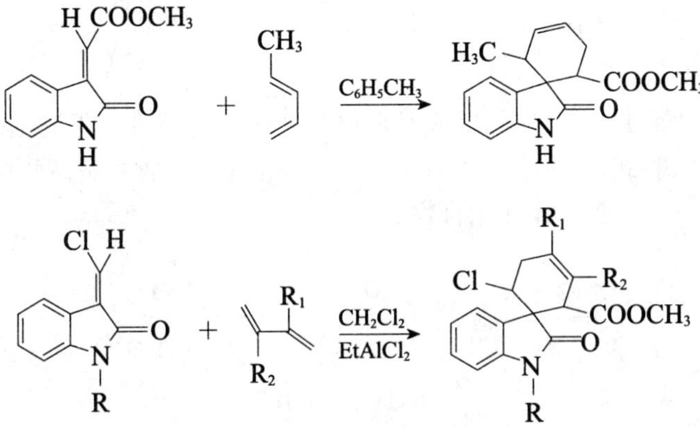

(9－92)

在催化剂的存在下，Marx 等人利用烯酮与双烯反应，制备了螺环化合物(见式 9－93)。

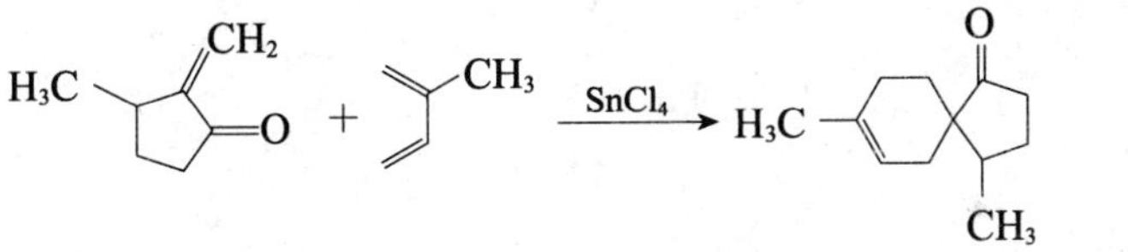

(9－93)

在式 9－92 中由于 $SnCl_4$ 与羰基络合，进一步降低了亲双烯体上的电子云密度，有利于反应进行(见式 9－94)。

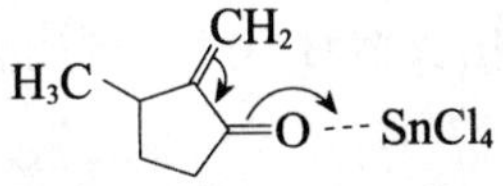

(9－94)

Nüske 等人利用 D－A 反应，制备了含三元环的螺环化合物(见式 9－95)。

$R=COOCH_3, H$

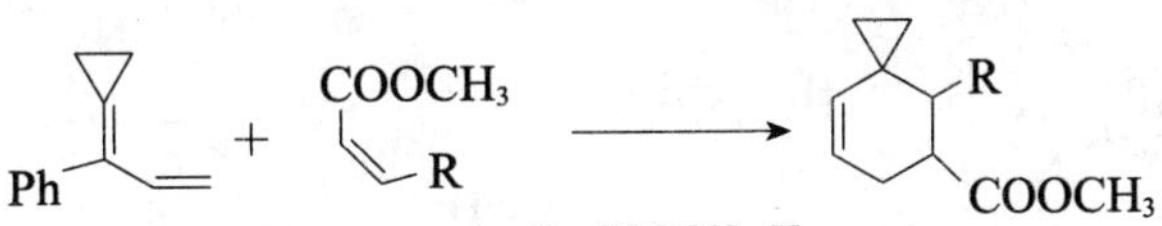

(9－95)

Barluenga 等人利用带有环外双键的铬络合物与共轭双烯反应，制备了螺环铬络合物化合物(见式 9－96)。

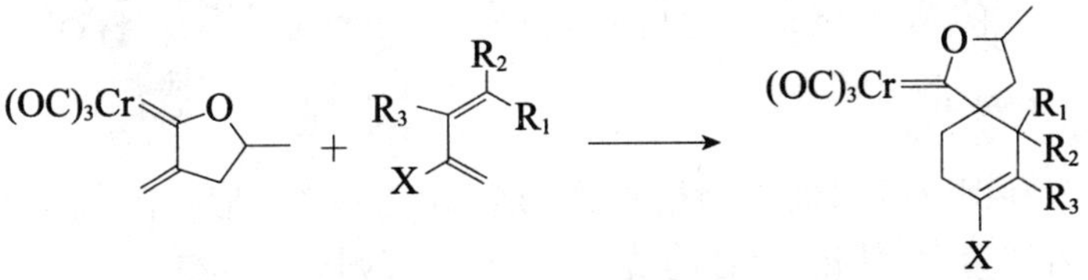

(9－96)

环外双键与1,3-偶极环加成反应是合成五元螺杂环的常用方法。冯亚青等人选用氧化腈为偶极体，亚甲基哌啶为亲偶极体，进行1,3-偶极环加成反应，合成了一系列螺异噁唑衍生物，此杂螺化合物经还原开环后，再与适宜的试剂环合可得到一类螺［5.5］环化合物(见式9-97)。

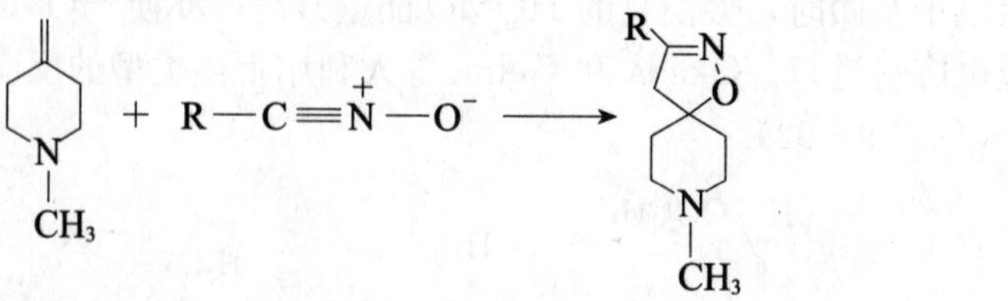

(9-97)

冯亚青等人还对螺1,3-噁嗪的合成及环链互变异构现象进行了详细的研究。

Diaz-Ortiz等人将缩烯酮与1,3-偶极物1∶1混合后，放入微波炉中照射，用快速柱层分离，制得式9-98所示的螺环化合物。

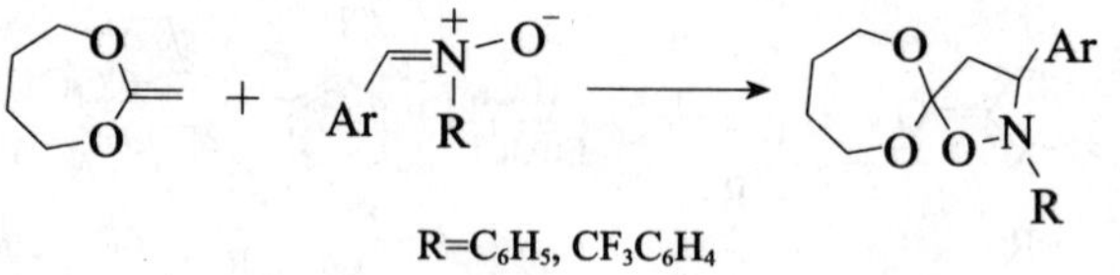

(9-98)

$R=C_6H_5, CF_3C_6H_4$

Sasaki等人利用亚甲基金刚烷与异氰酸苯酯或重氮甲烷反应，制备了螺环金刚烷化合物(见式9-99)。

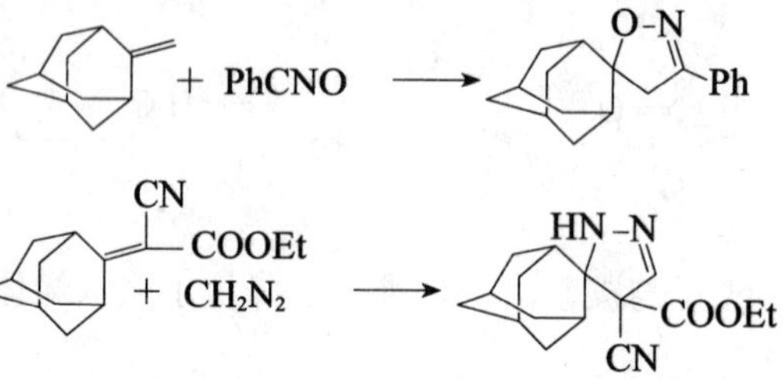

(9-99)

螺［四氢吡咯-2,3′-吲哚］类化合物对治疗糖尿病有一定疗效，可通过D-A反应制得(见式9-100)。

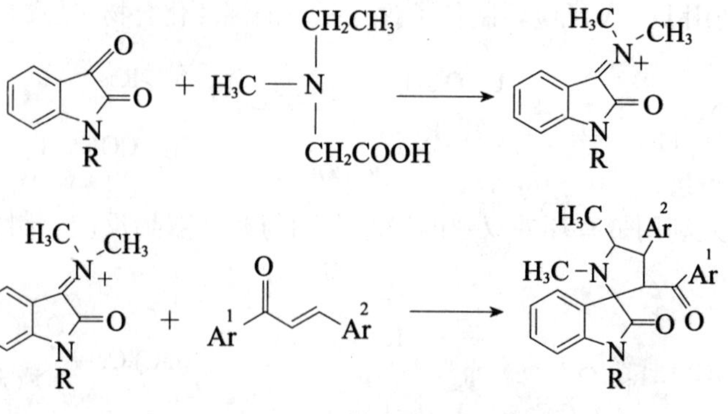

(9-100)

Goekjian等人利用亚甲基葡萄糖衍生物与芳腈氧化物反应，制备了螺环葡萄糖衍生物。该类化合物可作为葡萄糖磷酸苷的抗体(见式9-101)。

H OR, H, O, RO, RO, H, OR, H + Ar–CNO ⟶ H OR, H, O, RO, RO, H, OR, H, O, N, Ar (9-101)

$R=C_6H_5CH_2$, $SiEt_3$, Ac; $Ar=C_6H_5$, p–$CHOC_6H_4$, p–NO_2–C_6H_4

Senthilvelan 等人利用亚甲基金刚烷与氯代肟反应，制备了螺环金刚烷化合物(见式 9-102)。

+ R, Cl, N, OH ⟶ O-N, R (9-102)

$R=C_6H_5$, p–$CH_3C_6H_4$, p–$CH_3OC_6H_4$

Disadee 等人利用醛基参与的［2+3］加成反应，合成了多氮杂环化合物(见式 9-103)。

$C_6H_5H_2C$, N, R, H_3CN, +, NCH_3, Ph, Ph + Br, Ph, OHC ⟶ R, Br, Ph, $C_6H_5H_2C$–N, O, H_3CN, NCH_3, Ph, Ph (9-103)

$R=COOBu^t$

Mezal 等人利用带有环外双键的呋喃化合物与 1,3-偶极反应，制备了含五元环的螺环化合物(见式 9-104)。

CH_3, H_2C=N(+)–CH_2^- + O ⟶ NCH_3, O, O (9-104)

Chen 等人利用带有环外双键的吲哚酮类化合物与双烯反应，制备了桥环螺环化合物(见式 9-105)。

CH_3, N, N, N, OEt, O + CH_2, O, N, H ⟶ HN, O, CH_3, N, N, N, OEt, O (9-105)

环外双键与卡宾反应可方便地得到带有三元环的螺环化合物。Kubicek 采用带有环外双键的环烯烃与卡宾反应，制成了带有三元环的螺环化合物(见式 9-106)。

$:CCl_2$ ⟶ Cl, Cl

$:CCl_2$ ⟶ Cl, Cl (9-106)

同理，奈春、氧宾或过氧酸也可以发生类似反应(见式 9-107)。

\+ N—R ⟶ NR

\+ CH_3COOOH ⟶ O

(9-107)

2006 年 Kumar 等人利用 1,3-偶极加成反应，合成了具有异头效应的双螺化合物(见式 9-108)。

O, Ar, Ar, N, CH_3 + Ar′, O^-, N^+, H, Ph ⟶ Ar′, H, Ph, O, N, O, Ar, Ar, N, CH_3, H + Ar, O, O-N, Ph, H, Ar′, H, Ar, N, CH_3 +

(9-108)

Ph, H, Ar, Ar′, H, Ph, N, O, O, N, O, O, H, Ar, H, Ar, N, CH_3 + Ph, H, N-O, O, Ar′, H, Ph, N, O, Ar′, H, Ar, Ar, H, N, CH_3 + Ph, H, N-O, O, O-N, Ph, H, Ar′, Ar′, H, Ar, Ar, H, N, CH_3

Ar=C_6H_5，p-ClC_6H_4，p-MeC_6H_4，p-FC_6H_4，o-ClC_6H_4，o-MeC_6H_4

o-$MeOC_6H_4$，m-$O_2NC_6H_4$，p-ClC_6H_4，1-Naphthyl

Ar′=C_6H_5，p-MeC_6H_4

利用 1,3-偶极加成反应，Ding 等人合成了 MDM2-p53d 的阻断剂(抗肿瘤药物中间体)，见式 9-109 所示。

Cl, R, Cl, O, N, H + O, O, Ph, N^+, Ph ⟶ O, O, Ph, Cl, R, N, Ph, Cl, O, N, H

(9-109)

Chi 等人采用羰基铁络合物与四氮肼反应，经过了一个脱氮的中间体(见式 9-110)，与环砜反应，经过了一个脱 SO_2 中间体(见式 9-111)。

OCH_3, $Fe(CO)_3$ + R, N, N, N, N, R $\xrightarrow{CH_2Cl_2}$ OCH_3, $Fe(CO)_3$, R, R, N, H

(9-110)

OCH_3, $Fe(CO)_3$ + Br, Br, SO_2, Br, Br $\xrightarrow{CH_2Cl_2}$ OCH_3, $Fe(CO)_3$, Br, Br, Br, Br

(9-111)

该类反应为合成带有不饱和螺环化合物提供了方法。

Chi 等人采用羰基铁络合物与卡宾反应，得到了带有三元环的螺环化合物(见式 9－112)。

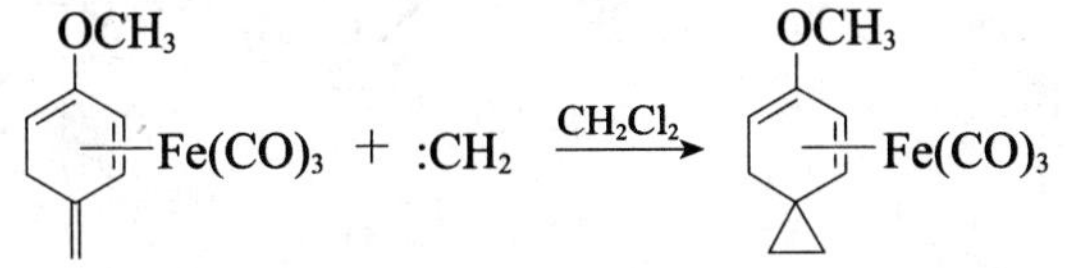

(9－112)

Cremonesi 等人通过［2＋2］反应，合成了四元螺环化合物(见式 9－113)。

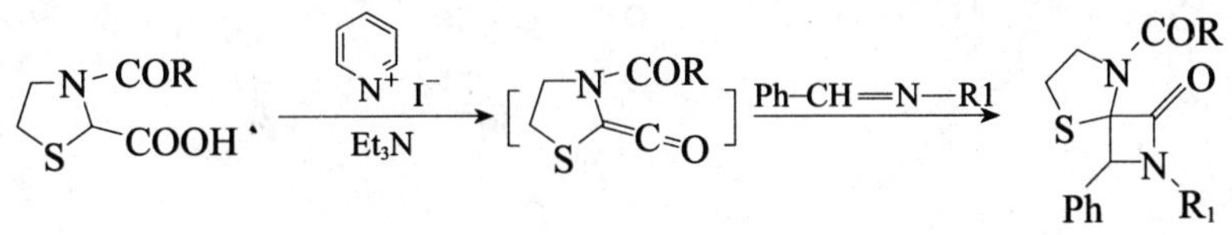

(9－113)

R=CH_3, Ph, Me; R_1=$CH_2C_6H_5$, SO_2Ph,

Basavaiah 等人采用一锅煮法合成了吲哚酮类螺环化合物(见式 9－114)。

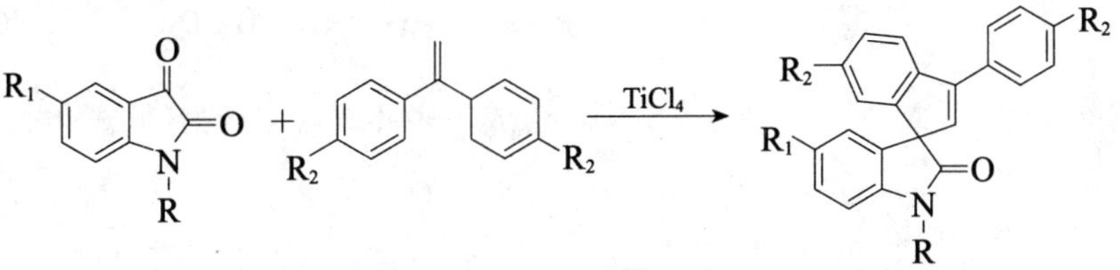

(9－114)

R=H, CH_3, C_2H_5; R_1=H, CH_3, Cl, Br; R_2=H, CH_3, OCH_3

徐菊华等人利用 C60 取代的苯并噻唑与 5－硝基水杨醛反应，得到了有光致变色性质的 C60 螺吡喃的化合物，反应方程式如式 9－115 所示。

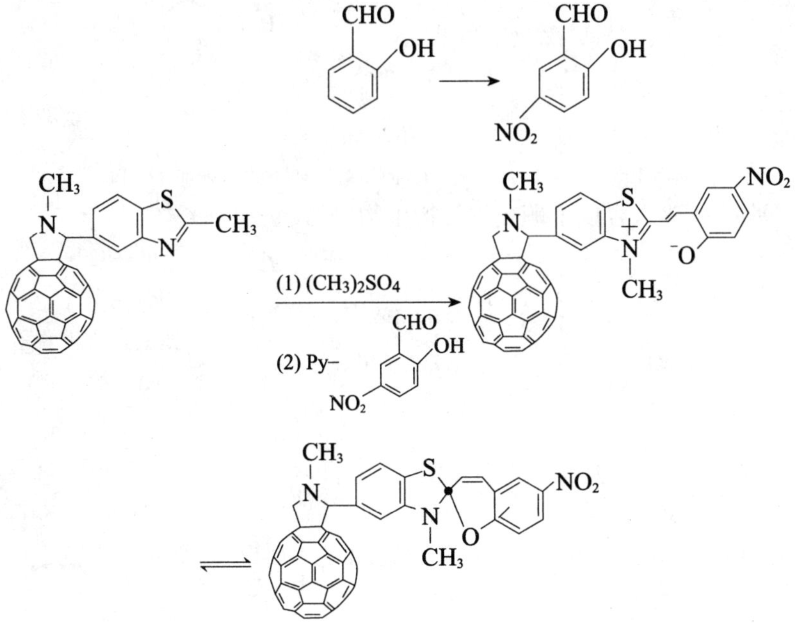

(9－115)

王进军等人利用萜油烯和 2,6－二氧代戊酸甲酯的 de－Mayo 反应，制备了一系列螺环化合物，并对结构进行了表征(见 9－116)。

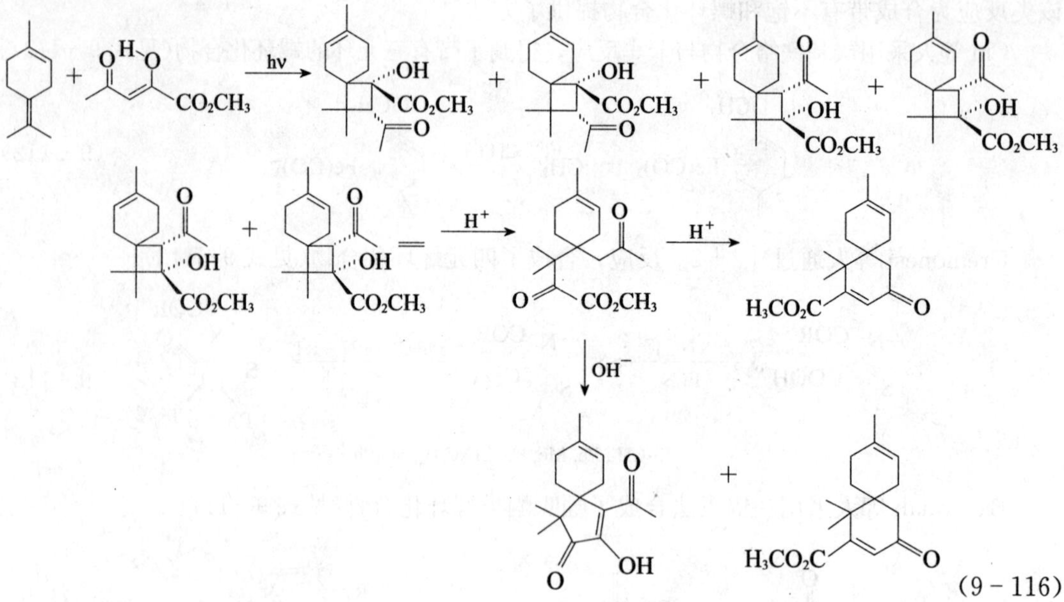

(9-116)

2006 年 Camps 等人利用茚酮与醛反应，合成了多环螺环化合物(见式 9-117)。

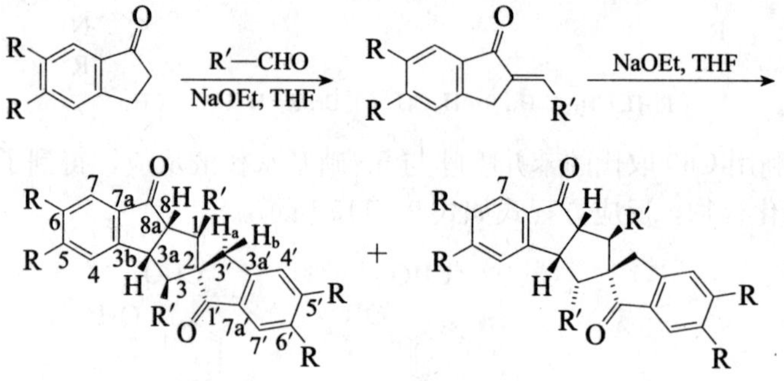

R=H，OMe

R′=2-吡啶基，3-吡啶基，4-吡啶基，2-呋喃基，苯基，t-Bu

(9-117)

2004 年 Wagner 等人合成了硼金刚烷衍生物(见式 9-118)。

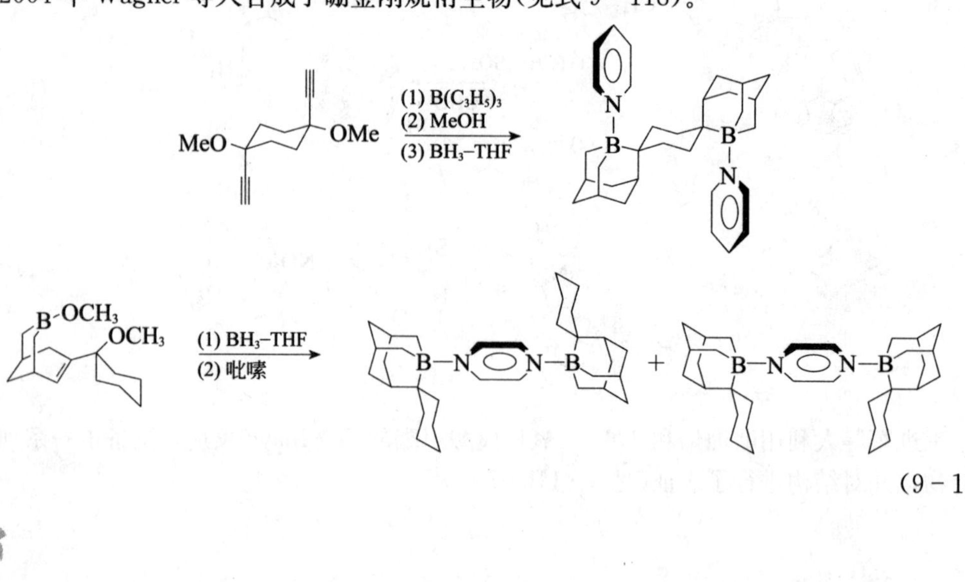

(9-118)

9.10 异环螺二处和边一处结合

Saul 等人利用丙酮取代物合成了一系列螺杂环化合物(见式 9-119)。

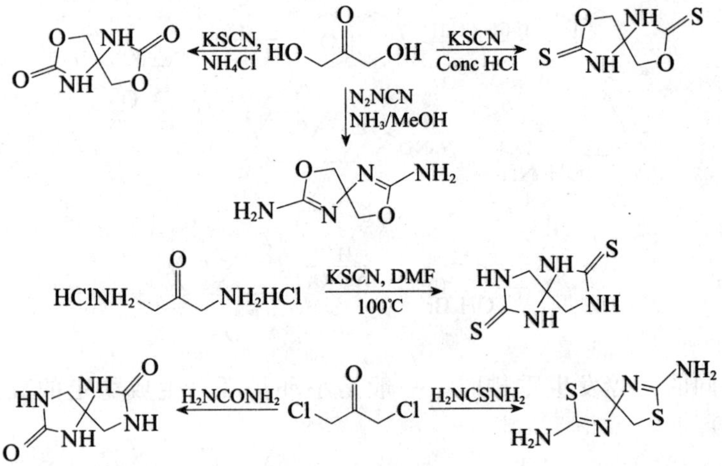

(9-119)

9.11 通过重排反应

陈良威等人报道了一种由联萘酚二羧酸酯重排合成螺环化合物的新方法。他们用丁二酰氯与联-2-萘酚反应，以期得到内酯化合物，然而却意外地得到两种螺环化合物(见式 9-120)。

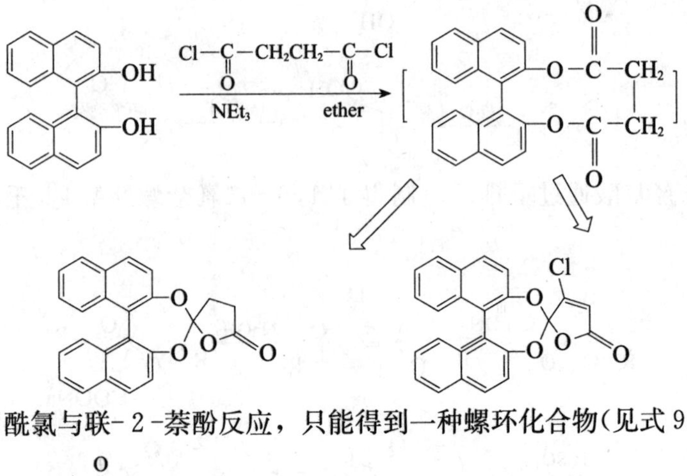

(9-120)

用邻苯二甲酰氯与联-2-萘酚反应，只能得到一种螺环化合物(见式 9-121)。

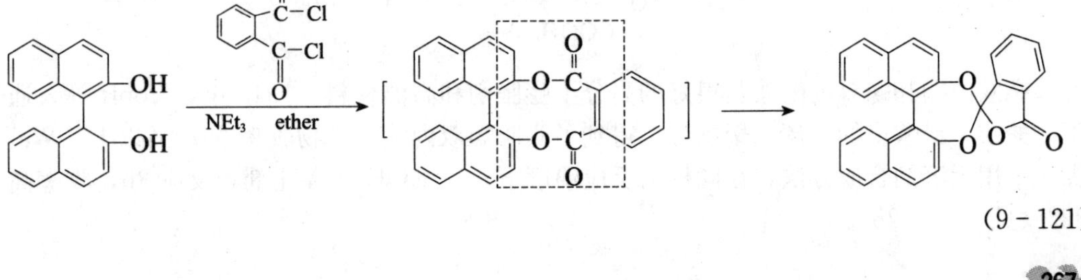

(9-121)

Pinacol 重排反应，这是非常熟悉的反应(见式 9－122)。

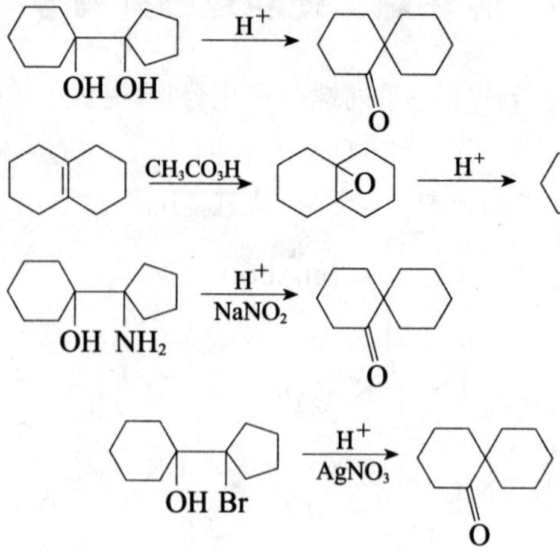

(9－122)

当两环不同的二醇发生重排时，一般是小环扩环，生成稳定的五元环或六元环(见式 9－123)。

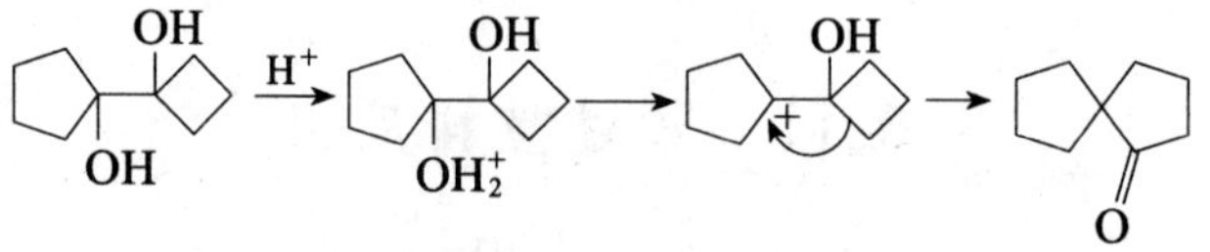

(9－123)

Mandelt 等人最近通过 Pinacol 重排反应，合成了一系列小环螺环化合物(见式 9－124)。

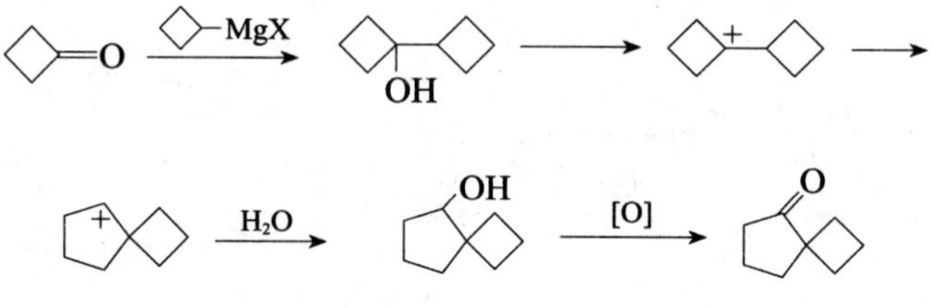

(9－124)

Fittig 由 γ-羟基酸通过重排反应制得了 1,6－二氧杂螺［4.4］壬烷的衍生物(见式 9－125)。

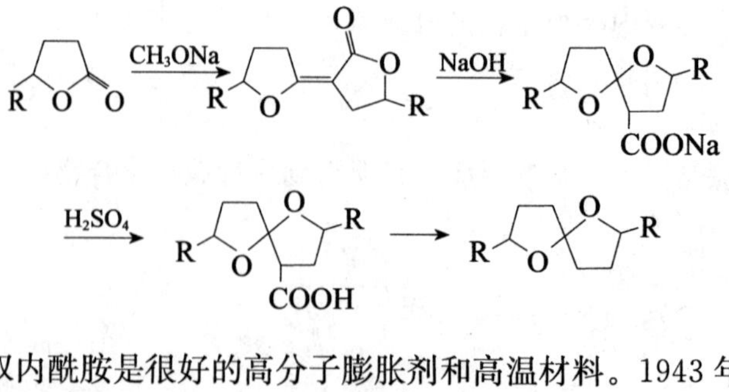

(9－125)

螺双内酯和螺双内酰胺是很好的高分子膨胀剂和高温材料。1943 年，Hopff 等人通过丁二酸或丁二酸酐的脱羰二聚反应，得到了脂肪螺双内酯，产物收率达 70%以上。Waller 等人采用无溶剂合成方法，在同样的反应温度下，以 KOH 为催化剂，反应 3h，收率高达 82%(见式 9－126)。

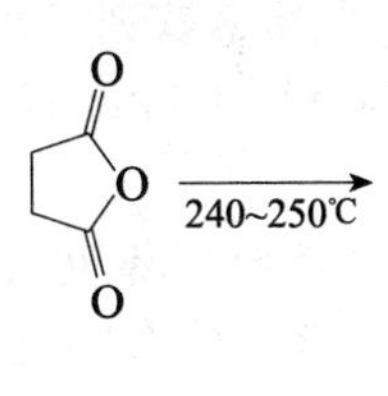

(9-126)

Fieser 在研究 $AlCl_3$ 催化萘酚与邻苯二甲酸酐的缩合反应时，发现 3,3′-螺双苯酞(见式 9-127)。

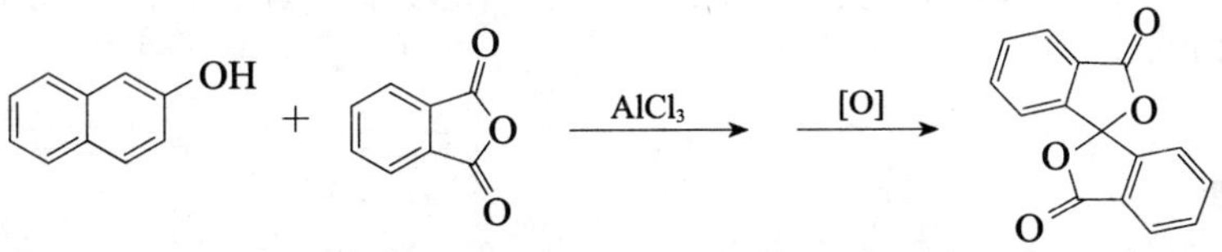

(9-127)

Cava 等人发现，1,2-二溴苯并环丁烷与 KOH 作用得到中间产物，经过氧化，获得了芳香型螺双内酯，从 1,2-苯并联苯出发也可以在同样条件下得到 3,3′-螺双苯酞(见式 9-128)。

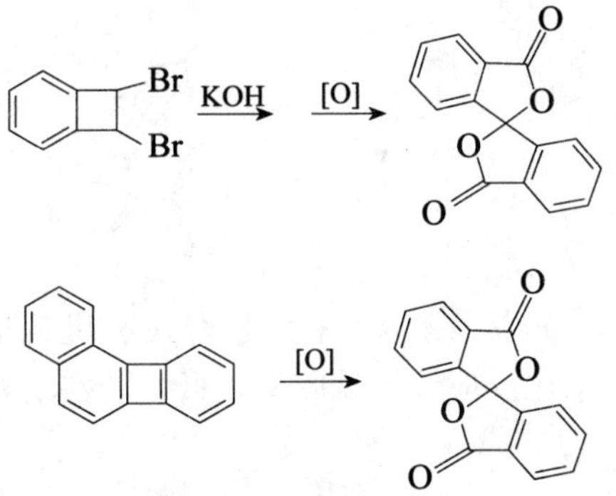

(9-128)

Bhacharya 在研究芳香醇的重排反应时，将获得的中间产物进一步氧化，得到了 3,3′-螺双苯酞。Sikes 等人从苯酐出发，经格氏反应和氧化反应合成了结构最简单的芳香型螺双内酯(3,3′-螺双苯酞)，产物总收率为 49%。最近高连勋等人已合成了一系列以 3,3′-螺双苯酞为基本结构的芳香型螺双内酯衍生物，产物的总收率在 80%~97%，这一方法避免了光气、格氏试剂和三氯化铝等试剂的使用，可以认为是一条普遍适用且成本低廉、操作简单、收率高的芳香型螺双内酯衍生物的合成路径。

在无极性溶剂和固态时，邻羟基芳醛的 O-(2,4,6-三硝基苯基)衍生物以无色形式(A)存在(见式 9-129)。当在极性溶剂(丙酮、DMSO)中时，无色形式 A 和其偶极螺环形式(B)之间建立了一种平衡，这一现象已通过在 400~500nm 区域内的电子吸收谱的强吸收而得以证明。

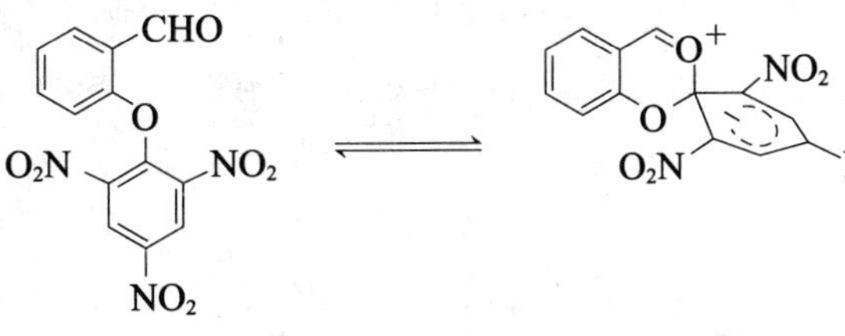

(9-129)

对于水杨酸的衍生物来说，发现上述平衡常数在二氧六环(或 DMSO)中分别为 K_{25} = [B]/[A]=0.075(或 4.0)。当用一个水银灯照射冷冻状态下 B 的异戊烷溶液时，则发生(B)向(A)的逆反应。

偶极螺 σ-体系研究最广的一类化合物是羟基环庚三烯酮、氨基环庚三烯酮和氨基环庚三烯硫酮(aminothiotropone)的衍生物，该类化合物是具有亲电子的芳香物和杂环物质的组合产物。

该螺 σ-体系在溶液中通过一系列亲核重排，快速地进行芳基和杂环基团的迁移，且其闭环形式比其开环形式更稳定，闭环形式已作为深色的单晶化合物而被分离出来(见式 9-130)。

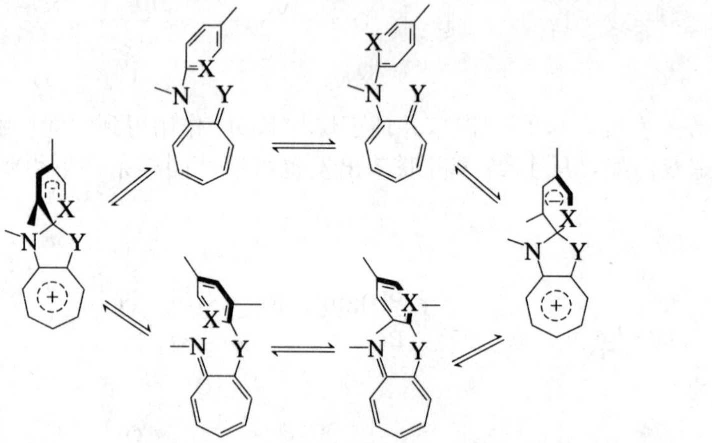

(9-130)

5-氢-1,4,6,9-四氧-5-磷螺［4.4］壬烷是合成有机磷阻燃剂的重要原料，用乙二醇及三乙胺与氯化磷以等摩尔比反应，发现收率很低，若将之再与乙二醇反应，则收率较高，反应如式 9-131 所示。

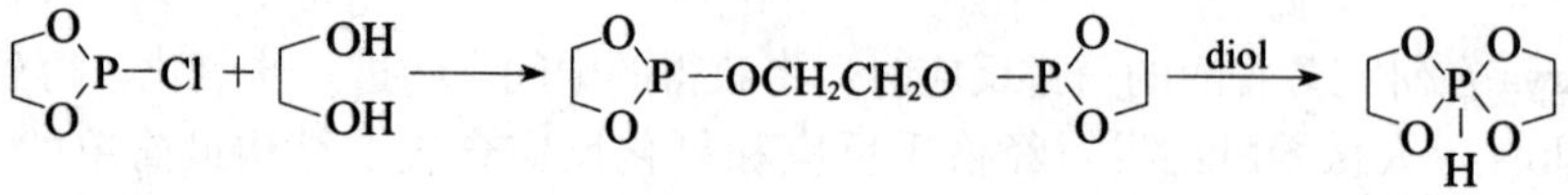

(9-131)

9.12 其他类

金属配位螺环化合物在螺环化合物中占有相当大的比重(见式 9-132)。

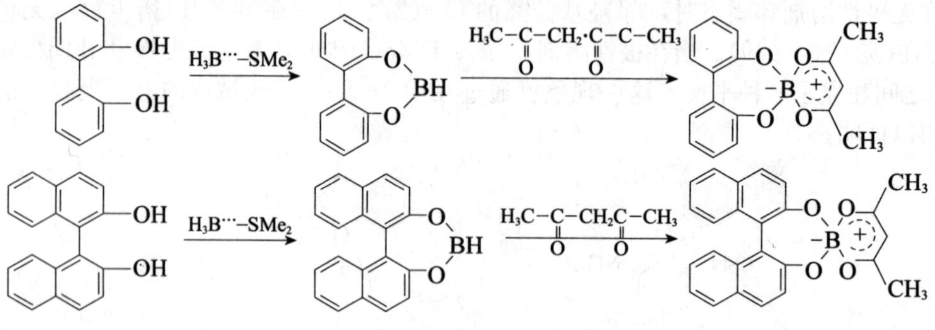

(9-132)

近年来采用金属催化环化的方法较多。Larock 和 Ferreira 发现在 $Pd(OAc)_2$ 和 DMSO

存在下烯烃可被氧化成螺环化合物(见式 9－133)。

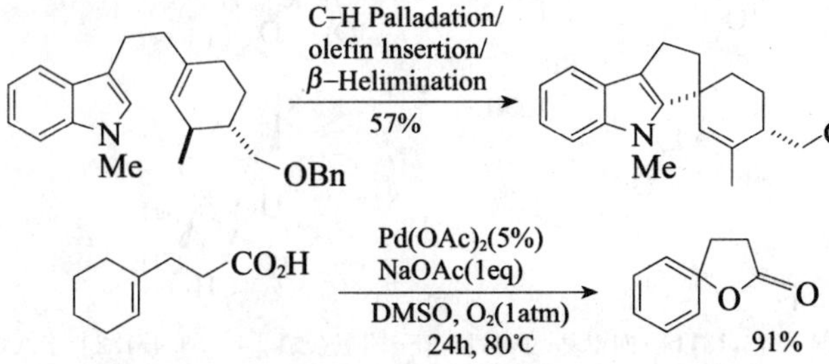

(9－133)

利用光催化法合成螺环化合物发展的很快，反应的选择性也很好。用 CH_2Cl_2 将 α－苯亚甲基－γ－丁内酯均匀地涂敷在带有反射镜面的容器的内壁上，在 80℃ 加热 1h，用高压汞灯通过 5%的二苯酮苯溶液从内部照射晶膜 5h，可定量得到头尾相接的反式二聚体(见式 9－134)。

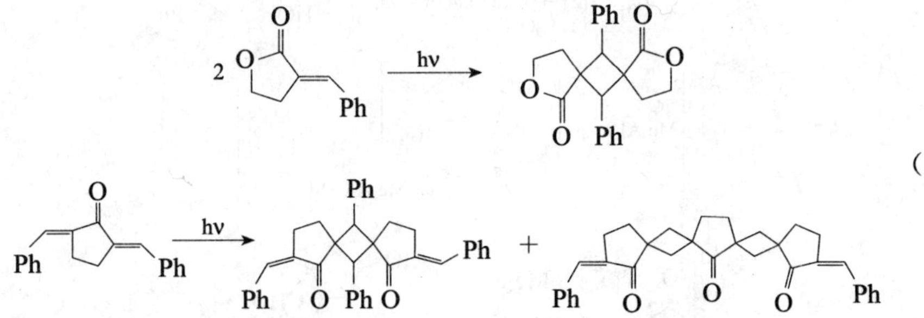

(9－134)

许多天然螺环化合物具有手性，而直接合成出具有手性光学活性的螺环化合物的工作文献报道较少。姚文刚等人利用 Rh(Ⅱ)卡宾的反应特性，即在开始时引入手性中心，再利用 C—H 键插入反应构型保持的特征来合成手性的(R)螺［4.5］－2,7－癸二酮获得成功(见式 9－135)。

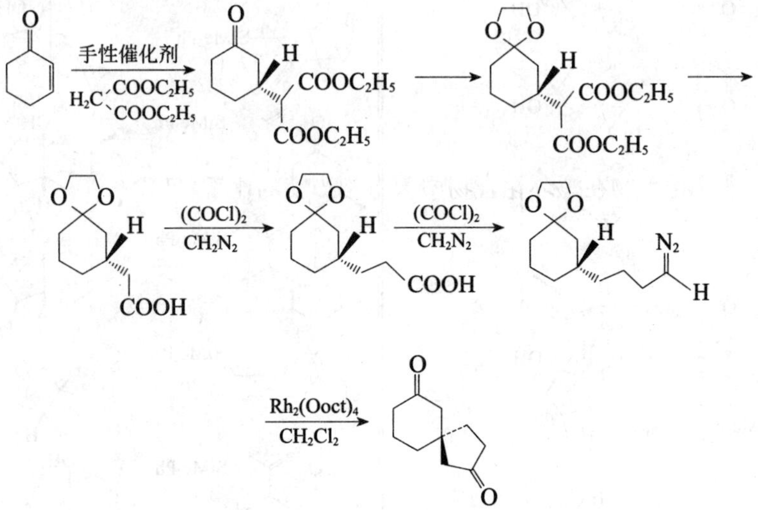

(9－135)

将式 9－134 所示的(R)螺［4.5］－2,7－癸二酮与 RR－2,3－丁二醇反应，产生了一个 RRRRR－2,3,13,14－四甲基－1,4,12,15－四氧杂螺［4.1.3.4.1.2］十八烷(见式 9－136)。

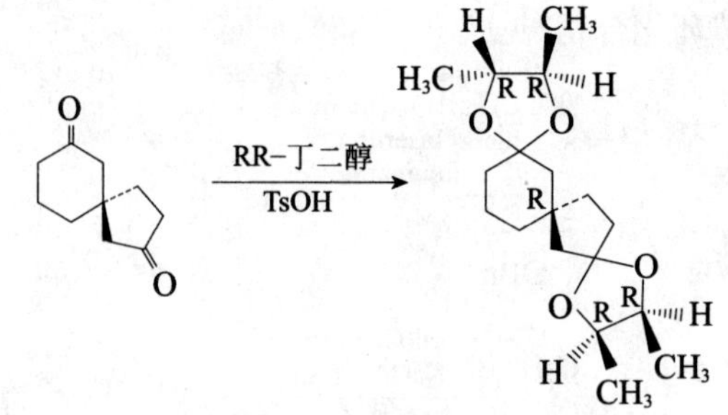
RR-丁二醇
TsOH

（9－136）

RRRRR－2,3,13,14－四甲基－1,4,12,15－四氧杂螺［4.1.3.4.1.2］十八烷

Barbero 等人利用氧代烯丙硅为起始物质，合成了一系列螺［2.4］类化合物，其反应机理如式 9－137 所示。合成的主要化合物如表 9－1 所示。

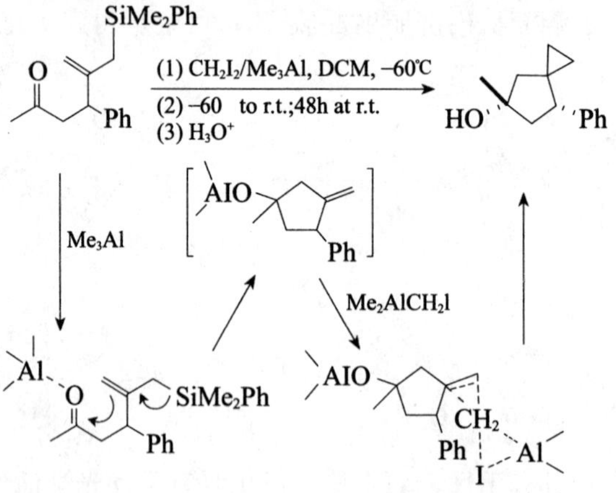
SiMe2Ph
Ph
(1) CH2I2/Me3Al, DCM, −60℃
(2) −60 to r.t.;48h at r.t.
(3) H3O+
HO
Ph
AlO
Ph
Me3Al
Me2AlCH2I
Al
SiMe2Ph
Ph
AlO
CH2
Ph
Al
I

（9－137）

表 9－1　螺环化合物的种类与收率

氧化烯丙硅	螺环化合物	收率	氧化烯丙硅	螺环化合物	收率
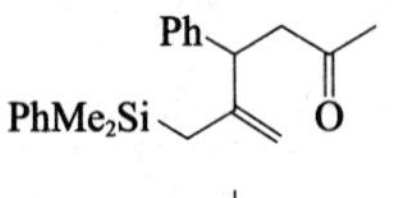	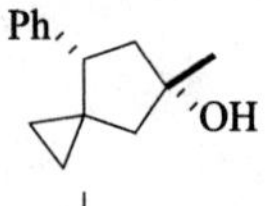	75%	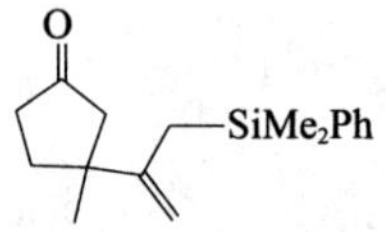	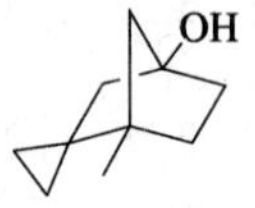	58%
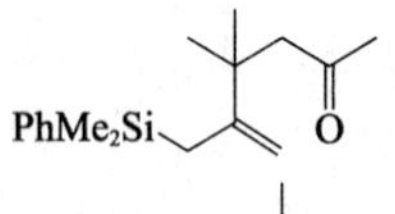	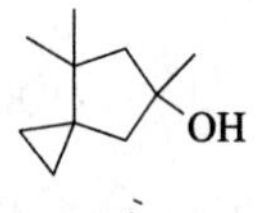	92%	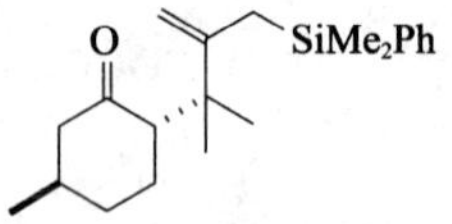	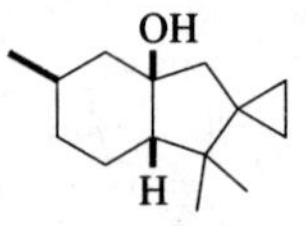	79%
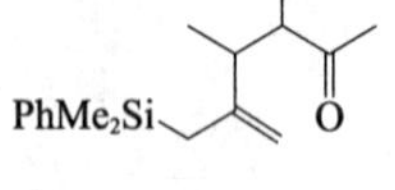	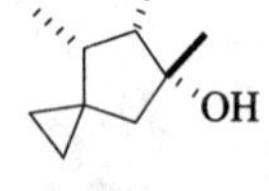	88%	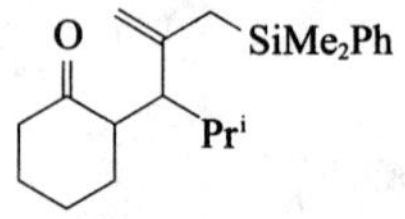	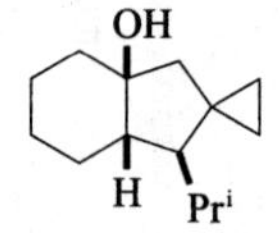	88%
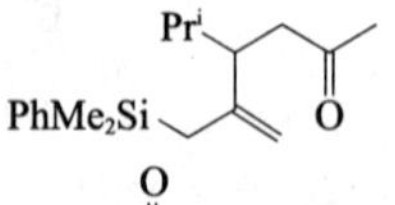	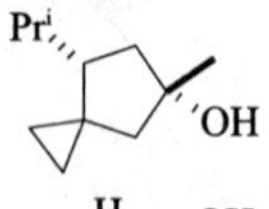	52%	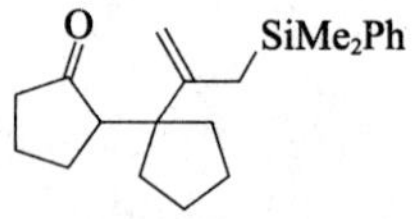	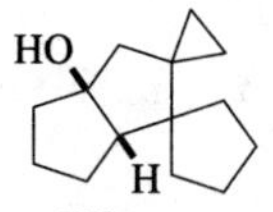	80%
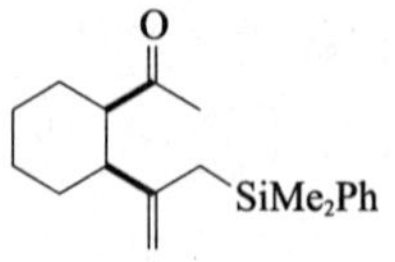	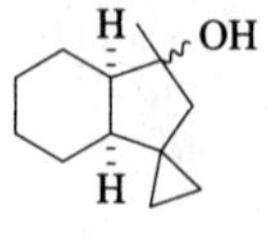	72%	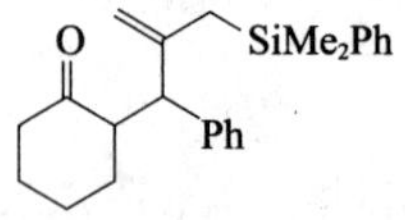	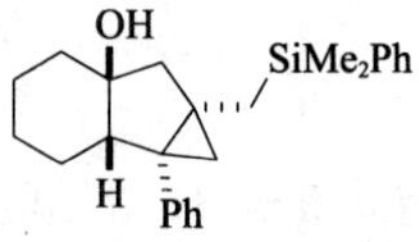	72%
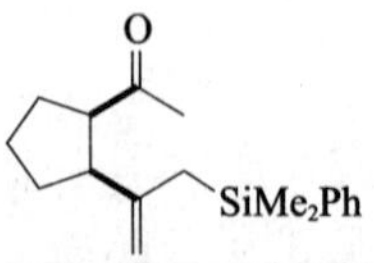	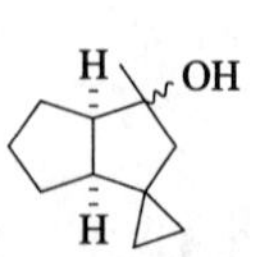	77%			

习　　题

1. 命名下列化合物。

(1) N—CH_3，N，C_6H_5，O　　(2) H_3C，O，S

(3) HO，O，O，H_3C，S　　(4)

2. 完成下列反应。

(1) S，S ＋ Ar，$\overset{+}{N}$—O^-，R ⟶

(2) OH，OH ＋ CS_2 $\xrightarrow{(n\text{-}Bu)_2SnO}$

(3) O ＋ O，CH_3 $\xrightarrow{DMAP}$

(4) SH，O，SH $\xrightarrow{H^+}$

(5) O $\xrightarrow[\text{I, I, I, I}]{CS_2}$

第 10 章　桥环化合物的合成

内容提要

本章系统地总结了桥环化合物的合成方法。除传统的方法外，重点介绍了 Weiss 合成法、Pauson－Khand 合成法和 Pictet－Spengler 缩合法，描述了立方烷等多环化合物的合成路线。

10.1　单桥环化合物的合成

10.1.1　常规的方法

单桥环化合物主要合成方法有环加成法、Mannich 法、分子内的羟醛缩合法、分子内的亲电加成法、分子内的酯缩合法等。

(1) 环加成法，见式 10－1，式 10－2 和式 10－3 所示。

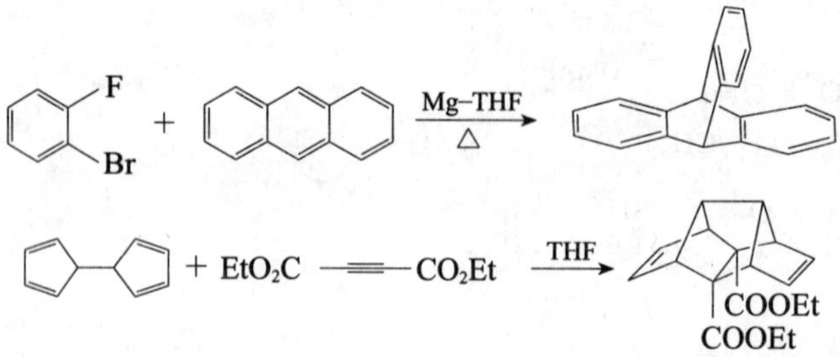

F　Br　+　Mg-THF　△

(10－1)

+ EtO_2C —≡— CO_2Et　THF　COOEt　COOEt

MeOOC　OMe　OH　$PhI(OAc)_2$　MeOH　[MeOOC　OMe　OMe　O]　as diene　O　COOMe　MeO　OMe　O

as dienophile　MeOOC　OMe　OMe　O　Cope rearrangement

as dienophile　MeOOC　O　OMe　OMe　O

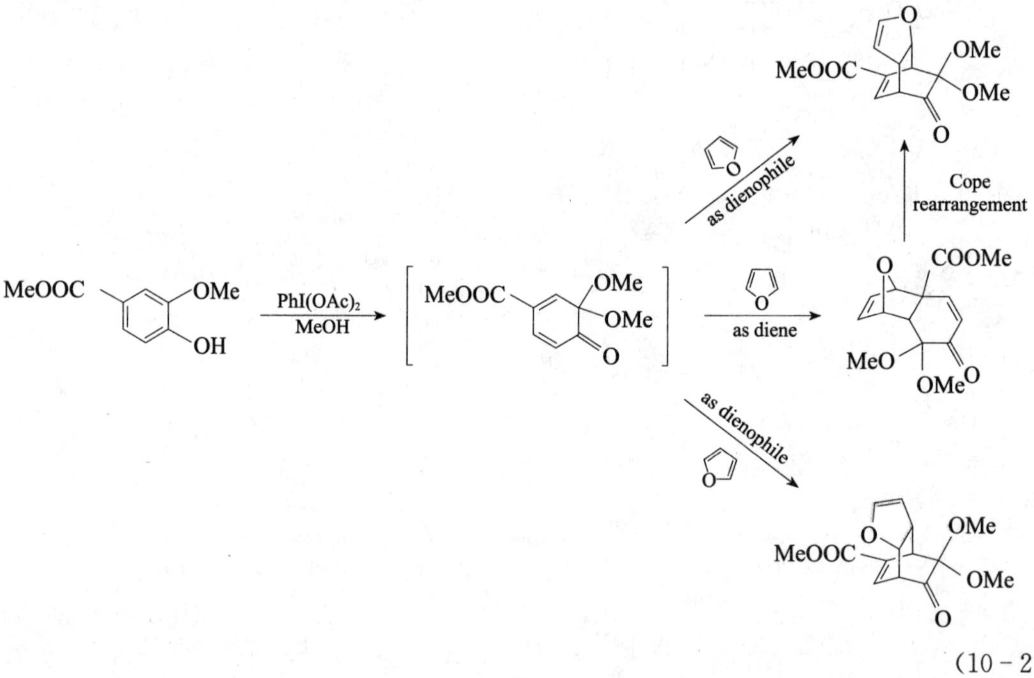

(10－2)

Ph OTf$^-$ S$^+$ H H + (cyclopentadiene) $\xrightarrow[\text{reflux, 12h}]{CH_2Cl_2}$ Ph OTf$^-$ S$^+$ H H 97% (10-3)

(2) Mannich 法。

EtOOC O COOEt + HCHO + CH_3NH_2 $\xrightarrow[H_2O,\ \triangle]{CH_3OH}$ CH_3 N O EtOOC COOEt (10-4)

(3) 分子内的羟醛缩合法。

O H_3C CHO $\xrightarrow{OH^-}$ O (10-5)

(4) 分子内的亲电加成法。

CH_2COOH $\xrightarrow{Br_2}$ Br O O (10-6)

(5) 分子内的酯缩合法。

COOEt O $\xrightarrow{NaH}$ O O (10-7)

10.1.2 Weiss 合成法

1968 年 Weiss 和 Edwards 发现两分子 3-氧代戊二酸二甲酯与一分子乙二醛在酸性水溶液中反应，可顺利产生双环［3.3.0］-3,7-辛二酮，后来人们称此反应为 Weiss 反应。

H_3COOC O $COOCH_3$ + CHO | CHO $\xrightarrow{H^+}$ H_3COOC $COOCH_3$ O O H_3COOC $COOCH_3$ (10-8)

$\xrightarrow[\triangle]{H^+}$ O O

Weiss 反应温和，在酸性或碱性水溶液中一步完成，是制备桥环化合物的好方法，后来的研究发现，在碱性介质中其反应产物的收率较高。其中的原料 3-氧代戊二酸二甲酯可通过用发烟硫酸处理柠檬酸得到。

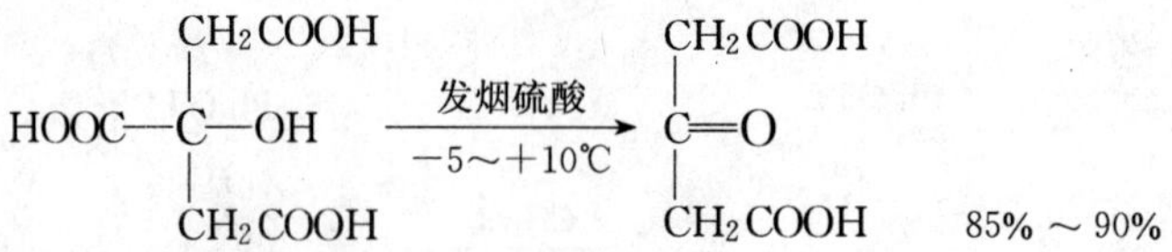

$$HOOC-C(OH)(CH_2COOH)_2 \xrightarrow[-5\sim+10^{\circ}C]{\text{发烟硫酸}} O=C(CH_2COOH)_2 \quad 85\%\sim90\% \qquad (10-9)$$

Weiss 反应形成二环状化合物的反应机理见式 10－10 所示。

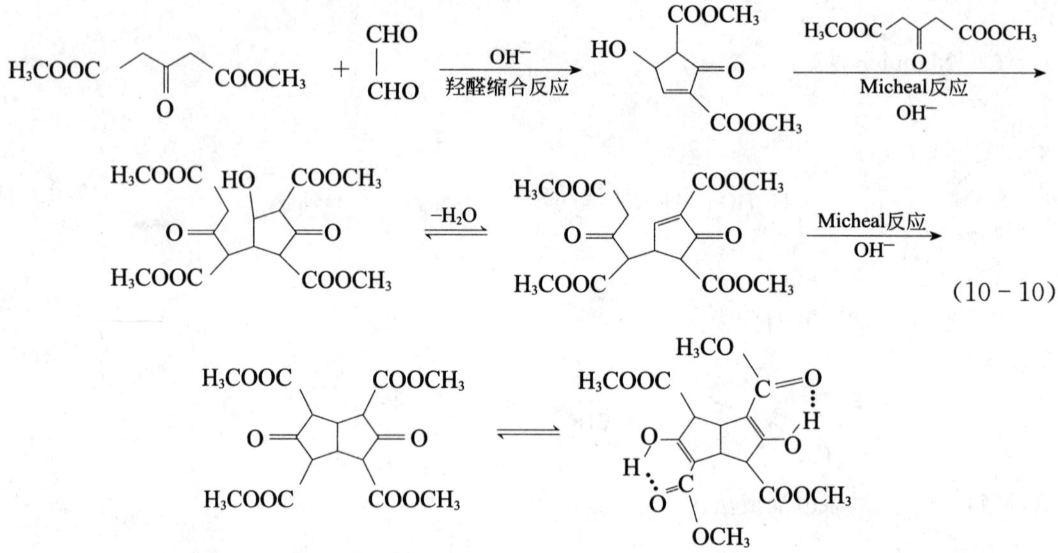

(10－10)

利用 Weiss 反应合成桥环化合物犹如 D－A 反应一样简单，且得到的桥环化合物是活性中间体，可以进一步制备复杂的化合物。

10.1.3 Pauson－Khand 合成法

由烯、炔和一氧化碳参与的［2＋2＋1］的环加成反应称为 Pauson－Khand 反应。1971 年 Pauson 和 Khand 首次对该类反应进行报道，由于该反应具有由简单的原料出发构造复杂结构产物的特点，所以引起了很多化学家的兴趣。利用该反应可以巧妙地合成桥环化合物，式 10－11 所示。

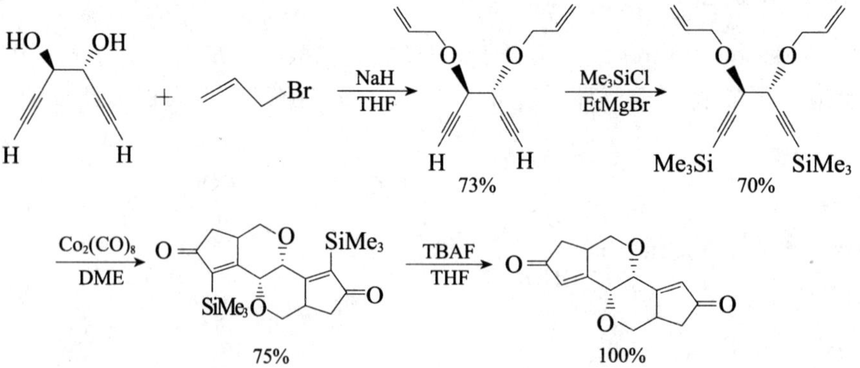

(10－11)

10.1.4 Pictet－Spengler 缩合反应

醛与仲胺的缩合反应称为 Pictet－Spengler 缩合反应。Burm 等人使用三氟乙酸为催化剂，在甲苯回流中利用 Pictet－Spengler 缩合反应得到了药物中间体桥环吲哚化合物，见式 10－12 所示。

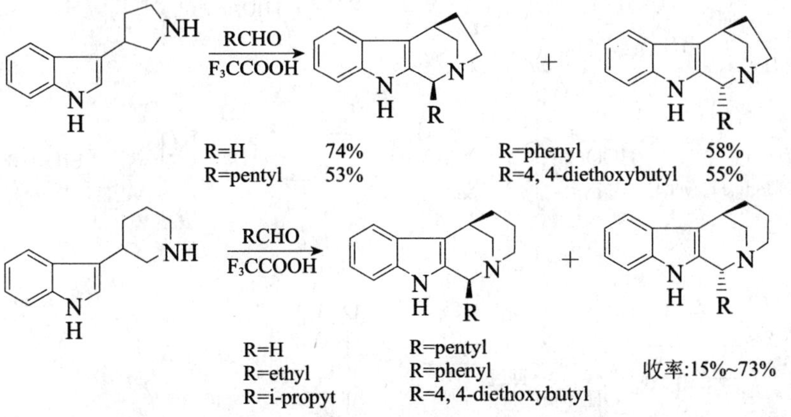

RCHO / F_3CCOOH

R=H 74%
R=pentyl 53%
R=phenyl 58%
R=4, 4-diethoxybutyl 55%

(10－12)

RCHO / F_3CCOOH

R=H
R=ethyl
R=i-propyt
R=pentyl
R=phenyl
R=4, 4-diethoxybutyl
收率:15%~73%

10.2 多桥环化合物的合成

10.2.1 金刚烷类(Adamantanes)

金刚烷化学名称为三环［3.3.1.1^{3,7}］癸烷，是由 10 个碳原子和 16 个氢原子构成的环状碳氢化合物，外观为无色晶体，熔点 268℃，不溶于水，微溶于苯，在医药、功能高分子、润滑剂、表面活性剂、催化剂、照相材料等方面具有广泛的用途。

金刚烷的制备方法是以石油加工副产的双环戊二烯为原料，先氢化制得四氢二聚环戊二烯，再在无水三氯化铝存在下发生异构化反应制得金刚烷，见式 10－13 所示。

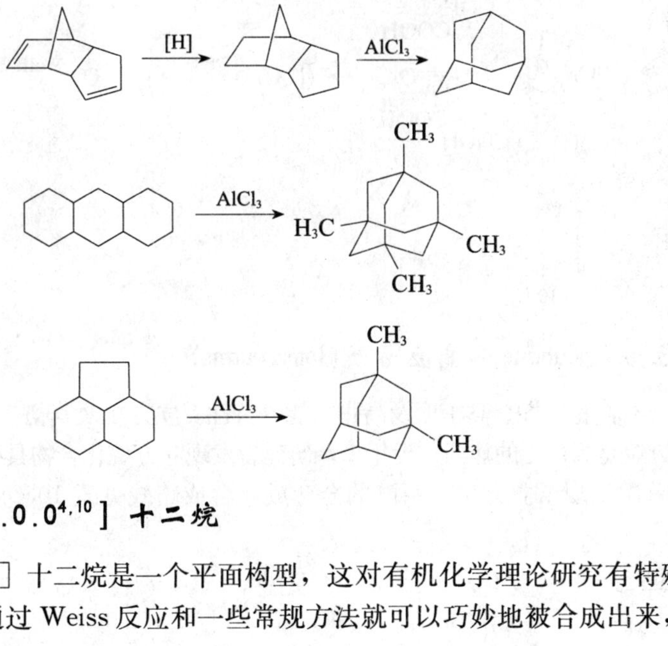

[H]　$AlCl_3$

$AlCl_3$　CH_3　H_3C　CH_3　CH_3

(10－13)

$AlCl_3$　CH_3　CH_3

10.2.2 三环［5.5.0.0^{4,10}］十二烷

三环［5.5.0.0^{4,10}］十二烷是一个平面构型，这对有机化学理论研究有特殊意义。这个看似复杂的化合物通过 Weiss 反应和一些常规方法就可以巧妙地被合成出来，其主要反应见式 10－14 所示。

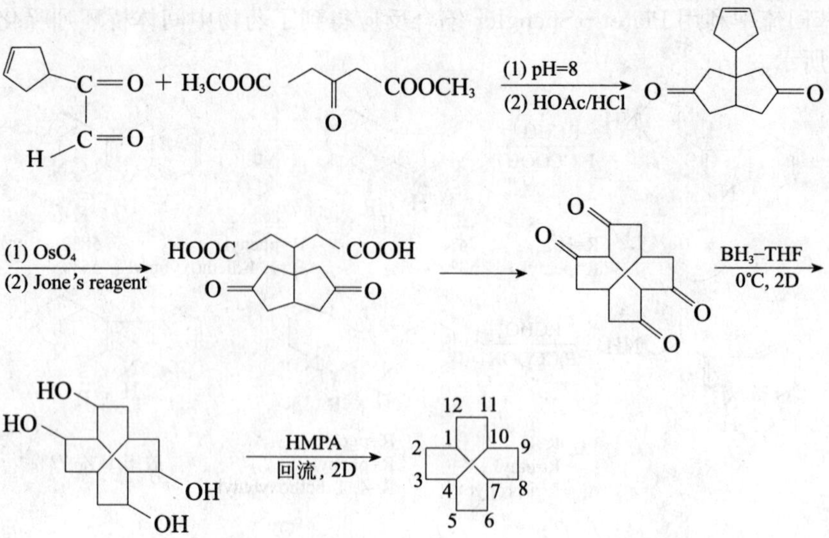

C=O + H_3COOC ⌒C(=O)⌒ $COOCH_3$ —(1) pH=8 (2) HOAc/HCl→ O= ⌬ =O
H—C=O

—(1) OsO_4 (2) Jone's reagent→ HOOC COOH O= =O ——→ O O O O —BH_3-THF 0℃, 2D→

(10-14)

HO HO OH OH —HMPA 回流，2D→ 12 11 1 10 9 2 3 4 7 8 5 6

10.2.3 三环［8.3.3.$0^{1,9}$］十五烷

三环［8.3.3.$0^{1,9}$］十五烷是一个桨状构型的桥环分子，这对有机化学理论研究同样具有特殊意义。通过Weiss反应和一些水解、脱羧、Wolff-Kishner还原等常规方法也可以巧妙地被合成出来见式10-15所示。

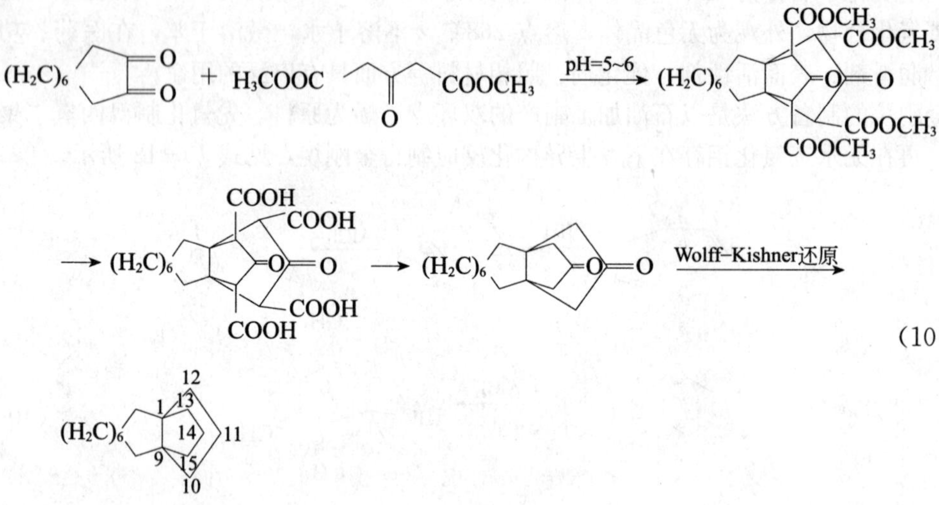

$(H_2C)_6$ O O + H_3COOC O $COOCH_3$ —pH=5~6→ $(H_2C)_6$ $COOCH_3$ $COOCH_3$ O O $COOCH_3$ $COOCH_3$

→ $(H_2C)_6$ COOH COOH O O COOH COOH → $(H_2C)_6$ O O —Wolff-Kishner还原→

(10-15)

$(H_2C)_6$ 12 1 13 14 11 9 15 10

10.2.4 立方烷(Cubane)和高立方烷(Homocubane)

立方烷具有高稳定性、高密度及高张力能等特性。立方烷及其衍生物可用于含能材料，其中八硝基立方烷是高性能的炸药；近年来，研究者发现立方烷化合物具有很好的生理活性。

Eaton首次实现了立方烷二甲酸的全合成，合成路线见式10-16所示。

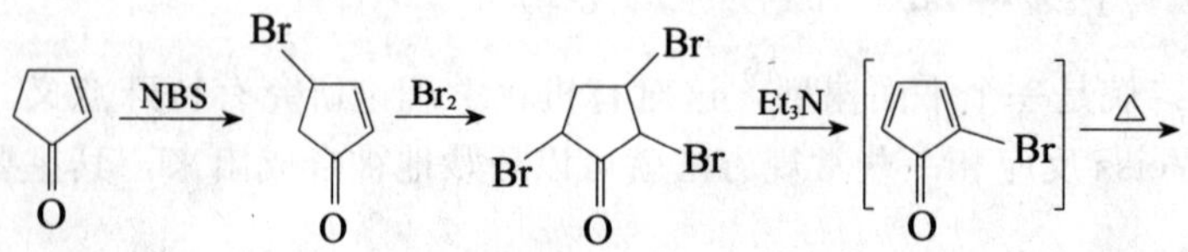

O —NBS→ Br O —Br_2→ Br Br Br O —Et_3N→ [O Br] —△→

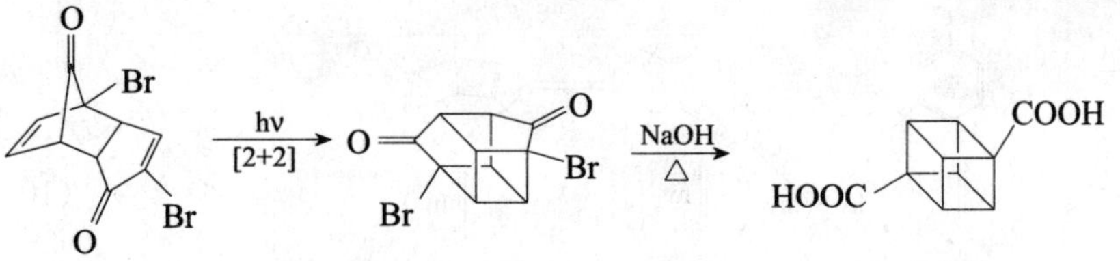

O Br Br O —hν [2+2]→ O Br Br O —NaOH △→ COOH HOOC (10-16)

总收率30%

苏壮以对苯二酚为起始物，经过溴代、氧化、[4+2] 环加成、[2+2] 环加成和Favorskii重排等五步反应得到了2′,4-二羧基高立方烷，这条路线简便易行，为进一步合成其他衍生物提供了良好的条件见式10-17。

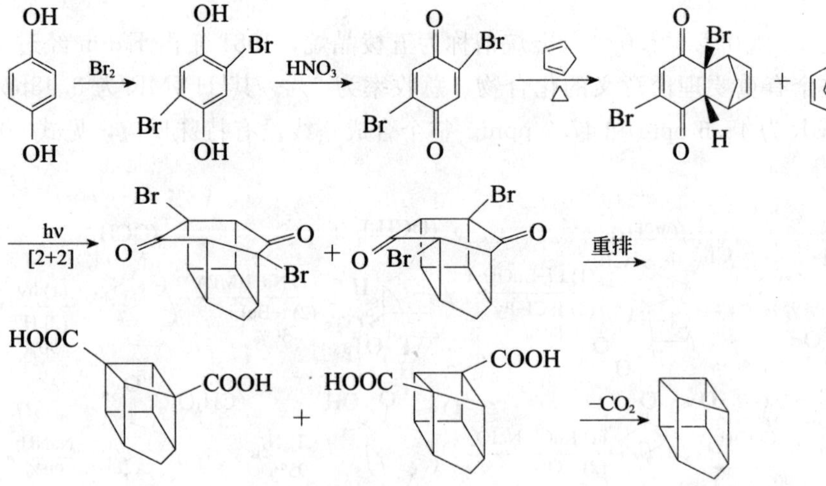

OH OH —Br_2→ OH Br Br OH —HNO_3→ O Br Br O —△→ O Br Br O H + H O Br Br O

—hν [2+2]→ Br O O Br + O Br Br O —重排→ (10-17)

HOOC COOH + HOOC COOH —$-CO_2$→

10.2.5 四环 [2.2.0.0^{2,6}.0^{3,5}] 己烷

四环 [2.2.0.0^{2,6}.0^{3,5}] 己烷俗称为棱晶烷，1973年由Katz制备了这个不稳定的苯的同分异构物见式10-18。

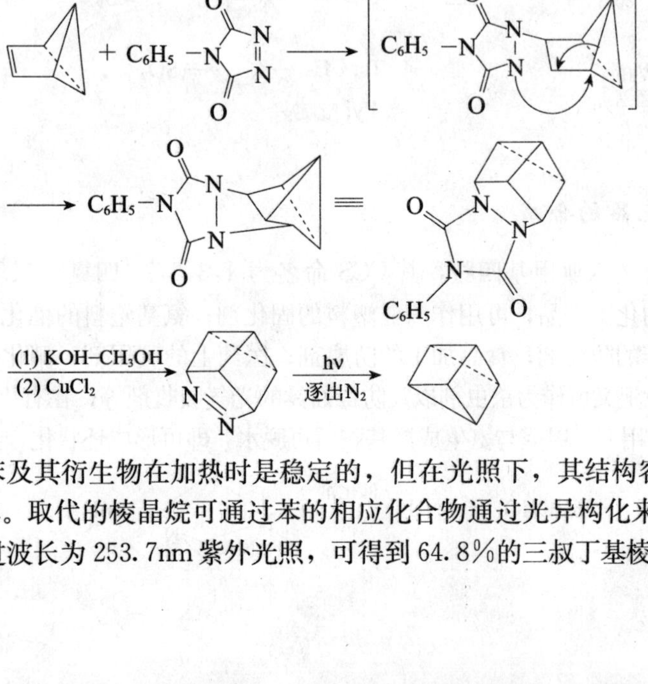

+ C_6H_5 -N (O, N=N, O) → [C_6H_5 -N (O, N, N, O)]

→ C_6H_5-N (O, N, N, O) ≡ O N N O N C_6H_5 O (10-18)

—(1) KOH–CH_3OH (2) $CuCl_2$→ N N —hν 逐出N_2→

一般说来，苯及其衍生物在加热时是稳定的，但在光照下，其结构容易发生变化，形成苯的价键异构体。取代的棱晶烷可通过苯的相应化合物通过光异构化来制备。例如1,3,5-三叔丁基苯经过波长为253.7nm紫外光照，可得到64.8%的三叔丁基棱晶烷见式10-19。

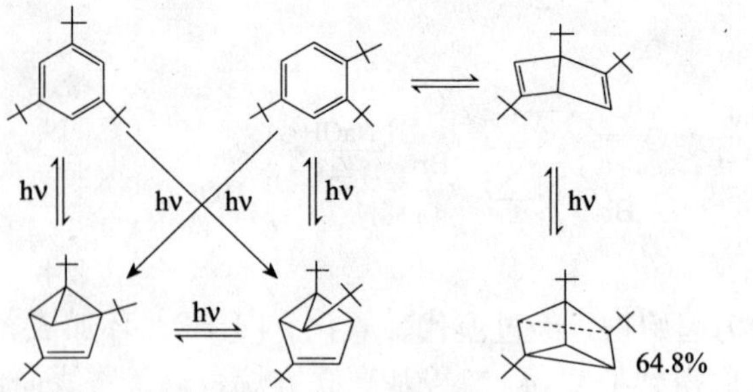

(10－19)

10.2.6 五环 $[4.4.0.0^{2,5}.0^{3,9}.0^{4,8}.0^{7,10}]$ 癸烷

五环 $[4.4.0.0^{2,5}.0^{3,9}.0^{4,8}.0^{7,10}]$ 癸烷俗称为五棱晶烷，1981 年由 Eaton 经过 17 步反应，制备了这个有重要理论意义的化合物，总收率为 3%。其 ^{1}HNMR 为 3.48ppm 和 4.03ppm；^{13}CNMR 为 48.6 ppm 和 47.3 ppm。整个合成路线没有特殊反应，见式 10－20 所示。

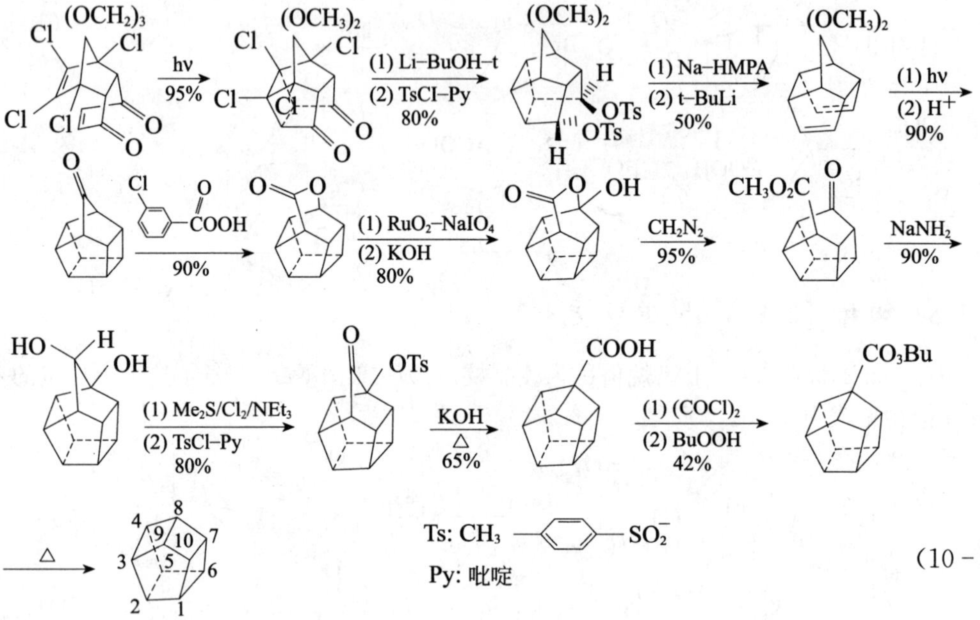

Ts: $CH_3-C_6H_4-SO_2^-$

Py: 吡啶

(10－20)

10.2.7 乌洛托品的合成

乌洛托品又称环六亚甲基四胺，其 CCS 命名为 1,3,5,7－四氮杂三环 $[3.3.1.1^{3,7}]$ 壬烷，是一种重要的化工产品，可用作酚醛塑料的固化剂；氨基塑料的催化剂；橡胶硫化的促进剂；纺织品生产的防缩剂；食品加工的防腐剂；医药上的利尿剂；硝化处理后是一种重要的烈性炸药；农业上又可作为杀虫剂以及防毒面具的光气吸收剂等；在有机合成中常作为氨化剂。在脱水剂的作用下，甲醛与氨生成羟基胺后再脱水，即可形成环状化合物——乌洛托品。

$$6HCHO + 4NH_3 \xrightarrow{\text{催化剂}} (CH_2)_6N_4 + 6H_2O \qquad (10-21)$$

习　题

1. 完成下列反应。

(1) 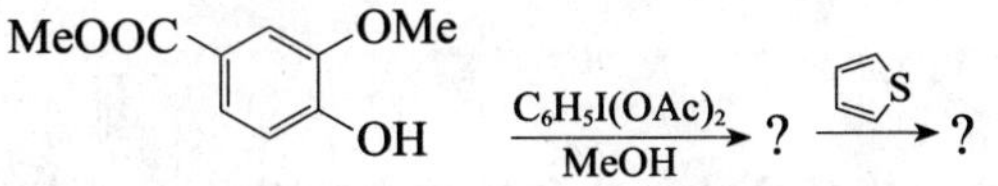 MeOOC, OMe, OH; $\xrightarrow[MeOH]{C_6H_5I(OAc)_2}$? $\xrightarrow{\text{噻吩}}$?

(2) 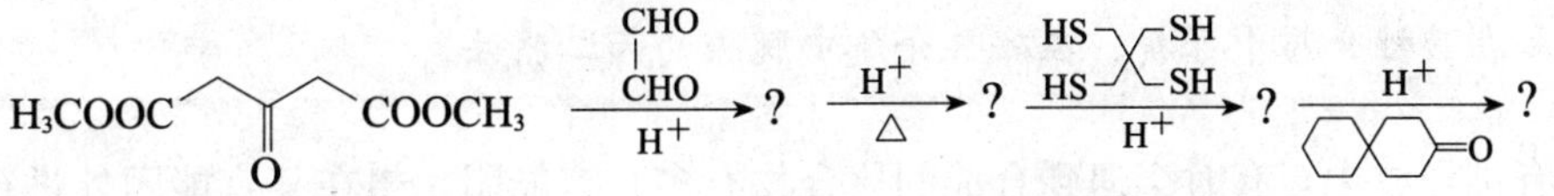 H_3COOC ... $COOCH_3$ (O); $\xrightarrow[H^+]{CHO-CHO}$? $\xrightarrow[\triangle]{H^+}$? $\xrightarrow[H^+]{C(CH_2SH)_4}$? $\xrightarrow{H^+}$?

(3) C=O, H—C=O + H_3COOC ... $COOCH_3$ (O) $\xrightarrow[(2)\ HOAc/HCl]{(1)\ pH=8}$?

$\xrightarrow{CH_2(CN)_2}$? $\xrightarrow{H^+}$?

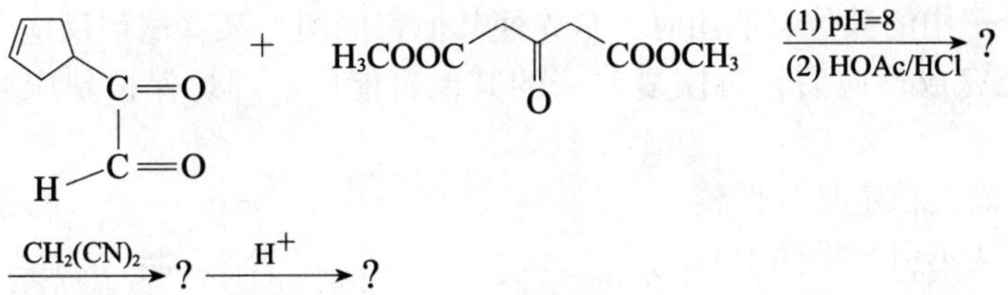

(4) 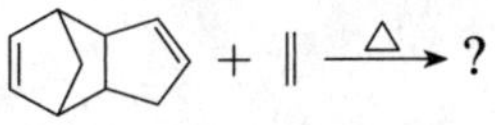 + ‖ $\xrightarrow{\triangle}$?

(5) 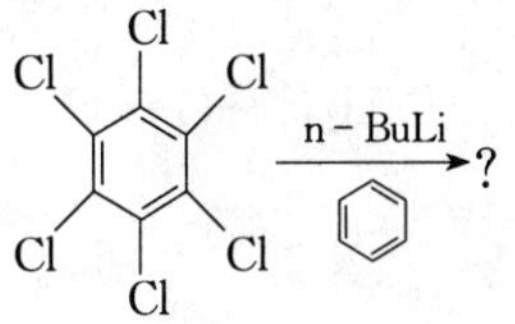 Cl, Cl, Cl, Cl, Cl, Cl $\xrightarrow[\text{苯}]{n-BuLi}$?

2. 解释反应过程。

+ COOMe, COOMe $\xrightarrow{THF}$ COOMe, COOMe

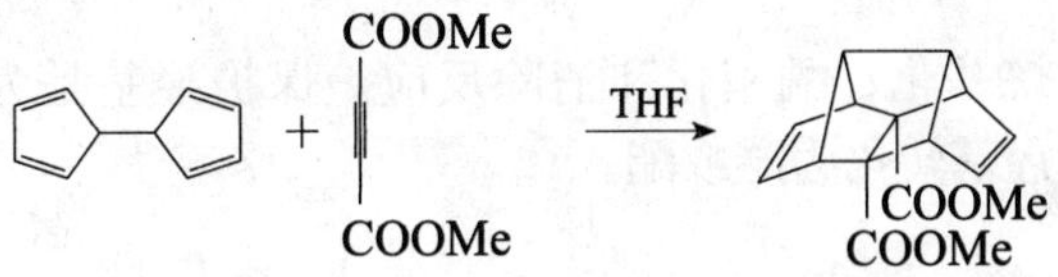

第 11 章　有机基团的保护与脱除

内容提要

本章系统地总结了有机基团的保护与脱除的方法，除传统的方法外，重点介绍了无溶剂反应和在酸性介质中保护、在碱性介质中脱除的丙二腈法。

在有机合成中，有时会遇到合成的化合物有多个官能团，想在某官能团处进行转换反应，而又不希望影响分子中的其他官能团时，常先使其他官能团与某些试剂反应，生成其衍生物，待某官能团处完成反应后，再恢复原来的其他官能团。理想保护基应满足的条件是：

(1) 引入保护基的试剂稳定且毒性较小。

(2) 保护基不带有或不引入手性中心。

(3) 保护基在设定的整个反应条件下是稳定的。

(4) 保护基的引入及脱除，收率是定量的或近定量的。

(5) 脱保护后，保护基部分与产物容易分离。

在有机合成中，常见的有机基团保护主要涉及—OH，—NH_2，—C═O，—COOH，C═C 等。

11.1　羟基的保护与保护基脱除

羟基易发生氧化、烷基化、酰基化和消除反应。保护羟基是为了防止上述反应的发生。常用保护方法是将羟基转化为醚或酯。

11.1.1　苄醚保护基

苄醚保护基广泛用于保护糖及氨基酸中的醇羟基，也是酚类常用的保护基。苄醚多是结晶性固体，对碱、某些亲核试剂及氧化剂、负氢金属还原剂较为稳定。在很多情况下可用氢解的方式除去苄基，10%Pd-C 是最常用的催化剂。

抗肿瘤药阿糖胞苷的合成路线之一，就是用苄醚保护阿拉伯糖的羟基，而后用 pd/C 催化氢化除去苄基，总收率约 50%，见式 11-1。

BnO, BnO, Cl, OBn + OMe, N, MeO, N $\xrightarrow[\text{r.t 3d}]{CH_2Cl_2}$ BnO, OMe, N, O, N, BnO, OBn $\xrightarrow{NH_3/CH_3OH}$ BnO, NH₂, N, O, N, BnO, OBn $\xrightarrow[H_2]{Pd/C}$ HO, NH₂, N, O, N, HO, OH

(11-1)

11.1.2 叔丁醚保护基

叔丁醚对强碱及催化氢化是稳定的，但可被烷基锂和格氏试剂在较高温度下破坏。它的制备一般用异丁烯在酸的催化下于二氯甲烷中进行。叔丁醚对酸敏感，稳定性低于甲醚、苄醚而接近于甲氧甲醚及四氢吡喃醚。在酸中可以脱除，如 HCOOH、CF_3COOH、HBr-HOAc，浓 HCl-dioxane 或 $FeCl_3$、$TiCl_4$ 等 Lewis 酸。在伪尿苷的合成中，叔丁醚保护基用于保护嘧啶环上的羟基（见式 11-2）。

$POCl_3/PCl_5$　t-BuOH/NaH　n-BuLi

HCl/MeOH　△, 40s

(11-2)

11.1.3 甲醚保护基

甲醚保护基是酚羟基最常用的保护基，不但容易制备，而且对一般酸、碱、亲核试剂、氧化剂和还原剂都是稳定的。脱甲基往往需要剧烈的条件，如采用各种酸解方法(硫酸在室温下、浓盐酸封管加热、氢溴酸/醋酸回流、)；采用氧化剂氧化法(如硝酸、三氧化铬、硫酸铈)；采用 Lewis 酸脱除法(如氧化铝、三溴化铝、三溴化硼)；采用强亲核试剂脱除法(甲基碘化镁、氨基钠/六氢吡啶、乙硫醇钠、对甲苯硫酚钠)。

使用三溴化硼脱除甲基条件较缓和，因此应用较广泛。反应可以在室温或低于室温下进行，操作比较平稳，一般在脱除甲基时不伴随其他反应。反应机理见式 11-3 所示。

$$ArOMe + BBr_3 \longrightarrow \left[Ar-\overset{\oplus}{O}(-Me)-\overset{\ominus}{B}Br_2-Br \right] \longrightarrow ArOBBr_2 + MeBr \quad (11-3)$$

$$ArOBBr_2 + 3H_2O \longrightarrow ArOH + H_3BO_3 + 2HBr$$

11.1.4 三苯基甲醚保护基

三苯甲醚保护特别适用于选择性封锁多元醇中的伯羟基。三苯基甲醚对碱及其他亲核性试剂是稳定的，在酸性条件下，则不稳定，常用的脱保护条件是：80%乙酸中回流；氯化氢/氯仿等。如将三苯基甲醚衍生物吸附在硅胶柱上保持数小时，三苯基甲基即可在非常缓和条件下脱除。

11.1.5 甲氧甲醚(甲缩醛)保护基

甲氧甲醚(MOM)保护基作为酚羟基的保护基应用较多。从结构上来看它是甲醛与甲醇及酚所形成的甲缩醛。对碱、格氏试剂、丁基锂、氢化铝锂、催化氢化及羧酸等反应条件都很稳定。制备时，一般用其氯代物或溴代物与醇负离子反应所得。脱除 MOM 醚一般在酸性条件下完成。

吉昌云等使用 CBr_4/Ph_3P 脱除 MOM 保护基，效果明显(见表 11-1)。

表 11-1 使用 ph_3P/CBr_4 脱除 MOM 保护基

$$\text{ROMOM} \xrightarrow[\text{ClCH}_2\text{CH}_2\text{Cl, 40℃}]{\text{CBr}_4/\text{PPh}_3} \text{ROH}$$

化合物	产物	收率/(%)
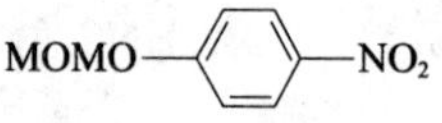 MOMO—⟨苯环⟩—NO_2	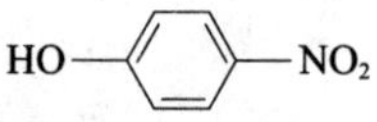 HO—⟨苯环⟩—NO_2	92
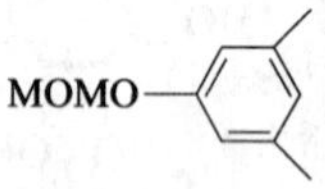 MOMO—⟨3,5-二甲基苯环⟩	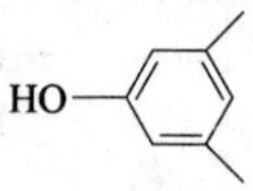 HO—⟨3,5-二甲基苯环⟩	92
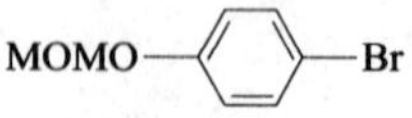 MOMO—⟨苯环⟩—Br	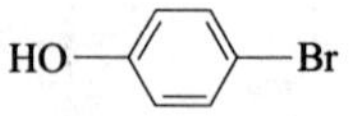 HO—⟨苯环⟩—Br	91
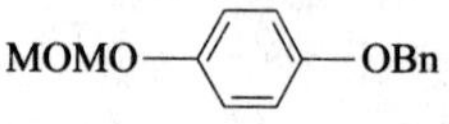 MOMO—⟨苯环⟩—OBn	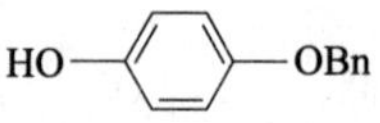 HO—⟨苯环⟩—OBn	90
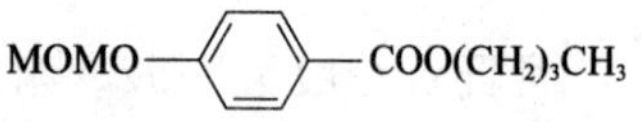 MOMO—⟨苯环⟩—$COO(CH_2)_3CH_3$	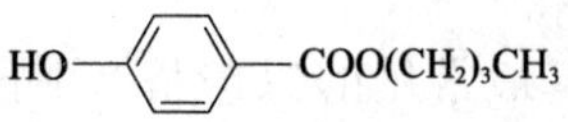 HO—⟨苯环⟩—$COO(CH_2)_3CH_3$	91
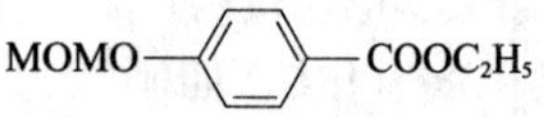 MOMO—⟨苯环⟩—$COOC_2H_5$	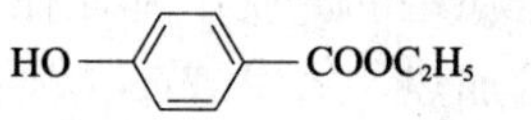 HO—⟨苯环⟩—$COOC_2H_5$	94

11.1.6 甲氧乙氧甲醚保护基

1976 年，Corey 等人发现了一种有广泛用途的甲氧乙氧甲醚(MEM)保护基，适用于伯、仲和叔羟基的保护。该保护基的制备是由乙二醇单甲醚与三聚甲醛在 HCl 气体存在下反应制成氯甲基β-甲氧基乙醚，再与三乙胺及醇反应即得甲氧乙氧甲醚保护的化合物(见式 11-4)。

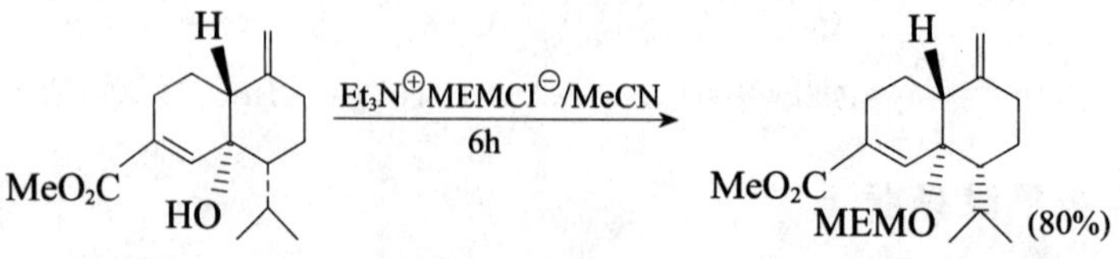

$$\text{(H, MeO}_2\text{C, HO 取代的双环底物)} \xrightarrow[\text{6h}]{\text{Et}_3\text{N}^{\oplus}\text{MEMCl}^{\ominus}/\text{MeCN}} \text{(H, MeO}_2\text{C, MEMO 取代的产物) (80\%)} \quad (11-4)$$

MEM 的脱除条件比 MOM 要强烈，如无水 $ZnBr_2/CH_2Cl_2$、HBr(aq)/THF、$TiCl_4$/

CH_2Cl_2 等(见式 11-5)。

$$MeOCH_2CH_2OH \xrightarrow[(90\%)]{(CH_2O)_3/HCl(gas)} MeOCH_2CH_2OCH_2Cl \xrightarrow[25℃,\ 16h\ (72\%)]{Et_3N/Et_2O} MeOCH_2CH_2OCH_2N^{\oplus}Et_3Cl^{\ominus}$$

$$\xrightarrow[\triangle,\ 30mm\ (>65\%)]{ROH/MeCN} MeOCH_2CH_2OCH_2OR \xrightarrow[25℃,\ 2\sim10h]{ZnBr_2/Et_2O/CH_2Cl_2} ROH + CH_2(OH)_2 + MeOCH_2CH_2OH \ (>90\%) \quad (11-5)$$

11.1.7 四氢吡喃醚保护基

在酸催化下，2,3-二氢吡喃与醇加成生成四氢吡喃醚(THP)衍生物，这是常用的醇羟基保护方法之一。四氢吡喃醚从化学结构上来看是缩醛，它可应用于炔醇、甾类及核苷酸的合成中(见式 11-6)。

$$ROH + \text{(2,3-二氢吡喃, } \delta^-, \delta^+) \xrightarrow{H^+} \text{(四氢吡喃)-OR} \quad (11-6)$$

制备四氢吡喃醚衍生物时，常用的溶剂有氯仿、乙醚、二氧六环、乙酸乙酯及 DMF 等；常用的酸性催化剂有三氯氧磷、氯化氢、三氟化硼/乙醚以及对甲苯磺酸等。

四氢吡喃醚对强碱、格氏试剂、烷基锂、氢化锂铝及烃化、酰基化试剂都是稳定的。

四氢吡喃醚保护基容易引入，在大多数反应条件下稳定而且易于脱除，唯一的限制是不适用于在酸性介质中进行反应。

11.1.8 硼酸酯保护基

在室温下将二酚与苯基硼酸一起研磨 1h，在 80℃下真空干燥，可得到高收率的保护产物。利用 40℃的 $NaHCO_3$ 水溶液可方便地将保护基去掉(见式 11-7)。

$$\text{邻苯二酚(OH, OH)} + PhB(OH)_2 \longrightarrow \text{(苯并二氧硼杂环戊烯)B-Ph} + 2H_2O$$

$$\text{(苯并二氧硼杂环戊烯)B-Ph} + NaHCO_3 + 2H_2O \longrightarrow \text{邻苯二酚(OH, OH)} + PhB(OH)_2 \quad (11-7)$$

同理，将二醇与苯基硼酸一起研磨 1h，在 0℃下真空干燥，可得到高收率的保护产物(见式 11-8)。

$$H_3C-\underset{OH}{\overset{CH_3}{C}}-\underset{OH}{\overset{CH_3}{C}}-CH_3 + PhB(OH)_2 \longrightarrow \text{(}(H_3C)_2C\text{-O)(}(H_3C)_2C\text{-O)B-Ph} + 2H_2O$$

$$\text{(chemical structure)} + \text{PhB(OH)}_2 \longrightarrow \text{(chemical structure)} + 2H_2O \quad (11-8)$$

11.2 羰基的保护与去保护基脱除

11.2.1 经典的羰基保护与去保护方法

1. 醛、酮与醇反应生成缩醛、缩酮

醛、酮与醇反应生成缩醛、缩酮的反应机理为：首先羰基与催化剂氢质子形成𬭩盐，增加羰基碳原子的亲电性，然后和一分子醇发生加成，失去氢质子，形成不稳定的半缩醛；半缩醛再与一个质子结合，并随之失去一分子水，生成烃氧羰基正离子，再与第二分子醇加成，失去氢质子得到缩醛或缩酮(见式 11-9)。

$$(11-9)$$

上述反应的每一步都是可逆的，缩醛、缩酮在酸催化下形成，但也可被酸催化分解成原来的醛、酮和醇。对碱、氧化剂、还原剂、格氏试剂，金属氢化物等是稳定的。

在去氧孕烯(Desogestrel)的合成中，用到了羰基变成缩酮的保护，在此反应中，双键的移位值得注意(见式 11-10)。

$$\xrightarrow[\text{TsOH, } CH_2Cl_2,\ HC(OC_2H_5)_3]{(CH_2OH)_2} \quad \xrightarrow[CaCO_3,\ I_2]{Pd(CH_3COO)_2} \quad \xrightarrow[(2)\ H_2O]{(1)\ Mg/Et_2O/CH_3Br} \quad \xrightarrow[(2)\ KOH,\ 甘油]{(1)\ NH_2NH_2}$$

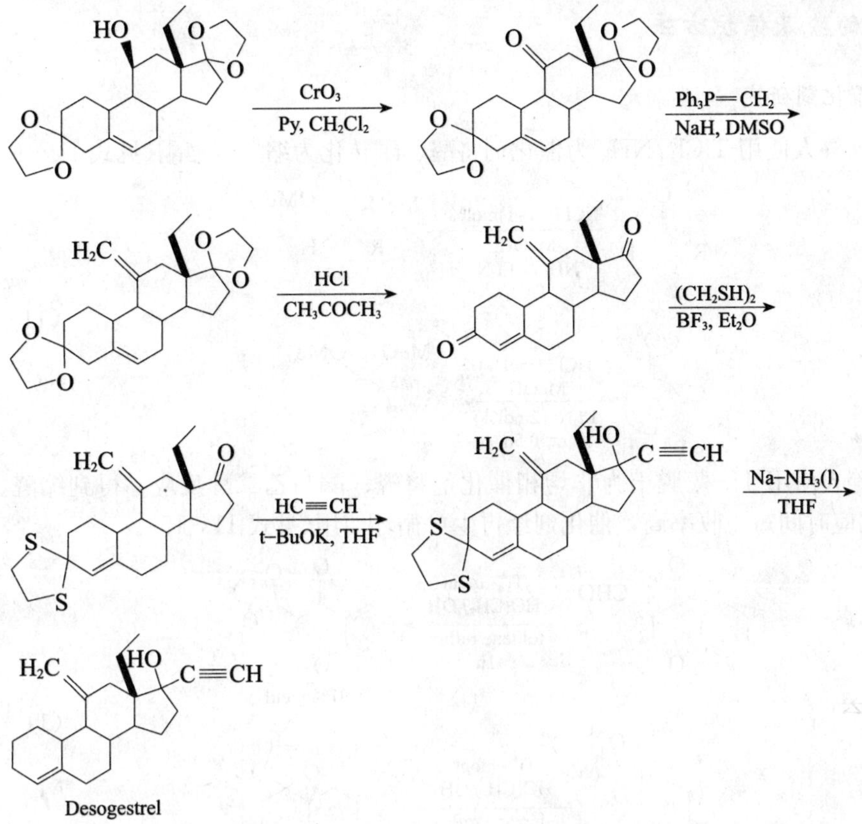

$\xrightarrow[\text{Py, CH}_2\text{Cl}_2]{\text{CrO}_3}$ $\xrightarrow[\text{NaH, DMSO}]{\text{Ph}_3\text{P=CH}_2}$

$\xrightarrow[\text{CH}_3\text{COCH}_3]{\text{HCl}}$ $\xrightarrow[\text{BF}_3\text{, Et}_2\text{O}]{\text{(CH}_2\text{SH)}_2}$ (11-10)

$\xrightarrow[\text{t-BuOK, THF}]{\text{HC}\equiv\text{CH}}$ $\xrightarrow[\text{THF}]{\text{Na-NH}_3\text{(l)}}$

Desogestrel

2. 硫代缩醛、硫代缩酮的生成

醛、酮与硫醇在酸催化下可以生成硫代缩醛、硫代缩酮。用二硫醇可以生成二硫代环缩醛、二硫代环缩酮，其反应机理与醇作为保护基类似(见式 11-11)。

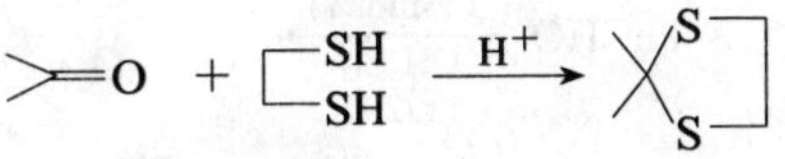

(11-11)

硫代缩醛或硫代缩酮在金属盐如 $HgCl_2$ 存在下，容易水解，又生成醛、酮(见式 11-12)。

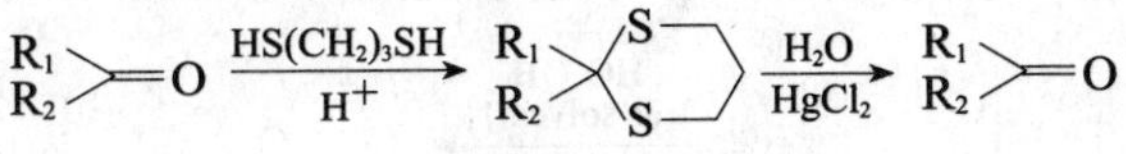

$\xrightarrow[\text{H}^+]{\text{HS(CH}_2\text{)}_3\text{SH}}$ $\xrightarrow[\text{HgCl}_2]{\text{H}_2\text{O}}$ (11-12)

3. 形成胞二酯的方法

醛与乙酸酐反应可生成胞二酯，这也是保护羰基的重要方法(见式 11-13)。

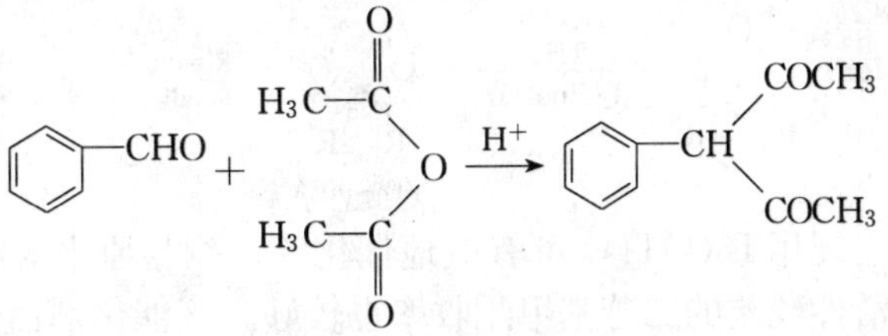

(11-13)

11.2.2 新的羰基保护方法

1. 新的催化剂研究

(1) Porta 等人使用 $TiCl_4/NH_3$ 为催化剂将醛、酮转化为缩醛、缩酮(见式 11-14)。

$$\text{RCHO} \xrightarrow[\text{MeOH, NH}_3 \text{ or Et}_3\text{N, TiCl}_4]{\text{TiCl}_4(0.1\sim1)\text{mol\%}} \text{RCH(OMe)}_2$$

$$\text{环酮} \xrightarrow[\text{Et}_3\text{N(12mol\%), r.t./0.5h}]{\text{TiCl}_4\text{(1mol\%), MeOH}} \text{环状二甲缩酮}$$

(11-14)

Kaneda 等人使用 Ti-蒙脱土为非均相催化剂将醛、酮与乙二醇反应，得到缩醛、缩酮化合物，反应时间短，收率高，催化剂经再生可循环使用(见式 11-15)。

$\xrightarrow[\text{toluene/reflux, 1h}]{\text{Ti}^{4+}\text{-mont, HO(CH}_2)_2\text{OH}}$ 91% yield

$\xrightarrow[\text{n-hexane/reflux, 1h}]{\text{Ti}^{4+}\text{-mont, HO(CH}_2)_2\text{OH}}$ 87% yield

(11-15)

(2) Karimi 等人使用单质碘与醛、酮反应得到产物中缩醛收率较高，缩酮的收率较低(见式 11-16)。

$$\text{PhCHO} \xrightarrow[\text{CH}_2\text{Cl}_2\text{, r.t./20h}]{\text{I}_2\text{(3mol\%)}} \text{2-苯基-1,3-二噁烷}\ 98\%$$

(11-16)

后来经 Banik 改进，使缩酮的收率有所提高(见式 11-17)。

$\text{RCOR}' \xrightarrow[\text{I}_2\text{(5mol\%), r.t./16h}]{\text{HOCH}_2\text{CH}_2\text{OH (as solvent)}}$ 30%~90%

$\text{RCOR}' \xrightarrow[\text{I}_2\text{(5mol\%)}]{\text{HOOC-CH(R}'')\text{OH, THF}}$ 40%~90%

R′=Ph, Me
R=alkyl

(11-17)

(3) Mohan 等人发现用 $Bi(OTf)_3$ 可有效地催化醛、酮与原甲酸酯或乙二醇反应形成缩醛、缩酮，即使是活性较差的二芳基甲酮收率也较好。该催化剂活性高、价格较低、腐蚀性小(见式 11－18)。

$$RC(=O)R' \xrightarrow[Bi(OTf)_3\cdot 4H_2O]{R''OH,\ (R''O)_3CH} RR'C(OR'')_2$$

$$RC(=O)R' \xrightarrow[Bi(OTf)_3\cdot 4H_2O]{HO(CH_2)_2OH} \text{(1,3-二氧戊环, R, R')} \tag{11－18}$$

(4) Sato 等人发现用四氟硼酸锂也可有效地催化醛、酮与原甲酸酯或乙二醇反应形成缩醛、缩酮，反应条件温和，反应近于中性介质，特别适合对酸敏感的底物(见式 11－19)。

$$RC(=O)R' \xrightarrow[(R''O)_3CH,\ R''OH]{LiBF_4\ (3\sim10)mol\%} RR'C(OR'')_2 \tag{11－19}$$

R=alkyl, aryl, alkenyl, furanyl; R′=H, alkyl, aryl;
R″=Me or Et

(5) Yoon 等人发现癸硼烷($B_{10}H_{14}$)可有效地催化醛、酮与原甲酸酯反应形成缩醛、缩酮，反应可在数分钟内完成，收率在 90%以上(见式 11－20)。

$$RC(=O)R' \xrightarrow[(MeO)_3CH,\ MeOH]{B_{10}H_{14}} RR'C(OMe)_2 \tag{11－20}$$

(6) Ranu 等人使用铟盐为催化剂完成了缩醛、缩酮的反应，Graham 发现使用 In(OTf)$_3$ 为催化剂，反应在室温下几分钟就可定量完成(见式 11－21)。

$$RC(=O)R' \xrightarrow[InCl_3(5mol\%),\ Cyclohexane,\ reflux]{MeOH,\ (MeO)_3CH} RR'C(OMe)_2 \quad \text{84\%~98\% yields}$$

$$RC(=O)R' \xrightarrow[InCl_3(5mol\%)]{HO(CH_2)_nOH} RR'C\langle O(CH_2)_nO\rangle \tag{11－21}$$

R=alkyl, aryl; R′=H, alkyl, aryl; *n*=2, 3

2. 新的合成方法的研究

近年来，采用微波合成法、无溶剂合成法已有许多报道。下面仅就其中重要的部分加以介绍。

(1) 利用 Barbasievicz 方法在碱性介质中合成缩醛、缩酮(见式 11－22)。

$$RC(=O)R' + ClCH_2CH_2OH \xrightarrow[DMF/THF]{t\text{-}BuOK} \text{(1,3-二氧戊环, R, R')}$$

$$RC(=O)R' + ClCH_2CH_2CH_2OH \xrightarrow[DMF/THF]{t\text{-}BuOK} \text{(1,3-二氧六环, R, R')} \tag{11－22}$$

(2) 利用无溶剂合成法制备。将羰基化合物与原甲酸酯在对甲苯磺酸的催化作用下于微波下反应，可方便地得到保护产物(见式 11－23)。

$$R_1R_2C{=}O + CH(OR^3)_3 \xrightarrow[\text{催化剂}]{\text{微波}} R_1R_2C(OR^3)_2 \qquad (11-23)$$

11.2.3 新的羰基脱保护方法

将缩醛缩酮转化为相应的羰基化合物经典的方法是使用酸性水解法。由于选择性差，副反应较多。近年来发展了许多使用 Lewis 酸的方法，效果较好。

1. $Bi(NO_3)_3$ 法

Mohan 等人使用 $Bi(NO_3)_3$ 为催化剂，完成缩醛、缩酮转化为相应的羰基化合物，收率较好(见式 11－24)。

$$R\text{–CH=CH–CH(OMe)}_2 \xrightarrow[CH_2Cl_2]{Bi(NO_3)\cdot 5H_2O} R\text{–CH=CH–CHO}$$

$$RR'C(OMe)_2 \xrightarrow[CH_2Cl_2]{Bi(NO_3)\cdot 5H_2O} RC(=O)R' \qquad (11-24)$$

后来他们发现 $Bi(OTf)_3$ 的活性比 $Bi(NO_3)_3$ 高，且用量只需(0.1～1)mol%。

2. $InCl_3$ 法

使用 $InCl_3$ 与含水的甲醇作为催化剂，可以方便地将缩醛、缩酮转化为相应的羰基化合物(见式 11－25)。

$$RR'C(OR'')_2 \xrightarrow[MeOH\text{–}H_2O]{InCl_3(5mol\%)} RC(=O)R' \qquad (11-25)$$

3. 单质碘法

胡跃飞等人用 10mol%的单质碘在丙酮水溶液中高效地实现了缩醛、缩酮的水解。2006 年 Mohan 使用 $I_2/CuSO_4$ 也顺利完成了类似的反应(见式 11－26)。

$$RR'C(OMe)_2\ [(Et)] \xrightarrow[\text{r.t./5min}]{I_2(10mol\%),\ \text{acetone}} RC(=O)R' \quad 93\%\sim99\%$$

R=alkyl, alkenyl, furanyl
R′=H,alkyl

$$RR'C(\text{OCH}_2\text{CH}_2\text{O}) \xrightarrow[\text{r.t./5~45min or reflux/5min}]{I_2(10mol\%),\ \text{acetone}} RC(=O)R' \quad 90\%\sim99\% \qquad (11-26)$$

R=alkyl, alkenyl, furanyl
R′=H,alkyl

4. 丙二腈保护基

利用丙二腈可以方便地与羰基在中性介质或酸性介质中反应生成缩合产物，且在碱性介质中脱除(见式 11－27)。

$$C_6H_5-CHO + CH_2(CN)_2 \longrightarrow C_6H_5-CH=C(CN)_2$$

$$OHC-C_6H_4-CHO + CH_2(CN)_2 \xrightarrow{i-PrOH} OHC-C_6H_4-CH=C(CN)_2 \quad (11-27)$$

$$\xrightarrow[H^+]{C(CH_2OH)_4} (NC)_2C=HC-C_6H_4-\text{(螺环双缩醛)}-C_6H_4-CH=C(CN)_2$$

$$\xrightarrow{5\%\sim10\%\ NaOH} OHC-C_6H_4-\text{(螺环双缩醛)}-C_6H_4-CHO$$

11.3 氨基的保护与去保护

胺类化合物中的氨基能参与许多反应，如伯胺、仲胺很容易发生氧化、烷基化、酰化以及与羰基的亲核加成反应等。在氨基的中心氮原子上有一孤对电子，具有碱性，易与质子形成共价键生成铵离子(见式 11－28)。

$$>NH \xrightarrow{H^+} >NH_2^+ \quad (11-28)$$

利用这一性质使氨基质子化，可以使氨基的亲核性下降而起到保护氨基的作用。但是，对于芳香族胺，特别是带有吸电子基的芳香族胺，则必须在浓硫酸条件下才能质子化，且质子化也难以完全。将氨基酰化转变为酰胺是常用而简便的保护氨基的方法。在氨基上引入吸电子基时，由于吸电子基的吸电作用致使氨基上中心氮原子的电子云密度减小，使其亲核性减小，便可达到保护氨基的目的。

11.3.1 N－乙酰化反应

氨基的保护最简单、最常用的方法是用乙酐把氨基乙酰化，然后酸或碱催化水解使其复原(见式 11－29)。

$$C_6H_5NH_2 \xrightarrow{(CH_3CO)_2O} C_6H_5NHCOCH_3 \xrightarrow[CH_3COOH]{HNO_3} p\text{-}O_2N-C_6H_4-NHCOCH_3 \xrightarrow[OH^-]{H_2O} p\text{-}O_2N-C_6H_4-NH_2 \quad (11-29)$$

11.3.2 苄胺或取代苄胺

保护氨基的另一种方法是将氨基转变成苄胺或取代苄胺(见式 11－30)。

$$>NH \xrightarrow{PhCH_2Cl} >N-CH_2Ph \quad (11-30)$$

苄胺对酸、碱、亲核试剂、有机金属试剂等是稳定的，容易通过催化氢解除去苄基保护基。

11.3.3 硼酸酯保护基

在室温下将二胺与苯基硼酸一起研磨 1h，在 80℃下真空干燥，可得到高收率的保护产物。利用 40℃的 $NaHCO_3$ 水溶液可方便地将保护基去掉(见式 11－31)。

$$o\text{-}C_6H_4(NH_2)_2 + C_6H_5B(OH_2) \longrightarrow C_6H_4(NH)_2B\text{-}C_6H_5 + 2H_2O$$

(11－31)

$$C_6H_4(NH)_2B\text{-}C_6H_5 + NaHCO_3 + 2H_2O \longrightarrow o\text{-}C_6H_4(NH_2)_2 + C_6H_5B(OH)_2$$

习　题

1. 完成下列转化。

(1) m-$C_6H_4(NH_2)_2$ $\xrightarrow{CH_3COOH}$ 3-H_2N-C_6H_4-$N(CH_2CH_2OH)(CH_2CH_2CN)$

(2) O=(spiro bicyclohexane)=O ⟶ O=(dispiro bis-ketal)=O

(3) C_6H_6 ⟶ 3-NO_2-C_6H_4-CH_3

(4) H_3C-CO-CH_2CH_2-Br ⟶ H_3C-CO-CH_2CH_2-C(CH_3)$_2$OH

(5) R, OBn, OH, OCH_3, $COOCH_3$ substituted cyclohexane $\xrightarrow{K_2CO_3}$

2. 填上反应条件。

(1) p-$C_6H_4[CH(OCOCH_3)_2]_2$ ⟶ p-$C_6H_4(CHO)_2$

(2) 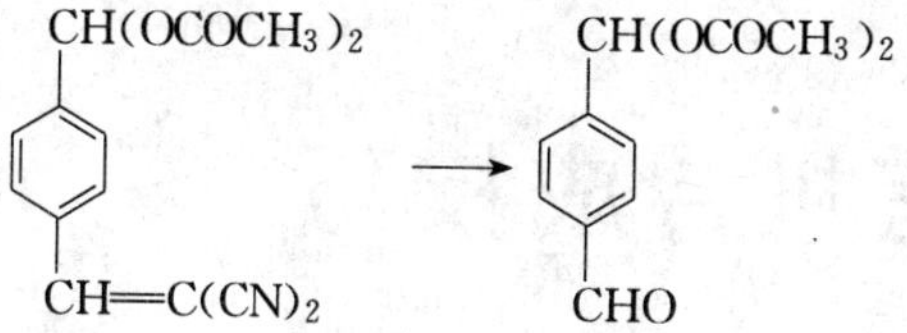 $CH(OCOCH_3)_2$ ／ $CH{=}C(CN)_2$ ⟶ $CH(OCOCH_3)_2$ ／ CHO

(3) S S ⟶ O

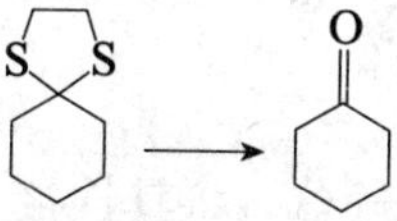

3. 碘分子催化的有机合成反应具有催化剂易除去、产品易纯化、低毒等特点，在酯化反应、醚化反应中广泛使用，试通过文献查阅，总结碘分子催化在有机合成中的应用并加以评论。

附录Ⅰ 有机合成技巧

1. 简易惰性气体保护技术

如果反应需要惰性气体保护，可以采用简易保护技术。取一气球，将其连接在磨口三通上，然后充入惰性气体，关闭三通防止惰性气体泄漏。先将三通与回流管连接，再将真空泵连接到三通上。然后通过三通实现抽真空与充氮气连续转换。

该方法简单易行，完全满足一般无水无氧操作的需求(见附图 1)。

2. 磨口瓶塞的开启技术

合成时磨口瓶塞子被粘住是常见的事情，尽管使用了真空硅脂，但是时间长了还是会被粘住。采用沸水煮、木棍敲、烘箱烤、喷灯烧、超声超、热风吹、用力拔等方法有时还是打不开。在此介绍一种方法，多数情况下是可以打开的。一般粘住的塞子垂直方向粘得结实，用力拔是相当费劲的，而水平方向粘的较松，因此可用下列方法将粘住的磨口瓶塞打开，具体步骤如下：

(1) 首先用常规方法进行松动(木棍敲或热风吹)，如附图 2 所示。

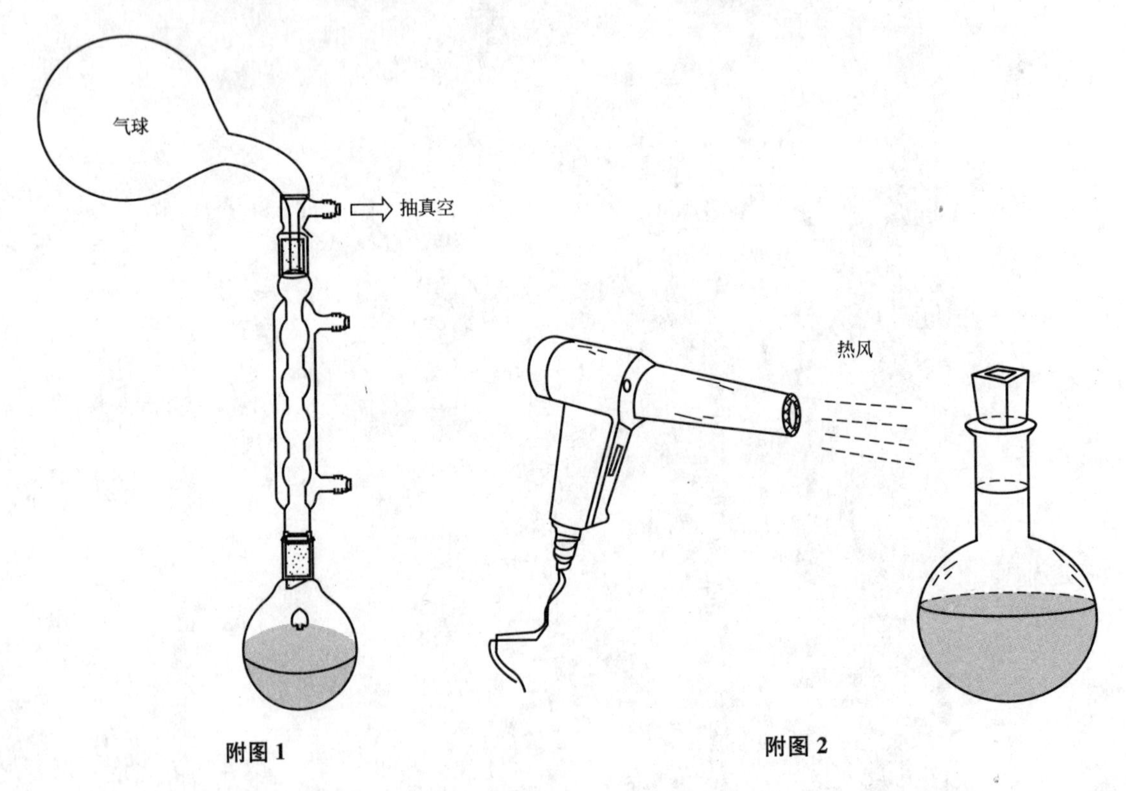

附图 1　　附图 2

(2) 用旧布将磨口瓶塞裹紧(见附图 3)。

(3) 用活板手将磨口瓶塞微微夹住(注意不可夹得太紧，因为磨口瓶塞多为空心的，

夹得太紧易将瓶塞夹碎)，如附图 4 所示。

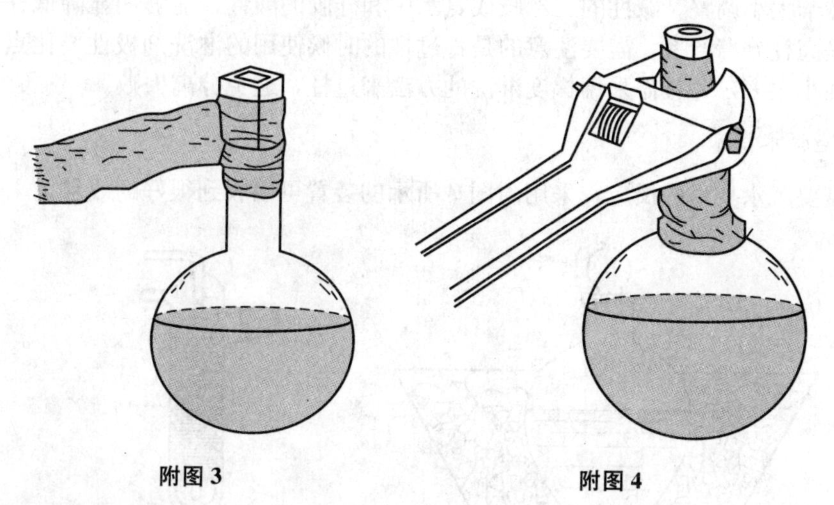

附图 3　　附图 4

(4) 轻轻转动板手即可打开(见附图 5)。

3. 低温冷冻干燥技术

有机合成得到的产物常常含有水，可以通过真空干燥或加入有机溶剂减压旋蒸来除水。但是很多化合物在加热过程中并不稳定，这就需要在较低的温度下实现干燥除水。解决该问题可以采用低温冷冻干燥技术：先将装有化合物的圆底烧瓶用干冰充分冷冻，保证其中所有水分完全冻结；然后抽真空，由于冰具有升华的特性，在真空条件下，产物中的水分逐渐除去，最后得到形状良好的产品。

4. 低温重结晶技术

重结晶是有机化合物纯化的一项重要手段，可以有效分离一些难以纯化的异构体。低温重结晶技术是指在较低的温度下，如干冰、液氮加丙酮冷却条件下，对混合物进行分离的技术。在低温冷冻条件下，目标化合物在低温下析出，而杂质留在溶液体系内；或者杂质析出，目标化合物留在溶液体系内。对于某些化合物来说，该方法可以取得令人意想不到的效果。

附图 5

5. 低温分离萃取技术

将废塑料瓶剪去下半部分，如附图 6 所示，即可作为一个很有用的工具完成在较低温度下完成分离萃取任务。

6. 胺类物质过柱技巧

胺类化合物广泛存在于各种有机物中，它们往往含有多个 N 原子，对该类化合物进行柱层析分离往往较为困难，分离产率也较低。这主要是由于氮原子与硅胶中的羟基具有较强的亲和力，产生“拖尾”和“死吸附”现象。

对于该类化合物的柱层析分离，可以采用“弱化”硅胶吸附力的方法来提高分离产率。装好柱子之后，配置含一定量的三乙胺或氨水的石油醚溶液，冲柱。三乙胺或氨水的用量根据柱子大小调整。碱性的三乙胺或氨水中和硅胶的酸性，能够明显降低柱子的吸附力，从而提高柱分离产率。需要注意的是：过柱的时候使用的淋洗剂极性要比点板确定的淋洗剂极性小很多，并且需采用梯度淋洗的方法来过柱，避免分离失败。

7. 回流脱水技术

对于需要脱水技术的反应，采用附图7所示的装置可以收到很好的效果。

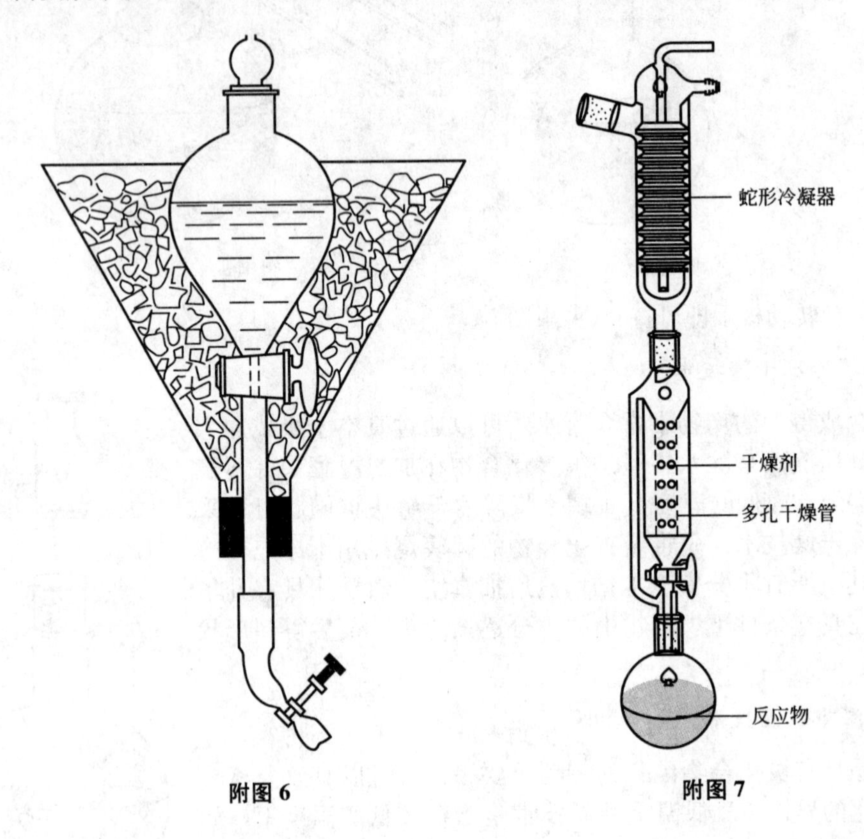

附图6　附图7

附录Ⅱ　一些缩写符号的说明

Ac	Acetyl	乙酰基
AIBN	Azo-bis-isobutryonitrile	2,2′-二偶氮异丁腈
aq.	Aqueous	水溶液
Ar	Ary	芳基
9 - BBN	9 - borabicyclo [3. 3. 1] nonane	9 -硼二环 [3. 3. 1] 壬烷
BINAP	(2R,3S)- 2,2′- bis(diphenylphosphino)- 1,1′- binaphthyl	(2R, 3S) - 2. 2′-二苯膦－1. 1′-联萘
Bn	Benzyl	苄基
BOC	t-butoxycarbonyl	叔丁氧羰基
Bpy (Bipy)	2,2′- bipyridyl	联吡啶环
Bu	*n* - butyl	正丁基
Bz	Benzoyl	苯甲酰基
CBz	Carbobenzyloxy	苄氧羰基
Cp	Cyclopentadienyl	环戊二烯基
mCPBA	meta-cholorperoxybenzoic acid	间氯过苯酸
CSA	camphorsulfonic acid	樟脑磺酸
NBD	Norbornadiene	二环庚二烯
DBN	1,8 - diazabicyclo [5. 4. 0] undec - 7 - ene	二环 [5.4.0] - 1,8 -二氮- 7 -壬烯
DBU	1,5 - diazabicyclo [4. 3. 0] non - 5 - ene	二环 [4. 3. 0]- 1,5 -二氮- 5 -十一烯
DCC	1,3 - dicyclohexylcarbodiimide	1,3 -二环己基碳化二亚胺
DCE	1,2 - dichloroethane	1,2 -二氯乙烷
DDQ	2,3 - dichloro - 5,6 - dicyano - 1,4 - benzoquinone	2,3 -二氯- 5,6 -二氰- 1,4 -苯醌
% de	% diasteromeric excess	非对映体过量百分比
DEA	Diethylamine	二乙胺
DEAD	Diethyl azodicarboxylate	偶氮二甲酸二乙酯
Dibal - H	Diisobutylaluminum hydride	二异丁基氢化铝
DMAP	4 - dimethylaminopyridine	4 -二甲氨基吡啶
DME	dimethoxyethane	二甲醚
DMF	N, N - dimethylformamide	二甲基甲酰胺
DMPM	3,4 - dimethoxybenzyl	3,4 -二甲氧基苄基

DMP	3,4 - dimethoxyphenyl	3,4 -二甲氧基苯基
dppp	1,3 - bis (diphenylphosphino) propane	1,3 -双(二苯基膦基)丙烷
EE	1 - ethoxyethyl	乙氧乙基
% ee	% enantiomeric excess	对映体过量百分比
Et	Ethyl	乙基
HMPA	Hexamethylphosphoramide	六甲基磷酸三胺
HOMO	highest occupied molecular orbital	最高占有分子轨道
hν	Irradiation with light	光照
LAH	Lithium aluminum hydride	氢化铝锂($LiAlH_4$)
LDA	Lithium diisopropylamide	二异丙基氨基锂
Lindlar		Pd/$BaSO_4$/喹啉
LUMO	lowest unoccupied molecular orbital	最低空轨道
MEM	methoxyethoxymethyl	甲氧乙氧甲基
MOM	methoxymethyl	甲氧甲基
Ms	Methanesulfonyl	甲基磺酰基
MTM	Methylthiomethyl	二甲硫醚
NBS	N - Bromosuccinimide	N -溴代丁二酰亚胺
NCS	N - chlorosuccinimide	N -氯代丁二酰亚胺
NMO	N - methyl morpholine-n-oxide	N -甲基氧化吗啉
PCC	Pyridinium chlorochromate	吡啶氯铬酸盐
PEG	Polyethylene glycol	聚乙二醇
Ph	Phenyl	苯基
Pip	Piperidyl	哌啶基
TBAF	Tetrabutylammonium fluoride	氟化四丁基铵
TBHP	t-butylhydroperoxide	过氧叔丁醇
TBS	t-butyldimethylsilyl	叔丁基二甲基硅烷基
TEBA	Triethylbenzylammonium	三乙基苄基胺
TFA	Trifluoroacetic acid	三氟乙酸
TFAA	Trifluoroacetic anhydride	三氟乙酸酐
THF	Tetrahydrofuran	四氢呋喃
THP	Tetrahydropyranyl	四氢吡喃基
TMS	Trimethylsilyl	三甲基硅烷基
TMEDA	Tetramethylethylenediamine	四甲基乙二胺
TMP	2,2,6,6 - tetramethylpiperidine	2,2,6,6 -四甲基哌啶
Tol	Tolyl	甲苯基
Ts(Tos)	toluenesulfonyl	对甲苯磺酰基

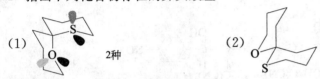

参考答案

第 1 章

1. 指出下列化合物存在的异头效应

(1) 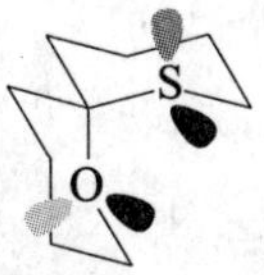 2种

(2) 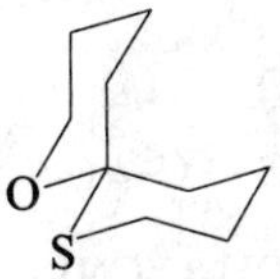 无

2. 下列化合物那些有螺共轭效应

(3)

3. 画出下列结构中存在 2 个异头效应的构象式

(1) 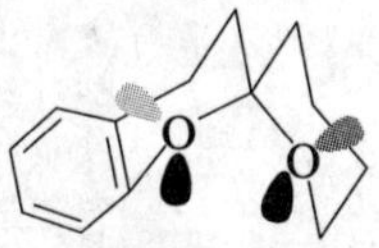

(2) 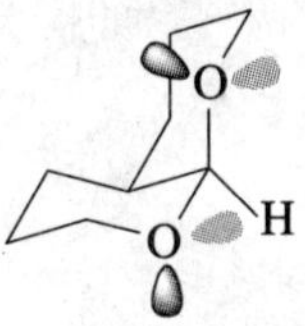

4. 比较下列分子的稳定性

(1) 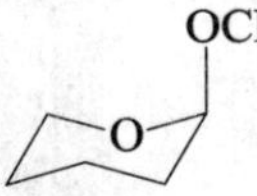 > 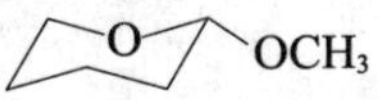

(2) 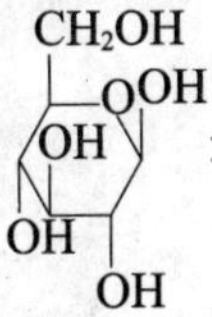 > 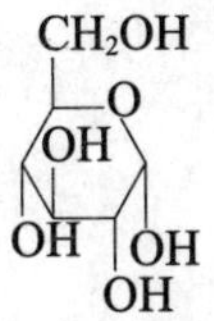

5. 参考(魏荣宝，高等有机化学，北京：高等教育出版社，2008)

第 2 章

1. 完成下列反应(D－A 反应)

1) 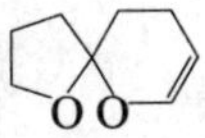

2) 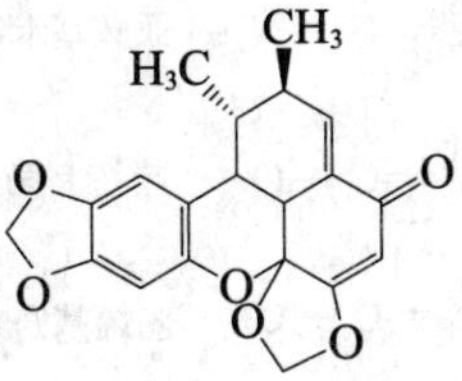

3) 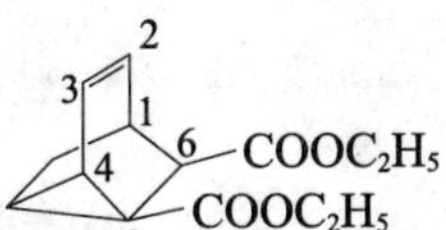

4) 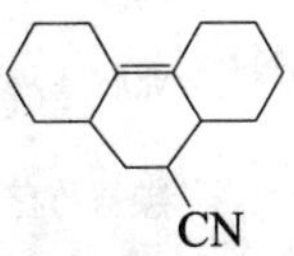

5）EtOOC　COOEt

6）NC　CN　CNCN

2. 完成下列反应(MBH 反应)

1）NO_2　OH　O　NH_2

2）O　OH　CH_3　H_3C　H_3C

3）CH═C(CN)$_2$　HC═C(CN)$_2$

O_2N—C(H)(OH)—C(═C(CN)$_2$)—C$_6$H$_4$—C(═C(CN)$_2$)—C(H)(OH)—NO_2

3. 完成下列反应(消除反应)

1）O_2　5　8　4　7　9　3　R

2）$\overset{+}{N}$—CH_3

4. 完成下列反应(逐出反应)

1）

2）Ph　Ph　Ph　Ph　Ph　Ph

5. 18 种：

(1) 中间原子为 O 的中间体(3 种)

$>C=\overset{+}{O}-\overset{-}{C}<$ ⟷ $>\overset{+}{C}-O-\overset{-}{C}<$　羰基叶立德

$>C=\overset{+}{O}-\overset{-}{O}$ ⟷ $>\overset{+}{C}-O-\overset{-}{O}$　羰基氧化物

$O=\overset{+}{O}-\overset{-}{O}$ ⟷ $\overset{+}{O}-O-\overset{-}{O}$　臭氧

(2) 中间原子为 C 的中间体(6 种)

$:C-\overset{|}{C}=C<$ ⟷ $-\overset{+}{C}=\overset{|}{C}-\overset{-}{C}<$　乙烯基卡宾

$:C-\overset{|}{C}=N-$ ⟷ $-\overset{+}{C}=\overset{|}{C}-\overset{-}{N}-$　亚胺基卡宾

$:C-\overset{|}{C}=O$ ⟷ $-\overset{+}{C}=\overset{|}{C}-\overset{-}{O}$　羰基卡宾

$:N-\overset{|}{C}=C<$ ⟷ $\overset{+}{N}=\overset{|}{C}-\overset{-}{C}<$　乙烯基乃春

$:N-\overset{|}{C}=N-$ ⟷ $\overset{+}{N}=\overset{|}{C}-\overset{-}{N}-$　亚胺基乃春

$:N-\overset{|}{C}=O$ ⟷ $\overset{+}{N}=\overset{|}{C}-\overset{-}{O}$　羰基乃春

(3) 中间原子为 N 的中间体(9 种)

$$-C\equiv\overset{+}{N}-\overset{-}{C}< \longleftrightarrow -\overset{+}{C}=N-\overset{-}{C}<$$ 腈叶立德

$$-C\equiv\overset{+}{N}-\overset{-}{O} \longleftrightarrow -\overset{+}{C}=N-\overset{-}{O}$$ 氧化腈

$$-C\equiv\overset{+}{N}-\overset{-}{N}< \longleftrightarrow -\overset{+}{C}=N-\overset{-}{N}<$$ 腈亚胺

$$N\equiv\overset{+}{N}-\overset{-}{C}< \longleftrightarrow \overset{+}{N}=N-\overset{-}{C}<$$ 重氮烷

$$N\equiv\overset{+}{N}-\overset{-}{N}- \longleftrightarrow \overset{+}{N}=N-\overset{-}{N}-$$ 叠氮物

$$N\equiv\overset{+}{N}-\overset{-}{O} \longleftrightarrow \overset{+}{N}=N-\overset{-}{O}$$ 一氧化二氮

$$>C=\overset{+}{N}(-)-\overset{-}{C}< \longleftrightarrow >\overset{+}{C}H-N(-)-\overset{-}{C}<$$ 亚甲胺叶立德

$$>C=\overset{+}{N}(-)-\overset{-}{N}- \longleftrightarrow >\overset{+}{C}-N(-)-\overset{-}{N}-$$ 亚甲胺亚胺

$$>C=\overset{+}{N}(-)-\overset{-}{O} \longleftrightarrow >\overset{+}{C}-N(-)-\overset{-}{O}$$ 氧化亚甲胺

与 2-丁炔的反应:

$$CH_3C\equiv CCH_3 + \overset{+}{N}=C(-)-\overset{-}{C}< \longrightarrow$$ (环加成产物)

第 3 章

1. 该反应被认为是先发生电环化反应，生成一个三元环。而后三元环发生 1,5-σ 迁移，在开环。所以实际上是烷基不动，环丙基在移动，如下所示。

CN, CH_3, R, 1, 2, 3, 4, 5

2. 完成下列反应

1) 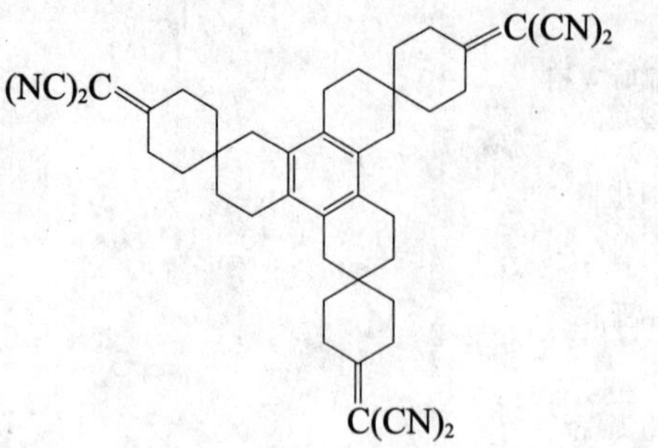 $(NC)_2C$ ... $C(CN)_2$ ... $C(CN)_2$

2) H_3C—

3) H_3COOC HO OH $COOCH_3$ HO OH HO OH H_3COOC HO OH $COOCH_3$

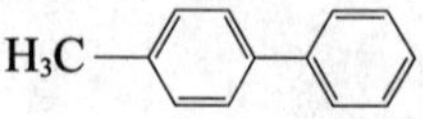

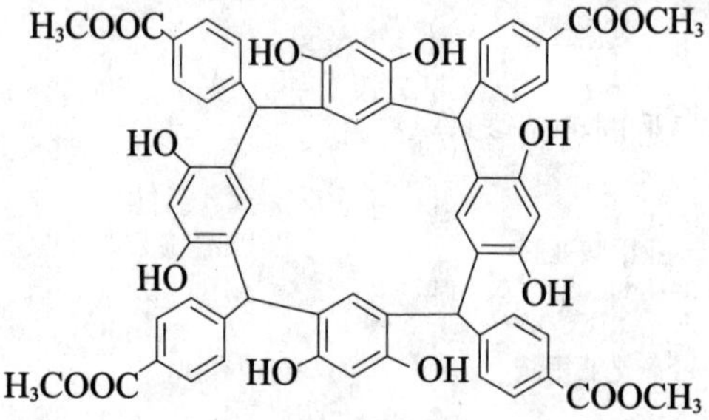

4) 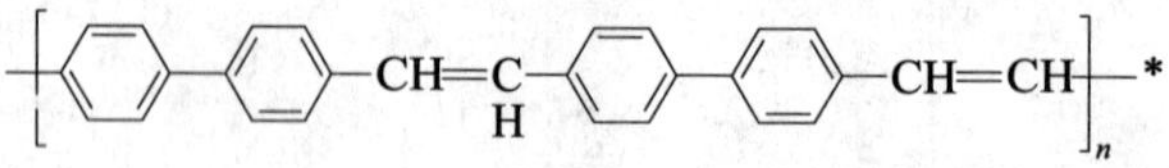 —CH═C(H)— —CH═CH— $_n$ *

5) 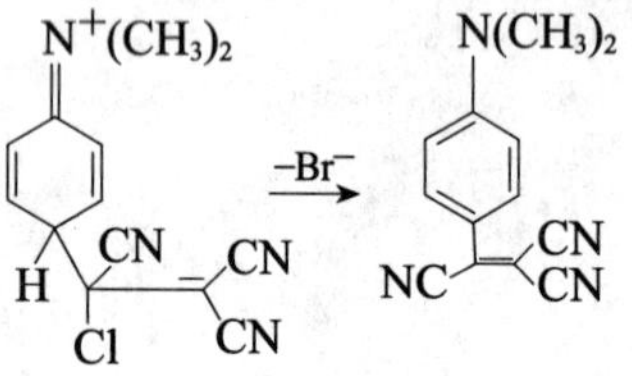 $N^+(CH_3)_2$ H CN CN Cl CN $\xrightarrow{-Br^-}$ $N(CH_3)_2$ NC CN CN

6) 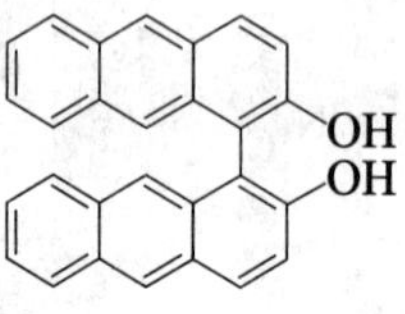 OH OH

第4章

1. 完成下列反应

1) 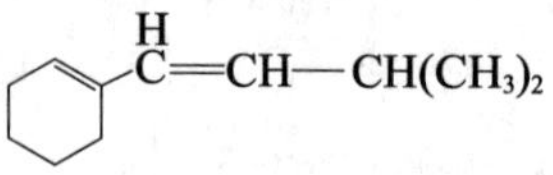 C(H)═CH—CH$(CH_3)_2$

2) C(═O)—C(H)(OH)— C(═O)—C(═O)— —C≡C—

3) COOEt H_3C COOEt

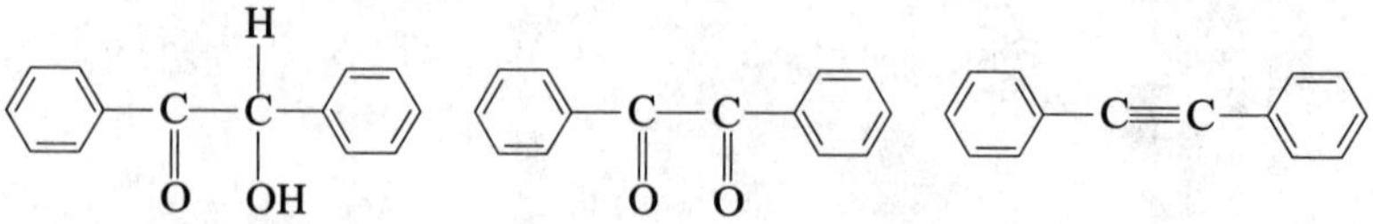

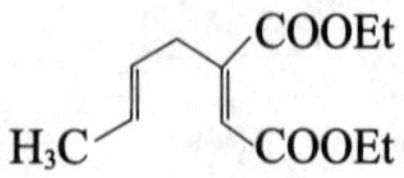

4)

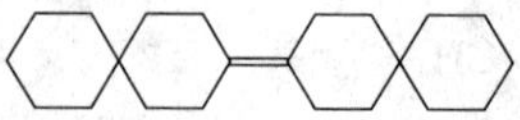

5)

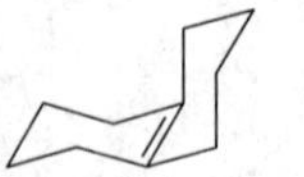

6) 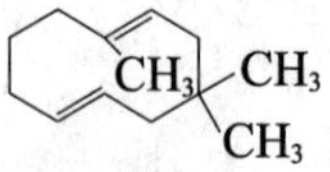 CH_3 CH_3 CH_3

2. 这里发生了典型的 ABCDE 消去反应，过程如下：

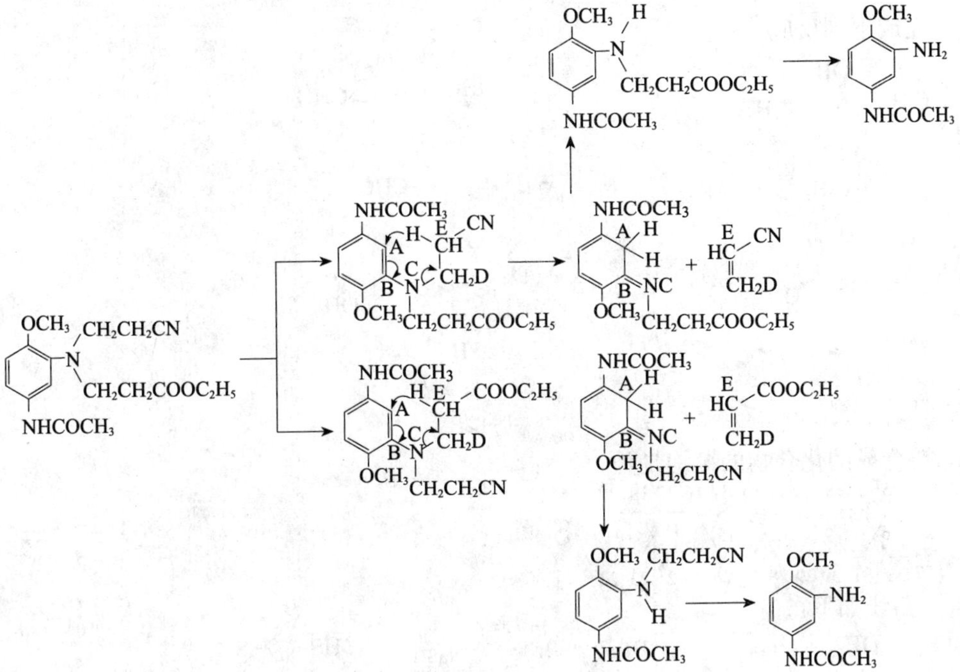

OCH_3 H N $CH_2CH_2COOC_2H_5$ $NHCOCH_3$ → OCH_3 NH_2 $NHCOCH_3$

$NHCOCH_3$ H E CN A CH C CH_2D B N OCH_3 $CH_2CH_2COOC_2H_5$ → $NHCOCH_3$ A H H B NC OCH_3 $CH_2CH_2COOC_2H_5$ + E HC CN CH_2D

OCH_3 CH_2CH_2CN N $CH_2CH_2COOC_2H_5$ $NHCOCH_3$

$NHCOCH_3$ H E $COOC_2H_5$ A CH C CH_2D B N OCH_3 CH_2CH_2CN → $NHCOCH_3$ A H H B NC OCH_3 CH_2CH_2CN + E HC $COOC_2H_5$ CH_2D

OCH_3 CH_2CH_2CN N H $NHCOCH_3$ → OCH_3 NH_2 $NHCOCH_3$

3.

1）HO HO OBn OBn

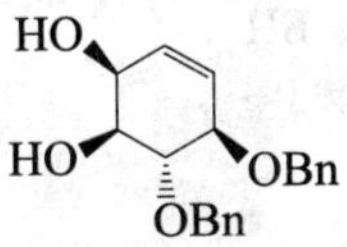

发生顺式消除

2）HO OH OBn OBn

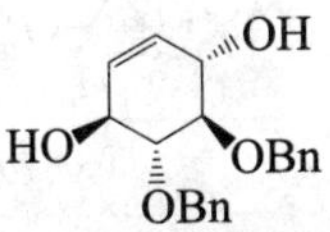

发生反式消除

3）生成两个 6 元螺环化合物，而不生成 3 和 9 元螺环化合物

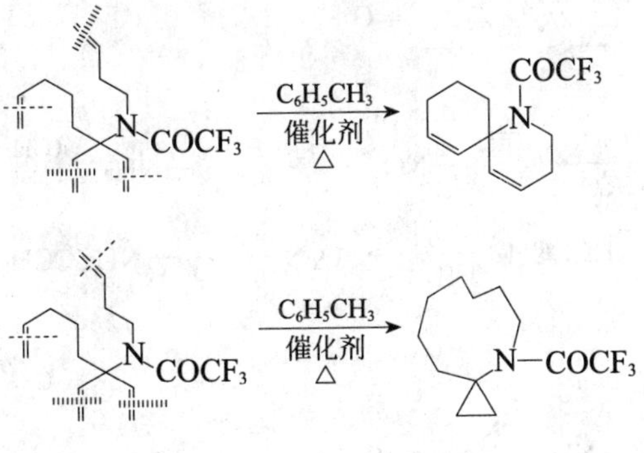

N $COCF_3$ —$C_6H_5CH_3$ 催化剂 △→ $COCF_3$ N

N $COCF_3$ —$C_6H_5CH_3$ 催化剂 △→ N—$COCF_3$

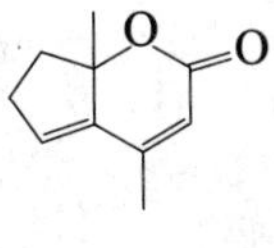

4）O O

5）O

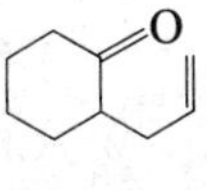

第 5 章

1. 完成下列反应

1）（2,4,6-三乙基-3-烯丙基苯酚结构）

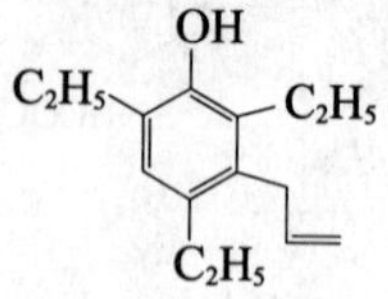

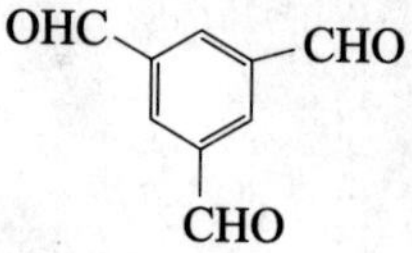

2）（1,3,5-苯三甲醛结构：OHC、CHO、CHO）

3）（4-氧代戊酸丁酯结构）

4）（4-氧代戊酸结构，OH）

5）（2-烯丙基苯胺结构，NH_2）

6）（2-烯丙基苯硫酚结构，SH）

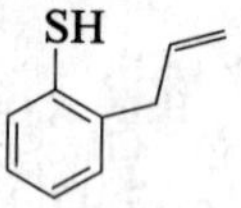

2. 要合成的化合物的结构是为：

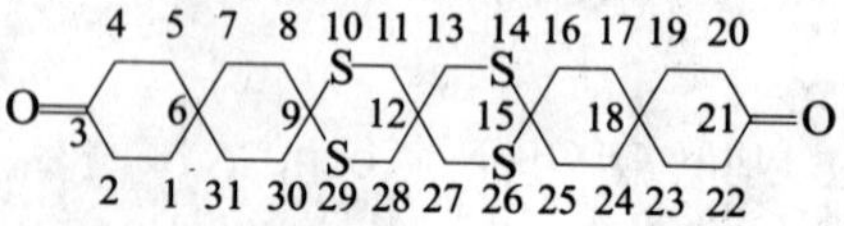

（二螺环二硫缩酮结构，原子编号 1–31，两端 C3、C21 为羰基 O）

合成路线如下：

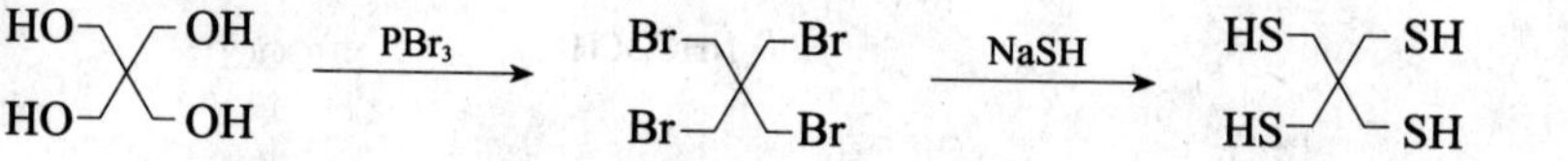

$C(CH_2OH)_4 \xrightarrow{PBr_3} C(CH_2Br)_4 \xrightarrow{NaSH} C(CH_2SH)_4$

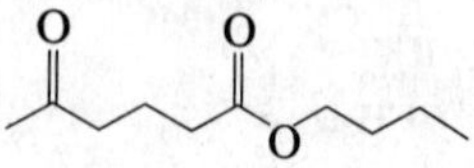

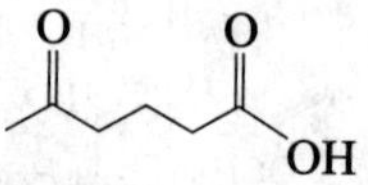

或：$C(CH_2OH)_4 \xrightarrow{TsCl} C(CH_2OTs)_4 \xrightarrow{NaSH} C(CH_2SH)_4$

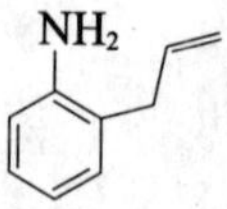

螺[5.5]十一烷-3,9-二酮 $\xrightarrow[1mol]{CH_2(CN)_2}$ O=螺环=$C(CN)_2$ $\xrightarrow[InCl_3]{C(CH_2SH)_4}$

$(NC)_2C$=螺环-二硫缩酮-螺环=$C(CN)_2$ $\xrightarrow{NaOH/H_2O}$

O=螺环-二硫缩酮-螺环=O

3.

$C_6H_6 \xrightarrow[H_2SO_4]{HNO_3} C_6H_5NO_2 \xrightarrow{[H]} C_6H_5NH_2 \xrightarrow{(CH_3CO)_2O}$

$C_6H_5NHCOCH_3 \xrightarrow[H_2SO_4]{HNO_3} O_2N-C_6H_4-NHCOCH_3 \xrightarrow{H_2O}$

$O_2N-C_6H_4-NH_2 \xrightarrow[HCl]{NaNO_2} O_2N-C_6H_4-N_2^+ \xrightarrow{1,3,5-(CH_3)_3C_6H_3}$

$O_2N-C_6H_4-N=N-C_6H_2(CH_3)_3$（2,4,6-三甲基） $\xrightarrow{[H]} H_2N-C_6H_2(CH_3)_3$（2,4,6-三甲基苯胺）

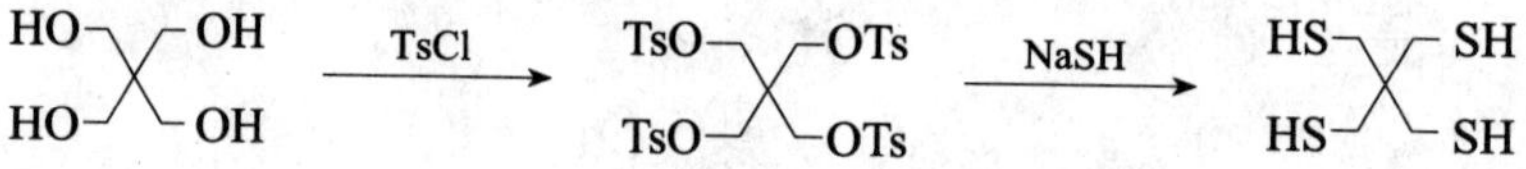

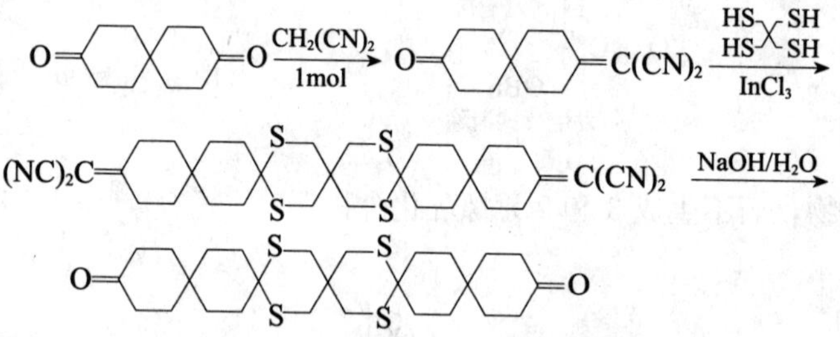

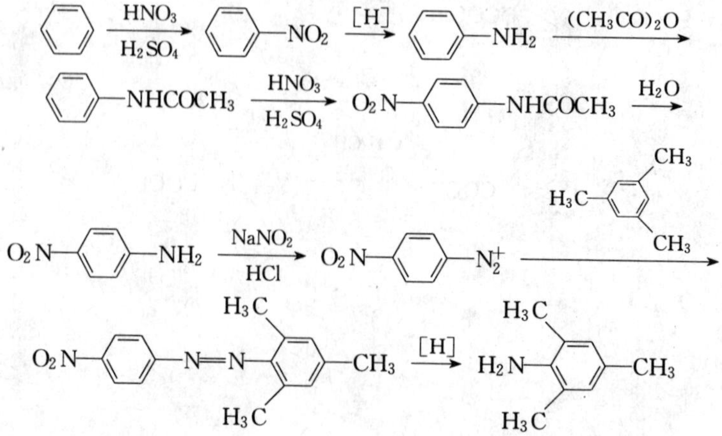

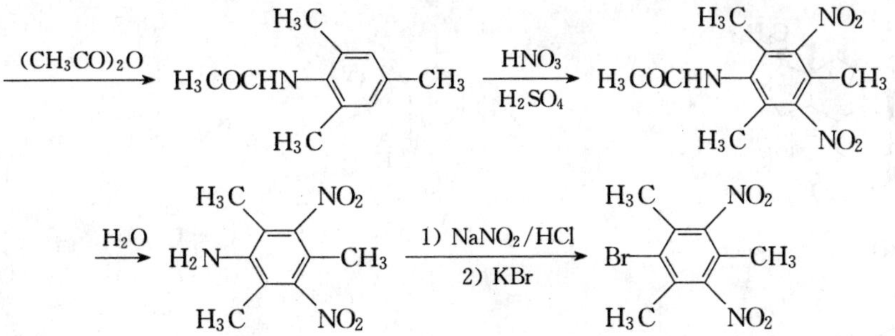

$\xrightarrow{(CH_3CO)_2O}$ H_3COCHN—(2,4,6-trimethylphenyl) $\xrightarrow[H_2SO_4]{HNO_3}$ H_3COCHN—(2,4,6-trimethyl-3,5-dinitrophenyl)

$\xrightarrow{H_2O}$ H_2N—(2,4,6-trimethyl-3,5-dinitrophenyl) $\xrightarrow[2)\ KBr]{1)\ NaNO_2/HCl}$ Br—(2,4,6-trimethyl-3,5-dinitrophenyl)

第6章

1. 完成下列转化

1） 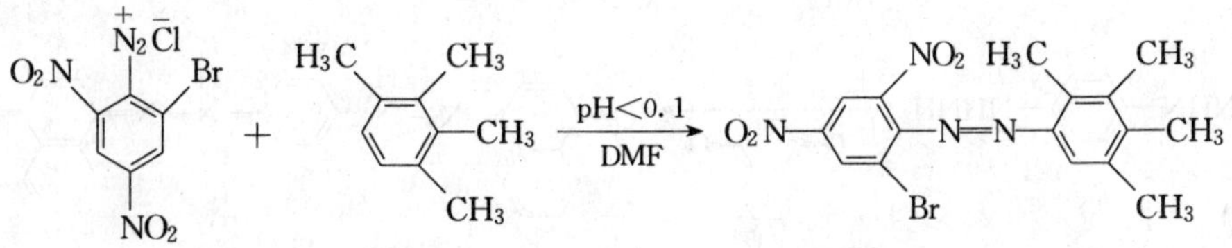 2,4-dinitro-6-bromobenzenediazonium chloride ($\overset{+}{N_2}\overset{-}{Cl}$) + 1,2,3,4-tetramethylbenzene $\xrightarrow[DMF]{pH<0.1}$ O_2N—Ar—N=N—Ar′ (Br, NO_2; H_3C, CH_3, CH_3, CH_3)

2） 2,4-dinitrobenzenediazonium chloride ($\overset{+}{N_2}\overset{-}{Cl}$) + 1,3,5-trimethylbenzene $\xrightarrow[DMF]{pH<0.1}$ O_2N—Ar—N=N—Ar′ (Br, NO_2; H_3C, CH_3, H_3C)

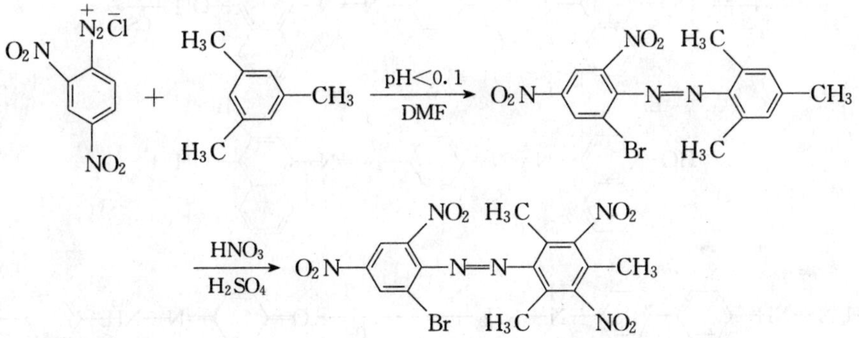

$\xrightarrow[H_2SO_4]{HNO_3}$ O_2N—Ar—N=N—Ar′ (Br, NO_2; H_3C, NO_2, CH_3, H_3C, NO_2)

2. 完成下列反应式

1） 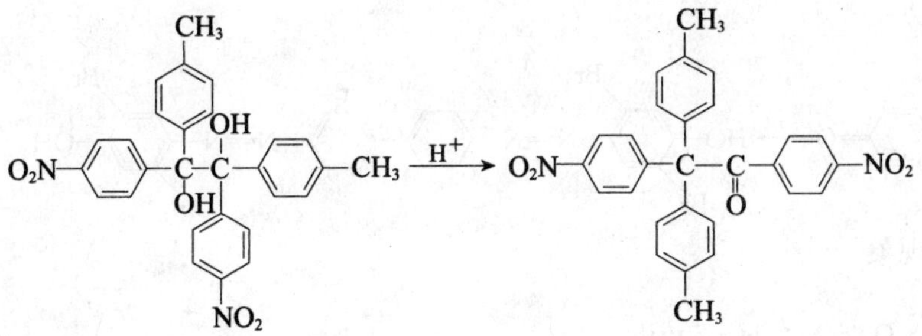 O_2N—C₆H₄—C(OH)(C₆H₄CH₃)—C(OH)(C₆H₄NO₂)—C₆H₄—CH_3 $\xrightarrow{H^+}$ O_2N—C₆H₄—C(C₆H₄CH₃)₂—C(=O)—C₆H₄—NO_2

2） (1-chlorocyclopentyl)(1-hydroxycyclohexyl) (Cl, OH) $\xrightarrow{AgNO_3}$ (+, OH) $\longrightarrow$

(epoxide, $\overset{+}{O}$H) $\longrightarrow$ (OH, +) $\longrightarrow$ spiro ketone (O)

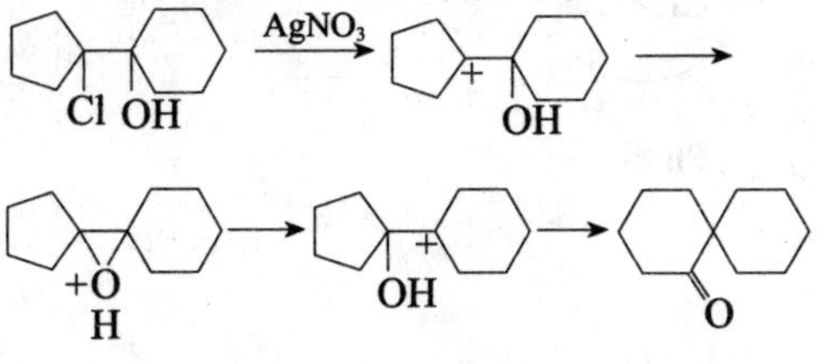

3） 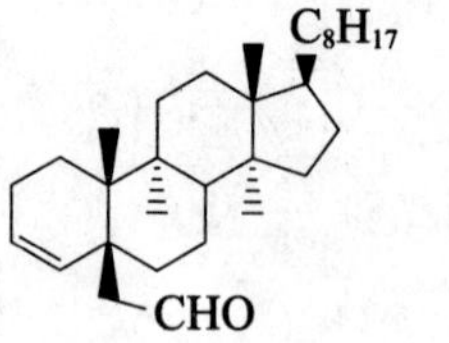

4） 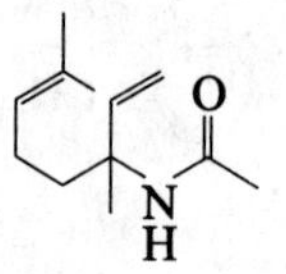

5） 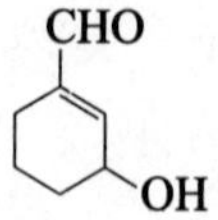

3. 用非重氮偶联法合成下列染料

1） 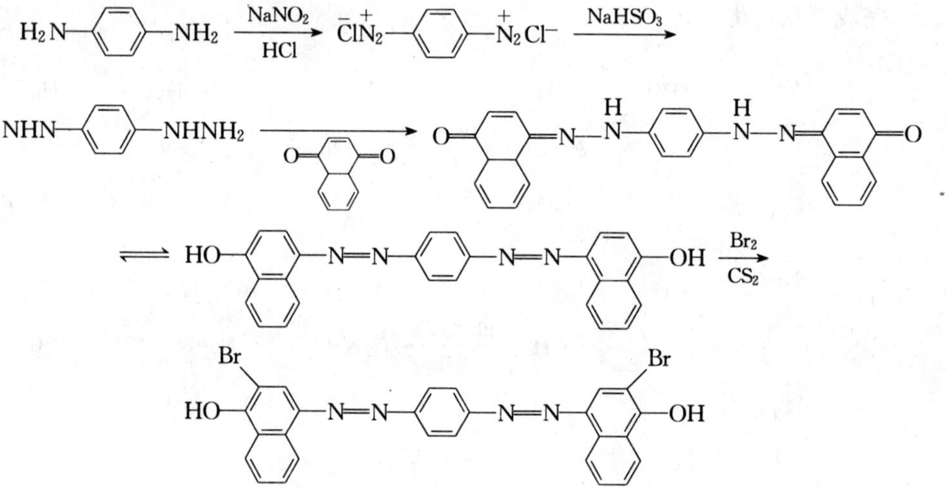

2） 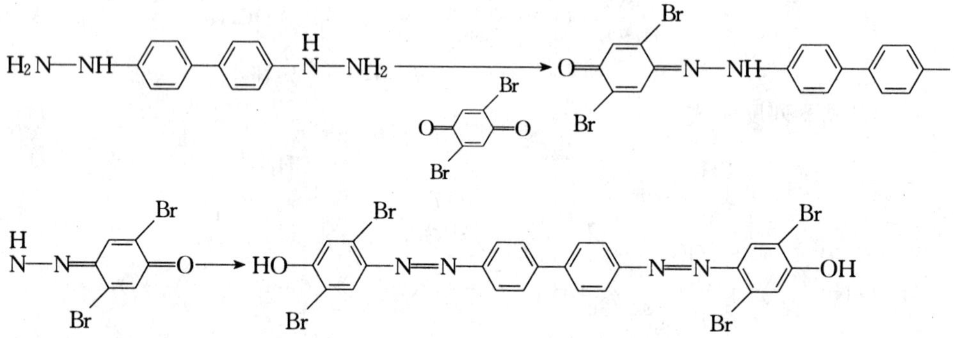

4. 解释下列现象

1） 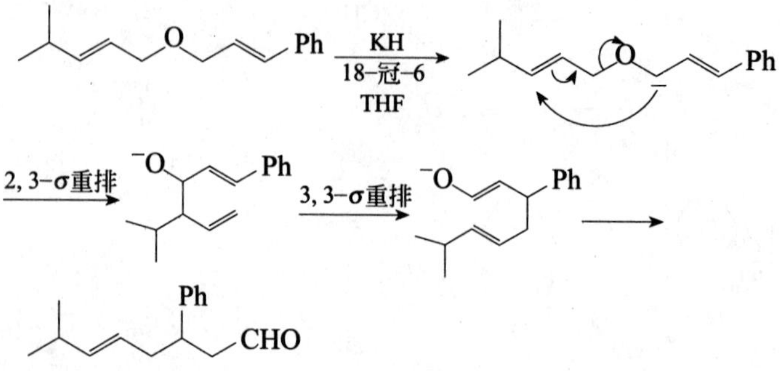

第7章

1. ee值为对映体过量(enantiomeric excess)值，用e. e. %来描述。

de值为非对映体过量(diastereomeric excess)用de%来描述。

美国有机化学杂志(J. Org. Chem. 2006，71，2411—2416)对其解释如下：

Do the Terms “% ee” and “% de” Make Sense as Expressions of Stereoisomer Composition or Stereoselectivity?

Enantiomeric excess(ee)was originally defined as a term to describe enantiomeric composition and was equated with optical purity. More recently，ee and its cousin de(diastereomeric excess)have been used(inappropriately)to quantitate stereoselectivity. The quantity ee has been used in equations describing processes such as kinetic resolutions，but these equations are unnecessarily complex because it is enantiomer ratio，not enantiomeric excess，that directly reflects relative rates. A historical summary of the development of ee as an expression of enantiomer composition and enantioselectivity is presented，along with new equations and figures defining and illustrating the stereoselectivity factor，s，kinetic resolutions versus % conversion，and linear correlations of enantiomer composition of catalysts and products. New figures illustrating nonlinear effects versus enaniomer composition are presented，and Kagan's index of amplification for positive nonlinear effects is discussed and illustrated. A case is made for the discontinuance of ee and de as descriptors of stereoisomer composition and stereoselectivity.

2. 含有对称因素的具有光学活性的分子称为非对称分子。如：

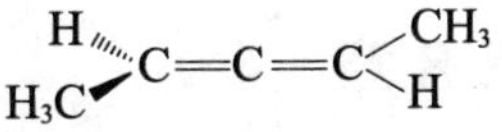

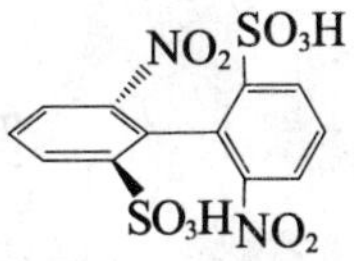

H, H_3C—C=C=C—CH_3, H　　（联苯：NO_2, SO_3H, SO_3H, NO_2）

不含任何对称因素的具有光学活性的分子称为不对称分子。如：

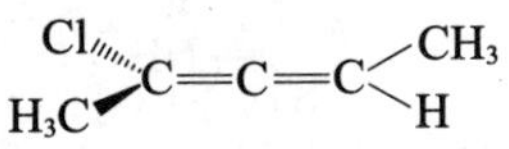

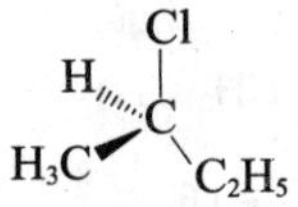

Cl, H_3C—C=C=C—CH_3, H　　H, Cl, H_3C—C—C_2H_5

3. 确定下列分子的R或S构型

1) 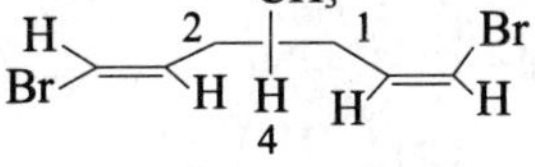 3 CH_3; H, Br 2 — H 4 — 1 H, Br, H　R

2) 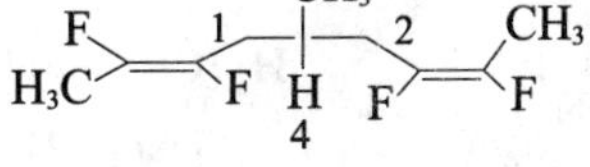 3 CH_3; F, H_3C 1 — F H 4 — 2 F, CH_3, F　S

3) 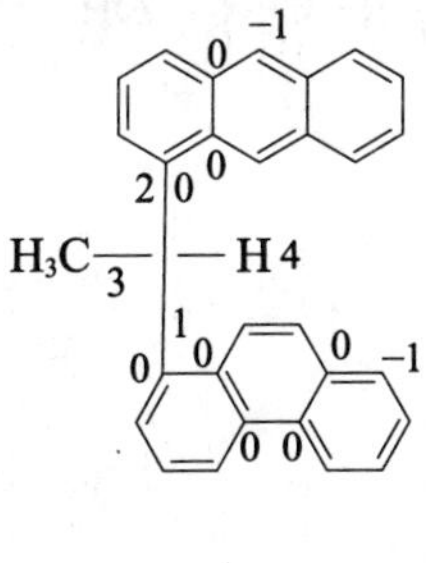 H_3C 3 — — H 4（2：蒽基；1：菲基；0，−1）　R

4) 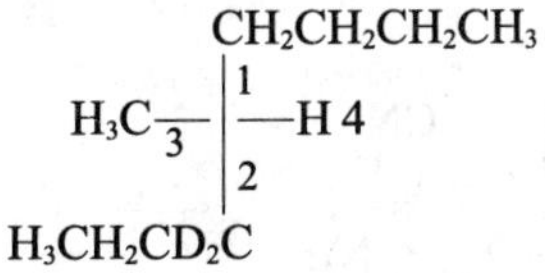 $CH_2CH_2CH_2CH_3$ 1; H_3C 3 — — H 4; 2 $H_3CH_2CD_2C$　S

5) Fischer projection: CH_3; H—S—OH; H—S—OH; HO—S—H; H—R—OH; HO—S—H; CH_3　S

6) 2-pyridyl—CH(H)—CH(H)(Br)—C≡N　S

7) $(CH_2)n$ 4S 2 3 1 $(CH_2)n$

8) S　S　S

9) $H_3C—N=C(CH_3)—C(CH_3)_2$—C(8-quinolyl)(R)—CH_3, H　(1, 2, 3, 4)

(参考文献：Neil Issaacs，Physical Organic Chemistry(2－Edition)，Addison Wesley Longman. 1996.)

第8章

1. 环二硫醚分解成巯基乙醛，对氰基加成，而后对醛基加成，脱水异构而成。

$$\text{HO-(1,4-dithiane)-OH} + CH_2(CN)_2 \xrightarrow{H^+} \text{2-amino-3-cyanothiophene}$$

$H—S—CH_2CHO$ + $N≡C—CH_2CN$ ⟶ $H—CH(CN)—C(=NH)—S—CH_2—CHO$ ⟶ $H—CH(CN)—C(=NH)—S—CH_2—CH=OH^+$ ⟶ HO, H, CN, =NH (thiolane) ⟶ 3-CN, 2-NH_2 thiophene

2. 解：

$$H_2C(COOC_2H_5)C(=O)Ph + H_2N-NH_2 \longrightarrow \text{3-phenyl-pyrazol-5-one} \xrightarrow{Cl_2} \text{4,4-dichloro-3-phenyl-pyrazol-5-one}$$

$$\xrightarrow{NaOH} \text{4-chloro-3-}C_6H_5\text{-pyrazol-5-one (3H)} \longrightarrow C_6H_5C\equiv CCOOH$$

3. 用 IUPAC 命名下列化合物

A　1H，2H，3H，4H－quinoline

B　pyrrolo－[3,2－b] thiophene

C　pyrrolo－[2,3－b] thiophene

D　6H－oxino [2,3－b] pyrrole

E　thieno－[3,2－b] furan or thiopheno－[3,2－b] furan

F　thieno－[3,2－d] isoxazole or thiopheno－[3,2－d] isoxazole

4. 下列那些杂环化合物具有芳香性?

B　D

5.

1-azidoadamantane $\xrightarrow{light}$ adamantyl nitrene ($\ddot{N}$) $\longrightarrow$ Ad–N=N–Ad

6. (Ref：Schwesinger R，Angew Chem Int Ed engl 1987 26：1165)

7.

2,4-dimethoxy-... (OMe, Me, CHO, MeO, Me, OMe substituted benzaldehyde) $\xrightarrow{h\nu}$ (OMe, Me, =CHOH, MeO, =CH_2, OMe dienol) $\xrightarrow[\text{Me, =, COOMe}]{\triangle}$ (OMe, OH, Me, Me, COOMe, MeO, OMe tetrahydronaphthalene)

8. 完成下列反应

1) dispiro cyclobutane-1,3-dione with two cyclohexane rings (O, O)

2) adamantanone-type ketone (O)

3) 1,3,5-triacetylbenzene ($COCH_3$, H_3COC, $COCH_3$)

4) 2,3,5,6-tetrahydroxy-1,4-benzoquinone (HO, OH, HO, OH, O, O)

5) spiro[5.7]tridec-1-en-3-one (O)

6) p-quinquephenyl

第9章

1. 命名下列化合物

1) 1′-甲-3-基苯基-3H-螺［苯并［d］恶唑-2,3′-吡咯啉］

2) 2′-甲基-2H，2′H-螺［苯并噻吩-3,3′-苯并呋喃］

3) 1-硫杂-9,13-氧杂-12-甲基二螺［4.2.5.2］-10-十五醇

4) 四螺［2.2.2.2.4.2.2.2.2］二十二烷

2. 完成下列反应

1) 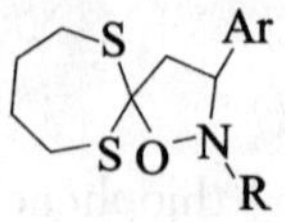 S, S, O, N, Ar, R

2) 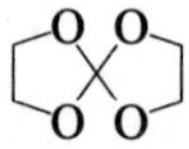 O O O O

3) 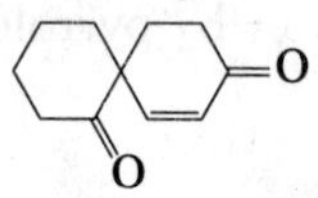 O, O

4) 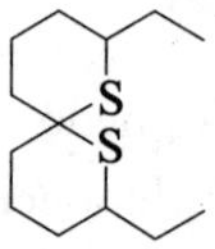 S, S

第10章

1. 完成下列反应

1) 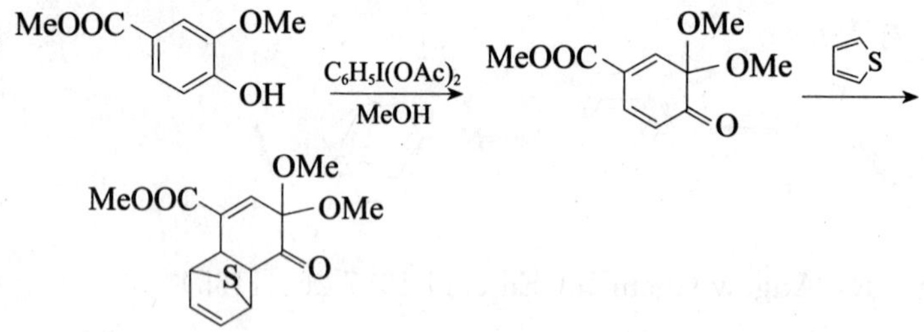 MeOOC, OMe, OH $\xrightarrow[MeOH]{C_6H_5I(OAc)_2}$ MeOOC, OMe, OMe, O $\xrightarrow{\text{thiophene (S)}}$ MeOOC, OMe, OMe, O, S

2) H_3COOC, O, $COOCH_3$ $\xrightarrow[H^+]{CHO\text{-}CHO}$ H_3COOC, $COOCH_3$, O, O, H_3COOC, $COOCH_3$

$\xrightarrow[\triangle]{H^+}$ O=, =O $\xrightarrow[H^+]{HS, SH, HS, SH}$

HS, S, S, SH, HS, S, S, SH $\xrightarrow[\text{spiro ketone (O)}]{H^+}$

S, S, S, S, S, S, S, S

3) C=O, H—C=O + H_3COOC, O, $COOCH_3$ $\xrightarrow[(2)\ HOAc/HCl]{(1)\ pH=8}$ O=, =O

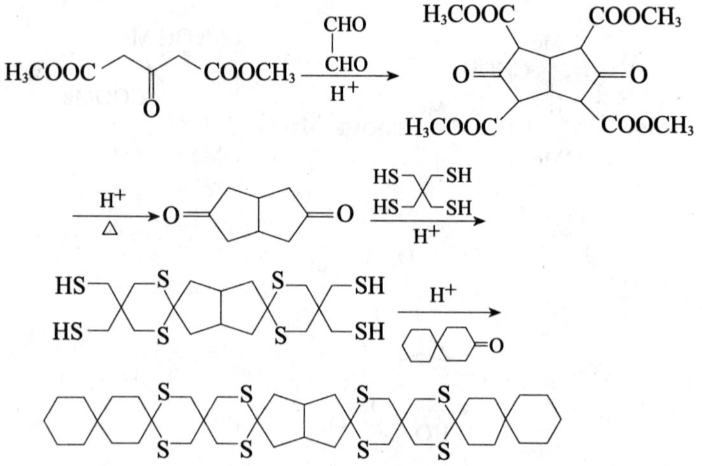

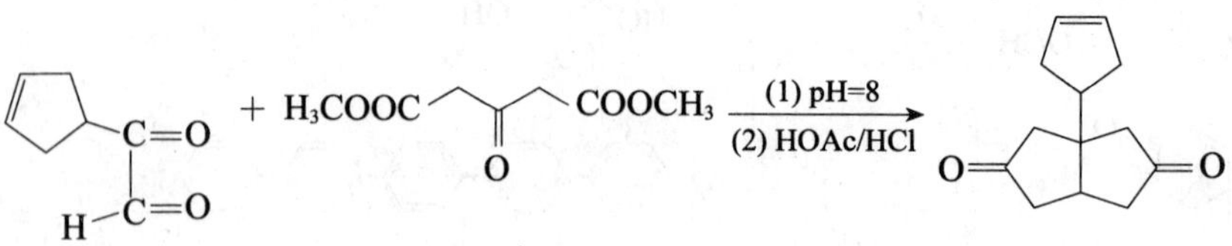

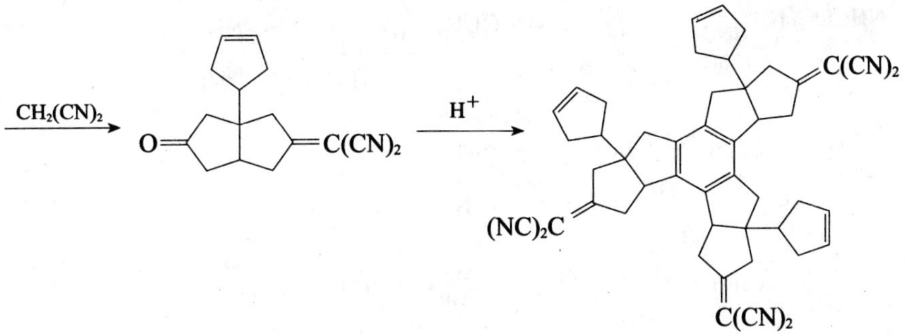

$\xrightarrow{CH_2(CN)_2}$ O=(bicyclic)=C(CN)$_2$ $\xrightarrow{H^+}$ C(CN)$_2$ (NC)$_2$C C(CN)$_2$

4）2

5） 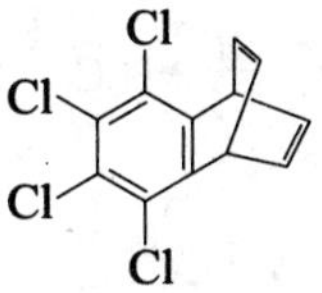 Cl Cl Cl Cl

2. 解释反应过程

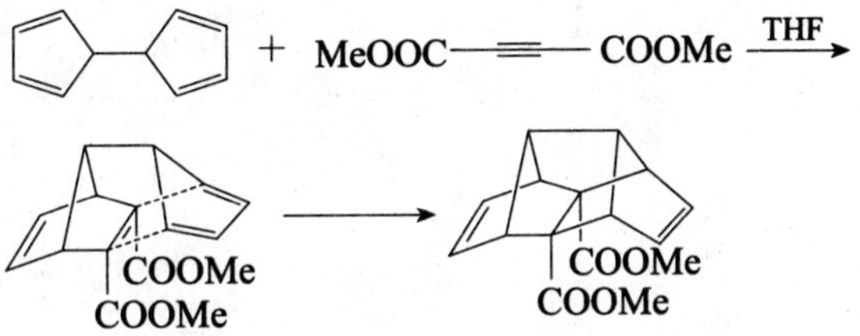

+ MeOOC—≡—COOMe $\xrightarrow{THF}$

COOMe COOMe ⟶ COOMe COOMe

第 11 章

1.

1） 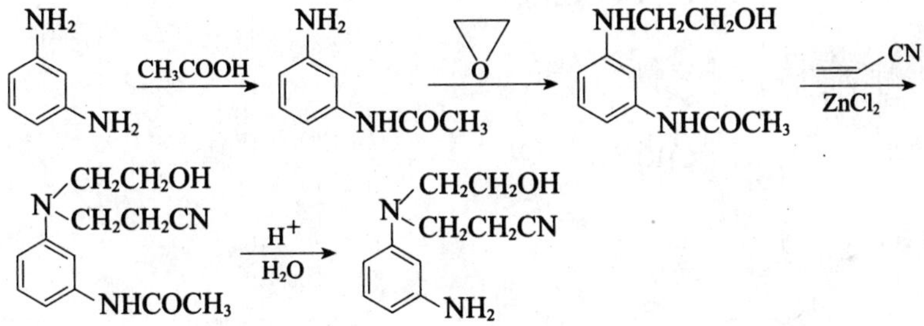 NH_2 NH_2 $\xrightarrow{CH_3COOH}$ NH_2 $NHCOCH_3$ $\xrightarrow{\text{环氧乙烷}}$ $NHCH_2CH_2OH$ $NHCOCH_3$ $\xrightarrow[ZnCl_2]{CH_2=CHCN}$

N(CH_2CH_2OH)(CH_2CH_2CN) $NHCOCH_3$ $\xrightarrow[H_2O]{H^+}$ N(CH_2CH_2OH)(CH_2CH_2CN) NH_2

2） 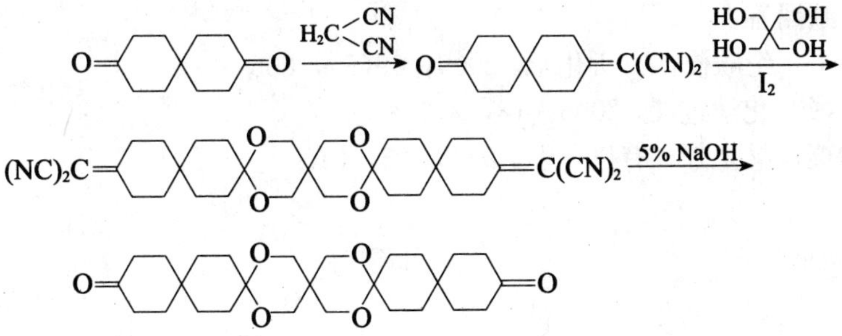 O= =O $\xrightarrow{H_2C(CN)_2}$ O= =C(CN)$_2$ $\xrightarrow[I_2]{C(CH_2OH)_4}$

(NC)$_2$C= O O O O =C(CN)$_2$ $\xrightarrow{5\%\ NaOH}$

O= O O O O =O

3） $\xrightarrow[FeBr_3]{CH_3Br}$ CH_3 $\xrightarrow[H_2SO_4]{HNO_3}$ NO_2 H_3C $\xrightarrow{[H]}$ NH_2 H_3C $\xrightarrow{CH_3COOH}$

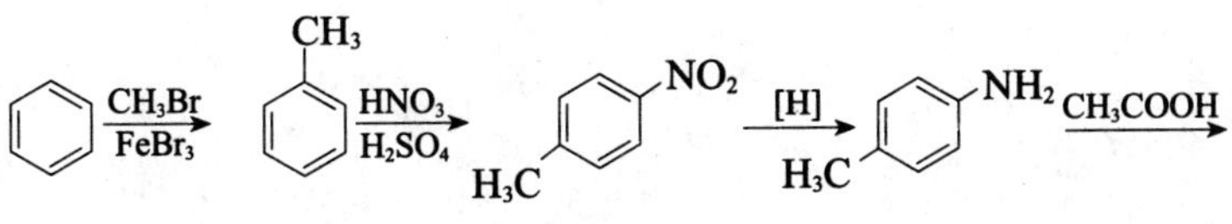

H_3C–C_6H_4–$NHCOCH_3$ $\xrightarrow[H_2SO_4]{HNO_3}$ (4-H_3C, 2-NO_2)C_6H_3–$NHCOCH_3$ $\xrightarrow{H^+}$ (4-H_3C, 2-NO_2)C_6H_3–NH_2

$\xrightarrow[HCl]{NaNO_2}$ (4-H_3C, 2-NO_2)C_6H_3–$\overset{+}{N_2}\overset{-}{Cl}$ $\xrightarrow{H_3PO_2}$ 3-H_3C–C_6H_4–NO_2

4）H_3C–CO–CH_2CH_2Br $\xrightarrow[H^+]{CH_2OHCH_2OH}$ (O, O) H_3C–CH_2CH_2Br $\xrightarrow[THF]{Mg}$

(O, O) H_3C–CH_2CH_2MgBr $\xrightarrow{CH_3COCH_3}$ $\xrightarrow{H^+}$ H_3C–CO–CH_2CH_2–C(CH_3)$_2$OH

5）R, OH, OCH_3, $COOCH_3$, OBn

2. 填上反应条件

1）C_6H_4[CH$(OCOCH_3)_2$]$_2$ $\xrightarrow{InBr_3}$ $C_6H_4(CHO)_2$

2）CH$(OCOCH_3)_2$–C_6H_4–CH=C$(CN)_2$ $\xrightarrow{NaOH}$ CH$(OCOCH_3)_2$–C_6H_4–CHO

3）(S, S) $\xrightarrow{HgCl_2}$ (O)

3. 请参考下列文献回答：

1）沈舒苏，徐小平，纪顺俊，有机化学，2009，29(5)，806

2）张占辉，刘庆彬．化学进展，2006，18，270

3）王宏社，苗建英，赵立芳．有机化学，2005，25，615

参考文献

[1] ANGELL Y L，BURGESS K. Chem. Soc. Rev.，2007，36：1674-1689.

[2] AVALOS M；BABIANO，R；CABELLO N，et al；Org. Chem，2003，68：7193.

[3] BACHAND B，OVERMEN L E，POON D J. J. Amer. Chem. Soc，1998，120：6477.

[4] BARBERO A，CASTRENO P，PULIDO F. J. Am. Chem. Soc，2005，127：8022.

[5] BARLUENGA J，AZNAR F，BARLUENGA S. Synlett，1997：1040.

[6] BASAVAIAH D，REDDY K R. Org. Lett，2007，9：57.

[7] BERKESSEL A，ROLAND K，NEUDÖRFL J M. Org. Lett，2006，8：4195-4198.

[8] BERNARD，A M，FRONGIA A，GUILLOT R et al. Org. Lett，2007，9(3)：542.

[9] BOLDOG I，GASPAR A B，MARTNEZ Y. et al. Chem. Int. Ed，2008，47：1.

[10] BUCKNUM M J，PICKARD C J，STAMATIN I. Molecular Phys，2005，103：2707.

[11] BUCKNUM M J PICKARD C J，STAMATIN I CASTRO E A J. Theore. Comput. Chem，2006，5：175.

[12] BURM B E A，GREMMEN C，WANNER M J，KOOMENP G J. Tetrahedron，2001，57：2039.

[13] CAMPS P，DOMINGO L R，FORMOSA X. J. Org. Chem，2006，71：3464.

[14] CANONNE P，BOULANGER，R，ANGERS P. Tetrahedron Lett，1991，32：5861.

[15] CARRUTHERS W，COLDHAM L. Modern Methods of Org Synth，4th Edition，2008：125，121-151，233.

[16] CHEN Z，FAN J，KENGE A S. J. Org. Chem，2004，69：79.

[17] CHEN Y Y，LUO S Y，HUNG S C. Carbohydrate Research，2005，340：723.

[18] CHIANG C L WU M F DAI D C，ADV FUNCT. Mater，2005，15：231.

[19] CHU Y，LYNCH V，IVERSON B L. Tetrahedron，2006，62：5536.

[20] CHU Y，SOREY S，HOFFMAN D M，IVERSON B L. J. Am. Chem. Soc，2007，129：1304.

[21] COOK C E. US 6，403，235，2000

[22] CREMER N S，HAMAMOUCH N. J Med Chem，2006，49：4834.

[23] CREMONESI G，CROCE P D，FONTANA F. Tetrahedron Asymmetry，2005，16：3371.

[24] DANDIA A，SINGH R，SARAWGI P，KHATURIA S. Chin. J. Chem，2006，24，950.

[25] DING K，LU Y P. J. Med. Chem，2006，49：3432.

[26] DISADEE W，ISHIKAWA T，KAWAHATA M. J. Org. Chem，2006，71：6600.

[27] DODZIUK H，LESZCZYNSKY J，JACKOWSKI K. Tetrahadron，2001，57：5509.

[28] EATON P E. J. Amer. Chem. Soc，1981，103，2134；薛价猷. 化学通报，1985，2：36.

[29] EDWARD J T. Chem. Ind，1955，1102.

[30] ESKANDARI K，VILA A，MOSQUERA R A. J. Phys. Chem. A，2007，111：8491.

[31] FENG P Z，CHIN. J. Polym. Sci. 1994，12(3)：284.

[32] FOURNIER D，HOOGENBOOM R，SCHUBERT U S. Chem. Soc. Rev.，et al. 2007，36：1369-1380.

[33] FRANK N L，ClE′RAC B，SUTTER J P，et al. J. Am.. Chem. Soc，2000，122：2053.

[34] GALVA′N F，OLIVARES DEL VALLE F J，MART?′ N M E，AGUILAR M A. Theor Chem Acc，2004，111：196.

[35] GELMI E M，CLERICI F，GELMI M L. Tetrahedron，1999，55：8579.

[36] GEOKJIAN P G，MSADDEK M，PRALY J P. Tetrahedron Lett，2006，47：6143.

[37] GRISORIO R，MASTRORILLI P NOBILE C F. Macromol Chem. Phys.，2005，206：448.
[38] Guilaumet G. US 5420150，1995.
[39] GUO Z Q，GUAN X Y，CHEN Z Y. Tetraghedron Asymmetry，2006，17：468.
[40] GUTMAN A L，ZUOBI K，BRAVDO T. J. Org. Chem，1990，55(11)：3546.
[41] H. R. 韦斯帕，G. R. E. 范洛门，V. K. 西皮多，中国发明专利，1062530A，1992.
[42] HEK，ZHOU Z H，TANG H Y，et al. Chin. Chem. Lett，2005，16：1427.
[43] HENRIK S，ISMAIL I，LARS E，et al. Angew Chem Int Ed，2005，44：4877.
[44] HINZE C，FRIDERICHS E，AULENBACHER O，et al. DE 10252667A1，2004.
[45] HOHLNEICHER G，BREMM D，WYTKO J. Chem. Eur. J，2003，9：5636.
[46] HUANG J，KERTESZ M. J. Am. Chem. Soc，2003，125：13334.
[47] HUANG J，KERTESZ M. J. Am. Chem. Soc，2006，128：1418.
[48] HUO X H. Nankai University Doctoral Dissertation. 2007.
[49] INGOLD C K，Structure and Mechanium in Organic Chemistry，N Y，1969：689.
[50] ITKIS M E，CHI X，CORDES A W. Science，2002，296：1443.
[51] IWAMOTO T. BULL. Chem. Soc. Jpn，2005，78：393.
[52] JENG L H，CHI W O. Tetrahedron，2006，62：8169.
[53] JENG L H，CHI W O. Tetrahedron，2005，61：1501.
[54] JOSE S C，BOLZE，A P，BERTELSEN S，ANGEW. Chem，2008，120：127.
[55] JOSHI N S，WHITAKER L R，FRANCIS M B. J. Amer. Chem. Soc，2004，126：15942.
[56] JUAN QI，TENG AI，MIN SHI，GUIGEN Li. Tetrahedron，2008，64：1181.
[57] KANG S Y，PARK K S，KIM J Y，et al. Korean Chem. Soc，2007，28：179.
[58] Kato K. US 5591849，1997.
[59] KAUPP G，HERRMANN A，SCHMEYERS J. Chem. Eur. J，2002，8：1395.
[60] KAUPP G，TERRMANN A. J. Prakt. Chem，1997，339：256.
[61] KAWATA A，TAKATA K KUNINOBU Y，TAKAI K，ANGEW. Chem. Int. Ed，2007，46：1.
[62] KING S M，HINTSCHICH S L，DAI D，et al. J. Phys. Chem. C，2007，111：18759.
[63] KRISHNA P R. Tetrahedron：Asymmetry，2005，16：2691.
[64] KUBISK G，FU X，GUPTS A K. Tetrahedron Lett，1990，31：4285.
[65] KUMAR R R，PERUMAL S，KAGAN H B，GUILLO R. Tetrahedron，2006，62：12380.
[66] LEMIEUX R U，CHÜ N J. Abstr. Papers Am. Chem. Soc. Meeting，1958：133.
[67] LI J，ZHANG Z，CHEN Y，LU X. Tetrahedron Lett，1998，39：6507.
[68] LIU J，JIAN T Y，SEBHAT I. Tetrahedron Lett，2006，47：5115.
[69] LIU Y H，SHI M. Adv. Synth. Catal，2008，350：122－128.
[70] MANDELT K，WILMES M I，FITJER L. Tetrahedron，2004，60：11587.
[71] MARTIN－LOPEJ M J，BERMEJO F. Tetrahedron，1998，54：12379.
[72] MARX J，NORMAN L R. J. Org. Chem，1975，40：1602.
[73] Miller B. 高等有机化学. 吴范宏译. 上海：华东理工大学出版社，2005.
[74] MISSIO L J，COMASSETO J V. Tetrahedron Asymmetry，2000，11(22)：4609.
[75] MOHAMED S K，EI－DIN A M N. J. Chem. Res，1999：508.
[76] MOHAPATRA D K，MONDAL D，GONNADE R G. Tetrahedron Lett，2006，47：6031.
[77] MOSES J E，MOORHOUSE A D. Chem. Soc. Rev.，2007，36：1249－1262.
[78] NAKANO A，TAKAHASHI K，ISHIHARA J，HATAKEYAMA S. Org. Lett，2006，8：5357.
[79] NANDIVADA H，JIANG X，LAHANN J. Adv. Mater.，2007，19：2197－2208.
[80] NÙSKE H，BR?SE S，KOZHUSHKOV S I. Chem. Eur. J，2002，8：2349.

[81] NYERGES B, KOVA'CS, A. J. Phys. Chem. A, 2005, 109: 892.
[82] ODA M, FUKUTA A, KAJIOKA T. Tetrahedron, 2000, 56: 9917.
[83] OKADA K, KONDO M, TONINO H. Heterocycles, 1992, 34: 589.
[84] PADMAVATHI V, REDDY K V, PAMAJA K. Indian J. Chem, 2002, 41: 1670.
[85] PARSONS C G R, HENRICH M, DANYSZ W, et al. WO 2003080046 A1, 2003.
[86] PERIO B, DOZIAS M J, JACQUAULT P. Tetrahedron Lett, 1997, 38: 7867.
[87] PRADHAN R, PATRA M, BEHERA A K. Tetrahedron, 2006, 62: 779.
[88] PRADHAN R, PATRA M, BEHERA A K, et al. Tetrahedron, 2006, 62: 779.
[89] PRUSOV E, MAIER M E, Tetrahedron. 2007, 63: 10486.
[90] ROOHI , H, EBRAHIMI A, HABIBI S M. J. Molecular Struct(THEOCHEM), 2006, 772: 65.
[91] ROOHI H, EBRAHIMI A. J. Molecular Struct(Theochem), 2005, 726: 141.
[92] ROUSSEL C, ROMAN M, ANDREOLI F, et al. Chirality, 2006, 18: 762 - 771.
[93] SAND? N P, ANGELES M G, SA'NCHEZ L, SEOANE C. Org Lett, 2005, 7: 295.
[94] SARMA J A R P, NAGAJARU A, MAJUMDAR K K, SAMUEL P M. J. Chem. Soc. Perkin Trans, 2000, 2: 1119, 1113.
[95] SASAKI T, EGUCHI S, HIRAKO Y. Tetrahedron, 1976, 32: 437.
[96] SATOH T, SUGIYAMA S, KAMIDE Y, OTA H. Tetrahedron, 2003, 59: 4327.
[97] SAUL R, KERN T, KOPF J, et al. Eur. J. Org. Chem, 2000, 205.
[98] SCHAFFNER K. US 3914222, 1975.
[99] SENTHILVELAN A, LEE G H, CHUNG W S. Tetrahedron Lett, 2006, 47: 7179.
[100] TAKAHASHI O, YAMASAKI K, KOHNO Y. Carbohydrate Research , 2007, 342: 1202.
[101] TANNER D, HAGBERG L. Tetrahedron, 1998, 54: 7907.
[102] TAO R, LI B H. J. Chin. Medicine Research, 2005, 5(12): 1287.
[103] TSUBOUCHI, SASAKI H, KURODA H, et al. WO 2005042542A1, 2005.
[104] TUDA E, TANAKA K, IWATA S. J. Org. Chem, 1989, 54: 3007.
[105] TZOU D L M. Solid State Nuclear Magnetic Resonance, 2005, 27: 209.
[106] VAN KIRK C C, FIORAVANTI G, MATTIELLO L, RAMPAZZO L B. J. Electroanalyt. Chem, 2005, 582: 151.
[107] VILA A, MOSQUERA R A. Chem. Phys. Lett, 2007, 443: 22.
[108] VOHAINA E, KUBAT P. J. Org. Chem, 1988, 53: 2612.
[109] WAGNER C E, SHEA K. J, Org. Lett, 2004, 6: 313.
[110] WAN Y, MITKIN O, BARNHURST L, et al. Org. Lett, 2000, 2: 3816.
[111] WANG J J, YIN J G, WU X R. Chin. J. Org. Chem, 2003, 23(10): 1120.
[112] WANG J, LI H, YU X, ZU L, WANG W. Org. Lett, 2005, 7: 4293.
[113] WEBER R W, Cook J M. Can. J. Chem. 1978, 56: 189.
[114] WIBERG K B, WILSON S M, WANG Y G VACCARO P H. J. Org. Chem. 2007, 72: 6206.
[115] WONG K T, CHIEN Y Y, CHEN R T, et al. Appl. Phys. Lett, 2005, 87: 52103.
[116] WU R L, FAN J F. CN 1296950A, 2001.
[117] XIANG Z G. China Medicine Hygiene, 2005, 6(6): 7.
[118] YANG G S, QIAN D L, LOU S Q. Chin. J. New Drugs, 2006, 15(12): 999.
[119] YANG K S, CHEN K. Org. Lett, 2000, 2: 729.
[120] YANG K S, LEE W D, PAN J F, CHEN K. J. Org. Chem, 2003, 68: 915 - 919.
[121] YANG S Y, SU Z M. Chem. Phys. Lett, 2006, 429: 180.
[122] YEN F W, CHIU C Y, LIN I F, et al. SID International Symposium, 2007, 138: 883.

[123] ZHANG F L，ZHOU H Y. CN 1272487A，2000.
[124] ZHANG X X，LOROCK R C. J. Amer. Chem. Soc，2005，127：122230.
[125] ZHENG D Q，YE W Y，ZENG W J. J. Clincal Psychological Medicine，2006，6(4)：239.
[126] ZHOU G W，LAN，Y Z，ZHENG F K，et al. Chem. Phys. Lett.，2006，426：341.
[127] 陈春燕，方敏，朱维菊，徐洪耀. 合成化学. 2009，17(2)：179.
[128] 陈芬儿. 有机药物合成法. 北京：中国医药技术出版社，1998.
[129] 陈洪超，简锡贤. 华西药学杂志. 1995，10(3)：150.
[130] 陈金龙. 精细有机合成原理与工艺. 北京：中国轻工业出版社，1992.
[131] 陈荣业. 分子结构与反应活性. 北京：化学工业出版社，2008.
[132] 董卫莉，赵卫光，李玉新，等. 有机化学. 2006，26：271 - 277.
[133] 樊能廷. 有机合成事典. 北京：北京理工大学出版社，1992：643，648.
[134] 樊能廷. 有机合成事典. 北京：北京理工大学出版社，1995：462，483，500.
[135] 冯亚青，张晓东. 天津大学学报，1996，29(4)：520.
[136] 谷珉珉，王丽芬，刘卫中. 复旦大学学报，1989，28(3)：315.
[137] 何敬文，伍贻康. 有机化学，2007，5：576.
[138] 何艳涛，薛嵩，姚祝军. 化学学报，2006，64(2)：169.
[139] 户帅帅，黎钢，徐念，等. 精细石油化工，2008，25(3)：46.
[140] 霍宁. 有机合成. 南京大学有机教研室，译. 北京：科学出版社，1981，3：432.
[141] 吉昌云，西南师范大学硕士论文. 2005.
[142] 姜凤超. 药物合成. 北京：化学工业出版社，2008：118.
[143] 李娟，段明，张烈辉，蒋晓慧. 化学进展，2007，19(11)：1755.
[144] 李鹏飞. 化学研究. 2005，3：107.
[145] 李月明，范青华，陈新滋，不对称有机反应-催化剂的回收与再利用. 北京：化学工业出版社，2003：192，231，295.
[146] 李志芳，杨成军，郑红芳，等. 有机化学，2009，29(3)：403.
[147] 梁娅，魏荣宝. 应用化学，2007，24：619.
[148] 林国强，陈耀全，陈新滋，李月明. 手性合成—不对称反应及其应用. 北京：科学出版社，2005：327 - 329.
[149] 刘蒲，王岚，李利民，王向宇. 有机化学，2004，24：59.
[150] 苏壮. 北京工业大学博士论文. 1989.
[151] 孙科，王继良，邹澄等. 云南中医学院学报，2008，31(2)：25.
[152] 唐新德，张其震，周其凤. 有机化学，2004，24(6)：585.
[153] 田中孝一，无溶剂有机合成. 刘群，译. 北京：化学工业出版社，2005.
[154] 王红华，郭庆中，陈天禄. 化学进展，2005，17(4)：716.
[155] 王宗廷，张云山，王书超，夏道宏. 有机化学，2007，27(2)：143.
[156] 魏荣宝，梁娅. 有机化学，2008，28：1287.
[157] 魏荣宝，张大为，梁娅，刘博. 有机化学，2008，28：1366.
[158] 魏荣宝，何旭斌，欧其. 有机化学中的螺共轭和异头效应. 北京：科学出版社，2008.
[159] 魏荣宝. 化学教育，2009，30(7)：1.
[160] 魏荣宝，梁娅. 高等学校化学学报，2008，28：309.
[161] 魏荣宝，刘博，刘洋，等. 有机化学，2008，28(9)：1501.
[162] 魏荣宝，刘洋，梁娅. 有机化学，2009，29(3)：476.
[163] 魏荣宝，阮伟祥. 高等有机化学. 2 版. 北京：国防工业出版社，2009.
[164] 魏荣宝，阮伟祥. 高等有机化学习题精解. 北京：国防工业出版社，2008.

[165] 魏荣宝，张富，刘博．有机化学，2009，29(8)：1192－1199.
[166] 谢如刚．现代有机合成化学．上海：华东理工大学出版社，2007.
[167] 许衍根，郑微．化学通报，1988，6：54.
[168] 薛永强，张蓉．现代有机合成方法与技术．北京：化学工业出版社，2007.
[169] 阎红，邢光建，周丽丽，黄军英．有机化学，2000，20(5)：649.
[170] 姚文刚，王剑波．有机化学，2003，6：546.
[171] 张锁秦，封继康，任爱民，李耀先．高等学校化学学报，2002，23：1969.
[172] 张浙芸，陈庆华．北京师范大学学报，2000，10(11)：1045.
[173] 张欣豪，吴云东．化学进展，2008，20(1)，1..
[174] 赵文善，崔元臣，魏小宁，刘滢．化学研究，2009，20(1)：84.
[175] 周宏．大学化学，1998：13：23.
[176] 张爱民，王伟，林国强，有机化学，2001，21(2)，134.
[177] 杨春红，樊建芬，乔龙光，有机化学，2008，28(2)，175.
[178] 蔡觉晓，周正洪，唐除痴，化学研究，2001，12(2)，1.
[179] 臧晓欢，张冬暖，周欣，张红燕，有机化学，2005，25(7)，763.
[180] 崔朋雷，王春，果秀敏，刘海燕，冯涛，有机化学，2008，28(2)，194.
[181] 赵三虎，赵明根，张海容，陈兆斌，有机化学，2007，27(3)，322.